Jean-Louis Granju

Béton armé

Théorie et applications
selon l'Eurocode 2

2e édition

EYROLLES

ÉDITIONS EYROLLES
61, bd Saint-Germain
75240 Paris Cedex 05
www.editions-eyrolles.com

Du même auteur chez le même éditeur

Introduction au béton armé. Théorie et applications courantes selon l'Eurocode 2,
2ᵉ édition, 288 p., 2014, collection « Eurocode », coédition Eyrolles/Afnor
Contribution à l'édition française de :
Pierre-Claude Aïtcin & Sidney Mindess, *Ecostructures en béton. Comment diminuer*
l'empreinte carbone des structures en béton, avec le concours de Gilles Escadeillas,
288 p., 2013

Également aux éditions Eyrolles dans la collection « Eurocode », coédition
Eyrolles/Afnor

Jean-Marie Paillé, *Calcul des structures en béton*, 3ᵉ éd., 760 p., 2016

Marcel Hurez, Nicolas Juraszek et Marc Pelcé, *Dimensionner les ouvrages en maçon-*
nerie. Guide d'application de l'Eurocode 6, 2ᵉ éd., 336 p., 2014

Victor Davidovici, Dominique Corvez, Alain Capra, Shahrokh Ghavamian, Véro-
nique Le Corvec et Claude Saintjean, *Pratique du calcul sismique*, 2ᵉ éd., 244 p., 2015

Claude Saintjean, *Introduction aux règles de construction parasismique. Applications*
courantes de l'Eurocode 8 à la conception des bâtiments, 352 p., 2014

Wolfgang & Alan Jalil, *Conception et analyse sismiques du bâtiment. Guide d'applica-*
tion de l'Eurocode 8 à partir des règles PS 92/2004, 368 p., 2014

Xavier Lauzin, *Le calcul des réservoirs en zone sismique*, 104 p., 2013

Alain Capra, Aurélien Godreau, *Ouvrages d'art en zone sismique*, 2ᵉ éd., 128 p., 2015

Victor Davidovici, Serge Lambert, *Fondations et procédés d'amélioration du sol. Guide*
d'application de l'Eurocode 8, 160 p., 2013

et des dizaines d'autres livres de construction, d'architecture,
de BTP et de génie civil sur www.editions-eyrolles.com

Sommaire

Table des matières

C – PRESCRIPTIONS RÉGLEMENTAIRES DE BASE ET DONNÉES D'UN PROJET

D – CALCUL DES ÉLÉMENTS FLÉCHIS

E – APPLICATIONS AUX STRUCTURES
(CENTRÉES SUR LE CAS DES BÂTIMENTS COURANTS CONTREVENTÉS PAR DES MURS)

F – EXEMPLES DE CALCUL

G – AIDES AU CALCUL

H – ORDRES DE GRANDEUR ET CALCULS ESTIMATIFS

Préface

Le présent ouvrage est le résultat d'un travail pédagogique impressionnant, en vue de bien rappeler l'ensemble des notions fondamentales du béton armé et de faciliter la compréhension du nouveau règlement européen.

Ce nouvel Eurocode est source d'une approche technique plus complexe, qui nécessite la rédaction de guides, d'ouvrages d'application permettant de faire le lien avec notre réglementation actuelle. Ce livre y participe.

Jean-Louis Granju présente avec clarté les textes réglementaires relatifs aux divers sujets traités en ayant souvent recours à des dessins très explicatifs.

Je félicite l'auteur pour la rédaction de ce livre qui devrait aider les élèves techniciens supérieurs, élèves ingénieurs et calculateurs en bureaux d'études, qui sont confrontés à l'application de cet Eurocode.

Jean-Marie Paillé
Ingénieur à la Direction des techniques et des méthodes, Groupe Socotec
Professeur de béton armé à l'ESTP
Membre de la commission de normalisation du calcul des ouvrages en béton Eurocode 2

Remerciements

Je remercie toutes les personnes qui m'ont encouragé ou aidé pour la rédaction de cet ouvrage. Ma gratitude va tout particulièrement à Jean-Marie Paillé, membre de la direction technique de Socotec et membre de la commission de normalisation du calcul des ouvrages en béton Eurocode 2 ; toujours disponible pour répondre à mes demandes d'éclaircissements sur différents points d'Eurocode, il m'a apporté une aide précieuse. Je le remercie aussi vivement d'avoir bien voulu préfacer ce livre.

Je tiens à remercier nommément Pierre Daran, ingénieur chargé d'affaires au Bureau Veritas et ami de longue date, pour ses informations documentées sur la résistance à l'incendie.

Je remercie aussi les membres du département de Génie civil de l'IUT A de Toulouse qui m'ont autorisé à m'appuyer, dans ce livre, sur l'expérience acquise dans cet établissement.

Je remercie enfin mes interlocuteurs aux éditions Eyrolles pour leur disponibilité et leur efficacité.

Avant-propos

« Si le résultat d'un calcul n'est pas conforme à ce que vous indique votre bon sens, recommencez le calcul, c'est probablement lui qui est faux ».

Robert L'Hermite[1]

Cet ouvrage, après une partie exposant de façon simple et imagée le fonctionnement du béton armé, s'adresse à ceux qui comptent acquérir une connaissance approfondie de son calcul conformément aux règles des Eurocodes actuellement en vigueur.

Cette nouvelle édition inclut les évolutions normatives survenues depuis 2011 dont, notamment, l'interprétation française du règlement qui donna lieu au Guide d'application français de l'Eurocode 2 paru en décembre 2013 (voir § C-I.1.3). Elle comprend aussi une prise en compte beaucoup plus stricte de la classe de ductilité des aciers et intègre les dernières évolutions des treillis soudés.

Objectifs

Procurer aux lecteurs les éléments d'une culture du béton armé, c'est-à-dire, après un rappel de son histoire, une connaissance *approfondie et durable* de ses propriétés et de ses comportements fondamentaux. Dans un souci pédagogique, l'exposé est adossé à des exemples simples soutenus par de nombreuses illustrations de façon à rendre les explications les plus concrètes possible et laisser une trace durable dans la mémoire.

En s'appuyant sur ces acquis, développer les *prescriptions réglementaires du calcul selon Eurocode*, toujours avec le plus grand effort d'explication pour une compréhension complète des points traités. Les applications proposées sont centrées sur le cas des bâtiments courants et des exemples de calcul complètent le tableau.

Enfin, proposition d'*aides au calcul* et d'outils d'autocontrôle : des *ordres de grandeur et calculs estimatifs simples*. Ces derniers participent également à forger le *bon sens* évoqué par Robert L'Hermite.

Organisation de l'ouvrage

Dans *l'apprentissage de toute technique* – le béton armé en est une –, on distingue *quatre niveaux* : savoir de quoi il s'agit, comprendre comment ça marche, connaître les règles et méthodes spécifiques à cette technique, devenir habile dans son application. On les retrouve dans le plan général de l'ouvrage découpé en huit parties identifiées de A à H, certaines à leur tour divisées en sections.

---

1. L'auteur rend hommage à Robert L'Hermite et à son livre *Au pied du mur* (édité en 1969 par Diffusion des techniques du bâtiment et des travaux publics). Pionnier en la matière, il proposa une présentation simple et ludique des fondements des règles de construction qui a fortement inspiré la présentation des parties A et B de cet ouvrage.

Les trois premiers niveaux sont développés dans les parties A à F. Les *aides au calcul* ainsi que les *ordres de grandeur et calculs estimatifs* qui apportent les outils pour développer son habileté dans l'application sont l'objet des parties G et H.

A Le béton armé : ses atouts, son histoire et ses composants

L'exposé précise d'abord les rôles respectifs de l'acier et du béton et insiste sur le rôle essentiel de leur adhérence mutuelle. Vient ensuite un rappel historique, puis la découverte des caractéristiques et du comportement des composants du béton armé.

B Le béton armé : comment ça marche ?

Y sont présentés, de façon imagée et autant que possible sans recours aux équations, les points indispensables au bon fonctionnement des structures en béton armé et les principes de ce fonctionnement. Il s'agit ici d'amener le lecteur à une compréhension profonde des mécanismes mis en jeu et des dispositions d'armature nécessaires (ou par défaut dangereuses). Ceci formera la base de son *bon sens du béton armé*.

C Prescriptions réglementaires de base et données d'un projet

Après une présentation du périmètre et de l'esprit des Eurocodes sont développées les prescriptions réglementaires de base : sécurité, durabilité, caractéristiques et comportement du béton, des aciers et de leur adhérence mutuelle, actions (efforts et moments agissants) à prendre en compte dans les calculs.

D Calcul des éléments fléchis

Il s'agit des calculs, vérifications et dispositions constructives *de base* requis pour assurer, d'une part, la résistance aux effets du moment fléchissant (aciers longitudinaux), tant à *l'État Limite Ultime* qu'à *l'État Limite de Service*, d'autre part, la résistance aux effets de l'effort tranchant (aciers transversaux). L'exposé s'appuie sur le cas des poutres isolées, sur deux appuis simples sans continuité.

E Applications aux structures (centrées sur le cas des bâtiments courants contreventés par des murs)

Un savoir limité aux seules poutres isolées est insuffisant pour une application aux structures. En centrant l'exposé sur le cas des bâtiments courants, cette partie complète l'information par : les règles de prise en compte de la continuité, les règles de calcul et dispositions constructives spécifiques aux dalles pleines, poteaux, murs, chaînages et linteaux et enfin fondations superficielles.

F Exemples de calcul

Ils illustrent les points précédents pour en approfondir la compréhension.

G Aides au calcul

Cette partie regroupe les outils de base du calculateur :
- d'une part, un rappel des données couramment utilisées (tableau des sections d'acier, caractéristiques essentielles des aciers, du béton, des ancrages, etc.) ;
- d'autre part, des *aides au calcul* proprement dites livrées sous forme de tables, de formules pour un calcul raccourci, de valeurs limites à respecter pour que soient assurées diverses vérifications, etc.

H Ordres de grandeur et calculs estimatifs

On y trouve des repères et des modes de calcul approché très simples que chacun étoffera à l'usage et à partir desquels il développera son propre *bon sens du béton armé*.

Partie A

Le béton armé : ses atouts, son histoire et ses composants

A.1   Les atouts du béton armé

Le béton armé est l'association gagnante de béton et d'armatures, le plus souvent métalliques. Il doit son succès aux nombreux avantages du béton et au caractère gagnant de son association avec les armatures. Le béton reprend les efforts de compression et les armatures ceux de traction.

A.1.1   Pourquoi du béton?

Le béton est un matériau de construction remarquable.

Malgré quelques inconvénients, il cumule de très nombreuses qualités qui font son succès. Pour preuve, près de 7 milliards de mètres cubes sont mis en place chaque année dans le monde.

Ses qualités sont les suivantes:

* C'est un matériau «hydraulique» (car le ciment est un liant «hydraulique»), c'est-à-dire qu'il durcit par réaction avec l'eau.

  En conséquence, il ne craint pas l'eau, il en a même besoin. Un minimum d'humidité doit être maintenu durant ses premiers jours de durcissement et, à condition de ne pas le délaver, c'est sous l'eau qu'il durcit le mieux.

  Une fois durci, il est dur et solide comme de la pierre et même souvent plus, peu perméable, imputrescible et très peu dégradable. On dit «dur, solide et durable comme du béton». Dans la majorité des applications courantes, sa résistance en compression est même supérieure à ce qui serait strictement nécessaire.

* Il est moulable à température ambiante.

  Sa mise en place est donc simple et il s'adapte à toutes les formes désirées, même les plus complexes.

  De très grands volumes peuvent être mis en place par addition de quantités plus faibles et, moyennant quelques précautions simples, l'ensemble obtenu se comporte de façon monolithique. Si les pharaons l'avaient connu, les pyramides auraient pu être construites par une noria d'ouvriers déversant chacun un panier de béton porté sur sa tête, au lieu de transporter et hisser des blocs de pierre monumentaux.

* C'est un matériau lourd.

  Pour la construction des avions, c'est un défaut. Mais, pour les constructions courantes, c'est souvent une qualité. Le poids s'avère notamment un atout pour résister au renversement par le vent. Il est également un atout pour l'isolation acoustique.

* Il est incombustible.

  Bien que pouvant être finalement détruit par un incendie, le béton résiste longtemps avant d'être altéré.

  Son PH basique (PH $\geq$ 12) aide à la protection des armatures métalliques contre la corrosion.

* Dernier avantage et non des moindres: son prix est relativement modique.

  En 2016, 1 m³ de béton courant (un C25/30) livré sur le chantier coûtait un peu moins de 90 € hors taxes. Son prix est resté stable depuis 2010, date de la première édition de ce livre.

En contrepartie, le béton présente des défauts qui seraient rédhibitoires sans l'association d'armatures. Il est dur comme la pierre et il en a les défauts.

* Il a une faible résistance en traction.
* Il est fragile.

La fragilité est un danger dont il faut se prémunir dans toute construction. Elle est à l'origine de ruptures brutales sans signe avant-coureur, à l'instar du verre. C'est elle qui, en cas de séisme, fait s'effondrer des édifices comme des châteaux de cartes.

Figure A.1.1. Fissures de retrait, une tous les 5 m environ (exemple d'un muret séparateur d'autoroute).

- Dernier défaut dont il faut s'accommoder : le retrait.

  Hors les cas de durcissement dans l'eau ou en milieu très humide, le béton a du retrait qui est source de fissuration non désirée. Pour les éléments durcissant à l'air dans les conditions météorologiques de la France, ce retrait induit une déformation de raccourcissement maximum ε_{cs} de l'ordre de 3 à 3,5 × 10⁻⁴. Il est à l'origine de fissures qui, sur les éléments les plus exposés, apparaissent environ tous les 5 m. On canalise le problème en créant des «joints de retrait». Dans les éléments les plus exposés, ils sont espacés d'environ 5 m. C'est notamment le cas des dallages, où ces joints sont généralement créés par sciage.

  Un exemple que chacun peut constater est présenté sur la Figure A.1.1. Il s'agit de la fissuration à intervalles réguliers des murs séparateurs ou de protection le long des routes.

A.1.2   L'association gagnante béton-armatures

Le béton armé pallie les défauts du béton par l'ajout d'armatures positionnées et dimensionnées de façon adéquate avec les effets suivants :

- Elles reprennent les efforts de traction que le béton est inapte à reprendre seul.
- Elles apportent aux éléments renforcés la ductilité qui manque au béton seul.

C'est l'association gagnante du chêne et du roseau.

- Le chêne est le béton. Il est dur, rigide, difficilement altérable mais il ne plie pas, il casse (il est fragile).
- Le roseau est l'armature. Résistante, elle pallie la déficience du béton en traction. Ductile (particulièrement lorsqu'elle est métallique) elle «plie mais ne rompt pas», ou ne rompt qu'après une très grande déformation.
- Le mot «association» traduit la coopération entre béton et armature mais indique aussi la nécessité d'un contact intime et d'une adhérence la plus parfaite possible entre eux deux.

- L'association est gagnante car l'élément béton armé a des performances bien supérieures à l'addition des performances de chacune de ses deux composantes, l'élément en béton seul d'une part, l'armature seule d'autre part.

Un exemple d'association gagnante est illustré par le cas d'une échelle, association de deux composantes que sont, d'une part ses deux montants, d'autre part ses barreaux (voir Figure A.1.2).

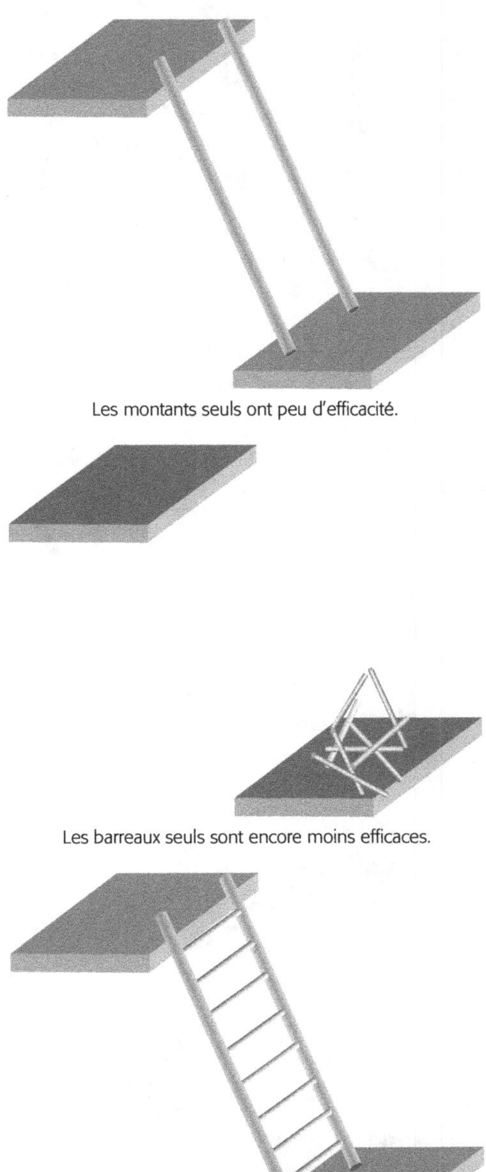

Figure A.1.2. Comparaison de l'échelle.

Pour que cette échelle soit efficace et sûre, il faut encore qu'elle réponde aux deux impératifs illustrés sur la Figure A.1.3.

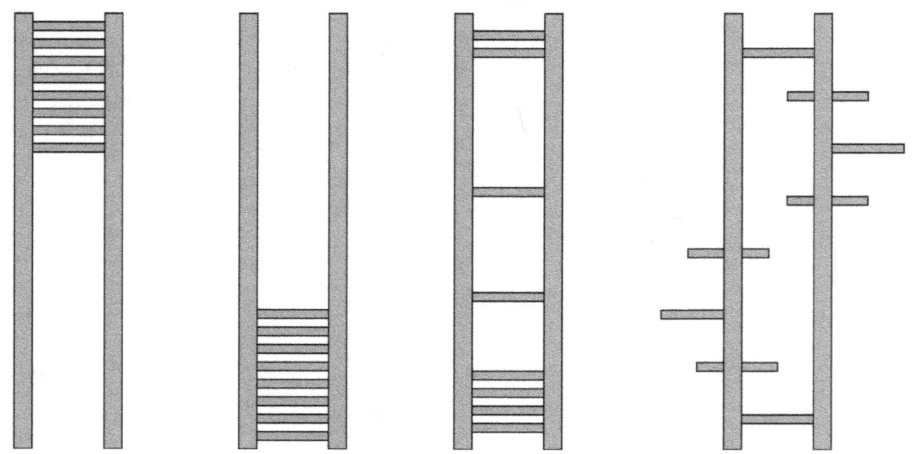

a) Elle doit être correctement conçue.
Ci-dessus, quelques exemples de conception laissant à désirer.

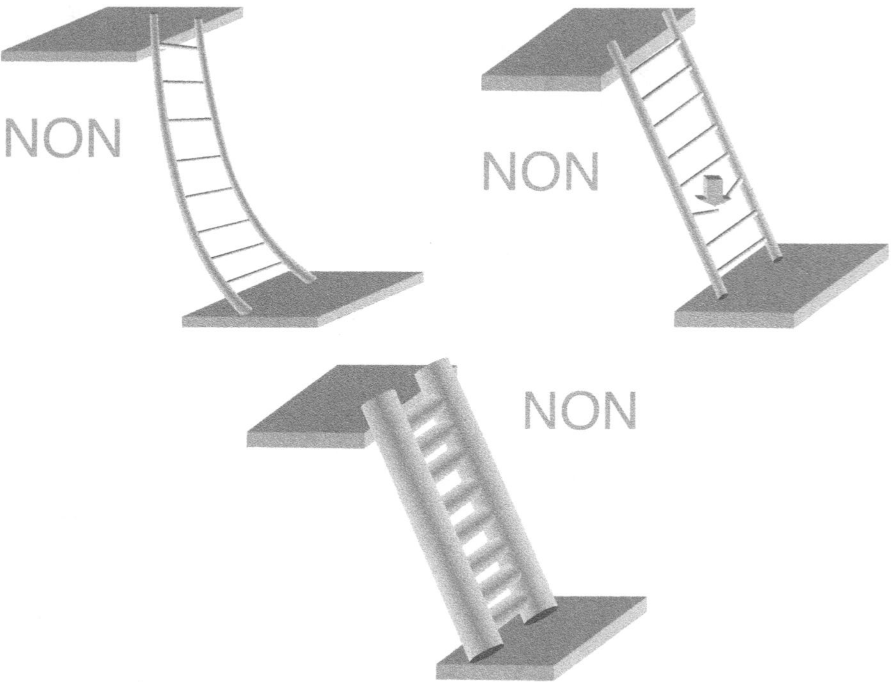

b) Elle doit être correctement dimensionnée, c'est-à-dire correctement calculée.
Il faut notamment que montants d'une part et barreaux d'autre part soient suffisamment résistants pour le besoin à couvrir, sans pour autant être surdimensionnés, de façon à viser le meilleur rapport efficacité/prix.

Figure A.1.3. Comparaison de l'échelle : exigences complémentaires.

La ductilité et la non-fragilité apportées par l'association béton-armatures sont essentielles à la sécurité.

Un élément ductile plie, s'étire, se déforme et ne rompt que très tardivement. D'une part les fortes déformations précédant la rupture constituent des signaux d'alerte forts pour les usagers, d'autre part, elles sont accompagnées d'une forte consommation d'énergie qui peut être salvatrice. C'est notamment sur cette consommation d'énergie que s'appuie la résistance antisismique.

Ce principe «ductilité = sécurité» est général et ne se limite pas aux seules constructions en béton armé. Il vaut pour tout type de construction, voire pour tout objet. Par exemple, nos voitures actuelles sont conçues avec une zone déformable (ductile) à l'avant et à l'arrière capable d'absorber l'énergie d'un choc pour assurer la sécurité de l'habitacle.

A.1.3   Historique

L'idée d'associer des armatures à un matériau naturellement insuffisamment résistant en traction est très ancienne. Quelques-uns des premiers tronçons de la muraille de Chine, datant de l'époque Han (vers 200 ap. J.-C.), bien que construits en terre, subsistent encore. Ils étaient renforcés par des branchages disposés en couches horizontales. Ces armatures ont permis de construire des murs relativement minces, aux parements verticaux et durables.

Le béton, un mélange de cailloux agglomérés par un liant, est également une idée très ancienne, mais c'est l'invention du ciment qui lui a donné l'essor qu'on connaît aujourd'hui.

A.1.3.1   Avant l'invention du ciment

Jusqu'au début du XIXe siècle, les seuls liants disponibles étaient la terre, peu performante mécaniquement mais gratuite, le bitume, peu cher dans certains contextes géographiques ou industriels, et enfin les diverses chaux naturelles, plus performantes et plus chères (mais encore beaucoup moins performantes que le ciment).

Les chaux naturelles sont connues depuis très longtemps, les premières traces de leur fabrication organisée remontant à 10 000 ans av. J.-C. Elles étaient le liant des constructions qu'on voulait durables. Il en existe deux types : les chaux «aériennes» et les chaux «hydrauliques». Toutes deux sont issues de la calcination entre 800 °C et 1 000 °C d'une roche calcaire, la «pierre à chaux». Seule la chaux hydraulique a la capacité de durcir en présence d'eau et ensuite de résister au délavage par l'eau, c'est aussi celle qui procure la plus grande résistance. C'était donc le liant des ouvrages qu'on voulait durables.

Seules quelques carrières de «pierre à chaux» produisaient de la chaux hydraulique. Mais jusqu'en 1817, les critères de choix de la carrière pour obtenir une chaux de type hydraulique restèrent inconnus.

À défaut de fabriquer suffisamment de chaux hydraulique, différents mélanges de chaux aérienne ou peu hydraulique avec de la terre cuite finement broyée ou de la pouzzolane (cendre volcanique siliceuse, souvent de couleur rouge), broyée ou naturellement fine, ont montré une capacité à durcir sous l'eau, comme une chaux hydraulique mais encore plus lentement. Le fameux «ciment des Romains» était de ce type. La technique fut perdue et réinventée au Moyen Âge. Le mortier des cathédrales en témoigne.

Le matériau durcissant très lentement, du béton qu'on coule dans les coffrages tel qu'on le connaît aujourd'hui n'était pas envisageable, car il aurait fallu attendre plusieurs mois avant de décoffrer (voir plus loin le Tableau A.1.1). Ce qui tenait lieu de béton était plutôt un mélange de gros cailloux noyés dans du mortier. La technique fut largement utilisée dans tous les cas où il n'y avait pas de coffrage à récupérer. Ce fut le cas des fondations, coffrées par la terre environnante. Ce fut également le cas du remplissage, à vocation structurelle ou non selon les besoins, du volume entre deux parements en pierre ou brique.

A.1.3.2   L'invention du ciment

En 1756, John Smeaton entrevit que le caractère hydraulique des chaux venait des «impuretés» argileuses de la pierre à chaux utilisée. Il énonça que les chaux les plus hydrauliques, donc celles effectuant les meilleures «prises», sont obtenues à partir d'un mélange de calcaire et d'argile et non, comme on le croyait depuis toujours, de calcaire pur.

En 1817, Louis Vicat, poursuivant une démarche scientifique débutée en 1812, découvrit et énonça les critères d'obtention d'une chaux hydraulique et jeta les bases de la chimie des liants hydrauliques. À partir de là, les avancées furent rapides.

Il inventa la «chaux hydraulique artificielle», ainsi désignée car les qualités nécessaires du matériau source n'étaient plus obtenues par cuisson d'une «roche à chaux», mais par reconstitution artificielle (par la main de l'homme) puis cuisson d'un mélange adéquat des composants nécessaires.

Par une cuisson à température plus élevée, il obtint un produit qui, après broyage, fournissait un liant au durcissement beaucoup plus rapide et capable de meilleures résistances. C'était le précurseur du ciment.

Sur ces bases, en 1824, l'Écossais John Aspdin développa un nouveau liant qu'il dénomma «ciment Portland artificiel» (pour la ressemblance du produit obtenu avec la roche grise extraite de la presqu'île de Portland, au sud de l'Angleterre). Il s'agissait du mélange préconisé par Vicat, 80 % de calcaire et 20 % d'argile, cuit en revanche à plus haute température que la chaux : jusqu'à début de fusion à 1 450 °C, puis broyé après refroidissement.

C'est le même type de ciment qui est encore utilisé de nos jours, avec seulement un affinage de sa composition et de sa fabrication. Jusqu'en 2001, il était désigné par les initiales CPA (pour ciment Portland artificiel). La désignation actuelle est CEM I (CEM pour le mot anglais *cement* et I pour préciser qu'il s'agit d'un ciment Portland).

Le ciment a apporté un progrès considérable par rapport aux chaux hydrauliques, comme l'illustre le Tableau A.1.1 qui compare les résistances escomptables après différents temps de durcissement. À 2 ou 7 jours, la résistance atteinte par le ciment est vingt fois plus grande qu'avec une bonne chaux hydraulique. La résistance finale est dix fois plus grande.

Tableau A.1.1. Comparaison des résistances (en compression mesurées sur mortier normalisé) à différentes échéances d'une chaux hydraulique de qualité et de deux ciments Portland.

Résistance en compression	À 2 jours	À 7 jours	À 28 jours	À 3 mois	Plusieurs années
Chaux hydraulique	≈ 0,5 MPa	≈ 1 MPa	2 à 3 MPa	3 à 5 MPa	5 à 10 MPa
Ciment Portland pour utilisation en maçonnerie	≈ 10 MPa	≈ 25 MPa	≈ 35 MPa	≈ 40 MPa	≈ 40 MPa
Ciment Portland pour utilisation en structure	≈ 18 MPa	≈ 40 MPa	≈ 55 MPa	≈ 60 MPa	≈ 60 MPa

A.1.3.3   Le béton armé et précontraint

L'apparition du ciment apporta aux constructeurs un béton qui se met en place par coulage, durcit assez vite pour être démoulé au bout de quelques jours et atteint des résistances le classant au rang des meilleurs matériaux minéraux utilisables en structure.

À partir de 1848-1849, deux Français, Joseph-Louis Lambot et Joseph Monier, déposèrent des brevets pour des fabrications en «ciment armé», en fait un mortier armé. Il s'agissait dans les deux cas de caisses à fleurs et diverses décorations de jardin. Très vite, le premier se spécialisa dans la fabrication de bateaux en ciment armé et le second se tourna vers la construction de génie civil. En 1873, Monier déposa un brevet pour la construction de ponts dont il subsiste un exemplaire : le pont de Chazelet, 13,80 m de portée pour 4,25 m de large, construit en 1875.

Dès 1850, François Coignet fut un important promoteur du béton moulé pour usage dans les constructions. Il fabriqua dans un premier temps des poutres armées et, en 1861, il inventa la préfabrication à laquelle son nom resta longtemps attaché.

En 1879, François Hennebique substitua le béton armé (du type de celui qu'on connaît aujourd'hui) au ciment armé (qui n'était qu'un mortier armé).

En 1889, les ingénieurs Jean Bordenave, Paul Cottancin, François Coignet et François Hennebique formulaient les moyens de calculer et mettre en œuvre du béton armé.

En 1892, Hennebique mit en évidence le rôle et la nécessité des armatures transversales.

En 1902, Charles Rabut énonça les lois de déformation du béton armé. Celles-là mêmes qui, à quelques adaptations près, prévalent encore aujourd'hui pour les calculs à l'état limite de service et seront développées dans la suite de cet ouvrage. Il édicta les premières règles de calcul et apporta de grands perfectionnements dans la construction des ponts.

Le 20 octobre 1906 parut la première circulaire réglementant en France le calcul du béton armé.

En 1917, Eugène Freyssinet utilisa pour la première fois la vibration pour la mise en place du béton.

En 1928, il inventa la précontrainte. L'entreprise qu'il créa s'est depuis transformée en un groupe qui fait encore partie aujourd'hui des leaders du secteur.

Parmi les personnages qui ont marqué le développement du béton armé et précontraint, il faut également citer Albert Caquot et Robert L'Hermite, dont l'expertise marqua profondément l'évolution de la discipline.

On note qu'à partir du moment où le ciment fut inventé, de 1817 à 1824, les premières applications en « ciment armé » apparurent en 1848 et 1849, le béton armé se développa à partir de 1879 et dès 1928, toutes les techniques utilisées aujourd'hui étaient inventées.

À partir de 1945, l'usage du béton armé se généralisa, et devint même intensif, pour la reconstruction d'après-guerre.

Le développement du béton armé fut soutenu par un nouveau règlement, CCBA 45, qui, avec deux toilettages en 1960 et en 1968, resta en vigueur jusque dans les années 1980. En 1981 entra en application un règlement d'un nouveau type, BAEL (béton armé aux états limites), s'appuyant sur la notion d'états limites et un traitement semi-probabiliste de la sécurité. Il fut légèrement remanié en 1991 et 1999 avant d'être progressivement remplacé après 2005 par le groupe de règlements Eurocodes. Les calculs de béton armé et précontraint sont traités dans l'Eurocode 2.

A.2   Le béton

A.2.1   Évolution et derniers développements

Contrairement à un sentiment largement répandu, le béton a énormément évolué, particulièrement durant ces dernières décennies. Jusqu'aux années 1970, il resta un simple mélange de granulats, ciment et eau et sa qualité n'évolua que progressivement avec l'affinage de la fabrication des ciments et des méthodes de composition. Les changements ont commencé dans les années 1970 puis sont entrés dans les mœurs et se sont accélérés à partir des années 1980. Le béton est alors devenu un produit très élaboré et même, dans les derniers développements, un matériau de pointe.

On en trouve le reflet dans l'évolution des résistances admises réglementairement. Depuis 1945, les règlements français de béton armé et de béton précontraint ne considéraient que des bétons de résistance caractéristique en compression mesurée sur éprouvettes cylindriques (c'est la résistance à prendre pour référence dans les calculs, voir § C-I.5.3) $f_{ck} \leq 40$ MPa. En 1991, la plage fut étendue jusqu'à $f_{ck} = 60$ MPa, puis en 1999 jusqu'à 80 MPa. Enfin, Eurocode 2, applicable depuis 2005, codifie maintenant le cas des bétons jusqu'à $f_{ck} = 100$ MPa.

A.2.1.1 Les nouveaux bétons développés à partir des années 1980

Les nouveaux bétons ont tous vu le jour entre 1981 et 1998. Chronologiquement, ce sont :
- les bétons à hautes performances (BHP) (50 MPa $\leq f_{ck} \leq 80$ MPa) ;
- les bétons à très hautes performances (BTHP) (80 MPa $\leq f_{ck} \leq 100$ MPa) ;
- d'autres produits encore plus techniques, comme les bétons fibrés ultra-performants (BFUP) (150 MPa $\leq f_{ck} \leq 800$ MPa) ;
- enfin, les bétons autoplaçants (BAP) et autonivelants (BAN). Ils sont de résistance courante, mais se mettent en place sans vibration.

Ces développements ont été rendus possibles grâce, conjointement, aux avancées suivantes :
- Le développement d'adjuvants à l'efficacité accrue :
  - réducteurs d'eau, fluidifiants et défloculants permettant de malaxer sans grumeaux et de mettre en place par simple coulage des mélanges qui sans cela, auraient une consistance de terre humide ;
  - agents de texture participant à prévenir la ségrégation des mélanges très liquides que sont les BAP et BAN.
- L'utilisation généralisée de « fillers » : ce sont des granulats dont la finesse est voisine de celle du ciment. Ils remplissent (*to fill* en anglais) une part des espaces laissés vides dans le squelette granulaire du béton.
- L'utilisation (à l'origine des BHP) de granulats ultra-fins, dix à cent fois plus fins que le ciment (souvent de la « fumée de silice », résidu de la métallurgie du silicium), qui ne peuvent être mélangés sans l'aide de défloculants et fluidifiants puissants.
- Une maîtrise améliorée de la composition des bétons qui a permis, avec l'aide des nouveaux adjuvants :
  - d'élaborer des mélanges plus compacts qui donneront des bétons plus résistants ;
  - en ajoutant des granulats ultra-fins, d'élaborer des mélanges encore plus compacts, voire ultra-compacts, qui donnent des bétons très résistants ou ultra-résistants ;
  - d'élaborer des mélanges BAP ou BAN, avec des règles de composition spécifiques qu'il fallut inventer, très liquides et cependant sans ségrégation.

L'un des principes de la composition des bétons est de remplir les espaces entre les gros granulats par des granulats de plus en plus petits pour, généralement, finir par des grains de ciment et de fillers. L'utilisation de granulats ultra-fins permet un remplissage encore plus poussé. Les espaces résiduels sont remplis par l'eau de gâchage et il s'avère que celle-ci est en quantité suffisante pour assurer l'hydratation maximum possible du ciment. L'hydratation est la réaction chimique qui conduit au durcissement.

En l'absence d'adjuvant : d'une part, les grains les plus fins s'agglomèrent en grumeaux qui se comportent comme des granulats plus gros et ne jouent pas le rôle de remplissage escompté des espaces fins ; d'autre part, le frottement des grains les uns sur les autres limite la maniabilité du mélange et oblige à mettre plus d'eau que souhaité, uniquement pour lubrifier ces contacts. Tout l'excès d'eau est autant de perdu sur la compacité du mélange et sur les performances du matériau durci.

Les adjuvants défloculants empêchent l'agglomération des grains fins et leur rend leur rôle de remplissage des espaces les plus fins. Les adjuvants réducteurs d'eau et fluidifiants réduisent (pour les meilleurs presque à zéro) les frottements entre grains et réduisent d'autant la quantité d'eau en excès nécessaire.

La réduction de la quantité d'eau en excès par les moyens ci-dessus se traduit par une augmentation de la résistance du produit durci. Si celle-ci n'est pas recherchée, il est alors économique de remplacer une partie du ciment par un filler.

A.2.1.2   Situation en 2016

Les BHP sont devenus d'usage courant en ouvrages d'art et dans les immeubles de grande hauteur.

La fabrication des BTHP et BFUP s'est affinée. Ils sont notamment d'un usage plus aisé, mais restent limités à des applications «de niches».

Enfin, le développement des BAP et BAN est freiné par une difficulté à maîtriser leur retrait. Une fois ce point réglé, ils seront promis à un très grand succès. La suppression de la vibration est en effet une attente de la majorité des acteurs de la construction. De plus, les BAP fournissent une qualité de parement et d'enrobage des aciers difficilement égalable.

A.2.2   Propriétés et comportement du béton

Pour leur codification réglementaire, voir § C-II.1.

Notations

Les grandeurs relatives au béton sont repérées par l'indice c (comme *concrete* en anglais).

Les contraintes et déformations normales (compression ou traction) sont symbolisées par les lettres grecques σ et ε complétées d'abord par l'indice c pour préciser qu'il s'agit de béton, puis qualifiées par des indices complémentaires.

Parmi eux :

- l'indice t signale une traction ;
- l'indice c, qui signalerait une compression, est en revanche sous-entendu et omis ; il n'y a qu'une exception à cette règle : l'aire A_{cc} de la zone de béton comprimé dans une section droite d'un élément fléchi.

Les modules d'élasticité ou de déformation son notés E et précisés par les indices utiles.

Les résistances sont toutes symbolisées par la lettre f, complétée par les indices nécessaires.

Les résistances prises pour base dans les calculs reflètent au mieux, avec divers degrés de sécurité selon le calcul, la résistance à escompter *in situ* (voir § C-II.1).

A.2.2.1   Généralités

Le béton résiste bien en compression, avec une capacité de déformation conséquente comparée à la traction, de 2 à 4 ‰ selon les circonstances. Résistance et déformation en compression sont respectivement désignées par f_c et ε_c.

Au contraire, sa résistance en traction f_{ct} est très faible (environ dix fois plus faible que sa résistance en compression) et associée à une capacité de déformation ε_{ct} extrêmement limitée, de l'ordre de 0,1 ‰. Sa rupture en traction est brutale et sans signe avant-coureur, elle est fragile.

Le béton n'est pas un matériau «élastique». Excepté le très étroit domaine de traction, sa courbe déformation-contrainte n'est jamais linéaire.

En compression, on lui attribue cependant un «module d'élasticité» E_c qui devrait plus exactement être appelé «module de déformation longitudinale». Eurocode prescrit de prendre pour référence le module sécant à la contrainte 0,4 f_c.

A.2.2.2 Caractérisation mécanique et comportement selon le type de sollicitation

Le béton est utilisé pour son bon comportement en compression. Aussi ses propriétés mécaniques sont-elles caractérisées à partir d'essais de compression.

Eurocode admet deux modes de mesure : soit sur éprouvettes cylindriques, soit sur éprouvettes cubiques. Cependant les résultats obtenus avec un mode ou l'autre ne sont pas identiques. Pour le même béton, les valeurs mesurées sur cubes sont plus élevées, aussi est-il prévu une table de correspondance entre les deux modes (voir la ligne d'en-tête du Tableau C-II.1.1). Eurocode prescrit que la classe d'un béton (qui reflète sa résistance en compression) soit exprimée par les résultats des deux modes. Par exemple un béton courant est de classe «C25/30». La lettre «C» indique qu'il s'agit de béton, «25» est sa résistance caractéristique en compression (voir § C-I.5.3.1) exprimée en MPa déduite d'essais sur cylindres et «30» est la valeur correspondante déduite d'essais sur cubes.

Essai sur éprouvettes cylindriques

C'est l'essai qui, avant Eurocode, étaient la norme en France.

Les éprouvettes sont des cylindres de hauteur h égale à deux fois leur diamètre ϕ.

Les éprouvette dites «11 × 22» conviennent pour des granulats jusqu'à 15 mm de diamètre. Leur section est exactement de 100 cm², à quoi correspond un diamètre voisin de 11 cm, et leur hauteur, égale à deux fois leur diamètre, est voisine de 22 cm. Pour des granulats de diamètre jusqu'à 25 mm il faut utiliser des éprouvettes dites «16×32», leur section exacte est 200 cm².

- Avantages

  Du fait de leur élancement de 2, ces éprouvettes présentent en leur cœur une zone de hauteur ≈ ϕ hors de l'influence des plateaux de la presse (voir la Figure A.2.1).

  Grâce à cela :

  – les résistances mesurées sont les vraies résistances, non biaisées ; elles servent de référence ;

  – seules ces éprouvettes permettent des mesures de déformation fiables ; celles-ci sont faites dans la zone médiane hors de l'influence des plateaux de la presse et la valeur de ε_c à retenir est la moyenne des mesures fournies par trois capteurs disposés sur trois génératrices à 120° l'une de l'autre comme illustré sur la Figure A.2.1.

- Inconvénients

  Pour chaque éprouvette, ses faces en contact avec les plateaux de la presse sont la face qui était en fond de moule et la face libre lors du coulage, très irrégulière.

  Il est indispensable de reprendre au moins cette face libre pour la rendre plane et parallèle à l'autre et, de façon générale, il est préférable de reprendre les deux faces.

  Pour cela il y a deux solutions.

  – Une solution simple et largement utilisée jusqu'à maintenant : coiffer ces faces d'un revêtement rattrapant leurs inégalités de surface. Celui-ci, couramment désigné par «enduit au soufre», est constitué d'un mélange de sable très fin et de soufre. Il est mis en fusion entre 120°C et 130°C pour sa mise en place.

  – Une solution plus chère mais d'une efficacité incomparable : la rectification des deux faces de l'éprouvette. Il faut pour cela une machine équipée de meule(s) diamantée(s) spécialement conçue à cet effet.

Cette solution est plus chère compte tenu du prix de la machine et aussi car elle consomme plus de temps. Mais la qualité du service rendu vaut souvent ce surcoût. De plus c'est la seule solution fiable pour les bétons de classe > C 50/60.

Essai sur éprouvettes cubiques

C'est l'essai de contrôle courant dans les pays anglo-saxons.

Les éprouvettes sont des cubes de 10 cm ou plus souvent 15 cm de côté. Les premières conviennent pour des granulats jusqu'à 15 mm de diamètre, les secondes acceptent des granulats jusqu'à 25 mm de diamètre.

* Avantages

  L'essai est simple car, avec des moules de qualité et bien entretenus, chaque éprouvette présente toujours deux faces moulées opposées planes et parallèles qui ont les qualités requises pour un appui uniforme sur les plateaux de la presse.

* Inconvénients

  Du fait de l'élancement de 1 des éprouvettes (hauteur/largeur = 1), les zones perturbées par les plateaux de la presse envahissent tout leur volume (voir la Figure A.2.1). Les mesures faites dans ces zones perturbées sont biaisées.

  En conséquence :

  – les résistances mesurées sont surévaluées (voir plus haut) ;

  – l'essai est inadapté pour des mesures fiables de déformation (courbe déformation-contrainte et mesure de E).

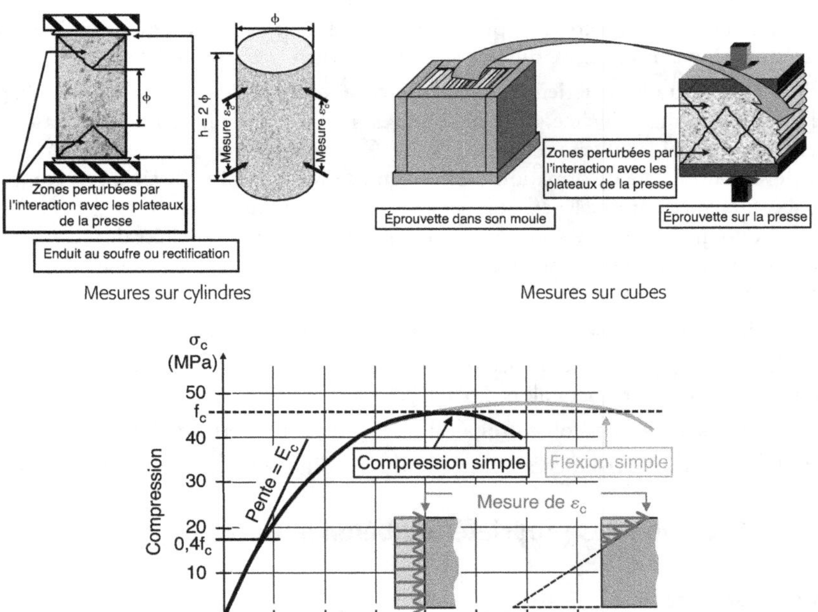

Figure A.2.1. Comportement du béton en compression, en traction et en flexion et les tests de caractérisation réglementaires.

Les caractéristiques mécaniques nécessaires au calcul pour d'autres circonstances, flexion et traction, sont déduites des résultats de cet essai de compression simple.

- Pour les essais destinés à mesurer la résistance et le comportement vrais du matériau

  Les éprouvettes doivent comprendre une zone suffisamment grande hors des zones perturbées par les plateaux de la presse.

  La mesure sur cylindres s'impose et le choix maintenant le plus courant est la rectification des faces d'appui.

- Pour les essais de routine destinés uniquement à contrôler la résistance

  En France, dans la foulée des obligations et habitudes antérieures, l'essai sur cylindres avec enduit au soufre reste le cas général.

  Mais cela est en train de changer car l'enduit au soufre a son revers. D'une part il s'accompagne d'un risque de brulure et d'émanations de vapeurs sulfureuses lors de sa mise en place, d'autre part il est cause de dissémination de soufre adhérant aux les déchets des éprouvettes testées. Pour ces raisons il est conseillé d'en limiter l'usage. Pour les éprouvettes cylindriques la seule alternative est alors la rectification.

  De plus en plus les opérateurs se tournent vers les essais sur cubes. Dispensant de tout surfaçage, ils sont plus rapides, plus économiques et plus écologiques.

A.2.2.2.1   Traction

Pour les bétons courants, la résistance en traction f_{ct} est environ dix fois plus faible que la résistance en compression et l'allongement de rupture correspondant est $\approx 0,1$ ‰. La valeur de f_{ct} est calculée à partir de la résistance en compression f_c par une relation explicitée au § C-II.1.4.

A.2.2.2.2   Flexion

La déformation ultime du béton comprimé dans un élément fléchi est supérieure à celle observée en compression simple. Cette différence est illustrée sur la Figure A.2.1.

En flexion, la fibre la plus extérieure, la plus sollicitée, est retenue par la fibre immédiatement plus à l'intérieur, moins sollicitée, qui elle-même est retenue par la fibre immédiatement plus à l'intérieur, encore moins sollicitée et ainsi de suite. Ce système «d'entraide» permet à la fibre extérieure de supporter une déformation ultime significativement plus élevée qu'en compression simple, accompagnée par une légère augmentation de la résistance (courbe en gris sur la Figure A.2.1). Au contraire, en compression simple, les fibres sont toutes sollicitées de façon identique. Elles atteignent donc toutes en même temps leur capacité limite, sans possibilité d'entraide par des fibres moins sollicitées.

En compression simple, le raccourcissement ultime est voisin de 2 ‰.

C'est en flexion simple que le bénéfice de l'entraide est maximum, le raccourcissement de la fibre la plus extérieure atteignant alors 3,5 à 4 ‰.

La flexion composée compression correspond à une situation intermédiaire.

La façon dont les calculs réglementaires intègrent cette différence est présentée au § D-II.2.3.

A.2.2.3   Évolution des propriétés du béton dans le temps

A.2.2.3.1   Résistance

Le béton est un matériau «durcissant» : sa résistance augmente avec l'âge. Elle évolue comme illustré sur la Figure A.2.2. Augmentant très vite au début, elle est considérée comme stabilisée au-delà du troisième mois.

Son module E_c augmente avec f_c, mais beaucoup plus lentement. Pour les bétons courants ($f_c \approx 25$ MPa), on a $E_c \approx 35$ GPa, alors que pour les BHP et BFUP les plus performants, environ quatre fois plus résistants ($f_c \geq 100$ MPa), $E_c \leq 55$ GPa n'est même pas doublé.

A.2.2.3.2   Fluage

Sous charge maintenue, la déformation du béton augmente avec le temps de façon réguliè-rement décélérée : c'est le fluage. Il atteint 80 à 90 % de son développement dès cinq ans de charge maintenue, mais dix à quinze ans sont nécessaires pour son développement complet. La déformation totale alors atteinte est de l'ordre du triple de la déformation initiale.

A.2.2.3.3   Retrait

Voir § A.1.1 et Figure A.2.2.

Le retrait est un raccourcissement spontané consécutif à l'évaporation d'une partie de l'eau que le béton contient. Par effets du second ordre, ce retrait est à son tour générateur de contraintes qui peuvent conduire à la fissuration. En France, l'amplitude du retrait atteint couramment 0,3 ‰. C'est trois fois plus que la déformation admissible du béton en traction, d'où le risque de fissuration. Le retrait peut être particulièrement dévastateur si on laisse libre cours à l'évaporation durant les premiers jours. Aussi il est de bonne pratique de faire une «cure», dont l'efficacité est maintenue au moins durant les 7 premiers jours. Cette «cure» consiste à prévenir l'évaporation :

- soit en maintenant la surface du béton humide en la couvrant par des serpillières mouillées ou/et en arrosant ;
- soit en pulvérisant un «produit de cure» formant un film étanche en surface, qui empêche l'évaporation ; lorsqu'aucun revêtement adhérent n'est prévu, cette seconde solution est la plus pratique et la plus efficace, à condition que le film ait été pulvérisé en quantité et avec le soin nécessaires.

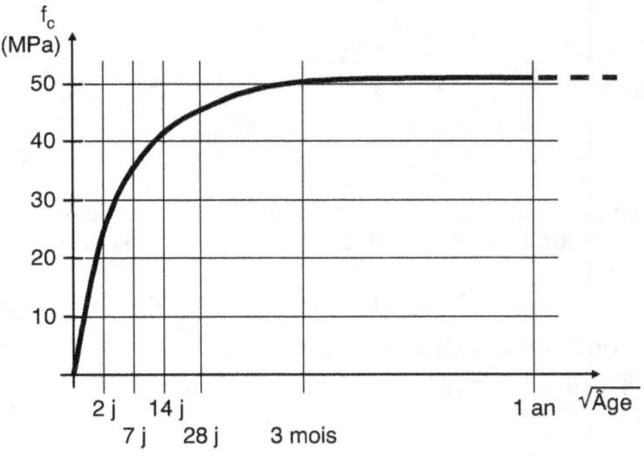

a) Évolution de la résistance en compression.

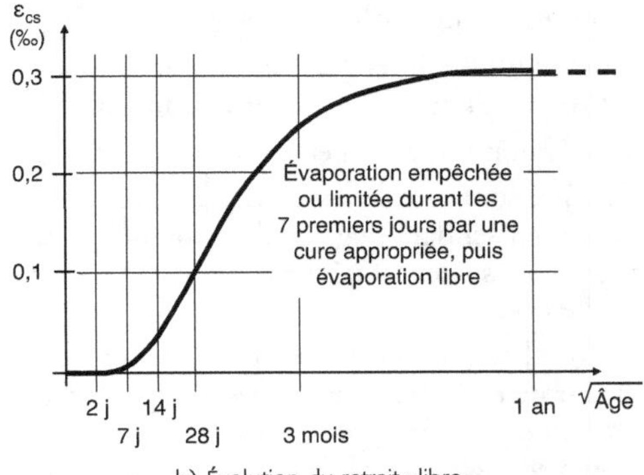

b) Évolution du retrait «libre».

Figure A.2.2. Évolution avec l'âge de la résistance et du retrait «libre» (pas de liaison mécanique s'y opposant).

A.3   Les aciers

A.3.1   Évolution depuis le temps des pionniers

Aux débuts, différentes géométries de section d'acier ont été testées. Très vite, il apparut que les armatures de section circulaire ou s'en rapprochant sont les plus appropriées. Les autres géométries, comme l'illustre la Figure A.3.1, génèrent un effet d'obstacle important à la mise en place du béton et favorisent des défauts d'enrobage rédhibitoires.

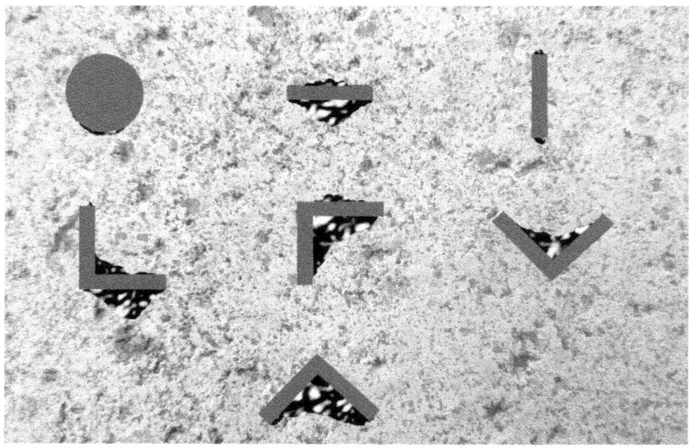

Figure A.3.1. Défauts d'enrobage à craindre (d'où adhérence réduite et risque de corrosion accru) selon la géométrie des barres et leur orientation.

Les premiers aciers furent des aciers doux, de limite d'élasticité alors voisine de 160 MPa. Puis, au fur et à mesure de l'amélioration des technologies sidérurgiques, des aciers de nuance plus élevée sont devenus disponibles à un rapport qualité/prix compétitif. En 2016, les aciers de béton armé les plus courants affichent une limite d'élasticité garantie de 500 MPa et une gamme à 600 MPa est disponible. Elle est envisagée pour renforcer des BHP et surtout des BTHP, mais elle reste très peu utilisée.

Leur géométrie de surface, dont dépend l'adhérence, a également évolué (voir Figure A.3.2).

Les premiers aciers couramment utilisés furent de simples barres rondes brutes de laminage. On comptait sur leurs irrégularités de surface pour assurer une adhérence minimum.

Puis rapidement, des formes assurant une meilleure adhérence ont été développées.

- Ce furent d'abord l'acier Ransome aux États-Unis puis l'acier Caron en Europe, de section carrée et torsadé. Il ne peut glisser dans sa gaine de béton qu'en se détorsadant. Cela engendrait une vraie résistance au glissement, mais générait en contrepartie des efforts importants d'éclatement du béton d'enrobage.

- Ensuite apparut l'acier Tor. Il s'agissait de barres rondes munies de deux nervures longitudinales et, comme l'acier Caron, torsadées. Excepté les plus petits diamètres, elles bénéficiaient en plus de « verrous » façonnés au laminage avec une inclinaison différente de celle des nervures. Ils s'opposaient au dévissage et, par là, limitaient le risque d'éclatement du béton. Tor fut le premier acier «haute adhérence» (HA) et il fit référence jusqu'à la fin des années 1970. Sa limite d'élasticité garantie atteignait alors 400 MPa. Pour les aciers Ransome, Caron et Tor, l'opération de torsadage, faite à froid après l'opération de laminage, engendrait un écrouissage qui faisait gagner 10 à 20 % sur la limite d'élasticité garantie en traction. L'opération était donc gagnante sur deux tableaux : meilleure adhérence et meilleure résistance.

- Enfin, au début des années 1980, lorsque la métallurgie a fourni à prix compétitif, puis ensuite meilleur marché, des aciers non torsadés de limite d'élasticité garantie égale ou supérieure à celle des aciers Tor, ceux-ci furent abandonnés au profit d'aciers crénelés. Ceux-ci sont bruts de laminage et leurs verrous inclinés en sens opposé sur les deux faces opposées de la barre annihilent toute tendance au dévissage. Souvent, ces aciers présentent aussi deux nervures longitudinales, témoin évident qu'ils n'ont pas été torsadés. De nombreuses géométries de verrous et nervures ont vu le jour, dont beaucoup ont depuis disparu.

- Aujourd'hui, tous les aciers HA ont une géométrie comparable à celle de l'acier crénelé de la Figure A.3.2. Comme dit plus haut, les plus courants ont une limite d'élasticité garantie de 500 MPa.

Pour renforcer les éléments surfaciques, comme les dalles de plancher, les treillis soudés (TS) (voir Figure A.3.3) sont apparus dans les années 1950. D'abord exclusivement en rouleaux et constitués de fils lisses, ils sont maintenant essentiellement en panneaux et formés de fils haute adhérence.

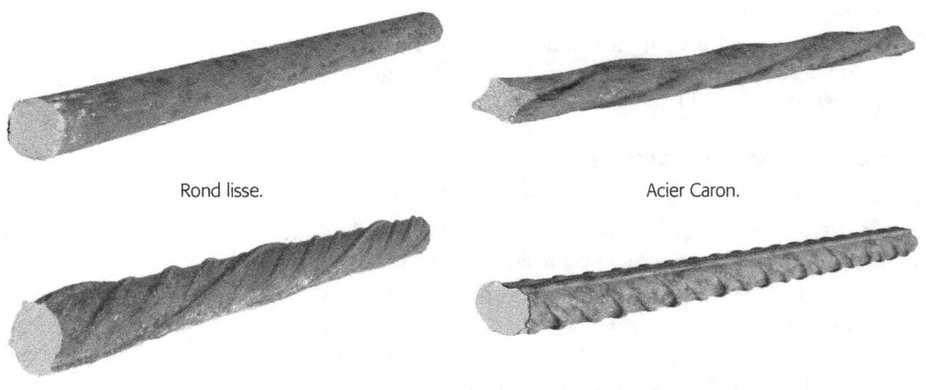

Figure A.3.2. Barre «lisse» et évolution des barres «haute adhérence».

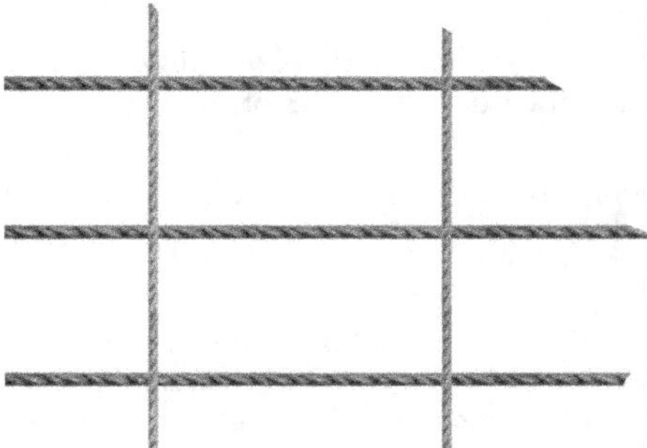

Figure A.3.3. Treillis soudé (souvent en panneaux de 2,4 × 6 m²).

A.3.2   Propriétés et comportement

Pour leur codification réglementaire, voir § C-II.2.

A.3.2.1   Généralités

Contrairement au béton, les aciers ont un comportement symétrique (ils ont, théoriquement, la même courbe déformation-contrainte en traction et en compression) et un comportement linéaire élastique sur une très large part de leur domaine de fonctionnement.

En fait, à cause du risque de flambement, il est très délicat d'explorer le comportement en compression de l'acier à des niveaux élevés de contrainte. Pour cette raison, étant utilisés essentiellement en traction, leur comportement est caractérisé à partir d'essais de traction.

A.3.2.2   Caractérisation mécanique et comportement

Notations

Les grandeurs relatives aux aciers sont repérées par l'indice s (comme *steel* en anglais).

L'indice y (*yield* en anglais, qui signifie «céder») réfère à la limite d'élasticité. L'indice k réfère à la valeur caractéristique (voir § C-I.5.3) qui est celle prise pour référence dans les calculs. Ainsi, la limite d'élasticité caractéristique est désignée f_{yk}. L'indice y ne se rapportant qu'aux aciers, l'indice s est ici omis.

Les aciers à béton admis par Eurocode pour participer à la résistance (tous les aciers sauf les aciers «de construction» ou «de montage» dont la qualité n'importe pas) sont maintenant *obligatoirement* de type HA.

A.3.2.2.1   Leur comportement

La codification réglementaire en est proposée au § C-II.2.

Comme déjà signalé, l'acier a un comportement linéaire élastique sur une très large part de son domaine de fonctionnement, identique en traction et en compression.

Concernant les aciers à béton, leur comportement est caractérisé à partir d'essais de traction. Leur déformation est captée sur une base de mesure égale à cinq fois le diamètre de la barre testée et encadrant la striction. La striction, phénomène spécifique à la traction des matériaux ductiles, est un amincissement localisé de la barre qui préfigure et localise sa rupture.

La Figure A.3.4 propose une photo du dispositif expérimental et, sur l'exemple d'aciers de limite d'élasticité garantie f_{yk} = 500 MPa, illustre le comportement observé au long de l'essai. On y voit :

- les caractéristiques de leur courbe déformation-contrainte selon le mode de laminage, à chaud ou à froid, et la désignation des différentes phases de fonctionnement et de quelques valeurs repères ;
- l'évolution, (commentée plus bas), de l'apparence d'une barre au fur et à mesure de son allongement.

Nota

Pour une information sur l'élaboration des aciers à béton et notamment les deux modes de laminage, voir la documentation technique «T46 : L'armature du béton, de la conception à la mise en œuvre» consultable sur le site : http://www.infociments.fr/publications/genie-civil/collection-technique-cimbeton.

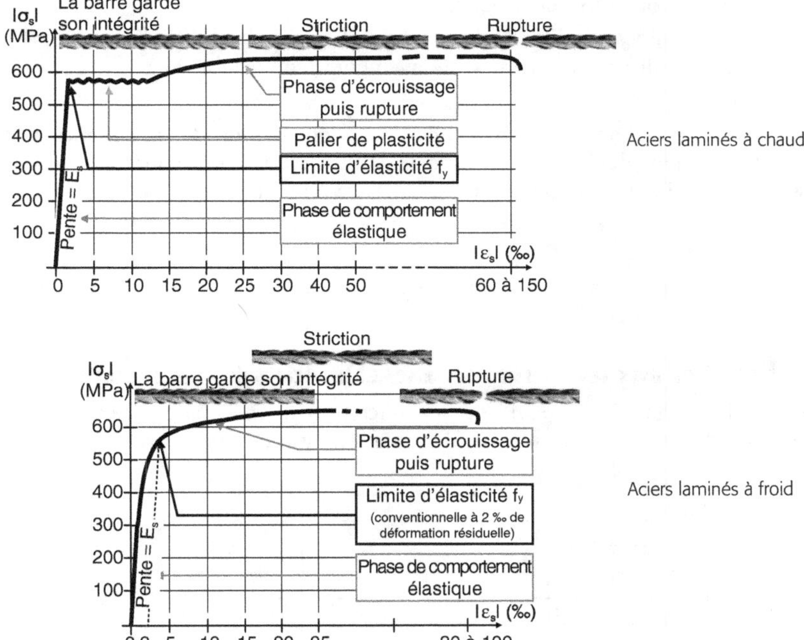

Dispositif de mesure pour la courbe déformation-contrainte des aciers à béton

Aciers laminés à chaud

Aciers laminés à froid

Figure A.3.4. Comportement en traction des aciers à béton selon leur mode d'élaboration. Exemple d'aciers de limite d'élasticité garantie f_{yk} = 500 MPa

Au long d'un essai de traction on observe successivement les phases suivantes.

- Phase de comportement élastique

  Comportement élastique signifie que, si on relâche la charge jusqu'à zéro, la déformation revient à zéro. Cette phase est caractérisée par un module d'élasticité (le qualificatif « d'élasticité » est ici totalement justifié) $E_s \approx 205$ GPa que le règlement arrondit à la valeur unique E_s = 200 GPa. Elle se termine avec la limite d'élasticité f_y dont l'allongement correspondant est $\varepsilon_y \approx 2,5$ à 3 ‰. Au long de cette phase, aucune modification d'aspect n'est décelable sur la barre testée.

- Limite d'élasticité
  - Aciers laminés à chaud : la limite d'élasticité est clairement marquée par la fin brutale de la phase de comportement élastique qui laisse place à une phase de comportement purement plastique, le palier de plasticité.
  - Aciers laminés à froid : ces aciers ne présentent pas de palier de plasticité. Il y a un passage progressif de la phase de comportement élastique à la phase d'écrouissage (voir plus bas ce qu'est la « phase d'écrouissage »). En fait, le laminage à froid a déjà écroui ces aciers. Le palier de plasticité qui précède l'écrouissage a déjà été consommé, c'est pourquoi n'existe plus.

    Il convient alors de définir une limite d'élasticité conventionnelle.
    - › Pour les aciers de béton armé, Eurocode la définit à 2 ‰ de déformation résiduelle.
    - › Pour les aciers de précontrainte, cette limite est fixée à 1 ‰ de déformation résiduelle.
- Le palier de plasticité (spécificité des aciers laminés à chaud)

  Il est d'autant plus long que l'acier est moins dur. Les aciers à béton font partie des aciers durs, leur palier de plasticité s'étend jusqu'à $\varepsilon_s \approx 8$ à 15 ‰. L'allongement significatif durant cette phase provoque l'écaillage de la couche de calamine qui recouvre la barre, mais il n'y a pas encore de modification visible de sa géométrie.

  (Dans le cas d'aciers laminés à froid ne présentant pas de palier de plasticité, on observe le même phénomène d'écaillage à un niveau d'allongement ε_s comparable.)
- Phase d'écrouissage

  La phase d'écrouissage est caractérisée par une légère augmentation de la résistance alors que la déformation augmente de plus en plus fortement. C'est dans cette phase qu'apparaît un rétrécissement localisé de la section de la barre, la *striction*, qui va ensuite s'accentuer et localiser la rupture.
- Allongement ε_u à la rupture

  Généralement il est compris entre 30 et 100 ‰ pour les aciers laminés à froid et entre 60 et 150 ‰ pour les aciers laminés à chaud.

A.3.2.2.2 Comparaison avec les aciers ronds lisses et les aciers de précontrainte

Elle est présentée sur la Figure A.3.5. On note les différences d'échelle entre ces trois types d'aciers, en termes de résistance d'une part et de déformation ultime d'autre part.

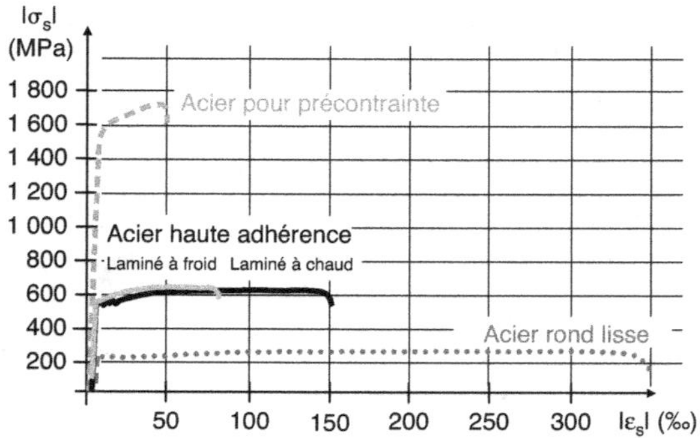

Figure A.3.5. Comparaison entre aciers rond lisse, HA et de précontrainte.

Aciers ronds lisses

Ils sont peu performants, f_{yk} = 240 MPa, et peuvent être classés parmi les aciers doux.

Ils sont très ductiles et acceptent sans dommage d'être pliés et dépliés sans précaution.

Leur usage est aujourd'hui réservé aux crochets de manutention (susceptibles d'être pliés et dépliés sans ménagement) et aux aciers de construction (non pris en compte dans les calculs).

Aciers de précontrainte

Ce sont des aciers extra-durs, f_{yk} ≈ 1 200 à 1 800 MPa. Comme les aciers laminés à froid ils n'affichent pas de palier de plasticité et un allongement ultime limité: ε_s ultime ≤ 50 ‰ (voir Figure A.3.6)

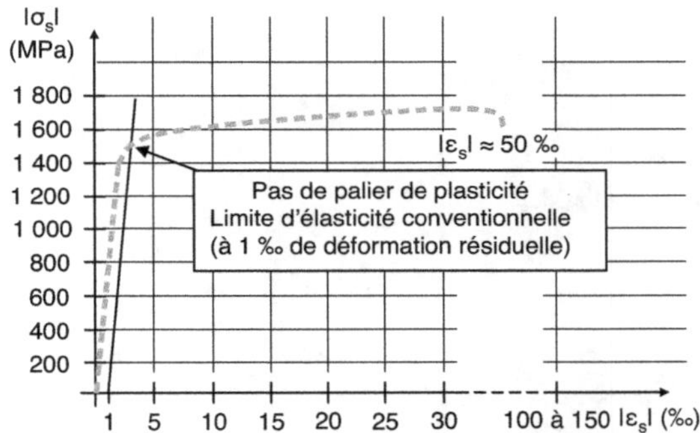

Figure A.3.6. Courbe déformation-contrainte d'un acier de précontrainte.

Partie B

Le béton armé : comment ça marche ?

Cette partie B est consacrée à l'exposé des modes fondamentaux de fonctionnement du béton armé :

- l'adhérence béton-armature, composante essentielle du béton armé ;
- la résistance aux effets du moment fléchissant ;
- la résistance aux effets de l'effort tranchant.

Les résistances aux effets du moment fléchissant et de l'effort tranchant des éléments en béton armé relèvent de mécanismes différents et se traduisent par deux réponses différentes en termes de disposition et calcul des armatures. Ces deux volets sont donc traités séparément.

L'exposé, simple et imagé, s'appuie sur l'exemple de poutres sollicitées en flexion. Les principes mis au jour à ces occasions sont généraux et s'appliquent, ou sont facilement transposables, à tous les types de structures.

B.1   Adhérence, ancrages et recouvrements

La codification réglementaire associée est présentée aux § C-II.3 à C-II.6.

Notations

Ce qui est relatif à l'adhérence est repéré par l'indice b (comme *bond* en anglais).

La contrainte d'adhérence maximum envisageable est assimilable à une résistance et est notée f_b (f comme toutes les résistances et b pour adhérence).

B.1.1   Adhérence

Une bonne adhérence est essentielle au bon fonctionnement du béton armé.

Une adhérence de qualité est obtenue par l'usage d'armatures à haute adhérence (HA) et par une mise en place soignée du béton assurant un contact intime et continu avec l'armature. Une résistance suffisante du béton est également requise.

Le contact intime assure en plus la protection des armatures contre la corrosion, ceci de deux façons :

- d'une part, en empêchant ou en retardant l'arrivée puis l'accumulation d'agents agressifs au contact des barres ;

- d'autre part, par effet chimique, le PH basique du béton étant protecteur.

  Attention : dès que dans certaines zones le contact n'est plus intime, il se produit un effet de pile entre les zones de qualités de contact différentes qui déclenche une corrosion outrepassant la protection chimique.

Contrairement à ce qu'on pourrait croire, un léger voile de rouille adhérent recouvrant la surface des aciers est favorable :

- d'une part, il prouve que d'éventuels résidus huileux issus du laminage ont été éliminés ;

- d'autre part, en se liant chimiquement avec le béton d'enrobage, il neutralise cette corrosion naissante et développe une adhérence encore plus forte et plus intime.

La Figure B.1.1 montre une barre bien enrobée. Cela est obtenu par un béton bien formulé et vibré comme il convient, suffisamment mais pas trop.

Figure B.1.1. Bon enrobage : un contact intime béton-armature en tout point.

Deux situations sont à éviter :

- Béton trop raide ou insuffisamment vibré : il est caverneux et, comme montré sur la Figure B.1.2, il subsiste au contact des armatures des espaces importants non remplis de béton. Ceux-ci diminuent d'autant la surface de contact armature-béton et, par suite, les efforts d'adhérence mobilisables. Par ailleurs, ces espaces sont désastreux au regard de la corrosion des armatures. Ils se comportent comme des pièges à eau et permettent une circulation aisée

Figure B.1.2. Mauvais enrobage dû à un béton trop sec ou insuffisamment vibré : le béton est caverneux avec de nombreux manques au contact avec les armatures.

des agents agressifs au contact de l'armature ainsi que l'instauration d'effets de pile outrepassant la protection chimique.

- Béton trop vibré ou formulé avec trop d'eau. Comme illustré sur la Figure B.1.3, il se produit une ségrégation qui crée, en dessous des barres, un espace en forme de demi-lune rempli d'eau, donc sans béton. Ce défaut de contact a les mêmes conséquences vis-à-vis de l'adhérence et de la corrosion que le cas précédent.

Figure B.1.3. Mauvais enrobage dû à un béton trop mouillé ou trop vibré : un espace initialement rempli d'eau se forme en sous-face des armatures.

B.1.2 Ancrages

L'ancrage est la solidarisation d'une barre, à son extrémité, au béton avec lequel elle doit travailler en synergie.

Pour reprendre un effort donné, une barre doit :

a) être suffisamment résistante ;

b) être ancrée pour l'effort à reprendre.

La solution la plus simple est un ancrage droit.

Lorsqu'il n'y a pas assez d'espace pour permettre le développement complet d'un ancrage droit, on a recours à un ancrage courbe. C'est notamment la solution recommandée aux extrémités des poutres. L'ancrage courbe est aussi la solution de sécurité lorsqu'il y a une incertitude sur la qualité de l'adhérence.

B.1.2.1 Ancrages droits

La résistance des ancrages droits résulte exclusivement de l'adhérence béton-armature.

L'effort ancré augmente avec la longueur ℓ_b ancrée. Lorsqu'il atteint la résistance de la barre, celle-ci est totalement ancrée et la longueur minimum nécessaire pour cet ancrage total s'appelle « longueur d'ancrage droit total », nous la désignerons par $\ell_{b,total}$.

Les corrélations entre ℓ_b et l'effort F_s capable d'être repris par une barre sont illustrées sur la Figure B.1.4 et explicitées ci-dessous.

- L'effort repris augmente avec l'aire de contact béton-armature sur la longueur ancrée, c'est-à-dire avec le produit $\ell_b.\pi.\phi$, où ℓ_b est la longueur ancrée et ϕ le diamètre de la barre. Donc, plus la barre est grosse, plus vite augmente l'effort ancré.

- Une mauvaise mise en place du béton affecte ce résultat en diminuant l'aire effective de contact béton-armature.

- L'utilisation d'armatures HA et un béton de meilleure qualité améliorent l'adhérence.

- Dans le cas d'un ancrage total, l'effort à reprendre est égal à la résistance de la barre. Donc, plus la barre est grosse, plus l'effort à reprendre est grand. Celui-ci augmente comme la section de la barre, soit comme $\pi.\phi^2/4$, alors que la capacité de reprise d'effort par adhérence n'augmente que comme le périmètre $\pi.\phi$ de la barre. Donc les barres plus grosses nécessitent des longueurs d'ancrage droit total plus grandes (dans le rapport $(\pi.\phi^2/4)/\pi.\phi = \phi/4$, c'est-à-dire proportionnellement à leur diamètre ϕ).

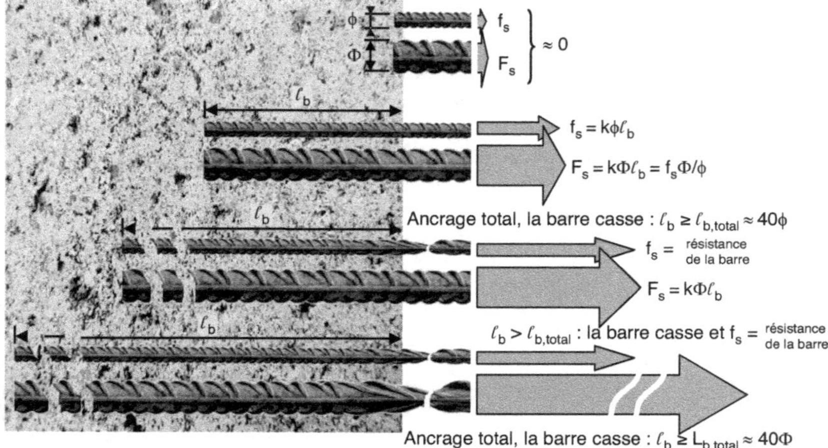

Figure B.1.4. Ancrage droit : évolution en fonction du diamètre de la barre et de sa longueur ancrée.

Longueur d'ancrage droit total $\ell_{b,total}$

On admet, c'est une simplification, que la contrainte d'adhérence développée le long de ℓ_b est constante. La longueur minimum d'ancrage nécessaire est celle calculée avec la plus forte valeur envisageable de contrainte d'adhérence, à savoir la résistance d'adhérence f_b.

On a alors $\ell_{b,total}$ tel que :

effort ancré = résistance de la barre, à savoir $f_b.\pi.\phi.\ell_{b,total} = f_{yk}.\pi.\phi^2/4$

d'où :

$$\ell_{b,total} = [f_{yk}.(\pi.\phi^2/4)]/[f_b.(\pi.\phi)]$$

avec :

- f_{yk} = limite d'élasticité du matériau constituant la barre (prise pour caractériser sa résistance)
- f_b = résistance d'adhérence

Le mot « adhérence » tel qu'utilisé en béton armé est en fait un raccourci pour désigner l'ensemble des phénomènes et mécanismes mis en jeu dans la résistance au glissement d'une barre par rapport à son béton d'enrobage, ou, en d'autres termes, dans la résistance au cisaillement de l'association armature-béton. Interviennent notamment, comme dans tous les cas de résistance au cisaillement, des bielles de béton comprimé inclinées par rapport à la direction du cisaillement et une tendance au développement de fissures individualisant les bielles. À l'approche de la rupture, ces fissures deviennent effectives et, du même coup, observables.

Dans le cas de l'adhérence, les bielles s'arc-boutent entre l'armature et le béton environnant. L'ensemble présentant alors une symétrie de révolution autour de l'axe de la barre, ce qui est désigné comme des bielles est en fait un ensemble de cônes emboîtés les uns dans les autres.

La photo de la Figure B.1.5 en montre un exemple. Elle est tirée des recherches menées par Maurice Arnaud sur le thème de l'adhérence acier-béton au laboratoire de génie civil de l'université Paul-Sabatier et de l'INSA (Institut national des sciences appliquées) de Toulouse. Issue d'une campagne d'essais menée durant les années 1970, elle a été obtenue en exerçant un effort d'arrachement sur une barre ancrée jusqu'à provoquer son glissement. Les fissures et autres désordres induits ont été mis en évidence par une imprégnation sous vide de résine colorée suivie, après durcissement de celle-ci, d'une coupe polie affleurant la barre. L'objectif était notamment l'étude de l'effet d'obstacle apporté par les reliefs des barres HA, aussi les barres utilisées ciblaient-elles cet effet. Obtenues par tournage, des zones de plus grand diamètre faisant obstacle avaient été ménagées à intervalles choisis.

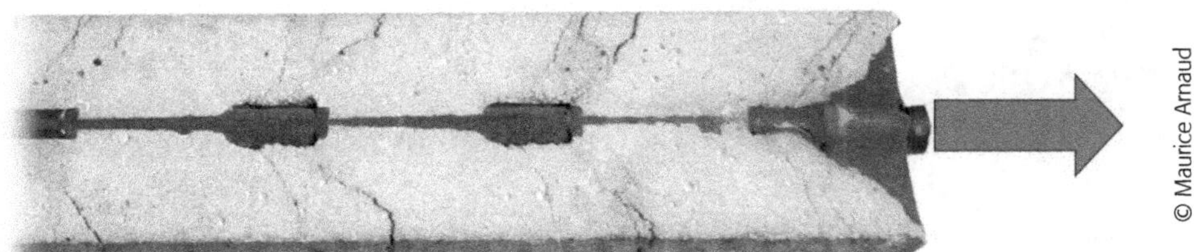

Figure B.1.5. Fissures inclinées et «bielles» découlant de l'effort d'adhérence d'une barre.

Pour chaque barre située près d'un parement (voir la Figure B.1.6), les bielles dirigées vers l'intérieur de la pièce en béton y trouvent un appui très efficace (flèches en gris foncé) et, en s'arc-boutant sur la barre, la repoussent vers l'extérieur. Les bielles dirigées vers l'extérieur, ne trouvant que peu d'appui (flèches en gris clair), peinent à apporter un effort antagoniste. Il s'ensuit un risque d'éclatement du béton d'enrobage. Lorsque cet éclatement est devenu effectif, il est identifié par une fissure visible en parement parallèle à l'axe de la barre, avec deux conséquences désastreuses : une perte notable de l'adhérence recherchée (car la barre n'est plus enchâssée fermement dans sa gangue de béton) et une exposition directe de la barre aux agents agressifs, qui provoqueront sa corrosion. Pour les barres situées dans un coin, on peut avoir une fissure sur chaque parement.

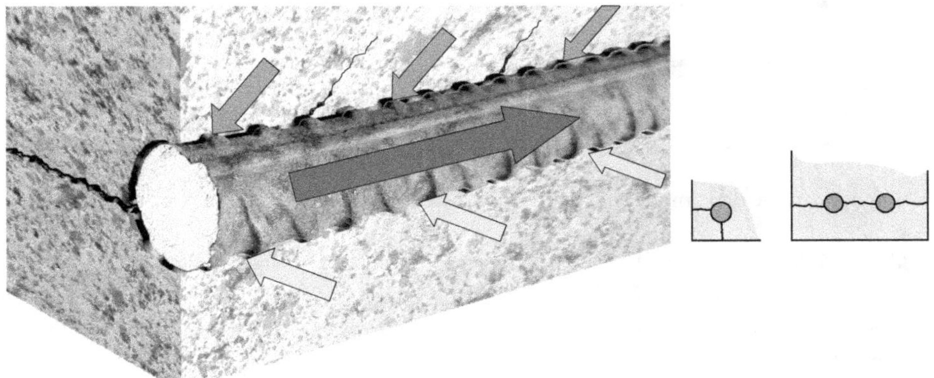

Figure B.1.6. Risque d'éclatement du béton d'enrobage sous l'action des efforts d'adhérence.

Pour y remédier, à défaut de pouvoir augmenter suffisamment l'épaisseur du béton d'enrobage, il faut mettre en place des armatures complémentaires, dites «de couture d'ancrage», disposées pour reprendre l'effort de poussée vers l'extérieur (voir la Figure B.1.7). Les armatures transversales calculées pour résister aux effets de l'effort tranchant, donc à d'autres fins, sont correctement placées pour participer à cette fonction de couture et s'avèrent généralement suffisantes.

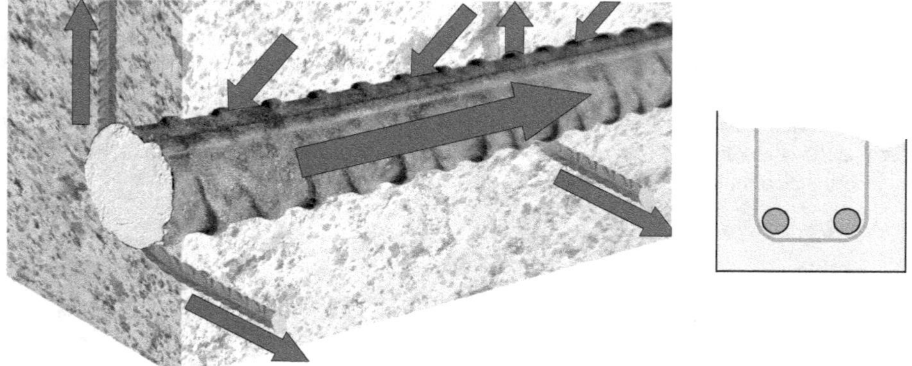

Figure B.1.7. Aciers de couture s'opposant à l'éclatement du béton d'enrobage sous l'action des efforts d'adhérence. Ils reprennent l'effort de poussée vers l'extérieur exercé par les bielles inclinées.

B.1.2.2 Ancrages courbes

Les ancrages courbes sont aussi appelés «crochets». Il s'agit de retours à 90°, ou à 150°, ou encore à 180°, comme illustré sur la Figure B.1.8. Le retour à 150° procure un des meilleurs rapports efficacité/prix.

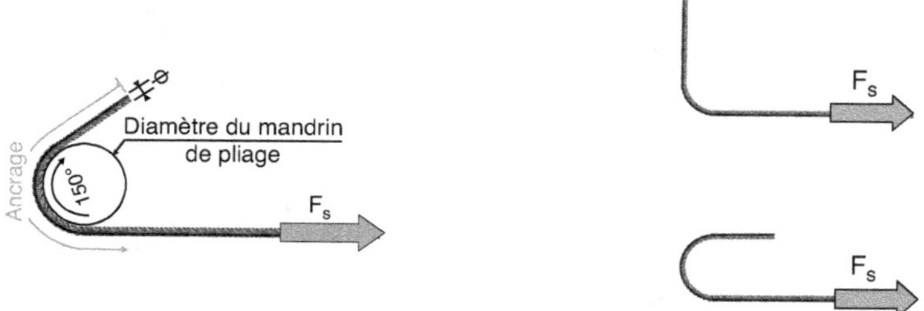

Figure B.1.8. Ancrages par crochet : retours à 150°, à 90° et à 180°.

Un crochet cumule deux modes de fonctionnement et les qualités ou défauts associés.

Fonctionnement

Le fonctionnement de base est celui d'un ancrage droit replié sur lui-même. Son encombrement parallèlement à l'axe de la barre est plus faible qu'un ancrage droit, mais il nécessite de l'espace perpendiculairement.

S'y ajoute un effet d'obstacle. La partie courbe du crochet s'appuie directement sur le béton, comme ferait une ancre de bateau.

Qualités

L'effet d'obstacle augmente l'efficacité des crochets.

Quand le béton résiste, l'ancrage ne peut céder que par glissement et déroulement du crochet dans sa gaine de béton. Cela consomme beaucoup d'énergie, procurant une rupture ductile de l'ancrage.

Défauts

Ils sont illustrés sur la Figure B.1.9.

L'effet d'obstacle induit un effort de compression sur le béton situé à l'intérieur du crochet. Si le crochet se développe parallèlement à un parement et proche de celui-ci, l'effort de compression peut provoquer l'éclatement du béton et annihiler l'ancrage. Nous verrons au § C-II.6.2.1 que la contrainte de compression ainsi appliquée au béton est d'autant plus forte que le rayon de courbure du crochet est petit.

Les crochets à 90° nécessitent une précaution spécifique. Si leur retour est parallèle à un parement, la tendance au déroulement du crochet le fait «pousser au vide» avec un fort risque d'éclatement du béton d'enrobage. Pour prévenir ceci, le brin qui se déroule en poussant au vide doit être retenu par un acier ancré dans la masse du béton.

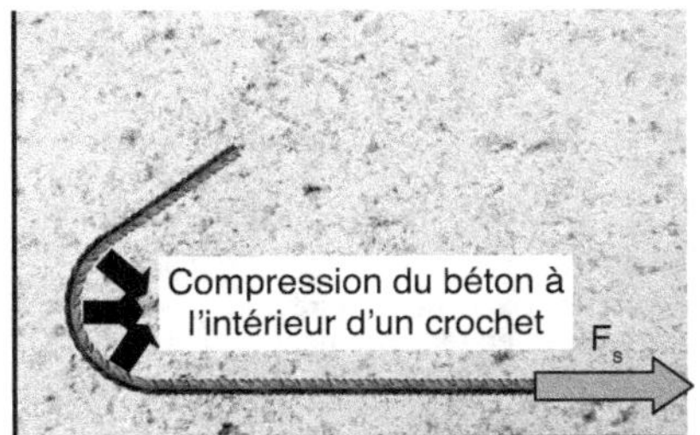

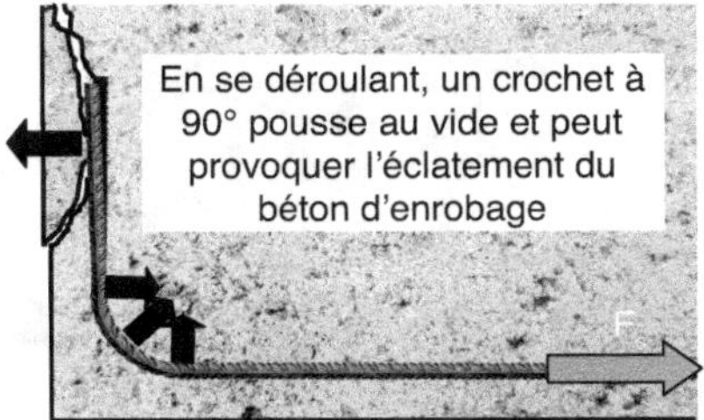

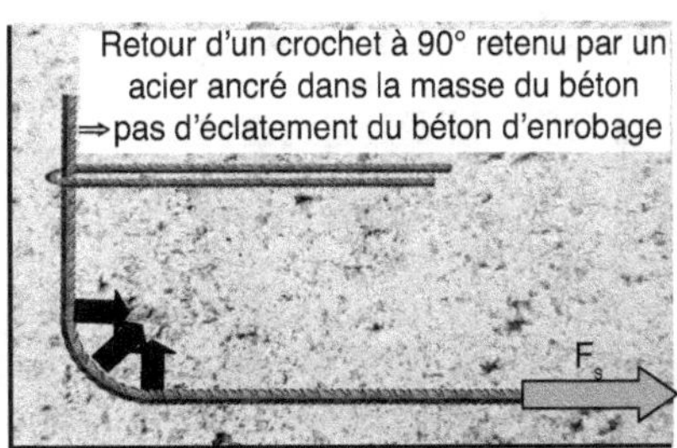

Figure B.1.9. Spécificité d'ancrages courbes.

B.1.3   Recouvrements

Le recouvrement est le moyen le plus simple de prolonger une barre par une autre, de sorte que l'ensemble se comporte comme une barre continue unique. Les autres moyens sont la soudure ou le recours à un coupleur (un manchon assurant une liaison mécanique entre les deux barres).

Le recouvrement est l'ancrage mutuel des deux barres l'une sur l'autre. Les barres doivent donc être en regard sur une longueur au moins égale à leur longueur d'ancrage. Comme montré sur la Figure B.1.10, l'effort est transmis d'une barre à l'autre par des bielles de béton comprimé inclinées. Sous l'effort, ces bielles ont tendance à se redresser, développant un effort d'écartement des deux barres qui, si l'une est proche d'un parement, peut faire éclater le béton d'enrobage.

Dans l'hypothèse de bielles à 45°, l'effort d'écartement est égal à l'effort F_s transmis dans le recouvrement. Pour y résister, il faut enserrer le recouvrement par des aciers transversaux, appelés «aciers de couture du recouvrement», capables tous ensemble de s'opposer à l'effort d'écartement = F_s. Comme montré sur la Figure B.1.10, ces aciers pourraient être bouclés directement autour du recouvrement. Pratiquement, ils sont constitués d'aciers transversaux de forme classique.

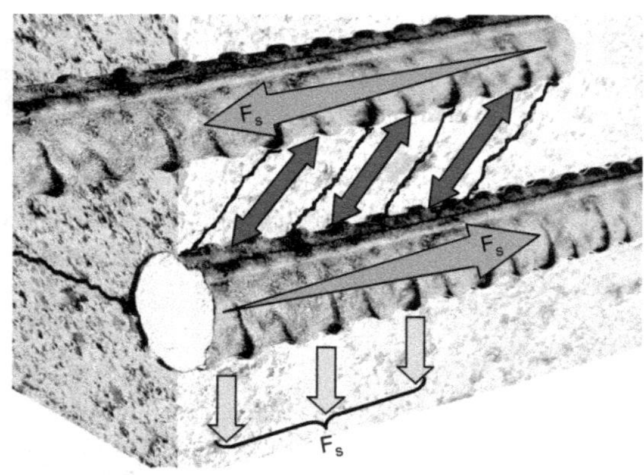
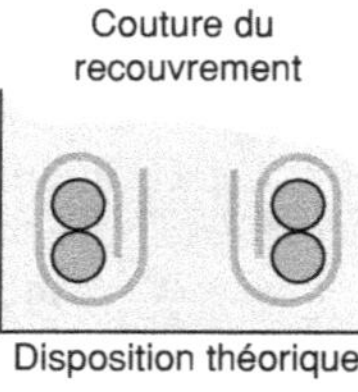

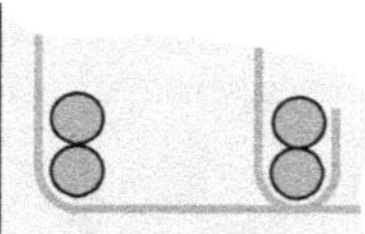

Figure B.1.10. Recouvrement : effort d'écartement des barres et aciers de couture pour y résister (pour une meilleure lisibilité de la figure, la distance entre les barres en recouvrement a été exagérée).

B.2 Résistance aux effets du moment fléchissant et de l'effort tranchant : éléments de base de l'exposé

L'exposé traite d'abord de systèmes schématisés, puis il est complété par la présentation du comportement de poutres de béton et d'acier. Certaines sont réellement testées, d'autres, extrapolées.

L'exposé s'appuie sur l'expérience de poutres de laboratoire fabriquées et testées en travaux pratiques de béton armé au département de génie civil de l'IUT (institut universitaire de technologie) A de Toulouse. Il s'agit de poutres isostatiques (une seule travée sur appuis simples) sollicitées en flexion quatre points (colonne de droite sur la Figure B.2.1).

Pourquoi une flexion quatre points ?

Le cas de chargement le plus souvent rencontré dans les constructions courantes est un chargement uniforme (colonne de gauche sur la Figure B.2.1). En laboratoire, ce type de chargement est difficile à appliquer et on lui préfère souvent un test en flexion quatre points.

Outre que le diagramme du moment fléchissant ainsi obtenu rappelle, en plus anguleux, celui d'un chargement uniforme, le chargement en flexion quatre points présente deux autres atouts.

- Entre les deux points d'application de l'effort, le moment fléchissant est constant et à sa valeur maximum, tandis que l'effort tranchant est nul. C'est une configuration idéale pour étudier les effets du seul moment fléchissant, sans superposition de manifestations attribuables aux effets de l'effort tranchant.

- Entre les appuis et les points d'application de l'effort, l'effort tranchant est constant et à sa valeur maximum, ce qui facilite l'étude de ses effets.

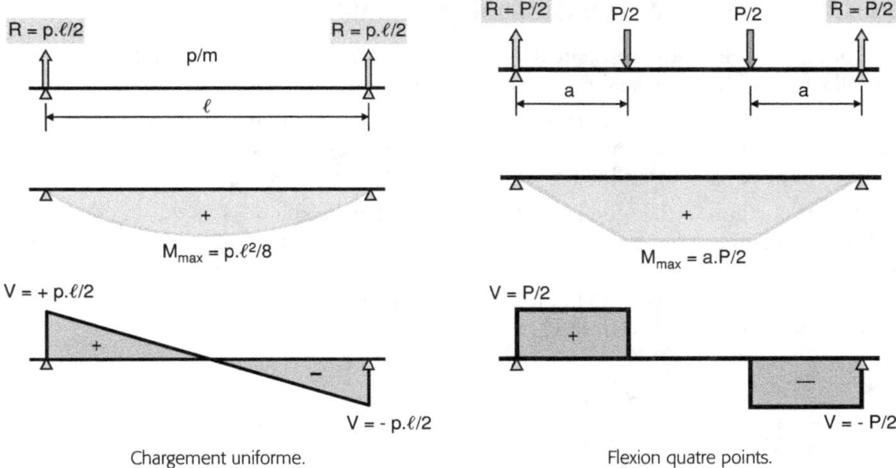

Figure B.2.1. Comparaison et caractéristiques d'un chargement uniforme, le plus souvent rencontré dans les constructions courantes, et d'un chargement en flexion quatre points, appliqué aux poutres considérées ci-après.

B.3   Résistance aux effets du moment fléchissant

B.3.1   Schématisation

L'étude des poutres réelles (voir § B.3.2) montre que les poutres béton armé sollicitées en flexion affichent des fissures verticales régulièrement réparties, découpant des segments non fissurés reliés entre eux par : d'une part l'armature tendue, d'autre part et lui faisant face, une zone de béton comprimé. C'est cette schématisation qui est reprise ici.

La Figure B.3.1 propose une vue d'ensemble du dispositif. Il s'agit d'un assemblage de blocs de bois figurant les tronçons de béton découpés par les fissures, s'appuyant l'un à l'autre au niveau de la zone comprimée de la poutre et reliés en zone tendue par une armature, constituée ici par une simple ficelle.

Figure B.3.1. Dispositif de simulation de poutres béton armé par un assemblage de blocs de bois.

B.3.1.1 Incidence de la position de l'armature

Par simplification, cette étude est faite dans le cas d'une armature ancrée non adhérente, l'armature ficelle utilisée n'est alors retenue qu'aux deux extrémités de la poutre.

La position de l'armature est caractérisée par sa hauteur utile d, distance entre son centre de gravité et la face comprimée de la poutre (ici la face supérieure). La hauteur totale de la poutre est h = 12 cm et quatre hauteurs utiles sont explorées : d = 5,5 cm, d = 8 cm, d = 9,5 cm et d = 11 cm.

On note, sur la Figure B.3.2, que l'armature ficelle restant rectiligne alors que la poutre prend de la flèche, la hauteur utile d n'est pas constante. Elle se trouve plus faible en partie centrale de la poutre, là où, justement, le moment est maximum. Pour y remédier, il est indispensable de disposer, au moins à mi-portée, un guide qui force l'armature ficelle à passer à la hauteur choisie. Ces guides (un par valeur de d choisie) sont visibles sur la Figure B.3.1.

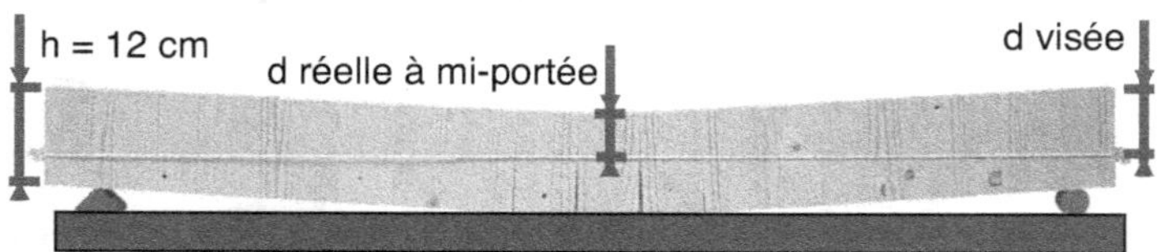

Figure B.3.2. Trajet de l'armature ficelle en l'absence de précaution.

La suite d'images de la Figure B.3.3 permet d'apprécier l'incidence de la hauteur utile d d'une poutre sur sa capacité portante.

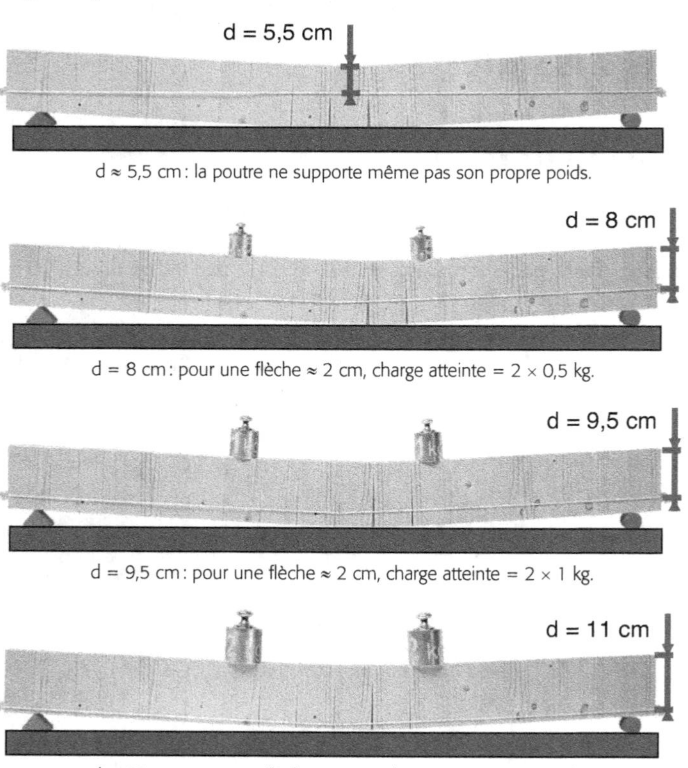

Figure B.3.3. Incidence de la hauteur utile d, cas d'une armature ancrée non adhérente.

Les conclusions sont les suivantes :

- La capacité portante augmente avec la hauteur utile d. Il y a donc intérêt à excentrer le plus possible les armatures. Dans les poutres réelles, il convient cependant de préserver un enrobage minimum pour une bonne adhérence et pour une protection suffisante contre la corrosion.

- Augmenter encore plus d augmenterait encore plus la capacité portante ; pour cela, il faut augmenter la hauteur h de la poutre.

Dans la suite, une seule hauteur utile sera considérée : la plus grande, soit d = 11 cm.

> **Nota**
>
> En l'absence d'adhérence (mais avec ancrage aux extrémités), on n'observe qu'un très faible nombre de fissures, chacune largement ouverte.

B.3.1.2   Apport de l'adhérence

Une fois ajoutée la fonction adhérence des armatures, la schématisation choisie est le reflet exact du comportement d'une poutre béton armé réelle.

L'adhérence est ici simulée de façon simple, en solidarisant chaque bloc de bois à l'armature ficelle par une punaise fichée dans l'une et l'autre, comme montré sur la Figure B.3.4. Les blocs d'extrémités étant déjà solidarisés par l'ancrage, une punaise n'y est pas nécessaire.

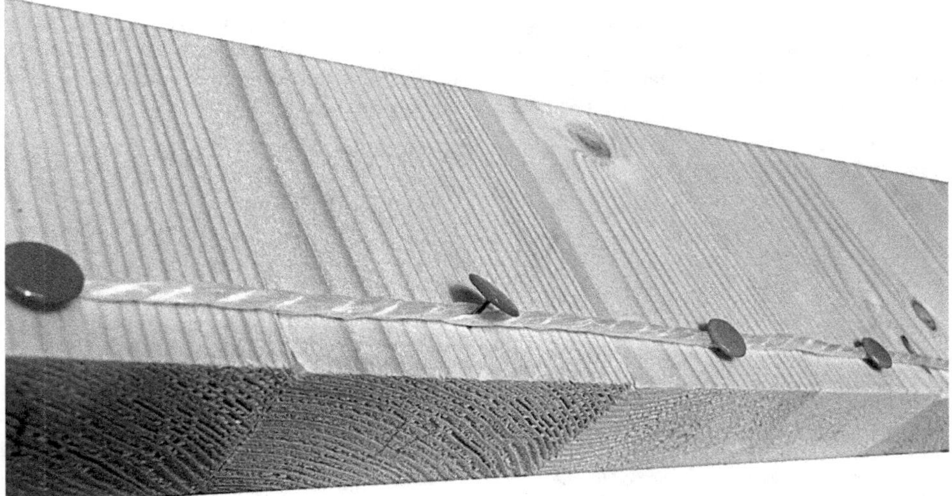

Figure B.3.4. Solidarisation de l'armature ficelle avec chaque bloc de bois pour simuler l'adhérence.

La suite d'images de la Figure B.3.5 montre l'évolution des fissures et de la flèche en fonction de la charge appliquée. Deux constatations immédiates s'imposent :

- les fissures en nombre limité et larges du cas « sans adhérence avec ancrage » sont remplacées par des fissures nombreuses, réparties et plus fines, passant presque inaperçues ;
- la flèche est significativement diminuée.

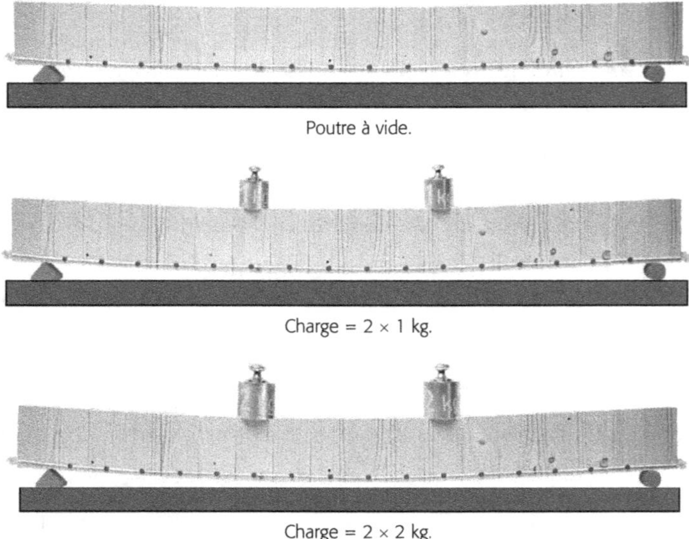

Poutre à vide.

Charge = 2 × 1 kg.

Charge = 2 × 2 kg.

Figure B.3.5. Armature adhérente : fissures et flèche en fonction de la charge appliquée.

On note aussi sur la Figure B.3.6 que l'armature ficelle, à peine tendue entre deux punaises lorsque la poutre est à vide, se tend lorsque la charge appliquée augmente. C'est l'illustration du caractère « passif » des armatures de béton armé : elles sont mises en tension en réaction à la déformation de la poutre, et plus particulièrement à l'ouverture des fissures.

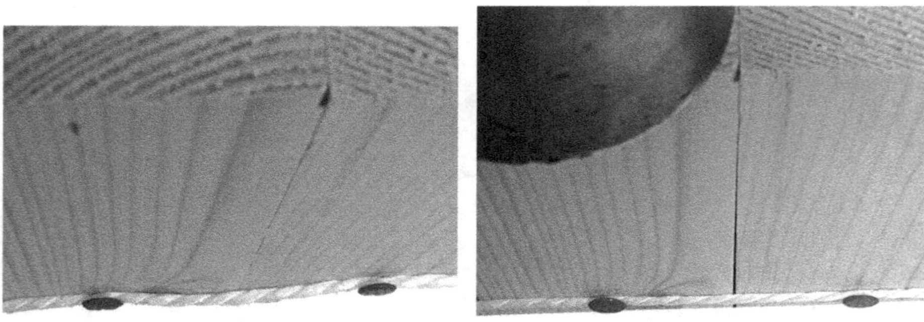

Poutre non sollicitée : armature non tendue.

Poutre chargée : armature tendue par l'ouverture des fissures.

Figure B.3.6. Caractère « passif » des armatures de béton armé : leur tension découle de la sollicitation de la poutre.

B.3.1.3 Positionnement des armatures en fonction du signe du moment

Entre travée et appuis de continuité, le moment change de signe. Avec les conventions de signe du béton armé (voir § C-I.3), il est positif en travée et négatif sur appuis de continuité.

Les armatures positionnées pour un moment positif conviennent-elles pour un moment négatif ? La réponse est donnée par la Figure B.3.7. Alors qu'en travée (moment positif), l'armature doit être placée en partie basse de la section, sur appui de continuité, du fait du moment négatif, la situation est inversée et l'armature doit être placée en partie haute de la section.

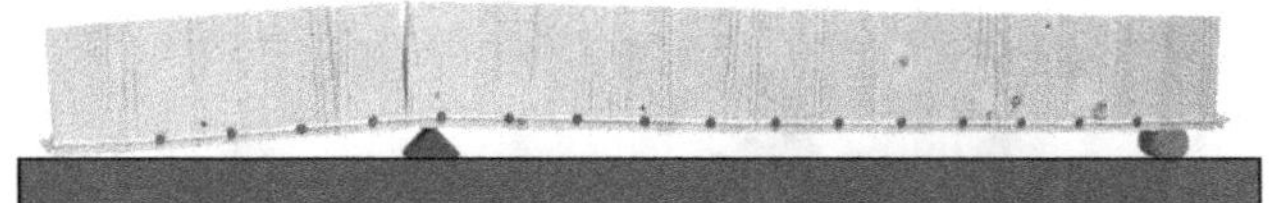

Armature en partie basse sur un appui de continuité. On voit le résultat (même à vide)!

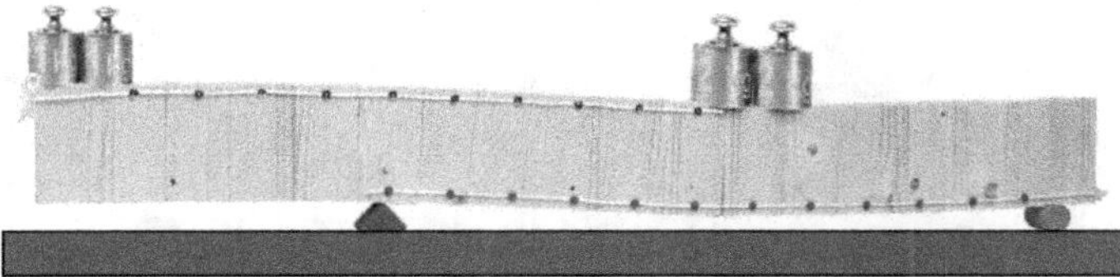

Sur un appui de continuité, l'armature doit être en partie haute de la section.

Figure B.3.7. Positionnement différent de l'armature selon le signe du moment : moment positif en travée et moment négatif sur appui de continuité.

B.3.2 Poutres de béton et d'acier

B.3.2.1 Matériel expérimental

B.3.2.1.1 Géométrie des poutres et dispositif de chargement

Il s'agit de poutres de 28×15 cm^2 de section et 2,80 m de portée, sollicitées en flexion quatre points. La Figure B.3.8 propose une photographie du dispositif de chargement et des éléments de mesure utilisés, ainsi qu'un schéma fonctionnel avec les cotes essentielles.

Des plaques d'appui de 15 cm de large (et la largeur de la poutre dans l'autre direction) représentent les appuis des poutres réelles intégrées à une structure réelle en béton armé.

Notons à ce sujet qu'un appui de largeur nulle, limité à une simple ligne, comme le suppose le schéma fonctionnel de la résistance des matériaux (RDM) de la Figure B.2.1 par exemple, impliquerait une contrainte de contact infinie qui écraserait le béton. Dans tous les cas, une plaque d'appui répartissant l'effort sur une surface suffisante est nécessaire.

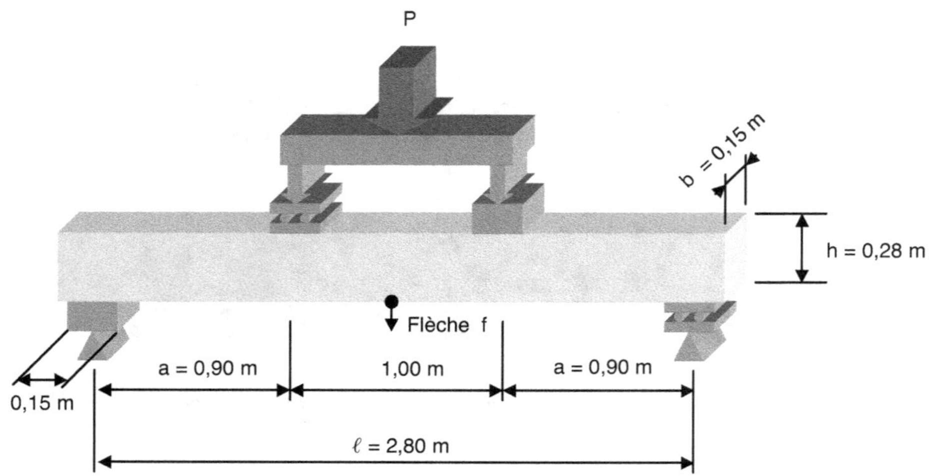

Figure B.3.8. Dispositif d'essai des poutres (département de génie civil, IUT A, Toulouse) et son schéma fonctionnel. On distingue sur la photo les dispositifs de mesure de la flèche ainsi que des déformations du béton et de l'armature principale.

B.3.2.1.2   Béton

Au moment de l'essai, le béton de ces poutres avait :

- une résistance moyenne effective en compression $f_{cm}(t) \approx 45$ MPa ;
- une résistance moyenne effective en traction $f_{ctm}(t) \approx 3,3$ MPa.

Notations

Rappel : f désigne une résistance. L'indice c indique qu'il s'agit de béton (comme *concrete*) et, à défaut d'autre précision, il s'agit de compression ; l'indice t indique qu'il s'agit de traction. Par ailleurs, l'indice m indique qu'il s'agit de la résistance effective moyenne. Enfin, (t) indique que cette valeur est celle à l'âge t du béton.

B.3.2.1.3   Armatures

Elles sont regroupées en un seul ensemble appelé, du fait de son aspect, « cage d'armatures ». Lorsque les armatures sont faites de barres ou autres éléments métalliques, l'ensemble qu'elles forment est généralement appelé « ferraillage ».

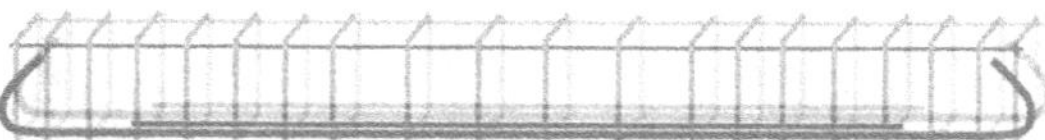

Dans les poutres prises en exemple ici, les armatures sont du type le plus courant : en acier HA de nuance $f_{yk} = 500$ MPa.

Trois composantes de la cage d'armatures sont distinguées selon leur fonction.

- Pour résister aux effets du moment fléchissant : les armatures longitudinales.

Leur quantité évolue en fonction de l'intensité du moment fléchissant. C'est pourquoi, ici, un deuxième lit de barres est ajouté dans la zone médiane de la poutre où le moment fléchissant est plus élevé.

- Pour résister aux effets de l'effort tranchant : les armatures transversales, souvent appelées « cadres » en raison de leur forme.

Ce renfort est d'autant plus dense que l'effort tranchant est plus fort. C'est pourquoi les cadres sont plus rapprochés dans les zones où l'effort tranchant est plus fort, ici entre les appuis et les points d'application de la charge.

- Enfin, il y a les barres de montage.

Elles sont nécessaires, ou seulement pratiques, pour tenir les diverses composantes du ferraillage (notamment les armatures transversales) dans leur bonne position. Elles n'ont aucune nécessité fonctionnelle et sont ignorées dans les calculs de résistance.

B.3.2.2 Association gagnante du béton et de l'armature grâce à l'adhérence

Ses caractéristiques et son comportement sont explorés par un processus qui, partant des deux composantes de base, le béton seul et l'armature seule, les associe de façon de plus en plus intime pour aboutir au cas réel du béton armé.

Les éléments ou ensembles successivement considérés sont :

- la poutre non armée (le béton seul) ;
- l'armature seule ;
- puis le béton plus l'armature sans adhérence ni ancrage (aucune liaison entre l'un et l'autre) ;
- puis le béton plus l'armature sans adhérence mais avec ancrage ;
- enfin, la poutre béton armé complète et réelle avec adhérence.

Cet ensemble de résultats s'appuie sur les composantes de la poutre du § B.3.2.3 armée avec A_s = 3,14 cm². Il s'agit d'une poutre moyennement armée, le cas le plus courant. Les résultats relatifs aux cas de la poutre non armée et de la poutre finale avec adhérence sont tirés d'essais réels. Ceux relatifs à l'armature seule et aux cas sans adhérence sont simulés.

B.3.2.2.1 Poutre non armée, le béton seul

Voir Figure B.3.9, cas réel.

La poutre non armée se casse en deux brutalement dès l'instant de l'apparition de la première fissure, à une charge très faible P_{fo}. La caractéristique de cette rupture brutale est d'être survenue sans aucun signe avant-coureur :

- pas de flèche ni fissure(s) inquiétante(s) ;
- aucune inflexion de la courbe flèche-effort, indice d'une dégradation.

Les poutres non armées (en béton seul) sont fragiles et, comme expliqué au § A.1.2, dangereuses. La pente très forte de la courbe flèche-charge traduit une grande rigidité.

Notations et repères

P_{fo} est la charge de fissuration et de rupture de la poutre non armée. Dans l'exemple considéré ici, $P_{fo} \approx 11$ kN.

L'indice 0 utilisé ici indique qu'il s'agit de la poutre non armée. Plus loin, P_f désignera la charge de fissuration de la poutre armée.

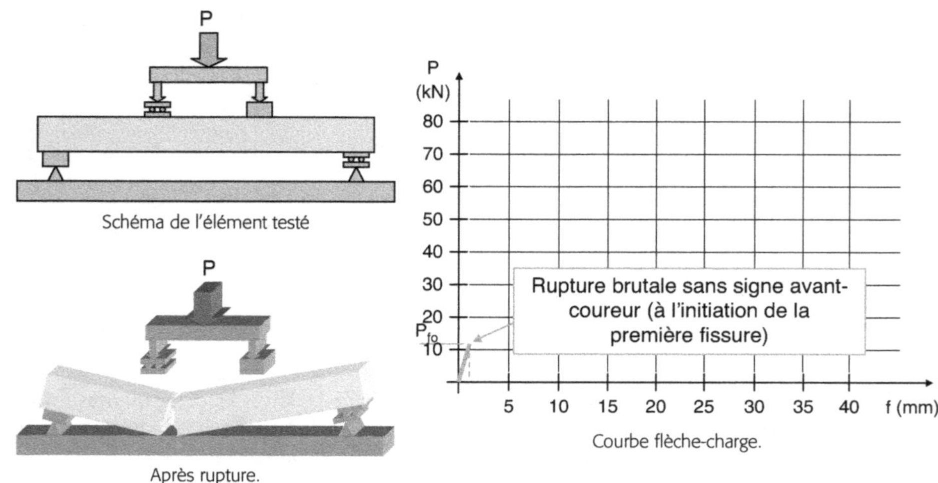

Figure B.3.9. Poutre non armée (peu résistante et dangereuse car rupture fragile).

B.3.2.2.2 Comportement de l'armature seule

Voir Figure B.3.10, essai simulé.

La résistance propre en flexion de l'armature seule est négligeable et sa déformation est très grande. La courbe flèche-charge est pratiquement confondue avec l'axe des abscisses et la flèche qui peut être atteinte est presque sans limite, probablement supérieure à 500 mm.

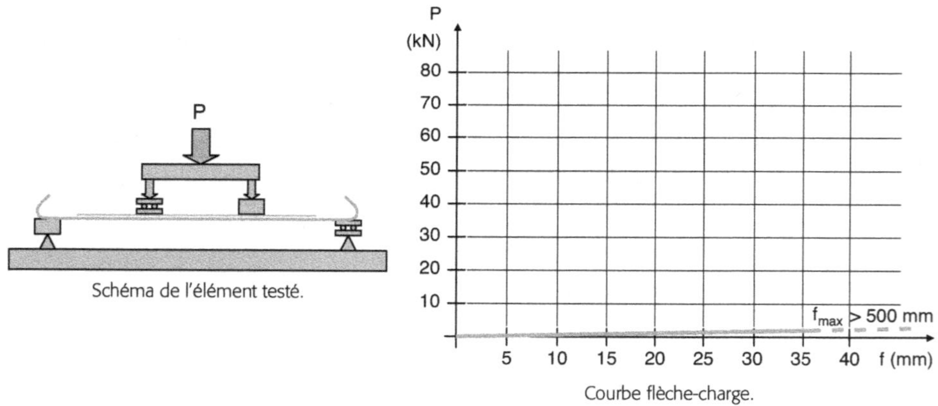

Figure B.3.10. Armature seule (résistance négligeable).

B.3.2.2.3 Béton plus aciers sans adhérence et sans ancrage

Voir Figure B.3.11, essai simulé.

Ce cas, purement théorique, peut être schématisé par l'armature, sans ses crochets, glissant librement à l'intérieur d'un fourreau. Il n'y a alors aucune association, mais une simple juxtaposition du béton et de l'acier de laquelle on ne peut espérer aucun effet gagnant.

La résistance attendue de l'ensemble n'est alors autre que la simple somme des résistances du béton seul et de l'armature seule. La résistance de cette dernière étant négligeable, le comportement est identique à celui de la poutre non armée : même charge maximum = P_{fo}, même rupture fragile, même courbe flèche-charge.

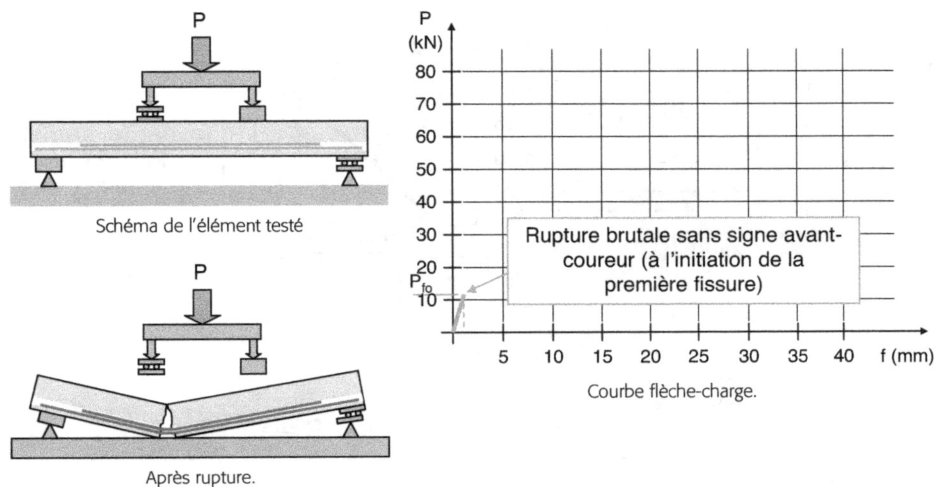

Figure B.3.11. Comportement escomptable d'une poutre avec armatures sans adhérence ni ancrage (situation purement théorique).

B.3.2.2.4   Béton plus aciers associés sans adhérence mais avec ancrage

Voir Figure B.3.12, essai simulé. Correspond à la schématisation du § B.3.1.1.

L'ancrage est une première forme d'association de l'armature avec le corps béton de la poutre. On peut en attendre un certain gain. Cet exemple reste cependant théorique, car le béton armé n'est pas envisageable sans adhérence.

Avant fissuration, le comportement est identique à celui des deux cas précédents.

Une fissure apparaît encore à la charge P_{fo}, mais cette fois, elle n'entraîne pas la rupture. Quasi instantanément, cette fissure s'ouvre très largement, se propage sur presque toute la hauteur de la poutre et se stabilise. Cela se reflète par une brusque augmentation de la flèche puis sa stabilisation, traduites sur la courbe flèche-charge par un fort décrochement horizontal.

C'est l'armature qui est l'artisane de la stabilisation. La fissure, en s'ouvrant, impose un allongement de l'armature qui s'y oppose par un effort proportionnel à cet allongement imposé (comme un élastique sur lequel on tire : plus on veut l'allonger, plus il faut tirer fort). On atteint la stabilisation quand l'effort opposé par l'armature égale la poussée de la fissure pour s'ouvrir.

Ensuite, la charge sur la poutre peut être augmentée en proportion de la réserve de résistance du plus faible des deux éléments participant à la résistance, l'armature ou le béton comprimé. En l'absence totale d'adhérence, la fissure initiale reste l'unique fissure de la poutre et s'agrandit encore, pouvant atteindre plusieurs centimètres d'ouverture. S'il y a frottement entre armature et béton, on peut observer deux à trois fissures. D'abord, la courbe flèche-charge est une droite dont le prolongement passe par l'origine : la flèche augmente proportionnellement à la charge, traduisant notamment le comportement élastique de l'armature. C'est la phase de «comportement linéaire fissuré». Ensuite, lorsqu'un des éléments participant à la résistance approche sa limite de résistance, la courbe flèche-charge s'incurve pour tendre vers l'horizontale. C'est la «phase de rupture».

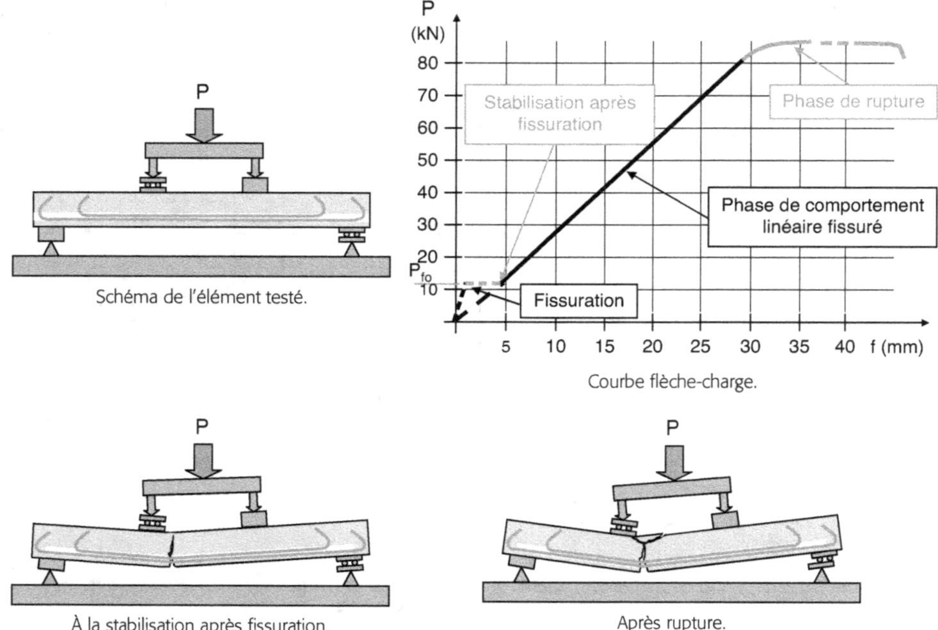

Figure B.3.12. Comportement escomptable d'une poutre avec armatures ancrées mais non adhérentes (situation théorique car sans adhérence, on ne peut pas encore parler de béton armé).

Dans le cas de cette poutre, représentative du cas général, c'est l'acier qui approche en premier sa limite de résistance. Il entre alors en phase de déformation plastique. C'est sa grande capacité de déformation au cours de cette phase (voir § B.3.2.2.5) qui procure à son tour à la poutre une importante capacité de déformation (phase en trait plein gris sur la Figure B.3.12) avant rupture finale. Par cette grande capacité de déformation, cette poutre a une rupture ductile synonyme de sécurité.

La capacité d'allongement des aciers est telle que, dans la majorité des cas, c'est en fin de compte par écrasement du béton en partie supérieure de la poutre que se termine la « phase de rupture ».

Bien qu'il ne s'agisse pas encore de béton armé (car il y manque l'adhérence armature-béton), cet exemple permet déjà de dégager les bases du fonctionnement d'un élément fléchi armé.

Le fonctionnement se découpe en quatre phases :

- une phase avant fissuration ;
- une phase très courte d'établissement puis de stabilisation de la fissuration ;
- une phase de fonctionnement linéaire fissuré ;
- enfin la phase de rupture.

Avant fissuration, l'apport de l'armature est à peine perceptible. En effet, celle-ci ne contribue à la résistance qu'en réaction à la déformation de la poutre et particulièrement à l'ouverture de ses fissures, encore inexistantes dans cette phase.

Si la capacité de résistance de l'armature est inférieure à celle nécessaire pour aboutir à la stabilisation de la fissure, l'armature n'est d'aucun effet et la poutre casse de façon fragile, comme si elle n'était pas armée. C'est une configuration dangereuse qui doit être évitée.

L'écrasement du béton en partie supérieure de la poutre rappelle que toute flexion implique la coexistence d'efforts de traction et de compression qui combinent leurs effets pour résister, en s'y opposant, au moment appliqué. Cela est illustré sur la Figure B.3.13.

Le bras de levier du couple de ces efforts intérieurs résistants, l'un de traction dans les aciers F_s et l'autre de compression dans le béton F_c, est désigné par la lettre z. Par analogie avec le vocabulaire des poutres métalliques, la zone tendue est appelée «membrure tendue», ici constituée par la seule armature tendue. La zone comprimée, constituée par la section de béton comprimé au-delà des fissures, est appelée «membrure comprimée».

Dans le cas d'une flexion simple, l'équilibre d'une section fissurée, illustré sur la même Figure B.3.13, s'écrit:

En flexion simple

Moment des forces agissantes
(égal par définition au moment fléchissant dans cette section)
=
Moment des forces résistantes constituées par:
l'effort de traction F_s induit dans les armatures, égal et opposé à l'effort
de compression F_c développé dans la zone de béton au-delà de la fissure,
avec entre eux un bras de levier z.

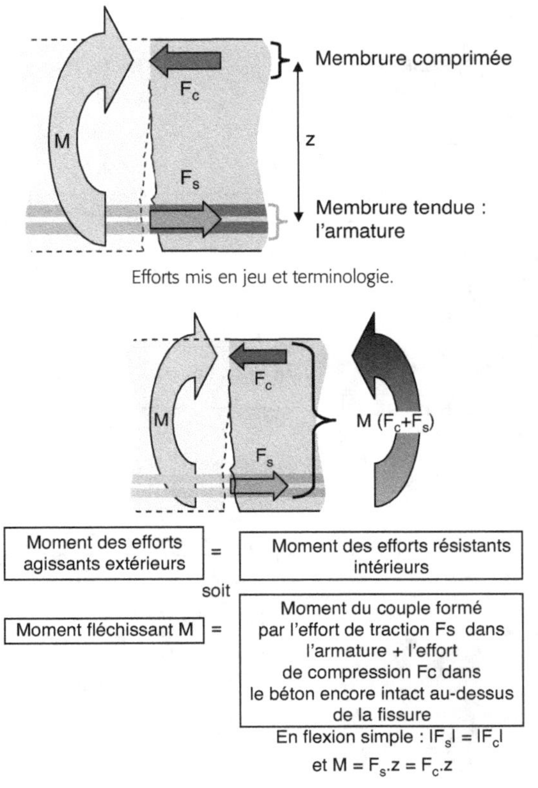

Figure B.3.13. Flexion simple: section renforcée fissurée, résistance à un moment fléchissant M.

L'absence d'adhérence a pour conséquence une fissure unique très ouverte. En effet, en l'absence d'adhérence l'allongement imposé à l'armature par une ouverture de fissure w a le loisir de se répartir sur toute la longueur libre ℓ_0 de ladite armature. L'allongement relatif $\varepsilon_s = w/\ell_0$ qu'elle subit est alors très faible, d'autant plus faible que ℓ_0 est grand. Dans ces conditions, une grande ouverture de fissure est nécessaire pour développer dans l'armature l'effort d'opposition suffisant.

B.3.2.2.5 Association béton et aciers avec adhérence

Voir Figure B.3.14, cas réel. Correspond à la schématisation du § B.3.1.2. Il s'agit alors réellement de béton armé.

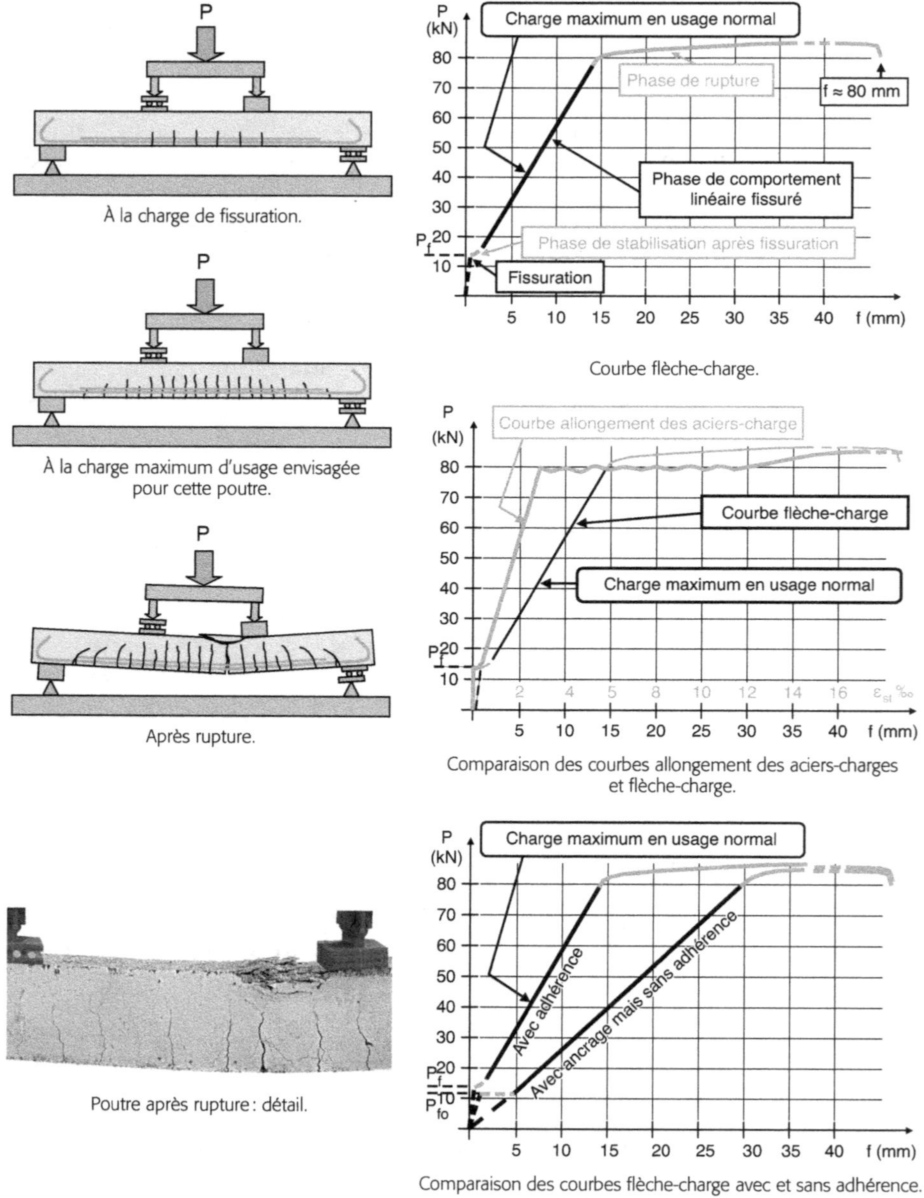

Figure B.3.14. Comportement d'une poutre en béton armé (donc avec armature adhérente).

Avant fissuration

La courbe flèche-charge, linéaire comme dans les cas précédents, affiche une pente légèrement plus forte que dans les autres cas. Ensuite, c'est à une charge P_f légèrement plus élevée que P_{fo} qu'apparaissent les premières fissures.

Grâce à l'adhérence, l'association armature-béton se fait sentir dès avant la fissuration (pente et charge de fissuration légèrement plus fortes que sans armature ou sans adhérence), mais il s'agit d'un gain très faible qui est habituellement négligé.

Établissement puis stabilisation de la fissuration

Il est très difficile de distinguer d'abord une première fissure, puis d'autres ensuite. D'entrée, la fissuration est multiple. Généralement, trois ou quatre fissures, ou encore plus, apparaissent simultanément. Elles sont très fines, de la taille d'un cheveu, et propagées jusqu'au tiers environ de la hauteur de la poutre.

Contrairement au cas sans adhérence, la fissuration n'est accompagnée d'aucune manifestation brutale. Il n'y a plus de décrochement horizontal de la courbe flèche-charge, mais seulement une inflexion suivie d'une rapide stabilisation. Cette inflexion constitue un repère efficace de l'amorce de la fissuration.

Phase de comportement linéaire fissuré

La courbe flèche-charge est linéaire mais sa pente est beaucoup plus forte que dans les cas précédents sans adhérence.

L'adhérence armature-béton est à l'origine de la multiplication des fissures. Dans le cas des poutres prises pour exemple ici, on arrive à une fissure tous les 10 cm environ.

Entre deux fissures, le béton (tendu mais non encore fissuré) adhérent à l'armature travaille avec elle et reprend une partie de l'effort de traction. L'armature en est soulagée d'autant et s'allonge moins.

C'est ce qui explique que :
- la pente de la courbe flèche-charge est beaucoup plus forte que dans le cas non adhérent, avec pour conséquence une flèche beaucoup plus faible ;
- le prolongement de la portion linéaire de la courbe flèche-charge ne passe plus par l'origine ;
- multiplier par n le nombre des fissures diminue leur ouverture de plus que n fois.

Phase de rupture

La courbe flèche-charge s'incurve et tend vers l'horizontale. Les fissures s'élargissent et s'allongent encore, la flèche devient très grande, une fissure s'élargit plus que les autres pour atteindre 3 à 5 mm d'ouverture, puis, comme déjà vu, la poutre périt généralement par écrasement du béton comprimé au-dessus de cette fissure plus large. C'est le cas de la poutre prise en exemple ici, choisie pour représenter un cas moyen.

Analyse de ces résultats
- Points-clés du calcul

  Les sections faibles sont celles contenant une fissure. Ce sont celles sur lesquelles se concentre le calcul. Les égalités régissant leur équilibre sont celles dégagées dans le cas précédent (§ B.3.2.2.4) et illustrées sur la Figure B.3.13. L'apport de résistance du béton tendu est alors négligé.

Les coefficients de sécurité inclus dans les calculs (il y en a trois niveaux, qui sont explicités au § C-I.5) sont notamment réglés pour que la charge réglementaire maximum admissible en usage normal soit de l'ordre de la moitié de la charge effective de ruine.

Cette marge de deux a plusieurs justifications.

Elle constitue bien sûr une sécurité vis-à-vis de la rupture.

Elle est aussi l'espoir d'avoir :

— d'une part des fissures suffisamment fines pour qu'elles restent invisibles à plus de 1 m de distance et pour que l'élément conserve une étanchéité suffisante ;

— d'autre part, une flèche suffisamment faible pour rester imperceptible et n'occasionner aucun désordre.

Dans le cas de notre exemple, à cette charge maximum d'usage, l'ouverture maximum des fissures est voisine de 0,2 mm et la flèche ne dépasse pas 1/500 de la portée.

- Allongement des aciers

L'incidence majeure des aciers est visible dans la comparaison des courbes «allongement des aciers-charge» et «flèche-charge» présentée sur la Figure B.3.14.

Avant fissuration, la déformation des aciers est négligeable, à peine perceptible.

L'établissement puis la stabilisation de la fissuration ont leur reflet fidèle sur la déformation des aciers.

Dans le cas des poutres courantes :

— la zone de comportement linéaire fissuré correspond à la zone de comportement linéaire élastique des aciers ;

— elle se termine avec l'entrée des aciers en phase de grand allongement avec déformation plastique.

B.3.2.3   Incidence de la quantité d'armature

Voir Figure B.3.15. Cas réels.

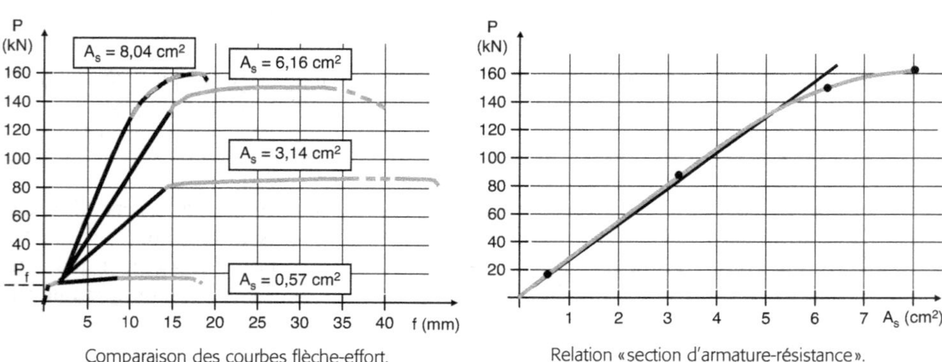

Comparaison des courbes flèche-effort.

Relation «section d'armature-résistance».

Figure B.3.15. Incidence de la quantité d'armature : comparaison des résistances de quatre poutres présentant quatre quantités d'armature différentes, toutes les autres caractéristiques restant identiques.

Elle est explorée par la comparaison de la poutre ci-dessus (A_s = 3,14 cm²) avec trois autres de même géométrie et de béton identique, l'une renforcée avec une section d'armature longitudinale beaucoup plus faible (A_s = 0,57 cm²), l'autre avec une section d'armature longitudinale environ deux fois plus forte (A_s = 6,16 cm²) et une troisième avec encore plus d'acier (A_s = 8,04 cm²). Dans chacune de ces poutres, la quantité et la disposition des armatures transversales ont été adaptées pour rester en cohérence avec la résistance escomptée.

B.3.2.3.1 Incidence sur la charge de fissuration

Elle est pratiquement nulle.

La charge de fissuration est en effet essentiellement conditionnée à la résistance de la section béton et elle n'augmente que de façon négligeable avec la section d'acier.

B.3.2.3.2 Incidence sur la résistance

On constate que, toutes choses égales par ailleurs et tant que la section d'acier n'est pas trop importante, en première approximation, la résistance obtenue augmente proportionnellement à la section d'armature longitudinale (tracé en noir sur la relation «section d'armature-resistance» de la Figure B.3.15).

En allant voir plus dans le détail (tracé en gris de la même figure), on note que l'augmentation de la résistance avec la section d'armature n'est jamais linéaire. Elle est presque linéaire, avec une légère concavité tournée vers le bas, tant que la section d'acier n'est pas trop importante. Au-delà, la concavité vers le bas s'accentue fortement et on aboutit rapidement à une stabilisation de la résistance.

Lorsqu'on augmente excessivement la section d'armature tendue, c'est le cas de la poutre avec $A_s = 8,04$ cm², le béton comprimé sollicité par F_c cède avant que la capacité de résistance de l'armature n'ait pu être totalement mobilisée. Ce n'est pas économique car les aciers sont sous-utilisés. De plus, la résistance plafonne : les aciers étant surabondants, leur quantité exacte n'a plus d'incidence et c'est la capacité du béton qui gouverne alors la résistance. De tels éléments sont dits «sur-armés».

B.3.2.3.3 Incidence sur la ductilité

La ductilité est la capacité à se déformer avant rupture. Dans le cas des éléments en béton armé, elle se mesure sur les courbes flèche-charge à la longueur de la phase de rupture (tracé en trait plein gris sur la Figure B.3.14). Elle est le résultat de la déformation plastique progressive de l'armature tendue. Nous avons mis en évidence en § A.1.2 que ductilité = sécurité (et cela même pour les voitures).

À l'opposé, l'absence de ductilité signifie fragilité, et par conséquent une dangerosité. Il est impératif de se prémunir contre le risque de rupture fragile.

La rupture d'un élément fragile est illustrée par le cas de la poutre non armée de la Figure B.3.9.

Des éléments armés peuvent également être fragiles s'ils sont insuffisamment armés.

> *Nota*
> Un élément armé est fragile si sa résistance après fissuration, conditionnée à la section des aciers, est inférieure à sa charge de fissuration.

Alors, à l'instant où l'élément se fissure, l'effort reporté sur ses aciers est supérieur à celui qu'ils peuvent soutenir : la stabilisation (en pointillé gris sur les figures B.3.12 et B.3.14) n'est pas possible et la rupture est instantanée. Un tel élément se comporte comme s'il était non armé.

La poutre renforcée avec $A_s = 0,57$ cm² a une proportion d'acier juste un peu au-dessus du minimum de non-fragilité. Elle n'est donc pas fragile mais presque, et, de ce fait, elle affiche une ductilité limitée.

À l'autre extrémité du spectre se trouvent les éléments sur-armés, tels que la poutre renforcée avec $A_s = 8,04$ cm². Dans ce cas, le béton cède avant que les aciers n'aient atteint leur limite d'élasticité, la déformation plastique de ces derniers est donc nulle et la ductilité telle que vu plus haut est nulle elle aussi. On observe seulement une «pseudo-ductilité» (tracé en noir et gris sur la Figure B.3.14), qui confère un minimum de progressivité à sa rupture. Elle résulte de l'accentuation du comportement non linéaire du béton à l'approche de sa rupture (voir § A.2.2.2, Figure A.2.1).

Entre ces deux extrêmes, les deux autres poutres, avec A_s = 3,14 cm² et A_s = 6,16 cm², affichent une ductilité confortable, comme escompté de tout élément en béton armé. On note cependant que celle-ci s'amenuise lorsque A_s augmente (jusqu'à s'annuler au seuil du sur-armement).

Pour la sécurité, il convient de préserver une ductilité suffisante et de garder une marge par rapport au seuil de sur-armement. La limite associée est fixée réglementairement au § E-I.4.3.2.

B.4 Comparaison béton armé-béton précontraint et réflexion sur la résistance optimum des aciers

B.4.1 Comparaison béton armé-béton précontraint

Béton précontraint et béton armé se partagent le marché des constructions à base de béton. Une brève comparaison n'est pas inutile.

La différence fondamentale est la suivante :

- Les aciers du béton armé sont «passifs» (voir Figure B.3.6 au § B.3.1.2). Ils ne sont sollicités qu'en réaction à la déformation de la poutre et ne sont vraiment efficaces qu'une fois que celle-ci est fissurée.

- Au contraire, les aciers du béton précontraint sont «actifs». Ils sont préalablement tendus et agissent sur la poutre en lui imposant un effort de compression. Celui-ci est ciblé pour s'opposer aux tensions escomptables du fait du chargement. Alors, en usage normal, l'élément est escompté rester partout comprimé et par conséquent non fissuré.

B.4.1.1 Schématisation d'une poutre précontrainte

Les aciers de précontrainte, souvent des câbles, agissent comme des ressorts ou des élastiques. Maintenus tendus par appui sur la structure précontrainte, ils lui imposent par réaction un effort de compression égal à celui appliqué pour les tendre.

Pour une schématisation du fonctionnement, comme illustré sur la Figure B.4.1, les câbles peuvent être remplacés par deux élastiques préalablement tendus, qui appliquent et maintiennent un effort de compression aligné avec leur trajet.

Nota

Ne pouvant transpercer les élastiques avec une punaise pour simuler une adhérence câble-béton, nous nous contentons d'un cas sans adhérence. Comme dans le cas du § B.3.1, il faut utiliser un guide pour maintenir la bonne hauteur des élastiques à mi-travée.

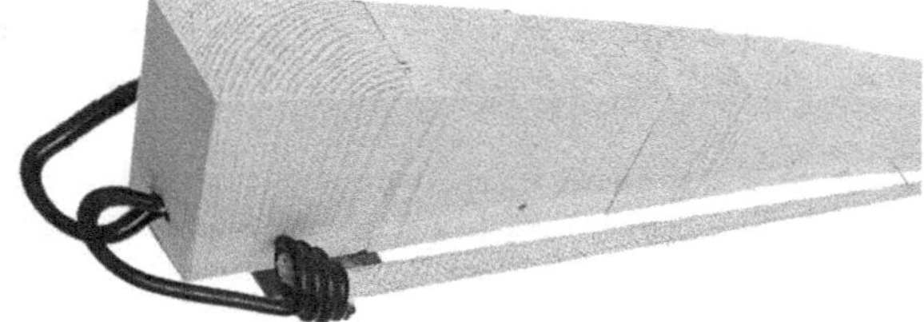

Figure B.4.1. Simulation d'une poutre précontrainte : dispositif utilisé.

La Figure B.4.2 montre l'évolution de la flèche et des fissures en fonction de la charge.

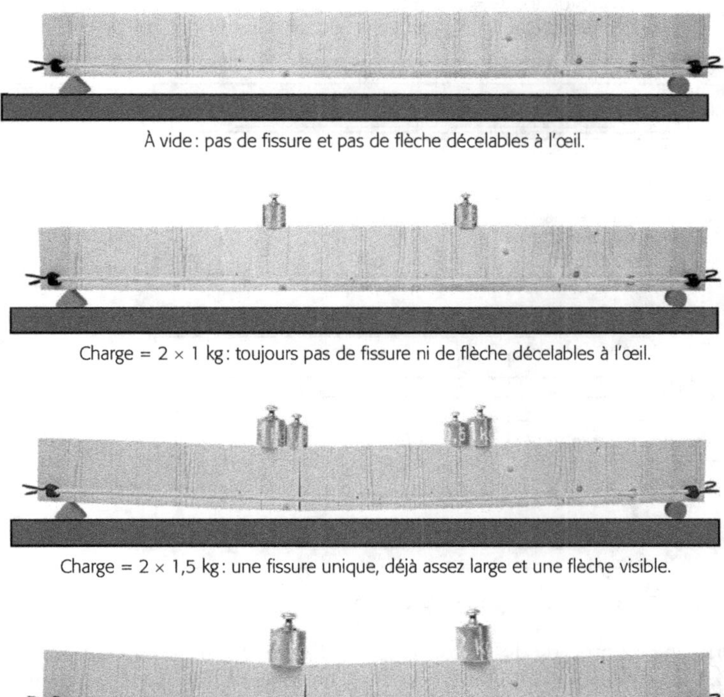

Figure B.4.2. Poutre précontrainte : évolution de la fissuration et de la flèche avec la charge appliquée.

On constate que, contrairement au cas du béton armé, jusqu'à la charge de 2 × 1 kg comprise, la poutre ne présente aucune fissure et sa flèche reste imperceptible à l'œil. C'est le domaine d'usage normal du précontraint. L'effort de compression appliqué à la poutre par les câbles (ici les élastiques) est supérieur à l'effort d'ouverture des fissures, il n'y a donc pas de fissure. Du même coup, il n'y a également que très peu de flèche.

Après fissuration (cas de chargement 2 × 1,5 kg et 2 × 2 kg), le comportement devient comparable à celui du béton armé. Les fissures s'ouvrent et une flèche significative se développe au fur et à mesure que la charge augmente. Le dispositif de précontrainte mis en place ici est sans adhérence, une seule fissure est donc attendue et c'est ce qui est observé.

B.4.1.2   Poutres réelles

Sont comparées ici la poutre béton armé qui a servi de référence jusqu'ici (A_s = 3,14 cm²) et une poutre précontrainte de même géométrie et du même béton, calculée pour avoir la même charge de rupture. Les caractéristiques constructives de ces deux poutres sont montrées sur la Figure B.4.3.

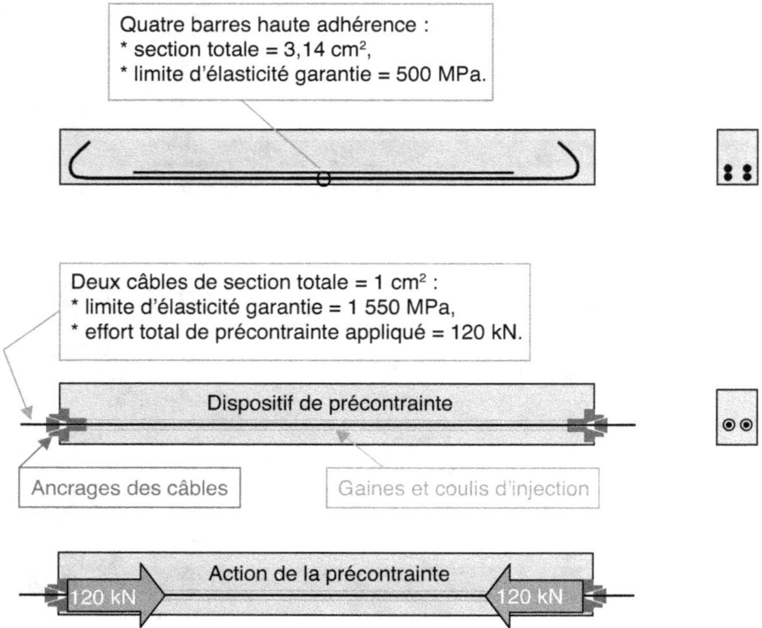

Figure B.4.3. Caractéristiques des poutres précontraintes et béton armé comparées.

Dans son principe, le procédé de précontrainte utilisé sur chantier est celui schématisé sur la Figure B.4.3. Des câbles introduits dans des gaines ménagées à l'intérieur de l'élément à précontraindre sont tendus avec l'effort désiré et bloqués à leurs extrémités par des dispositifs d'ancrage adéquats. Ce sont les plaques d'appui associées à ces ancrages qui impriment à la structure l'effort de compression égal à l'effort de tension dans les câbles. Un coulis de ciment injecté ensuite dans les gaines assure, en durcissant, d'une part l'adhérence des câbles au reste de la structure, d'autre part leur protection contre la corrosion.

Généralement, l'effort de précontrainte est calibré pour que, jusqu'à la charge maximum envisagée en usage normal, tout l'élément reste comprimé, donc non fissuré.

Les aciers de précontrainte sont des aciers de très haute résistance, leur limite d'élasticité garantie est voisine de 1 550 MPa (voir Figure A.3.6 au § A.3.2.2.2). Ils sont de ce fait environ trois fois plus résistants que les aciers de béton armé, dont la limite d'élasticité garantie est, à ce jour, généralement de 500 MPa. En conséquence, il en faut environ trois fois moins pour renforcer un élément comparable, comme on peut le constater sur les données de la Figure B.4.3. Le prix des aciers augmentant moins vite que leur résistance, il y a là une source d'économie qui participe à la compensation du surcoût associé à la plus grande technicité du précontraint. En contrepartie de leur très haute limite élastique, les aciers pour précontraint sont moins ductiles, leur allongement ultime est deux à trois fois plus faible que celui des aciers de béton armé les plus courants (voir Figure A.3.5).

La comparaison des comportements des deux poutres est illustrée sur la Figure B.4.4.

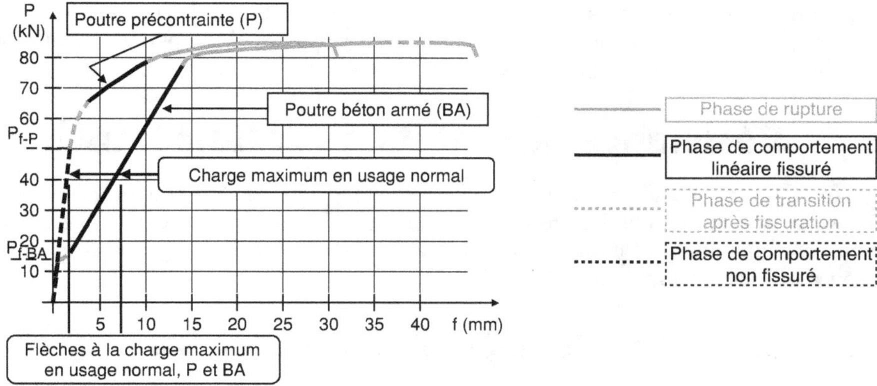

Figure B.4.4. Comparaison béton armé-béton précontraint.

Constatations

Comme escompté, dans le cas de la poutre précontrainte, la phase de comportement non fissuré (tracé en pointillé noir) est prolongée jusqu'au-delà de la charge maximum en usage normal. Cela lui confère, dans le domaine d'usage normal, deux avantages sur la poutre béton armé (qui, elle, fonctionne en mode fissuré) :

- une flèche plus faible ;
- une meilleure étanchéité et une meilleure imperméabilité aux agents agressifs venant de l'environnement.

La phase de comportement linéaire fissuré (tracés en traits plein noirs) de la poutre précontrainte est très courte. Mais, contrairement au cas de la poutre béton armé, elle intervient au-delà de la charge de service et ce n'est alors pas un handicap.

Nota

Après fissuration, une poutre précontrainte se comporte comme une poutre béton armé dont les armatures sont les aciers de précontrainte. Ceux-ci étant en section environ trois plus faible que les aciers de la poutre béton armé comparable, ils sont environ trois fois plus sollicités (leur qualité permet d'y résister) et s'allongent environ trois fois plus. C'est pourquoi, dans cette phase de comportement linéaire fissuré, la pente de la courbe flèche-effort de la poutre précontrainte est environ trois fois plus faible que celle de la poutre béton armé.

La phase de rupture (tracés en traits pleins gris) est semblable pour les deux poutres. Elle est cependant plus courte dans le cas de la poutre précontrainte car les aciers de précontrainte sont moins ductiles.

B.4.2 Remarque sur la résistance optimum des aciers

S'il est plus économique d'utiliser des aciers de très haute résistance, pourquoi ne pas les utiliser aussi en béton armé ?

La réponse se trouve dans la comparaison des pentes des courbes flèche-effort en phase de fonctionnement linéaire fissuré (tracés en traits pleins noirs) des poutres précontraintes et béton armé (Figure B.4.4). À effort à reprendre égal, des aciers plus résistants sont nécessaires en plus petite quantité et sont plus fortement sollicités. Il s'ensuit, en phase fissurée (le domaine du béton armé), des déformations plus importantes qui induisent une flèche et des ouvertures de fissure plus importantes, incompatibles avec ce qui est attendu d'un élément en béton armé. Ce n'est donc pas la métallurgie qui limite la résistance des aciers utilisés en béton armé, mais un compromis entre résistance et déformation.

En précontraint, cette limitation est hors sujet car le mode de fonctionnement principal est « non fissuré ». Ainsi, plus les aciers sont résistants mieux c'est, et seul le rapport résistance/prix fixe l'optimum pour la résistance des aciers de précontrainte.

B.5 Résistance aux effets de l'effort tranchant

L'effort tranchant est une sollicitation de cisaillement qui a pour conséquence une déformation de distorsion (transformation d'un rectangle en parallélogramme). Comme pour l'adhérence, qui implique aussi une sollicitation de cisaillement, le système y répond par, notamment, la mise en jeu de bielles comprimées inclinées.

B.5.1 Illustration des mécanismes mis en jeu

B.5.1.1 Cas de structures à barres

Prenons l'exemple de la Figure B.5.1 : un cadre fabriqué avec un jeu de construction. Les forces agissantes, indiquées sur la figure, sont une charge P et la réaction d'appui égale et opposée à P. Les deux développent ensemble un effort tranchant |V| = |P|.

Par référence aux comparaisons faites plus loin, ce cadre schématise ici un portail.

Figure B.5.1. Sollicitation d'un cadre par un effort P induisant un effort tranchant |V| = |P|.

La Figure B.5.2 illustre la déformation possible de ce cadre et les moyens d'y résister.

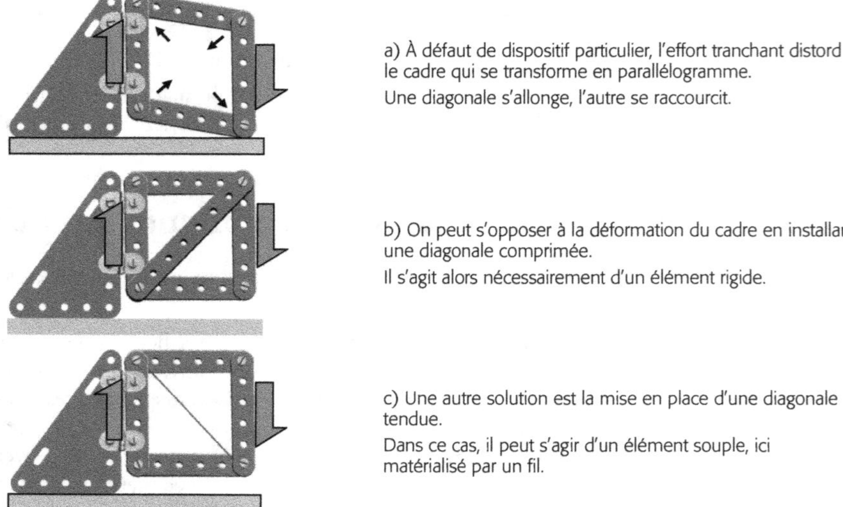

a) À défaut de dispositif particulier, l'effort tranchant distord le cadre qui se transforme en parallélogramme.
Une diagonale s'allonge, l'autre se raccourcit.

b) On peut s'opposer à la déformation du cadre en installant une diagonale comprimée.
Il s'agit alors nécessairement d'un élément rigide.

c) Une autre solution est la mise en place d'une diagonale tendue.
Dans ce cas, il peut s'agir d'un élément souple, ici matérialisé par un fil.

Figure B.5.2. Déformation induite par un effort tranchant et moyens d'y résister.

On voit donc que la résistance à un effort tranchant passe par le développement de capacités de résistance, en compression ou en traction, obliques par rapport à l'effort tranchant.

Les portails en bois que chacun peut observer tous les jours en donnent une illustration évidente. Des exemples sont proposés sur la Figure B.5.3.

a) À défaut de dispositif particulier, un portail en bois se déforme en parallélogramme.

b) Ici, une diagonale comprimée assure la résistance à l'effort tranchant.

C'est le cas général. En effet, en menuiserie ou charpente traditionnelle, les assemblages comprimés sont les plus efficaces.

c) Ici, c'est une diagonale tendue qui assure la résistance à l'effort tranchant.

Le cadre métallique, soudé, assure des assemblages aussi efficaces en traction qu'en compression.

Figure B.5.3. Portails réels et dispositifs pour résister à l'effort tranchant.

Les contrevents ou certaines portes en bois constituent d'autres exemples. La Figure B.5.4 présente deux contrevents, l'un d'une fenêtre, l'autre d'une porte fenêtre. Sur le premier, on reconnaît le renfort avec diagonale comprimée. Sur le second, beaucoup plus haut que large, on note la superposition de deux cellules avec diagonale comprimée. C'est une solution efficace très largement utilisée.

Une telle superposition est également utilisée en béton armé. C'est la disposition dite des «bielles relevées», traitée au § D-IV.8.1.3. On y a recours pour satisfaire aux conditions d'appui lorsque l'espace horizontal est compté alors que l'espace disponible verticalement est généreux.

B.5.1.2   Cas des structures à âme pleine et continue

C'est le cas général des éléments en béton armé.

Contrairement au cadre du premier exemple, les poutres et les structures courantes en béton armé ne sont pas constituées de barres articulées bien individualisées mais ont une âme pleine et continue. Âme dans laquelle n'est initialement individualisée aucune diagonale comprimée ou tendue.

Figure B.5.4. Contrevents en bois: systèmes de diagonales comprimées. Si besoin est, on peut superposer deux cellules de renfort avec diagonale.

Schématisation

L'âme pleine et continue peut être illustrée par une feuille de papier tendue et fermement tenue à la périphérie du cadre précédent. La Figure B.5.5 présente le dispositif puis les déformations et les fissures observées.

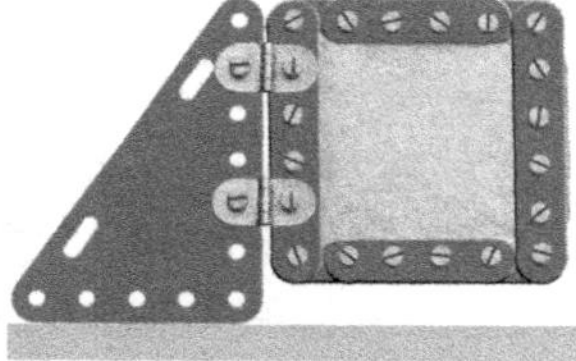

a) Avant déformation.

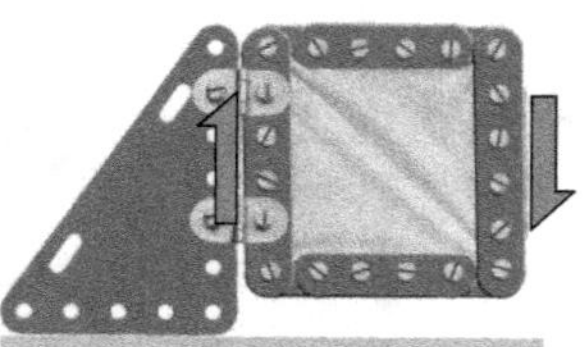

b) Tant que l'âme de cette structure, la feuille de papier, garde son intégrité, la distorsion du cadre (sa déformation en parallélogramme) reste imperceptible.

– La plissure du papier est le témoin d'une forte tension selon la diagonale tendue ;

– d'une compression, cause de la plissure, dans la direction perpendiculaire (à laquelle l'absence de rigidité en compression de la feuille de papier ne permet d'opposer aucune résistance).

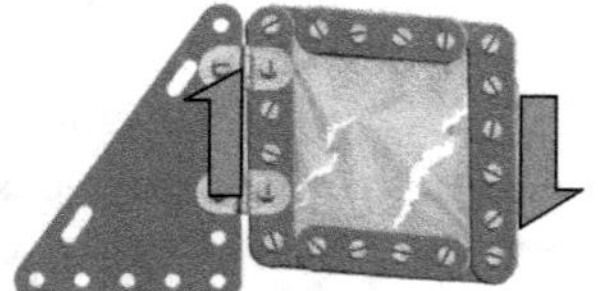

c) L'effort tranchant augmentant, des déchirures obliques zèbrent l'âme en papier de cette structure et la distorsion du cadre devient visible.

– Les déchirures sont orientées perpendiculairement à la diagonale tendue et sont plus ouvertes à mi-hauteur de l'âme.

– Elles découpent une bande intacte matérialisant la diagonale comprimée.

Figure B.5.5. Déformations et fissures induites par un effort tranchant dans le cas d'une structure avec âme pleine. Celle-ci est ici matérialisée par une feuille de papier tendue à l'intérieur du cadre.

On y voit que, même si au départ aucune diagonale comprimée n'est identifiée, celle-ci apparaît spontanément, délimitée par les fissures d'effort tranchant.

B.5.2　Poutres réelles

Ce sont les aciers transversaux disposés en position et quantité convenables, les bielles de béton comprimé obliques et les aciers longitudinaux qui assurent ensemble la résistance aux effets de l'effort tranchant. Les aciers transversaux peuvent être verticaux ou obliques. Dans la pratique, la préférence est donnée aux aciers verticaux et c'est le choix des poutres considérées ici.

B.5.2.1　Pourquoi préférer des aciers transversaux verticaux ?

Ce choix est explicité sur la Figure B.5.6 ci-après.

Les aciers transversaux cousent les fissures inclinées. Dans leur disposition la plus efficace, ils sont perpendiculaires aux fissures à coudre, donc inclinés eux aussi.

Les aciers transversaux obliques ont une efficacité maximum, car ils sont perpendiculaires aux fissures à coudre. Mais :

– ils doivent être orientés dans la bonne direction ⇒ attention au risque d'erreur ;

– leur inclinaison change au long d'une poutre, là où le signe de l'effort tranchant change ;

– le ferraillage est beaucoup plus délicat à assembler.

Dans un cas de sollicitation alternée, les aciers ne sont bien orientés que dans une alternance sur deux. Dans l'autre alternance, ils sont parallèles aux fissures et sont inefficaces. Ce qui est éminemment dangereux !

Il faudrait donc superposer deux jeux d'aciers transversaux, un selon chacune des inclinaisons nécessaires.

Les aciers transversaux verticaux sont beaucoup plus faciles à mettre en place.

Ils font toujours le même angle avec les fissures, quel que soit leur sens d'inclinaison, d'où :

– pas de risque d'erreur ;

– même efficacité, quels que soient le signe de l'effort tranchant et l'inclinaison des fissures.

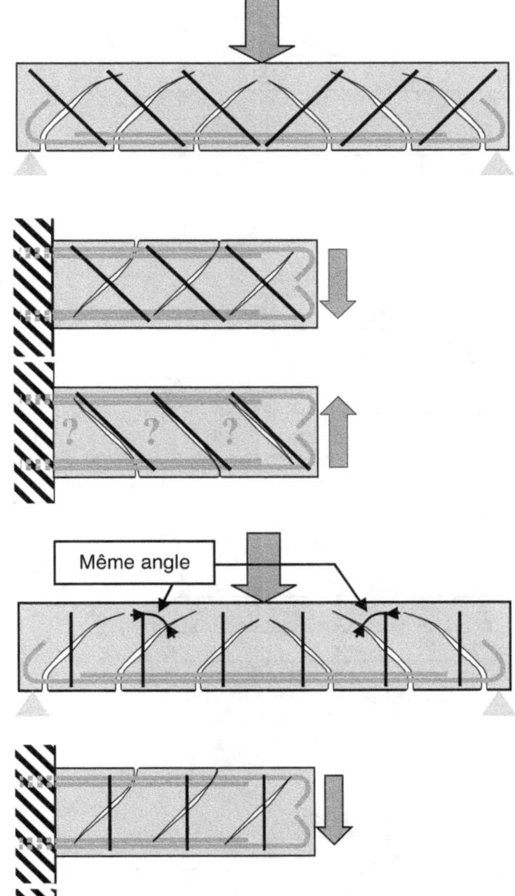

Figure B.5.6. Comparaison des aciers transversaux obliques et verticaux.

B.5.2.2   Observations et conclusion

Les deux poutres ci-après apportent des éléments d'observation. Il s'agit de poutres de laboratoire de la même série que celles déjà observées pour l'étude de la résistance au moment fléchissant. Ce sont :

- d'une part, la poutre déjà observée pour la résistance au moment fléchissant caractérisée par :
  - section de l'armature longitudinale A_s = 6,16 cm²,
  - aciers transversaux qui conviennent,
  - charge ultime = 150 kN ;
- d'autre part, la même poutre, mais sans aciers transversaux.

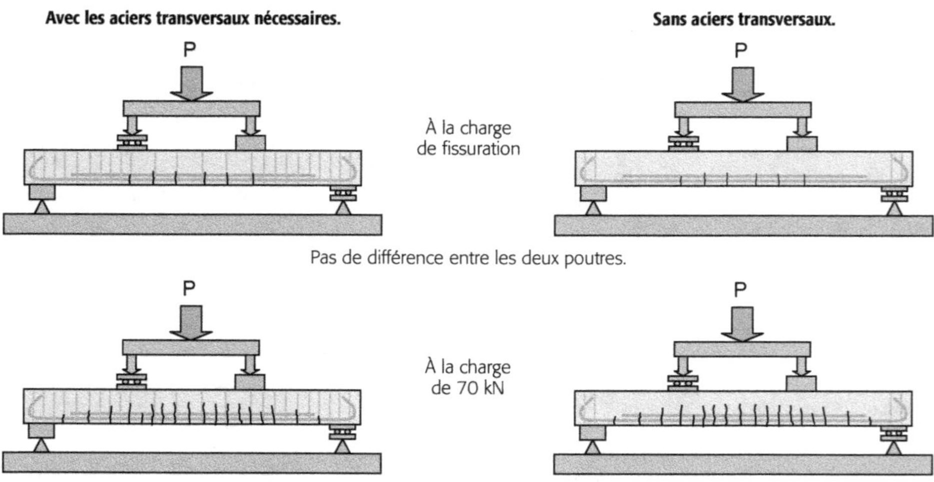

Pas de différence entre les deux poutres.

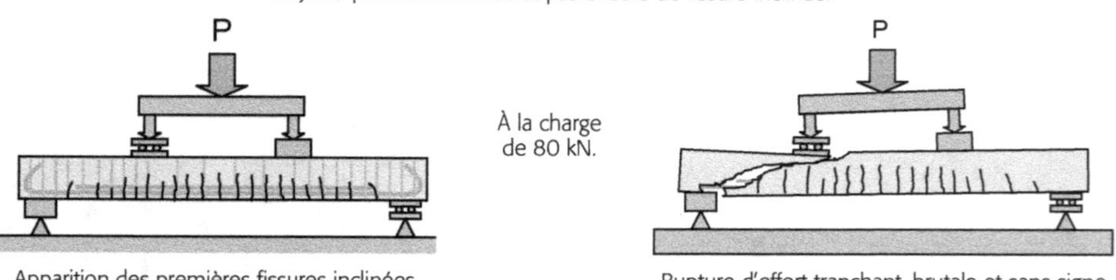

La charge maximum d'usage de la poutre fabriquée avec les aciers transversaux qui conviennent :
toujours pas de différence et pas encore de fissure inclinée.

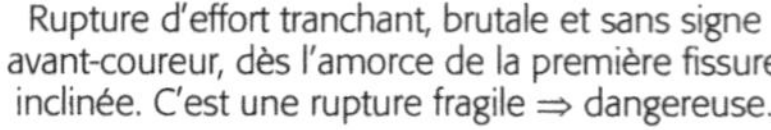

Apparition des premières fissures inclinées
près des appuis, en prolongement de fissures
de flexion verticales.

Rupture d'effort tranchant, brutale et sans signe
avant-coureur, dès l'amorce de la première fissure
inclinée. C'est une rupture fragile ⇒ dangereuse.

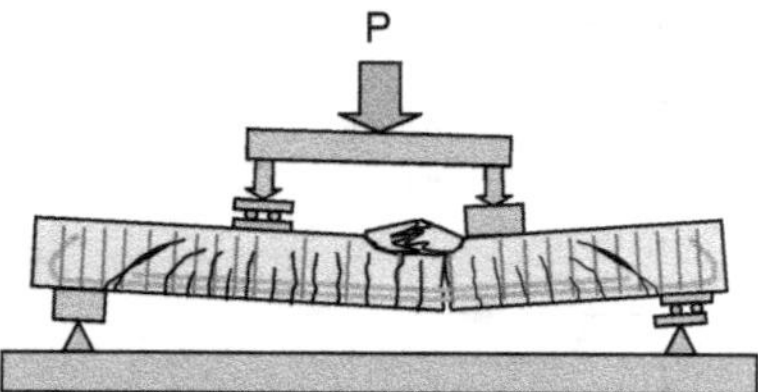

De nouvelles fissures inclinées apparaissent,
les anciennes se développent et s'élargissent,
puis à 150 kN : rupture de flexion.

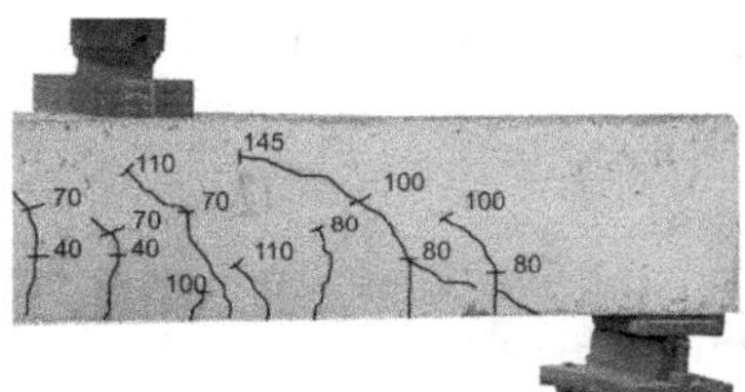

À la rupture : fissures d'effort tranchant (le long des fissures : suivi de leur développement en fonction de la charge en kN).

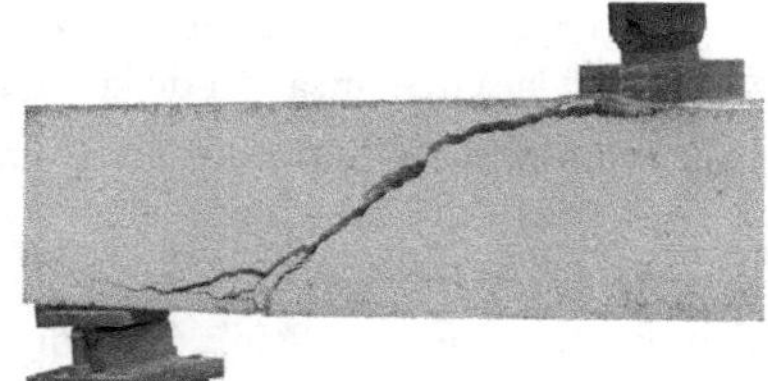

Photo après rupture fragile par effort tranchant, charge = 80 kN.

Figure B.5.7. Comparaison de la fissuration et de la rupture, avec et sans aciers transversaux.

La disposition des aciers transversaux de la première poutre est visible sur les croquis de la Figure B.5.7. On note que leur distribution est plus dense entre points de chargement et appuis, là où l'effort tranchant est maximum. Entre les points de chargement, l'effort tranchant est nul, mais le règlement impose d'y maintenir une quantité minimum d'aciers transversaux.

L'évolution de la fissuration de ces deux poutres et leurs faciès de rupture sont comparés sur la même Figure B.5.7. Leurs courbes flèche-charge sont regroupées sur la Figure B.5.8.

Conformément à ce qui précède, on s'attend à ce que l'effort tranchant induise des fissures inclinées, d'abord à l'approche des appuis où l'effort tranchant est maximum.

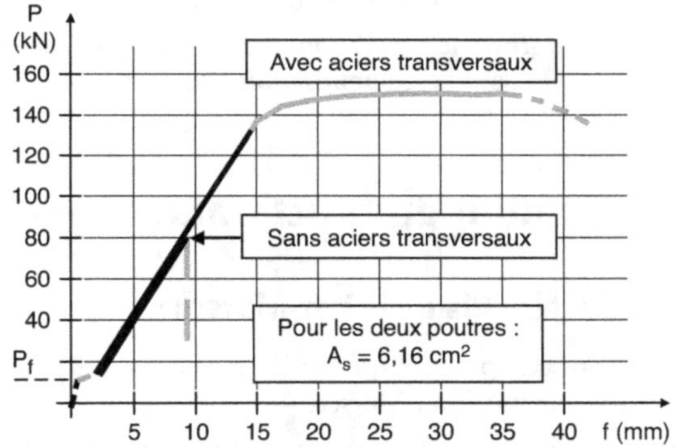

Figure B.5.8. Courbes flèche-charge avec et sans aciers transversaux.

B.5.2.2.1 Observations

Jusqu'à l'apparition de la première fissure inclinée, les deux poutres se comportent (fissuration et flèche) de façon identique.

Jusqu'à ce niveau de charge, le béton seul suffit pour résister aux effets de l'effort tranchant et les aciers transversaux, lorsqu'ils sont présents, ne sont pas sollicités. À part leurs aciers transversaux qui ne sont pas sollicités, ces deux poutres sont identiques. Il est alors normal qu'elles se comportent de façon identique.

À l'apparition de la première fissure inclinée, les aciers transversaux deviennent indispensables.

- S'ils sont présents, ils cousent les fissures inclinées pour retenir leur ouverture.
- S'ils sont absents, rien ne freine le développement de la fissure inclinée et c'est la rupture brutale.

La poutre avec aciers transversaux continue à résister après l'apparition de la première fissure inclinée. Les fissures initiales se développent et il en apparaît d'autres.

L'ensemble des fissures inclinées découpe des bandes intactes matérialisant des diagonales comprimées de la schématisation de la Figure B.5.6.

Également en accord avec cette schématisation, les fissures les plus développées sont clairement plus ouvertes à mi-hauteur de la poutre. Avec l'inclinaison, c'est la deuxième caractéristique des fissures d'effort tranchant.

Bien que fortement sollicitée à l'effort tranchant, ce dont témoignent ses fissures inclinées très développées, la poutre périt de façon ductile en flexion.

Les aciers transversaux sont en effet calculés pour assurer une résistance à l'effort tranchant outrepassant légèrement la résistance en flexion, assurant ainsi une ruine en flexion, plus ductile.

B.5.2.2.2   Conclusion

L'absence d'aciers transversaux est dangereuse. Elle fait courir le risque d'une rupture précoce, fragile et désastreuse.

Dans l'exemple vu ici, à la charge maximum d'usage prévue (70 kN), la poutre sans aciers transversaux se comportait aussi bien que l'autre correctement armée, sans aucun signe d'alerte. Pourtant, un léger dépassement de cette charge (à 80 kN), donc sans aucune marge de sécurité vis-à-vis de la charge maximum d'usage prévue, la précipitait dans une rupture brutale.

Attention, la charge d'apparition des fissures inclinées et de rupture brutale n'est pas systématiquement supérieure à la charge maximum d'usage escomptée comme dans le cas de cet exemple. Elle dépend en fait de la géométrie de la poutre et peut être très inférieure à la charge d'usage visée.

Les fissures inclinées dues à l'effort tranchant découpent des bielles de béton qui pourront jouer le rôle de diagonales comprimées dans la schématisation ci-dessous, dérivée de celle de la Figure B.5.6.

B.5.3   Schématisation du fonctionnement

B.5.3.1   Analogie du « treillis de Ritter-Mörsch »

Elle découle des contributions complémentaires, en 1899, de l'ingénieur suisse Wilhelm Ritter et, en 1902, de l'ingénieur allemand Emil Mörsch.

Elle compare une poutre en béton armé fissurée par l'effort tranchant à une poutre métallique en treillis.

Les barres comprimées sont constituées par, d'une part les bielles obliques comprimées découpées par les fissures inclinées, d'autre part, la zone de béton comprimé participant à la résistance au moment fléchissant. Les barres tendues sont respectivement les aciers transversaux et les aciers longitudinaux. La Figure B.5.9 illustre cette analogie.

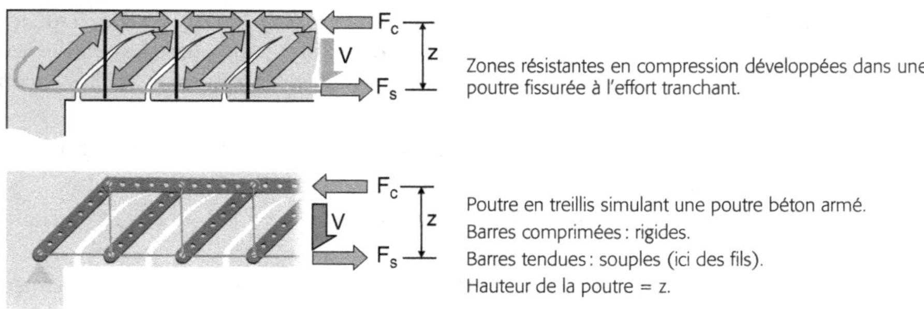

Figure B.5.9. Analogie de Ritter-Mörsch.

Il faut noter que cette schématisation ne vaut qu'une fois les fissures inclinées totalement développées. La poutre est alors à l'ultime stade avant une éventuelle rupture par effort tranchant.

Dans une poutre en treillis, pour mesurer le rôle d'une barre (comprimée ou tendue), une solution est de la couper puis de mesurer ou calculer l'effort à appliquer pour rétablir l'équilibre.

La Figure B.5.10 illustre son application à l'armature transversale. Le schéma du haut montre le désordre apporté par la coupure de cette armature et le schéma du bas l'effort à appliquer pour rétablir l'équilibre. Cet effort doit équilibrer l'effort descendant vertical V, il est donc un effort vertical montant égal à V. Ceci est un résultat important, qui s'exprime comme suit.

Dans le cas d'armatures transversales verticales, chaque barre tendue du treillis de Ritter-Mörsch simulant l'armature transversale reprend un effort vertical égal à l'effort tranchant V.

À noter. L'extension au cas d'armatures transversales obliques est simple, c'est alors la composante verticale de l'effort repris qui doit égaler V.

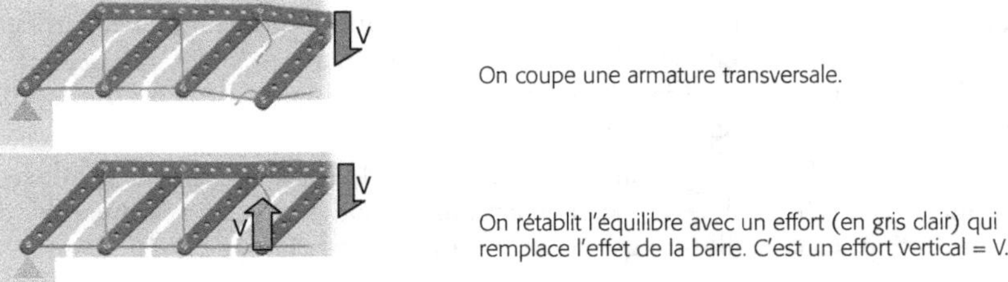

Figure B.5.10. Treillis de Ritter-Mörsch : effort dans les barres simulant des armatures transversales verticales.

B.5.3.2   Équilibre d'un nœud courant et du nœud d'appui

Cet équilibre est illustré sur la Figure B.5.11.

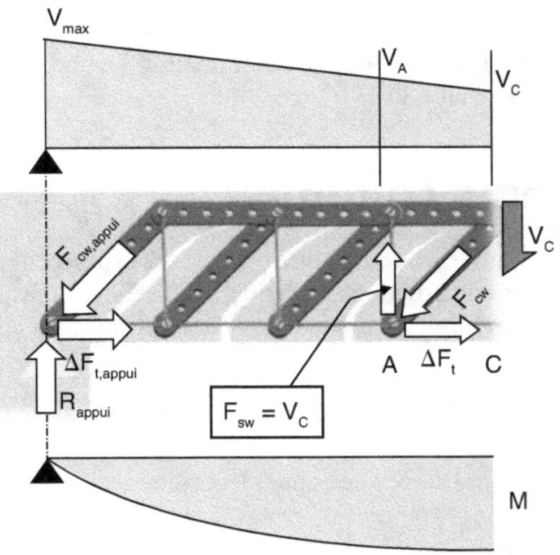

Figure B.5.11. Équilibre d'un nœud courant, le nœud A, et du nœud d'appui.

B.5.3.2.1   Nœud courant

On note que l'armature transversale à l'abscisse A reprend, et donc doit être calculée pour, l'effort tranchant à l'abscisse C. Ce décalage générateur d'économie (car $|V_C| < |V_A|$) sera exploité par le règlement.

De plus, l'équilibre de ce nœud met en évidence que le mécanisme de résistance à l'effort tranchant impose un effort ΔF_t dans l'armature tendue qui s'ajoute à l'effort qu'elle doit reprendre pour résister aux effets du moment fléchissant seul.

Enfin, les bielles de béton découpées par les fissures inclinées sont sollicitées par un effort de compression F_{cw}. Il faudra vérifier qu'elles sont capables d'y résister.

B.5.3.2.2   Nœud d'appui

Ce n'est plus l'armature transversale, mais la réaction d'appui, qui apporte la troisième composante de l'équilibre.

V et F_{cw} y sont plus élevés qu'au niveau d'un nœud courant en travée.

Surtout, l'effort additionnel $\Delta F_{t,appui}$ dans l'armature tendue prend ici un relief particulier. Alors que pour résister au moment seul la section nécessaire d'aciers longitudinaux sur appui est nulle, pour reprendre $\Delta F_{t,appui}$ il faut ici spécifiquement prolonger et ancrer sur appui une part suffisante des aciers en travée.

Ne pas respecter ce dernier point fait courir un risque de rupture fragile généralement meurtrière. Toute une travée tombe en bloc, sans signe avant-coureur, et écrase toute personne qui se trouve au-dessous. Cela est illustré par la schématisation de la Figure B.5.12.

Figure B.5.12. Type de rupture risquée par l'absence d'ancrage de l'armature longitudinale sur appui d'extrémité. C'est une rupture fragile et, dans ce cas, généralement meurtrière.

L'ensemble de ces points est regroupé sous la dénomination « Conditions d'appui » (son traitement réglementaire est exposé au § D-IV.7).

B.6   Éléments continus

Les grandes lignes du comportement du béton armé ont été exposées à travers l'exemple simple des travées isolées. Dans les constructions réelles, la majorité des poutres et éléments assimilés (dalles) sont continus. Ce qui implique des moments de continuité sur appuis et une interaction entre travées voisines.

L'exposé s'appuie sur le cas le plus simple d'élément continu : une poutre avec console.

Nota

Une « console » n'est pas une « travée », mais pour les besoins de la démonstration faite ici elle apporte les mêmes enseignements.

B.6.1 Moment de continuité, réaction d'appui, déformée et positionnement de l'armature dans un élément continu

Voir Figure B.6.1.

Sur les appuis de continuité, le moment est négatif, de signe opposé à ce qu'il est en travée, avec pour conséquence :

- une inversion de la courbure ; en travée, la concavité de la déformée est tournée vers le haut, sur les appuis de continuité, elle est tournée vers le bas ;
- en travée, la zone tendue de l'élément et les armatures de flexion associées sont positionnées en partie inférieure ; sur les appuis de continuité, zone tendue et armature associée sont en partie supérieure.

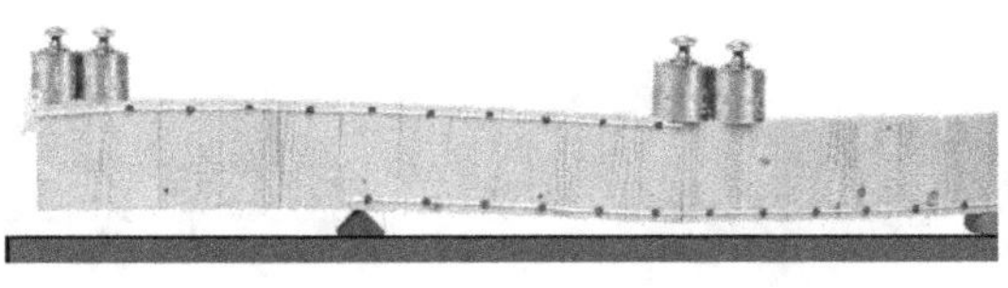

Sur un appui de continuité : la concavité de la déformée est tournée vers le bas et l'armature est placée en partie haute de la section.

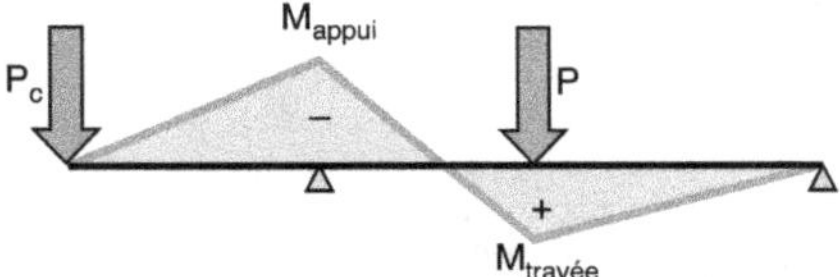

Diagrame du moment fléchissant : sur appui de continuité M < 0

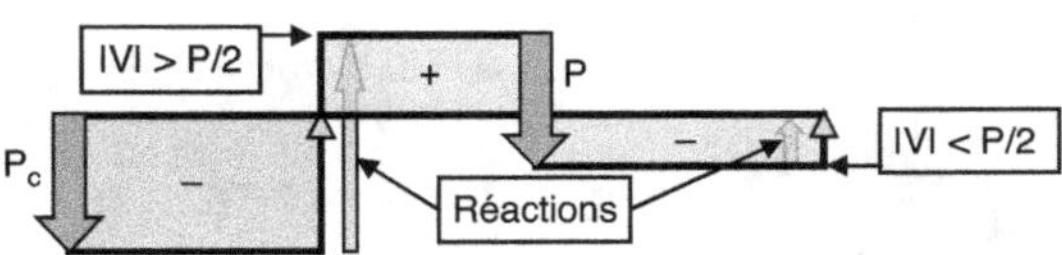

Diagramme de l'effort tranchant : sur appui de continuité, il y a un renforcement de |V| et de la réaction, et, par compensation, une diminution sur l'autre appui (les efforts appliqués et les réactions ont été dessinés en regard du diagramme V pour mettre en évidence la relation entre leur amplitude et l'évolution de V).

Figure B.6.1. Moment fléchissant, effort tranchant, déformée et position de l'armature dans un élément continu. Illustration avec l'exemple d'une poutre avec console.

B.6.2 Interaction entre travées voisines : cas de chargement à considérer

Dans le cas des éléments continus, le cas de chargement le plus défavorable n'est pas systématiquement le cas « tout chargé ».

Il est nécessaire d'envisager toutes les combinaisons de chargement. À savoir, dans le cas de la poutre avec console, les combinaisons suivantes : travée chargée ou déchargée, console chargée ou déchargée.

Les combinaisons à considérer et les conséquences de leur ignorance sont illustrées sur la Figure B.6.2.

Tout chargé : c'est le cas le plus défavorable pour la section sur appui de continuité. Il conduit au plus fort moment de continuité, c'est le cas à partir duquel sera déterminée la section de l'armature supérieure.

Seulement la travée chargée : c'est le cas le plus défavorable pour la travée. Il conduit au plus fort moment en travée, c'est le cas à partir duquel sera déterminée la section de l'armature inférieure.

Par rapport au cas précédent, la console apporte un contrepoids moindre, dont la conséquence est visible par une flèche en travée plus importante.

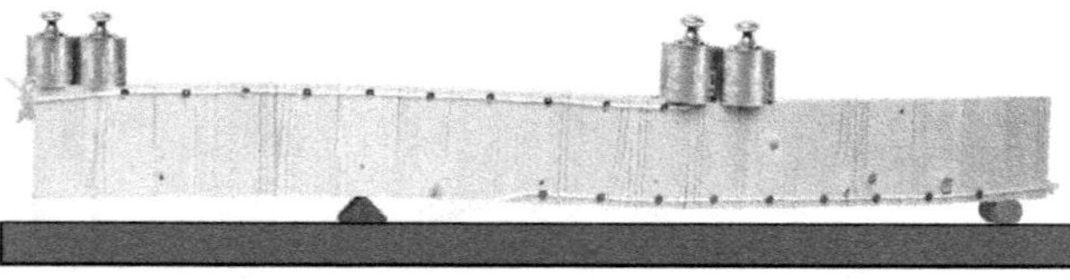

Dans le cas tout chargé, l'armature inférieure en travée peut être arrêtée sans dommage bien avant l'appui de continuité.

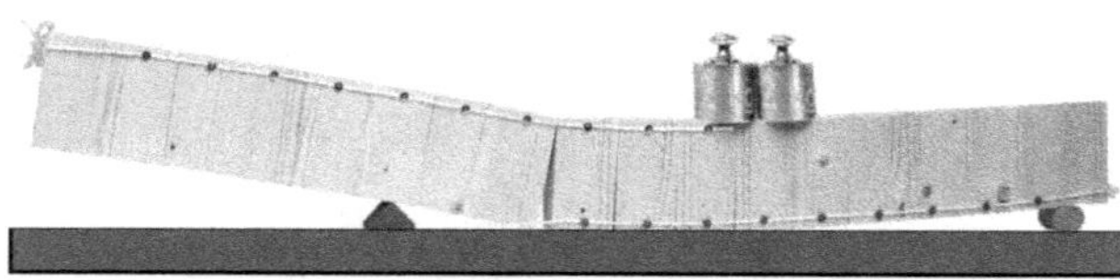

En revanche, elle s'avère alors trop courte lorsque la console est déchargée => toujours continuer l'armature inférieure en travée jusque sur l'appui de continuité.

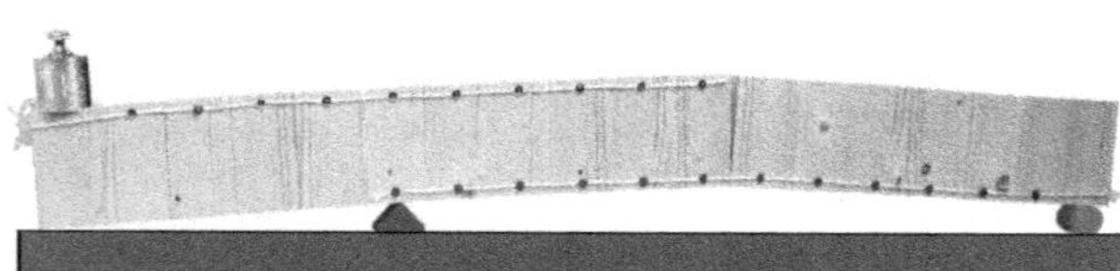

La longueur de l'armature supérieure doit être déterminée dans le cas où la console est chargée (moment de continuité maximum) et la travée déchargée.

Bien que convenant dans les autres cas, l'armature supérieure s'avère trop courte dans ce cas.

Figure B.6.2. Poutre avec console : les différents cas de charge à considérer pour un dimensionnement correct.

À retenir

Dans les systèmes continus :
- le cas « tout chargé » n'est pas le cas le plus défavorable, mais seulement l'un des cas défavorables ;
- des cas de travée déchargée peuvent être particulièrement défavorables.

La transposition réglementaire de ces observations avec extension aux cas plus complexes est l'objet du chapitre E-I.

Partie C

Prescriptions réglementaires de base et données d'un projet

C-I   Présentation des Eurocodes et données de base du calcul

C-I.1   Présentation des Eurocodes

C-I.1.1   Famille des Eurocodes

Les Eurocodes sont un ensemble cohérent de dix volets couvrant l'ensemble du domaine du calcul des structures en génie civil.

Les calculs de béton armé, objet de cet ouvrage, s'appuient sur les trois Eurocodes suivants et leurs Annexes nationales, en l'occurrence les Annexes nationales françaises (AF).

- Eurocode (EN 1990) : «Bases de calcul des structures», qui énonce les principes généraux. Nous le désignerons dans la suite par Eurocode 0.
- Eurocode 1 (EN 1991) : «Actions sur les structures», qui fournit les valeurs des actions à introduire dans les calculs.
- Eurocode 2 (EN 1992) : «Calcul des structures en béton», qui comprend trois sous-sections :
  - EN 1992-1 : «Règles générales», divisé en :
    - › EN 1992-1-1 : «Règles pour les bâtiments» (y compris le béton précontraint),
    - › EN 1992-1-2 : «Calcul du comportement au feu» ;
  - EN 1992-2 : «Ponts en béton» ;
  - EN 1992-3 : «Silos et réservoirs».

Pour information, les autres Eurocodes, en s'appuyant sur le même socle commun que sont les Eurocodes 0 et 1, traitent des structures en acier, mixtes acier-béton, en bois, en maçonnerie, en aluminium, des calculs géotechniques et enfin de la résistance aux séismes.

Convention d'écriture dans cet ouvrage

La référence à un article de l'Eurocode 2 est signalée par des crochets. Par exemple [4.2.1] réfère à l'article 4.2.1 de l'Eurocode 2. La référence à l'ensemble des articles de numéro 4 s'écrit [Section 4]. Si la référence concerne un article d'un autre Eurocode, cela est précisé entre les crochets, par exemple [Section 2, Eurocode 1].

Les prescriptions qui relèvent de l'Annexe nationale française sont repérées par (AF).

C-I.1.2   Spécificités des Eurocodes

Les Eurocodes sont «aux états limites», avec une gestion «semi-probabiliste» du risque et de la résistance à escompter. Les principes en sont fixés dans l'Eurocode 0.

Ils s'appuient sur l'expérience des règlements antérieurs les plus récents, déjà «aux états limites» et «semi-probabilistes». Ceux-ci datent des années 1980-90 et parmi eux, on compte le règlement français BAEL (béton armé aux états limites), entré en application en 1981. Forts de cette expérience, les Eurocodes proposent une prise en compte encore plus fine de la sécurité, à savoir des coefficients mieux ajustés correspondant à des cas plus précisément définis (et en contrepartie plus nombreux).

Malgré cette filiation avec BAEL, les Eurocodes constituent un ensemble normatif de conception différente des normes françaises antérieures. Leurs clauses sont en effet réparties en principes et règles d'application. Les premiers sont intangibles, les secondes sont des méthodes reconnues pour satisfaire aux principes. Souvent, les règles d'application laissent explicitement une marge de choix à l'homme de l'art. Il s'agit soit de la proposition de plusieurs variantes pour la méthode de résolution d'un même problème, soit de valeurs repères non fixées exactement mais à choisir, dans un but d'optimisation ou pour adaptation au contexte, à l'intérieur d'une plage autorisée. Il est souvent proposé en complément, à l'intérieur de cette plage, une «valeur recommandée».

Une partie de cette liberté de choix est dévolue aux états qui, à l'intérieur de chaque fourchette de variation admise, fixent, dans leurs «Annexes nationales», la valeur ou variation qu'ils admettent pour le paramètre concerné. Une partie des «valeurs nationales» sont le reflet des conditions climatiques et sismiques du pays, les autres résultent d'habitudes ou préférences antérieures.

L'autre partie de cette liberté est laissée au concepteur et au calculateur. Elle est de nature à renforcer leur intérêt en leur donnant plus de responsabilité. Celle-ci peut même aller jusqu'au recours à d'autres méthodes, à condition de justifier qu'elles ne dérogent pas aux principes et assurent au moins les mêmes sécurité et durabilité que celle(s) préconisée(s) par les Eurocodes.

C-I.1.3 Recommandations professionnelles françaises et guide d'application de l'Eurocode 2

Dans les règlements français antérieurs, de nombreux articles étaient complétés par des «commentaires» qui en précisaient l'interprétation ou/et qui les complétaient par des recommandations pratiques.

Dans les Eurocodes ces «commentaires» n'existent pas. Les Annexes nationales participent quelquefois à les remplacer, mais il subsiste un vide. En France, un groupe émanant de la Commission de normalisation Eurocode 2 s'est attaché à combler ce vide en établissant les «Recommandations professionnelles pour l'application de la norme NF EN 1992-1-1 (NF P 18-711-1) et de son Annexe nationale (NF P 18-711-1/NA-Eurocode 2, partie 1-1) relatives au calcul des structures en béton». Elles ont été éditées en 2007 par SEBTP (Société d'édition du bâtiment et des travaux publics) sous l'égide de la Fédération française du bâtiment.

Ces recommandations ont depuis été reprises et copieusement complétées dans un «Guide d'application de l'Eurocode 2» édité en décembre 2013 sous l'égide de l'AFNOR. Son intitulé exact est «AFNOR FD P 18-717: Eurocode 2 – Calcul des structures en béton – Guide d'application des normes NF EN 1992».

Dans la suite de cet ouvrage, il sera fait référence aux recommandations de mars 2007 par le raccourci «Recommandations professionnelles françaises» et aux apports supplémentaires de décembre 2013 par le raccourci «Guide d'application de l'Eurocode 2».

Différences quantitatives par rapport au règlement précédent (BAEL)

- Quantité d'aciers longitudinaux pour résister aux effets du moment fléchissant: pas de différence significative. Consommation d'acier augmentée dans le cas des travées isostatiques, mais possibilité d'économie dans le cas des travées continues.

- Quantité d'aciers transversaux pour résister aux effets de l'effort tranchant: gain conséquent. Dans les cas les plus favorables, poids divisé par 2,5 (soit une économie de 60 %). De façon générale, on peut tabler sur une économie de 30 à 50 %.

- Quantité d'acier dans les poteaux: pas de différence significative, à l'exception de la longueur requise pour les attentes significativement augmentées.

  Les calculs proposés pour prendre en compte explicitement le flambement dans toute sa complexité conduisent à des sections d'acier comparables à celles découlant du calcul au flambement de BAEL.

  La section minimum requise n'est plus limitée inférieurement à 4 cm²/m de périmètre. Il s'ensuit une économie d'acier pour les poteaux peu chargés.

  Les Recommandations professionnelles françaises proposent un calcul approché sur un principe semblable à celui antérieurement proposé par BAEL, mais reflétant plus fidèlement le résultat du calcul exact. Il en découle une meilleure sécurité.

C-I.2 Actions, effets des actions et sollicitation, capacité résistante, valeurs de calcul

C-I.2.1 Actions

Ce sont les différents efforts agissant sur une structure. Elles sont symbolisées de façon générique par la lettre F.

S'y superposent les notations suivantes, qui assurent une distinction selon leur origine et leur nature :

- les actions permanentes :
  - le poids propre, noté G (comme *gravity*),
  - celles découlant d'une précontrainte, notées P ;
- les actions variables non accidentelles, notées Q ;
- les actions accidentelles ou exceptionnelles, notées A.

C-I.2.2 Effets des actions

Ce sont les effort(s) ou moment(s) agissant(s), calculés en un point ou sur une section de la structure. Ils découlent des actions appliquées et sont généralement représentés par leur résultante : la sollicitation (présentée au point suivant).

Ils sont distingués de façon générique par l'indice E (comme *effect* en anglais) associé à la désignation de l'action ou de la sollicitation concernée.

C-I.2.3 Sollicitation

C'est la résultante de l'effet des actions sur une section donnée. S'agissant d'effet d'actions, la désignation de chacune de ses composantes est complétée par l'indice E.

Ces composantes, lorsqu'elles sont présentes, sont :

- un effort normal extérieur (compression ou traction), noté N_E ;
- un moment fléchissant, noté M_E ;
- un effort tranchant, noté V_E ;
- un moment de torsion, noté T_E.

Lorsqu'il n'y a pas d'ambiguïté possible, l'indice E est omis.

C-I.2.4 Capacité résistante

Elle est symbolisée par l'indice R.

Par exemple, l'équilibre d'une section sous l'effet du moment fléchissant s'écrit $M_R \geq M_E$, qui signifie : « moment résistant de la section $\geq$ moment agissant ». La même syntaxe vaut pour toute autre grandeur, notamment N, V et T. Elle sera utilisée intensivement quand il sera traité de la résistance aux effets de l'effort tranchant V.

C-I.2.5   Valeurs de calcul

Ce sont les valeurs ci-dessus après application de tous les coefficients de sécurité prescrits par Eurocode. Elles sont symbolisées par l'indice d désignant le calcul (*design* en anglais).

Par exemple : V_{Ed} = effort tranchant agissant de calcul et V_{Rd} = effort tranchant résistant de calcul.

C-I.3   Unités, conventions de signes et de représentation, incertitude des calculs

C-I.3.1   Unités

Les contraintes sont exprimées en MPa, c'est-à-dire en MN/m^2.

Dans les calculs, la cohérence impose que :
- les efforts soient exprimés en MN ;
- les longueurs en m ;
- les aires en m^2 ;
- les moments en MN.m.

Les données et les résultats sont souvent exprimés dans des unités différentes.

Eurocode, en suivant la pratique, préconise :
- les contraintes toujours en MPa ;
- les efforts en kN ;
- les moments en kN.m.

Pour les grandeurs qui suivent, sont proposées d'abord l'unité usuelle, puis l'unité réglementaire.
- Pour les longueurs :
  - les portées des éléments horizontaux ou hauteurs des éléments verticaux en m ou mm ;
  - les dimensions des sections béton en cm ou mm ;
  - le diamètre des aciers en mm.
- Pour les aires :
  - les aires des sections béton en m^2 ;
  - les aires des sections d'acier en cm^2 ou m^2.

C-I.3.2   Convention de signes

La convention de signes utilisée en béton armé (et par suite en béton précontraint) diffère de celle utilisée en construction métallique. Cela vient probablement du fait que :
- le point faible de l'acier est sa résistance en compression (à cause du risque de flambement) $\Rightarrow$ en construction métallique, les compressions ont le signe moins ;
- le point faible du béton est sa résistance en traction $\Rightarrow$ en béton armé, les tractions ont le signe moins.

La convention de signes est la suivante :

- Efforts normaux N : compressions positives.
- Efforts verticaux pour le calcul de l'effort tranchant et du moment fléchissant : efforts montants positifs.
- Effort tranchant V = Σ des actions et réactions à gauche de la section considérée.

  Son signe découle de la convention pour les efforts verticaux : les actions ou réactions montantes sont comptées positives.
- Moment fléchissant M = Σ des moments par rapport à la section considérée des actions et réactions à sa gauche.

  Le moment de chaque action ou réaction de gauche est compté positif si celle-ci est positive (donc montante). En d'autres termes, un moment est compté positif s'il fait tourner dans le sens trigonométrique inverse (c'est-à-dire dans le sens des aiguilles d'une montre).

  Conséquence : le moment fléchissant est positif en travée et négatif sur appuis.

Conséquences de cette convention de signes :

- $V = dM/dx$

  x étant l'abscisse parallèlement à la trace de l'élément.
- Les actions G et Q ou p/m, descendantes, sont négatives. Dans la pratique, elles sont toujours exprimées en valeur absolue (positive).

C-I.3.3   Convention de représentation

Il n'y a pas de convention strictement codifiée par Eurocode. Sans rien imposer, il utilise la représentation illustrée sur la Figure C-I.3.1.

C'est la convention suivie dans cet ouvrage.

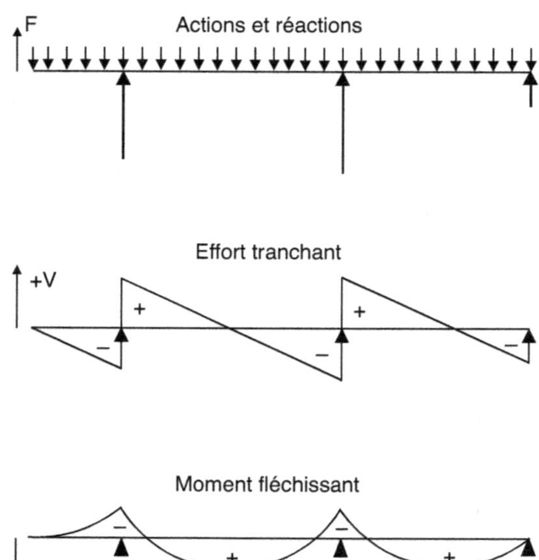

Figure C-I.3.1. Signes et représentation : actions et réactions, diagrammes de l'effort tranchant et du moment fléchissant.

- Le diagramme du moment fléchissant M est tracé du côté de la fibre tendue, là où il faudra placer les aciers tendus.

  De plus, sa forme générale rappelle alors celle de la déformée de l'élément, ce qui apporte une aide intuitive à la conception.

  En contrepartie, l'axe positif des moments doit être descendant.

- Le diagramme de l'effort tranchant V est tracé, de façon traditionnelle, avec l'axe positif montant.

  Dans le cas courant où les actions (poids propre G, charges d'exploitation Q et autres) sont descendantes et de réactions montantes, le diagramme V est montant au droit de chaque réaction et descendant en travée.

C-I.3.4   Incertitude des calculs

Il y a deux niveaux d'incertitude à considérer : d'une part, l'incertitude sur la valeur réelle de la sollicitation (M, V, N et T) dans chaque section, d'autre part, l'incertitude sur le comportement réel des éléments de structure soumis aux sollicitations arrêtées au point précédent. Ce deuxième point est l'incertitude du calcul béton armé proprement dit.

C-I.3.4.1   Incertitude sur la valeur réelle de la sollicitation

La sollicitation dans les diverses sections est calculée conformément à la RDM (résistance des matériaux) qui suppose des éléments parfaitement élastiques et sans épaisseur. Appliquer cela aux structures béton armé dont les éléments ne sont pas sans épaisseur et encore moins parfaitement élastiques constitue une approximation.

Par conséquent, malgré un calcul RDM à la rigueur mathématique sans faille, le résultat n'est pas un reflet exact de la réalité. L'incertitude associée est variable selon les cas. Elle est pratiquement nulle pour une travée isolée et elle augmente avec la complexité de la structure. Aussi, pour les poutres ou dalles continues, à condition de faire évoluer en conséquence les moments en travée, Eurocode autorise de retenir des moments de continuité jusqu'à 30 % inférieurs à ceux donnés par le calcul RDM. C'est la redistribution traitée au § E-I.4.

C-I.3.4.2   Incertitude du calcul béton armé proprement dit

Ce point est traité en détail au § D-I.2.

La conclusion est que deux résultats qui diffèrent au maximum de 2 % doivent être considérés comme identiques.

Pour être cohérent avec cette incertitude, il convient d'écrire les résultats avec trois chiffres significatifs au maximum.

C-I.4   Portée des poutres et planchers et leur sollicitation de calcul

C-I.4.1   Portée [5.3.2.2]

D'après les règlements français antérieurs (y compris BAEL), la portée ℓ à prendre en compte dans les calculs était la distance de nu à nu des appuis.

Ce n'est plus le cas avec Eurocode. Les valeurs à prendre en compte sont précisées sur la Figure C-I.4.1.

La portée à prendre en compte dans les calculs est désignée «portée utile» et notée ℓ_{eff}. Elle veut approcher la portée entre les points de passage des réactions sur chaque appui et est plus grande que la portée de nu à nu notée ℓ_n. Dans Eurocode, lorsque ℓ n'est complété par aucun indice, il doit être interprété comme ℓ_{eff}.

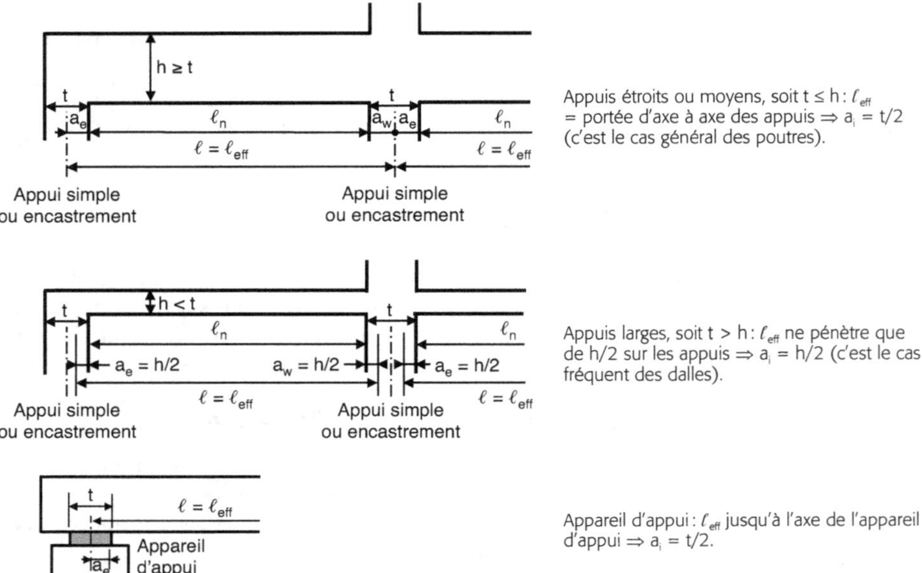

Figure C-I.4.1. Détermination de la portée utile $\ell = \ell_{eff}$ (a_i est le terme générique représentant a_w ou a_e, à gauche [west] ou à droite [est] de l'axe de l'appui).

Remarque

Le repère par référence aux points cardinaux sera largement utilisé dans la suite de l'ouvrage. L'indice pour le côté ouest est w comme en anglais, pour éviter une confusion avec les divers indices o ou 0.

Conséquences de ces spécifications

Dans la majorité des cas, la portée à prendre en compte est celle d'axe à axe des appuis. Cette définition, sous une apparence de simplicité, apporte beaucoup de complications comparée à la portée de nu à nu des appuis qui prévalait auparavant en France.

- Difficulté

  Les diverses implications en sont traitées au § C-I.4.2.1 suivant. Les charges à l'aplomb d'un appui sont transmises directement à l'appui sans solliciter les poutres ou dalles. Donc, pour déterminer leur sollicitation M et V, seules doivent être considérées les charges entre les nus des appuis (à savoir seulement sur la longueur ℓ_n).

- Notation

  Il est essentiel d'éviter la confusion entre les grandeurs issues d'un calcul basé sur ℓ_{eff} ou au contraire sur ℓ_n. Aussi, dans la suite de cet ouvrage, chaque fois que nécessaire, ces grandeurs seront distinguées par l'indice ℓeff ou ℓn.

C-I.4.2   Valeurs de M et V à retenir

Les valeurs à prendre en compte selon le cas sont illustrées sur les figures C-I.4.2 et C-I.4.3.

C-I.4.2.1 Effort tranchant

L'effort tranchant V maximum à prendre en compte est $V_{nu\ appui}$ déterminé au nu de l'appui. Il est plus petit que $V_{eff,max}$ tiré du calcul RDM brut (avec $\ell = \ell_{eff}$ et charges appliquées sur toute la longueur ℓ_{eff}).

C-I.4.2.2 Moment fléchissant

C-I.4.2.2.1 Prescriptions réglementaires

Le moment fléchissant est calculé sur la base de ℓ_{eff}.

Exclure ou non les charges appliquées sur la largeur des appuis a une incidence faible.

En travée

Le moment à prendre en compte est $M_{\ell eff}$ découlant du calcul RDM.

Sur appuis d'extrémité

Le moment est bien sûr nul. Cependant, prendre ℓ_{eff} pour référence implique au nu de l'appui une valeur $M_{\ell eff,travée,nu\ appui}$ loin d'être nulle (voir Figure C-I.4.3). Ce qui interpelle.

Sur appuis intermédiaires

Rappel du vocabulaire

L'armature disposée en partie supérieure pour reprendre le moment sur appui est appelée « chapeau ».

Pour le moment $M_{chapeau}$ à prendre en compte, Eurocode distingue deux cas:

- Poutre ou dalle formant avec l'appui un ensemble monolithique [5.3.2.2(3)] (Figure C-I.4.2).

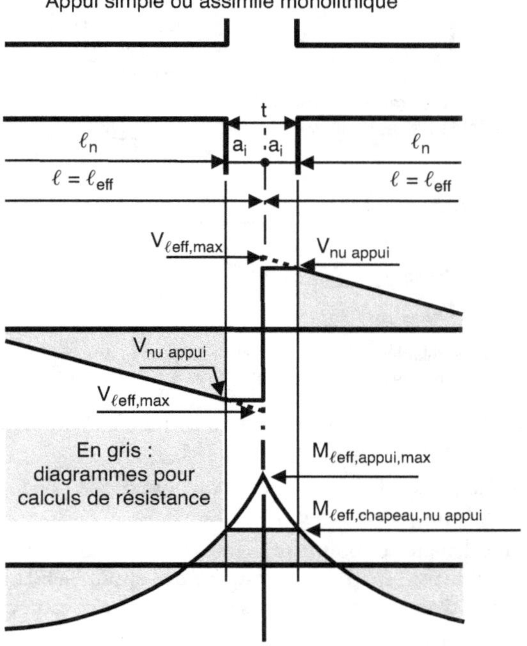

Figure C-I.4.2. Appui intermédiaire assimilable à un appui simple : valeurs de $M_{chapeau}$ et V sur appui à prendre en compte.

C'est le cas des poutres ou dalles béton armé sur appui béton armé (poutre, poteau ou mur banché).

Alors, la prescription d'Eurocode est de dimensionner les aciers en chapeau avec la valeur du moment négatif sur appuis calculée au nu de l'appui. À savoir :

$$M_{chapeau} = M_{\ell eff,chapeau,nu\ appui}$$

(En voir la justification au § C-I.4.2.2.2.)

Avec une réserve importante : il faut respecter $M_{nu\ appui} \geq 0{,}65\ M$ encastrement au nu de l'appui.

(Ce point sera développé au § E-I.4.5.3.)

- Poutre ou dalle avec appui **ne formant pas** un ensemble monolithique [5.3.2.2(2) et (4)] (Figure C-I.4.3).

C'est le cas de poutres ou dalles sur appareil d'appui ou sur un mur en maçonnerie.

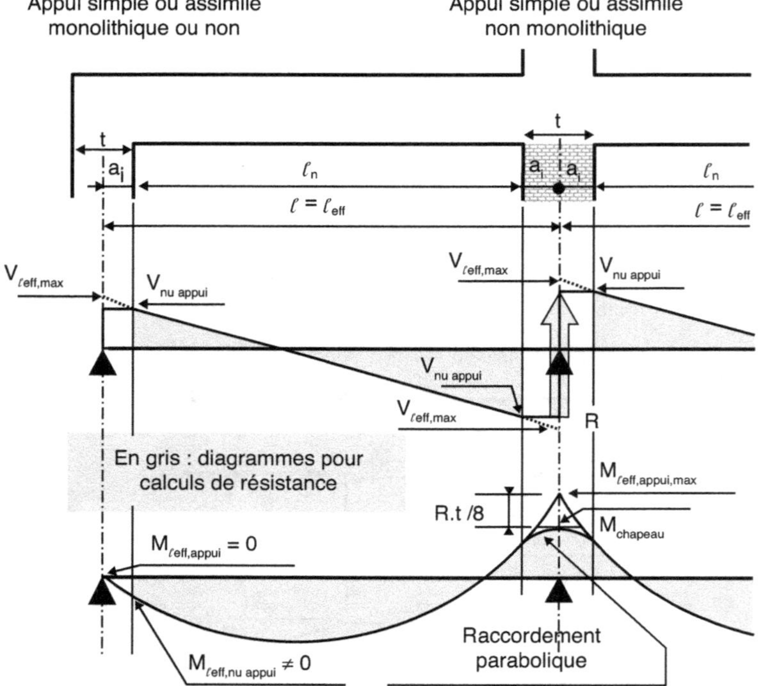

Figure C-I.4.3. Appuis assimilables à des appuis simples. Appui intermédiaire non monolithique, appui d'extrémité monolithique ou non : valeurs à prendre en compte pour les calculs de résistance.

Sur la largeur des appuis intermédiaires, le moment à prendre en compte excède le moment au nu de l'appui mais sans atteindre la valeur maximum $M_{\ell eff,appui,max}$.

On peut dire que « la nature arrondit les angles » et on admet que la pointe du diagramme est remplacée par un raccordement parabolique.

Une autre approche plus calculatoire aboutit au même résultat : si on assimile la réaction d'appui à une charge montante uniforme répartie sur la largeur de l'appui, le bilan de son incidence sur le diagramme des moments d'axe à axe des appuis se traduit par ce raccordement parabolique.

Pour cela, Eurocode propose l'approximation suivante :

$$M_{chapeau} \approx M_{\ell eff,appui,max} - R_{max}.t/8$$

avec $M_{\ell\text{eff,appui,max}}$ et R_{max} = valeurs maximums du moment et de la réaction sur l'appui compte tenu des différents cas de charge envisageables (voir § E-I.3).

Des propriétés de la parabole de raccordement on tire les deux points suivants :

- La valeur $M_{chapeau} \approx M_{\ell\text{eff}}$ à la distance $a_i/2 = t/4$ à l'intérieur de l'appui.

  C'est de là qu'est tiré le calcul $M_{chapeau} \approx M_{\ell\text{eff,appui,max}} - R_{max}.t/8$

- Le sommet $M_{chapeau}$ du raccordement parabolique est environ à mi-hauteur entre $M_{\ell\text{eff,nu appui}}$ et le sommet de la pointe $M_{\ell\text{eff,appui,max}}$.

  On en tire donc aussi le calcul de $M_{chapeau}$ à partir de $M_{\ell\text{eff,nu appui}}$ par la relation $M_{chapeau} \approx M_{\ell\text{eff,nu appui}} + R_{max}.t/8$

Cas d'un appui large : lorsque $t > a_w + a_e$

Proposition de l'auteur

Faire deux demi-raccordements se développant sur a_w et a_e reliés par un segment de droite. Cela revient à traiter la zone comme un appui de largeur fictive $t_{fictif} = a_w + a_e$.

Il s'ensuit $\ell_{eff} = \ell_n + a_w + a_e$ comme prescrit au § C-I.4.1.

C-I.4.2.2.2 Justification du traitement particulier des appuis monolithiques

Le raccordement parabolique est la réalité du diagramme M quelles que soient les circonstances.

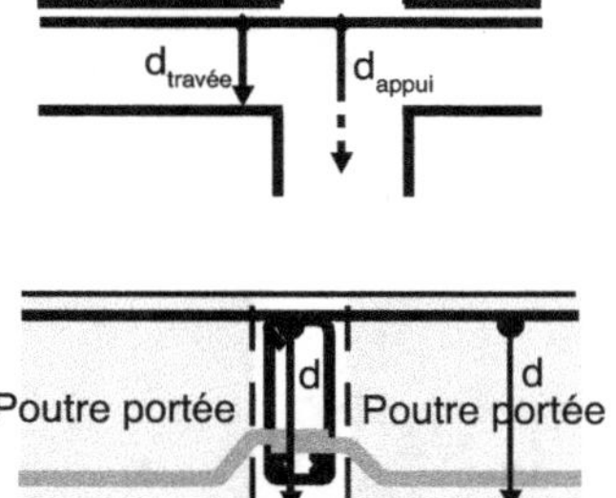

Sur un appui monolithique, comme schématisé ci-contre, la hauteur utile d disponible est plus grande et, à moment égal, la section d'acier nécessaire est plus faible. De fait, cette variation de d est progressive et limitée. Mais elle est suffisante pour que, à toute abscisse sur la largeur de l'appui, la section $A_{s,chapeau}$ strictement nécessaire $\leq A_{s,nu\ appui}$. D'où la règle de calcul proposée.

Nota

Ceci ne s'applique pas au cas où, bien que l'appui soit monolithique, il est constitué par une autre poutre qui n'a pas de retombée par rapport à l'élément porté (voir aussi § D-IV.8.3).

C-I.4.3 Comment calculer $V_{nu\ appui}$ et $M_{\ell\text{eff,chapeau,nu appui}}$

C-I.4.3.1 Calculs dans la lignée des prescriptions d'Eurocode

Dans le cas général d'une charge répartie p_i/m à proximité de l'appui avec i = w ou e.

C-I.4.3.1.1 Calcul de $V_{nu\ appui}$

Deux solutions sont possibles :

- Faire le calcul direct, conforme à la réalité du chargement, excluant les charges appliquées sur la largeur de l'appui. Alors, comme illustré sur la Figure C-I.4.3, l'effort tranchant est constant entre le nu et l'axe de l'appui (aucune charge appliquée sur cette longueur) et le calcul donne directement $V_{nu\ appui} = V_{axe\ appui}$.
- Calculer en appliquant les charges sur toute la longueur ℓ_{eff} puis, de $V_{\ell\text{eff,max}}$ tirer $V_{nu\ appui}$ en soustrayant l'effet des charges comptées en trop (du nu à l'axe de l'appui).

D'où $V_{\text{nu appui}} = V_{\ell\text{eff,max}} - \Delta V = V_{\ell\text{eff,max}} - p_i . a_i$ (voir Figure C-I.4.4)

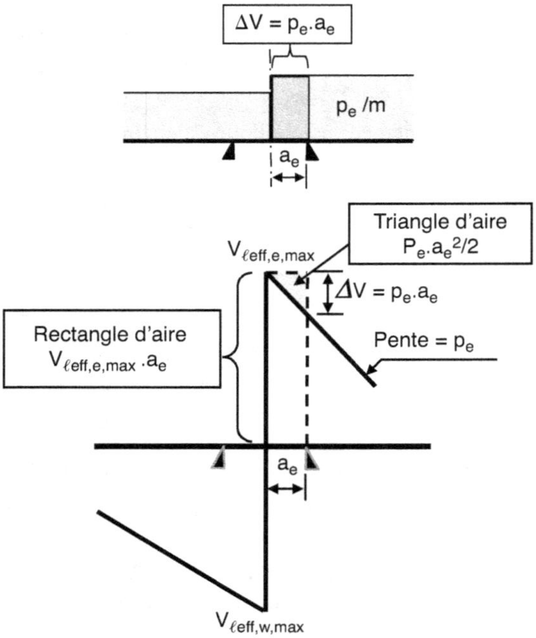

Figure C-I.4.4. Éléments du calcul de V et M au nu de l'appui à partir des valeurs sur l'axe de l'appui.

C-I.4.3.1.2　Calcul de $M_{\ell\text{eff,chapeau,nu appui}}$

Dans le cas, très général, d'une charge répartie $= p_i$/m à proximité de l'appui :

$$|M_{\ell\text{eff,chapeau,nu appui}}| = |M_{\ell\text{eff,appui,max}}| - \text{aire diag. V sur la longueur } a_i \text{ (voir Figure C-I.4.4)}$$
$$= |M_{\ell\text{eff,appui,maxi}}| - (|V_{\ell\text{eff,max}}| - p_i . a_i/2) . a_i$$

En fait, $|V_{\text{max}}|$ est différent à gauche et à droite de l'appui et ce peut aussi être le cas de p, ce qui conduit à deux valeurs de $M_{\text{eff,chapeau,nu appui}}$, une à gauche et l'autre à droite de l'appui. Cela est perturbant sur un appui simple, où l'on escompte plutôt des moments égaux à gauche et à droite.

Proposition de l'auteur

Retenir une valeur unique du moment égale à la moyenne des valeurs calculées à gauche et à droite.

Ces écarts et la solution proposée font partie de l'incertitude de l'application de la RDM aux structures réelles (voir plus haut § C-I.3.4). On compte sur l'adaptation et la redistribution (voir § E-I.4) pour composer avec.

On a alors :

$$|M_{\ell\text{eff,chapeau,nu appui}}| = |M_{\ell\text{eff,appui,maxi}}| - \frac{\left(|V_{\ell\text{eff,max,w}}| - p_w . a_w/2\right) . a_w + \left(|V_{\ell\text{eff,max,e}}| - p_e . a_e/2\right) . a_e}{2}$$

Cette formule se simplifie beaucoup dans les cas très fréquents où $p_w = p_e$ et $a_w = a_e$, alors noté a_i.

Lorsque $a_w = a_e = t/2$ (ce qui est très généralement le cas), et en négligeant la soustraction $p_i . a_i/2$, cela peut s'écrire :

$$|M_{\ell\text{eff,chapeau,nu appui}}| \approx |M_{\ell\text{eff,appui,maxi}}| - R_{\text{appui}} . t/4$$

Ce résultat était prévisible à partir des résultats relatifs au raccordement parabolique. On a vu en effet que :

hauteur raccordement parabolique = $R_{appui}.t/8 = 1/2.|M_{\ell eff,appui,maxi} - M_{\ell eff,chapeau,nu\ appui}|$

C-I.4.3.2   Proposition de l'auteur pour un calcul alternatif basé sur ℓ_n

Il apparaît que l'essentiel des valeurs de référence doit être ramené aux valeurs au nu des appuis. Seul le raccordement parabolique y déroge, cependant, il est montré au § C-I.4.2.2.1 qu'il peut lui aussi être calculé par rapport à la valeur de $M_{nu\ appui}$.

Cette référence omniprésente aux valeurs au nu des appuis incite à baser le calcul sur ℓ_n. Ce qu'autorisent les Recommandations professionnelles françaises [clause 5.3.2.2(3)].

C-I.4.3.2.1   Calcul de $V_{nu\ appui}$

Dans le cas d'une travée isolée, le diagramme $V_{\ell n}$ est exactement superposé au diagramme $V_{\ell eff}$ sur l'intervalle de nu à nu des appuis.

Dans les autres cas (ce sont les poutres ou dalles continues), le diagramme $V_{\ell n}$ s'avère être une approximation quasi exacte du diagramme $V_{\ell eff}$ sur l'intervalle de nu à nu des appuis.

Donc, le calcul basé sur ℓ_n non seulement fournit directement les valeurs de $V_{nu\ appui}$, mais aussi l'intégralité du diagramme V de calcul sur l'intervalle de nu à nu des appuis.

C-I.4.3.2.2   Calcul de $M_{\ell eff,chapeau,nu\ appui}$

Faire le calcul sur la base de ℓ_n pour en tirer sur chaque appui $M_{\ell n,appui}$, $V_{\ell n,w,appui}$ et $V_{\ell n,e,appui}$.

En déduire, conformément aux indications du § E-I.3.3.2.2 :

* d'abord les valeurs des moments $M_{\ell eff,chapeau,nu\ appui}$;
* puis, travée par travée, le diagramme $M_{\ell eff}$ et la valeur du moment maximum $M_{\ell eff,travée,max}$

C-I.5   Gestion de la sécurité

Elle est codifiée par des prescriptions générales rassemblées dans l'Eurocode 0 (EN 1990).

C-I.5.1   Généralités

Les états limites considérés sont l'état limite ultime (ELU) et l'état limite de service (ELS).

En toute rigueur, il faudrait adopter la notation anglophone :

* ELU devient ULS comme *ultimate limite state* ;
* ELS devient SLS comme *service limite state*.

Conformément à la version française d'Eurocode, c'est la notation francophone ELU et ELS qui sera utilisée.

La gestion de la sécurité est probabiliste car sont pris en compte :

* la variabilité des grandeurs de référence (propriétés des matériaux et actions) à travers la notion de « valeur caractéristique » ;
* le risque encouru par l'éventuel dépassement des valeurs limites fixées pour les résistances des matériaux utilisés et pour les actions appliquées à la structure ; ce risque est pris en compte par des « coefficients partiels de sécurité matériaux » et des « coefficients de pondération des actions » adaptant la marge de sécurité aux conditions de chaque état limite considéré.

Elle n'est que semi-probabiliste car :

- les interactions entre ces diverses variabilités sont soit négligées, soit prises en compte uniquement de façon forfaitaire, comme dans la pondération des actions en cas d'actions d'accompagnement ;
- l'interaction complexe entre conditions d'environnement et corrosion des armatures est traitée par la définition de nombreuses classes de risque auxquelles sont associées, en fonction de la durée de vie envisagée pour l'édifice :
  a) une qualité minimum recommandée pour le béton utilisé,
  b) un enrobage minimum des armatures.

C-I.5.2 États limites

C-I.5.2.1 État limite ultime (ELU)

Deux cas sont distingués.

C-I.5.2.1.1 Dimensionnement vis-à-vis des actions courantes

Les actions courantes sont les charges et autres actions envisageables en usage normal.

C'est ce calcul qui sert de base à tout dimensionnement.

Les différents coefficients intervenant dans la chaîne de calcul sont alors calés pour aboutir à une résistance effective environ deux fois plus élevée que la sollicitation maximum escomptée en usage normal (voir Figure B.3.14 au § B.3.2.2.5). Cette marge de deux est beaucoup plus qu'une marge de sécurité.

- Bien sûr, elle tient à l'abri du risque de ruine.
- Surtout, il est escompté qu'avec une telle marge les contraintes dans les matériaux, la fissuration et les déformations seront suffisamment faibles pour satisfaire aux conditions de la vérification à l'ELS. L'expérience montre que c'est effectivement souvent le cas.

C-I.5.2.1.2 Dimensionnement vis-à-vis des actions accidentelles

Les actions accidentelles sont relatives aux événements climatiques exceptionnels, incendies, chocs de véhicule, explosions et séismes.

Rappel

Les résistances aux incendies et aux séismes font l'objet de volets spécifiques du règlement.

L'objectif est alors d'assurer le non-écroulement de l'édifice, peu importent les fissures et les déformations. Même si après l'action accidentelle l'édifice est devenu impropre à l'usage et doit être démoli, s'il ne s'est pas écroulé sur ses occupants le contrat a été rempli. Ce calcul est mené avec des coefficients de sécurité réduits. Il est admis que sous l'action accidentelle, l'état ultime soit atteint, mais il ne doit pas être dépassé.

Ce calcul vis-à-vis des actions accidentelles n'intervient qu'après celui vis-à-vis des actions courantes. Il ne devient dimensionnant que lorsqu'il conduit à des sections d'acier et/ou de béton plus grandes que celles découlant du calcul de base sous actions courantes.

C-I.5.2.2 État limite de service (ELS)

Les calculs associés sont des vérifications ; ils ne sont *a priori* pas dimensionnants mais consistent en des vérifications.

Ils ne deviennent dimensionnants que lorsqu'une vérification n'est pas assurée, ils sont alors à la base de l'adaptation nécessaire du dimensionnement pour satisfaire aux vérifications.

L'objectif est de vérifier qu'en usage normal le dimensionnement obtenu par ailleurs (à l'ELU) assurera à l'édifice, durant toute sa durée d'utilisation prévue, les qualités d'usage qu'on est en droit d'en attendre. Celles-ci sont :

- des fissures suffisamment fines pour passer inaperçues et ne pas faciliter la corrosion des aciers ;
- des flèches suffisamment faibles pour passer inaperçues, ne pas provoquer la fissuration des carrelages, des cloisons et murs portés, ni entraîner une déformation des cadres des portes et fenêtres qui altérerait leur fonctionnement.

Le dépassement des limites admises n'entraînant qu'un désagrément mais pas de risque de ruine, la marge de sécurité attachée à ces vérifications est voisine de zéro.

C-I.5.2.3 Distinction par des notations spécifiques des grandeurs associées à chaque type de calcul ou vérification

Les seules distinctions codifiées par Eurocode sont appliquées à des valeurs de référence caractérisant les matériaux utilisés, essentiellement des contraintes ou déformations limites.

- Quelques-unes attachées à l'ELU sont repérées par l'indice u.
- Quelques-unes attachées à l'ELS sont également repérées par un indice spécifique ; celui-ci ne fait alors pas référence explicite à l'ELS mais à une particularité à l'intérieur de l'ELS, notamment le caractère plus ou moins fréquent du chargement considéré.

Dans la majorité des cas, c'est par l'examen du contexte que le lecteur doit reconnaître le type de calcul en cours. Par exemple, le moment fléchissant sollicitant une section de poutre est noté M_E et sa valeur de calcul M_{Ed} (voir § C-I.2) quel que soit le calcul considéré. Pourtant, selon l'ELU ou l'ELS considéré, M_E ou M_{Ed} affichent des valeurs totalement différentes.

Dans cet ouvrage, pour prévenir toute ambiguïté, l'indice u ou ser (pour l'ELS) sera ajouté chaque fois que ce sera jugé utile.

C-I.5.3 Gestion de la variabilité des propriétés des matériaux et des actions : « valeurs caractéristiques »

Les valeurs caractéristiques, repérées par l'indice k, sont des valeurs de référence sur lesquelles s'appuie le calcul.

Chacune est déterminée en vue d'une sécurité maîtrisée, en fonction de la variabilité de la grandeur qu'elle caractérise.

C-I.5.3.1 Cas des propriétés des matériaux

Pour chacune d'elles, la valeur caractéristique est déterminée à partir de résultats d'essais de laboratoire, très antérieurs à la construction. L'objectif est de limiter à une probabilité choisie, généralement 5 %, le risque qu'une valeur effectivement constatée sur l'ouvrage terminé ne vérifie pas la valeur caractéristique prise pour référence dans les calculs.

C-I.5.3.1.1 Démarche menant à la détermination des valeurs caractéristiques

L'exposé s'appuie sur l'exemple des résistances en compression f_c, mesurées en laboratoire comme indiqué au § A.2.2.2 sur un lot homogène d'éprouvettes d'un béton de classe C25/30, le plus couramment utilisé en bâtiment.

Un exemple de résistances mesurées sur un tel béton est reporté dans le tableau de la Figure C-I.5.1. Les résultats y sont classés par tranches de valeurs, montrant la fréquence d'occurrences de chaque valeur selon sa tranche.

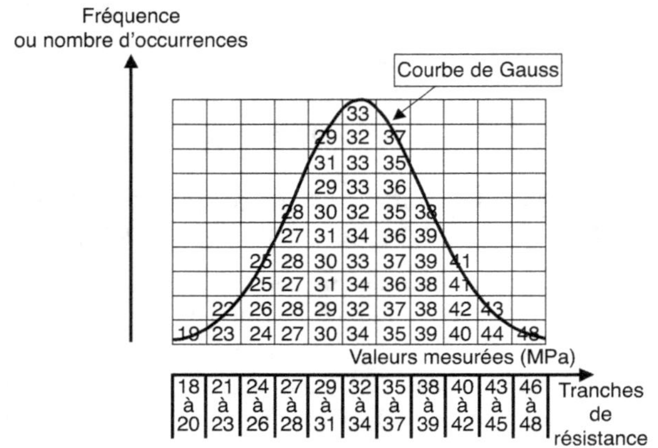

Figure C-I.5.1. Répartition des résultats d'essai obtenus sur un lot homogène d'échantillons. Exemple traité ici : la résistance en compression mesurée sur cylindres d'un béton C25/30.

On note qu'une grande majorité de valeurs est regroupée autour de la valeur moyenne (ici 33 MPa) et que plus on s'en éloigne, plus le nombre d'occurrences est faible.

Les calculs de probabilité ont mis cela en équations. Dans le cas d'une distribution «normale» des résultats, le cas le plus courant, la courbe en cloche représentative de la répartition des résultats est appelée «courbe de Gauss» et répond à une équation précise. Elle représente rigoureusement la réalité dans le cas d'un nombre infini de résultats. Dans les autres cas, elle n'est qu'une approximation dont les écarts probables avec la réalité sont d'autant plus grands que le nombre n de résultats est faible.

Les propriétés de la courbe de Gauss, illustrées sur la Figure C-I.5.2, sont les suivantes.

- La courbe est symétrique, centrée sur l'abscisse de son maximum, qui est aussi la valeur moyenne x_m des résultats considérés.

- Son étalement dépend de la dispersion des résultats, caractérisée par l'écart type s de leur distribution. Plus les résultats sont dispersés, plus l'écart type s est grand et plus la courbe est étalée.

- L'aire sous la courbe représente l'ensemble des résultats, donc une probabilité p = 100 % d'y trouver n'importe lequel des résultats.

- L'ensemble des résultats dont la probabilité d'occurrence est inférieure à p % est appelé «fractile p %». Il découpe sous la courbe une aire égale à p % de l'aire totale et sa frontière est à une distance k.s de la valeur moyenne x_m.

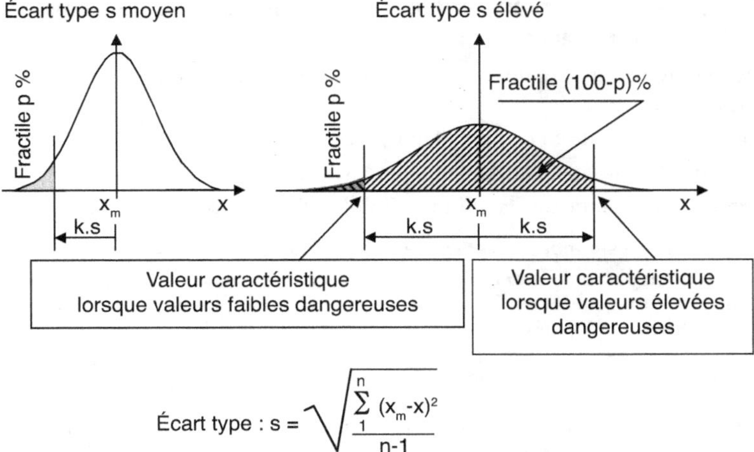

$$\text{Écart type : } s = \sqrt{\dfrac{\sum\limits_{1}^{n}(x_m - x)^2}{n-1}}$$

Figure C-I.5.2. Courbe de Gauss, fractiles et valeur caractéristique.

Les valeurs caractéristiques prescrites par Eurocode sont généralement calées pour que seulement 5 % des valeurs effectives ne les vérifient pas. Il faut distinguer les deux cas suivants, également illustrés sur la Figure C-I.5.2.

- Lorsque, pour une grandeur donnée, une valeur trop faible est dangereuse – c'est le cas de la résistance f_c prise en exemple ici –, la valeur caractéristique est prise égale à la valeur frontière du fractile 5 %. En d'autres termes, il est attendu que dans 95 % des cas les valeurs effectives observées dans l'ouvrage fini soient supérieures ou égales à la valeur caractéristique avec seulement 5 % de valeurs inférieures.

- Lorsque, au contraire, c'est une valeur trop forte qui est dangereuse, c'est la frontière du fractile 95 % qui est prise pour valeur caractéristique. Ce sont alors les valeurs les plus élevées qui ne sont admises que dans 5 % des cas.

Dans le cas d'un lot infini de résultats, les fractiles 5 % et 95 % sont tels que k = 1,64.

Dans le cas d'un nombre fini de résultats, correspondant plus à la réalité courante, la courbe de Gauss n'est plus qu'une approximation. Elle est entachée d'une incertitude calculable qui se traduit à son tour par une incertitude sur la valeur frontière des différents fractiles: plus le nombre n de résultats disponibles est petit, plus l'incertitude est grande et plus k augmente pour englober cette incertitude. Les valeurs de k qui conviennent alors ont été tabulées par Student. Le Tableau C-I.5.1 en donne un extrait pour les fractiles 5 % et 95 % en fonction du nombre de résultats disponibles.

Tableau C-I.5.1. Valeurs de k extraites des tables de Student pour les fractiles 5 % et 95 % en fonction du nombre de résultats disponibles.

Nombre résultats n	5	10	20	50	100	500	∞
$k_{5\,\%\,et\,95\,\%}$	3,40	2,57	2,21	1,97	1,86	1,74	1,64

On voit que, par rapport à un grand nombre de résultats, la valeur de k double lorsqu'on a aussi peu que 5 résultats. Ce résultat inclut aussi la très faible confiance à accorder à un écart type calculé à partir de 5 valeurs seulement.

C-I.5.3.1.2 À retenir : valeur caractéristique, valeurs minimum ou maximum et valeur moyenne

Elles recouvrent des réalités très diverses et affichent des valeurs très différentes. Dans le cas du béton C25/30 pris en exemple :

- résistance caractéristique en compression f_{ck} = 25 MPa ;
- plus faible que la résistance moyenne f_{cm} = 33 MPa ;
- sensiblement plus grande que la résistance minimum mesurée = 18 MPa.

  Nota : écart entre valeur moyenne et valeur caractéristique

  L'écart est d'autant plus grand et la valeur caractéristique est d'autant plus pénalisante pour assurer la même sécurité que les résultats d'essais disponibles sont plus dispersés ($\Rightarrow$ s plus grand) et moins nombreux ($\Rightarrow$ k plus grand).

C-I.5.3.1.3 Remarque

Dans la pratique, pour les bétons industrialisés (fabriqués en centrale), la démarche ci-dessus a cédé la place à un contrôle statistique et continu sur la valeur moyenne qui garantit la valeur caractéristique visée.

Alors, pour les bétons de classe ≤ C50/60, plage dans laquelle sont compris les bétons pour bâtiments courants, Eurocode préconise de prendre forfaitairement f_{ck} = f_{cm} − 8 MPa. Cela correspond à un écart type s = 5 MPa. Cette valeur constante cache une valeur relative qui diminue au fur et à mesure que la classe augmente. Celle-ci est en effet divisée par deux lorsqu'on passe d'un C25/30 à un C50/60.

C-I.5.3.2 Cas des actions

Le règlement prescrit directement leurs valeurs caractéristiques et généralement l'indice k est omis.

Pour les actions variables, il s'agit des valeurs maximums les plus probables. Leur valeur minimum étant zéro : absence de l'action concernée.

Le cas des actions permanentes, essentiellement le poids propre, est différent. Si elles sont susceptibles de variations significatives, on distingue leur valeur maximum la plus probable G_{sup} (fractile 95 %) et leur valeur minimum la plus probable G_{inf} (fractile 5 %). En l'absence de telles variations, c'est G_{sup}, noté simplement G, qui est pris pour valeur caractéristique commune à G_{sup} et G_{inf}.

Un exemple de cas où la distinction entre G_{sup} et G_{inf} s'impose est celui d'une couverture végétalisée. Celle-ci inclut une couche de terre plus ou moins épaisse dont le poids volumique est, de plus, soumis à variation au long des saisons selon que cette terre est sèche ou gorgée d'eau.

Les valeurs caractéristiques à prendre en compte, d'une part pour les poids volumiques (à partir desquelles sont calculées les valeurs des actions permanentes), d'autre part pour les actions variables courantes, sont prescrites dans L'Eurocode 1 (EN 1991). Les cas des actions climatiques, d'incendie et sismiques font l'objet de fascicules dédiés.

Un extrait des valeurs des poids volumiques et des actions variables usuelles en bâtiments courants est proposé aux § C-III.2 et C-III.3.

C-I.5.4 Coefficients de sécurité complémentaires fonctions de l'état limite considéré

C'est le dernier échelon de gestion de la sécurité.

L'objectif est de pondérer les valeurs caractéristiques par des coefficients plus ou moins pénalisants, notés γ, pour adapter la sécurité au niveau requis pour chaque type de calcul : ELU sous actions courantes (calcul de base), ELU sous actions accidentelles, enfin l'ELS considéré.

Il en ressort :

- Valeurs de calcul des propriétés des matériaux

  Elles sont propres à chaque état limite et, comme déjà vu, elles sont repérées par l'indice d.

  Les coefficients γ associés sont alors appelés coefficients partiels de sécurité matériau.

- Combinaisons d'actions

  Elles sont spécifiques à chaque état limite.

  Les coefficients γ associés sont alors des coefficients de pondération des actions.

C-I.5.4.1   Valeurs de calcul des propriétés des matériaux

Sont traités ici les cas de la résistance en compression du béton f_c et de la limite d'élasticité f_y de l'acier. Les cas des autres propriétés s'en déduisent facilement par similitude. Les coefficients partiels de sécurité matériau (coefficients réducteurs) relatifs au béton et à l'acier sont notés respectivement γ_c et γ_s.

Bien que le risque associé à la variabilité des grandeurs concernées ait déjà été pris en compte dans la valeur caractéristique, les coefficients γ_c et γ_s y sont sensibles également. Ils sont plus sévères vis-à-vis du béton que vis-à-vis de l'acier, qui présente un risque presque nul d'avoir une résistance inférieure à sa résistance caractéristique.

Intervient également un coefficient α qui tient compte des effets à long terme sur la résistance en compression et des effets défavorables résultant de la manière dont la charge est appliquée.

C-I.5.4.1.1   Résistance de calcul en compression simple du béton f_{cd}

Dans TOUS les calculs, la valeur de f_{ck} prise pour référence est la valeur mesurée sur cylindres.

Si la mesure a été faite sur cubes, c'est la valeur associée sur cylindres qui doit être prise pour référence. Par exemple : f_{ck} = 30 MPa mesuré sur cubes $\Rightarrow$ f_{ck} = 25 MPa mesuré sur cylindres. Pour les autres cas, voir la correspondance sur le Tableau C-II.1.1 au § C-II.1.1.

La résistance de calcul est donnée par :

$$f_{cd} = \alpha_{cc} \cdot \frac{f_{ck}}{\gamma_c}$$

en France : α_{cc} = 1 (AF)

avec : f_{ck} = résistance mesurée sur cylindres

Selon l'état limite considéré, γ_c prend les valeurs suivantes.

À l'ELU sous actions courantes	γ_c = 1,5	Marge de sécurité vis-à-vis de la rupture voisine de deux
À l'ELU sous actions accidentelles	Cas général : γ_c = 1,2 Incendie : γ_c = 1,3	Sécurité juste nécessaire pour éviter la rupture
À l'ELS	γ_c = 1	Pas de marge de sécurité vis-à-vis des conditions requises pour l'ELS

Nota

La valeur de α_{cc} pour des essais sur cylindres diffère de celle préconisée par BAEL (également appuyée sur des essais sur cylindres) qui était fixée à 0,85. Cela change quelques repères des calculateurs déjà habitués à BAEL, notamment les repères associés à des valeurs charnières de μ_u (voir § D-II.5).

C-I.5.4.1.2   Résistance élastique de calcul des aciers f_{yd}

Elle est donnée par :

$$f_{yd} = \alpha_s \frac{f_{yk}}{\gamma_s}$$

avec $\alpha_s = 1$

Selon l'état limite considéré, γ_s prend les valeurs suivantes.

À l'ELU sous actions courantes	$\gamma_s = 1,15$	Marge de sécurité vis-à-vis de la rupture voisine de deux
À l'ELU sous actions accidentelles	Cas général et incendie : $\gamma_s = 1$	Sécurité juste nécessaire pour éviter la rupture (éviter $\sigma_s > f_{yk}$)
À l'ELS	$\gamma_s = 1$	Pas de marge de sécurité vis-à-vis des conditions requises pour l'ELS

C-I.5.4.2   Combinaisons d'actions et pondérations

Les coefficients γ sont ici les coefficients de pondération des actions. En plus de l'adaptation à l'état limite considéré, ils gèrent aussi le risque associé à la variabilité des actions. Celui-ci n'est en effet pas pris en compte par les valeurs caractéristiques des actions, calées uniquement sur les valeurs maximums raisonnablement envisageables. Les coefficients de pondération sont donc d'autant plus pénalisants que l'incertitude potentielle sur la valeur réelle de l'action considérée est grande.

Les coefficients α qui pourraient affecter chaque action ou une combinaison d'entre elles sont tous égaux à l'unité. Ils sont donc omis dans l'écriture.

Parmi les actions permanentes, sont distinguées celles dues au poids propre, notées G et celles dues à une précontrainte, notées P (généralement déclinées en P_{sup} et P_{inf}). Traitant ici de béton armé, P sera omis dans la suite.

Les actions variables sont séparées et déclinées en plusieurs groupes qui s'entrecroisent.

- Elles sont distinguées par leur nature : les charges d'exploitation, les actions climatiques (vent et neige), celles résultant du retrait et des effets de la température.
- On les sépare en : une action « principale », repérée Q1 et des actions « d'accompagnement », repérées Q_i.
- Enfin, au-delà de leur valeur de base, toutes sont affectées d'une valeur « fréquente » et d'une valeur « quasi permanente ».
- Dans chaque calcul considéré :
  - si l'action variable prise pour principale est celle découlant des charges d'exploitation, les actions d'accompagnement sont les effets du vent et de la neige, du retrait et de la température ;
  - si l'action variable prise pour principale est l'action du vent, alors les actions d'accompagnement sont les effets des charges d'exploitation, de la neige, du retrait et de la température ;
  - et ainsi de suite, en tournant selon l'action principale choisie.

Le cas des bâtiments courants contreventés par des murs, objet de ce livre, permet les simplifications suivantes :

- Si des joints de dilatation sont disposés comme précisé au § C-III.4.6 (tous les 25 à 50 m selon les conditions climatiques et deux fois plus rapprochés sur la hauteur du dernier étage), les effets du retrait et de la température peuvent être ignorés.
- Si le contreventement est assuré par des murs rigides correctement disposés et en nombre suffisant, les effets du vent sur les autres éléments de la structure peuvent généralement être ignorés.

- Enfin, le règlement prescrit que les charges climatiques, neige et/ou vent, ne se cumulent pas avec les charges d'exploitation (il est considéré qu'on déneige une surface avant de l'utiliser et, en cas de vent fort, on ne monte pas sur les toits et on ne s'installe pas sur les terrasses). Tout se passe alors comme si, lorsque sur une surface donnée la charge climatique est inférieure à la charge d'exploitation, elle est ignorée ; lorsqu'elle est plus élevée que la charge d'exploitation, elle se substitue à elle.

- Donc, sur une même surface, il n'est pas envisagé la combinaison d'une charge d'exploitation et d'une action climatique, l'une étant action principale et l'autre d'accompagnement. Sur une surface donnée, seule l'incidence d'une charge climatique appliquée sur une autre surface peut se retrouver dans une combinaison avec la charge d'exploitation.

Les combinaisons d'actions préconisées par Eurocode sont listées ci-dessous. Les coefficients égaux à l'unité sont omis dans l'écriture.

C-I.5.4.2.1   Combinaison d'actions à l'ELU sous actions courantes

$$1{,}35\ G_{sup} + G_{inf} + 1{,}5\ Q_1 + 1{,}5\ \Sigma\Psi_{0,i}\ Q_i$$

> ***Nota***
>
> $1{,}35\ G_{sup} + G_{inf}$ doit être lu comme suit :
> $1{,}35\ G_{sup}$ pour les éléments de la structure dont le poids est défavorable $+ G_{inf}$ pour les éléments de la structure dont le poids est favorable.

En l'absence de variation significative du poids propre, seul intervient G_{sup}, alors noté G et la combinaison à prendre en compte s'écrit :

$$1{,}35\ G + 1{,}5\ Q_1 + 1{,}5\ \Sigma\Psi_{0,i}\ Q_i$$

Cette combinaison est celle utilisée pour le calcul de base. Chaque produit $\Psi_{0,i}\ Q_i$ fournit la valeur de chaque action d'accompagnement. Les valeurs de Ψ_0 selon les circonstances sont données au § C-III.3 dans le Tableau C-III.3.1.

Les coefficients 1,35 et 1,5 pénalisant G_{sup} et Q_1 participent à assurer une marge de sécurité voisine de deux vis-à-vis de la rupture.

- Le coefficient 1,35 s'applique aux grandeurs strictement bornées. Il s'agit d'abord du poids propre (strictement borné par la géométrie imposée par les plans et par le poids volumique du (des) matériau(x) utilisé[s]).

- Le coefficient 1,5 assure une marge de sécurité plus grande vis-à-vis des actions variables dont la plupart sont, par nature, non strictement bornées. Un chargement abusif des locaux, des intempéries plus fortes qu'escompté (sans arriver à l'événement climatique exceptionnel traité dans la « combinaison accidentelle ») entraîneront un dépassement de leur valeur maximum escomptée.

- En revanche, si une action variable est strictement bornée, il est admis qu'elle soit pondérée par le coefficient 1,35. Un exemple est la charge associée au niveau d'eau dans un réservoir. Quand celui-ci est plein, il déborde, ce qui limite strictement la charge.

La probabilité pour que toutes les actions soient, au même instant, à leur niveau maximum est infime, c'est ce qui amène à la notion d'action d'accompagnement, plus faible. Sa valeur, $\Psi_{0,i}\ Q_i$, est voisine de sa valeur fréquente mais sans lui être inférieure (voir Tableau C-III.3.1).

C-I.5.4.2.2   Combinaison d'actions à l'ELU sous actions accidentelles

$$G_{sup} + G_{inf} + A_d + (\Psi_{1,i}\ \text{ou}\ \Psi2_{,i})\ Q_1 + \Sigma\Psi2_{,i}\ Q_i$$

A_d est la valeur de calcul de l'action accidentelle :

- pour les cas les plus courants, voir Eurocode 1 (EN 1991-1-7) ;
- pour les cas d'incendie, voir Eurocode 1 (EN 1991-1-2) ;

- pour les cas de séismes, voir l'Eurocode 8 (EN 1998).

On note l'absence de coefficient de sécurité (coefficients de pondération = 1).

Les produits $\Psi_{1,i}\, Q_i$ et $\Psi_{2,i}\, Q_i$ sont les valeurs des actions fréquentes et quasi permanentes. Les valeurs de Ψ_1 et Ψ_2 sont données dans le Tableau C-III.3.1.

Les actions accidentelles hors séismes, étant essentiellement climatiques, elles sont partiellement prévisibles et il est attendu qu'elles soient accompagnées d'une activité réduite, ce qui explique que l'action principale (Q_1) n'est prise en compte qu'au niveau de sa valeur quasi permanente ou à la rigueur fréquente.

La résistance aux séismes relève d'un calcul spécifique.

C-I.5.4.2.3   Combinaisons d'actions à l'ELS

Rappel
L'ELS concerne des vérifications.

Trois combinaisons doivent être distinguées. Comme escompté, elles n'incluent aucun coefficient de sécurité ($\Rightarrow$ coefficients de pondération = 1). Les coefficients Ψ_0, Ψ_1 et Ψ_2 ont les mêmes valeurs qu'à l'ELU, données dans le Tableau C-III.3.1.

- Combinaison caractéristique

  $$G_{sup} + G_{inf} + Q_1 + \Sigma\Psi_{0,i}\, Q_i$$

  En béton armé, c'est la combinaison des vérifications relatives au non-dépassement des contraintes maximums admises en service pour le béton et l'acier.

- Combinaison fréquente

  $$G_{sup} + G_{inf} + \Psi_{1,1}\, Q_1 + \Sigma\Psi_{2,i}\, Q_i$$

  Son usage est limité au béton précontraint.

- Combinaison quasi permanente

  $$G_{sup} + G_{inf} + \Sigma\Psi_{2,i}\, Q_i$$

  En béton armé, c'est la combinaison des vérifications relatives aux limitations de l'ouverture des fissures et des flèches. Ce sont les vérifications les plus importantes.

C-I.6   Gestion de la durabilité

À l'exception de la «durée d'utilisation de l'ouvrage» codifiée dans l'Eurocode 0 (§ C-I.6.1), elle est codifiée dans l'Eurocode 2 [Section 4].

Il s'agit de déterminer l'enrobage minimum $c_{min,dur}$ et l'ouverture de fissure maximum w_{max} requis vis-à-vis de la durabilité.

Terminologie et notation
L'enrobage est la distance libre entre une barre et le parement le plus proche. Il est désigné par la lettre c (comme *cover* en anglais). L'ouverture de fissure est désignée par la lettre w (comme *width* en anglais).

La valeur de w_{max} est fixée en fonction des conditions d'environnement (voir § C-I.6.6).

La valeur requise de l'enrobage minimum $c_{min,dur}$ découle, par l'intermédiaire de la détermination d'une «classe structurale», d'une combinaison complexe des données suivantes :

- la durée d'utilisation de l'ouvrage (la «durée d'utilisation du projet» selon la terminologie d'Eurocode) ;
- la résistance du béton utilisé, supposée représentative de sa capacité de résistance à la pénétration des agents agressifs ou à leur attaque ;
- les conditions d'environnement.

Un exemple de la démarche partant des données pour aboutir à $c_{min,dur}$ est proposée au § C-I.7.3. Y sont également proposées des valeurs types pour les bâtiments courants.

C-I.6.1   Durée d'utilisation de l'ouvrage

Sa codification relève de l'Eurocode 0.

Cinq durées d'utilisation sont considérées par Eurocode. Elles s'échelonnent de 10 à 100 ans et sont listées dans le Tableau C-I.6.1.

Malgré des ressemblances, leur liste ne doit pas être superposée à celle des « classes structurales » utilisées plus loin.

Tableau C-I.6.1. Durées d'utilisation conformément à l'AF.

Durée d'utilisation	Exemples
10 ans	Structures provisoires
15 ans	Éléments structuraux remplaçables, comme des appareils d'appui
25 ans	Structures agricoles et similaires
50 ans	Structures de bâtiments et autres structures courantes
100 ans	Structures monumentales de bâtiments, ponts et autres ouvrages de génie civil

C-I.6.2   Conditions d'environnement [4.2]

Elles conditionnent le degré d'exposition à l'agression par l'environnement. Eurocode distingue un environnement non agressif et cinq types d'environnements agressifs, chacun décliné en plusieurs degrés d'intensité. Cela conduit à dix-huit « classes d'exposition ». La teneur de chacune de ces dix-huit classes, significativement remaniée par l'AF, est énoncée dans le Tableau C-I.6.2.

Tableau C-I.6.2. Classes d'exposition (AF).

Classe	Environnement	Exemples
1. Aucun risque de corrosion ni d'attaque		
X0	Béton non armé et sans pièces métalliques noyées Béton armé très sec	À l'intérieur de bâtiments où le taux d'humidité de l'air ambiant est très faible
2. Corrosion induite par la carbonatation		
XC1	Sec ou humide en permanence	Parties de bâtiments à l'abri de la pluie, même si le bâtiment est ouvert Parties extérieures des ouvrages et bâtiments protégés de la pluie par un enduit imperméable à l'eau Parties des ouvrages et bâtiments submergées en permanence dans l'eau
XC2	Humide, rarement sec	Surfaces de béton soumises au contact à long terme de l'eau : un grand nombre de fondations
XC3	Humidité forte	À l'intérieur de bâtiments où le taux d'humidité est élevé : buanderies, locaux de piscines, ouvrages industriels, etc.
XC4	Alternativement humide et sec	Surfaces de béton soumises au contact de l'eau mais n'entrant pas dans la classe XC2 Parties extérieures des ouvrages et bâtiments non protégées de la pluie

3. Corrosion induite par les chlorures		
XD1	Humidité modérée	Surfaces exposées à des chlorures transportés par voie aérienne
XD2	Humide, rarement sec	Piscines Éléments exposés à des eaux industrielles contenant des chlorures
XD3	Alternativement humide et sec	Essentiellement l'action des sels de déverglaçage : • éléments de ponts exposés à des projections fréquentes ou très fréquentes contenant des chlorures • chaussées • dalles de parcs de stationnement de véhicules et rampes d'accès en l'absence de revêtement protecteur
4. Corrosion induite par les chlorures présents dans l'eau de mer		
XS1	Exposé à l'air véhiculant du sel marin mais pas en contact direct avec l'eau de mer	Structures sur ou à proximité d'une côte au-delà de XS3 : jusqu'à 1 000 m et 5 000 m dans des zones particulières
XS2	Immergé en permanence	Éléments de structures marines
XS3	Zones de marnage, zones soumises à des projections ou embruns	Éléments de structures marines : pieds dans l'eau et jusqu'à 100 m de la côte et 500 m dans des zones particulières
5. Attaque gel/dégel (voir cartes donnant les différentes zones de gel)		
XF1	Surfaces verticales avec salage peu fréquent	$\Rightarrow c_{min}$ comme XC4
XF2	Surfaces verticales avec salage fréquent	$\Rightarrow c_{min}$ comme XD1, comme XD3 si très exposé
XF3	Surfaces horizontales avec salage peu fréquent	$\Rightarrow c_{min}$ comme XC4 si béton sans air entraîné, sinon comme XD1
XF4	Surfaces horizontales ou verticales avec fortes projections d'eau ou neige chargée d'agents de déverglaçage ou d'eau de mer : salage fréquent salage très fréquent	 $\Rightarrow c_{min}$ comme XD2, comme XD3 si très exposé $\Rightarrow c_{min}$ comme XD3
6. Attaques chimiques		
XA1	Environnement à faible agressivité chimique selon l'EN 206-1, tableau 2	Éléments de structure en contact avec un sol ou un liquide agressif, y compris le risque de lixiviation
XA2	Environnement à agressivité chimique modérée selon l'EN 206-1, tableau 2	
XA3	Environnement à forte agressivité chimique selon l'EN 206-1, tableau 2	

C-I.6.3 Classe minimum de résistance requise pour le béton en fonction de la classe d'exposition [Annexe E]

Il s'agit d'une proposition indicative mais pas d'une prescription absolue. L'AF l'a profondément remaniée et l'a rendue « normative », donc à respecter impérativement. Ses prescriptions, regroupées dans les tableaux E.1.1 NF et E.1.2 NF sont retranscrites ici dans le Tableau C-I.6.3.

Rappel

Un béton de classe C25/30 est un béton de résistance caractéristique 25 MPa mesurée sur cylindre (c'est f_{ck}) ou 30 MPa mesurée sur cubes. C'est le béton courant en bâtiment.

Tableau C-I.6.3. Classe de béton minimum requise en fonction de la classe d'exposition.
L'AF distingue les éléments coulés sur chantier et ceux préfabriqués en usine.

Corrosion										
		Corrosion induite par carbonatation				Corrosion induite par les chlorures			Corrosion induite par l'eau de mer		
Classe d'exposition		XC1	XC2	XC3	XC4	XD1	XD2	XD3	XS1	XS2	XS3
Classe béton	**Chantier**	C20/25	C20/25	C25/30	C25/30	C25/30	C30/37	C35/45	C30/37	C30/37	C35/45
	Usine	C25/30	C30/37	C35/45	C35/45	C35/45	C35/45	C40/50	C35/45	C40/50	C40/50

Dommage au béton								
		Aucun risque	Attaque par le gel-dégel				Attaque chimique		
Classe d'exposition		X0	XF1	XF2	XF3	XF4	XA1	XA2	XCA3
Classe béton	**Chantier**	/	C25/30	C25/30	C30/37	C35/45	C30/37	C35/45	C40/50
	Usine	C20/25	C35/45	C35/45	C35/45	C40/50	C35/45	C35/45	C45/55

C-I.6.4   Classe structurale [4.4]

C'est un paramètre essentiel. Eurocode envisage six classes, désignées de S1 à S6.

L'appartenance d'un ouvrage ou partie d'ouvrage à une classe est déterminée à partir des points qui le différencient de la classe S4 prise pour référence. C'est la classe représentative des conditions standard d'un ouvrage pour une durée d'utilisation de 50 ans. Les critères pour l'affectation de la classe structurale, par majoration ou minoration par rapport au rang de la classe de référence S4, sont listés dans le Tableau C-I.6.4. Le résultat final est borné à l'intervalle S1-S6.

Tableau C-I.6.4. Classe structurale : détermination de son rang par majoration ou minoration
à partir de la classe de référence S4 (AF).
Exemple : « + 2 » $\Rightarrow$ classe (4 + 2) $\Rightarrow$ S6.

Critère	Classe d'exposition						
	X0	XC1	XC2 XC3	XC4	XD1 XS1 XA1	XD2 XS2 XA2	XD3 XS3 XA3
Durée d'utilisation	100 ans + 2						
	≤ 25 ans – 1						
Classe de résistance du béton	≥ C30/37 < C50/60 – 1		≥ C30/37 < C55/67 – 1	≥ C35/45 < C60/75 – 1	≥ C40/50 < C60/75 – 1		≥ C45/55 < C70/80 – 1
	≥ C50/60 – 2		≥ C55/67 – 2	≥ C60/75 – 2	≥ C60/75 – 2		≥ C70/80 – 2
Nature du liant		C35/45 à base de CEM I sans cendres volantes – 1					
Enrobage compact(*)	– 1 (*) C'est notamment le cas des aciers proches de la face inférieure d'éléments plans comme les dalles, même nervurés, coulés sur coffrage industriel ou métallique horizontal.						
Cas de la classe XF : à cette fin, elle semble devoir être assimilée à la classe XD.							

C-I.6.5   Enrobage minimum $c_{min,dur}$ requis vis-à-vis de la durabilité [4.4]

C'est l'aboutissement de la démarche de gestion de la durabilité.

Sa valeur est prescrite en fonction de la classe d'exposition et de la classe structurale. Pour les applications béton armé, elle est fournie par le Tableau C-I.6.5 ci-dessous. L'AF n'y a pas apporté de modification.

Pour les armatures de précontrainte, les valeurs sont différentes. Elles ne sont pas reportées ici mais peuvent être obtenues sur le tableau 4.5 NF de l'AF de l'EN 1992-1-1.

Tableau C-I.6.5. Armatures de béton armé : enrobage minimum $c_{min,dur}$ requis vis-à-vis de la durabilité.

Béton armé : $c_{min,dur}$ (mm) en fonction de la classe d'exposition et de la classe structurale							
	Classe d'exposition						
Classe structurale	X0	XC1	XC2 XC3	XC4 XF1 XF3 sans air entraîné (*)	XD1 XS1 XF2 XF3 avec air entraîné (*)	XD2 XS2 XF4 salage fréquent	XD3 XS3 XF4 XF2 salage très fréquent
S1	10	10	10	15	20	25	30
S2	10	10	15	20	25	30	35
S3	10	10	20	25	30	35	40
S4	10	15	25	30	35	40	45
S5	15	20	30	35	40	45	50
S6	20	25	35	40	45	50	55

(*) Dans les classes d'exposition XF, les seuls bétons envisageables doivent être résistants au gel-dégel.
Il s'agit :
– soit de bétons très compacts sans air entraîné, de fait des BHP, dans lesquels il n'y a pas assez d'espace pour que de l'eau gèle ; étant de plus très imperméables, ils forment une barrière particulièrement efficace contre la pénétration d'agents agressifs pouvant provoquer ou accélérer la corrosion des armatures ;
– soit des bétons de résistance courante avec air entraîné en quantité et qualité adaptées ; ils sont effectivement peu sensibles au gel-dégel, mais apportent une moins bonne protection que les précédents contre le risque de corrosion des armatures, d'où un enrobage requis plus grand.

C-I.6.6   Ouverture de fissure maximum w_{max} admise [7.3]

Elle est dictée par la classe d'exposition. Les prescriptions associées, largement amendées par l'AF, sont regroupées dans le Tableau C-I.6.6.

Tableau C-I.6.6. Prescriptions pour l'ouverture de fissure maximum w_{max} admise dans le cas des éléments en béton armé (AF).

Classe d'exposition	w_{max} [1] (mm) dans le cas de béton armé
	Combinaison quasi permanente des charges
X0, XC1	0,40 [2]
XC2, XC3, XC4	0,30 [3]
Familles XD [5], XF(*) et XS	0,20

(*) À cette fin, le cas de la classe XF semble devoir être assimilé à celui de la classe XD.
(1) L'attention est attirée sur le fait que w_{max} est une valeur conventionnelle servant pour le calcul.
(2) Sauf demande spécifique des documents particuliers du marché, la maîtrise de la fissuration est supposée assurée par les dispositions constructives minimales données ailleurs ; le calcul de w_{max} n'est alors pas requis.

> (3) Dans le cas des bâtiments des catégories d'usage A à D (habitations, bureaux, lieux de réunion, commerces), sauf demande spécifique des documents particuliers du marché, la maîtrise de la fissuration est supposée assurée par les dispositions constructives minimales données ailleurs ; le calcul de w_{max} n'est alors pas requis. (La portée de cet article est très limitée car, à part les murs extérieurs sans enduit qui sont en classe XC4, envisage-t-on une ambiance avec humidité, XC2, XC3 ou XC4, en locaux d'habitation, bureaux, lieux de réunion ou commerces ?)
> (5) Pour la classe XD3, en l'absence de dispositions spécifiques, ce sont ces valeurs qui s'appliquent.
> ***Nota :*** *ce tableau est un extrait du tableau original (tableau 7.1 NF de l'AF, EN 1992-1-1/NA) qui inclut aussi le cas du béton précontraint non présenté ici. Les numéros de rappel ont été conservés, d'où l'absence de (4).*

C-I.7 Disposition des aciers, enrobages et distances entre barres [4.4.1 et 8.2]

Les aciers peuvent être disposés en barres isolées ou en paquets ou encore préassemblés en treillis.

Toute barre ou paquet, isolé ou faisant partie d'un treillis soudé (TS), doit présenter avec le parement le plus proche ou la barre voisine une distance suffisante pour assurer à la fois :

- d'une part sa protection contre la corrosion (objet du paragraphe précédent) ;
- d'autre part un développement efficace de son adhérence et une bonne mise en place du béton (objet de ce paragraphe) ;
- et enfin une résistance au feu convenable (objet de l'EN 1992-1-2).

C-I.7.1 Barres isolées ou paquets de barres

C-I.7.1.1 Barres isolées

Ce sont des barres non jointives et séparées les unes des autres par une distance suffisante.

- À titre dérogatoire, dans le cas de bonnes conditions d'adhérence, Eurocode autorise d'appliquer aux paquets de deux barres superposées dans un plan vertical, comme schématisé ci-contre, les règles des barres isolées. Celles-ci doivent alors être ancrées individuellement.

C-I.7.1.2 Paquets

Un paquet est le regroupement de plusieurs barres jointives entre elles.

Eurocode traite chaque paquet comme une barre isolée fictive équivalente. Des dispositions particulières sont prévues pour leur ancrage et leur recouvrement.

- Barres constituant un paquet : elles doivent être de même type et de diamètres égaux ou semblables ($\phi_1/\phi_2 \leq 1,7$).
- Nombre maximum de barres dans un paquet : trois en zone courante, jusqu'à quatre dans les zones de recouvrement.
- Dispositions pratiques :
  - Paquets de deux barres : si les deux barres sont superposées et en bonnes conditions d'adhérence, il est admis de les traiter comme deux barres isolées jointives. Il faut alors les ancrer séparément.
  - Paquets de trois barres : rare.
  - Paquets de quatre barres : réservés aux zones de recouvrement de paquets de deux barres.

- Barre fictive équivalente à un paquet :

ϕ_n Même centre de gravité et même section que le paquet.

Diamètre équivalent = ϕ_n. tel que :

– si le paquet est fait de n_b barres de même diamètre ϕ, alors : $\phi_n = \phi \sqrt{n_b}$

– limite absolue : $\phi_n \leq 55$ mm

C-I.7.2 Enrobage minimum et espacement minimum entre barres

L'enrobage, nous l'avons déjà vu, est désigné par la lettre c, la distance entre barres est désignée par la lettre a.

Ce qui suit s'applique à toutes les barres, réelles ou équivalentes (pour les paquets), appartenant aux armatures longitudinales, transversales ou de peau.

La démarche partant des données pour aboutir à c et a dans quelques cas types pour les bâtiments courants est proposée au § C-I.7.3.

C-I.7.2.1 Enrobage

C-I.7.2.1.1 Enrobage minimum c_{min}

C'est la limite inférieure de l'enrobage qui ne doit jamais être outrepassée.

Eurocode, adapté par les prescriptions de l'AF, conduit à la formule suivante :

$$c_{min} = max\ [(c_{min,dur} - \Delta c_{dur,add})\ ;\ c_{min,b}\ ;\ 10\ mm]\ (AF)$$

avec :

- $c_{min,dur}$ = enrobage minimum vis-à-vis de la durabilité. Sa valeur est donnée au § C-I.6.5 ;
- $\Delta c_{dur,add}$: dans le cas d'un revêtement protecteur parfaitement adhérent et pris en compte dans la résistance de la structure, celui-ci peut être compté comme part intégrante de l'enrobage. Alors $\Delta c_{dur,add}$ = épaisseur du revêtement adhérent (AF) ;
- $c_{min,b}$ = enrobage minimum pour une bonne adhérence

  = ϕ ou ϕ_n , si dg $\geq$ 32 mm $\Rightarrow$ augmenter de 5 mm ;

  où ϕ et ϕ_n = diamètres de la barre ou du paquet concerné

  et d_g = diamètre des plus gros granulats.

  (L'indice b correspond au mot anglais *bond* qui signifie « adhérence ».)

C-I.7.2.1.2 Enrobage nominal c_{nom}

C'est l'enrobage noté sur les plans.

Il prend en compte l'écart d'exécution, de sorte que l'enrobage effectif reste toujours supérieur ou égal à c_{min}. On a donc :

$$c_{nom} = c_{min} + \Delta c_{dev}\ (\text{dev comme } deviation, \text{ le mot anglais pour « écart »})$$

avec Δc_{dev} = écart d'exécution = 10 mm

C-I.7.2.1.3 Circonstances modifiant les enrobages ci-dessus

Lorsque la fabrication est soumise à un système d'assurance qualité, Δc_{dev} peut être diminué, avec justification.

En cas de parement irrégulier, par exemple béton à granulats apparents, il faut augmenter c_{min} de 5 mm au moins.

Dans le cas d'un béton coulé au contact de surfaces irrégulières, il convient aussi de majorer l'enrobage. Notamment :

- au contact d'un sol ayant reçu une préparation (y compris béton de propreté), c_{min} = 30 mm (AF) ;
- au contact direct d'un sol, c_{min} = 65 mm (AF).

C-I.7.2.1.4   En pratique

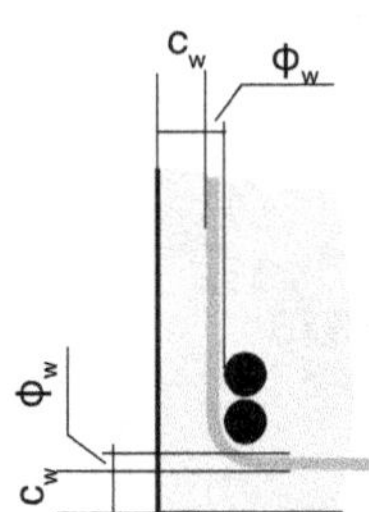

- Dans le cas des poutres, d'abord déterminer c_{min} pour les aciers transversaux (les plus à l'extérieur) conformément aux prescriptions ci-dessus. On notera sa valeur $c_{min,w}$ (l'indice w désigne les aciers transversaux).

  En déduire l'enrobage minimum effectif des aciers longitudinaux $c_{min,eff}$ = $c_{min,w}$ + ϕ_w où ϕ_w est le diamètre des aciers transversaux.

- Dans le cas des dalles, qui généralement n'ont pas d'aciers transversaux, traiter directement l'enrobage c_{min} de la barre longitudinale la plus à l'extérieur.

- Si, pour chaque barre ou paquet longitudinal, la valeur de l'enrobage minimum effectif $c_{min,eff}$ ainsi obtenue n'est pas conforme à c_{min} pour ce même paquet ou barre, augmenter $c_{min,w}$ de la quantité nécessaire par pas de 5 mm.

- Enfin, fixer $c_{nom} = c_{min,w} + \Delta c_{dev}$. C'est la valeur de « l'enrobage nominal de tout acier », qui sera marquée sur les plans.

C-I.7.2.2   Espacement entre barres

L'espacement entre barres doit permettre un développement efficace de l'adhérence et un bétonnage correct en laissant le passage, d'une part aux gros granulats, d'autre part à l'aiguille vibrante lorsque c'est nécessaire.

C-I.7.2.2.1   Espacement à respecter

L'espacement minimum, horizontal a et vertical a_1, doit être tel que :

a ou $a_1 \geq$ max [ϕ ou ϕ_n ; d_g + 5 mm ; 20 mm ; encombrement aiguille vibrante lorsque nécessaire],

avec ϕ et ϕ_n : diamètres des barres ou paquets concernés et d_g = diamètre des plus gros granulats.

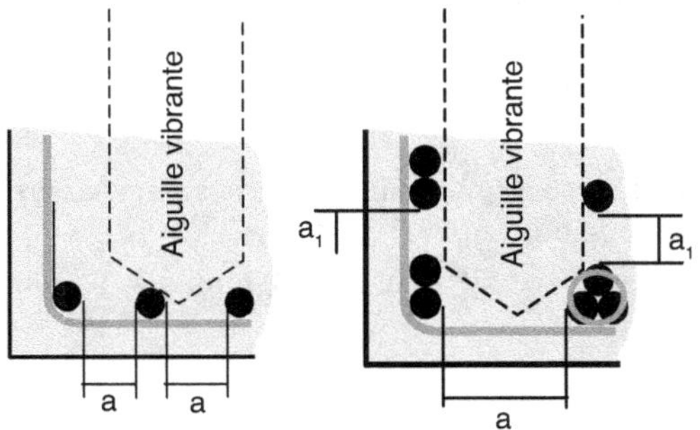

L'aiguille vibrante : en bâtiment, son encombrement est $\approx$ 50 mm. Prévoir son passage entre les barres longitudinales supérieures et les barres longitudinales inférieures lorsqu'elles sont en plusieurs lits.

C-I.7.2.2.2   En pratique

L'espacement horizontal entre barres ou paquets, qui doit répondre aux minimums ci-dessus, est conditionné à la dimension intérieure a_w des cadres et au nombre de colonnes d'aciers. Celle-ci, avec les notations explicitées sur le schéma joint, se calcule comme suit.

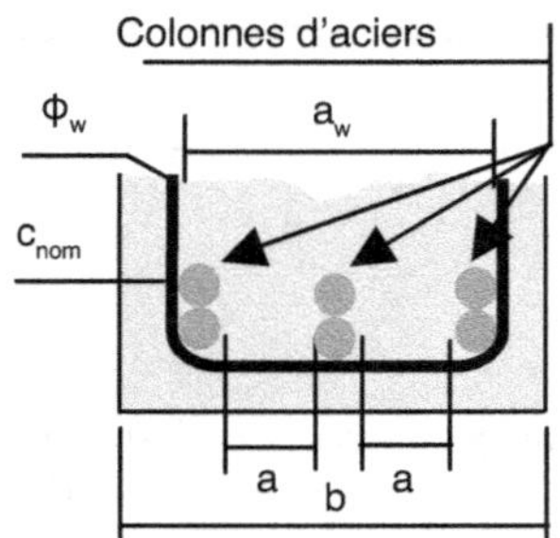

Valeur nominale $a_{w,nom}$ de a_w telle que :

$$a_{w,nom} = b - 2(c_{nom} + \phi_w)$$

Valeur minimum effective $a_{w,eff}$ de a_w telle que :

$$a_{w,eff} = a_{w,nom} - \text{écart d'exécution, avec ici : « écart d'exécution »} = 10 \text{ mm}$$

Nota

L'écart d'exécution déjà inclus dans c_{nom} prend en compte un éventuel enrobage < enrobage des plans. Celui rajouté ici prend en compte un éventuel enrobage > enrobage des plans. L'auteur propose de limiter à 10 mm son incidence sur $a_{w,eff}$.

C-I.7.3 Valeurs types dans les bâtiments courants

C-I.7.3.1 Données générales des bâtiments courants

*   Durée d'utilisation : 50 ans
*   Béton : *a priori* de classe C25/30
*   Dans quelques cas, un béton de classe supérieure est requis. Le plus courant est l'exposition aux embruns salés, qui requiert un béton de classe $\geq$ C30/37
*   Diamètre des plus gros granulats : très généralement $d_g \leq 15$ mm
*   Diamètre des aciers longitudinaux : ϕ rarement > 20 mm
*   Diamètre des aciers transversaux : ϕ_w très souvent $\leq$ 10 mm et ϕ_w rarement > 12 mm

C-I.7.3.2 Conditions d'environnement usuelles

*   Loin de la mer et hors zone d'utilisation de sels de déverglaçage :

    Classe XC1 : parements intérieurs de locaux, même ouverts, protégés par leur situation du ruissellement direct de l'eau et parements extérieurs protégés par un enduit.

    Classe XC4 : parements extérieurs non protégés par un enduit.
*   Près de la mer :

    Classe XS1 : parements soumis aux embruns marins.

C-I.7.3.3 Enrobages

C-I.7.3.3.1 Cas des poutres

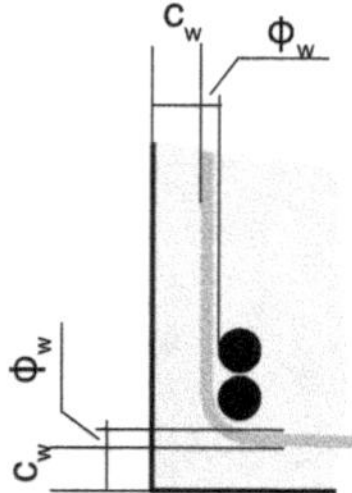

Commencer par déterminer l'enrobage minimum des aciers transversaux et en déduire celui des aciers longitudinaux.

Les valeurs ci-dessous s'appuient sur $\phi = 20$ mm, $\phi_w \approx 10$ mm, $d_g < 32$ mm et $\Delta c_{dev} = 10$ mm

Il s'ensuit les enrobages à envisager par défaut en bâtiments courants.

Enrobages à envisager par défaut dans le cas des poutres						
Classe envisagée pour le béton	**C25/30**			**C30/37(*)**		
Classe d'exposition	XC1	XC4	XS1	XC1	XC4	XS1
Classe minimum de résistance pour le béton (Tableau C-I.6.3)	C20/25	C25/30	C30/37	C20/25	C25/30	C30/37
Classe structurale (Tableau C-I.6.4)	4	4	/	4 – 1 = 3	4	4
$c_{min,dur}$ (Tableau C-I.6.5)	15 mm	30 mm	/	10 mm	30mm	35 mm
En prenant ϕ = 20 mm et ϕ_w = 10 mm						
Aciers transversaux : $c_{min,b} = \phi_w$	10 mm	10 mm	/	10 mm	10 mm	10 mm
$c_{min,w} = \max\,[c_{min,dur}\,;\,c_{min,b}\,;\,10\text{ mm}]$	15 mm	30 mm	/	10 mm	30 mm	35 mm
Aciers longitudinaux : $c_{min,eff} = c_{min,w} + \phi_w$	25 mm	40 mm	/	20 mm	40 mm	45 mm
Vérification $c_{min} \geq \max\,[c_{min,dur}\,;\,c_{min,b}\,;\,10\text{ mm}]$	≥ 20 OK	≥ 30 OK	/	≥ 20 OK	≥ 30 OK	≥ 35 mm OK
Pour les aciers transversaux : $c_{nom} = c_{min,w} + \Delta c_{dev}$ avec $\Delta c_{dev} = 10$ mm	25 mm	40 mm	/	20 mm	40 mm	45 mm

(*) Béton C30/37 : prescrit pour les ouvrages soumis à XS1 ;
dans les conditions XC4 et XC1, le béton utilisé est plutôt du C25/30 ⇒ valeurs associées grisées.

C-I.7.3.3.2 Cas des aciers inférieurs des dalles

Il n'y a généralement pas d'aciers transversaux.

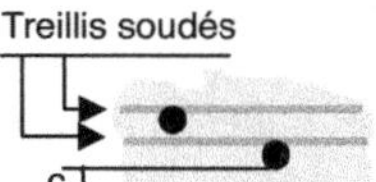

Les aciers sont généralement en TS avec les plus grosses barres (les barres principales) placées les plus proches du parement. Avec les treillis standards sur stock : diamètre des barres $\phi \leq 12$ mm.

En cas d'armature par des barres, leur diamètre est généralement ≤ 16 mm.

Les aciers inférieurs bénéficient des conditions « d'enrobage compact », ce qui permet de diminuer d'un point la classe structurale.

Enrobages à envisager par défaut pour les aciers inférieurs des dalles*						
(On est alors en condition « d'enrobage compact ») Hypothèses : $\phi \leq 16$ mm, dg < 32 mm et $\Delta c_{dev} = 10$ mm						
Classe envisagée pour le béton	**C25/30**			**C30/37**		
Classe d'exposition	XC1	XC4(*)	XS1	XC1	XC4(*)	XS1
Classe structurale** (Tableau C-I.6.4)	4 – 1 = 3	4 – 1 = 3	/	3 – 1 = 2	4 – 1 = 3	4 – 1 = 3
$c_{min,dur}$ (Tableau C-I.6.5)	10 mm	25 mm	/	10 mm	25 mm	30 mm
$c_{min,b} = \phi$	≈ 10 mm	12 mm	/	≈ 10 mm	12 mm	12 mm
$c_{min} = \max\,[c_{min,dur}\,;\,c_{min,b}\,;\,10\text{ mm}]$	≈ 10 mm	25 mm	/	≈ 10 mm	25 mm	30 mm
$c_{nom} = c_{min} + \Delta c_{dev}$ avec $\Delta c_{dev} = 10$ mm ajusté par pas de 5 mm	≈ 20 mm	35 mm	/	≈ 20 mm	35 mm	40 mm

*Ce tableau traite des aciers inférieurs des dalles, donc situés à leur sous-face. Par sa situation, cette face est protégée du ruissellement direct de l'eau et la classe d'exposition XC4 n'y est pas envisageable dans les cas courants ⇒ valeurs associés grisées.
**« Enrobage compact ».

C-I.7.3.3.3 Cas des aciers supérieurs des dalles

Ils ne bénéficient pas des conditions «d'enrobage compact» et la classe d'exposition XC4 est envisageable sans restriction.

Enrobages à envisager par défaut pour les aciers supérieurs des dalles (Pas «d'enrobage compact».) Hypothèses : $\phi \leq 16$ mm, dg < 32 mm et Δc_{dev} = 10 mm.						
Classe envisagée pour le béton	C25/30			C30/37		
Classe d'exposition	XC1	XC4	XS1	XC1	XC4	XS1
Classe structurale (Tableau C-I.6.4)	4	4	/	3	4	4
$c_{min,dur}$ (Tableau C-I.6.5)	15 mm	30 mm	/	10 mm	30 mm	35 mm
$c_{min,b} = \phi$	$\approx$ 10 mm	12 mm	/	$\approx$ 10 mm	12 mm	12 mm
$c_{min} = max [c_{min,dur} ; cm_{in,b} ; 10$ mm]	$\approx$ 10 mm	25 mm	/	$\approx$ 10 mm	25 mm	30 mm
$c_{nom} = c_{min} + \Delta c_{dev}$ avec Δc_{dev} = 10 mm ajusté par pas de 5 mm	$\approx$ 25 mm	40 mm	/	$\approx$ 20 mm	40 mm	45 mm

C-I.7.3.4 Distance minimum entre barres

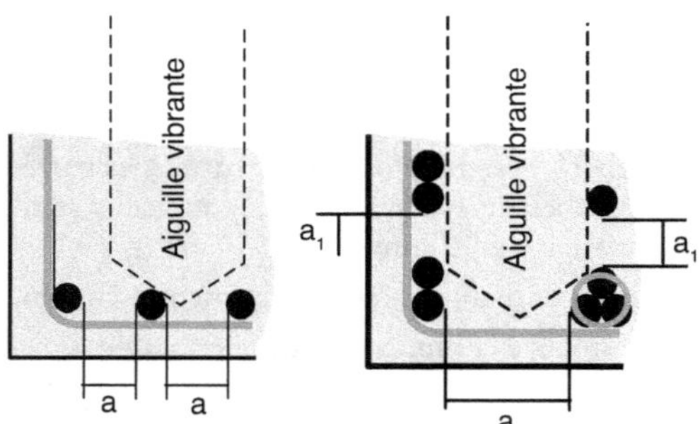

La question ne se pose que dans les poutres. Les barres dans les dalles sont toujours suffisamment espacées.

Dans les cas où seuls sont envisagés des barres isolées ou des paquets de deux barres superposées et en considérant ϕ = 20 mm et d_g = 15 mm, on a :

a ou $a_1 \geq$ max [ϕ ou ϕ_n ; d_g + 5 mm ; 20 mm ; encombrement aiguille vibrante lorsque nécessaire]

qui devient a ou $a_1 \geq$ max [20 mm ; (15 + 5) mm ; 20 mm ; encombrement aiguille vibrante lorsque nécessaire $\approx$ 50 mm]

D'où enfin :

- espacement vertical $a_1 \geq$ 20 mm
- espacement horizontal a $\geq$ max [20 mm ; encombrement aiguille vibrante lorsque nécessaire $\approx$ 50 mm]

C-I.7.3.5 Dispositions pour la résistance à l'incendie

Les enrobages et espacements minimum ou maximum entre barres ainsi que les calculs de vérification de résistance font l'objet d'un module spécifique de l'Eurocode 2 : EN 1992-1-2.

C-I.7.3.5.1　Aperçu des exigences de tenue au feu en bâtiments courants

Types de locaux : vocabulaire

* Bâtiments d'habitation
* Bâtiments de bureau. Pour cet aperçu, ils peuvent être confondus avec les habitations
* «ERP»: établissements recevant du public (commerces, salles polyvalentes, …). Parmi eux on distingue:
  * les «petits» ERP: capacité d'accueil ≤ 300 personnes quand ils sont bondés;
  * les «autres» ERP: capacité d'accueil > 300 personnes.
* Salles de spectacle. Elles ont des exigences spécifiques
* Les «locaux de sommeil». Ce sont les hôtels, hôpitaux, maisons de retraite, …
* Les «locaux à risque particulier d'incendie». Ce sont certains ateliers ou locaux industriels, les chaufferies, les parkings fermés…

Trois gammes de hauteur

* Hauteur ≤ 3 étages (exactement : hauteur du dernier plancher ≤ 8 m)
* 3 étages ≤ hauteur ≤ 7 étages
* Hauteur > 7 étages

Exemples d'exigences de tenues au feu

Il s'agit ci-après d'une liste simplifiée destinée à tracer les grandes lignes. Quelques cas particuliers peuvent y déroger.

* Hors locaux à sommeil:

  immeubles d'habitation ≤ 3 étages et petits ERP

  ⇒ exigence de tenue au feu = 1/2 heure;

  immeubles d'habitation 3 étages ≤ hauteur ≤ 7 étages et autres ERP ⇒ exigence de tenue au feu = 1 heure.
* Locaux à sommeil:

  ≤ 3 étages ⇒ exigence de tenue au feu = 1 heure;

  3 étages ≤ hauteur ≤ 7 étages ⇒ exigence de tenue au feu = 2 heures.
* Séparatifs entre locaux professionnels différents: 1 heure.
* Séparatifs avec un local à risque particulier d'incendie: 2 heures.
* Pour un parking sous un immeuble: de plus, il ne doit pas s'effondrer sous l'immeuble ⇒ toute sa structure doit avoir une tenue au feu de 2 heures.

C-I.7.3.5.2　Enrobages à envisager avant vérification en fonction de la tenue au feu

L'incendie attaque d'abord les retombées des poutres et les sous-faces des planchers. C'est donc là que le calculateur doit porter le plus d'attention. Les aciers en partie supérieure des poutres et des dalles, les chapeaux, sont moins exposés et résistent plus longtemps.

Tenue au feu de 1/2 heure

La majorité des éléments de bâtiments courants y résiste largement.

Une exception : les planchers à poutrelles précontraintes et entrevous sans ajout d'une protection spécifique.

Leur résistance au feu n'excède que de très peu 1/2 heure.

Pour des raisons acoustiques, ils ne sont plus utilisés que dans les constructions individuelles, pour lesquelles 1/2 heure de résistance au feu est une durée suffisante.

Tenue au feu de 1 heure

Sous-face des dalles : enrobage nominal des aciers longitudinaux ≈ 3 cm.

Retombée des poutres : enrobage nominal des aciers longitudinaux ≈ 4 cm.

Autres éléments et situations : enrobage nominal des aciers longitudinaux ≈ 3 cm.

> *Remarque sur l'enrobage associé aux conditions d'exposition XC1* $\Rightarrow c_{nom}$ *= 2,5 cm.*
> Enrobage qui en découle pour les aciers longitudinaux :
> - = 3,5 cm dans les poutres et poteaux. En effet, ces éléments comprennent des cadres $\Rightarrow$ les aciers longitudinaux, à l'intérieur des cadres, sont enrobés de c_{nom} + encombrement des cadres.
> - = 2,5 cm pour les dalles car elles n'ont pas de cadres. (Encore moins, 2 cm, si on met à profit «l'enrobage compact».)
>
> Pour une tenue au feu de 1 heure, ces enrobages sont légèrement insuffisants pour les aciers inférieurs des poutres et des dalles. Il faut alors choisir c_{nom} = 3 cm et proscrire la mise à profit de «l'enrobage compact».

Tenue au feu de 2 heures

Enrobage nominal des aciers longitudinaux : 1 cm de plus que pour 1 heure.

Ceci conduit à : tenue au feu de 2 heures $\Leftrightarrow c_{nom} \geq 4$ cm.

Il s'agit ici de l'enrobage de tout acier, dont les cadres.

C-I.7.3.5.3   Moyens d'améliorer la tenue au feu

- Augmenter l'enrobage.
- Un enduit de plâtre (et pas autre chose) : 1 cm $\Rightarrow$ 1 heure supplémentaire de tenue au feu.
- Un revêtement floqué : 4 à 5 cm $\Rightarrow$ 1 heure supplémentaire de tenue au feu. Il est plus facile à mettre en place qu'un enduit de plâtre et il assure en plus une fonction d'isolation thermique en usage courant si elle est nécessaire.

C-I.7.3.5.4   Conclusion

Sur la base du calcul en condition d'exposition XC1 (c_{nom} = 2,5 cm) on escompte ce qui suit :

- Tenue au feu de 1//2 heure assurée en toute circonstance. C'est le cas de nombreux bâtiments courants.
- Tenue au feu de 1 heure presque assurée par les conditions courantes d'enrobage.

  Pour être sûr, choisir alors un enrobage $c_{nom} \geq 3$ cm

C-II Les composantes du béton armé

Le béton armé a deux composants, le béton et les aciers, mais trois composantes, le béton, les aciers et l'adhérence, laquelle est indispensable pour assurer leur association gagnante.

C-II.1 Béton [3.1]

C-II.1.1 Classe du béton

Chaque béton est représenté par sa résistance caractéristique (voir § C-I.5.3.1.1) en compression à 28 jours qui définit sa « classe ».

Comme vu au § A.2.2.2, la résistance peut être mesurée sur cylindres ou sur cubes. Aussi, la classe d'un béton fait-elle référence à ces deux types de mesure. Par exemple, comme déjà vu, un béton de résistance caractéristique f_{ck} = 25 MPa tirée de mesures sur cylindres afficherait 30 MPa à partir de mesures sur cubes. Il est alors dit de classe 25/30 et désigné C25/30. Les classes prises en compte par Eurocode vont de C12/15 à C100/115, avec une distinction entre les classes ≤ C50/60 et les autres. Tous les bétons ≤ C50/60 obéissent au même modèle. Pour ceux > C50/60, des adaptations du modèle ont été nécessaires. Les bétons utilisés dans les bâtiments courants, objet de cet ouvrage, étant de classe ≤ C50/60, le cas des classes supérieures sera ignoré.

Le Tableau C-II.1.1 balaie les classes ≤ C50/60 et regroupe l'ensemble des valeurs qui peuvent en être déduites. Dans les cas standards, le règlement donne en effet les outils pour déduire de la classe toutes les données utiles relatives à la résistance et au module de déformation des bétons. Ces outils sont explicités plus loin.

Tableau C-II.1.1. Résistances et modules de déformation en fonction de la classe du béton.

Classe du béton	C12/15	C16/20	C20/25	C25/30	C30/37	C35/45	C40/50	C45/55	C50/60
Résistance moyenne en compression (cylindres) f_{cm} (MPa)	20	24	28	33	38	43	48	53	58
Résistance caractéristique mesurée sur cylindres f_{ck} (MPa)	12	16	20	25	30	35	40	45	50
Résistance moyenne en traction f_{ctm} (MPa)	1,6	1,9	2,2	2,6	2,9	3,2	3,5	3,8	4,1
Résistance caractéristique en traction (fractile 5 %) $f_{ctk,0,05}$ (MPa)	1,1	1,3	1,5	1,8	2,0	2,2	2,5	2,7	2,9
Résistance caractéristique en traction (fractile 95 %) $f_{ctk,0,95}$ (MPa)	2,0	2,5	2,9	3,3	3,8	4,2	4,6	4,9	5,3
Module de déformation moyen (cylindres) E_{cm} (GPa) avec granulats de quartzite. Pour d'autres granulats,voir § C-II.1.6.	27	29	30	31	33	34	35	36	37

Rappel de l'usage des indices selon Eurocode

Traction : indice t.

Compression : sous-entendu ⇒ pas d'indice.

C-II.1.2 Relation déformation-contrainte en compression

La Figure C-II.1.1 montre, sur l'exemple d'un béton C25/30, les diagrammes, réel moyen, caractéristique et de calcul. Elle rappelle que (voir § A.2.2.2) le béton comprimé d'un élément fléchi admet un raccourcissement ultime plus grand qu'en compression simple. Avec le Tableau C-II.1.1, elle rappelle aussi que la résistance caractéristique f_{ck} est plus faible que la résistance moyenne f_{cm} et que la résistance de calcul à l'état limite ultime f_{cd} est encore plus faible.

Plusieurs diagrammes déformation-contrainte schématiques sont admis par l'Eurocode 2. Nous nous limitons dans cet ouvrage au diagramme «parabole-rectangle», présenté sur la Figure C-II.1.1, et à un diagramme simplifié, le diagramme «rectangle», utilisable en flexion. Celui-ci sera présenté plus loin (§ D-II.4.2) avec le calcul en flexion.

Le diagramme parabole-rectangle reflète la réalité de la déformation des bétons. Pour les bétons ≤ C50/60, les frontières entre les phases parabole et rectangle sont celles indiquées ci-dessous.

- La phase parabolique est limitée au raccourcissement $\varepsilon_{c2} = 2$ ‰. Elle représente l'intégralité du diagramme déformation-contrainte en compression simple et seulement la première phase de ce diagramme dans le cas d'une sollicitation de flexion.

- La phase rectangulaire reflète le bonus de raccourcissement disponible en flexion. Elle se prolonge sans gain de résistance jusqu'à $\varepsilon_{cu2} = 3,5$ ‰ tant qu'une zone tendue et une zone comprimée sont présentes dans la section fléchie.

- Dans les cas de flexion composée compression avec toute la section comprimée, le raccourcissement ultime admissible est obtenu par interpolation entre le cas de la flexion avec une part de la section tendue et le cas de la compression simple.

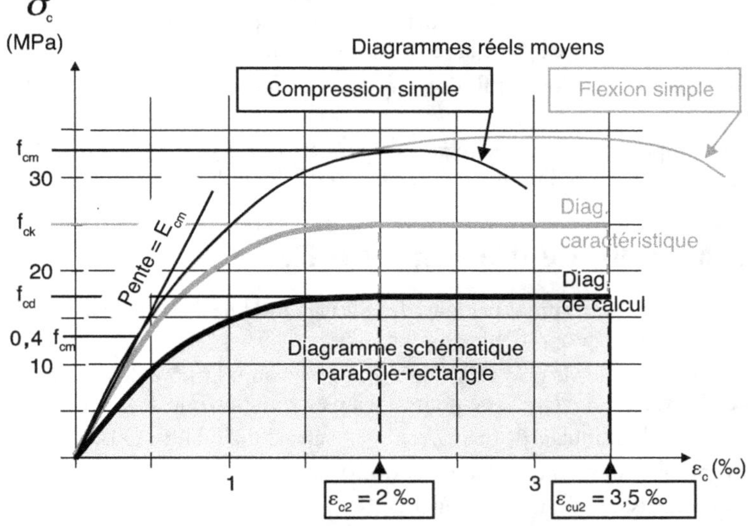

Figure C-II.1.1. Diagrammes déformation-contrainte, réel moyen, caractéristique et de calcul du béton en compression. Cas pris en exemple : un C25/30.

C-II.1.3 Résistances en compression, moyenne, caractéristique et de calcul

- Résistances moyenne et caractéristique (rappel)

  Compte tenu de la variabilité de fabrication des centrales à béton, pour les bétons de classe ≤ C50/60, Eurocode préconise de prendre forfaitairement $f_{ck} = f_{cm} - 8$ MPa.

  Cela correspond à un écart type $s = 5$ MPa. Cette valeur constante cache une valeur relative qui diminue lorsque la classe augmente. Celle-ci est divisée par deux lorsqu'on passe d'un C25/30 à un C50/60.

* Résistance de calcul (rappel)
  Elle est déduite de la résistance caractéristique par $f_{cd} = \alpha_{cc} \dfrac{f_{ck}}{\gamma_c}$ avec $\alpha_{cc} = 1$

C-II.1.4 Résistances en traction simple, moyenne, caractéristique et de calcul

* Résistance moyenne en traction = $f_{ctm} = 0,30\, f_{ck}^{2/3}$
* Résistance caractéristique en traction, fractile 5 % = $f_{ctk,0,05} = 0,7\, f_{ctm}$
* Résistance caractéristique en traction, fractile 95 % = $f_{ctk,0,95} = 1,3\, f_{ctm}$
  Le fractile 95% est utilisé dans les cas où une résistance en traction élevée est défavorable.

* Résistance de calcul dans les cas courants = $f_{ctd} = \alpha_{ct} \dfrac{f_{ctk,0,05}}{\gamma_c}$ avec $\alpha_{ct} = 1$

C-II.1.5 Résistance en traction par flexion

Pratiquement, c'est la contrainte de fissuration des éléments fléchis.

Nous avons vu, au sujet du comportement en compression, la différence entre une compression simple et une compression par flexion. Cette différence existe aussi en traction. Elle est d'autant plus marquée que le diagramme de déformation de la section lors de sa fissuration est plus incliné, c'est-à-dire que la hauteur h de la section est plus faible.

Résistance moyenne en traction par flexion = $f_{ctm,fl} = \max\,[(1,6 - h/100)\, f_{ctm}\,;\, f_{ctm}]$ avec h = hauteur de la section en mm.

Cette formule propose un bonus de résistance pour les éléments d'épaisseur $h \le 160$ mm. Il augmente très vite lorsque h diminue puisque $f_{ctm,fl}$ a déjà doublé lorsque h = 80 mm.

C-II.1.6 Module de déformation E$_{cm}$

Le module de déformation, appelé par abus de langage «module d'élasticité», est défini comme le module sécant au niveau $\sigma_c = 0,4\, f_{cm}$

Il n'intervient dans les calculs qu'à l'ELS qui, comme vu au § C-I.5.2.2, sont menés avec une marge de sécurité voisine de zéro. C'est pourquoi il n'est question que de sa valeur moyenne E_{cm}.

* Pour les bétons de granulats de quartzite : E_{cm} = valeurs du Tableau C-II.1.1.
* Avec des granulats de basalte : augmenter de 20 %.
* Avec des granulats de calcaire : diminuer de 10 %.
* Avec des granulats de grès : diminuer de 30 %.

C-II.1.7 Valeurs ci-dessus à un âge t différent de 28 jours

C-II.1.7.1 Résistance en compression

* Pour 3 jours < t < 28 jours : $f_{cm}(t) = \beta_{cc}(t)\, f_{cm}$
* Pour $t \ge 28$ jours : $f_{cm}(t) = f_{cm}$

avec :
$$\beta_{cc}(t) = \exp\left[s\left(1 - \sqrt{\frac{28}{t}}\right)\right]$$

t exprimé en jours

s un coefficient qui dépend du type de ciment

= 0,20 pour les ciments de classe de résistance CEM 42,5 R, CEM 52,5 N et CEM 52,5 R (classe R)

= 0,25 pour les ciments de classe de résistance CEM 32,5 R, CEM 42,5 N (classe N)

= 0,38 pour les ciments de classe de résistance CEM 32,5 N (classe S)

C-II.1.7.2 Résistance en traction

$f_{cm}(t) = [\beta_{cc}(t)]\alpha\, f_{cm}$

avec : $f_{cm} = 0.30\, f_{ck}^{2/3}$ (rappel)

$\alpha = 1$ pour $t < 28$ jours et $\alpha = 2/3$ pour $t \geq 28$ jours

C-II.1.7.3 Module de déformation

$$E_{cm(t)} = E_{cm}\cdot\left(\frac{f_{cm(t)}}{f_{cm}}\right)^3$$

C-II.1.8 Autres déformations

C-II.1.8.1 Coefficient de Poisson ν (nu)

$\nu = 0,2$ tant que le béton n'est pas fissuré.

$\nu = 0$ lorsque le béton est fissuré.

C-II.1.8.2 Fluage

C'est une déformation différée, lente, sous charge constante qui se stabilise progressivement avec le temps (voir § A.2.2.3). Elle est complètement stabilisée au bout de 15 ans environ.

Le fluage est sensible aux variations d'humidité et ses effets se superposent à ceux du retrait. En toute rigueur, l'un et l'autre doivent être traités de façon couplée. Voir pour cela l'Eurocode 2 [3.1.4].

Dans le cas des bâtiments courants en béton armé, on peut se contenter de la valeur du fluage total d'un élément mis en charge aux environs de 28 jours.

Alors, sous une charge F maintenue :

* Déformation initiale instantanée sous la charge $F = \varepsilon_{ci} = \sigma_s/E_c$

   avec E_c = module tangent à l'origine $\approx 1,05\, E_{cm}$
* Déformation additionnelle par fluage = $\varepsilon_{cc(\infty)} = \varphi\,(\infty)\,\varepsilon_{ci}$

   avec : $\varphi\,(\infty) = 2$ (c'est le « coefficient de fluage total »)
* Déformation totale = $\varepsilon_{c(\infty)} = \varepsilon_{ci} + \varepsilon_{cc(\infty)} = (1 + \varphi\,(\infty))\,\varepsilon_{ci} = 3.\varepsilon_{ci}$

   Notations

   Les deux indices c de ε_{cc} sont :
   - c pour *concrete* ;
   - c pour *creep*, qui désigne le fluage en anglais.

C-II.1.8.3 Retrait et dilatation-contraction thermique

Rappel

En bâtiments courants, leurs effets peuvent être négligés si des joints « de dilatation » ont été disposés tous les 25 à 50 m selon les conditions climatiques et deux fois plus rapprochés sur la hauteur du dernier niveau. Pour plus de détails, voir les prescriptions du § C-III.4.6.

C-II.1.8.3.1 Retrait

C'est une déformation ε_{cs} (c comme *concrete* et s comme *shrinkage*, qui désigne le retrait en anglais) causée par la dessiccation du béton. Cette dessiccation a deux origines : l'une endogène, liée au phénomène d'hydratation, l'autre externe, conséquence du séchage du béton par évaporation.

En France, la déformation totale de retrait (endogène plus séchage) est $\varepsilon_{cs} \approx 0,3$ ‰.

C-II.1.8.3.2 Dilatation et contraction thermique

Le coefficient de dilatation thermique $\alpha_c = \varepsilon_c / \Delta\theta$ est sensible à la nature des granulats.

À défaut d'information plus précise, il peut être pris égal à :

$\alpha_c \approx 10.10^{-6}/K$ avec : $\Delta\theta$ = variation de température et ε_c = déformation associée à la variation de température

C-II.2 Aciers [3.2]

Ils sont repérés par leur limite d'élasticité caractéristique f_{yk}, réelle ou conventionnelle, et par leur classe de ductilité repérée par une des lettres A, B ou C.

Ainsi, un acier de f_{yk} = 500 MPa et de clase de ductilité A, par exemple, est-il désigné B500A.

Remarque

Contrairement à toutes les autres notations, la première lettre de la désignation des aciers, par exemple B500, ne vient pas de l'anglais *Steel* mais de l'allemand *Betonsthal* signifiant « acier à béton ».

C-II.2.1 Classes de ductilité

Elles caractérisent l'allongement ε_{uk} garanti avant rupture.

On distingue la classe A, la moins ductile, la classe B qui représente l'idéal pour les usages courants en béton armé et la classe C réservée aux cas où une très grande ductilité est requise (nœuds de structure critiques pour la résistance aux séismes, résistance aux explosions, etc.).

Une classe B ou supérieure (C) est seule autorisée, pour les aciers longitudinaux, transversaux, de chaînage, dans les poutres, dalles, poteaux, fondations, etc., chaque fois que le risque sismique impose un calcul spécifique (Eurocode 8).

La classe A est pénalisée pour l'application de la redistribution (§ E-I.4.3), possibilité apprécié chaque fois qu'on a affaire à des éléments continus, c'est-à-dire très souvent.

Pour ces deux raisons, dont particulièrement les prescriptions parasismiques qui deviennent de plus en plus prégnantes, les aciers de classe A sont amenés à disparaître dans un proche avenir au profit des aciers de classe B.

C-II.2.1.1 Domaine de chaque classe

- Classe A: ductilité normale, $\varepsilon_{uk} > 25$ ‰.

  Comme déjà dit, leur usage amène des restrictions à l'application de la redistribution dans les éléments continus et ils sont proscrits en tant qu'armature de béton armé chaque fois que le risque sismique impose un calcul spécifique (Eurocode 8).

  Dans le cas des aciers à béton, il s'agit exclusivement d'aciers laminés à froid.

- Classe B: haute ductilité, $\varepsilon_{uk} > 50$ ‰.

  C'est l'acier de référence pour le béton armée.

  Il s'agit d'aciers laminés à chaud.

  En 2014 tous les diamètres courants sont disponibles en classe B, mais les aciers laminés à froid (donc de classe A) occupent encore une part significative du marché, surtout pour les diamètres les plus fins.

- Classe C: très haute ductilité, $\varepsilon_{uk} > 75$ ‰.

  Elle est imposée lorsqu'une très grande ductilité est requise.

  Cette très grande ductilité est difficile à obtenir avec une limite d'élasticité élevée. En 2014 sont commercialisés des aciers B450C, encore rares sur le marché français, mais déjà des aciers B500C sont annoncés.

  Les aciers doux, $f_{yk} = 240$ MPa, (voir Figure A.3.5) sont aussi de classe C. Mais produits seulement sous forme de ronds lisses, ils ne sont plus admis pour des utilisations structurelles.

Cet ouvrage étant centré sur les applications et conditions courantes, seules seront considérées dans la suite les classes A et B.

C-II.2.1.2 Comment anticiper, lors du calcul, la classe de l'acier utilisé ?

C'est une question qu'on se posera de moins en moins, mais en 2016 et encore pour quelques années elle reste de rigueur.

À défaut de le préciser sur les plans, il n'y a pas de règle générale pour anticiper la classe des aciers effectivement mis en place sur le chantier. Le tableau ci-dessous montre notamment que les aciers en barres de diamètres 5 à 16 mm sont disponibles en classes A, B ou C. Les treillis soudés, quant à eux, sont, en 2016, par défaut de classes A et peuvent être obtenus en classe B *sur commande*.

Tableau C-II.2.1. Disponibilité, en France en 2016, des différentes nuances d'acier selon le diamètre.
(en gris: les aciers inusités ou peu utilisés en France)

ϕ (mm)	Nuance d'acier			
	B500A	B500B	B450B	B450C
5	X	X	X	X
6	X	X	X	X
8	X	X	X	X
9	X	X	X	X
10	X	X	X	X
12	X	X	X	X
14	X	X	X	X
16	X	X	X	X

ϕ (mm)	Nuance d'acier			
	B500A	**B500B**	**B450B**	**B450C**
20		X	X	X
25		X	X	X
32		X	X	X
40		X	X	X
50			X	X
56			X	X
Treillis soudés	X	X, sur demande		

Propositions de l'auteur

Réserver la classe C aux cas où elle est strictement imposée.

Si des aciers de classe B ne s'imposent pas (pas de sollicitation sismique) ou ne sont pas préférables (plus large capacité de redistribution pour les éléments continus), faire les calculs en envisageant des aciers de classe A (voir plus loin, § D-II.4.3.1, la comparaison des résultats de calcul entre B500A et B500B).

Sinon, bénéficier des possibilités des aciers de classe B et *expliciter clairement sur les plans que les aciers mis en place sur le chantier doivent être de classe B*.

C-II.2.1.3 Comment reconnaître sur stock ou sur chantier la classe d'un acier?

L'organisation et l'inclinaison des reliefs des aciers HA apporte souvent la réponse, mais il peut rester une incertitude. Pour une information plus précise, voir la bibliographie ci-dessous.

Bibliographie

- Fiche technique «T46: L'armature du béton, de la conception à la mise en œuvre» téléchargeable sur le site http://www.infociments.fr/publications/genie-civil/collection-technique-cimbeton.
- Documentations de l'Association Française de Certification des Armatures du Béton accessible sur le site www.afcab.com, voir notamment les onglets «Certificats» puis «Aciers pour béton armé».

C-II.2.2 Diagrammes déformation contrainte caractéristique et de calcul

Leurs caractéristiques sont synthétisées sur la Figure C-II.2.1 puis reprises dans le texte qui suit. Sur la figure on trouve, pour les aciers de classe A et pour ceux de classe B, un rappel du diagramme déformation-contrainte expérimental, le diagramme caractéristique et les deux variantes admises pour le diagramme de calcul. La référence est la traction, ce que reflètent les notations.

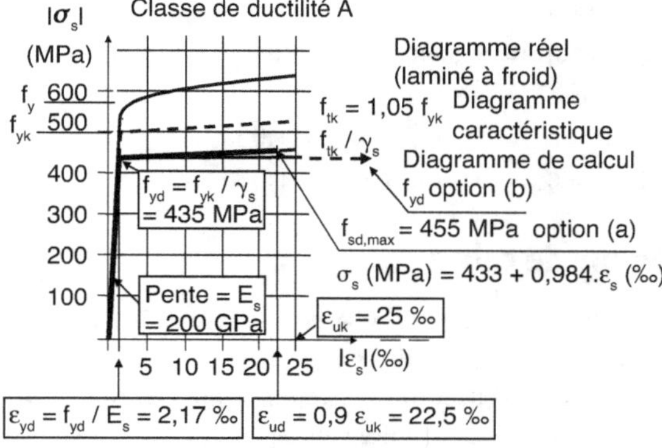

Classe de ductilité A (aciers B500A)

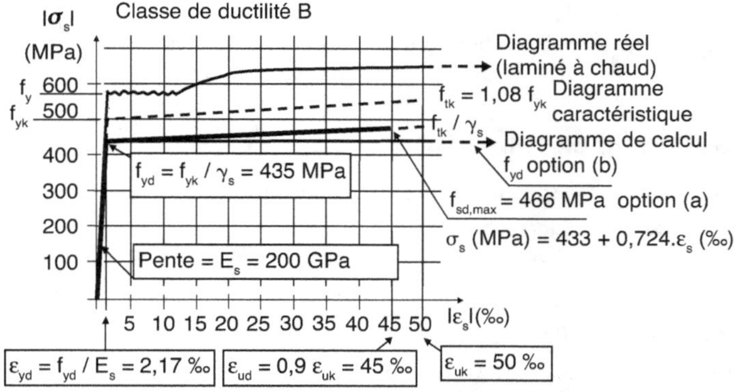

Classe de ductilité B (aciers B500B)

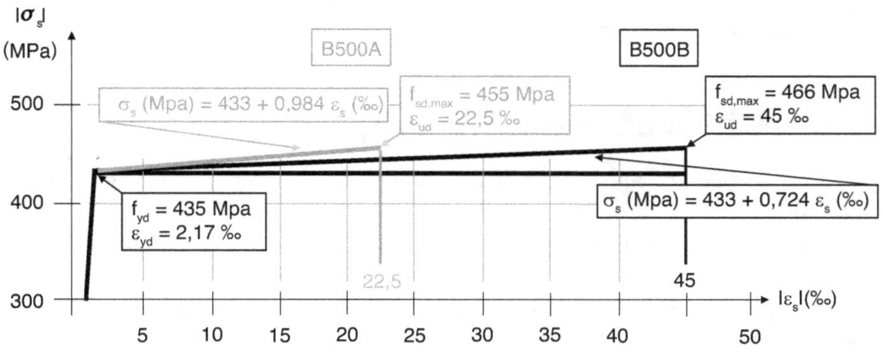

Comparaison des diagrammes de calcul entre les classes de ductilité A et B

Figure C-II.2.1. Aciers pour béton armé B500A et B500B : diagrammes déformation-contrainte expérimental, caractéristique et de calcul.

C-II.2.2.1 Diagramme caractéristique

Module d'élasticité E_s = 200 GPa

Limite d'élasticité f_{yk} = 500 MPa. Elle est garantie par le fournisseur de l'acier.

Phase de déformation plastique.

Elle est schématisée par une droite légèrement ascendante traduisant l'écrouissage.

Déformation ultime admise :
- classe de ductilité A : $\varepsilon_s = \varepsilon_{uk} = 25$ ‰, $\sigma_s = f_{tk} = 1,05 \, f_{yk}$.
- classe de ductilité B : $\varepsilon_s = \varepsilon_{uk} = 50$ ‰, $\sigma_s = f_{tk} = 1,08 \, f_{yk}$.

C-II.2.2.2 Diagramme de calcul

Limite d'élasticité de calcul $f_{yd} = f_{yk}/\gamma_s$ avec, sous actions courantes, $\gamma_s = 1,15$

Phase de déformation plastique : deux options.

a) Soit un diagramme déduit du diagramme caractéristique. Il prend en compte l'augmentation de résistance par écrouissage et limite l'allongement à : $\varepsilon_{ud} = 0,9 \, \varepsilon_{uk}$.
  - classe de ductilité A : $\varepsilon_{ud} = 0,9 \, \varepsilon_{uk} = 22,5$ ‰
  - classe de ductilité B : $\varepsilon_{ud} = 0,9 \, \varepsilon_{uk} = 45$ ‰

b) Soit un diagramme simplifié, horizontal, qui ignore l'accroissement de résistance par écrouissage mais n'impose aucune limite à l'allongement.

C-II.2.2.3 Option (a) en chiffres

C'est la plus économique. C'est celle qui prévaudra dans la suite.
- Classe de ductilité A $\Rightarrow$ aciers B500A

  $f_{yd} = 500/1,15 = 435$ MPa $\Rightarrow \varepsilon_{yd} = f_{yd}/E_s = 2,17$ ‰ et $\varepsilon_{ud} = 25,5$ ‰ $\Leftrightarrow f_{sd,max} = 455$ MPa

  Équation du diagramme déformation de calcul-contrainte dans l'intervalle $\varepsilon_{yd} \leq \varepsilon_s \leq \varepsilon_{ud}$:
  $$\sigma_s \text{ (en MPa)} = 433 + 0,984.\varepsilon_s \text{ (en ‰)}$$
- Classe de ductilité B $\Rightarrow$ aciers B500B

  $f_{yd} = 500/1,15 = 435$ MPa $\Rightarrow \varepsilon_{yd} = f_{yd}/E_s = 2,17$ ‰ et $\varepsilon_{ud} = 45$ ‰ $\Leftrightarrow f_{sd,max} = 466$ MPa

  Équation du diagramme déformation de calcul dans l'intervalle $\varepsilon_{yd} \leq \varepsilon_s \leq \varepsilon_{ud}$:
  $$\sigma_s \text{ (en MPa)} = 433 + 0,724.\varepsilon_s \text{ (en ‰)}$$

C-II.3 Adhérence [8.3 à 8.9]

Les grandeurs et valeurs associées sont repérées par l'indice b (comme *bond* en anglais qui signifie « adhérence »).

Les fondements de son fonctionnement sont présentés au § B.1. Les applications en sont les ancrages et les recouvrements.

Le paramètre principal de tous les calculs d'adhérence est la « contrainte ultime d'adhérence », considérée comme une caractéristique du couple béton-aciers en présence. Elle est réglementairement caractérisée par la « contrainte ultime d'adhérence de calcul ».

L'adhérence, puis les ancrages et recouvrements qui en découlent, doivent rester efficaces en toutes circonstances, même les plus difficiles. Aussi, bien que codifiés à l'ELU sous actions courantes (les conditions des calculs de base), les calculs incluent des coefficients qui sont calés pour que la résistance reste assurée dans les conditions d'actions accidentelles.

Eurocode en fait un traitement très détaillé, considérant de très nombreux cas possibles, qui conduit à un exposé particulièrement complexe.

Pour une présentation et une exploitation plus simples, l'auteur a recours à la notion d'ancrage ou recouvrement « nominal » définie au § C-II.4.1.2.

C-II.3.1 Ancrage et recouvrement des barres de gros diamètre

Eurocode classe dans les «gros diamètres» les barres ou paquets de diamètre réel ou équivalent ϕ ou $\phi_n > 32$ mm.

En bâtiments courants, on préfère les barres $\phi \leq 20$ mm, on utilise si besoin des barres $\phi = 25$ mm et exceptionnellement, on a recours aux barres $\phi = 32$ mm. À part le cas de quelques paquets de barres, on reste en deçà du domaine des grosses barres.

Avec des grosses barres, les prescriptions relatives à la couture des zones d'ancrage et de recouvrement doivent être renforcées, conformément à l'article [8.8] de l'Eurocode 2.

C-II.3.2 Contrainte ultime d'adhérence

C'est la résistance de l'adhérence.

C-II.3.2.1 Contrainte ultime d'adhérence de calcul f_{bd}

C'est une contrainte, elle est donc symbolisée par f. Elle est relative à l'adhérence, d'où l'indice b, et il s'agit d'une valeur de calcul, d'où l'indice d.

Elle augmente avec la rugosité des aciers, la résistance en traction du béton et l'intimité du contact acier-béton. Notons que, pour le béton armé, Eurocode n'envisage qu'un seul niveau de rugosité : les aciers HA.

Sa valeur est donnée par la formule :

$$f_{bd} = 2,25 \; \eta_1 \; \eta_2 \; f_{ctd}$$

où :

- le coefficient 2,25 inclut la rugosité des aciers HA et la prise en compte des conditions d'actions accidentelles ;
- f_{ctd} = résistance de calcul en traction calculée à partir de $f_{ctk,0,05}$ (pour les bétons de classe très élevée, limiter la valeur de $f_{ctk,0,05}$ à celle de la classe C60/75) ;
- $\eta_1 = 1$ si les conditions d'adhérence sont «bonnes», sinon $\eta_1 = 0,7$; pour les règles du choix $\eta_1 = 1$ ou 0,7, voir la Figure C-II.3.1 ;
- $\eta_2 = 1$ tant que le diamètre des barres ou paquets ϕ ou $\phi_n \leq 32$ mm. C'est le domaine couvert par cet ouvrage.

Les barres ou paquets de gros diamètre ϕ ou $\phi_n > 32$ mm sont pénalisées par $\eta_2 = (132 - \phi)/100 < 1$

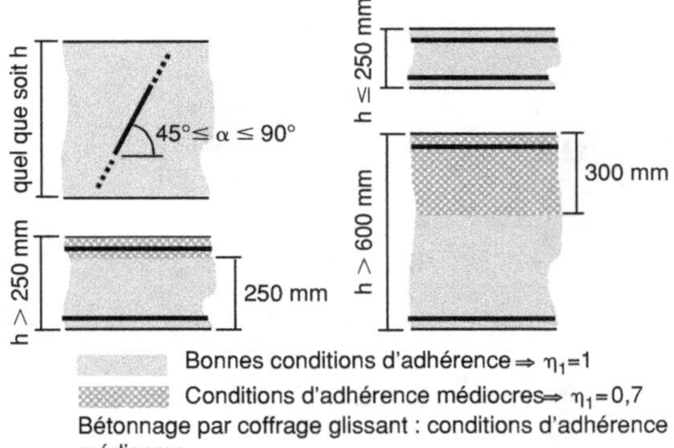

Figure C-II.3.1. Règles du choix η1 = 1 ou 0,7 pour déterminer la contrainte ultime d'adhérence f_{bd}.

C-II.3.2.2 Commentaire

Le béton frais se tasse toujours, au moins un peu, avant de devenir solide. Cela est d'autant plus marqué que la hauteur de béton pouvant se tasser est grande. Le phénomène est accentué dans le cas d'un béton trop liquide, il est alors mis en évidence par une couche d'eau ressuée visible à sa surface. Dans tous les cas, il s'ensuit :

- en partie haute des éléments, une descente en bloc du béton frais laissant un espace vide, défavorable à l'adhérence, en sous-face des barres horizontales (comme sur la Figure B.1.3) ;
- en partie basse des éléments, une densification du béton qui assure un contact encore plus intime avec les armatures et une adhérence améliorée ;
- aucune conséquence pour les barres verticales, en effet elles ne présentent pas de sous-face exposée au décollement du béton frais.

C'est en fonction de cela qu'il n'y a pas de restriction sur la qualité de l'adhérence dans les éléments moins hauts que 250 mm mais que l'adhérence est considérée comme médiocre en partie supérieure des éléments plus hauts que 250 mm.

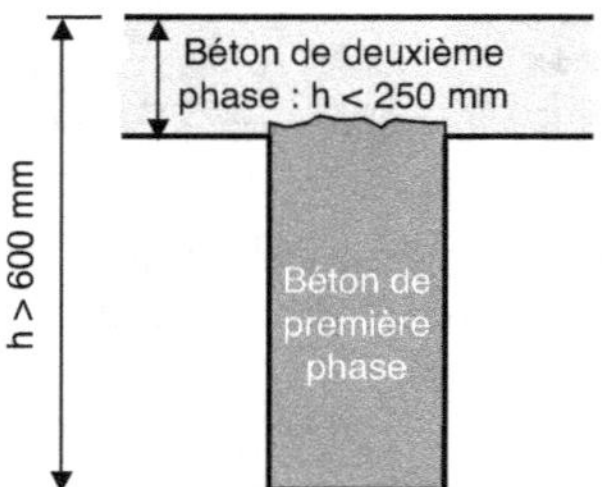

Pour les éléments de plus que 250 mm de haut, ce qui compte en réalité n'est pas la hauteur totale de l'élément, mais la hauteur de béton frais susceptible de se tasser une fois en place. Dans le cas d'une poutre avec talon préfabriqué, comme illustré ci-contre, les aciers supérieurs sont enrobés dans le béton de deuxième phase, dont la hauteur susceptible de tassement est souvent inférieure à 250 mm. Alors, bien que situés en partie supérieure d'une poutre de hauteur significative, ils ne sont pas dans une zone de qualité d'adhérence médiocre.

Lorsque, au moment du calcul, on ne sait pas avec certitude si la poutre sera coulée avec un talon préfabriqué ou au contraire en pleine hauteur, la prudence veut qu'on se réfère à l'option la plus défavorable : poutre coulée en pleine hauteur.

À retenir

Pour les aciers inférieurs des poutres et dalles : $\eta_1 = 1$

Pour les aciers supérieurs, notamment les « chapeaux » sur appui :

- dans le cas des dalles courantes (épaisseur ≤ 25 cm) : encore $\eta_1 = 1$
- dans le cas des poutres de hauteur > environ 30 cm : $\eta_1 = 0,7$

les longueurs d'ancrage ou de recouvrement s'en trouvent 1,4 fois plus longues.

Pour les poteaux : $\eta_1 = 1$. Mais nous verrons, quand leur cas spécifique sera traité, que d'autres éléments concourent à allonger les longueurs de recouvrement.

C-II.4 Ancrages

Contrairement au règlement BAEL, Eurocode n'accorde pas aux ancrages courbes une plus grande efficacité théorique qu'aux ancrages droits. Ils sont traités comme des ancrages droits repliés sur eux-mêmes.

C-II.4.1 Prescriptions de base

C-II.4.1.1 Longueur de référence

C'est la longueur d'ancrage droit, ou la longueur développée d'ancrage par courbure, requise avant application de coefficients correcteurs d'adaptation au contexte. Elle est désignée par $\ell_{b,rqd}$ (l'indice rqd est l'abréviation de *required* en anglais qui signifie « requis »).

En admettant la contrainte d'adhérence constante et égale à f_{bd} : pour ancrer une barre de diamètre ϕ pour un effort $F_{sd} = A_s\sigma_{sd}$, on a :

$$\ell_{b,rqd} = (\phi/4)\,(\sigma_{sd}/f_{bd})$$

Cette formule est la retranscription directe de la relation formelle dégagée au § B.1.2.1.

C-II.4.1.2 Ancrage « nominal »

L'ancrage « nominal » est une notion créée par l'auteur pour une présentation et une exploitation plus simples. Il sera repéré par l'indice nom. C'est l'ancrage qui, dans les conditions les plus standards (tous les coefficients modificateurs η_i et α_i listés plus loin égaux à 1), permet de solliciter la barre à la contrainte $\sigma_s = f_{yd}$. C'est alors $\ell_{b,rqd}$ lorsque $\sigma_{sd} = f_{yd}$

Sa valeur sert de référence aux propositions de l'auteur.

Longueur d'ancrage nominal $\ell_{bd,nom}$

Sa formule de calcul est :

$$\ell_{bd,nom} = (\phi/4)\,(f_{yd}/f_{bd,nom})$$

avec :

$f_{bd,nom} = 2,25\,f_{ctd}$: bonnes conditions d'adhérence et $\phi \leq 32$ mm $\Rightarrow \eta_1 = \eta_2 = 1$

Aucun bonus apporté par les différents coefficients α_i listés plus loin.

Pour des aciers B500 $\Rightarrow f_{yd} = f_{yk}/\gamma_s = 435$ MPa	
avec un béton C25/30	avec un béton C30/37
$f_{ctd} = f_{ctk,0,05}/\gamma_c = 1,8/1,5 = 1,2$ MPa $f_{bd,nom} = 2,25f_{ctd} = 2,25.1,2 = 2,7$ MPa D'où $\ell_{bd,nom} = (\phi/4).(f_{yd}/f_{bd,nom}) = \phi.435/2,7/4$ $\approx 40\,\phi$	$f_{ctd} = f_{ctk,0,05}/\gamma_c = 2,0/1,5 = 1,33$ MPa $f_{bd,nom} = 2,25f_{ctd} = 2,25.1,33 = 3,0$ MPa D'où $\ell_{bd,nom} = (\phi/4).(f_{yd}/f_{bd,nom}) = \phi.435/3,0/4$ $\approx 36\,\phi$

Nota

Dans les mêmes conditions, avec un C25/30, la longueur prescrite par BAEL était : $\ell_s \approx 44\,\phi$.

C-II.4.1.3 Longueur d'ancrage de calcul

Elle est désignée par ℓ_{bd} et est égale à la longueur de référence $\ell_{b,rqd}$ modifiée par une série de coefficients α_i pour tenir compte de spécificités méritant une adaptation par rapport au cas standard.

Sa valeur est donnée par la formule :

$$\ell_{bd} = \alpha_1\,\alpha_2\,\alpha_3\,\alpha_4\,\alpha_5\,\ell_{b,rqd} \geq \ell_{b,min}$$

$$\text{ou encore } \ell_{bd} = \ell_{bd,nom}\left(\frac{\sigma_s}{f_{yd}}\cdot\frac{\alpha_1\alpha_2\alpha_3\alpha_4\alpha_5}{\eta_1\eta_2}\right) \geq \ell_{b,min}$$

avec :

Barres tendues : $\ell_{b,min} = \max\ [0,3\ \ell_{b,rqd}\,;\ 10\ \phi\,;\ 100\ mm]$

Barres comprimées : $\ell_{b,min} = \max\ [0,6\ \ell_{b,rqd}\,;\ 10\ \phi\,;\ 100\ mm]$

où :

α_1, α_2, α_3, α_4, et α_5 apportent un bonus (longueur d'ancrage plus courte) dans certaines circonstances et leur combinaison doit respecter les limites ci-dessous :

- $0,7 \leq$ chaque $\alpha_i \leq 1$
- le produit $\alpha_2\ \alpha_3\ \alpha_5 \geq 0,7$
- enfin α_4 non cumulable avec α_3

On a :

- α_1 : égal à 1 pour les ancrages droits, peut atteindre 0,7 pour les ancrages courbes ;
- α_2 : bonus si enrobage $> c_d$ tel que défini dans le Tableau C-II.4.2 (ce qui n'est pas exceptionnel, c'est de plus toujours le cas pour l'ancrage sur appui des aciers inférieurs des dalles) ;
- α_3 : bonus si des armatures perpendiculaires à la barre ancrée pouvant jouer le rôle de couture d'ancrage sont présentes en grand nombre. Il y en a toujours, mais elles sont rarement « en grand nombre » ;
- α_4 : bonus en cas d'une barre perpendiculaire soudée (comme par exemple dans les treillis soudés [TS]). En l'absence de barre soudée, α_4 est omis ou pris égal à 1 ;
- α_5 : bonus si confinement par une pression extérieure $\Rightarrow$ contact plus intime et moins de risque d'éclatement du béton d'enrobage. À l'exception d'une précontrainte (non traitée dans cet ouvrage) seul est concerné l'ancrage des aciers inférieurs sur appui et la pression extérieure à prendre en compte est celle appliquée par la bielle d'appui (voir « Conditions d'appui » au § D-IV.7).

Les valeurs à attribuer à ces coefficients sont regroupées dans le Tableau C-II.4.1 pour les ancrages droits et dans le Tableau C-II.4.2 pour les ancrages courbes.

C-II.4.2 Ancrages droits

Tableau C-II.4.1. Ancrages droits : valeurs des coefficients α_1 à α_5

Coefficient	Fonction	Barre tendue	Barre comprimée
α_1	Type d'ancrage : ancrage droit	$\alpha_1 = 1$	$\alpha_1 = 1$
α_2	Enrobage	$0,7 \leq \alpha_2 = 1 - 0,15(c_d - \phi)/\phi \leq 1$ pour c_d, voir ci-dessous	$\alpha_2 = 1$
α_3	Couture par des armatures transversales non soudées à la barre ancrée	$0,7 \leq \alpha_3 = 1 - K\lambda \leq 1$ pour K et λ, voir ci-dessous	$\alpha_3 = 1$
α_4	Ancrage avec barre transversale soudée	$\phi_t \geq 0,6\phi \quad \geq 5\phi$ ℓ_{bd} $\alpha_4 = 0,7$	$\alpha_4 = 0,7$
α_5	Confinement par compression transversale	$0,7 \leq \alpha_5 = 1 - 0,04\ p \leq 1$ $p =$ pression à l'ELU en MPa	/

Limitations (rappel)

Produit $\alpha_2\ \alpha_3\ \alpha_5 \geq 0,7$, de plus α_3 et α_4 non cumulables

Barres tendues : $\ell_{b,min} = \max\ [0,3\ _{b,rqd}\,;\ 10\ \phi\,;\ 100\ mm]$

Barres comprimées : $\ell_{b,min} = \max\ [0,6\ _{b,rqd}\,;\ 10\ \phi\,;\ 100\ mm]$

Valeurs des coefficients annexes

$c_d = \min\ [a/2\,;\ c_1\,;\ c]$

c_d est, autour de chaque barre, l'épaisseur minimum de béton disponible pour le développement des efforts d'adhérence de cette barre. C'est donc son enrobage minimum ou la plus petite demi-distance à une barre voisine.

c_d doit donc être calculé à partir de c_{min} et non c_{nom}.

Il a l'indice d (et non b pour l'adhérence) afin d'indiquer qu'il s'agit d'une valeur de calcul (*design* en anglais).

Valeurs de λ et k

$\lambda = (\Sigma\, A_{st} - \Sigma\, A_{st,min})/A_s$

ΣA_{st} = section totale des armatures transversales non soudées le long de ℓ_{bd}.

$\Sigma A_{st,min}$ = section minimum d'armatures transversales = $0{,}25\, A_s$ pour les poutres et 0 pour les dalles, avec A_s = section de la barre ancrée.

K : voir ci-dessous.

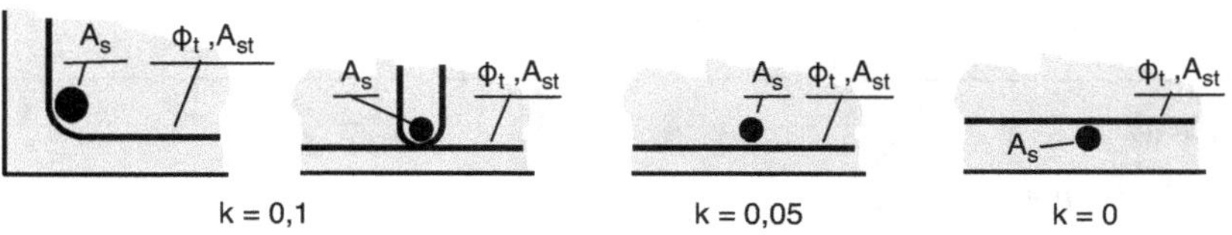

L'indice t désigne ici tout acier transversal (c'est-à-dire disposé perpendiculairement à la barre ou l'armature considérée), quel que soit son éventuel rôle par ailleurs.

Le jeu de tous ces coefficients α selon les circonstances et les bonus qu'on peut en escompter sont détaillés en annexe § C-II.6.

C-II.4.2.1 Ancrage droit de barres isolées sans barre transversale soudée

C'est le cas général des aciers en barres.

Propositions de l'auteur pour les bâtiments courants en classe d'exposition XC1

En bâtiments courants, on se limite à des barres de diamètre $\phi \le 32$ mm $\Rightarrow \eta_2 = 1$

Sauf besoin impérieux (pour raison d'encombrement), on préférera toujours des ancrages totaux, c'est-à-dire capables de reprendre l'effort maximum admissible par la barre. Cela consomme quelquefois un peu plus d'acier, mais apporte sécurité et simplicité. La longueur d'ancrage correspondante sera désignée par $\ell_{bd,total}$.

Admettre de plus $\sigma_s = f_{yd}$.

Cette valeur est en déficit de 4 % par rapport à la valeur maximum $f_{sd,max}$ que peut atteindre σ_s. Cela reste acceptable compte tenu de l'incertitude (assumée et prise en compte par les coefficients de sécurité qui conviennent) entachant le calcul réglementaire des longueurs d'ancrage.

Pour les chapeaux, si la hauteur de l'élément h > 250 mm, on est en zone de mauvaise qualité d'adhérence $\Rightarrow \eta_1 = 0{,}7$

Proposition pour les barres tendues en classe d'exposition XC1

Le seul bonus escomptable dans les cas courants vient de α_2.

Proposition

Si $\phi \le 12$ mm, $\ell_{bd,total} = \ell_{bd,nom} . 0{,}7 . \dfrac{1}{\eta_1}$, sinon $\ell_{bd,total} = \ell_{bd,nom} . \dfrac{1}{\eta_1}$

Soit, avec un béton C25/30 et des aciers B500 :

si $\phi \le 12$ mm, $\ell_{bd,total} = 40\,\phi . 0{,}7 . \dfrac{1}{\eta_1}$, sinon $\ell_{bd,total} = 40\,\phi . \dfrac{1}{\eta_1}$

(Voir § C-II.6.3, Tableau C-II.6.1.)

Dans le cas des dalles, ces propositions peuvent être quelquefois mises en défaut mais avec un déficit suffisamment faible par rapport au calcul exact pour rester acceptables.

Proposition pour les barres comprimées en classe d'exposition XC1

- Le produit $\alpha_1\,\alpha_2\,\alpha_3\,\alpha_5$ est imposé égal à $1 \Rightarrow$ pas de bonus escomptable.
- En revanche, σ_s est souvent très inférieur à f_{yd}.

Sont particulièrement concernées les barres d'armature des poteaux. Dans ce cas, il faut abandonner les ancrages totaux et prendre en compte la vraie valeur de σ_s.

Proposition

$$\ell_{bd} \text{ barres comprimées} = \ell_{bd,nom}\cdot\frac{\sigma_s}{f_{yd}}\cdot\frac{1}{\eta_1}$$

soit, avec un béton C25/30 et des aciers B500 : ℓ_{bd} barres comprimées $= 40\,\phi\cdot\dfrac{\sigma_s}{f_{yd}}\cdot\dfrac{1}{\eta_1}$

Cas des poteaux

Les barres sont verticales $\Rightarrow \eta_1 = 1$, alors : ℓ_{bd} barres comprimées $= 40\,\phi\,\dfrac{\sigma_s}{f_{yd}}$

C-II.4.2.2 Ancrages droits avec barre(s) transversale(s) soudée(s), notamment les treillis soudés (TS)

Au-delà du cas des TS, sont également concernés tous systèmes avec barre(s) transversale(s) soudées(s). Chaque soudure doit être particulièrement résistante, du même type que celles des TS.

Formule de calcul et règles à appliquer

Ce sont les mêmes qu'en l'absence de barre soudée avec en plus un bonus $\alpha_4 = 0,7$.

Le bonus maximum possible est alors : $0,7 \times 0,7 \times 0,7 \approx 0,35$

et on a :

$$\ell_{bd} = \alpha_1\,\alpha_2\,\alpha_4\,\alpha_5\,\ell_{b,rqd} \geq \ell_{b,min}$$

avec $\alpha_4 = 0,7$

α_3 disparaît puisque α_4 et α_3 ne se cumulent pas.

> *Rappel*
>
> Cette formule ne vaut que pour des aciers HA, en barres ou treillis.

Ancrage des aciers inférieurs des dalles sur appui direct (sur un mur)

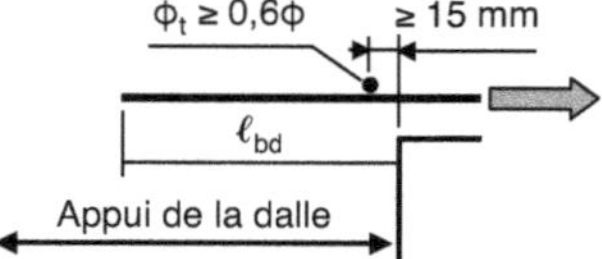

Dans ce cas, il est admis par dérogation que la barre soudée apporte sa pleine contribution à l'ancrage dès qu'elle est située à au moins 15 mm à l'intérieur de l'appui, la limite $\ell_{b,min}$ peut être outrepassée.

Grâce à cette dérogation, les pratiques antérieures, notamment celles de BAEL, restent acceptables. À savoir : « Les TS inférieurs des dalles à amener sur l'appui peuvent être ancrés par une seule soudure située au moins à 1,5 cm à l'intérieur de l'appui. »

En revanche, aucune dérogation n'est admise dans le cas d'un appui indirect (sur une poutre).

Le jeu des coefficients α selon les circonstances et les bonus qu'on peut en escompter est détaillé en annexe § C-II.6, Tableau C-II.6.1.

Propositions de l'auteur pour les bâtiments courants en classe d'exposition XC1

Ces propositions se limitent au cas de TS avec barres de diamètre $\phi \leq 12$ mm (c'est le cas des TS standards) disposés dans des dalles d'épaisseur h ≤ 25 cm ($\Rightarrow$ bonnes conditions d'adhérence). Il s'ensuit : $\eta_1 \eta_2 = 1$

Ancrage des aciers inférieurs sur appui en classe d'exposition XC1

$\alpha_2 = 0,7$ (voir § C-II.6.1.1) et $\alpha_4 = 0,7 \Rightarrow$ bonus assuré = 0,5
Alors avec une soudure à au moins 1,5 cm de l'appui, : ℓ_{bd} (TS, aciers inférieurs sur appui) = $0,5\, \ell_{bd,nom}$
soit, avec un C25/30 et un TS B500 : ℓ_{bd} (TS) = 20 ϕ

Ancrage en zone courante en classe d'exposition XC1

- Lits extérieurs : $\alpha_4 = 0,7$ et $\alpha_2 \approx 1 \Rightarrow \ell_{bd}$ (TS) $\approx 0,7\, \ell_{bd,nom}$
- Lits intérieurs : $\alpha_4 = 0,7$ et $\alpha_2 = 0,7 \Rightarrow \ell_{bd}$ (TS) $\approx 0,5\, \ell_{bd,nom}$

C-II.4.2.3 Ancrage droit des paquets de barres

L'ancrage des paquets tendus de diamètre équivalent $\phi_n \leq 32$ mm (paquets de deux barres $\phi \leq 20$ mm ou de trois barres $\phi \leq 16$ mm) et des paquets comprimés quel que soit ϕ_n peut être traité avec les règles des barres isolées mais en utilisant leur diamètre équivalent ϕ_n.

Sinon, décaler les ancrages comme indiqué sur la Figure C-II.4.1. Alors chaque barre est considérée ancrée individuellement et ℓ_{bd} est calculé avec le diamètre effectif de chaque barre.

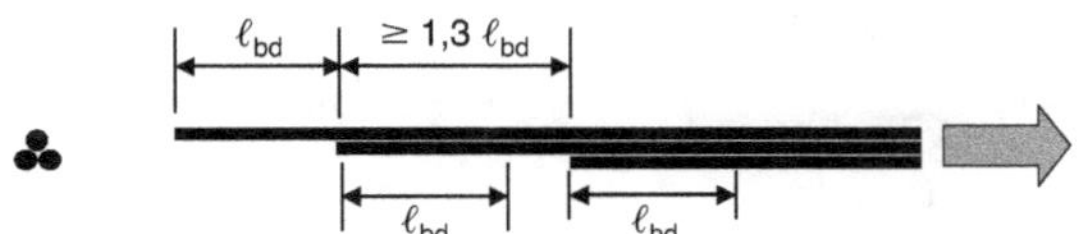

Figure C-II.4.1. Ancrage d'un paquet de barres avec décalage : exemple d'un paquet de trois barres.

C-II.4.3 Ancrages courbes des barres isolées sans barre transversale soudée

Les ancrages courbes ne sont pas admis en compression.

Comme déjà signalé, Eurocode n'accorde pas aux ancrages courbes une plus grande efficacité théorique qu'aux ancrages droits. Ils sont traités comme des ancrages droits repliés sur eux-mêmes et seul est envisagé un coefficient α_1 plus favorable, en revanche handicapé par un coefficient α_2 moins favorable (voir Tableau C-II.4.2 page suivante).

Bonus maximum possible = $0,7 \times 0,7 \times 0,7 \approx 0,35$

Bonus escomptable pratiquement : l'analyse détaillée est proposée en annexe § C-II.6.3, Tableau C-II.6.2.

- Dans les poutres : rares sont les cas où l'on en tire un bénéfice significatif.
- Dans les dalles : seul l'ancrage sur appui des aciers inférieurs est en mesure d'en bénéficier. Le bonus escomptable dans les cas courants = $\alpha_1 . \alpha_2 = 0,7 \times 0,7 = 0,5$

Tableau C-II.4.2. Valeurs de α_1 et α_2 dans le cas d'ancrages courbes.

Coefficient	Fonction	Barre tendue (crochets interdits en compression)
α_1	Type d'ancrage : ancrage courbe	$\alpha_1 = 0,7$ si $c_d > 3\,\phi$ Sinon $\alpha_1 = 1$ (pour c_d ancrages courbes, voir ci-dessous)
α_2	Enrobage	$0,7 \le \alpha_2 = 1 - 0,15.(c_d - 3\phi)/\phi \le 1$

Valeur de c_d pour les ancrages courbes :

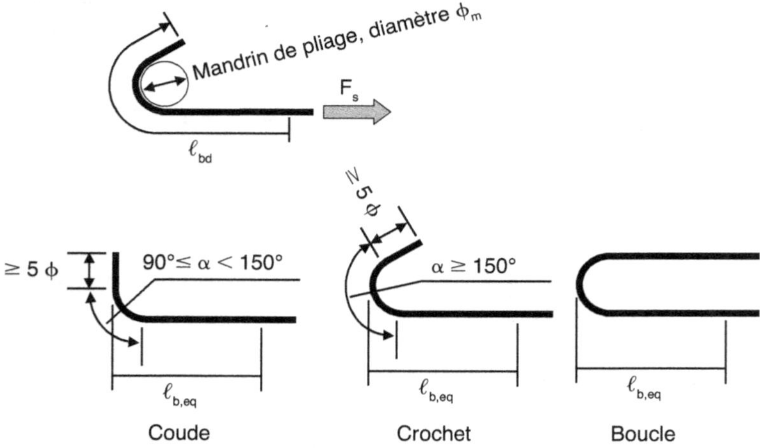

Coude ou crochet :
$C_d = [\min a/2\,;\,c_1]$.

Boucle :
$C_d = c$.

Pour α_1. Bonus (tout ou rien) dès que $c \ge 3\,\phi$ ET $a \ge 6\,\phi$
Pour α_2. Pour un début de bonus : $c \ge 3\,\phi$ ET $a \ge 6\,\phi$, bonus maxi : $c \ge 6\,\phi$ ET $a \ge 12\,\phi$

C-II.4.3.1 Géométrie des ancrages courbes proposée par Eurocode

Elle est précisée sur la Figure C-II.4.2. On distingue :

- les « coudes » pliés à 90° ou plus, jusqu'à $\le 150°$;
- les « crochets », pliés à 150° ou plus ;
- enfin les « boucles » qui sont des retours à 180°.

Figure C-II.4.2. Ancrages courbes : données géométriques prescrites par Eurocode.

Il s'avère, en fonction de la vérification de non-écrasement du béton situé à l'intérieur de la courbure et développée en annexe § C-II.6.2.1, que ces caractéristiques géométriques minimums proposées par Eurocode ne conviennent pas aux cas des bâtiments courants. L'auteur, en suivant la pratique française, en propose d'autres mieux adaptées au § C-II.4.3.3.

C-II.4.3.2 Longueur d'ancrage équivalente pour les ancrages par courbure

Dans un but de simplification, pour les ancrages qui respectent les critères géométriques de la Figure C-II.4.3, Eurocode propose de remplacer le calcul exact des ancrages courbes par la prise en compte d'une longueur d'ancrage équivalente $\ell_{b,eq}$ telle qu'illustrée sur cette même figure. On note que $\ell_{b,eq}$ = longueur d'encombrement de l'ancrage.

En l'absence d'armature transversale soudée, Eurocode propose : $\ell_{b,eq} = \alpha_1 \, \ell_{b,rqd}$

Sachant que $\ell_{bd} = \alpha_1 \, \alpha_2 \, \alpha_3 \, \alpha_5 \, \ell_{b,rqd}$, on note que la valeur proposée pour $\ell_{b,eq}$ ignore les éventuels bonus de α_2, α_3, α_5 et ne conserve que celui attaché à α_1 dont le Tableau C-II.6.2, annexe C-II.6.3, montre qu'il est rarement effectif.

Donc, en résumé, Eurocode propose un ancrage courbe d'encombrement $\ell_{b,eq}$ supérieur ou égal à celui de l'ancrage droit équivalent. C'est sans intérêt.

C-II.4.3.3 Propositions de l'auteur pour les ancrages courbes dans le cas des bâtiments courants en condition d'exposition XC1

La proposition, conforme à la pratique française, est la suivante :

- Augmenter le diamètre du mandrin de courbure : choisir $\phi_m = 10\,\phi \Rightarrow$ dans les cas courants, pas d'écrasement du béton à l'intérieur de la courbure.
- Augmenter la longueur droite après la courbure : la porter à $10\,\phi \Rightarrow$ ancrages moins encombrants en longueur (mais plus encombrants en hauteur).

Nota. Ce sont les caractéristiques qui étaient prescrites par le règlement BAEL.

Cette géométrie est présentée sur la Figure C-II.4.3 où elle est comparée à la géométrie minimum d'Eurocode.

Il convient (voir la Figure C-II.4.3) de découper la longueur développée des ancrages courbes en :

- ℓ_{b1} = longueur à partir de la naissance de la courbure, elle ne dépend que de la géométrie de l'ancrage choisi ;
- $\ell_{b2} = \ell_{bd} - \ell_{b1}$ = complément d'ancrage droit nécessaire avant la naissance de la courbure.

Trois autres valeurs sont intéressantes pour la pratique :

- $\ell_{c,eq}$ = longueur d'encombrement à partir de la naissance de la courbure = $\phi_m/2 + \phi$
- $\ell_{b,eq,eff}$ = longueur d'encombrement effective de l'ancrage = $\ell_{c,eq} + \ell_{b2}$
- h_b = encombrement en hauteur de l'ancrage.

C-II.4.3.3.1 Cas des ancrages nominaux

Dans le cas courant d'aciers B500, $\phi \leq 25$ mm, béton C25/30, classe d'exposition XC1 à XC4 ($\Rightarrow$ pour les poutres c_{min} aciers longitudinaux = 25 ou 40 mm compatible avec le diamètre de courbure $\phi_m = 10\,\phi$).

Les résultats chiffrés sont regroupés dans le Tableau C-II.4.3. Il est complété par le cas des ancrages partiels, traité au § C-II.4.3.3.2.

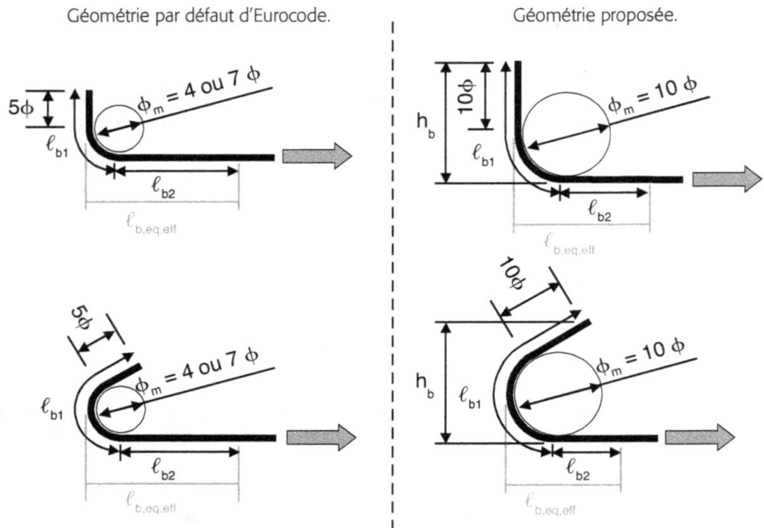

Figure C-II.4.3. Ancrages courbes : comparaison de la géométrie minimum d'Eurocode et de la géométrie alternative proposée.

Tableau C-II.4.3. Ancrages courbes nominaux ($\Rightarrow$ notamment η_1 = 1) et ancrages partiels. Comparaison de la géométrie minimum d'Eurocode et de la géométrie alternative proposée.

Béton C25/30 et aciers B500 $\Rightarrow$ $\ell_{bd,nom} \approx 40\ \phi$							
Ancrages nominaux							
Type d'ancrage	**ϕ barre**	**Géométrie minimum d'Eurocode**			**Géométrie proposée**		
		ℓ_{b1}	**Ancrage nominal**		ℓ_{b1}	**Ancrage nominal**	
			ℓ_{b2}	$\ell_{b,eq,eff}$		ℓ_{b2}	b,eq,eff	h_b
Coude	≤ 16 mm	$\approx 9\ \phi$	$\approx 31\ \phi$	$\approx 37\ \phi$	$\approx 18\ \phi$	$\approx 22\ \phi$	$\approx 28\ \phi$	$\approx 16\ \phi$
	> 16 mm	$\approx 11\ \phi$	$\approx 29\ \phi$	$\approx 35\ \phi$				
Crochet	≤ 16 mm	$\approx 11\ \phi$	$\approx 29\ \phi$	$\approx 32\ \phi$	$\approx 24\ \phi$	$\approx 16\ \phi$	$\approx 22\ \phi$	$\approx 16\ \phi$
	> 16 mm	$\approx 15\ \phi$	$\approx 25\ \phi$	$\approx 25\ \phi$				
Ancrages partiels (voir § C-II.4.3.3.2)							
Effort sollicitant F_s < effort nominal $F_{s,nom}$		Coude		$\ell_{bd,eq,eff} = 40\ \phi . F_s / F_{s,nom} - 12\ \phi \geq 6\ \phi$			
		Crochet		$\ell_{bd,eq,eff} = 40\ \phi . F_s / F_{s,nom} - 18\ \phi \geq 6\ \phi$			

Le fait qu'avec la géométrie proposée, ℓ_{b1} soit notablement plus long a pour conséquence et avantage des valeurs de ℓ_{b2} plus courtes.

Malgré cela, pour assurer les conditions d'appui (voir § D-IV.7), un ancrage nominal, donc total, est souvent trop encombrant au regard de l'espace disponible sur l'appui. Alors il faut soit élargir l'appui, soit se satisfaire d'un ancrage partiel. Chaque fois que c'est possible, le plus simple est l'ancrage partiel.

Nota

Bien que la géométrie proposée pour les crochets soit celle qui était prescrite par les règles BAEL, du fait qu'Eurocode n'accorde qu'avec parcimonie un bonus aux ancrages courbes, dans le cas du crochet nominal, on a ℓ_{b2} = 16 ϕ, alors que l'équivalent était pratiquement nul selon

BAEL. Or les ancrages par crochet calculés selon BAEL n'ont pas fait apparaître de faiblesse particulière.

Donc, dans le cas des crochets : pas de réticence à un ancrage partiel tant que $\ell_{b2} \geq 0$.

Avec un béton C25/30, des aciers B500 : $\ell_{bd,nom} \approx 40\,\phi$ et $\ell_{b2} = 0$ est atteint lorsque

$$F_s = \frac{40\phi - 16\phi}{40\phi}.F_{s,nom} = 0,6.F_{s,nom}$$

Ce résultat montre que le coefficient $\alpha_1 = 0,7$ (proche du 0,6 ci-dessus) ramène à peu près la longueur d'un crochet à ce que prescrivait BAEL (impliquant $\ell_{b2} \approx 0$). Le problème vient des très importantes restrictions imposées à son application. Donc, répétons-le, pas de réticence à envisager des ancrages partiels par crochet lorsque c'est possible.

C-II.4.3.3.2 Ancrages partiels par courbure

Pour les raisons exposées ci-dessus, on préférera limiter les ancrages partiels au cas des crochets.

On peut envisager un ancrage partiel lorsque l'effort à reprendre F_s est plus faible que l'effort nominal $F_{s,nom} = A_s.f_{yd}$. Alors, la longueur développée nécessaire de l'ancrage est : $\ell_{bd,nom}.F_s/F_{s,nom}$ L'écart entre $\ell_{bd,nom}$ et $\ell_{bd,eff}$ se reporte intégralement sur la longueur ℓ_{b2} avant la naissance de la courbure et éventuellement au-delà. L'auteur propose de ne pas raccourcir l'ancrage au-delà de ℓ_{b2}. Alors, la longueur d'encombrement de l'ancrage partiel est :

$$\ell_{bd,eq,eff} = \ell_{bd,nom}.F_{s,eff}/F_{s,nom} - \ell_{b1} + \ell_{c,eq} \geq \ell_{c,eq},$$

où $\ell_{c,eq} = \phi_m/2 + \phi$ = encombrement de l'ancrage à partir de la naissance de la courbure.

D'où, en fin de compte :

$$\ell_{bd,eq,eff} = \ell_{bd,nom}.F_{s,eff}/F_{s,nom} - \ell_{b1} + \phi_m/2 + \phi \geq \phi_m/2 + \phi$$

Avec un béton C25/30 et des aciers B500

- Dans le cas de crochets :

  $$\ell_{bd,eq,eff} = 40\,\phi.F_{s,eff}/F_{s,nom} - 24\,\phi + 6\,\phi = 40\,\phi.F_{s,eff}/F_{s,nom} - 18\,\phi \geq 6\,\phi$$
- Dans le cas de coudes :

  $$\ell_{bd,eq,eff} = 40\,\phi.F_{s,eff}/F_{s,nom} - 18\,\phi + 6\,\phi = 40\,\phi.F_{s,eff}/F_{s,nom} - 12\,\phi \geq 6\,\phi$$

Ces valeurs sont également proposées dans le Tableau C-II.4.3.

Autres cas

La même méthode s'applique dans tous les autres cas où la longueur d'ancrage est différente de la longueur nominale. Même si elle est plus longue, comme c'est le cas en mauvaises conditions d'adhérence $\Rightarrow \eta_1 = 1,4$, alors l'augmentation de ℓ_{bd} est intégralement affectée à ℓ_{b2}.

C-II.4.3.4 Ancrage par courbure des aciers transversaux

L'ancrage doit être bouclé autour d'une barre des aciers principaux. Les deux types préconisés sont présentés sur la Figure C-II.4.4.

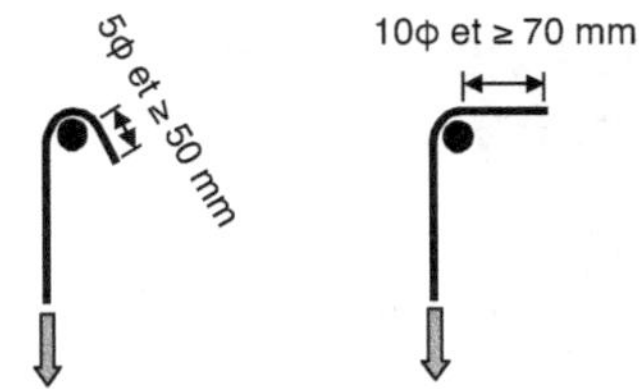

Figure C-II.4.4. Ancrages courbes des aciers transversaux.

C-II.4.3.5 Ancrage par courbure des TS et des paquets de barres

- TS et autres systèmes avec barre(s) transversale(s) soudée(s) : voir Eurocode [8.3], tableau 8.1N.
- Paquets de barres : ancrer chaque barre individuellement.

C-II.5 Recouvrements

C-II.5.1 Principe et précautions nécessaires

C-II.5.1.1 Principe

Le recouvrement a pour objectif la transmission de l'effort d'une barre à une autre qui la prolonge et ceci avec la même efficacité que si la barre était continue. De ce fait, il ne devrait concerner que deux barres identiques. Son principe est l'ancrage mutuel des deux barres l'une sur l'autre, sa longueur découle donc de la longueur d'ancrage droit. Son fonctionnement est exposé au § B.1.3 et illustré sur la Figure B.1.10. Il impose quelques restrictions exposées au § C-II.5.2.2.1 et une précaution essentielle : la couture de la zone de recouvrement.

Contrairement au règlement BAEL, Eurocode admet des recouvrements partiels, c'est-à-dire ne transmettant pas l'intégralité de l'effort capable des barres en recouvrement mais seulement l'effort maximum escompté à ce niveau.

Proposition de l'auteur

Comme pour les ancrages droits, en traction n'envisager que des recouvrements totaux et les traiter sur la base des recouvrements nominaux (même définition que pour les ancrages).

C-II.5.1.2 Précautions nécessaires

- Dans la mesure du possible, disposer les recouvrements à l'écart de la zone de sollicitation maximum de chaque barre ($\Rightarrow \sigma_s < f_{sd,max}$ et de préférence $< f_{yd}$).
- Ne pas disposer de recouvrement dans des zones fortement sollicitées (rotules plastiques, par exemple).
- Disposer les recouvrements de manière symétrique quelle que soit la section.
- Éviter les situations de superposition de recouvrements dans la même zone en respectant les règles des § C-II.5.2.2.1 et C-II.5.2.2.2. Si ce n'est pas possible, allonger la longueur de recouvrement conformément au § C-II.5.2.2.3.

C-II.5.2 Recouvrement de barres individuelles (pas en paquets)

Le cas des TS et des paquets de barres sera traité plus loin (§ C-II.5.3 et C-II.5.4).

Ci-dessous, en l'absence de barre transversale soudée, α_4 sera omis.

C-II.5.2.1 Cas où une seule barre est en recouvrement dans la même zone

La longueur de recouvrement désignée ℓ_0, se calcule comme suit :

$$\ell_0 = \alpha_1\,\alpha_2\,\alpha_3\,\alpha_5\,\ell_{b,rqd} \geq \ell_{0,min}, \text{ avec } \ell_{0,min} = \max\,[0,3\,\ell_{b,rqd}\,;15\,\phi\,;200\text{ mm}]$$

($\ell_{0,min}$ diffère de la prescription pour les ancrages : les limites 15 ϕ et 200 mm sont plus élevées, mais il n'y a pas de distinction entre traction et compression).

Si la distance libre a entre barres en recouvrement excède 4 ϕ ou 50 mm : augmenter la longueur de recouvrement d'une valeur égale à cette distance libre.

- α_1, α_2, α_5 : mêmes valeurs que pour les ancrages droits.

  En bâtiments courants, le seul bonus à envisager, non systématique et pas toujours à son maximum, provient de α_2 (voir en annexe C-II.6 le Tableau C-II.6.1).

- α_3 est plus exigeant que pour les ancrages droits.

  Sa valeur est toujours : $0,7 \leq \alpha_3 = 1 - K\lambda \leq 1$ avec $\lambda = (\Sigma A_{st} - \Sigma A_{st,min})/A_s$

  et :

  A_s = section de la barre en recouvrement ;

  ΣA_{st} = section totale des armatures transversales le long de ℓ_{bd} ;

  mais $\Sigma A_{st,min} = 1,0\,A_s\,(\sigma_{sd}/f_{yd})$ est plus sévère que pour les ancrages.

On note que α_3 n'apporte un bonus qu'une fois que l'effort capable de la couture > l'effort en recouvrement. C'est-à-dire une fois que la règle minimum de couture dégagée au § B.1.3 est assurée.

Généralement, on prend soin d'assurer cette couture minimum (ce que n'exige pas la lettre du règlement pour une seule barre en recouvrement) et on ne se préoccupe pas d'en mettre plus. Alors : $\alpha_3 = 1$

Pour plus de détails, voir en annexe § C-II.6 le Tableau C-II.6.3.

Proposition de l'auteur

En traction : $\ell_0 = \ell_{bd,nom}.\alpha_2.\dfrac{1}{\eta_1\eta_2} \geq \ell_{0,min}$ + a si a $\geq$ 4 ϕ ou 50 mm

En compression : comme vu à l'occasion des ancrages, σ_s est souvent très inférieur à $f_{yd} \Rightarrow$ dans ce cas, envisager des recouvrements partiels.

$\ell_0 = \ell_{bd,nom}.\alpha_2.\dfrac{\sigma_s}{f_{yd}}.\dfrac{1}{\eta_1\eta_2} \geq \ell_{0,min}$ + a si a $\geq$ 4 ϕ ou 50 mm

---

C-II.5.2.2 Cas où plusieurs barres sont en recouvrement dans la même zone

Il faut essayer de décaler les recouvrements de façon à limiter les « superpositions ». Si des superpositions ne peuvent être évitées, un coefficient supplémentaire et pénalisant α_6 doit être appliqué.

C-II.5.2.2.1 Recouvrements « en superposition » : définition

Des recouvrements sont en superposition si leurs décalages d'axe à axe sont inférieurs à 0,65 ℓ_0 comme illustré sur la Figure C-II.5.1.

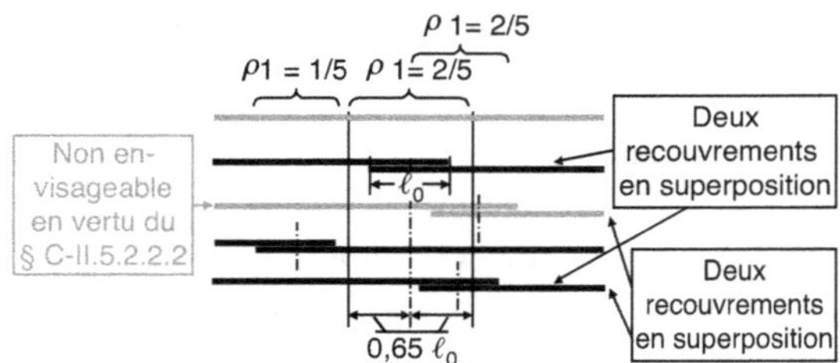

Figure C-II.5.1. Illustration de la notion de recouvrements en superposition. (Cette figure montre tous les cas nécessaires pour une complète compréhension, quitte à présenter un recouvrement qui ne respecte pas le décalage requis au § C-II.5.2.2.2).

Les superpositions sont défavorables, d'où leur pénalisation par un coefficient α_6. Celui-ci, fonction de la proportion ρ_1 de recouvrements en superposition dans la zone considérée, est explicité au § C-II.5.2.2.3. Pour chaque zone, ρ_1 est calculé comme montré sur la Figure C-II.5.1. Attention, pour le calcul de α_6, la proportion ρ_1 doit être exprimée en %.

Cette définition de la superposition est compliquée. Son usage se simplifie beaucoup lorsque sont appliquées les prescriptions obligatoires du § C-II.5.2.2.2 ci-dessous.

C-II.5.2.2.2   Distances minimums entre recouvrements voisins

Le but est de limiter les superpositions et d'éviter une interaction entre deux recouvrements voisins. Les prescriptions sont illustrées sur la Figure C-II.5.2.

Il faut :

- espacer longitudinalement d'au moins $0{,}3\ \ell_0$ les recouvrements qui ne sont pas en superposition. En d'autres termes, «décaler les recouvrements voisins d'au moins $1{,}3\ \ell_0$;
- respecter une distance libre minimale de $2\ \phi$ ou 20 mm entre toute barre et un recouvrement adjacent (limitation utile dans le cas de barres voisines de lits adjacents).

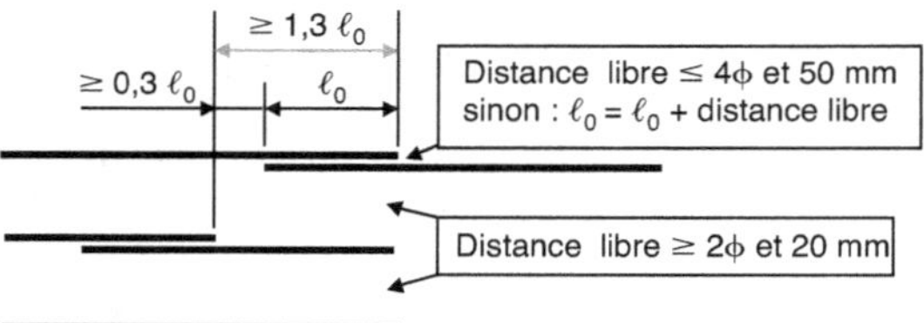

Figure C-II.5.2. Décalage minimum des recouvrements voisins pour limiter les superpositions. Exemple d'un lit de trois barres : ici, l'impératif de symétrie laisse subsister une superposition.

Comme annoncé plus haut, on constate que lorsque ces prescriptions sont respectées, il ne subsiste que :

- d'une part, des recouvrements exactement «en superposition», repérables sans ambiguïté ;
- d'autre part, des recouvrements dont la «non-superposition» est évidente car décalés de plus que $1{,}3\ \ell_0$.

C-II.5.2.2.3   Gestion des superpositions : proportion admise

Cas des barres tendues

Lorsque les dispositions sont conformes aux prescriptions ci-dessus (§ C-II.5.2.2.1 et C-II.5.2.2.2).

- Si les barres en recouvrement sont disposées en un seul lit : la proportion de recouvrement en superposition peut être de 100 %. Malgré cette possibilité, il est toujours préférable, dans la mesure du possible, de décaler les recouvrements pour limiter le nombre de superpositions.
- Si les barres en recouvrement sont disposées en plusieurs lits : la proportion maximum admise de superpositions est 50 %. Les décalages sont alors non seulement souhaités mais obligatoires, au moins jusqu'à abaisser à 50 % le nombre de superpositions.

Cas des barres comprimées

Pas de limitation du nombre de recouvrements en superposition.

Valeur de α_6

Elle est telle que : $1 \le \alpha_6 = \sqrt{\rho_1 (\text{en }\%)/25} \le 1,5$

avec ρ_1 (en %) = proportion de recouvrements en superposition

Le Tableau C-II.5.1 propose quelques exemples de valeurs de α_6 en fonction de ρ_1.

Tableau C-II.5.1. Quelques valeurs de α_6 en fonction de ρ_1.

ρ_1	$\le 25\ \%$	33 %	50 %	> 50 %
α_6	1	1,15	1,4	1,5

Proposition de l'auteur

En traction : $\ell_0 = \ell_{bd,nom} \cdot \alpha_2 \cdot \alpha_6 \cdot \dfrac{1}{\eta_1 \eta_2} \ge \ell_{0,min} + a$ si $a \ge 4\ \phi$ ou 50 mm

En compression sont particulièrement concernés les poteaux :
$\ell_0 = \ell_{bd,nom} \cdot \alpha_2 \cdot \alpha_6 \cdot \dfrac{\sigma_s}{f_{yd}} \cdot \dfrac{1}{\eta_1 \eta_2} \ge \ell_{0,min} + a$ si $a \ge 4\ \phi$ ou 50 mm

---

C-II.5.2.3 Couture des recouvrements

Comme exposé et illustré au § B.1.3, pour s'opposer à l'écartement des deux barres en recouvrement, qui peut entraîner l'éclatement du béton d'enrobage, la zone de recouvrement doit être cousue par des aciers disposés perpendiculairement le long du recouvrement et l'encadrent. De ce même § B.1.3, il ressortait que l'ensemble des aciers assurant la couture doit être capable de reprendre un effort égal à l'effort transmis dans le recouvrement.

Les prescriptions d'Eurocode sont les suivantes :
- Pas de prescription spécifique tant que :
  - soit ϕ barres en recouvrement < 20 mm ;
  - soit $\rho_1 \le 25\ \%$.

  On considère alors que les armatures transversales nécessaires par ailleurs suffisent pour reprendre l'effort de couture.
- Lorsque ϕ barres en recouvrement ≥ 20 mm et $\rho_1 > 25\ \%$:
  - Les aciers capables d'assurer la couture doivent avoir une section totale ΣA_{st} telle que $\Sigma A_{st} \ge A_s$ avec A_s = section en recouvrement (c'est la prescription du § B.1.3) ;
  - si de plus $\rho_1 > 50\ \%$ ET distance libre entre recouvrements en superposition $\le 10\ \phi$, les aciers de couture doivent impérativement être bouclés autour des barres en recouvrement (ce sont des cadres, épingles, étriers ou U ancrés dans la section béton) ;

- enfin, selon Eurocode, la disposition des aciers de couture doit respecter les prescriptions de la Figure C-II.5.3 ; les Recommandations professionnelles françaises admettent une répartition uniforme de ces aciers sur la longueur du recouvrement.

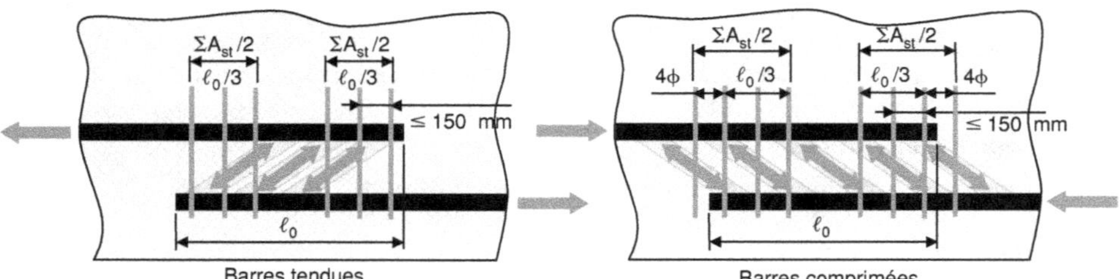

Figure C-II.5.3. Disposition des aciers de couture lorsque $\rho_1 > 50\ \%$ (pour une meilleure lisibilité, l'écartement des barres a été exagéré).

C-II.5.2.4 Recouvrement des barres individuelles formant une armature secondaire

Il s'agit des barres d'armature de répartition dans les dalles (voir § E-II.4.2.1 et des armatures de peau dans les poutres (voir § D-III.7).

Mêmes dispositions que pour les barres d'armature principale, mais en ignorant l'incidence d'éventuelles superpositions de recouvrements. On considère donc systématiquement : $\alpha_6 = 1$

C-II.5.3 Recouvrement des TS

C-II.5.3.1 Recouvrement dans le sens de portée

Dans le cas de dalles calculées comme portant dans les deux directions, ces règles s'appliquent aux deux directions du TS.

Eurocode impose de distinguer deux modes de recouvrement (Figure C-II.5.4) :
- d'une part, les recouvrements « dans un même plan » ;
- d'autre part, les recouvrements « dans deux plans différents ».

Il considère que les recouvrements dans un même plan sont plus efficaces.

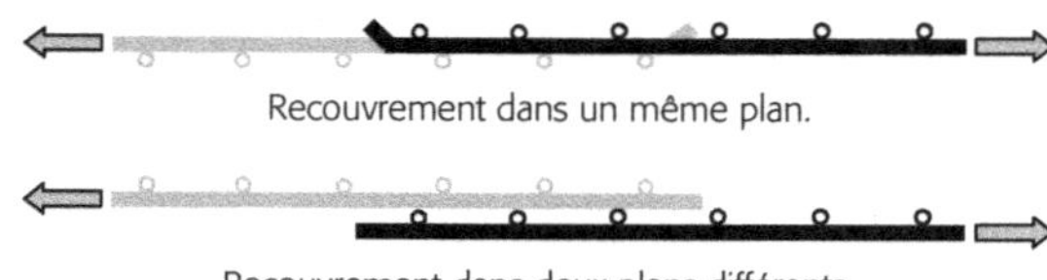

Figure C-II.5.4. Les deux modes de recouvrement possibles des TS : dans un même plan, dans deux plans différents.

De plus, bien que le règlement n'y fasse aucune allusion, comme illustré sur la Figure C-II.5.5, il est utile de prendre en compte le point suivant.

Pour permettre à des bielles comprimées de s'arc-bouter entre barres transversales soudées, celles-ci doivent présenter un décalage minimum (des bielles verticales n'auraient aucune efficacité). L'auteur propose de préserver un décalage minimum de 4 cm entre barres soudées en regard.

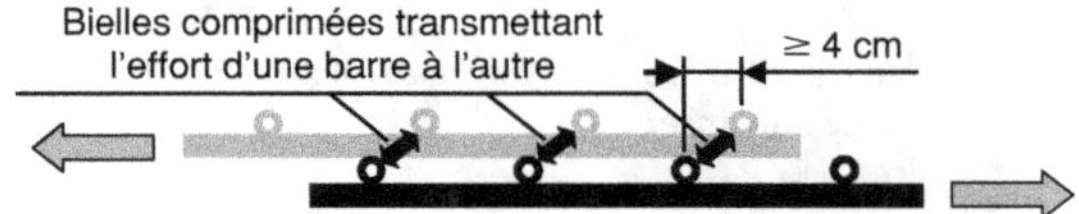

Décalage souhaitable des barres soudées en regard, que le recouvrement soit dans un même plan
ou dans deux plans différents.

Figure C-II.5.5. Recouvrement des TS : décalage souhaitable des barres soudées.

Réglementairement, la distinction entre les recouvrements dans un même plan et dans deux plans différents porte sur les points suivants, récapitulés dans le Tableau C-II.5.2.

Tableau C-II.5.2. Recouvrement des TS

Recouvrements dans un même plan	Recouvrements dans deux plans différents
Les seuls autorisés en cas de sollicitation de fatigue	Si possible : contrainte calculée à l'ELU dans les barres au niveau du recouvrement < 0,8 f_{yd} Sinon : c'est le panneau le plus éloigné du parement qui sert de référence pour la détermination de la hauteur utile d
Règles de superposition ($\rho_1 \Rightarrow \alpha_6$)	
Un panneau entier de TS est traité comme une succession de barres ⇒ dans le cas de panneaux standard, *a priori* 100 % de leurs barres sont en superposition de recouvrement ⇒ $\alpha_6 = 1,5$. Éviter autant que possible les superpositions ⇒ recouvrements voisins décalés de 1,3 ℓ_0. Ceci ne semble possible que dans les cas de panneaux façonnés à la demande ou du recouvrement de deux lits de treillis (⇒ quatre épaisseurs de treillis dans la zone de recouvrement).	
Taux de superposition autorisé :	
100 % dans tous les cas	100 % si A_s (TS) ≤ 12 cm²/m 60 % si A_s (TS) > 12 cm²/m

---

Proposition de l'auteur, compte tenu de tout ce qui précède

Longueur de recouvrement d'un TS dans le sens porteur,

dans des dalles h ≤ 25 cm ⇒ bonnes conditions d'adhérence :

$$\ell_0 \text{ (TS)} = \ell_{bd,nom}.\alpha_2.\alpha_6.0{,}7 + 4 \text{ cm}$$

(pour la valeur de α_2 dans les dalles, voir le Tableau C-II.6.1 en annexe)

A priori on a $\alpha_6 = 1,5$ ⇒ avec un béton C25/30 et du TS B500 : ℓ_0 (TS) = 40ϕ × α_2 × 1,5 × 0,7 + 4 cm

---

C-II.5.3.2 Recouvrement dans le sens de la répartition

Ne pas tenir compte d'éventuelles superpositions (règle énoncée au § C-II.5.2.4 pour toute armature secondaire).

Eurocode propose une règle différente de la règle générale, prescrite pour le sens porteur. Il s'agit de ne compter que sur les barres transversales soudées pour assurer le recouvrement.

La prescription est la suivante :

- ϕ ≤ 6 mm ; ℓ_0 (TS, rép) ≥ 150 mm et doit inclure au moins deux soudures.
- 6 mm < ϕ ≤ 8,5 mm : ℓ_0 (TS, rép) ≥ 250 mm et doit inclure au moins trois soudures.
- 8,5 mm < ϕ ≤ 12 mm : ℓ_0 (TS, rép) ≥ 350 mm et doit inclure au moins trois soudures.
- Ne pas oublier le décalage de 4 cm des soudures en recouvrement.

La règle classique utilisée dans le sens porteur est également utilisable. Elle est souvent plus favorable et prend alors la forme suivante :

$$\ell_0 \, (\text{TS, rép}) = \ell_{bd,nom}.\alpha_2.0,7 + 4 \text{ cm}$$

Les valeurs calculées de ℓ_0 (TS, rép) selon les deux modes ci-dessus sont proposées dans les tableaux du § G.2.1.2.

C-II.5.4 Recouvrement des paquets de barres

Au niveau d'un recouvrement : jamais plus que quatre barres jointives ou presque jointives.

Les recouvrements des paquets tendus de diamètre équivalent $\phi_n \leq 32$ mm (paquets de deux barres $\phi \leq 20$ mm et des paquets comprimés quel que soit ϕ_n peuvent être traités avec les règles des barres isolées mais en utilisant leur diamètre équivalent ϕ_n.

Sinon, décaler les recouvrements comme indiqué sur la Figure C-II.5.6. Alors chaque barre est considérée en recouvrement individuel et ℓ_{bd} ainsi que ℓ_0 sont calculés avec le diamètre effectif de chaque barre.

Pour le recouvrement de paquets de trois barres, il faut avoir recours à une barre supplémentaire appelée « barre relais » ou « éclisse ».

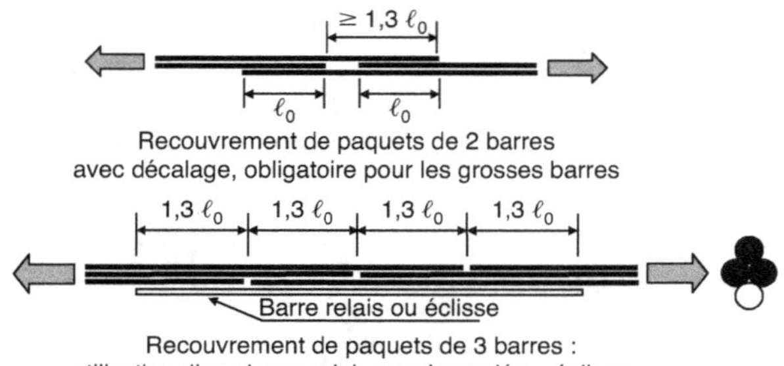

Figure C-II.5.6. Recouvrement des paquets de barres.

C-II.6 Annexe – Jeu des coefficients α_1 à α_5 et bonus escomptables

C-II.6.1 Ancrage droit de barres isolées sans barre transversale soudée

C'est le cas général des aciers en barres.

Dans le cas des ancrages droits $\alpha_1 = 1$ et en l'absence de barre soudée $\alpha_4 = 1$

$\Rightarrow$ bonus maximum possible $= 0,7 \times 0,7 \approx 0,5$

C-II.6.1.1 Bonus à escompter des coefficients α

Le développement ci-dessous est complété et affiné par la synthèse proposée au § C-II.6.3.

C-II.6.1.1.1 Bonus à attendre du coefficient α_2

C'est généralement l'enrobage, latéral et vertical, des aciers qui est déterminant, mais il ne faut pas oublier de considérer également la distance entre barres.

Dans le cas des dalles l'enrobage latéral et la distance entre barres sont généreux $\Rightarrow$ c'est le seul enrobage vertical qui est déterminant.

- Cas des poutres
  - Lit le plus extérieur des poutres :
    - › Classe d'exposition XC1 : $\alpha_2 = 0,7$ si $\phi \leq 12$ mm.
    - › Classes d'exposition XC4 et XS1 : $\alpha_2 = 0,7$ dans tous les cas courants.
  - Lits intérieurs : $\alpha_2 = 0,7$ dans tous les cas courants.
- Cas des dalles en zone courante
  - Aciers les plus extérieurs :
    - › Classe d'exposition XC1 : $\alpha_2 = 0,7$ si $\phi \leq 5$ mm, début de bonus à $\phi \leq 10$ mm.
    - › Classes d'exposition XC4 et XS1 : $\alpha_2 = 0,7$ dans tous les cas si armature en TS ($\Leftrightarrow \phi \leq 12$ mm).
  - Lits intérieurs : $\alpha_2 = 0,7$ dans tous les cas si armature en TS ($\Leftrightarrow \phi \leq 12$ mm).
- Cas des dalles sur appui : ancrage des aciers du lit inférieur

  Comme illustré sur la Figure C-II.6.1, l'enrobage des aciers propres à la dalle est augmenté de toute la hauteur de l'appui $\Rightarrow \alpha_2 = 0,7$ dans tous les cas, que les aciers soient en TS ou en barres plus grosses.

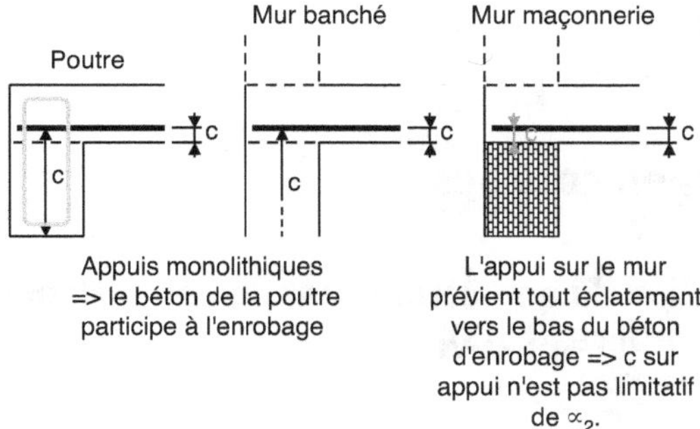

Figure C-II.6.1. Dalles : ancrage sur appui des aciers inférieurs, valeur de c pour le calcul de α_2.

Nota

Cela ne s'applique pas aux poutres pour lesquelles α_2 est également limité par l'enrobage latéral (qui n'est pas modifié par la présence de l'appui). α_2 y est aussi limité par la distance entre barres, beaucoup plus faible que dans les dalles.

C-II.6.1.1.2 Bonus à attendre du coefficient α_3

Si les aciers transversaux n'ont pas été spécifiquement mis en plus grand nombre à cet effet : pas de bonus à attendre.

C-II.6.1.1.3 Bonus à attendre du coefficient α_5

À l'exception des effets d'une précontrainte, le seul bénéfice (voir Tableau C-II.6.1) à attendre vient de la compression par la bielle d'appui (voir § D-IV.7). Les aciers y sont pris en tenaille entre l'effort transmis par la bielle et la réaction d'appui R comme schématisé ci-après.

Eurocode limite ce bonus au cas des appuis sur un poteau ou un mur (conformément à la terminologie d'Eurocode, ce sont les « appuis directs »).

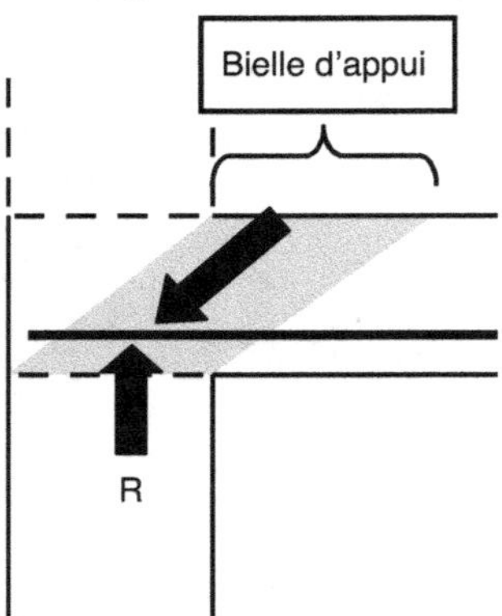

Les « appuis indirects » (appui sur une poutre) n'en bénéficient pas.

L'effort de compression à prendre en compte est égal à la réaction d'appui R et la pression associée est p = R/aire de la surface d'appui.

On a le bonus maximum dès que : $p \geq 7,5$ MPa

En bâtiments courants, sur appuis d'extrémité où l'ancrage des aciers inférieurs est primordial :

- seules des poutres particulièrement importantes peuvent atteindre le bonus maximum ;
- quant aux dalles, la valeur de p oscille entre 0,1 et 0,2 MPa, le bénéfice à en attendre est quasi nul.

Il convient d'ignorer la compression apportée par les charges descendant des étages supérieurs. En effet, la compression associée n'est effective qu'une fois les étages au-dessus construits. Durant la période de chantier, l'ancrage sur appui des poutres et planchers concernés risque d'être insuffisant, avec le risque d'une rupture fragile particulièrement dangereuse. Également, en cas d'action accidentelle, l'écroulement d'une partie de l'édifice, en diminuant cette compression venue des étages supérieurs, fragiliserait les ancrages calculés avec un bonus α_5 apporté par le poids de ces étages au-dessus.

C-II.6.1.1.4 Synthèse

Elle est proposée au § C-II.6.3, Tableau C-II.6.1.

C-II.6.2 Ancrages courbes

C-II.6.2.1 Vérification du non-écrasement du béton à l'intérieur de la courbure [8.3(3)]

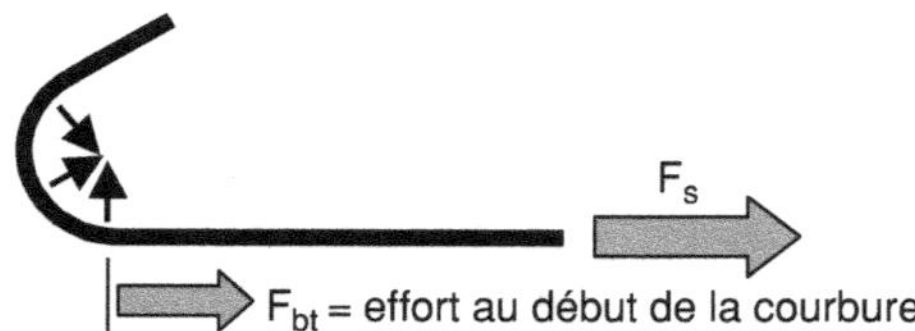

L'effort dans un ancrage courbe comprime le béton à l'intérieur de la courbure comme schématisé ci-dessus. La contrainte induite est d'autant plus forte que le diamètre de courbure est faible et, bien sûr, que l'effort F_{bt} restant à ancrer en début de courbure est plus grand. Dans le cas d'un crochet développé parallèlement à un parement, il y a un réel risque d'écrasement du béton d'enrobage. Aussi est-il indispensable de vérifier son non-écrasement. En cas de non-vérification, il faut augmenter le diamètre de courbure.

Cas où la vérification n'est pas nécessaire

La lecture française d'Eurocode sur ce point est la suivante.

Si tant est que le diamètre du mandrin de courbure respecte $\phi_m \geq \phi_{m,min}$, la vérification n'est pas nécessaire lorsque l'une des conditions ci-dessous est satisfaite.

Soit la longueur d'ancrage présente après la courbure est $\leq 5\ \phi$,

Soit à la fois la barre est loin d'un parement et le béton est fretté par une barre perpendiculaire de diamètre au moins égal à la barre coudée courant à l'intérieur de la courbure.

La première condition fait que l'essentiel de l'effort d'ancrage est repris avant la naissance de la courbure. En conséquence, l'effort résiduel à reprendre dans la courbure et son prolongement est faible, suffisamment faible pour ne pas écraser le béton. En contrepartie, de tels ancrages affichent une longueur $\ell_{bd,eq,eff}$ importante qui est souvent un handicap sur appuis (voir § F.2.9.1).

En bâtiments courants, la deuxième condition est notamment satisfaite dans les trois cas suivants.

- Sur appui des dalles : par crochets d'un treillis soudé (cas rare car habituellement un ancrage « par une soudure » et sans crochet suffit, voir § C-II.4.2.2).
- Ancrage de la même armature que ci-dessus mais constituée de barres. Alors des crochets s'imposent et la condition est vérifiée si ceux-ci sont bouclés autour du chaînage.
- Ancrage des aciers des semelles de fondation armées (voir Figure E-V.2.1 au § E-V.2).

Dans les autres cas

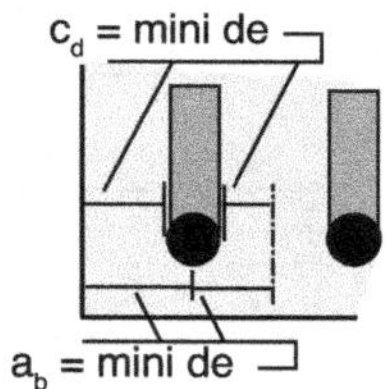

L'inégalité ci-dessous doit être vérifiée :

$$\phi_m \geq F_{bt}\ [1/a_b + 1/(2\ \phi)]/f_{cd}$$

où :

F_{bt} = effort dans la barre à la naissance de la courbure ;

f_{cd} = résistance de calcul du béton en compression ;

$a_b = c_d + \phi/2$.

Remarque

En bâtiments courants, loin de la mer, avec un béton C25/30 et des aciers B500, le plus grand enrobage minimum envisageable pour les aciers longitudinaux est c_{min} = 40 mm (en classe d'exposition XC4).

Il s'avère que, pour un ancrage nominal (même définition que pour les ancrages droits), la géométrie minimum des ancrages courbes préconisée par Eurocode (diamètre minimum recommandé du mandrin = 4 ou 7 ϕ associé à une longueur après la courbure = 5 ϕ) est, à une exception près, toujours insuffisante pour vérifier la condition de non-écrasement du béton.

La situation avec un béton C30/37 est à peine moins défavorable.

En bâtiments courants, des diamètres de courbure plus grands s'imposent donc.

C-II.6.2.2 Bonus escomptables

Nous avons vu au § C-II.6.1 qu'en l'absence de barre soudée perpendiculairement, en bâtiments courants, les seuls espoirs de bonus viennent de α_1 et α_2.

- Dans les poutres : rares sont les cas où l'on aboutit à un bonus significatif.
- Dans les dalles : seul l'ancrage sur appui des aciers inférieurs est en mesure d'en tirer bénéfice. Alors, le bonus escomptable dans les cas courants = $\alpha_1.\alpha_2 = 0{,}7 \times 0{,}7 = 0{,}5$

Une analyse détaillée est proposée au § C-II.6.3, Tableau C-II.6.2.

C-II.6.3 Synthèse détaillée des bonus escomptables

Tableau C-II.6.1. Ancrages droits tendus sans barre transversale soudée : bonus escomptables.
Ce tableau ne traite que le cas des barres des lits les plus extérieurs.
Pour les lits intérieurs, la situation est plus favorable.

Coefficient	Fonction						
α_1	**Ancrage droit**	Pas de bonus : valeur unique $\alpha_1 = 1$					
α_2	**Enrobage lit le plus extérieur**	Classe expo. XC1		Classe expo. XC4		Classe expo. XS1	
	Poutres	c_{min} long = 25 mm		c_{min} long = 40 mm		c_{min} long = 45 mm	
		Début bonus	Bonus maxi	Début bonus	Bonus maxi	Début bonus	Bonus maxi
		$\phi \leq 25$ mm	$\phi \leq 12$ mm	$\phi \leq 40$ mm	$\phi \leq 20$ mm	$\phi \leq 45$ mm	$\phi \leq 25$ mm
		$\alpha_2 = 0{,}7$: 50 % des cas		$\alpha_2 = 0{,}7$ dans tous les cas courants			
	Dalles	c_{min} long = 15 mm		c_{min} long = 30 mm		c_{min} long = 35 mm	
		Début bonus	Bonus maxi	Début bonus	Bonus maxi	Début bonus	Bonus maxi
		$\phi \leq 15$ mm	$\phi \leq 8$ mm	$\phi \leq 30$ mm	$\phi \leq 15$ mm	$\phi \leq 35$ mm	$\phi \leq 18$ mm
		Dalles sur coffrages lisses et imperméables $\Rightarrow$ « enrobage compact $\Rightarrow$ classe structurale diminuée d'un point $\Rightarrow S_3$					
		c_{min} long = 10 mm		c_{min} long = 25 mm		c_{min} long = 30 mm	
		Début bonus	Bonus maxi	Début bonus	Bonus maxi	Début bonus	Bonus maxi
		$\phi \leq 10$ mm	$\phi \leq 5$ mm	$\phi \leq 25$ mm	$\phi \leq 12$ mm	$\phi \leq 30$ mm	$\phi \leq 15$ mm
		Avec TS ($\phi \leq 12$ mm) : • en classes d'exposition XC4 et XS1 : $\alpha_2 = 0{,}7$ • en classes d'exposition XC1 : $\alpha_2 = 0{,}7$ dans 50 % des cas • mais souvent α_2 proche de 0,7					
α_3	**Couture**						
	Poutres	Début bonus		Bonus maxi			
		$\Sigma A_{st} \geq 25$ % A_s		$\Sigma A_{st} \geq 50$ % A_s			
		Cas courant : $\alpha_3 \approx 1$					
	Dalles	À cause de K : éventuel bonus négligeable $\Rightarrow \alpha_3 \approx 1$					
α_5	**Compression extérieure**	À part une précontrainte ou une compression suffisante du seul fait de la bielle d'appui de la poutre concernée : se limiter à $\alpha_5 = 1$. Il convient notamment d'ignorer la compression apportée par un poteau ou un mur au-dessus descendant les charges des étages supérieurs. En effet, cette compression n'est effective qu'une fois les étages au-dessus construits. Durant la période de chantier, l'ancrage sur appui des poutres et planchers concernés risque d'être insuffisant, avec le risque d'une rupture fragile particulièrement dangereuse. Également, en cas d'action accidentelle, l'écroulement d'une partie de l'édifice, en diminuant cette compression venue des étages supérieurs, fragiliserait les ancrages calculés avec un bonus α_5 apporté par le poids des étages au-dessus.					

Tableau C-II.6.2. Ancrages courbes.

Bonus escomptables du jeu des coefficients α_1 et α_2 (α_1 et α_2 sont tous deux fonction de c_d et ϕ, c'est-à-dire de c_{min} long, a et ϕ).

Il s'agit ici essentiellement des crochets pour ancrages sur appuis							
		Classe expo. XC1		Classe expo. XC4		Classe expo. XS1	
		c_{min} long = 25 mm		c_{min} long = 40 mm		c_{min} long = 45 mm	
Coefficient	**Fonction**	Début bonus	Bonus maxi	Début bonus	Bonus maxi	Début bonus	Bonus maxi
α_1 et α_2	**Ancrage courbe et Enrobage**	$\phi \leq 8$ mm et a ≥ 48 mm	$\phi \leq 8$ mm et a ≥ 48 mm / $\phi \leq 4$ mm et a ≥ 24 mm	$\phi \leq 12$ mm et a ≥ 72 mm	$\phi \leq 12$ mm et a ≥ 72 mm / $\phi \leq 6$ mm et a ≥ 36 mm	$\phi \leq 14$ mm et a ≥ 84 mm	$\phi \leq 14$ mm et a ≥ 84 mm / $\phi \leq 7$ mm et a ≥ 42 mm

Il faut des aciers très fins et un grand espacement entre barres pour escompter un bonus sur α_1 et des barres encore plus fines pour un bonus sur α_2.

Pratiquement :
- dans les poutres, envisager $\alpha_1 = \alpha_2 = 1$;
- dans les dalles, α_1 et α_2 peuvent apporter un bonus.

Tableau C-II.6.3. Recouvrements.

Bonus envisageable du fait de α_3.

α_3	**Couture**	Pas de bonus tant que effort capable de la couture $\leq$ effort en recouvrement	
	Poutres	Début bonus	Bonus maxi
		Pour recouvrement total : $\Sigma A_{st} \geq A_s$ (= situation courante)	Pour recouvrement total : $\Sigma A_{st} \geq 2 A_s$
		Cas courants : $\alpha_3 \approx 1$	
	Dalles	À cause de K : éventuel bonus négligeable $\Rightarrow \alpha_3 \approx 1$	

C-III Données d'un projet

C-III.1 Introduction

Les données d'un projet découlent :

- des plans, du cahier des charges et des caractéristiques du sol fournies par ailleurs ;
- du poids des différents éléments, calculé à partir des dimensions données par les plans et des poids unitaires des matériaux ou composants ;
- des actions variables envisageables découlant de l'usage prévu de l'ouvrage (charges d'exploitation) et de sa situation géographique (vent, neige, séismes).

Leur exploitation se développe en trois volets successifs.

- Analyse de la structure à construire

  Elle dégage :

  - le ou les type(s) de fondation(s) possible(s) ;
  - les éléments capables d'être porteurs et/ou d'assurer le contreventement.

  Elle aboutit au choix d'un parti constructif complété par un prédimensionnement (portée ou hauteur, section prévisionnelle) de chaque élément.

- Descente des charges

  Compte tenu du parti constructif et du prédimensionnement du point précédent, c'est le calcul des actions appliquées aux différents éléments de la structure.

- Portée ou longueur de calcul et sollicitation de chaque élément

  - Les portées ou longueurs à prendre en compte selon Eurocode, les actions fournies par la descente des charges et les pondérations propres au calcul considéré sont utilisées pour déterminer la sollicitation (M, V, éventuellement N et T) de calcul de chaque élément.
  - Ce volet de la démarche n'est activé qu'au fur et à mesure des besoins, au moment du calcul de chaque élément.
  - Les règles de détermination des portées ou longueurs de calcul, puis des valeurs de calcul de M et V en travée et sur appui pour les poutres et planchers ont été exposées au § C-I.4.

C-III.2 Poids propre G des matériaux et de quelques éléments

Les valeurs à prendre pour les poids volumiques de matériaux sont codifiées par l'Eurocode 1 et son Annexe nationale française. Un extrait est proposé dans le Tableau C-III.2.1. En complément, et à titre indicatif seulement, sont proposés les poids surfaciques de quelques éléments courants de bâtiments. Ils sont regroupés dans le Tableau C-III.2.2.

Tableau C-III.2.1. Poids volumique des matériaux le plus souvent rencontrés en bâtiments.

Matériau	Poids volumique
Béton de poids courant : • non armé • armé • au coulage (gorgé d'eau)	 24 kN/m³ 25 kN/m³ + 1 kN/m³
Béton léger	de 9 à 20 kN/m³ (voir EN 206)
Mortier de ciment	19 à 23 kN/m³
Mortier de chaux	12 à 18 kN/m³

Matériau	Poids volumique
Plâtre	10 kN/m³
Brique pleine	21 kN/m³
Pierre	27 à 30 kN/m³
Sable et gravier en vrac sec Très humide	15 à 16 kN/m³ 18 à 20 kN/m³
Bois de charpente	≈ 8 kN/m³

Tableau C-III.2.2. Pour information : poids surfaciques de quelques éléments courants de bâtiments.

Elément	Poids surfacique
Dalle en béton armé	0,25 kN/m² par cm d'épaisseur

Plancher poutrelles et entrevous
• entrevous béton ou brique creux :
  16 + 4
  20 + 4
• entrevous polystyrène isolants 20 + 4
	
	2,6 kN/m²
	3,0 kN/m²
	1,8 kN/m²

Mur banché	0,24 kN/m² par cm d'épaisseur
Mur en agglomérés pleins sans enduit	0,22 kN/m² par cm d'épaisseur
Mur en blocs béton creux ou briques creuses sans enduit	0,15 kN/m² par cm d'épaisseur
Enduit monocouche	0,1 kN/m²
Isolation intérieure + plaque de plâtre	0,2 kN/m²
Cloison non porteuse	Classées dans «charges d'exploitation» Q : «cloisons mobiles»
Charpente traditionnelle	0,2 à 0,6 kN/m² couvert (concentrés aux points d'appui des fermes)
Charpente fermettes	0,2 à 0,6 kN/m² couvert (répartis sur la longueur des murs d'appui des fermettes)
Couverture tuiles support compris	0,5 à 0,8 kN/m² couvert
Couverture zinc support compris	0,25 kN/m² couvert
Couverture plaques ciment-fibre ondulées	0,2 kN/m² couvert
Charpente métallique	0,1 à 0,4 kN/m² couvert
Couverture bacs acier	0,15 kN/m² couvert
Terrasse non accessible • éventuelle forme de pente • isolation thermique • étanchéité multicouche • protection étanchéité ≥ 5 cm de gravillon	 0,1 à 2 kN/m² par cm d'épaisseur / 0,12 kN/m² 0,18 kN/m² par cm d'épaisseur

C-III.3 Charges variables Q et coefficients Ψ_0, Ψ_1, Ψ_2

Elles ont codifiées dans l'Eurocode 1.

C-III.3.1 Charges climatiques

C-III.3.1.1 Neige et vent

Voir Eurocode 1 [EN 1991-1-3 et 4].

C-III.3.1.2 Effets du retrait et de la température

En bâtiments courants: on peut les négliger si des joints de dilatation ont été disposés en nombre suffisant (voir plus loin § C-III.4.6).

C-III.3.2 Charges d'exploitation

Sont proposées ici des valeurs de charges d'exploitation applicables aux cas les plus courants et les valeurs de Ψ_0, Ψ_1, Ψ_2 qui leur sont associées.

Rappel

Ψ_0, Ψ_1, Ψ_2 sont les coefficients réducteurs à appliquer aux actions variables dans les cas d'actions d'accompagnement, fréquentes, quasi permanentes. Le tout est présenté dans le Tableau C-III.3.1, qui regroupe des données dispersées dans plusieurs articles du règlement. Les valeurs indiquées pour q et Q sont celles de l'Annexe nationale française, elles sont repérées par (AF).

Pour chaque plancher ou toiture, deux types de charges d'exploitation sont à considérer:

- Le calcul de base est mené avec une charge d'exploitation uniformément répartie q.
- Puis, localement, chaque élément constitutif de la structure (chaque poutre, chaque portion de plancher, etc.) doit être vérifié avec, pour seul chargement, une force concentrée Q appliquée sur une surface de forme et d'aire adaptées (sauf indication contraire: un carré de 5×5 cm^2) et pouvant se déplacer partout sur l'élément. Cette charge Q, lorsqu'elle est considérée, est une action principale sans action d'accompagnement et elle ne peut être l'action d'accompagnement d'aucune autre.

Les données sont complétées aux § C-III.3.2.1 et C-III.3.2.2 par:

- les cas des « cloisons mobiles »;
- les coefficients de réduction applicables, d'une part aux locaux de grande surface, d'autre part aux éléments porteurs en fonction du nombre de niveaux portés.

Tableau C-III.3.1. Charges d'exploitation Q.
Quelques valeurs courantes et les valeurs de Ψ_0, Ψ_1, Ψ_2 associées.

Catégorie	Usage	Ψ_0	Ψ_1	Ψ_2	q (AF) (kN/m^2)	Q (AF) (kN)
A	**Habitations et locaux résidentiels**	0,7	0,5	0,3		2,0
	Planchers				1,5	
	Escaliers				2,5	
	Balcons				3,5	
B	**Bureaux**	0,7	0,5	0,3	2,5	4,0
C	**Lieux de réunion**	0,7	0,7	0,8		
	C1 : espaces équipés de tables				2,5	3,0
	C2 : espaces équipés de sièges fixes				4,0	4,0
	C3 : espaces sans obstacle à la circulation				4,0	4,0
	C4 : espaces permettant des activités physiques				5,0	7,0
	C5 : espaces susceptibles d'accueillir des foules importantes				5,0	4,5

D	**Commerces** D1 et D2 : commerces de détail courants et grands magasins	0,7	0,7	0,6	5,0	5,0
E	**Stockage** E1 : possibilité d'accumulation de marchandises E2 : usage industriel	1,0	0,9	0,8	7,5 Voir le	7,0 CCTG
F	**Zone de trafic : véhicules ≤ 30 kN**	0,7	0,7	0,6	2,3	15(*)
F	**Zone de trafic : véhicules ≤ 160 kN**	0,7	0,5	0,3	5,0	90(*)
H	**Toiture inaccessible sauf pour entretien**	0	0	0	1,0	1,5
I	**Toiture accessible pour les usages des catégories de A à D**	Valeurs des locaux y donnant accès				

(*) Caractéristiques géométriques de la charge concentrée Q dans ce cas :

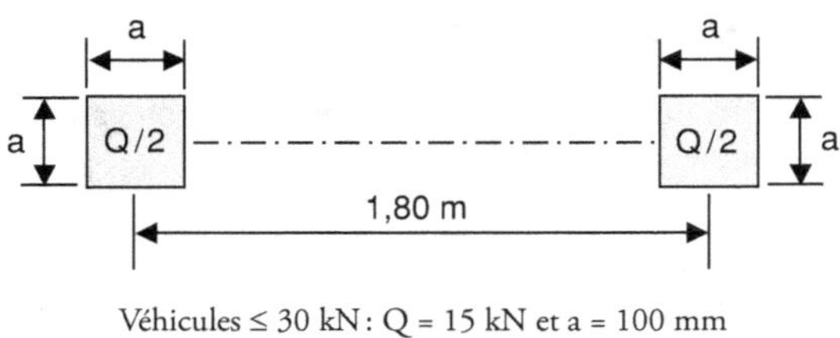

Véhicules ≤ 30 kN : Q = 15 kN et a = 100 mm
Véhicules ≤ 160 kN : Q = 90 kN et a = 200 mm

C-III.3.2.1 Cas des « cloisons mobiles »

Les cloisons mobiles ne se limitent pas aux cloisons légères facilement déplaçables que l'on retrouve dans certains aménagements de bureaux. Entrent aussi dans cette catégorie toutes les cloisons non porteuses. Le règlement qualifie ces dernières de mobiles car elles ne sont pas porteuses et, durant la durée de vie de l'édifice, généralement prévue pour 50 ans, il y a une forte probabilité que les locaux soient réaménagés, entraînant la démolition de cloisons initiales et la construction d'autres dans l'espace disponible, en nombre et localisation inconnus lors du calcul de l'édifice. Ces cloisons sont donc mobiles par démolition et reconstruction.

Alors, sous réserve qu'un plancher permette une distribution latérale des charges, fonction notamment assurée par des aciers de répartition (voir § E-II.4.1, Figure E-II.4.2), le poids de ces cloisons peut être assimilé à une charge uniformément répartie à ajouter aux charges d'exploitation q.

* Cloisons mobiles de poids propre ≤ 1,0 kN/ml ⇒ q = 0,5 kN/m²

   C'est le cas des cloisons constituées de deux plaques de plâtre séparées par un carton alvéolé ou par une structure métallique légère et isolation.

* Cloisons mobiles de poids propre ≤ 2,0 kN/ml ⇒ q = 0,8 kN/m²

   C'est le cas des cloisons en carreaux de plâtre ou brique plâtrière + un enduit plâtre sur chaque face, épaisseur finie ≈ 70 mm.

* Cloisons mobiles de poids propre ≤ 3,0 kN/ml ⇒ q = 1,2 kN/m²

   Il s'agit alors des cloisons en brique creuse, épaisseur finie ≈ 120 à 150 mm.

C-III.3.2.2 Coefficients de réduction pour q

Les prescriptions qui suivent sont celles de l'AF.

Les coefficients de réduction α_A et α_n ci-après ne sont pas cumulables entre eux ni avec la réduction ψ_0 pour action d'accompagnement.

C-III.3.2.2.1 Réduction pour grande surface

Souvent, plus l'espace est grand, moins son remplissage est dense.

Pour les catégories d'usage A, B, C3, D1 et F, on peut réduire q par le coefficient α_A tel que :

$\alpha_A = 0{,}77 + A_0/A \leq 1{,}0$

avec $A_0 = 3{,}5$ m^2 (AF)

et A = superficie en m^2 du local concerné, soit :

A (m^2)	15	20	30	50	70	100	150
α_A	1	0,95	0,89	0,84	0,82	0,80	0,79

On note qu'une réduction n'est envisageable que pour A > 15 m^2.

C-III.3.2.2.2 Réduction en fonction du nombre de niveaux portés

Pour les catégories d'usage A, B et F, la charge prise en compte pour calculer les murs et poteaux supportant n niveaux avec n > 2 peut être réduite par le coefficient α_n tel que :

$\alpha_n = 0{,}5 + 1{,}36/n$ pour la catégorie A (AF), soit :

n	3	4	5	6	7	8	9
α_n	0,95	0,84	0,77	0,73	0,69	0,67	0,65

$\alpha_n = 0{,}7 + 0{,}8/n$ pour les catégories B et F (AF), soit :

n	3	4	5	6	7	8	9
α_n	0,97	0,90	0,86	0,83	0,81	0,8	0,79

C-III.4 Analyse du projet

Les points d'analyse individualisés ci-dessous pour les besoins de l'exposé ne peuvent être traités séparément. Ils sont totalement interdépendants et tout choix pour l'un modifie la palette de choix pour les autres.

C-III.4.1 Incidence des caractéristiques du sol de fondation

- Si une capacité portante suffisante est disponible à faible profondeur $\Rightarrow$ fondations superficielles.

  Alors, envisager sans restriction des murs porteurs qui seront fondés sur semelles filantes.
- Sinon $\Rightarrow$ fondations semi-profondes (puits) ou profondes (pieux).

  Alors, il faut concentrer toutes les charges en quelques points, les puits ou les pieux, généralement positionnés à l'aplomb des nœuds de la structure.

  - Si le bâtiment n'a qu'un ou deux étages, la solution est généralement apportée par des longrines qui, disposées au niveau des fondations, servent de support aux murs et poteaux qui ne seraient pas à l'aplomb d'un puits ou pieu.

  - Dans les bâtiments plus élevés, les charges en pied de murs peuvent dépasser la capacité de longrines, même très grosses.

Une solution est alors de disposer à chaque étage une poutre qui reprend les charges qu'aurait portées le mur et les concentre sur les poteaux. En conséquence, le mur n'est plus porteur.

Des solutions mixtes ou intermédiaires sont également possibles. Par exemple, parmi tant d'autres solutions : seuls les murs les moins chargés descendent jusqu'à des longrines, ou encore on ne met pas une poutre à chaque étage, mais seulement tous les x étages.

- Si la capacité de résistance du sol est très faible, sans possibilité de trouver un support plus résistant en profondeur $\Rightarrow$ dernier recours qui peut être tenté : un radier.

C'est alors l'intégralité du plancher inférieur du bâtiment qui assure la fonction fondation. Sa conception et sa construction sont délicates et les impératifs de son bon fonctionnement influencent fortement les choix structuraux de l'ensemble de l'édifice.

C-III.4.2 Choix des éléments retenus comme porteurs

Ils sont choisis parmi les éléments capables d'être porteurs. Ceux-ci sont :
- d'une part, les murs présentant des zones suffisantes sans ouvertures, en béton banché ou d'épaisseur $\geq$ 20 cm s'ils sont en brique ou bloc béton (s'ils ne se développent que sur une seule hauteur d'étage, une épaisseur $\approx$ 15 cm est acceptable) ;
- d'autre part, les poteaux.

Comparer les plans de tous les niveaux pour mettre en évidence les éléments qui se superposent de niveau en niveau jusqu'aux fondations. Choisir parmi eux ceux qui seront porteurs.

A priori, il faut prévoir un poteau sous chaque appui des poutres principales. Si nécessaire, il est possible d'ajouter des poteaux non signalés sur les plans de l'architecte, à condition de les inclure dans l'épaisseur de murs existants.

C-III.4.3 Choix des murs assurant le contreventement

Ce sont des murs pleins, sans ou avec très peu d'ouvertures, qui sont en même temps porteurs. Pour les bâtiments plus hauts que R+1, ils sont en béton banché.

Ils doivent être disposés perpendiculairement aux façades pour résister à la poussée du vent sur chacune d'elles. Ils doivent aussi être disposés de façon que l'effort résistant qu'ils opposent au vent soit le plus possible centré sur l'effort agissant. Sinon, le bâtiment a tendance à se vriller et sa résistance globale à la torsion doit être prise en compte.

Les murs des cages d'escaliers, les murs séparateurs d'appartements et les murs pignons sont souvent utilisés à cet effet. Notons cependant qu'avec les moyens de construction actuellement utilisés en France, on préfère construire les murs extérieurs en brique ou bloc béton plutôt qu'en béton banché ($\Rightarrow$ affecter de préférence au contreventement un mur intérieur plutôt qu'un mur de façade). Des exemples sont proposés sur la Figure C-III.4.1.

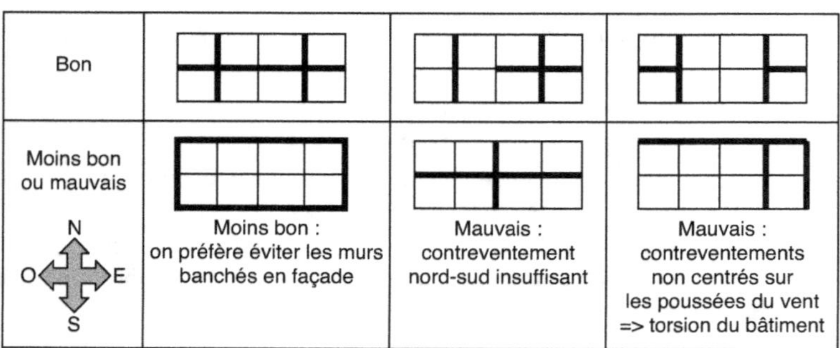

Figure C-III.4.1. Disposition des murs de contreventement (représentés en traits forts).

C-III.4.4 Choix du sens de portée des planchers

Les planchers peuvent porter dans une seule direction ou dans deux directions.

Seuls peuvent porter dans deux directions les panneaux de plancher qui répondent à la fois aux deux conditions suivantes :

- d'abord, leurs quatre côtés reposent chacun sur un appui tel qu'un mur porteur ou une poutre de raideur suffisante ;
- de plus, le rapport longueur/largeur du panneau doit être ≤ 2,5.

Les panneaux de plancher portant dans les deux directions affichent une flèche plus faible. Pour cette raison, ils s'imposent dans certains cas.

Dans le cas des bâtiments courants, on se contente généralement de faire porter les planchers dans une seule direction, même s'ils répondent aux conditions pour porter dans deux directions. On met tout de même dans l'autre direction des aciers de répartition dimensionnés forfaitairement. Le calcul et l'exécution en sont simplifiés. Le sens de portée le plus efficace est parallèlement à la petite dimension du panneau.

Les planchers à poutrelles et entrevous et les planchers nervurés, par construction, ne peuvent porter que dans une seule direction, parallèlement à leurs poutrelles ou nervures.

C'est en fonction de la disponibilité de murs capables d'être porteurs et de la possibilité d'implanter une ou des poutre(s) en tel ou tel lieu qu'est choisi le sens de portée des planchers. Sur un même niveau, il n'est pas impératif que tous les panneaux portent dans la même direction.

Voir § C-III.5.2.1 la façon dont leurs charges se reportent sur les éléments porteurs.

C-III.4.5 Poutres de reprise et dalles transfert

Lorsqu'à un certain niveau des éléments descendant les charges du haut n'aboutissent pas à l'aplomb d'éléments porteurs, ils doivent être repris par une poutre, généralement conséquente, qui reporte leurs charges sur les éléments porteurs disponibles. Lorsqu'il s'agit de reprendre plusieurs charges non alignées pour les reporter sur des éléments porteurs non alignés, c'est à une dalle, appelée « dalle transfert », qu'est confiée cette fonction.

Une telle situation se présente généralement :

- soit au niveau haut du rez-de-chaussée, où les éléments porteurs des étages, organisés autour d'espaces découpés en trames de 4 à 5 m correspondant à des appartements ou bureaux doivent être rendus compatibles avec ceux de locaux commerciaux (nécessitant des espaces dégagés beaucoup plus larges) au rez-de-chaussée ;
- soit au niveau des fondations, où quelque impératif du sous-sol (par exemple une galerie d'égouts à éviter) ne permet pas de disposer les éléments de fondation à l'emplacement souhaité.

C-III.4.6 Autres éléments à prendre en compte

C-III.4.6.1 Joints de dilatation et/ou de structure

Les joints de dilatation doivent être espacés de [2.3.3(3) NOTE] (AF) :

- 25 m dans les départements voisins de la Méditerranée (régions sèches à forte opposition de température) ;
- 30 m à 35 m dans les régions de l'Est, les Alpes et le Massif central ;
- 40 m dans la région parisienne et les régions du Nord ;

- 50 m dans les régions de l'Ouest de la France (régions humides et tempérées) ;
- Sur la hauteur du dernier niveau, diviser par deux ces espacements.

Les joints de structure sont nécessaires à la frontière entre deux zones de bâtiment susceptibles de se déformer ou de tasser différemment. Ils assurent en même temps la fonction de joints de dilatation.

C-III.4.6.2 Type du plancher inférieur

- S'il s'agit d'un dallage sur hérisson, il n'interagit pas dans le fonctionnement de la structure et possède sa propre fondation, le hérisson.
- S'il s'agit d'un plancher sur vide sanitaire, il est solidaire de la structure, porté par elle et par les fondations de la structure. En raison de sa difficulté de décoffrage (très peu d'espace pour se mouvoir dans le vide sanitaire), on choisit généralement pour ce type de plancher un mode de construction à coffrage perdu, si possible ne nécessitant pas d'étaiement, et à isolation incorporée. Généralement, un plancher à poutrelles et entrevous isolants dans les maisons individuelles et des prédalles avec isolation incorporée dans les autres cas.

C-III.4.7 Choix final des éléments porteurs et portés

Il s'agit du choix de l'implantation des poutres, poteaux, murs porteurs et murs de contreventement, ainsi que du/des sens de portée du système de poutraison de la toiture, de chaque panneau de plancher et de leur éventuelle continuité en fonction de tous les éléments ci-dessus.

Au départ, prévoir un poteau sous chaque appui de poutre aboutissant sur un mur. Il sera supprimé par la suite si la descente des charges montre que la charge qu'il porte peut être reprise par le mur seul.

C-III.4.8 Prédimensionnement

C-III.4.8.1 Préliminaire

Il faut d'abord choisir la nature et l'épaisseur minimum des murs et planchers pour répondre aux impératifs suivants :

- Isolation phonique. Généralement assurée par la loi de masse $\Rightarrow$ masse du plancher ou mur ≥ 450 kg/m², soit épaisseur de béton ≥ 18 cm.
- Protection incendie. L'application de la loi de masse pour l'isolation phonique apporte la réponse à l'isolation incendie dans beaucoup de cas courants (voir § C-I.7.3.5).
- Plancher entre un parking et les locaux au-dessus (voir § C-I.7.3.5.1 : la protection incendie impose une tenue au feu de 2 heures. On y répond souvent par une dalle pleine en béton armé d'épaisseur $h \geq 24$ cm avec un enrobage augmenté qui apporte aussi une isolation phonique renforcée, requise si les locaux au-dessus sont de l'habitation.
- Contreventement. Si bâtiment plus haut que R + 1 $\Rightarrow$ mur en béton banché. *A priori*, épaisseur = 18 cm.

C-III.4.8.2 Prédimensionnement proprement dit

Il fixe les dimensions à envisager, avant tout calcul, dans l'espoir d'une résistance suffisante et d'un fonctionnement conforme à l'attente. Les prescriptions de [7.4.2], présentées au § D-III.6.2, dispensant de la vérification de la flèche, permettent un prédimensionnement qui, à ce niveau du projet, est souvent trop précis.

L'auteur propose de se contenter d'un prédimensionnement basé sur le guide simple du Tableau C-III.4.1 ci-après. Il reprend les règles simples de prédimensionnement qui avaient cours avec BAEL. Il se réfère donc aux portées ℓ_n de nu à nu des appuis. Il fournit un dimensionnement qui s'avèrera correct dans la majorité des cas courants.

Tableau C-III.4.1. Guide proposé par l'auteur pour le prédimensionnement en vue de la descente des charges.

Ces règles de prédimensionnement ne proposent que des ordres de grandeur	
Poteaux	Poteau isolé : suivre les dimensions proposées sur le plan Poteau intégré à un mur : petite dimension = épaisseur du mur sans enduit
Murs	D'abord respecter l'épaisseur minimum pour isolation phonique ou incendie Puis, si elle est conforme, suivre les indications du plan. Attention, y sont spécifiées les épaisseurs finies, y compris d'éventuels enduits
Dalles de planchers	D'abord respecter l'épaisseur minimum pour isolation phonique ou incendie Puis respecter à peu près les proportions ci-dessous : $\ell_n \leq 4{,}5$ m $h \approx \ell_n/30$ $4{,}5$ m $\leq \ell_n \leq 7$ m $h \approx \ell_n/25$ Puis, si elle est conforme, suivre les indications du plan. Attention, y sont spécifiées les épaisseurs finies, y compris d'éventuels chape, revêtement et enduit en sous-face Essayer d'uniformiser les niveaux des sous-faces des panneaux de dalle voisins. Le niveau des surfaces finies, y compris chapes et revêtements, est, pour sa part, imposé par les plans
Poutres	Largeur b de la poutre = largeur du poteau sur lequel elle s'appuie ℓ_n $h \approx \ell_n/10$ ℓ_n ℓ_n ℓ_n $\ell_{n,max}/15 \leq h \leq \ell_{n,max}/12$ Essayer d'uniformiser les hauteurs de retombée des poutres voisines Faire varier les hauteurs de retombée par pas de 5 cm

C-III.5 Descente des charges

C-III.5.1 Généralités

La descente des charges est la détermination des actions appliquées à chaque élément d'un édifice pour en tirer ensuite sa sollicitation de calcul compte tenu des différents coefficients prévus par le règlement.

Il s'agit d'une descente des charges car l'opération est menée en partant du haut de l'édifice et en descendant, en reportant sur les éléments du dessous les charges apportées par ceux du dessus.

Les données requises sont les suivantes :

- la géométrie de l'édifice fournie par ses plans, le parti constructif ainsi que le prédimensionnement issus de l'analyse ;
- les valeurs unitaires G et Q du poids des matériaux et des actions variables ;
- selon le type de descente des charges considéré (voir plus bas), les coefficients minorateurs pour grande surface ou nombreux étages.

Pour ne pas avoir à recommencer les opérations pour chacune des combinaisons d'actions à considérer, il est impératif de descendre indépendamment chaque type d'action : G, Q, W...

Les pondérations γ_G, γ_Q, Ψ_0, Ψ_1 et Ψ_2 à utiliser ne sont alors appliquées qu'après, selon les besoins.

Deux types de descentes des charges doivent être distingués :

- Une descente des charges qualifiée ici de «globale». Elle est destinée à chiffrer les efforts transmis en tête des fondations par les éléments porteurs, les murs et les poteaux. S'y applique l'éventuelle minoration pour nombreux étages.

  Plus détaillée, elle chiffre aussi la sollicitation des murs et poteaux à chaque niveau.

- Une descente des charges qualifiée ici de «locale». Elle chiffre la sollicitation à prendre en compte pour le calcul des planchers, poutrelles et poutres. S'y applique l'éventuelle minoration pour grande surface.

  Elle peut aussi être la première étape d'une descente des charges globale détaillée.

C-III.5.2 Répartition des charges sur les éléments porteurs

C-III.5.2.1 Charges des planchers

Les schémas ci-dessous illustrent comment se répartissent les charges sur les éléments porteurs selon que le plancher porte dans une seule direction ou dans deux directions.

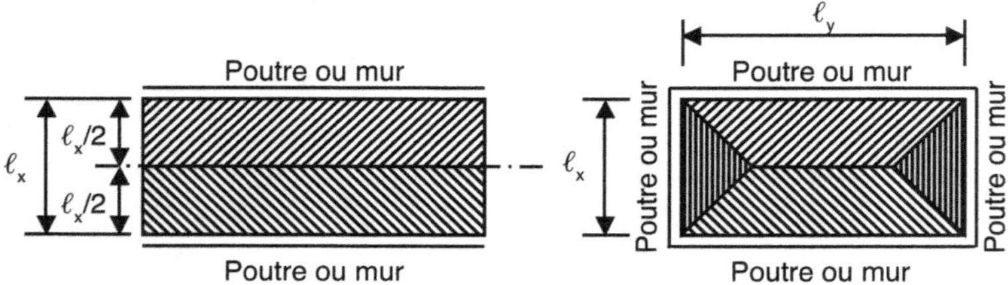

Panneau de plancher portant dans une seule direction : les charges se répartissent à parts égales sur les deux lignes d'appui

Panneau de plancher portant dans les deux directions : les charges se répartissent en trapèze sur les grands côtés et en triangle sur les petits côtés

C-III.5.2.2 Estimation des réactions d'appui des éléments continus et des consoles

Dans le cas d'éléments continus, poutres ou planchers, il y a un renforcement de la réaction sur les appuis proches d'une extrémité, généralement désignés comme «proches de rive», et sur les appuis portant une console.

Pour les besoins de la descente des charges, on se contente des règles simples ci-dessous dans lesquelles :

- R' = réaction d'appui en supposant les travées indépendantes (sans continuité) ;
- R = réaction d'appui de l'élément continu.

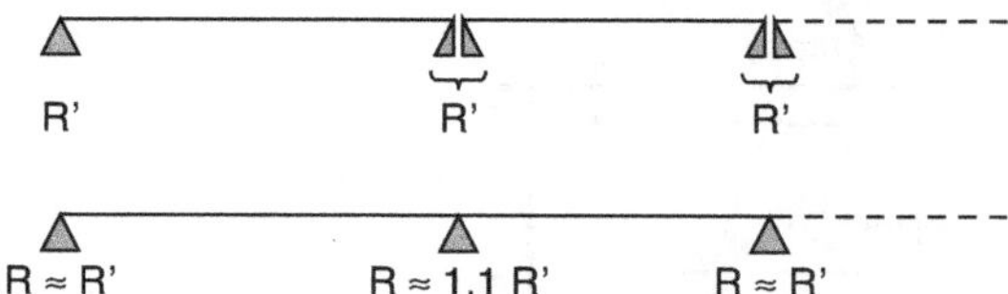

Élément à plus de deux travées continues :
renforcement de la réaction sur l'appui proche de rive : $\Rightarrow R \approx 1{,}1\,R'$

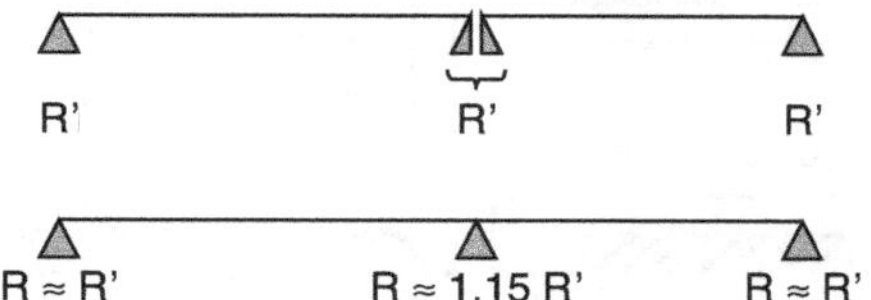

Élément à deux travées continues :
l'appui intermédiaire est proche de rive des deux côtés
$\Rightarrow$ plus fort renforcement de la réaction : $\Rightarrow R \approx 1{,}15\,R'$

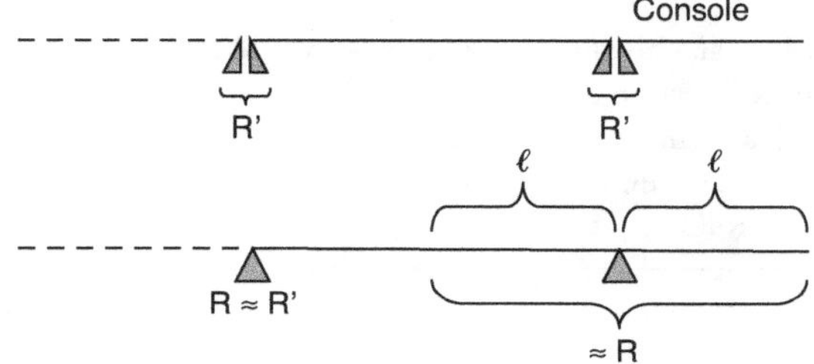

Cas d'une console :
• Le poids de la console est équilibré par un poids côté travée créant un moment égal et opposé.
• En première approximation, la longueur ℓ de la console est équilibrée par une longueur égale de travée
$\Rightarrow$ valeur approchée de R.

C-III.5.3 Organisation d'une descente des charges

C-III.5.3.1 Repérage des éléments de la structure

- Repérage en fonction de la nature de l'élément

  Généralement, on repère les murs par M et les poteaux par P. On peut repérer les poutres et les longrines par L.

- Repérage en hauteur

  Aucun type de repérage ne s'est imposé.

  Cependant, quel que soit le repérage, il convient, pour chaque niveau, de traiter dans un même bloc les éléments portés (planchers et poutres) et les éléments qui les portent (poteaux et murs).

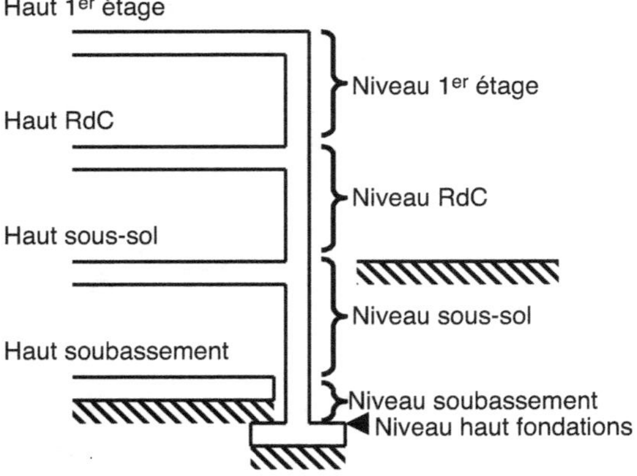

Proposition de l'auteur

Chaque bloc comprend :
- poutres et planchers du « niveau haut de l'étage » considéré ;
- poteaux et murs de l'étage considéré.

Dont le repérage est par exemple :
- poutre (n°) niveau haut RdC ;
- poteau (n°) niveau RdC.

- Repérage en plan

  Pour un bâtiment bien tramé, on peut faire un repérage orthogonal se référant au repère de chaque trame. Souvent, on est amené à créer localement des subdivisions des trames de base. Le poteau à l'intersection des trames C et 2 est alors désigné PC2, niveau (n°) La poutre reliant les poteaux PC2 et PD2 est désignée LC2D2, haut niveau (n°).

  On peut également se contenter de numéroter de 1 à n, sans nécessairement de logique sous-jacente, ou recourir à une solution mixte. C'est l'efficacité et la lisibilité qui doivent guider le choix.

  Nota

  Il faut s'efforcer de repérer de façon semblable les éléments qui se superposent d'un étage à l'autre.

C-III.5.3.2 Dimensions prises en compte

Il s'agit de faire simple, tout en limitant les approximations. Notamment, pour le poids propre, il faut comptabiliser tous les volumes pesants sans en compter certains plusieurs fois.

Pour cela, la pratique courante est la suivante :
- Dimensions horizontales : mesurées d'axe à axe des appuis et/ou des trames du plan.
- Dimensions verticales :
  - revêtements, chapes éventuelles, dalles ou hourdis : hauteur totale ;
  - poutres : compter seulement leur retombée (leur partie haute a en effet déjà été comptée avec la dalle ou le hourdis) ;
  - poteaux : hauteur libre entre la surface de la dalle brute (ou du hourdis) du niveau inférieur et la sous-face de la poutre ou de la dalle du niveau porté.

En procédant ainsi : on n'oublie aucun volume ; en revanche, on applique les actions variables, les revêtements et éventuelles chapes dans l'épaisseur des murs et cloisons et sur l'emprise des poteaux ; l'incidence de cette approximation est négligeable.

C-III.5.4 Exemples de descente des charges

C-III.5.4.1 Données

- Pas d'action accidentelle prise en compte.
- Immeuble d'habitation :
  Catégorie A $\Rightarrow$ éligible aux réductions de Q pour grande surface et avec le nombre de niveaux.
- Plans : voir ci-dessous.
  Pour la simplicité de cet exemple, tous les niveaux sont identiques.
- Nombre d'étages $\leq 3 \Rightarrow$ sauf situation géographique particulièrement exposée, on ignore le vent.
- Environnement climatique : neige courante = 0,35 kN/m² (en plaine hors zone neigeuse).
- Plancher bas du sous-sol : dallage sur hérisson.
- Fondations : superficielles.

C-III.5.4.1.1 Plans de repérage

Le repérage ressort de l'analyse du bâtiment et des choix constructifs.

Dans cet exemple, le repérage en plan de chaque élément est individuel. On reconnaît une logique «orthogonale» dans le choix des numéros de chaque élément, c'est l'un des choix possibles.

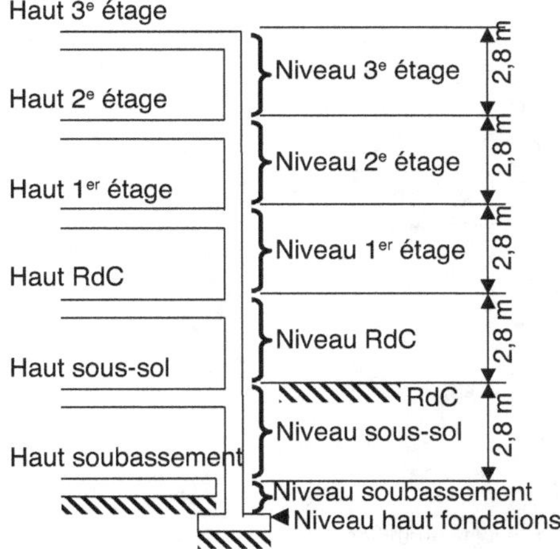

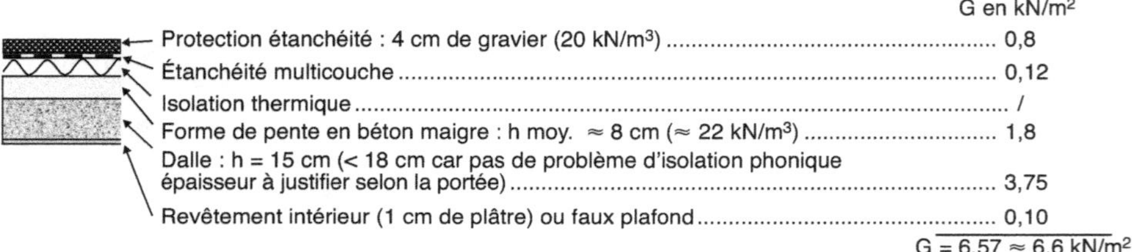

C-III.5.4.1.2 Poids unitaires

Plancher terrasse non circulable

G en kN/m²

Protection étanchéité : 4 cm de gravier (20 kN/m³) 0,8

Étanchéité multicouche 0,12

Isolation thermique .... /

Forme de pente en béton maigre : h moy. ≈ 8 cm (≈ 22 kN/m³) 1,8

Dalle : h = 15 cm (< 18 cm car pas de problème d'isolation phonique
épaisseur à justifier selon la portée) 3,75

Revêtement intérieur (1 cm de plâtre) ou faux plafond 0,10

$$G = 6,57 \approx 6,6 \text{ kN/m}^2$$

Charge d'exploitation Q : entretien : 1 kN/m² | retenir le plus grand des
neige : 0,35 kN/m² | deux (voir § C-I.5.4.2) ⇒ Q = 1 kN/m²

$$G = 6,6 \text{ kN/m}^2 \text{ et } Q = 1 \text{ kN/m}^2$$

Acrotères

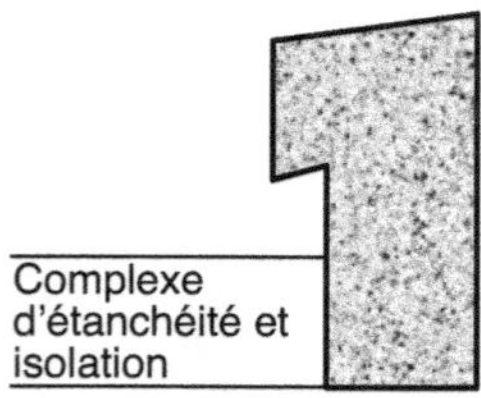

Acrotères bas :
section équivalente = 20 × 50 cm²

$$G = 2,5 \text{ kN/m et } Q = 0$$

Planchers appartements

Cloisons légères en plaques
plâtre : q = 0,5 kN/m²

G en kN/m²

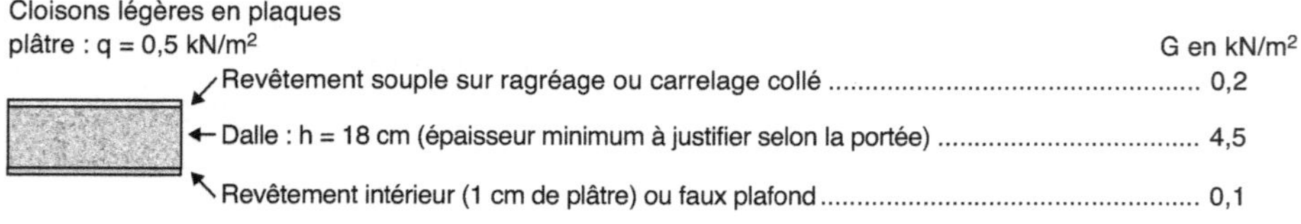

Revêtement souple sur ragréage ou carrelage collé 0,2

Dalle : h = 18 cm (épaisseur minimum à justifier selon la portée) 4,5

Revêtement intérieur (1 cm de plâtre) ou faux plafond 0,1

$$G = \overline{4,8 \text{ kN/m}^2}$$

Charge d'exploitation Q :   habitation : 1,5 kN/m² |
                              cloisons : 0,5 kN/m² | Q = 2 kN/m²

$$G = 4,8 \text{ kN/m}^2 \text{ et } Q = 2 \text{ kN/m}^2$$

Poutres

Seule leur retombée doit être comptée ici, le reste de leur volume ayant déjà été pris en compter dans le plancher.

Envisager :

* ici, largeur b ≈ 20 cm ;
* hauteur totale h ≈ l/10 ⇒ en déduire hauteur retombée ;
* ici, hauteur des poutres h = 40 cm ⇒ retombée ≈ 40 – 18 = 22 cm

Murs extérieurs en maçonnerie avec isolation

* Murs pleins
  - Enduit monocouche   0,1 kN/m²
  - Mur brique ou bloc béton creux, e = 20 cm (0,15 kN/m²/cm d'épaisseur)   3,0 kN/m²
  - Isolation thermique + plaque de plâtre   0,2 kN/m²

  G = 3,3 kN/m²

* Murs moyennement ouverts
  - Taux d'ouvertures ≈ 30 %   ⇒ G = 2,2 kN/m²
* Murs banchés intérieurs
  - Épaisseur = 18 cm
  - Coffrages lisses ⇒ pas d'enduits (0,24 kN/m²/cm d'épaisseur)   ⇒ G = 4,3 kN/m²

Poteaux isolés

Pour cet exemple :

* section 20 × 20 cm ;
* hauteur à comptabiliser = 2,8 m – h poutre ≈ 2,4 m

Chaînages, poteaux et poutres de rive construits dans l'épaisseur des murs

Inclus dans le poids des murs et planchers.

Soubassements et éventuelles longrines

Fonction de la situation de chaque édifice.

Pour cet exemple :

* largeur = 20 cm
* hauteur = 30 cm (béton armé ⇒ 2,5 kN/m³)   ⇒ G = 1,8 kN/m

C-III.5.4.2 Descente des charges « locale »

Poutre continue L11-L12...

C'est l'appui proche de rive d'un plancher continu de plus de deux travées $\Rightarrow$ réaction du plancher sur cette poutre = $R \approx 1,1\ R'$

Poutre L11-L12...

en kN/m	G	Q
Niveau haut 3ᵉ étage (terrasse) Appui proche de rive d'un plancher continu à plus de deux travées $\Rightarrow \times 1,1$		
Plancher Profondeur portée : 4 m Continuité $\Rightarrow \approx 4 \times 1,1 \approx 4,4$ m		
$G = 6,6$ kN/m² $\times\ 4,4$ m	29,0	
$Q = 1$ kN/m² $\times\ 4,4$ m		4,4
Retombée Largeur = 0,2 m poutre Hauteur $\approx 0,4$ m $-$ 0,18 m $\approx 0,22$ m		
$G = 25$ kN/m³ $\times\ 0,2 \times 0,22$	1,1	
TOTAL (kN/m)	**30,1**	**4,4**
Niveau haut 2ᵉ étage Continuité comme en terrasse $\Rightarrow \times 1,1$ Supposons que les quatre panneaux de plancher portés par cette poutre soient une seule pièce $\Rightarrow$ application de la réduction α_A pour grande surface		
Plancher Profondeur portée : 4 m continuité $\Rightarrow \approx 4 \times 1,1 \approx 4,4$ m		
$G = 4,8$ kN/m² $\times\ 4,4$ m	21,1	
$Q = 2$ kN/m² $\times\ 4,4$ m		8,8
Retombée largeur = 0,2 m poutre hauteur $\approx 0,4$ m $-$ 0,18 m $\approx 0,22$ m		
$G = 2,5$ kN/m³ $\times\ 0,2 \times 0,22$	1,1	
TOTAL brut (kN/m)	**22,2**	**8,8**
Réduction grande surface : $\alpha_A = 0,77 + 3,5$ m²/8 $\times$ 8,5 m² = 0,82		
TOTAL après réduction grande surface (kN/m)	**22,2**	**7,2**
Et ainsi de suite…		

C-III.5.4.3 Descente des charges « globale »

C-III.5.4.3.1 Cas où l'objectif est limité aux charges au niveau des fondations

La descente des charges peut alors être assez rapide, comme présenté sur l'exemple ci-dessous.

Façades M1, M2... (charges sur les fondations seulement)

	en kN/m		G	Q
	Façade	Acrotère : G = 2,5 kN/m	2,5	
		Mur : $G = 3,3\ kN/m^2 \times 2,8\ m \times 5$ niveaux	46,2	
		Soubassement : G = 1,8 kN/m	1,8	
	Plancher	Profondeur portée : 2 m		
		Terrasse :		
		$G = 6,6\ kN/m^2 \times 2\ m$	13,2	
		$Q = 1\ kN/m^2 \times 2\ m$		2
		Planchers : 4 niveaux		
		$G = 4,8\ kN/m^2 \times 2\ m \times 4$	38,4	
		$Q = 2\ kN/m^2 \times 2\ m \times 4$		16
	Total depuis le haut du bâtiment (kN/m)		**102,1**	**18**
	Q après réduction pour nombre de niveaux : 5 niveaux $\Rightarrow \alpha_n = 0,77$			13,9
	Total à retenir sur le haut des fondations (kN/m)		**102**	**14**

La charge à considérer plus tard pour le dimensionnement des fondations, au niveau bas des fondations, doit inclure en plus leur poids propre. Il ne devra pas être oublié et il conviendra, dans une première phase, de l'estimer (voir chapitre E-V).

C-III.5.4.3.2 Descente des charges globale détaillée

Des exemples types sont proposés ci-dessous.

Façades M1, M2...

Q_n = Q après réduction pour nombre de niveaux (kN/m)			G	Q	Qn
Niveau haut 3ᵉ étage					
	Acrotère	G = 2,5 kN/m	2,5		
	Terrasse	Profondeur portée = 4 m/2 = 2 m			
		$G = 6,6\ kN/m^2 \times 2\ m$	13,2		
		$Q = 1\ kN/m^2 \times 2\ m$		2	
	Mur	h = 2,80 m			
		$G = 3,3\ kN/m^2 \times 2,8\ m$	9,24		α_n
	Total niveau haut 3ᵉ étage (kN/m)		**24,94**	**2**	= 1
	Total depuis le haut du bâtiment (kN/m)		**24,94**	**2**	**2**

	Niveau haut 2ᵉ étage			
	Descendant des étages au-dessus	24,94	2	
	Plancher Profondeur portée = 4 m/2 = 2 m			
	$G = 4{,}8 \ kN/m^2 \times 2 \ m$	9,6		
	$Q = 2 \ kN/m^2 \times 2 \ m$		4	
	Mur h = 2,80 m			
	$G = 3{,}3 \ kN/m^2 \times 2{,}8 \ m$	9,24		α_n
	Total niveau haut 2ᵉ étage (kN/m)	**18,84**	**4**	**= 1**
	Total depuis le haut du bâtiment (kN/m)	**43,78**	**6**	**6**
	Niveau haut 1ᵉʳ étage			
	Idem niveau haut 2ᵉ étage			α_n
	Total niveau haut 1ᵉʳ étage (kN/m)	**18,84**	**4**	**= 0,95**
	Total depuis le haut du bâtiment (kN/m)	**62,62**	**10**	**9,5**
	Niveau haut RdC			
	Idem niveau haut 2ᵉ étage			α_n
	Total niveau haut RdC (kN/m)	**18,84**	**4**	**= 0,84**
	Total depuis le haut du bâtiment (kN/m)	**81,46**	**14**	**11,8**
	Niveau sous-sol			
	Idem niveau haut 2ᵉ étage			α_n
	Total niveau haut sous-sol (kN/m)	**18,84**	**4**	**= 0,77**
	Total depuis le haut du bâtiment (kN/m)	**100,3**	**18**	**13,9**
	Niveau haut fondations (soubassement)			
	Descendant des étages au-dessus	100,3	18	
	Dallage S'appuie directement sur le sol	/	/	
	Soubassement $G = 1{,}8 \ kN/m$	1,8	/	
				α_n
	Total niveau haut fondations (kN/m)	**1,8**	**/**	**= 0,77**
	Total depuis le haut du bâtiment (kN/m)	**102,1**	**18**	**13,9**
	Total à retenir sur le haut des fondations (kN/m)	**102**		**14**

Nota

Les calculs intermédiaires sont présentés avec un excès de chiffres significatifs pour éviter une dérive par additions des approximations d'un étage au suivant. Mais les résultats à utiliser dans les calculs à venir, comme le résultat final sur cet exemple, doivent être arrondis à la précision raisonnable.

Rappel

Ne pas oublier que la charge à considérer plus tard pour le dimensionnement des fondations, au niveau bas des fondations, doit inclure en plus leur poids propre. Dans une première phase, il doit être estimé (voir § E-V.3.1.2).

Façades M111, M121, M131…

Les murs qui les constituent sont parallèles au sens de portée des planchers. Sauf à être dissociés des planchers par un joint, ils sont au moins partiellement chargés par ces planchers.

On peut considérer que chaque mur parallèle au sens ℓ_x de portée d'un plancher porte une bande de ce plancher. S'il y a un plancher de chaque côté du mur, il faut compter une bande de chaque côté.

Cette bande doit être considérée comme pouvant charger le mur (c'est une forte probabilité, mais pas une certitude) et comptabilisée dans la descente des charges. En revanche, elle ne saurait être soustraite des charges à considérer dans le sens de portée unique ℓ_x. Elle est donc comptabilisée deux fois.

Proposition de l'auteur

Largeur de bande à comptabiliser $\approx \max\,[\ell_x/10\,;\,50\ \text{cm}]$

Façades M111, M121, M131…

Q_n = Q après réduction pour nombre de niveaux (en kN/m)		G	Q	Qn
	Niveau haut 3ᵉ étage			
Acrotère	G = 2,5 kN/m	2,5		
Terrasse	Profondeur portée : = max [4 m/10 ; 50 cm] = 0,5 m			
	G = 6,6 kN/m² × 0,5 m	3,3		
	Q = 1 kN/m² × 0,5 m		0,5	
Mur	h = 2,80 m			
	G = 3,3 kN/m² × 2,8 m	9,24		α_n
Total niveau haut 3ᵉ étage (kN/m)		**15,04**	**0,5**	= 1
Total depuis le haut du bâtiment (kN/m)		**15,04**	**0,5**	**0,5**
Et ainsi de suite…				

Poteau P12

Il reprend la poutre L11-L12-… à plus de deux travées dont il constitue l'appui proche de rive $\Rightarrow$ réaction R $\approx$ 1,1 R'

Cette poutre est également l'appui proche de rive du plancher à plus de deux travées $\Rightarrow$ elle est elle-même chargée environ 1,1 fois plus que si le plancher n'était pas continu.

Donc : réaction R sur ce poteau $\approx$ (1,1.1,1) R' $\approx$ 1,2 R'

Q_n = Q après réduction pour nombre de niveaux (en kN)		G	Q	Qn
Niveau haut 3e étage				
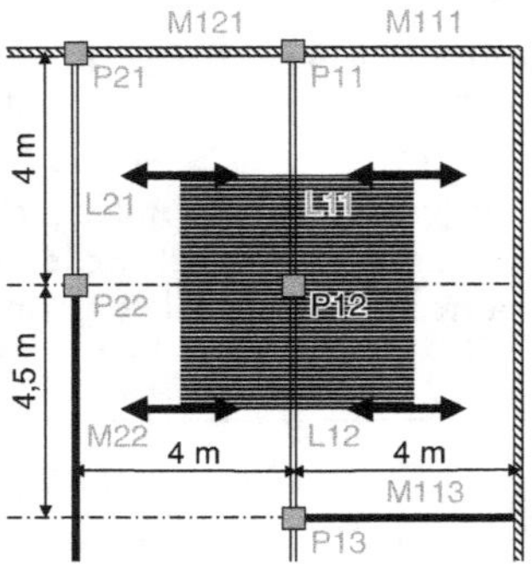				
Terrasse	Aire portée = 4 × 4,25 m² = 17 m² Cascade des continuités ⇒ × 1,1 × 1,1 ⇒ = 20,6 m²			
	G = 6,6 kN/m² × 20,6	136		
	Q = 1 kN/m² × 20,6		20,6	
Retombée poutre	Longueur portée = 4,25 m Continuité ⇒ × 1,1 ⇒ ≈ 4,7 m			
	b = 0,2 m ; h = 0,4 – 0,18 = 0,22 m			
	G = 25 kN/m³ × 0,2 × 0,22 × 4,7	5,2		
Poteau	h = 2,80 m – 0,4 = 2,4 m section = 0,2 × 0,2 = 0,04 m²			
	G = 25 kN/m³ × 2,4 × 0,04	2,4		α_n
	Total niveau haut 3e étage (kN)	**143,6**	**20,6**	= 1
Total depuis le haut du bâtiment (kN)		**143,6**	**20,6**	**20,6**
Et ainsi de suite…				

Si la descente des charges locale est traitée comme première étape de la descente globale détaillée, la sollicitation de la poutre est déjà disponible et le tableau de calcul devient le suivant.

Q_n = Q après réduction pour nombre de niveaux (en kN)		G	Q	Qn
Niveau haut 3e étage				
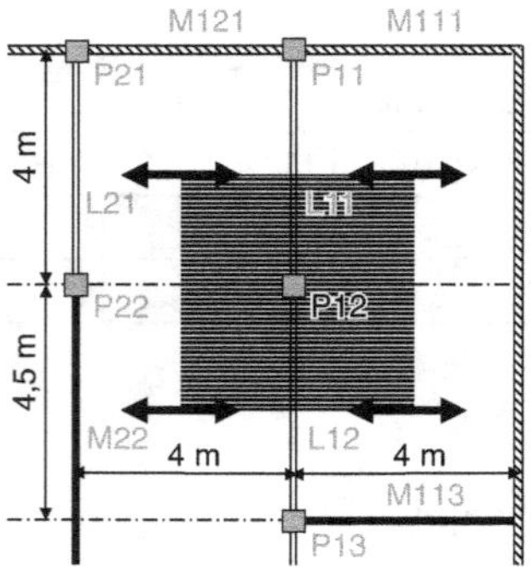				
Poutre L11-L12 …	Longueur portée = 4,25 m Continuité ⇒ × 1,1 ⇒ ≈ 4,7 m			
et	G = 30,1 kN/m × 4,7	141,5		
plancher	Q = 4,4 kN/m² × 4,7		20,7	
Poteau	h = 2,80 m – 0,4 = 2,4 m section = 0,2 × 0,2 = 0,04 m²			
	G = 25 kN/m³ × 2,4 × 0,04	2,4		α_n
	Total niveau haut 3e étage (kN)	**143,9**	**20,7**	= 1
Total depuis le haut du bâtiment (kN)		**143,9**	**20,7**	**20,7**
Et ainsi de suite…				

L'écart, faible, avec le tableau de calcul précédent vient des arrondis. Sur cet exemple, il est dans un sens, sur un autre exemple, il pourrait être dans l'autre sens.

Partie D

Calcul des éléments fléchis

D-I   Introduction au calcul des éléments fléchis

D-I.1   Organisation générale des calculs

Le calcul comprend deux volets :

- d'une part, la résistance aux effets du moment fléchissant et d'un éventuel effort axial de compression ou de traction ;
- d'autre part, la résistance aux effets de l'effort tranchant.

Pour les éléments courants, ces deux volets se traitent indépendamment l'un de l'autre, sans interaction mutuelle.

Le calcul de base est à l'état limite ultime (ELU) sous actions courantes, à la fois pour la résistance aux effets du moment fléchissant et pour la résistance aux effets de l'effort tranchant.

Il est complété par diverses vérifications :

- Vérification à l'ELU sous actions accidentelles, si de telles actions sont envisagées.
- Vérification que la quantité calculée d'acier de flexion, d'une part, est suffisante pour assurer la non-fragilité, d'autre part, n'est pas excessive.
- Vérifications à l'état limite de service (ELS). L'objectif est de vérifier que le dimensionnement de base fait à l'ELU assure à l'édifice les conditions de fonctionnement et la durabilité requises en usage normal (c'est ELS). Les cibles sont :
  - la contrainte maximum atteinte dans le béton comprimé et l'armature tendue ;
  - l'ouverture des fissures ;
  - la flèche.

Toutes ces vérifications peuvent amener à modifier le dimensionnement initial à l'ELU.

D-I.2   Incertitude des calculs et précision recommandée pour les résultats

Ce point a déjà été abordé au § C-I.3.4.

Il s'agit ici des incertitudes propres au calcul béton armé proprement dit, les valeurs des sollicitations à considérer étant déjà arrêtées.

D-I.2.1   Incertitude du modèle théorique sur lequel s'appuient les calculs

- Calculs à l'ELU

  Ils supposent une fissuration totalement développée, ce qu'on peut escompter à l'ELU.

  C'est effectivement le cas des fissures de flexion. Aussi les calculs de résistance aux effets du moment fléchissant ont-ils une incertitude de prédiction très faible $\leq 2\,\%$.

  En revanche, souvent les fissures d'effort tranchant ne sont pas totalement développées et ne suivent pas exactement le schéma simple du calcul. En conséquence, les calculs de résistance à l'effort tranchant présentent une incertitude plus grande.

- Vérifications à l'ELS

  Les calculs sont beaucoup plus incertains. Ils s'appuient notamment sur :
  - la prédiction du degré de développement de la fissuration, phénomène très aléatoire d'autant plus qu'il est influencé par le retrait ;
  - le chiffrage, lui aussi très incertain, de l'amplitude du fluage et de ses conséquences.

  L'incertitude de prédiction des ouvertures de fissure et des flèches est comprise entre 15 et 30 %.

D-I.2.2   Incertitudes sur les données du calcul autres que les sollicitations

* Tolérance sur les données géométriques

  Elle est de ± 10 mm.

  L'incertitude qui s'ensuit sur une poutre de 50 cm de haut est de 2 %. Elle est de 5 % dans le cas d'une dalle de 20 cm de haut.

* Incertitude sur les propriétés des matériaux utilisés

  Elle est grande, mais en principe maîtrisée par un calcul fait sur la base des valeurs caractéristiques.

  Par exemple (rappel) : un béton C25/30 doit présenter une résistance moyenne $f_{cm} \geq 33$ Mpa, soit au moins 30 % de plus que f_{ck}, pour être sûr à 95 % qu'en chaque point de la structure, sa résistance effective $f_{c,eff} \geq 25$ Mpa.

D-I.2.3   Précision recommandée pour les résultats

Eurocode ne donne aucune instruction à ce sujet.

Le précédent règlement (BAEL) précisait que «deux résultats qui diffèrent de moins de 2 % doivent être considérés comme identiques».

L'auteur propose de suivre cette recommandation : limiter à 2 % la précision des résultats. Compte tenu des incertitudes vues ci-dessus, il serait déraisonnable de vouloir exprimer les résultats avec une précision plus grande.

Pour respecter cette précision raisonnable de 2 %, il convient d'écrire les résultats avec trois chiffres significatifs au maximum.

Voici quelques exemples de résultats exprimés avec trois chiffres significatifs, par ailleurs à considérer comme égaux car présentant un écart ≤ 2 %.

$100 = 101 = 102$

$521\,000 = 525\,000 = 529\,000$

$0,00238 = 0,00240 = 0,00242$

$7,43 = 7,50 = 7,57$

$971 = 980 = 990$

$97 = 98 = 99$ (Ici deux chiffres significatifs suffisent.)

$97,0 = 98,0 = 99,0$ (La même chose que ci-dessus mais avec trois chiffres significatifs. Préciser 98,0 et ne pas se contenter de 98 stipule que le premier chiffre après la virgule est significatif, c'est à dire qu'il s'agit bien de 98,0 et non, par exemple, 98,1.)

D-I.3   Portée de calcul et sollicitation de calcul des éléments fléchis

Déjà exposé au § C-I.1.

Rappel

Les prescriptions d'Eurocode se réfèrent à la portée ℓ_{eff}. Le plus souvent, il s'agit de la portée d'axe à axe des appuis.

Mais seules les charges appliquées entre nu des appuis doivent être prises en compte pour le calcul du moment fléchissant M et de l'effort tranchant V.

D-I.4 Données des poutres considérées dans la suite

Par simplification, l'exposé sera d'abord limité au cas des poutres rectangulaires à une seule travée, sur appuis simples, uniformément chargées et sans aciers comprimés.

D-I.4.1 Géométrie, chargement, sollicitation, notation

La sollicitation envisagée inclut la flexion composée (effort normal N). De fait, le calcul de base à l'ELU se traite aussi simplement en flexion composée qu'en flexion simple.

Les caractéristiques de telles poutres et les notations sont présentées sur la Figure D-I.4.1.

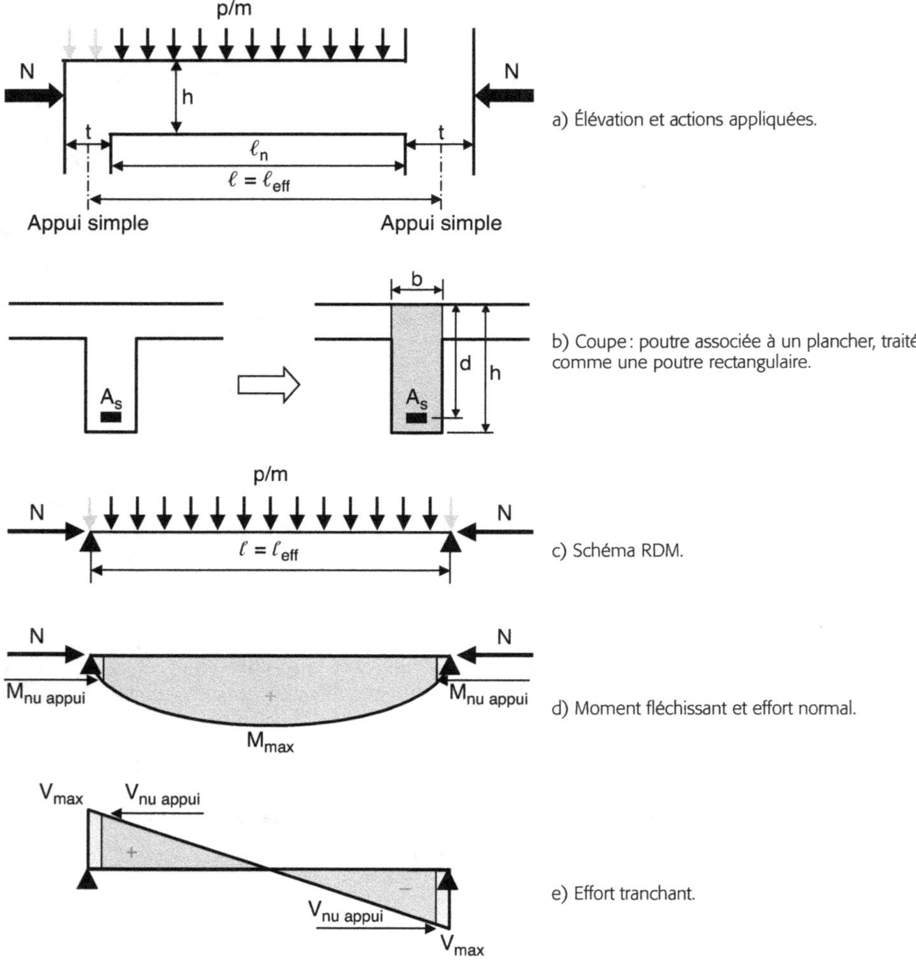

Figure D-I.4.1. Géométrie, chargement et sollicitation des poutres considérées pour l'exposé des calculs de base.

Notations

Hauteur totale de la poutre = h.

Hauteur utile = d = distance entre le centre de gravité de l'armature tendue et la fibre la plus comprimée (la fibre supérieure dans le cas de ces poutres). C'est le paramètre de hauteur le plus important pour un élément en béton armé.

Largeur de la partie comprimée d'une poutre = b. Dans le cas d'une section rectangulaire, b = la largeur unique de l'élément.

Section de l'armature tendue = A_s.

Le moment fléchissant, l'effort normal et l'effort tranchant sont les effets des actions appliquées et devraient être notés M_E, N_E, V_E. Nous avons choisi de les noter simplement M, N, V.

Deux remarques relatives à la géométrie des poutres (voir Figure D-I.4.1, b).

* Qu'est-ce qu'une poutre rectangulaire?

  C'est quelquefois une poutre de section de coffrage rectangulaire. C'est beaucoup plus souvent une poutre associée à un plancher, comme celle représentée ici. Sa forme naturelle est en Té (voir la partie gauche de la figure) et, par simplification, on néglige une part du béton pouvant participer à la résistance pour ne considérer que la portion constituant une poutre rectangulaire.

* Interpénétration des éléments dans les nœuds de structure

  En béton armé, les éléments d'un même volume de béton s'interpénètrent sans restriction (car, comme indiqué au § A.1.1, ils se comportent finalement comme s'ils avaient été moulés d'un seul bloc). Ainsi, la hauteur totale de la poutre se développe-t-elle sans restriction sur toute la hauteur de béton disponible, même si une part de celui-ci appartient également au plancher. Lors du calcul du plancher, ce même volume de béton commun sera alors considéré sans restriction comme appartenant totalement au plancher.

D-I.4.2 Valeur de la hauteur utile d

La hauteur utile d, distance entre le centre de gravité de l'armature tendue et la fibre la plus comprimée, est à la fois:

* une donnée de base essentielle pour le calcul;
* non exactement connue au début du calcul.

En effet, sa valeur dépend:

* d'une part connue à 90 % avant que débute le calcul: l'enrobage des aciers longitudinaux;
* d'une autre part totalement inconnue à l'avance: les aciers longitudinaux choisis et leur disposition (diamètre des barres, leur nombre et leur disposition en un ou plusieurs lits) pour former la section d'armature A_s calculée.

Pour les valeurs d'enrobage et les règles de disposition des aciers, voir § C-I.7.

Le calcul doit donc s'appuyer sur une anticipation de la valeur de d, disons «un pari», dont il faudra vérifier en fin de calcul s'il est gagné. S'il s'avère perdu, il faudra recommencer le calcul avec une autre anticipation de d espérée meilleure.

D-I.4.2.1 Estimation de d pour les poutres de bâtiments courants

(Voir exemple § F.1.6.)

Il existe autant de méthodes que de calculateurs, celle exposée ici est une d'entre elles. Dans tous les cas, la façon d'opérer doit être modulée en fonction des conditions d'exposition.

* Cas des familles d'exposition X0 et XC (les plus courantes). D'une part, les enrobages restent limités, d'autre part, on peut utiliser des aciers de gros diamètre.

Alors estimer d en supposant deux lits d'aciers HA 20 (aciers haute adhérence de diamètre ϕ = 20 mm) avec des aciers transversaux de diamètre ϕ_w = 10 mm.

- Cas des familles d'exposition XS, XD et XF (environnements agressifs). D'une part, les enrobages importants limitent l'espace disponible dans la zone tendue de la poutre pour y accumuler les aciers nécessaires. D'autre part, et compliquant encore la situation, la nécessité de limiter les ouvertures de fissure amène à utiliser des aciers de plus petit diamètre (voir § D-III.5.3.3), donc en nombre encore plus grand. Très fréquemment, trois lits d'aciers sont nécessaires.

  Estimer alors d en supposant trois lits d'aciers HA 16 avec, là encore, des aciers transversaux de diamètre ϕ_w = 10 mm.

Pour une raison d'économie, il faut toujours viser au moins deux lits d'aciers, un seul lit ne permettant pas de diminuer la section d'acier à proximité des appuis où le besoin est moindre.

En fonction de la classe d'exposition et de la classe du béton, conformément au § C-I.6 déterminer :

- l'enrobage des aciers longitudinaux ;
- la largeur a_w disponible à l'intérieur des cadres ;
- l'espace minimum requis entre colonnes d'aciers : a_{min} ou 50 mm pour l'aiguille vibrante ;
- enfin, en déduire le nombre maximum de colonnes d'aciers possible dans cette poutre.

Estimer si la poutre considérée contiendra une quantité d'acier faible, moyenne ou élevée.

- Plus le produit $\mu_u.h$ est grand, plus grande est cette quantité d'acier (pour la définition de μ_u, voir § D-II.3.4.1).

En fonction du nombre de colonnes possibles, vérifier si la section d'acier estimée contiendra dans le nombre de lits envisagés *a priori*, ou bien si plus ou moins de lits conviendraient mieux.

Enfin, calculer l'estimation de d en fonction du nombre de lits et de l'enrobage conformément à la Figure D-I.4.2 avec a_1 = a_{min}.

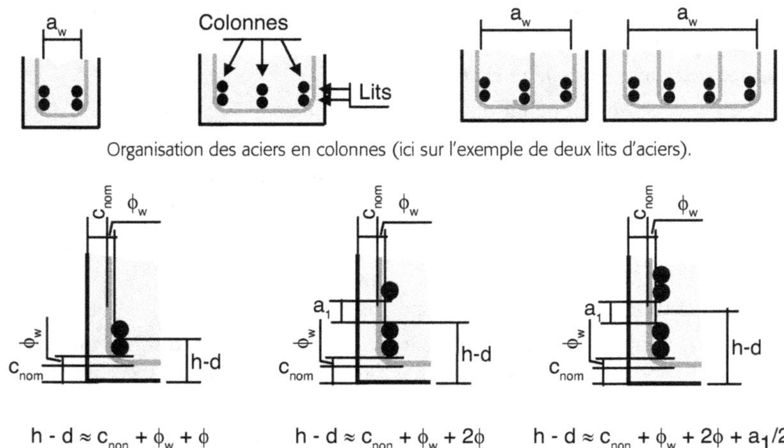

Organisation des aciers en colonnes (ici sur l'exemple de deux lits d'aciers).

$$h - d \approx c_{non} + \phi_w + \phi \qquad h - d \approx c_{non} + \phi_w + 2\phi \qquad h - d \approx c_{non} + \phi_w + 2\phi + a_1/2$$

h − d en fonction du nombre de lits d'aciers.

Figure D-I.4.2. Données pour estimer d.

D-I.4.2.2 Valeurs courantes de h – d

En se référant aux valeurs de c_{nom} données au § C-I.7.2.1 et de a donnée au § C-I.7.2.2, synthétisées au § C-I.7.3 pour les bâtiments courants, on tire les valeurs regroupées dans le Tableau D-I.4.1.

Tableau D-I.4.1. Guide pour l'estimation de la hauteur utile d.

Hypothèses de départ : barres HA 20 ou HA 16 selon la classe d'exposition, $\phi_w = 10$ mm, $d_g \leq 15$ mm, $a_l = 20$ mm			Deux lits	Trois lits	Quatre lits
	c_{nom}	a_l	h – d	h – d	h – d
Classe d'exposition	(mm)	(mm)	(mm)	(mm)	(mm)
Loin de la mer et d'autre agression chimique Choix de départ : deux lits de HA 20					
XC1 : à l'intérieur ou protégé par un enduit	25	20	55	75	85
XC4 : à l'extérieur sans enduit	40	20	70	90	100
En bord de mer Choix de départ : trois lits de HA 16					
XS1 : atteint par les embruns salés	45	20	67	87	97
XS3 : en zone de marnage ou atteint par des projections	55	20	77	97	107
Légende : Les valeurs entourées correspondent aux choix de départ.					

Ces valeurs ne conviennent pas pour les dalles qui, généralement, n'ont pas d'aciers transversaux et ont des aciers longitudinaux plus fins. Les valeurs associées seront dégagées au § E-II.4.2.2 dédié aux dalles.

D-I.4.2.3 Estimation par défaut de d

À défaut d'estimation plus précise, une approximation universellement admise et systématiquement utilisée pour l'écriture de relations générales est d $\approx 0{,}9$ h.

Il ressort des valeurs du paragraphe précédent que cette approximation d $\approx 0{,}9$ h n'est réaliste que dans les cas suivants :

- en condition d'exposition XC1 pour les poutres de hauteur h ≥ 50 cm ;
- en condition d'exposition XC4 pour les poutres de hauteur : h ≥ 70 cm ;
- en condition d'exposition XS1 ou XS3 pour les poutres de hauteur h ≥ 90 cm.

Propositions de l'auteur pour les bâtiments courants

La grande majorité des poutres y ont une hauteur h comprise entre 40 et 70 cm.

- Dans les conditions d'exposition X0, XC1, XC2 et XC3 : l'approximation d $\approx 0{,}9$ h est bien adaptée.
- Dans les conditions d'exposition XS, XD et XF : préférer l'approximation d $\approx 0{,}8$ h.

- Le cas de la condition d'exposition XC4 est intermédiaire et peut être traité avec plus ou moins de désagrément avec d ≈ 0,9 h ou 0,8 h.

Dans la suite de cet ouvrage et par simplification, le cas XC4 ne sera pas différencié des autres cas de la famille XC ⇒ il sera traité avec d ≈ 0,9 h.

D-I.5 Dispositions constructives en zones de moment positif ou de moment négatif

D-I.5.1 Aciers longitudinaux

D-I.5.1.1 Zones de moment positif

Ce sont les zones en travée.

Positionnement des aciers

La partie supérieure de la section est comprimée et les aciers tendus sont en partie inférieure (voir § B.3.1.3). Les dispositions constructives associées sont celles proposées par défaut dans cet ouvrage.

D-I.5.1.2 Zones de moment négatif

Ce sont les zones sur appuis de continuité ou d'encastrement.

D-I.5.1.2.1 Cas général

Positionnement des aciers

Du fait du changement de signe du moment, la situation est inversée par rapport à la travée : c'est la partie inférieure des sections qui est comprimée et la partie supérieure tendue. Les aciers de flexion correspondants, généralement appelés « chapeaux », sont placés en partie supérieure de la section (voir § B.3.1.3).

Les calculs et dispositions constructives réglementaires s'illustrent par les mêmes figures qu'en travée, il suffit de les retourner sens dessus dessous. S'y ajoute cependant le point ci-dessous.

Dispositions constructives propres aux chapeaux sur appuis de continuité

À partir de chaque appui, les aciers en chapeau se développent sur les deux travées de part et d'autre et relient les ferraillages de ces deux travées. Dans le cas de x travées continues, le ferraillage fini forme un ensemble continu sur toute la longueur de ces x travées. Cet ensemble est beaucoup trop encombrant pour être transporté par la route puis manipulé sur le chantier.

C'est pourquoi les cages de ferraillage sont livrées travée par travée. Elles sont transportées et manipulées sans les aciers de chapeau qui sont mis en place au tout dernier moment sur le chantier. Pour éviter toute erreur, ils sont généralement attachés à la cage de ferraillage d'une des travées concernées avec une étiquette permettant leur reconnaissance.

Cela implique que les cadres à l'approche des appuis doivent être tenus par des aciers de construction qui prennent une partie de la place dédiée aux aciers en chapeau. La valeur h − d sur appui risque d'être plus grande qu'en travée.

Ces points et la suite des opérations de mise en place de l'ensemble du ferraillage sont illustrés sur la Figure D-I.5.1.

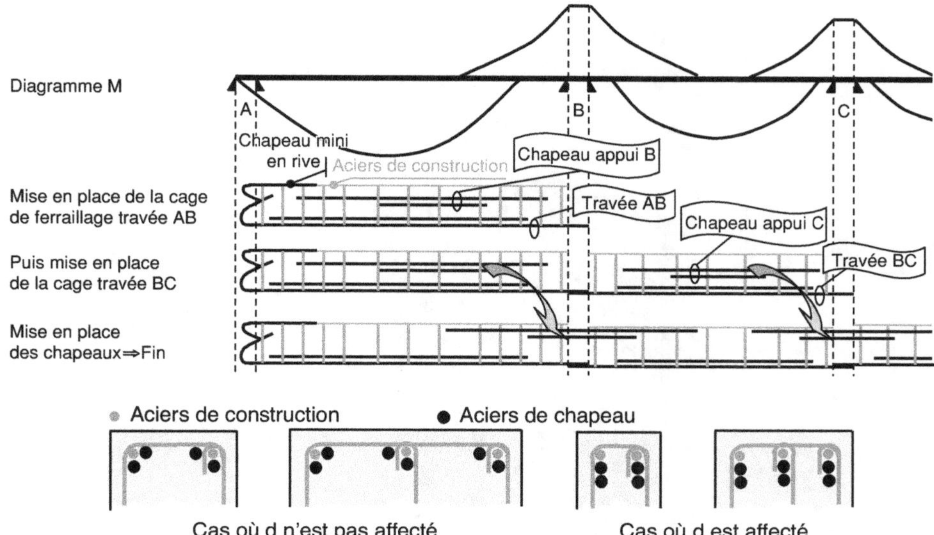

Figure D-I.5.1. Organisation de la mise en place des ferraillages des différentes travées d'une poutre continue. Les chapeaux sont mis après coup et cohabitent avec des aciers de construction, d peut en être affecté.

D-I.5.1.2.2 Chapeaux minimums

Cette disposition concerne en premier lieu les appuis d'extrémité sans encastrement. Elle s'applique aussi au renfort des zones sur appui à très faible moment de continuité.

Sur un appui d'extrémité traité comme un appui simple, il y a dans la réalité toujours un encastrement minimum. S'il est totalement ignoré, on risque une large fissure, comme illustré ci-contre. Pour éviter cela, il faut mettre en place quelques aciers en partie supérieure, formant un «chapeau minimum». Un exemple en est visible sur la Figure D-I.5.1 ci-dessus et sur la Figure D-IV.6.2.

Les chapeaux minimums relèvent de trois domaines :

- les aciers longitudinaux pour résister à un moment de flexion ;
- la limitation de l'ouverture des fissures ;
- les conditions d'appui qui, à leur tour, relèvent de la résistance aux effets de l'effort tranchant.

Dans cet ouvrage, ils sont traités avec l'arrêt des barres, au § D-IV.6.3.

D-I.5.1.3 Arrêt des barres

Le moment fléchissant n'étant pas partout maximum, il est économique d'arrêter des barres de l'armature de flexion (armature longitudinale) au fur et à mesure qu'elles ne sont plus indispensables.

C'est ce à quoi s'applique «l'épure d'arrêt des barres». Elle relève de deux domaines :

- de la résistance aux effets du moment fléchissant (bien sûr) ;
- et aussi, avec une forte interaction, de la résistance aux effets de l'effort tranchant.

Elle est traitée au § D-IV.6, une fois les deux points ci-dessus acquis.

D-I.5.2 Aciers transversaux

Les calculs et les dispositions constructives associés sont insensibles au signe du moment. Ils font l'objet du chapitre D-IV.

D-II Résistance aux effets du moment fléchissant : calcul à l'état limite ultime (ELU) et dispositions constructives

Ce chapitre est l'objet de la [Section 6.1] de l'Eurocode 2.

Le calcul de base se fait sous actions courantes.

Des exemples sont proposés aux § F.1.7 et F.3.4.

D-II.1 Fondement du fonctionnement

Il a été dégagé au § B.3.2.2 sur l'exemple d'une flexion simple sans armature comprimée.

Le calcul se fait dans l'hypothèse la plus défavorable, c'est-à-dire en supposant qu'une fissure entame la section de calcul. La flexion y induit un effort de compression F_c repris par le béton comprimé au-delà des fissures et un effort de traction F_s repris par l'armature tendue. Les deux conjuguent leurs effets comme illustré sur la Figure D-II.1.1 pour :

- équilibrer le moment appliqué ;
- générer ce qui est appelé la « déformation de la section », conséquence du raccourcissement de la zone comprimée et de l'allongement de la zone tendue ; par effets cumulés d'une section à la suivante, c'est elle qui est à l'origine de la flèche observée.

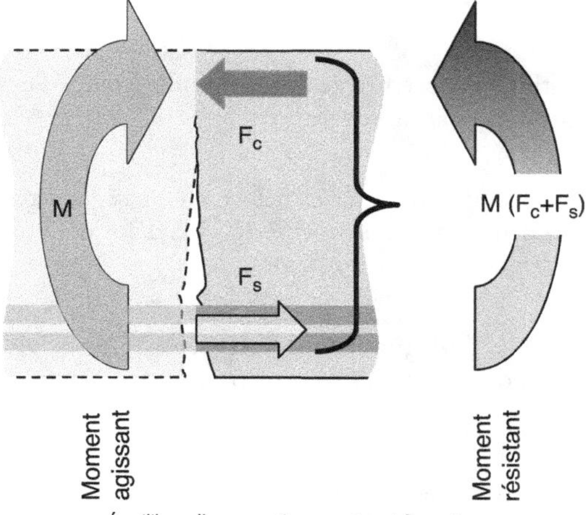

Équilibre d'une section armée et fissurée.

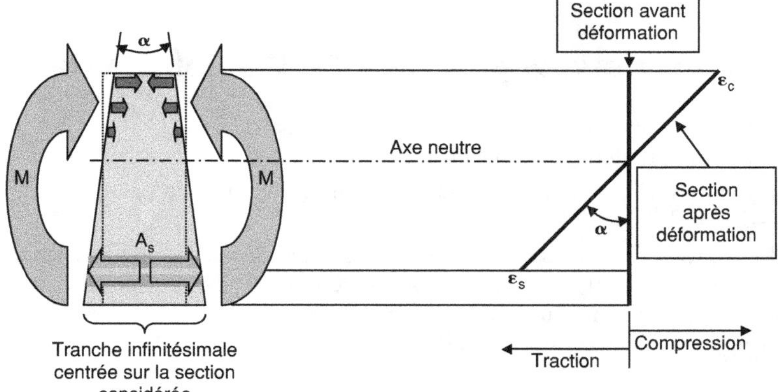

Figure D-II.1.1. Flexion : équilibre et déformation d'une section (exemple d'une flexion simple).

D-II.2 Prescriptions réglementaires de base

D-II.2.1 Hypothèses fondamentales

Elles sont universelles. Elles restent vraies quel que soit l'état limite et se retrouvent dans les règlements de tous les pays. Elles sont au nombre de quatre et repérées ici par la lettre F comme « fondamentales » :

- Au cours de la déformation, les sections initialement planes restent planes, c'est l'hypothèse de Navier-Bernouilly.
- Il n'y a pas de glissement relatif entre acier et béton (du fait de l'adhérence requise entre acier et béton).
- La résistance en traction du béton est négligée (car il est fissuré).
- On peut supposer concentrée en son centre de gravité la section d'un groupe de plusieurs barres pourvu que l'erreur ainsi commise sur la déformation de chacune reste faible.

Ces quatre hypothèses sont traduites dans le diagramme de déformation (Figure D-II.1.1) comme expliqué ci-après.

Hypothèse 1F

La section avant déformation, plane, est représentée par une droite. Elle reste plane après déformation et est encore représentée par une droite.

Hypothèse 2F

Il n'y a pas de glissement relatif entre acier et béton, en conséquence les aciers ont la même déformation que le béton dans lequel ils sont enserrés. Les déformations de l'un et de l'autre se lisent donc sur le même diagramme de déformation.

Hypothèse 3F

En zone tendue, la résistance du béton est négligée, seule importe alors la déformation des aciers. C'est pour cela que le diagramme de déformation de la section n'est pas développé au-delà de l'armature tendue.

Hypothèse 4F

Bien que l'armature puisse être constituée de plusieurs barres en plusieurs lits, elle est schématiquement représentée par un seul bloc, généralement un rectangle, et sa déformation n'est lue qu'au niveau du centre de gravité de ce bloc.

D-II.2.2 Prescriptions propres à l'ELU selon l'Eurocode

Elles sont au nombre de trois.

- Les actions sont pondérées, comme précisé en § C-I.5.4.2.
- Les diagrammes déformation-contrainte de calcul de l'acier et du béton sont ceux définis en § C-II.1 et C-II.2.
- L'ELU est atteint dès que, soit l'allongement des aciers, soit le raccourcissement du béton atteint le maximum admis. Pour le béton comme pour l'acier, plusieurs variantes du diagramme déformation-contrainte sont proposées par Eurocode. Les maximums admis dépendent du choix de la variante (voir § C-II.1 et C-II.2 puis § D-II.2.3 ci-dessous).

D-II.2.3 Diagramme des pivots

Il traduit de façon synthétique la troisième prescription ci-dessus. Il est le répertoire de l'ensemble des diagrammes de déformation d'une section envisageables à l'ELU. Pour une raison de lisibilité, seuls y sont représentés les diagrammes marquant la frontière entre deux zones de comportements différents.

Parmi les variantes proposées par Eurocode pour les diagrammes déformation-contrainte du béton et des aciers, cet ouvrage opte pour :

- pour le béton : le diagramme « parabole-rectangle » et la simplification du diagramme « rectangle » lorsqu'elle est autorisée (voir plus loin § D-II.4.2) ;
- pour les aciers : la classe de ductilité B (classe par défaut pour le béton armé) et l'option a du diagramme déformation-contrainte de calcul (voir Figure C-II.2.1) car elle conduit au dimensionnement le plus économique.

Le diagramme des pivots à l'ELU présenté sur la Figure D-II.2.1 correspond à ces options.

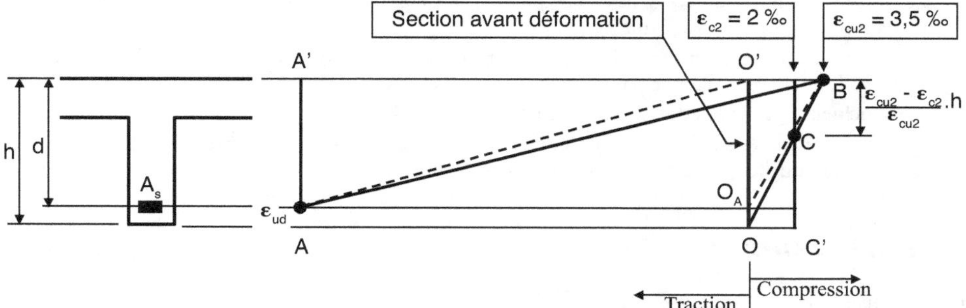

Figure D-II.2.1. Diagramme des pivots.

Selon les conditions d'atteinte de l'état limite, les diagrammes de déformation passent par un des pivots A, B ou C.

Pivot A

L'ELU est atteint par épuisement de la capacité réglementaire d'allongement des aciers : dans le cas de l'option a choisie : $\varepsilon_s = \varepsilon_{ud}$.

Le diagramme de déformation AA' correspond à l'ELU en traction simple (la déformation de traction est uniforme et maximum dans toute la section).

Si l'option b est choisie pour le diagramme déformation-contrainte des aciers, il n'y a pas de limitation de ε_s et le pivot A est reporté à l'infini, ce qui revient à l'ignorer.

Pivot B

L'ELU est atteint par épuisement de la capacité réglementaire de raccourcissement du béton en flexion simple ou en flexion composée, à condition qu'il subsiste dans la section une partie comprimée et une partie tendue. Avec le diagramme parabole-rectangle ou sa simplification qu'est le diagramme rectangle, ce pivot correspond à : $\varepsilon_c = \varepsilon_{cu2} = 3,5$ ‰. (Avec les autres diagrammes admis, on a encore au pivot B : $\varepsilon_c = 3,5$ ‰.)

Pivot C

C'est le domaine de la flexion composée compression avec, à l'ELU, toute la section comprimée.

Dans l'hypothèse du diagramme parabole-rectangle, le raccourcissement ultime réglementaire du béton diminue de $\varepsilon_{cu2} = 3,5$ ‰ à la frontière avec le domaine du pivot B jusqu'à $\varepsilon_{c2} = 2$ ‰

à l'autre extrémité du domaine (la compression simple représentée par la droite CC'). Les diagrammes de déformation intermédiaires passent de façon continue de la position BO à CC' et, par simplification, le règlement admet qu'ils tournent autour du pivot C.

Avec les autres diagrammes déformation-contrainte du béton, le raccourcissement codifié pour la compression simple peut être différent de 2 ‰.

- La zone AA'-AO' n'est accessible qu'en flexion composée traction.
- La zone AO'-BO$_A$ est la seule accessible en flexion simple. Elle est également accessible en flexion composée traction ou compression lorsque l'effort normal est modéré.
- La zone BO$_A$-CC' n'est accessible qu'en flexion composée compression.

D-II.3 Équations d'équilibre et leur exploitation

Nota

Les informations présentées dans ce paragraphe sont communes à tous les calculs faisant référence à un diagramme des pivots.

Elles sont valables quel que soit le règlement et ne sont pas limitées au simple ELU. Pour le signifier, les notations dans ce paragraphe sont neutres, sans référence à l'ELU.

Elles incluent le cas de la flexion composée.

Bien que présentées sur l'exemple de poutres rectangulaires, sauf précision du contraire, elles sont valables quelle que soit la géométrie de la section.

D-II.3.1 Données

Les données sont celles de la Figure D-II.3.1.

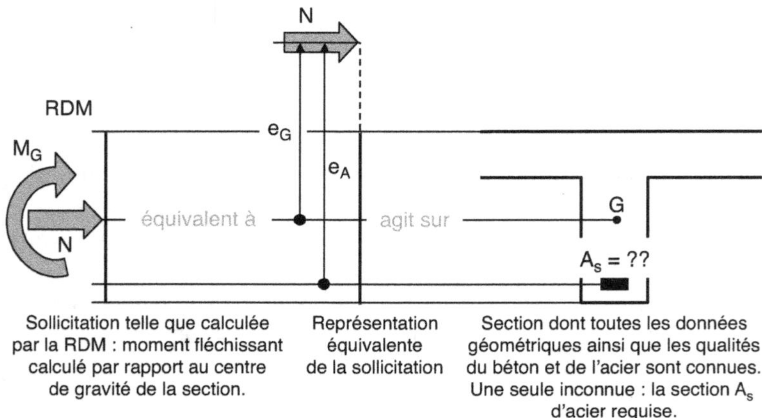

Figure D-II.3.1. Données du calcul.

L'objectif est de déterminer la section d'acier A$_s$ nécessaire pour assurer l'équilibre de la section.

D-II.3.2 Équilibre d'une section

Le point crucial du calcul est la détermination du diagramme de déformation de la section.

Supposons celui-ci connu et, à partir de là, dégageons les équations d'équilibre qui seront exploitées dans la suite. Les éléments interagissant sont présentés sur la Figure D-II.3.2.

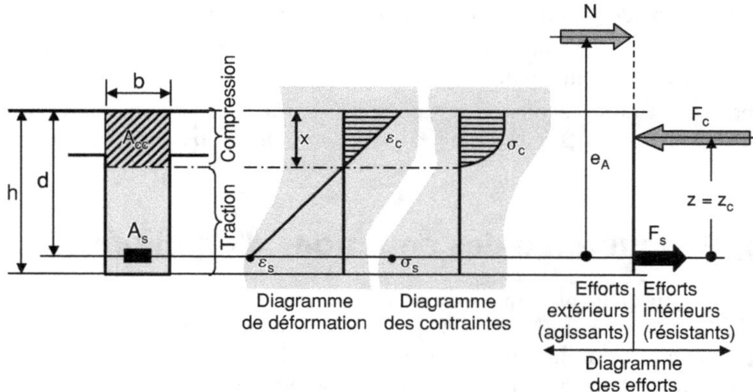

Figure D-II.3.2. Diagrammes de déformation, des contraintes et des efforts conduisant aux équations d'équilibre d'une section.

Notations et conventions de représentation

La distance entre l'axe neutre et la fibre la plus comprimée est la hauteur de béton comprimé. Elle est désignée x et appelée « hauteur de l'axe neutre ».

L'aire de béton comprimé est hachurée oblique et, lorsque nécessaire, désignée par A_{cc}. (A car c'est une aire et c car il s'agit de béton et, contrairement à la règle générale, le c de « comprimé » n'est pas sous-entendu. Il est ici nécessaire pour faire la distinction avec A_c qui est l'aire totale de béton, comprimé et tendu.) Les diagrammes associés de déformation et des contraintes du béton comprimé sont hachurés horizontalement. Parmi eux, le diagramme des contraintes du béton comprimé sera dans la suite désigné « diag σ_c ».

Le bras de levier par rapport à l'armature tendue de la résultante des efforts de compression développés dans la zone comprimée est désigné z. Lorsqu'on souhaite le différencier, le bras de levier du seul effort F_c développé dans le seul béton comprimé est désigné z_c.

Sur le diagramme des efforts :

- les efforts extérieurs agissants, c'est-à-dire la sollicitation de la section, sont représentés du côté gauche de la section et les efforts intérieurs résistants, développés en réaction à la sollicitation appliquée, sont représentés du côté droit de la section ;
- les efforts de compressions sont représentés par des flèches dirigées vers la section et les efforts de traction par des flèches s'éloignant de la section.

Équation d'équilibre des moments

On l'écrit par rapport au centre de gravité de l'armature tendue dans le but d'éliminer une inconnue, F_s (qui a alors un bras de levier nul par rapport au point de référence). Grâce à cela, l'équation devient soluble et aboutit à la détermination de la hauteur x de l'axe neutre.

L'équation d'équilibre s'écrit de façon générique : $\Sigma\ M/_A = 0 \ \Rightarrow \overline{N}.\overline{e_A} + \overline{F_c}.z_c = 0$

Équation d'équilibre des efforts normaux

Elle s'écrit de façon générique : $\Sigma\ N = 0 \ \Rightarrow \overline{N} + \overline{F_s} + \overline{F_c} = 0$

Sur le diagramme des efforts, cet équilibre se traduit par :

Σ longueurs des flèches vers la droite = Σ longueurs des flèches vers la gauche.

Équation d'équilibre des efforts perpendiculaires à l'axe de la poutre

Il s'agit des efforts associés à l'effort tranchant. Ils n'interviennent pas ici.

Ils n'ont en effet d'incidence sur aucune des deux équations d'équilibre ci-dessus car :

- concernant l'équation d'équilibre des efforts normaux, perpendiculaires à ces efforts, ils n'interfèrent pas dans leur équilibre ;
- concernant l'équation d'équilibre des moments, la résultante de ces efforts, l'effort tranchant, est appliquée sur la trace de la section et son moment par rapport à cette section est nul.

D-II.3.3 Paramétrage des équations d'équilibre

Nous venons de voir qu'il convient d'exprimer l'équilibre des moments par rapport au centre de gravité de l'armature tendue. Or la RDM fournit les composantes de la sollicitation d'une section, M_G et N au niveau du centre de gravité G de celle-ci (ce que rappelle la notation M_G utilisée ici). Exprimé par rapport un autre point, le moment peut prendre une autre valeur.

Il convient donc, avant tout autre calcul, de déterminer la valeur du moment fléchissant M_A exprimé par rapport au centre de gravité de l'armature tendue A_s.

D-II.3.3.1 Valeur du moment fléchissant M_A exprimé par rapport au centre de gravité de l'armature tendue et expression de l'équation d'équilibre des moments

Voir la Figure D-II.3.3.

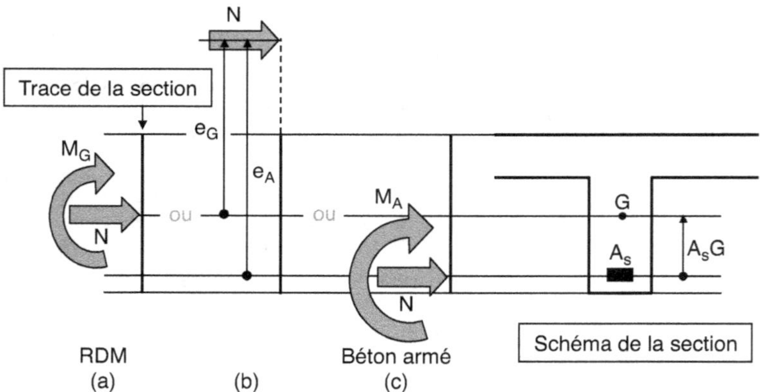

Figure D-II.3.3. Évolution de la valeur de M selon que celui-ci est calculé par rapport au centre de gravité de la section (RDM ⇔ M_G) ou par rapport an centre de gravité des aciers tendus (béton armé ⇔ M_A).

- La partie (a) de la figure présente M_G et N donnés par la RDM.
- Sur la partie (b), la même sollicitation est représentée sous la forme de l'effort N excentré de la valeur qui convient pour traduire le moment.
  - Si le moment est calculé par rapport au centre de gravité de la section, l'excentricité de N est e_G.
  - S'il est calculé par rapport au centre de gravité de l'armature tendue, l'excentricité de N est e_A.
- La partie (c) présente M_A et N ramenés au niveau du centre de gravité de l'armature tendue.

De cela il ressort :

$$M_A = N.e_A = N.(e_G + A_sG) = N.e_G + N.A_sG = M_G + N.A_sG$$

d'où :

$$M_A = M_G + N.A_sG$$

Dans les cas complexes, il y a intérêt à utiliser cette formule en valeurs algébriques. Les signes de M et N sont ceux de la convention de signes du § C-I.3.2 et il faut compter $A_sG > 0$ lorsqu'il est dirigé vers le haut. On a alors :

$$\overline{M_A} = \overline{M_G} + \overline{N}.\overline{A_sG}$$

En flexion simple

$N = 0 \Rightarrow M_A = M_G \Rightarrow M_A$ et M_G sont souvent confondus dans une même notation M.

Avec ce nouveau paramétrage :

l'équation d'équilibre des moments $\qquad \Sigma M/_A = 0 \Rightarrow \overline{N.e_A} + \overline{F_c}.z_c = 0$

s'écrit alors simplement en valeurs absolues : $\qquad M_A = F_c.z_c$

D-II.3.3.2 Construction du diagramme des contraintes à partir du diagramme de déformation

Voir la Figure D-II.3.4.

C'est un passage indispensable pour atteindre les valeurs de F_c et A_s.

À chaque ordonnée de la section, on lit sur son diagramme de déformation la valeur ε_s ou ε_c qui y règne et, en se reportant au diagramme déformation-contrainte du matériau concerné, on en tire la valeur de la contrainte associée. On obtient directement la contrainte σ_s dans l'armature tendue. Le diag σ_c doit être construit point par point.

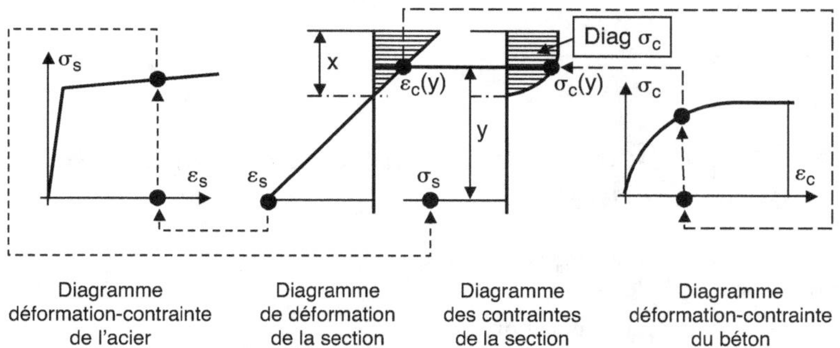

Diagramme déformation-contrainte de l'acier

Diagramme de déformation de la section

Diagramme des contraintes de la section

Diagramme déformation-contrainte du béton

Figure D-II.3.4. Construction du diagramme des contraintes d'une section à partir de son diagramme de déformation et des diagrammes déformation-contrainte des matériaux concernés.

ε_c augmentant linéairement à partir de l'axe neutre, les caractéristiques géométriques du diag σ_c sont calquées sur celles du diagramme déformation-contrainte du béton.

D-II.3.3.3 Valeurs de F_c, de son moment par rapport à l'armature tendue et de z_c

Elles découlent du calcul intégral exposé ci-dessous et illustré sur la Figure D-II.3.5.

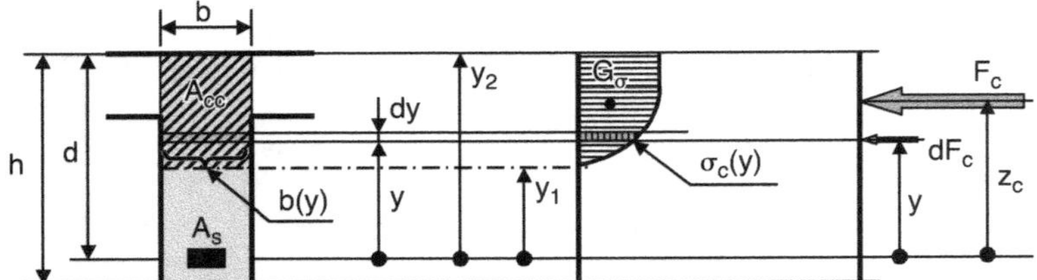

Figure D-II.3.5. Calcul de F_c, de son moment par rapport à l'armature tendue et de z_c.

- Effort élémentaire dF_c = résultat de la contrainte appliquée sur l'aire $b(y).dy$ de béton comprimé :

  $dF_c = b(y).dy.\sigma_c(y)$

- Moment par rapport à l'armature tendue de cet effort élémentaire :

  $dM_{Fc} = b(y).dy.\sigma_c(y).y$

- Effort F_c total = résultat de l'intégrale des efforts élémentaires sur la hauteur où se développe le diag σ_c, soit ici de y_1 à y_2 :

  $F_c = \int_{y1}^{y2} b(y).\sigma_c(y).dy$

- Moment de l'effort total F_c par rapport à l'armature tendue :

  $M_{Fc} = \int_{y1}^{y2} b(y).\sigma_c(y).y.dy$

- D'où on tire :

$$z_c = \frac{M_{Fc}}{F_c} = \frac{\int_{y1}^{y2} b(y).\sigma_c(y).y.dy}{\int_{y1}^{y2} b(y).\sigma_c(y).dy}$$

D-II.3.4 Cas particulier des sections rectangulaires ou assimilées

Elles sont caractérisées par une largeur de béton comprimé constante, $b(y) = C_{te} = b$, sur toute la hauteur où se développe le diag σ_c.

Alors b peut être sorti des intégrales et on a :

$F_c = b.\int_{y1}^{y2} \sigma_c(y).dy = b.\text{aire diag } \sigma_c$

$$z_c = \frac{b\int_{y1}^{y2} \sigma_c(y).y.dy}{b\int_{y1}^{y2} \sigma_c(y).dy} = \text{distance au centre de gravité du diag } \sigma_c$$

D-II.3.4.1 Écriture pratique des équations d'équilibre et leur exploitation

Cette écriture et les paramètres associés sont spécifiques aux sections rectangulaires ou assimilées ($b = C_{te}$ sur la hauteur où se déploie le diag σ_c). Son utilisation serait erronée dans toute autre circonstance.

Elle est faite sous forme normée et aboutit à une équation d'équilibre des moments adimensionnelle. De cette façon, l'écriture du résultat est unique quelles que soient les dimensions de la poutre et la qualité du béton considéré.

Paramétrage du diag σ_c

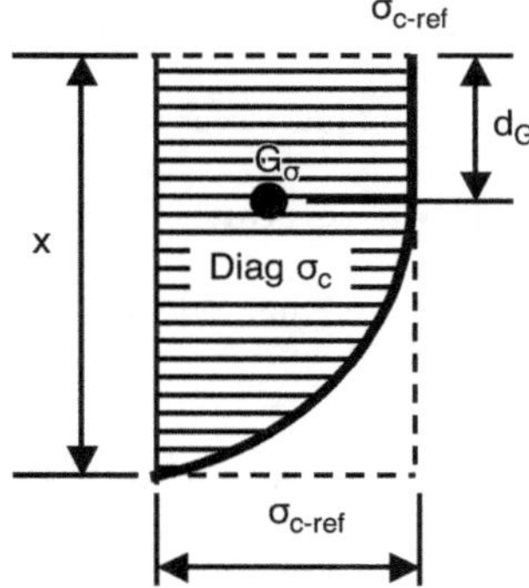

Il est paramétré par :

- Une contrainte que nous désignerons $\sigma_{c,ref}$ prise pour référence et caractérisant le diag σ_c ; c'est souvent la contrainte maximum admissible pour le béton comprimé.

- Un paramètre adimensionnel α caractérisant sa hauteur x par référence à la hauteur utile d de la poutre : $\alpha = x/d$

- Un paramètre adimensionnel Ψ caractérisant son aire : Ψ = aire diag σ_c/aire du rectangle $x.\sigma_{c,ref}$

  Ψ est appelé « coefficient de remplissage » car il exprime la proportion dans laquelle le diag σ_c remplit le rectangle $x.\sigma_{c,ref}$.

- Un paramètre adimensionnel δ_G caractérisant la hauteur d_G de son centre de gravité G_s par référence à sa hauteur x : $\delta_G = d_G/x$

  δ_G est appelé « coefficient de centre de gravité ».

Écriture des équations d'équilibre avec ce paramétrage

- z_c = distance au centre de gravité du diag $\sigma_c \Rightarrow z_c = d - d_G = d.(1 - \delta_G.\alpha)$

- F_c = b.aire diag $\sigma_c \Rightarrow F_c = b.\psi.\alpha.d.\sigma_{c,ref}$

  Notons qu'en l'absence d'aciers comprimés on peut également calculer F_c par la relation $F_c = M_A/z_c = M_A/[d.(1 - \delta_G.\alpha)]$

- Équation d'équilibre des moments :

  Elle s'écrit : $M_A = F_c.z_c = (b.\psi.\alpha.d.\sigma_{c,ref}).d.(1 - \delta_G.\alpha)$

  En introduisant un dernier paramètre adimensionnel μ appelé « moment réduit » et égal à $\mu = M_A/(b.d^2.\sigma_{c,ref})$, l'équation d'équilibre des moments s'écrit enfin : $\mu = \psi.\alpha.(1 - \delta_G.\alpha)$

  C'est une équation du deuxième degré en α dont on tire la valeur de α. Valeur qui, en permettant de définir le diagramme de déformation, est à la base de la suite de calculs menant aux valeurs de F_c et F_s.

- Équation d'équilibre des efforts :

  Sa forme générale est $\overline{N} + \overline{F}_s + \overline{F}_c = 0$

  Pratiquement on l'écrit $F_s = F_c - \overline{N}$ avec $\overline{N} > 0$ en compression

  $\overline{N}$ est une donnée du problème,

  Connaissant maintenant α, on sait calculer $F_c = b.\psi.\alpha.d.\sigma_{c,ref} \Rightarrow F_s = F_c - \overline{N}$

  En l'absence d'aciers comprimés, il est préférable de calculer F_c par la relation $F_c = M_A/z_c = M_A/[d.(1 - \delta_G.\alpha]$, moins sensible que $F_c = b.\psi.\alpha.\sigma_{c,ref}$ à une éventuelle erreur ou inexactitude sur la valeur de α.

- Si le pivot est connu, il fixe un premier point du diagramme de déformation. La valeur de α, en donnant la hauteur de l'axe neutre, en fixe un deuxième point. Ce diagramme étant linéaire, deux points suffisent pour le définir totalement.

  On en tire σ_s et on calcule $A_s = F_s/\sigma_s$

Remarque

Outre un paramètre utile pour normer l'écriture de l'équation d'équilibre des moments, le moment réduit μ est un indicateur puissant.

Il caractérise le degré de mobilisation du béton disponible pour reprendre F_c. En effet, plus μ est élevé, plus grande est la hauteur de béton comprimé, donc plus grand est α et, par suite, plus grand est $\mu = \psi.\alpha.(1 - \delta_G.\alpha)$.

À chaque valeur de μ est associé un diagramme de déformation de la section et réciproquement. Alors :

– à chaque frontière entre domaines du diagramme des pivots correspond une valeur frontière de μ ;

– diverses prescriptions réglementaires et des limites économiques ou pratiques peuvent aussi être traduites par des valeurs limites de μ à ne pas outrepasser.

La comparaison de μ effectif aux valeurs frontières et limites ci-dessus apporte une aide précieuse au calculateur. Ce point sera largement exploité dans la suite (§ D-II.5).

Nota

Ici s'arrêtent les informations générales, valables quel que soit le règlement et non limitées à l'ELU.

D-II.4 Application de ces informations aux calculs à l'ELU

Ce qui suit étant spécifique à l'ELU, les valeurs de référence sont celles propres à l'ELU et, pour rappel, moment fléchissant, effort normal et autres sont marqués de l'indice u.

D-II.4.1 Au sujet des pivots

- C'est au pivot B ou A que les poutres atteignent l'ELU.

  La très grande majorité des poutres l'atteint au pivot B. Seuls les éléments les moins sollicités (c'est souvent le cas de dalles) l'atteignent au pivot A.

- Aucune poutre ou élément assimilable n'est calculé à l'ELU au pivot C.

- On pourrait penser que les poteaux, dont la sollicitation dominante est une compression, sont calculés au pivot C. En fait, périssant par flambement, ils relèvent d'un mode de calcul spécifique et atteignent généralement l'ELU au pivot B.

- Seuls des éléments comprimés très courts, qui ne peuvent pas flamber, peuvent relever du calcul ELU au pivot C. Également, dans certaines circonstances, le calcul de la longueur des attentes des poteaux requiert un calcul au pivot C. Ce dernier point et la procédure de calcul associée sont traités au § E-III.7.1.1.

Deux exemples de diagramme de déformation d'une poutre, l'un au pivot B, l'autre au pivot A, sont illustrés sur la Figure D-II.4.1.

D-II.4.2 Valeurs de ψ et δ_G

Elles dépendent de la géométrie de base choisie pour le diag σ_c et du pivot à partir duquel est fait le calcul. Leurs valeurs sont données ci-dessous.

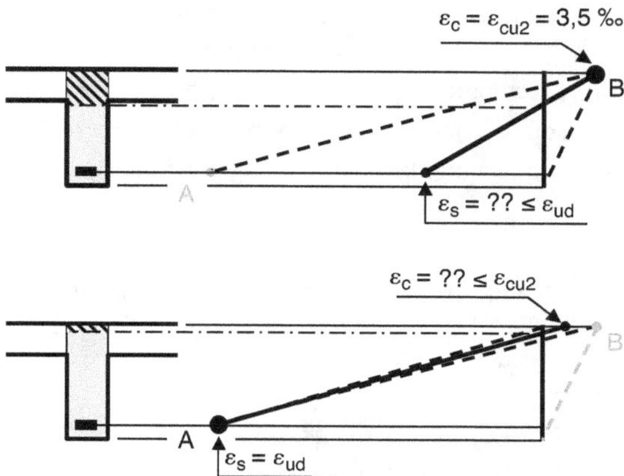

Figure D-II.4.1. Exemples de diagrammes de déformation au pivot B et au pivot A.

Diagramme parabole-rectangle

C'est la schématisation réaliste du diag σ_c. Il est associé à $\sigma_{c,ref} = f_{cd}$. Ses caractéristiques sont illustrées sur la Figure D-II.4.2.

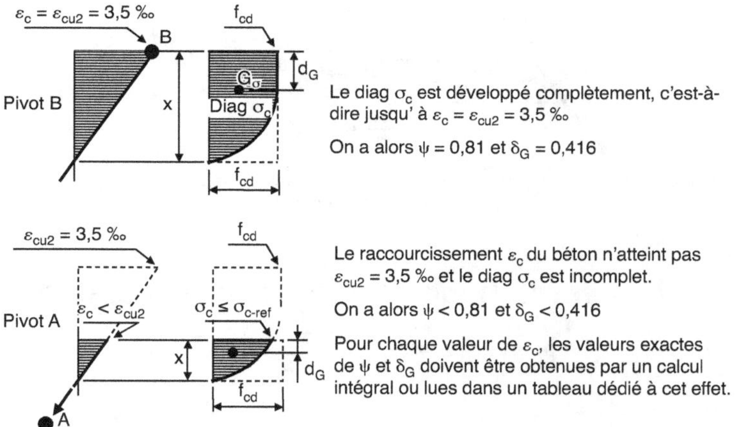

Figure D-II.4.2. Caractéristiques et valeurs de ψ et δ_G du diagramme parabole-rectangle en fonction du pivot.

Diagramme rectangle

C'est un diagramme simplifié. Il convient pour des calculs au pivot B ou A et est interdit au pivot C. Ses caractéristiques et une comparaison avec le diagramme parabole-rectangle sont illustrées sur la Figure D-II.4.3.

Il s'agit d'un diagramme auquel sont attribuées des valeurs de ψ et δ_G comparables à celles du diagramme parabole-rectangle au pivot B, à savoir $\psi = 0,8$ et $\delta_G = 0,4$. On lui associe une représentation géométrique qui est un rectangle de hauteur 0,8 x et de largeur $\sigma_{c,ref} = f_{cd}$.

Au pivot A, on lui conserve la même géométrie et les mêmes paramètres, $\psi = 0,8$ et $\delta_G = 0,4$, bien que les valeurs réalistes de ψ et δ_G obtenues avec le diagramme parabole-rectangle puissent alors être très différentes (voir Tableau G.2.4 au § G.2.2.1.1). Cela induit deux erreurs, l'une sur aire diag σ_c et l'autre sur z_c, dont, par un heureux hasard, les effets sur la section calculée d'armature se compensent presque exactement. Ce qui donne toute sa validité à cette simplification.

L'utilisation du diagramme rectangle au pivot B ou A apporte une double simplification :

- Les valeurs de ψ et δ_G sont constantes, donc connues à l'avance quel que soit le pivot.
- Le calcul des sections non rectangulaires, nous le verrons plus loin au § D-V.4, en est grandement simplifié.

Nota

Pour ces deux raisons, la pratique donne la prééminence au diagramme rectangle chaque fois qu'il est autorisé. C'est lui qui sera pris pour référence pour l'ensemble des calculs à venir.

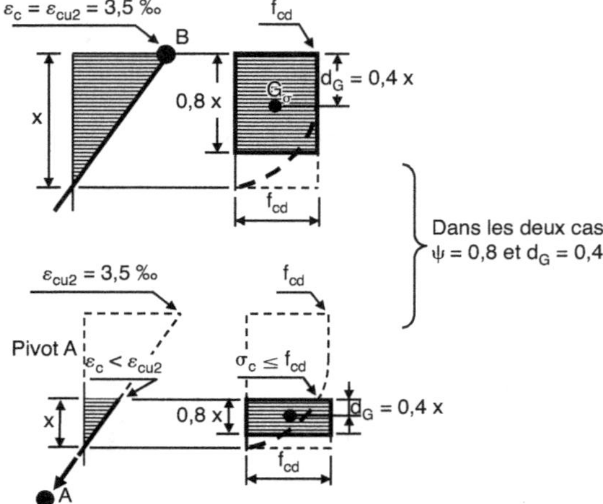

Figure D-II.4.3. Caractéristiques et valeurs de ψ et δ_G du diagramme rectangle et comparaison avec le diagramme parabole-rectangle.

D-II.4.3 Calcul sur la base du diagramme rectangle

La Figure D-II.4.4 sert de support à l'exposé.

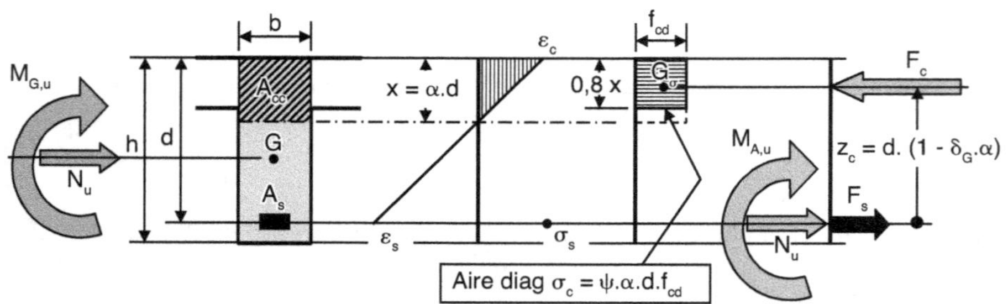

Figure D-II.4.4. Éléments pour le calcul d'une section fléchie.

Données du problème

- Sollicitation $M_{G,u}$ et N_u fournis par la RDM
- Géométrie de la section, notamment b, h et la position de son centre de gravité G
- Qualité du béton utilisé, particulièrement f_{cd}

- Caractéristiques des armatures utilisées :
  - classe de ductilité B, valeur de f_{yk}
  - option a pour leur diagramme déformation-contrainte $\Rightarrow f_{yd}$, ε_{ud} et $f_{sd,max}$

Étapes successives du calcul

1) Estimer d et en déduire la distance A_sG

2) Calculer $M_{A,u} = M_{G,u} + N_u.A_sG$ avec $N_u > 0$ en compression

3) Calculer μ_u en prenant $\sigma_{c,ref} = f_{cd} \Rightarrow \mu_u = M_{A,u}/(b.d^2.f_{cd})$

4) De l'équation d'équilibre des moments $\mu_u = \psi.\alpha.(1 - \delta_G.\alpha)$ on tire : $\alpha = 1{,}25.(1 - \sqrt{1 - 2.\mu_\mu})$

> **Nota**
>
> Les coefficients 1,25 et 2 sont associés aux valeurs $\psi = 0{,}8$ et $\delta_G = 0{,}4$ donc à la référence au diagramme rectangle.

5) Calculer $F_c = b.\psi.\alpha.d.f_{cd}$

En l'absence d'aciers comprimés, préférer la relation

$$F_c = M_{A,u}/z_c = \frac{M_{A,u}}{d.(1 - \delta_G.\alpha)}$$

qui est beaucoup moins sensible à une éventuelle erreur ou inexactitude sur la valeur de α.

6) Calculer $F_s = F_c - N_u$ avec $N_u > 0$ en compression

7) Déterminer ε_s et en déduire σ_s

Au pivot A :

$\varepsilon_s = \varepsilon_{su}$ et $\sigma_s = f_{sd,max}$

Au pivot B :

$\varepsilon_s < \varepsilon_{su}$ et $\sigma_s < f_{sd,max}$, par contre ε_c est connu et égal à ε_{cu2} = 3,5 ‰

En écrivant que les points 1, 2, 3 sont alignés ou que les triangles O'12 et O23 sont semblables, on a :

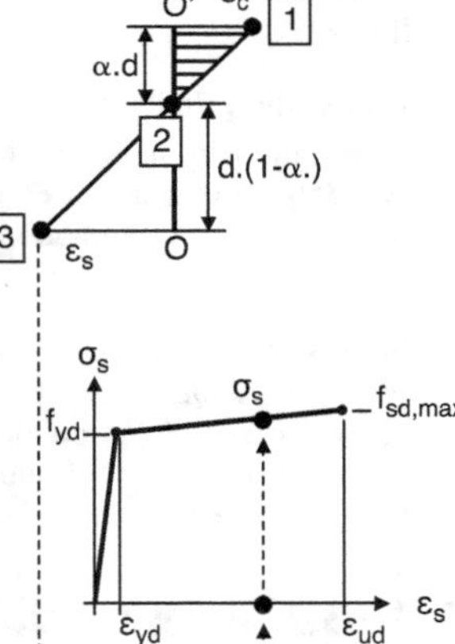

$$\frac{\varepsilon_c}{\alpha.d} = \frac{\varepsilon_s}{d.(1 - \alpha)}$$

d'où :

$$\varepsilon_s = \varepsilon_c.\frac{1 - \alpha}{\alpha}$$

On lit sur le diagramme déformation-contrainte des aciers la valeur de σ_s correspondante.

> **Nota**
>
> Lorsque μ_u est très élevé, on aboutit à $\varepsilon_s < \varepsilon_{yd}$. La poutre est sur-armée (voir § B.3.2.3.2 et B.3.2.3.3) et les aciers sont mal utilisés. Il est alors économique et bon pour la sécurité de redimensionner la poutre pour aboutir à une valeur de μ_u plus petite et $\varepsilon_s > \varepsilon_{yd}$.

8) On en tire : $A_s = F_s/\sigma_s$

9) En l'absence des différentes vérifications, notamment à l'ELS, exigées par le règlement, serait alors venu le temps de conclure la démarche par :

- le choix des aciers commerciaux assurant la section A_s (voir un exemple § F.1.7.6) ;
- le choix de leur disposition ;
- la vérification de la vraie valeur de d.

10) Si la vraie valeur de d est suffisamment proche de l'estimation de départ, le calcul est terminé. Sinon, il faut recommencer avec une meilleure approximation de d.

D-II.4.3.1 Comparaison des résultats du calcul entre aciers B500A et B500B

Cette comparaison est faite dans le cas de la flexion simple avec utilisation du diagramme rectangle. Elle est proposée dans le Tableau D-II.4.1 ci-dessous, limitée au domaine des calculs courants $(0,4 \leq \mu_u \leq 0.24)$ (voir § D-II.5.2.5).

Avec le diagramme rectangle, les coefficients ψ et δ_g gardent la même valeur $(\psi = 0,8$ et $\delta_g = 0,4)$ au pivot A et au pivot B, donc le résultat du calcul est indifférent à la valeur de ε_{ud} localisant la position du pivot A. La seule différence vient du bonus de résistance apporté par l'écrouissage, différent selon qu'on a affaire à des aciers de classe de ductilité A ou B.

Tableau D-II.4.1. Écart $[A_{s,u}(\text{B500B})-A_{s,u}(\text{B500A})]/A_{s,u}(\text{B500B})$ en %, sections rectangulaires, option a pour les aciers, calcul avec diagramme rectangle.

μ_u	0,04	0,06	0,08	0,10	0,12	0,14	0,16	0,18	0,20	0,22	0,24
Écart %	-2,29	-1,77	0,09	1,20	1,07	0,87	0,73	0,62	0,53	0,45	0,39

On constate que dans le domaine des calculs courants, à l'exception des valeurs les plus basses de μ_u, c'est le calcul $A_{s,u}(\text{B500B})$ qui conduit à la plus forte section d'acier, donc qui est du côté de la sécurité.

Mais les écarts restent très faibles (≤ 2 % environ) et peuvent souvent être considérés comme négligeables.

Proposition de l'auteur

Dans l'incertitude des aciers qui seront effectivement mis en place sur chantier : faire le calcul $A_{s,u}(\text{B500B})$ en gardant en mémoire que pour $\mu_u < 0,08$ c'est le calcul avec des aciers B500A qui est le plus défavorable.

Nota

Si on se réfère à l'option b pour le diagramme déformation-contrainte des aciers, σ_s de calcul $= C_{te} = f_{yd}$. Alors, dans leur zone de déformation plastique, plus rien ne distingue les aciers les classes de ductilité A ou B. Par contre, les sections d'acier ainsi calculées excèdent systématiquement celles de $A_{s,u}(\text{B500B})$ avec l'option a, l'écart diminue de 7 % pour $\varepsilon_s = 45$ ‰ jusqu'à 0 % pour $\varepsilon_s = \varepsilon_{yd} = 2,17$ ‰.

D-II.4.3.2 Aides possibles pour ce calcul

Elles ont été développées pour le cas des seules poutres rectangulaires sans aciers comprimés. Elles sont quelquefois utilisables dans d'autres cas, mais avec précautions.

Ce sont :

* soit des tableaux de calcul regroupant une collection plus ou moins dense de cas précalculés ;
* soit des formules pour un calcul raccourci.

Tableaux de calcul

Un tel tableau est proposé au § G.2.2.1.1, c'est le Tableau G.2.4.

Pour une série de valeurs de μ_u il propose, par une simple lecture, les résultats de la suite de calcul des points 4) à 7) ci-dessus ; à savoir les valeurs de α, $\beta = z_c/d$, ε_s et quelquefois de σ_s et ε_c. Son usage raccourcit significativement le temps de calcul.

Formule pour un calcul raccourci

Parmi les différents calculs raccourcis, une formule développée par l'auteur fournit une approximation quasi exacte de $A_{s,u}$. Elle résulte d'un calage numérique à partir d'une série de résultats exacts obtenus sur la base du diagramme rectangle.

Sa construction et sa justification sont proposées au § G.3.1.3.

- Domaine de validité

  Sections rectangulaires ou assimilables en flexion simple aux pivots B et A.

  Bétons de toute classe de résistance.

  Aciers B500B ou B500A.

  0,04 environ $\leq \mu_u \leq$ 0,24 environ (domaine pratique des calculs courants)

- Formule de calcul quasi exact de $A_{s,u}$

  Elle prend deux formes selon la classe de ductilité des aciers

  - Aciers B500A ou indéfinis (B500A ou B500B)

    alors: $A_{s,u}(\text{B500A ou indéfini}) = \dfrac{M_u}{0,9d.f_{yd}} \cdot (\mu_u + 0,82)$

  - Aciers B500B

    alors: $A_{s,u}(\text{B500B}) = \dfrac{M_u}{0,9d.f_{yd}} \cdot (\mu_u + 0,81)$

Nota

$\dfrac{M_u}{0,9d.f_{yd}} = A_{s,u}$ calculé avec $\beta = 0,9$ et $\sigma_s = f_{yd}$, c'est ce qui est admis en toute première approximation (voir § G.2.2.1.3).

D-II.5 Valeurs frontières et valeurs limites de μ_u

Voir au § F.1.7.2 un exemple d'utilisation de ces valeurs limites.

Ce sont des repères qui guident efficacement le calculateur et constituent un autre lot d'aides au calcul.

Les valeurs proposées dans cet ouvrage sont associées aux valeurs $\psi = 0,8$ et $\delta_G = 0,4$ propres au diagramme rectangle. Elles sont également basées sur:

- $\varepsilon_{cu2} = 3,5$ ‰ (la même limite de 3,5 ‰ est valable quel que soit le diagramme déformation-contrainte choisi pour le béton)
- le choix d'aciers de classe de ductilité B, la classe par défaut pour le béton armé, qui implique $\varepsilon_{ud} = 45$ ‰

D-II.5.1 Frontières entre domaines associés aux pivots

La Figure D-II.5.1 montre, en grisé sur le diagramme des pivots, le domaine de fonctionnement des poutres ou autres éléments fléchis présentant à l'ELU à la fois une armature tendue et une zone de béton comprimé. C'est le domaine des poutres et dalles. C'est aussi le seul domaine accessible en flexion simple.

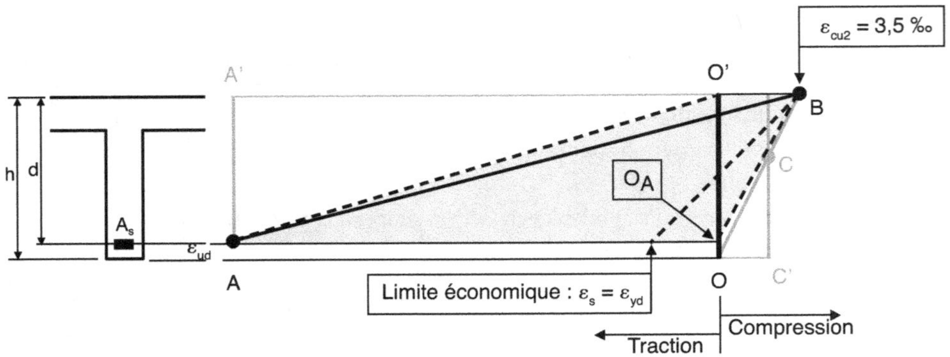

Figure D-II.5.1. Diagramme des pivots : domaine (en grisé) des éléments fléchis traités dans cette section.

Frontière AO', limite inférieure du domaine accessible en flexion simple

μ_u caractérisant le degré de mobilisation du béton disponible pour reprendre F_c.

À la frontière AO, il n'y a plus de béton comprimé et $F_c = 0$.

Alors, on a $\mu_{uAO}' = 0$

Frontière AB, séparant les domaines des pivots A et B

Elle est caractérisée par : $\varepsilon_s = \varepsilon_{ud} = 45$ ‰ et $\varepsilon_c = \varepsilon_{cu2} = 3,5$ ‰

On en tire : $\alpha_{AB} = \varepsilon_c/(\varepsilon_c + \varepsilon_s) = 3,5/(3,5 + 45) = 0,072$

d'où : $\mu_{uAB} = \alpha.\psi.(1 - \delta_G.\alpha) = 0,072.0,8 (1 - 0,4.0,072) = 0,056$

Frontière $O_A B$, limite supérieure du domaine accessible en flexion simple

Elle est caractérisée par $\varepsilon_s = 0$ et $\varepsilon_c = \varepsilon_{cu2} = 3,5$ ‰ et surtout par x = d $\Rightarrow \alpha = 1$

Alors : $\mu_{uOAB} = \alpha.\psi.(1 - \delta_G.\alpha) = 1.0,8 (1 - 0,4.1) = 0,48$

Hors des frontières ci-dessus, c'est-à-dire lorsque $\mu_u \leq 0$ ou $\mu_u > 0,48$

En l'absence d'un effort normal suffisant pour que la section soit effectivement totalement tendue ou totalement comprimée, il n'y a pas d'équilibre possible et l'élément doit être re-dimensionné. Ce point est traité dans les paragraphes relatifs aux poutres en Té et aux aciers comprimés, chapitre D-V de cet ouvrage.

D-II.5.2 Valeurs limites de μ_u

Ce sont des outils efficaces qui aident à gérer simplement des problèmes quelquefois complexes relatifs à des domaines aussi variés que : l'usage économique des aciers, la préservation d'une ductilité suffisante, la non-fragilité, l'évitement d'une fissuration et d'une flèche excessives.

S'agissant de valeurs de μ, elles ne sont applicables qu'aux éléments de section rectangulaire ou assimilée.

D-II.5.2.1 Limite économique $\mu_{u,limite,\varepsilon yd}$ d'utilisation des aciers

Voir le nota du § D-II.4.3, point 7.

Elle est atteinte lorsque ε_s atteint ε_{yd}, d'où l'indice pour la désigner. On est alors au pivot B,

$\Rightarrow$ on a : $\varepsilon_c = \varepsilon_{cu2} = 3,5$ ‰

Avec des aciers B500:

$\varepsilon_{yd} = f_{yd}/E_s = (f_{yd}\gamma_s)/E_s = (500/1,15)/200000 = 2,2\ \permil$

alors: $\alpha_{limite,\varepsilon yd} = \varepsilon_c/(\varepsilon_c + \varepsilon_s) = 3,5/(3,5 + 2,2) = 0,614$

d'où: $\mu_{u,limite,\varepsilon yd} = \alpha.\psi.(1 - \delta_G.\alpha) = 0,614.0,8\ (1 - 0,4.0,614) = 0,37$

Donc, avec des aciers B500: $\mu_{u,limite,\varepsilon yd} = 0,37$

Si $\mu_u > \mu_{u,limite,\varepsilon yd}$ le calcul n'est pas économique. Il convient alors de modifier les données de la poutre, géométrie ou qualité du béton, pour aboutir à une valeur de $\mu_u \leq \mu_{u,limite,\varepsilon yd}$.

D-II.5.2.2 Limites pour une ductilité suffisante

Une qualité cardinale du béton armé est sa ductilité, facteur de sécurité. Au § A.1.2, il a été comparé au roseau et nous avons montré au § B.3.2.3.3 (Figure B.3.14) que sa ductilité est proportionnée à l'étendue de la phase de déformation plastique de ses aciers. Pour les valeurs de $\mu_u \geq \mu_{u,limite,\varepsilon yd}$, comme la poutre avec $A_s = 8,04\ cm^2$ du § B.3.2.3 (Figure B.3.15) en donne un exemple, la phase de déformation plastique des aciers est inexistante et la rupture n'est plus ductile. Elle affiche seulement une pseudo-ductilité très limitée, due à la déformation non linéaire du béton comprimé. La capacité de ductilité part de zéro à la limite $\mu_u = \mu_{u,limite,\varepsilon yd}$ et augmente au fur et à mesure que μ_u est plus faible.

La «redistribution», appelée «adaptation» dans les règlements français antérieurs, est une propriété largement mise à profit dans les constructions en béton armé. Elle concerne les éléments continus et s'appuie sur la capacité de ductilité de leurs sections sur appuis. Son exploitation et les limites que lui impose Eurocode sont présentées au § E-I.4. Un calcul simplifié est autorisé sous certaines conditions. Tous calculs faits (voir § E-I.4.3.2.2), elles s'expriment par les limites ci-dessous:

- $\mu_{u,appui} \geq 0,295 \Rightarrow$ aucune redistribution autorisée.
- $0,154 \leq \mu_{u,appui} \leq 0,295 \Rightarrow$ redistribution partielle autorisée (moments sur appuis diminués de 0 % à 30 %).
- $\mu_{u,appui} \leq 0,154 \Rightarrow$ redistribution maximum autorisée ($M_{u,appui}$ diminué de 30 %).

Dans la pratique, on applique un degré de redistribution proche du maximum autorisé, ce qui limite généralement à $\mu_{u,appui} \leq 0,16$ environ.

D-II.5.2.3 Limites associées à un ratio $\rho = A_s/(b.d)$ donné d'aciers

Le règlement propose plusieurs limites ou repères se référant à un ratio ρ d'acier. C'est notamment le cas de la limite de non-fragilité (voir § D-II.7).

En fait, dans tous les cas de section rectangulaire en flexion simple sans aciers comprimés pour lesquels la section effective d'acier est celle découlant du calcul à l'ELU, une limite ou un repère exprimé par une valeur de ρ peut être, de façon alternative, exprimé par une valeur correspondante de μ_u et réciproquement.

Pour rappeler que la relation proposée ne s'adresse qu'à la section d'acier découlant du calcul à l'ELU, la valeur de ρ est affectée de l'indice u $\Rightarrow$ elle est notée ρ_u.

Il y a deux solutions pour passer de ρ_u à μ_u ou réciproquement:
- le calcul exact (comme présenté au § D-II.7.2.1.2 pour la limite de non-fragilité);
- une relation générale de transfert de l'un à l'autre.

Relation de transfert $\rho_u \Leftrightarrow \mu_u$

Elle est établie ci-dessous dans le cas d'aciers B500B. Elle reste une approximation suffisante dans le cas d'aciers B500A.

On a $\rho_u = A_{s,u}/(b.d)$

Le calcul quasi exact donne : $A_{s,u} = \dfrac{M_u}{0,9d.f_{yd}}.(\mu_u + 0,81)$

d'où : $\rho_u = \dfrac{\dfrac{M_u}{0,9d.f_{yd}}.(\mu_u + 0,81)}{b.d}$

Sachant que $M_u = \mu_u.b.d^2.f_{cd}$ on écrit $\rho_u = \dfrac{\dfrac{\mu_u.b.d^2.f_{cd}}{0,9d.f_{yd}}.(\mu_u + 0,81)}{b.d}$

d'où finalement : $\rho_u = \dfrac{\mu_u}{0,9}.\dfrac{f_{cd}}{f_{yd}}.(\mu_u + 0,81)$

La relation réciproque aboutit à une équation du 2e degré en μ_u d'où on tire :

$$\mu_u = 0,4\left(\sqrt{1 + \rho_u.5,5.\dfrac{f_{yd}}{f_{cd}}} - 1\right)$$

S'appuyant sur le calcul quasi exact de $A_{s,u}$, c'est une relation quasi exacte.

D-II.5.2.3.1 Limite traduisant le maximum d'acier admissible

Voir § D-II.8.

En flexion simple et lorsque sont respectées les diverses limites ci-dessus, elle n'est jamais atteinte.

D-II.5.2.3.2 Limite de non-fragilité

Elle est développée au § D-II.7.

Elle se traduit par le respect de $\mu_u \geq \mu_{u,limite,frag}$ tabulé ci-dessous.

Béton	C25/30	C30/37	C50/60
$\mu_{u,limite,frag}$	0,042	0,040	0,034

D-II.5.2.3.3 Limites prévenant d'une flèche excessive

Ces limites relèvent des prescriptions propres à l'ELS (voir Tableau D-III.6.1, au § D-III.6.2.1.2). Proposées sous forme de pourcentage limite d'acier, elles sont transposables en termes de $\mu_{u,limite}$.

D-II.5.2.4 Limites pour non-dépassement de la contrainte maximum autorisée dans le béton comprimé à l'ELS

Voir § D-III.4.2.

Il y a deux limites :

- Assurer $\sigma_{c,ser}$ sous combinaison caractéristique $\leq 0,6.f_{ck}$, exigible uniquement en conditions d'exposition XS, XD, XF $\Rightarrow$ béton C30/37.

   Nota
   Avec un C30/37 dans les cas les plus courants : $\mu_u \leq \mu_{u,limite,\sigma ck} \approx 0,28$

- Assurer $\sigma_{c,ser}$ sous combinaison quasi permanente $\leq 0,45.f_{ck}$ pour se limiter au fluage linéaire. Condition vérifiée tant que $\mu_u \leq \mu_{u,limite,cqp}$

  Nota

  Avec un C25/30 dans les cas les plus courants : $\mu_u \leq \mu_{u,limite,\sigma cqp} \approx 0,24$

D-II.5.2.5 Synthèse et utilisation de ces frontières et limites

Exprimées par des valeurs de μ_u, ces limites ne sont applicables qu'au cas des sections rectangulaires ou assimilées et *a priori* limitées aux cas où il n'y a pas d'aciers comprimés.

Dès que la valeur de μ_u est connue, c'est-à-dire dès les premiers pas du calcul, le calculateur a toutes les informations pour les choix nécessaires puis pour slalomer entre les écueils du calcul.

Par comparaison avec les valeurs frontières, il sait :
- si le calcul doit être mené au pivot A ou au pivot B ;
- ou si l'élément doit être redimensionné.

Par comparaison avec les valeurs limites, il sait :
- les points qui ne poseront pas problème ;
- ceux qui en poseront ou risquent d'en poser et peut, dès le début du calcul, anticiper les modifications nécessaires.

Avec un béton C25/30 et dans les cas les plus courants, le domaine pratique est :
- environ $0,04 \leq \mu_u \leq$ environ $0,24$ assurant, par sa borne inférieure la non-fragilité, par sa borne supérieure, le respect des limitations de $\sigma_{c,ser}$ et une ductilité confortable ;
- poutres continues : $\mu_{u,appui} \leq$ environ $0,16$.

Rappel pour les calculateurs habitués à BAEL

Eurocode	BAEL
$f_{cd} = f_{ck}/\gamma_c$ $\mu_{u,Eurocode} = M_u/(b.d^2.f_{cd})$	$f_{bu} = 0,85\ f_{ck}/\gamma_c = 0,85\ f_{cd}$ $\mu_{u,BAEL} = M_u/(b.d^2.f_{bu}) \approx 1,2.\mu_{u,Eurocode}$
Hors le cas des appuis des poutres continues qui relève de prescriptions nouvelles d'Eurocode, le domaine pratique dégagé ci-dessus correspond à environ $0,05 \leq \mu_{u,BAEL} \leq$ environ $0,29$, ce qui est approximativement le domaine pratique qui prévalait avec BAEL.	

D-II.6 Vérifications en cas d'action accidentelle

Le principe est simple.
- En cas d'action accidentelle, refaire les mêmes calculs que ci-dessus en prenant l'action accidentelle comme action principale et en appliquant les pondérations d'actions et les coefficients de sécurité matériaux propres à cette circonstance.

  Les précédentes valeurs limites de μ_u ne sont plus applicables.
- Retenir comme dimensionnement le plus défavorable de ceux obtenus ici ou sous actions courantes.

D-II.7 Vérifications de non-fragilité

C'est une vérification essentielle qui ne saurait être esquivée.

D-II.7.1 Condition de non-fragilité

Les dangers de la fragilité ont été exposés au § A.1.2.

Un élément est fragile s'il casse brutalement et sans signe avant-coureur dès l'apparition de la première fissure. Cela se produit lorsque la charge qu'il est capable de supporter après fissuration est inférieure à la charge qu'il supportait juste avant fissuration. C'est le cas abordé au § B.3.2.2.4 : si la section d'acier disponible est insuffisante, elle ne peut assurer la stabilisation des fissures naissantes et il s'ensuit une rupture instantanée et brutale, comme s'il n'y avait pas d'acier.

Sont concernés les éléments dont la section d'acier de renfort est très petite comparée à la section béton dans laquelle ils sont enchâssés. C'est le cas des éléments très peu sollicités. Ils sont associés à une valeur très faible de μ_u et atteignent l'ELU au pivot A.

Il convient de vérifier :

résistance de l'élément fissuré fonctionnant en mode béton armé à l'ELU

supérieure à

résistance de l'élément juste avant fissuration fonctionnant
en mode « mécanique des matériaux continus »

Cela peut être facilement réglé dès le début du calcul par comparaison de μ_u avec $\mu_{u,limite,frag}$ (voir § D-II.5.2.3.2 et D-II.5.2.5).

D-II.7.2 Formulations réglementaires

De façon redondante, Eurocode, dans EN 1992-1-1, propose deux formulations de la condition de non-fragilité, toutes deux présentées sous la forme d'une section minimum d'acier à respecter.

- L'une, dans la section « Dispositions constructives… », « Sections minimales et maximales d'armatures », article [9.2.1.1], est strictement dédiée à la non-fragilité. C'est la transposition directe de la condition de non-fragilité prévalant dans certains règlements antérieurs, dont BAEL. Il s'agit d'une formulation générale, très simple et approchée.
- L'autre, dans la section « États limites de service (ELS), maîtrise de la fissuration », « Section minimale d'armatures », article [7.3.2], a une formulation spécifique. Elle inclut la prescription de l'article [9.2.1.1] et la complète. Elle est beaucoup plus détaillée et a un champ d'application plus large. Tous les cas de figure sont clairement distingués et il n'est plus laissé de place à l'approximation. Elle a été développée pour la limitation de l'ouverture des fissures des éléments à la limite de la fragilité.

D-II.7.2.1 Prescription de l'article [9.2.1.1] : limitée à la non-fragilité

Eurocode traduit la condition de non-fragilité par une section minimum d'acier à respecter. À savoir :

$$A_{s,min} = 0{,}26.b_t.d.f_{ctm}/f_{yk} \geq 1{,}3\ ‰.b_t.d$$

où :

$A_{s,min}$ = section minimum d'acier dans la zone tendue de la section pour assurer la non-fragilité.

b_t = largeur moyenne de la zone tendue.

f_{ctm} = résistance moyenne en traction du béton ; elle est fonction de sa classe de résistance et donnée, notamment, par le Tableau C-II.1.1 du § C-II.1.1.

On note que la limite $A_{s,min} \geq 1,3\ ‰.b_t.d$ est la valeur qui découle de la formule de base $A_{s,min} = 0,26.b_t.d.f_{ctm}/f_{yk}$ dans le cas d'un béton C25/30 et d'aciers B500.

Pour les éléments secondaires où un certain risque de rupture fragile peut être accepté ou pour les aciers qui n'ont pas un rôle structural, comme les chapeaux minimums sur appuis (voir § D-IV.6.3), on peut admettre $A_s < A_{s,min}$ à condition de multiplier par 1,2 la section d'acier $A_{s,u}$ découlant du calcul initial à l'ELU $\Rightarrow A_s = 1,2\ A_{s,u}$

À l'exception des chapeaux minimums, il est conseillé de n'utiliser cette dérogation que dans les cas où les actions sur l'élément sont strictement bornées. Pratiquement, lorsque les actions sont limitées au seul poids propre sans aucune charge d'exploitation envisageable, même pas pour entretien, et avec des actions climatiques nulles ou presque. C'est généralement le cas de bandeaux de façade décoratifs ou de pare-soleil dans des régions non neigeuses.

Les résistances prises en compte, $\sigma_{ct} = f_{ctm}$ pour le béton tendu et $\sigma_s = f_{yk}$ pour l'acier, indiquent qu'Eurocode, comme notamment le règlement BAEL avant lui, considère que cette vérification doit être menée sans les coefficients de sécurité habituels.

D-II.7.2.1.1 Origine de la formule prescrite

Elle a été développée pour des poutres rectangulaires en flexion simple à partir du cheminement qui suit.

Résistance de la poutre fissurée

Moment résistant béton armé = $F_s.z_c$
avec $F_s = A_s.\sigma_s = A_s.f_{yk}$

$z_c = ?$ à défaut de calculs plus précis

il est admis de considérer à l'ELU
$z_c \approx 0,9.d$

d'où moment résistant $\approx A_s.f_{yk}.0,9.d$

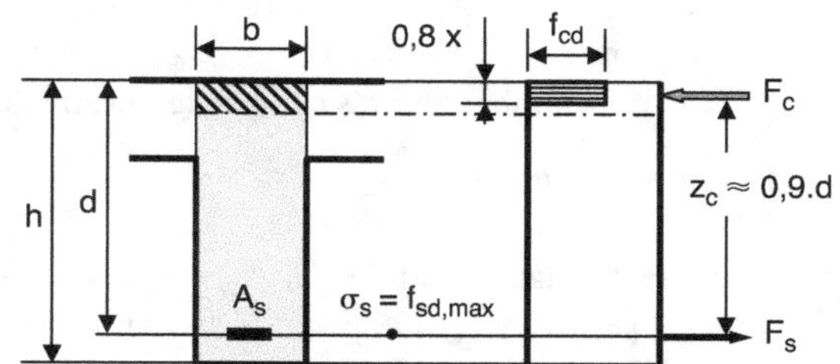

Résistance de la poutre avant fissuration

Avant fissuration :

- ce sont les règles des matériaux continus qui s'appliquent, à savoir $\sigma = M.v/I$
- le rôle des aciers d'armature est négligeable ; les armatures ne sont en effet réellement mises en tension qu'en réaction à l'ouverture des fissures (voir les commentaires de la Figure B.3.6) $\Rightarrow$ la section armée non fissurée est assimilée à la section non armée non fissurée.

Moment résistant de la poutre avant fissuration (repéré par l'indice cr comme cracking en anglais) :

$M_{cr} = \sigma.I/v$

$\sigma = f_{ctm}$

$I = bh^3/12$

en admettant $d \approx 0,9h \Rightarrow h \approx 1,1\ d$, on a $v = h/2 \approx 1,1\ d/2$

$$M_{cr} \approx f_{ctm}.\frac{b.(1,1d)^3}{12} \Big/ \frac{1,1d}{2}$$

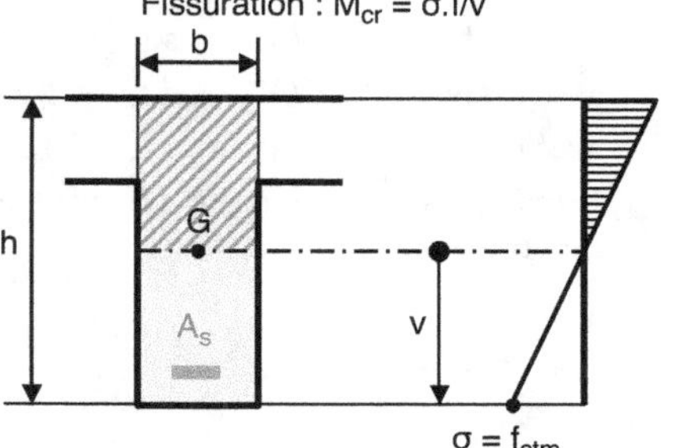

M résistant béton armé > M juste avant fissuration

Cela s'écrit, aux approximations ci-dessus près: $A_s.f_{yk}.0{,}9.d > f_{ctm}.\dfrac{b.(1{,}1d)^3}{12}\bigg/\dfrac{1{,}1d}{2}$

Ce qui, tous calculs faits, donne environ: $A_s > 0{,}22.b.d.f_{ctm}/f_{yk}$

Par rapport à ce calcul, la prescription réglementaire prend une marge de sécurité en majorant le coefficient 0,22 jusqu'à 0,26. Cela permet de conserver la même prescription dans des conditions un peu différentes, comme une section non rectangulaire ou la flexion composée avec faible effort normal.

À hauteur h et qualité du béton identiques, la résistance à la fissuration d'une section non rectangulaire est largement conditionnée par la largeur de la zone de béton tendu. D'où l'assimilation proposée d'une telle poutre à une poutre rectangulaire de largeur b_t.

D-II.7.2.1.2 Traduction de cette condition de non-fragilité par une valeur limite $\mu_{u,limite,frag}$

Il s'agit de trouver la valeur de μ_u qui, après le calcul de base à l'ELU sous actions courantes, aboutit à: $A_{s,u} = A_{s,min} = 0{,}26.b_t.d.f_{ctm}/f_{yk}$

Visant une valeur de μ, ceci s'adresse obligatoirement à des éléments de section rectangulaire ou assimilée $\Rightarrow b_t = b$

Le calcul est développé dans l'hypothèse du diagramme rectangle, soit $\psi = 0{,}8$ et $\delta_G = 0{,}4$

- Valeur de $A_{s,u}$ telle qu'elle découle du calcul de base à l'ELU sous actions courantes

  Flexion simple sans aciers comprimés $\Rightarrow F_s = F_c = b.\text{aire diag } \sigma_c = b.\psi.\alpha.d.f_{cd}$

  L'ELU est atteint au pivot A.

  - Avec des aciers de classe de ductilité B et l'option a pour leur diagramme déformation-contrainte, on a alors: $\sigma_s = f_{sd,max} = 1{,}072.f_{yd}$
  - soit, en se limitant à trois chiffres significatifs: $\sigma_s \approx 1{,}07.f_{yd}$

  Donc: $A_{s,u} = F_s/\sigma_s = \dfrac{b.\psi.\alpha.d.f_{cd}}{1{,}07.f_{yd}}$

- La limite de fragilité traduite par $A_{s,u} = A_{s,min} = 0{,}26.b.d.f_{ctm}/f_{yk}$, avec $b_t = b$ s'écrit:

  $$\dfrac{b.\Psi.\alpha.d.f_{cd}}{1{,}07.f_{yd}} = \dfrac{0{,}26.b.d.f_{ctm}}{1{,}15.f_{yd}} \text{ soit } \dfrac{\alpha.\Psi}{1{,}07} = \dfrac{0{,}26}{1{,}15}.\dfrac{f_{ctm}}{f_{cd}}$$

  On en tire $\alpha = \left(\dfrac{1{,}07.0{,}26}{1{,}15}\bigg/\Psi\right).\dfrac{f_{ctm}}{f_{cd}} = (0{,}24/\Psi).\dfrac{_{ctm}}{_{cd}}$

- La valeur limite repérant la fragilité est donc:

  $\mu_{u,limite,frag} = \alpha.\psi.(1 - \delta_G.\alpha)$ avec: $\delta_G = 0{,}4$, $\psi = 0{,}8$ et $\alpha = (0{,}24/\psi).\dfrac{f_{ctm}}{f_{cd}} = 0{,}3.\dfrac{f_{ctm}}{f_{cd}}$

  Alors:

  avec un béton C25/30, on a $f_{ctm} = 2{,}6$ MPa et $f_{cd} = 16{,}7$ MPa, d'où on tire $\mu_{u,limite,frag} = 0{,}037$

  avec un béton C30/37, on a $f_{ctm} = 2{,}9$ MPa et $f_{cd} = 20{,}0$ MPa, d'où on tire $\mu_{u,limite,frag} = 0{,}034$

  avec un béton C35/45, on a $f_{ctm} = 3{,}2$ MPa et $f_{cd} = 23{,}3$ MPa d'où on tire $\mu_{u,limite,frag} = 0{,}032$

  Dans le cas de sections en Té, la valeur de μ_u à prendre en compte est celle calculée sur la nervure seule.

Proposition de l'auteur

Dans la pratique courante du calcul, l'auteur propose de se référer aux valeurs $\mu_{u,limite,frag}$ ci-dessous qui incluent une marge de sécurité de 15 % par rapport au calcul ci-dessus.

Béton	C25/30	C30/37	C35/45
$\mu_{u,limite,frag}$	0,042	0,040	0,038

Alors :

- si $\mu_u > \mu_{u,limite,frag}$ ci-dessus, en flexion simple ou flexion composée avec faible effort normal, on est sûr que l'élément n'est pas fragile et aucune autre vérification n'est nécessaire ;
- si $0,85\ \mu_{u,limite,frag}$ ci-dessus $\leq \mu_u \leq \mu_{u,limite,frag}$ ci-dessus il y a un risque de fragilité et une vérification plus précise s'impose ;
- si $\mu_u < 0,85\ \mu_{u,limite,frag}$ ci-dessus on est sûr que l'élément est fragile et il faut prendre les mesures nécessaires.

D-II.7.2.2 Prescriptions de l'article [7.3.2] : très détaillées, non-fragilité et au-delà

Il s'agit encore d'une prescription de section minimum d'acier à respecter.

Sa formulation générale est : $A_{s,min} = \dfrac{k_c.k.f_{ct,eff}.A_{ct}}{\sigma_s}$

où :

- $A_{s,min}$ = section minimum d'acier dans la zone tendue.
- A_{ct} = aire de la section dont le calcul montre qu'elle est tendue juste avant la formation de la première fissure (alors que l'élément fonctionne encore en mode « mécanique des matériaux continus »).
- σ_s = valeur absolue de la contrainte maximum de traction admise dans l'armature immédiatement après fissuration. Si l'objectif est strictement la non-fragilité, prendre $\sigma_s = f_{yk}$.
- $f_{ct,eff}$ = valeur moyenne de la résistance en traction du béton au moment de l'apparition des premières fissures. S'il n'est pas prévu que des fissures apparaissent avant 28 jours, on prend $f_{ct,eff} = f_{ctm}$.
- k = coefficient qui tient compte d'une moins grande sensibilité aux effets des efforts dus aux déformations gênées lorsque la section résistante est plus grande.
  Selon la grande dimension de la section résistante, âme ou membrure :
  - ≤ 300 mm $\Rightarrow$ k = 1
  - ≥ 800 mm $\Rightarrow$ k = 0,65
  - interpoler linéairement entre ces limites.
- k_c = coefficient qui tient compte :
  - de la répartition des contraintes immédiatement avant la fissuration ;
  - du cas éventuel de la flexion composée ;
  - enfin de la variation du bras de levier des efforts intérieurs entre les états avant fissuration et après fissuration.
    - › En traction simple : $k_c = 1$
    - › En flexion simple ou composée :

Sections rectangulaires ou âmes :

$$- \quad k_c = 0,4.\left[1 - \frac{\sigma_c}{k_1.\left(h / h^*\right).f_{ct,eff}}\right] \leq 1$$

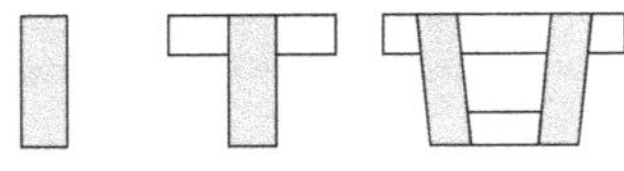

Membrures :

$$- \quad k_c = 0,9.\frac{F_{cr}}{A_{ct}.f_{ct,eff}} \geq 0,5$$

où :

- σ_c = contrainte moyenne dans le béton de la zone considérée du fait d'un effort normal :

$$\sigma_c = \frac{N_{Ed}}{b.h}$$

- N_{Ed} = effort normal agissant à l'ELS sur l'âme ou la membrure considérée (en gris dans les schémas ci-dessus) sous la combinaison d'actions appropriée ($N_{Ed} > 0$ en compression).
- $h^* = h$ pour $h < 1,0$ m et $h^* = 1,0$ m pour $h \geq 1,0$ m
- k_1 = un coefficient qui rend compte de l'effet de N_{Ed} sur la répartition des contraintes :
    › $k_1 = 1,5$ si N_{Ed} est une compression ;
    › $k_1 = 2h^*/3h$ si N_{Ed} est une traction.
- F_{cr} = valeur absolue de effort de traction dans la membrure du fait du moment de fissuration calculé avec $f_{ct,eff}$.

Comparaison avec la formule de l'article [9.2.1.1]

Le caractère plus détaillé de la présente prescription est évident.

Mais les deux formulations ont les mêmes racines, ce qu'on montre ci-après.

Dans les conditions suivantes :

- dans un strict but de non-fragilité et pour une fissuration escomptée au-delà de 28 jours $\Rightarrow \sigma_s = f_{yk}$ et $f_{ct,eff} = f_{ctm}$
- dans le cas d'une poutre rectangulaire de hauteur ≤ 300 mm en flexion simple et en considérant $h \approx d/0,9 \Rightarrow A_{ct} = b.h/2 = b.d/0,45)$; $k = 1$ et $k_c = 0,4$

on a : $A_{s,min} = 0,4.1.f_{ctm}.(b.d/0,45)/f_{yk}$

soit : $A_{s,min} = 0,22\ b.d.\dfrac{f_{ctm}}{f_{yk}}$

On retrouve exactement la formule dégagée au § D-II.7.2.1, qui est à la base de la prescription de non-fragilité de l'article [9.2.1.1].

D-II.8 Section maximum d'armature [9.2.1.1]

Hors des zones de recouvrement : $A_{s,max} = 0,04.A_c$

avec : A_c = aire totale de la section (l'indice c étant alors celui de concrete).

Cette limitation a deux raisons :

- prévenir un bétonnage trop difficile associé à un ferraillage trop dense ;
- au-delà d'une certaine proportion d'acier, les hypothèses de base du calcul béton armé sont mises à mal (le béton armé se transforme en acier enrobé).

Dans le cas d'une section rectangulaire:

$A_c = b.h = b.d/k_d$ avec $k_d = d/h \approx 0,9$ ou $0,8$ selon les conditions d'environnement.

Alors, à $A_{s,max} = 0,04.A_c$ correspond $\rho_{max} = A_{s,max}/bd \approx 0,04/k_d$

Avec les règles de la flexion simple (voir la relation $\rho_u \Leftrightarrow \mu_u$ au § D-II.5.2.3), il y correspond les valeurs limites $\mu_{u,limite,max}$ ci-dessous.

Classe du béton	Expositions X0 et XC $d \approx 0,9h \Rightarrow k_d \approx 0,9$	Expositions XS, XD, XF $d \approx 0,8h \Rightarrow k_d \approx 0,8$
B25/30	$\mu_{u,limite,max} \approx 0,686$	$\mu_{u,limite,max} \approx 0,744$
B30/35	$\mu_{u,limite,max} \approx 0,605$	$\mu_{u,limite,max} \approx 0,657$
B50/60	$\mu_{u,limite,max} \approx 0,418$	$\mu_{u,limite,max} \approx 0,457$

Or la plus grande valeur de μ_u accessible économiquement est $\mu_{u,limite,yd} = 0,37$ et le domaine pratique est limité supérieurement à $\mu_u \approx 0,24$.

Donc, dans le domaine pratique, en flexion simple sans aciers comprimés et section rectangulaire, $A_{s,max}$ n'est jamais atteint. La vérification associée est alors toujours assurée.

$A_{s,max}$ peut cependant être atteint dans le cas de poutres en Té ou avec aciers comprimés très sollicitées (voir chapitre D-V).

D-III Vérifications et dispositions propres à l'état limite de service (ELS)

Ce chapitre est l'objet de la [Section 7] de l'Eurocode 2.

D-III.1 Objectif

Il s'agit de vérifications.

En conséquence, la géométrie des éléments concernés est déjà totalement connue, y compris A_s et d. Les calculs en sont significativement simplifiés.

Ces vérifications ont pour objectif de limiter la fissuration et la flèche des éléments calculés. Elles sont de trois ordres :

- Une limitation forfaitaire de la contrainte en service du béton comprimé. C'est un premier crible.
- Un calcul de l'ouverture maximum théorique des fissures, à comparer à une valeur spécifiée à ne pas dépasser.
- Un calcul de la flèche maximum théorique, à comparer à une valeur maximum spécifiée à ne pas dépasser.

Si une vérification n'est pas assurée, il faut changer une ou des caractéristiques(s) de l'élément considéré (hauteur, largeur, A_s ou f_{ck}) et recommencer la vérification avec ces nouvelles données.

Cette section est complétée (§ D-III.7) par les prescriptions relatives aux armatures de peau. Il s'agit de dispositions complémentaires indispensables pour limiter la fissuration dans les poutres de grande hauteur ou renforcées avec des aciers de gros diamètre ($\phi > 32$ mm).

> ### Nota
>
> En fait, dans les bâtiments courants en classe d'exposition X0 ou XC1 à XC4 et en flexion simple, si les éléments ont été prédimensionnés conformément au Tableau C-III.4.1 du § C-III.4.8, s'ils respectent les prescriptions du Tableau D-III.6.1 du § D-III.6.2.1.2 (c'est généralement le cas avec le prédimensionnement précédent) et si $\mu_u \leq \mu_{u,\text{limite},\sigma cqp} \approx 0,24$: toutes les vérifications sont assurées sans autre calcul.
>
> C'est l'option visée dans cet ouvrage.
>
> Alors, à part les prescriptions relatives aux éventuels aciers de peau, ce chapitre n'a plus qu'un objectif d'information.

D-III.2 Principe des calculs à l'ELS

Il s'agit d'une transposition des calculs développés pour les matériaux continus. Chaque constituant est considéré comme ayant un comportement linéaire et la section « mécaniquement résistante » définie plus bas est substituée à la section réelle.

D-III.2.1 Diagramme de déformation et des contraintes

À l'ELS, le diagramme de déformation et le diagramme des contraintes de la section considérée sont tous deux linéaires et peuvent être condensés en un diagramme unique : le « diagramme de déformation et des contraintes ». Sa genèse et ses spécificités sont présentées ici.

Du postulat du comportement linéaire des matériaux il suit :

- $\sigma_s = E_s.\varepsilon_s$ avec $E_s = Cte = 200$ GPa, ce qui est rigoureux puisque à l'ELS : $\sigma_s < f_{yd}$
- $\sigma_c = E_{c,eff}.\varepsilon_c$, ce qui est une approximation universellement admise, à condition que σ_c n'excède pas environ 0,6 f_{ck}. Contrairement au cas des aciers, $E_{c,eff}$ varie : avec la classe du béton, marginalement avec son âge, très fortement avec son fluage. Sa valeur tient compte de tous ces coefficients de variation, d'où l'indice eff (comme effective en anglais).

Du fait des relations linéaires ci-dessus entre ε et σ et moyennant l'entremise du rapport $\alpha_{e,eff} = E_s/E_{c,eff}$ appelé «coefficient d'équivalence», une transformation simple, illustrée sur la Figure D-III.2.1, permet de représenter par un même tracé à la fois le diagramme de déformation et le diagramme des contraintes d'une section.

Sur ce «diagramme de déformation et des contraintes» unique, on lit directement σ_c et la valeur $\sigma_s/\alpha_{e,eff}$ de laquelle on tire σ_s. On en déduit les déformations par $\varepsilon_c = \sigma_c/E_{c,eff}$ et $\varepsilon_s = \sigma_s/E_s$

Notation

Ce coefficient d'équivalence est noté α comme toute une famille de coefficients, avec les indices e comme le mot anglais *equivalence* et eff car il est associé à $E_{c,eff}$.

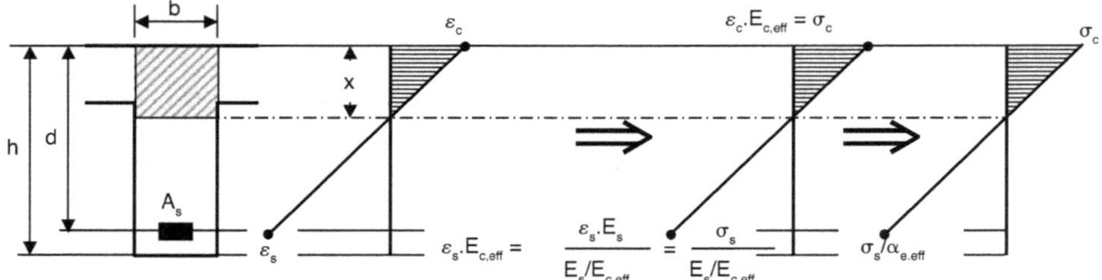

On multiplie toutes les déformations par $E_{c,eff}$ et on pose : $\alpha_{e,eff} = E_s/E_{c,eff}$

Figure D-III.2.1. ELS : passage du diagramme de déformation au diagramme des contraintes d'une section ⇒ à un facteur d'échelle près, les deux sont représentés par le même tracé (sur cette figure : cas d'une poutre rectangulaire sans aciers comprimés).

Dans les règlements français antérieurs, le coefficient d'équivalence était désigné par n et avait une valeur unique moyenne = 15. Il est maintenant désigné par $\alpha_{e,eff} = E_s/E_{c,eff}$. Sa valeur n'est plus constante mais tient compte, par la référence à $E_{c,eff}$, du fluage effectif du béton.

Dans le cadre d'Eurocode, pour les calculs du type considéré ici, c'est systématiquement $\alpha_{e,eff}$ qui doit être utilisé. Il doit être distingué de $\alpha_e = E_s/E_{cm}$, qui est la valeur avant fluage. Selon l'importance de celui-ci : $E_{cm}/3 \leq E_{c,eff} \leq E_{cm} \Rightarrow \alpha_e \leq \alpha_{e,eff} \leq 3.\alpha_e$

Le fluage effectif est pris en compte par la relation $E_{c,eff} = E_{cm}/(1 + \varphi)$

où φ = coefficient de fluage ; il augmente de 0 pour un fluage nul à 2 lorsque le fluage est totalement développé. On en tire : $\alpha_{e,eff} = (1 + \varphi).\alpha_e$

- Sous combinaison d'actions quasi permanente : sont considérées uniquement les charges de longue durée d'application ⇒ à terme : fluage total.

  Alors : $\varphi_{qp} \approx 2 \Rightarrow 1 + \varphi_{qp} = 3$ et $E_{c,ef,qpf} = E_{cm}/3 \Rightarrow \alpha_{e,eff,qp} = 3\alpha_e$

- Sous combinaison d'actions caractéristique : sont considérées toutes les charges, y compris celles qui ne sont pas de longue durée d'application ⇒ à terme : fluage partiel ⇒ $\varphi_k < 2$

  Eurocode propose $\varphi_k \approx 2.\dfrac{\text{sollicitation sous combinaison quasi permanente}}{\text{sollicitation sous combinaison caractéristique}}$

  Alors : $E_{c,eff,k} = E_{cm}/(1 + \varphi_k) > E_{cm}/3 \Rightarrow \alpha_{e,eff,k} = \alpha_e.(1 + \varphi_k) < 3\alpha_e$

D-III.2.2 Section mécaniquement résistante

Elle est constituée comme suit :
- La section de béton comprimé A_{cc} : comptabilisée avec son aire réelle.
- Le béton tendu : ignoré.

- La section $A_{s,i}$ de chaque groupe d'acier (d'une part les aciers tendus, d'autre part les éventuels aciers comprimés) : comptabilisée comme une aire fictive équivalente de béton égale à $A_{s,i}.\alpha_{e,eff}$, avec $\alpha_{e,eff} = E_s/E_{c,eff}$ vu plus haut.

Les grandeurs s'y reportant sont distinguées par un astérisque (*).

D-III.2.3 Démarche de base du calcul

Les calculs sont menés sur les bases suivantes, illustrées sur la Figure D-III.2.2.

- Aire de la section mécaniquement résistante $= A^* = A_{cc} + \alpha_{e,eff}A_{s,i}$

- En flexion simple, l'axe neutre passe par le centre de gravité G^* de la section mécaniquement résistante.

   Pour une valeur de $\alpha_{e,eff}$ donnée, la position de G^* ne dépend que de la géométrie de la section (béton + aciers) et est indépendante du moment appliqué.

- Sur ces bases est calculé le moment d'inertie I^* de A^* par rapport à l'axe qui passe par G^*.

- Alors, la contrainte effective à toute hauteur y, mesurée depuis le centre de gravité G^* de la section mécaniquement résistante A^*, est donnée par :

   - σ_c ou $\sigma_s/\alpha_{e,eff} = M_G.y/I^* + N/A^*$
   - avec : M_G = moment fléchissant RDM, calculé au niveau du centre de gravité G^* de A^* ;
   - N = éventuel effort normal (positif en compression).

   On en déduit rapidement l'intégralité du diagramme des contraintes. Il est linéaire et deux points suffisent à le définir totalement.

En flexion simple le calcul est relativement facile car l'axe neutre est alors situé au niveau de G^* sa position est connue d'avance. En flexion composée ce n'est plus le cas et le calcul est beaucoup plus laborieux.

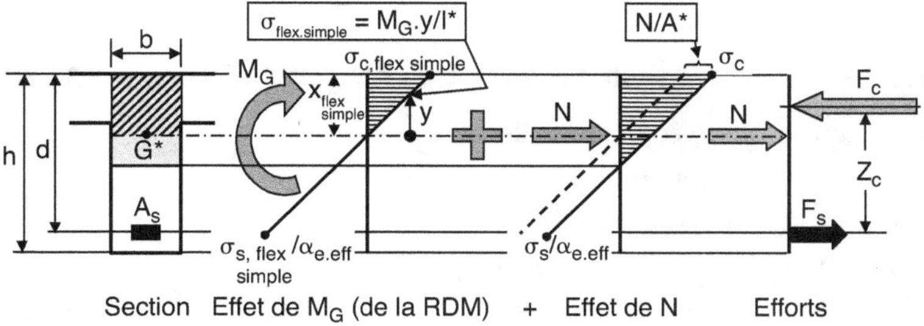

Figure D-III.2.2. Éléments du calcul à l'ELS : une transposition du calcul des milieux continus (sur cette figure : cas d'une poutre rectangulaire sans aciers comprimés en flexion composée, on verra au § D-III.6.2.2 que c'est un peu plus compliqué).

Dans la pratique, le recours à une méthode mixte peut faciliter les calculs. Le principe en est le suivant :

- D'abord, obtenir la hauteur x de l'axe neutre en flexion simple par la méthode décrite ci-dessus : l'axe neutre en flexion simple passe par G^*.

- Ensuite, en déduire les contraintes en revenant à l'équilibre des efforts par rapport au centre de gravité des aciers tendus comme pratiqué à l'ELU. Le moment à prendre en compte est alors M_A, calculé au niveau des aciers tendus.

   Nota

   En flexion simple : $M_A = M_G$

C'est la méthode préconisée par l'auteur.

D-III.2.4 Calcul détaillé

Il est présentée en annexe, § D-III.8.1.

Il s'agit du calcul s'appuyant sur la méthode mixte ci-dessus.

D-III.3 Coefficient de transfert entre ELU et ELS

Les vérifications à l'ELS se faisant sur des sections (béton et aciers) issues du calcul à l'ELU, le recours à un coefficient de transfert reliant M_u et M_{ser} permet de dégager des valeurs limites exprimées à l'ELU, donc exploitables dès les premiers pas de ce calcul à l'ELU, pour gérer des limitations imposées par l'ELS. Il s'agit notamment des limites $\mu_{u,limite,\sigma ck}$ et $\mu_{u,limite,\sigma cqp}$ évoquées au § D-II.5.2.4 et présentées plus en détail dans le § D-III.4.2.

D-III.3.1 Cas de la flexion simple

Le coefficient de transfert choisi par l'auteur, repris de Jean Perchat, a la forme générique $\gamma = M_u/M_{ser}$.

La flexion simple apporte une simplification car il n'y a pas à distinguer entre M_A et M_G, qui sont alors égaux.

La seule distinction à prendre en compte est relative au type de pondération des actions à considérer à l'ELS. Chacun a un coefficient γ qui lui est propre. Compte tenu des vérifications requises par Eurocode, il convient de distinguer :

* $\gamma_{qp} = M_u/M_{ser,qp}$ pour la combinaison d'actions quasi permanente, associé à $\varphi_{qp} = 2$
* $\gamma_k = M_u/M_{ser,k}$ pour la combinaison d'actions caractéristique
    Associé à $\varphi_k = 2.\gamma_k/\gamma_{qp} \Rightarrow E_{c,eff,k} = E_{cm}/(1 + 2.\gamma_k/\gamma_{qp})$ et $\alpha_{e,eff,k} = \alpha_e.(1 + 2.\gamma_k/\gamma_{qp})$

D-III.3.1.1 Cas de travées isolées avec un chargement réparti uniforme p/m

Les valeurs à escompter de γ_k et γ_{qp} sont celles ci-dessous :

On a alors : $M_{max} = p\ell^2/8$, proportionnel à p ; d'où : $\gamma = M_u/M_{ser} = (\gamma)_p = p_u/p_{ser}$

*   Locaux d'habitation ou de bureau : $Q \approx G/2$
    *   ELS combinaison caractéristique $\Rightarrow (\gamma_k)_p = (1,35\ G + 1,5\ Q)/(G + Q) \approx 1,4$
    *   ELS combinaison quasi permanente $\Rightarrow (\gamma_{qp})_p = (1,35G + 1,5\ Q)/(G + 0.3Q) \approx 1,8$
*   Autres locaux
    Sauf cas extrêmes, on a : $1,38 \leq (\gamma_k)_p \leq 1,45$ et $1,6 \leq (\gamma_{qp})_p \leq 2$

D-III.3.1.2 Cas des travées continues

On n'a plus $\gamma = (\gamma)_p$, mais seulement $\gamma \approx (\gamma)_p$, qui reste généralement une approximation acceptable.

D-III.3.2 Cas de la flexion composée

Alors : $M_A \neq M_G$. En effet : $M_A = M_G + N.A_sG$

Cela complique beaucoup les choses. À moins que N et M_G restent dans un rapport constant, il n'y a plus de coefficient de transfert simple entre ELU et ELS.

D-III.4 Limitation des contraintes à l'ELS

Les limitations de contrainte imposées à l'ELS par Eurocode concernent la contrainte σ_c dans le béton comprimé de la section et la contrainte σ_s dans les aciers tendus.

Le calcul détaillé de σ_c et σ_s est présenté en annexe, § D-III.8.1.

D-III.4.1 Limitations de σ_c prescrites par Eurocode

- Pour prévenir le risque de fissures longitudinales préjudiciables à la durabilité en cas d'ambiance agressive :

  Vérification conseillée, et non exigée, dans les conditions d'exposition XS (exposition marine), XD (chlorures non marins) et XF (gel-dégel).

  Nota

  Le béton qui convient dans ces conditions est au moins un C30/37.

  Alors, sous la combinaison caractéristique des actions :

  - Vérifier $\sigma_c \leq k_1.f_{ck}$ avec $k_1 = 0,6 \Rightarrow \sigma_c = \leq 0,6\,f_{ck}$
- Vis-à-vis du fluage :

  Vérification à faire sous la combinaison quasi permanente des actions.

  - Si $\sigma_c \leq k_2.f_{ck}$ avec $k_2 = 0,45 \Rightarrow \sigma_c \leq 0,45\,f_{ck}$, le fluage peut être considéré comme linéaire.
  - Sinon, calcul plus complexe, avec prise en compte de sa non-linéarité.

Le béton précontraint est particulièrement concerné, mais le béton armé n'est pas dispensé de cette prescription, la valeur de α_{eff} en dépend.

D-III.4.2 Valeurs de $\mu_{u,limite}$ proposées par l'auteur

Par le biais des coefficients de transfert γ entre ELS et ELU vus au § D-III.3, aux valeurs limites de σ_c correspondent les deux valeurs limites $\mu_{u,limite,\sigma cqp}$ et $\mu_{u,limite,\sigma ck}$ présentées ci-après. La façon dont elles sont obtenues est développée au § G.3.2 et un catalogue plus détaillé de leurs valeurs est proposé dans les tableaux du § G.2.2.3.

- $\sigma_c \leq 0,45.f_{ck}$ à vérifier sous combinaison quasi permanente pour fluage linéaire.

  Condition vérifiée tant que $\mu_u \leq \mu_{u,limite,\sigma cqp}$

  Avec un C25/30, dans les cas courants où $\gamma_{qp} \approx 1,8 \Rightarrow \mu_{u,limite,\sigma cqp} \approx 0,24$

  Nota

  Ici n'intervient que γ_{qp}, car sous combinaison quasi permanente, $\varphi = 2 \Rightarrow \alpha_{e,eff} = 3\alpha_e$ indépendamment de tout autre paramètre.

- $\sigma_c \leq 0,6.f_{ck}$ à vérifier sous combinaison caractéristique dans les conditions d'exposition XS, XD, XF $\Rightarrow$ béton C30/37.

  Condition vérifiée tant que $\mu_u \leq \mu_{u,limite,\sigma ck}$

  Avec un C30/37, dans les cas courants où $\gamma_k \approx 1,4$ et $\gamma_{qp} \approx 1,8 \Rightarrow \mu_{u,limite,\sigma ck} \approx 0,28$

  Nota

  Cette limite sous combinaison caractéristique dépend bien sûr de γ_k, mais aussi de γ_{qp} car $E_{c,eff,k} = E_{cm}/(1 + 2.\gamma_k/\gamma_{qp})$ et $\alpha_{e,eff,k} = \alpha_e.(1 + 2.\gamma_k/\gamma_q)$ dépendent de γ_k et γ_q.

En toute circonstance, ces deux limites supplantent $\mu_{u,limite,\varepsilon yd}$ qui assure un usage économique des aciers.

D-III.4.3 Limitations de σ_s prescrites par Eurocode

Pour éviter des ouvertures des fissures ou des déformations excessives, Eurocode prescrit de limiter la contrainte σ_s dans les aciers tendus comme suit :

- calcul sous combinaison caractéristique
- $\sigma_s \leq k_3.f_{yk}$ en général avec $k_3 = 0{,}8$ ($\Rightarrow$ avec aciers B500 : $\sigma_s \leq 400$ MPa)
- $\sigma_s \leq k_4.f_{yk}$ en cas de déformation imposée avec $k_4 = 1$ ($\Rightarrow$ avec aciers B500 : $\sigma_s \leq 500$ MPa ; il est en effet souhaitable qu'à l'ELS $\sigma_s \leq$ limite d'élasticité)

La contrainte σ_s est maximum lorsque l'élément est le moins sollicité, c'est-à-dire à la limite de la fragilité $\Rightarrow \mu_u \approx 0{,}04$

Nota

Des calculs menés comme exposé en annexe § D-III.8 et explicité au § G.3.2, on tire ce qui suit :

En flexion simple : σ_s ne dépasse pas 360 MPa $\Rightarrow \sigma_s \leq 400$ MPa toujours vérifié $\Rightarrow$ ignorer cette vérification.

Cette vérification ne s'impose qu'en flexion composée traction.

D-III.5 Limitation de l'ouverture des fissures

Les ouvertures de fissures sont notées w comme *width* (largeur en anglais).

D-III.5.1 Ouverture de fissure maximum w_{max} prescrite

L'ouverture de fissure w_{max} est la valeur que ne doit pas dépasser l'ouverture de fissure « caractéristique » w_k escomptée dans l'élément considéré. w_{max} est d'autant plus faible que l'environnement est plus agressif.

L'ouverture de fissure caractéristique w_k est calculée sous combinaison quasi permanente des actions. C'est la plus large ouverture de fissure envisageable, d'où sa qualification de « caractéristique », dans l'élément concerné et sous la combinaison d'actions considérée.

Le choix réglementaire de la combinaison quasi permanente pour le calcul indique que c'est l'ouverture de fissure durablement installée qui doit être considérée. L'ouverture sous charge de pointe est fugace et considérée comme moins préjudiciable.

Les valeurs de w_{max} recommandées pour les éléments en béton armé sont regroupées dans le Tableau D-III.5.1.

Tableau D-III.5.1. Valeurs recommandées de w_{max} pour les éléments en béton armé.

Classe d'exposition	Prescriptions (AF)(*)	w_{max} pour éléments béton armé
Sous la combinaison d'actions quasi permanente		
X0 : pas de risque de corrosion XC1 : sec (intérieur des bâtiments courants et extérieur si protection par un enduit) ou humide en permanence	Sauf demande spécifique : vérification de w_k non nécessaire si les dispositions constructives (notamment $A_{s,min}$, $A_{s,max}$ et rapport ℓ/d du Tableau D-III.6.1) sont satisfaites	0,4 mm

XC2, XC3, XC4 : humide ou alternativement humide et sec	Idem ci-dessus, mais non-vérification limitée aux bâtiments de classe A à D, à savoir : immeubles d'habitation, de bureau, de réunion et les magasins (Mais imagine-t-on des habitations, bureaux, locaux de réunion et magasins humides ou alternativement humides et secs ?)	0,3 mm
XD1, XD2, XD3, XS1, XS2, XS3 : exposition aux chlorures non marins (XD) ou marins (XS)		0,2 mm (AF)
(*) Annexe nationale française (AF). Des dispositions particulières (non traitées dans cet ouvrage) sont prescrites pour les dalles h > 80 cm et les poutres h > 2 m.		

D-III.5.2 Cas où on peut se dispenser du calcul direct de w_k en vue de sa comparaison avec w_{max}

1) Cas couverts par les prescriptions spécifiques à l'Annexe nationale française (AF) du Tableau D-III.5.1 ci-dessus.

2) Cas des dalles sollicitées en flexion sans traction significative d'épaisseur h ≤ 200 mm et respectant les dispositions constructives.

3) Cas où les éléments sont armés avec au moins la section minimum $A_{s,min}$ d'acier et qu'est respecté :

   – soit le diamètre maximum $\phi_{s,max}$ des aciers en fonction de leur contrainte immédiatement après fissuration conformément au [tableau 7.2N de l'article 7.3.3 de l'EN 1992-1-1] non reproduit ici ;

   – soit leur espacement maximum en fonction de leur contrainte immédiatement après fissuration conformément au [tableau 7.3N de l'article 7.3.3 de l'EN 1992-1-1] non reproduit ici.

Nota

Les tableaux 7.2N et 7.3N évoqués ci-dessus ne sont pas reproduits ici car, pour les bâtiments courants, le problème est déjà traité par les points 1) et 2). De plus, ils n'ont qu'une portée limitée car ils ont été établis dans le cas, certes courant mais pas général, suivant : sections rectangulaires, flexion simple, béton C30/37, enrobage des aciers longitudinaux c = 25 mm, h ≤ 300 mm, charges de longue durée d'application (combinaison quasi permanente). Pratiquement, seules les dalles répondent à l'ensemble de ces conditions, notamment du fait de c = 25 mm pour les aciers longitudinaux, qui laisse peu de place pour des aciers transversaux. Surtout, la variable d'entrée est la valeur de la contrainte $\sigma_{s,ser}$ dans les aciers immédiatement après la fissuration. Donc, l'utilisation de ces tableaux ne dispense pas de faire un calcul de contrainte dans les aciers à l'ELS. Alors, autant faire le calcul de contrainte qui mènera à l'ouverture de fissure w_k.

De fait, on s'aperçoit que, pour les bâtiments courants et lorsque sont respectées les dispositions constructives réglementaires, la vérification par le calcul direct de w_k puis sa comparaison avec w_{max} n'est requise qu'en cas d'environnement marin (classes XS), de gel-dégel (classes XF), pour les hangars ou locaux industriels et parkings en classes d'exposition XC2 à XC4 (humide ou alternativement humide et sec) et enfin, en cas d'ambiance agressive chimique (classes XD).

D-III.5.3 Calcul de l'ouverture de fissure caractéristique w_k lorsqu'il est requis

En matière de fissuration, la réalité est capricieuse et elle peut différer sensiblement de la théorie. Aussi le calcul de w_k s'appuie-t-il sur le plus grand espacement envisageable entre fissures d'où découle la plus large ouverture de fissure envisageable dans les conditions de sollicitation de l'élément considéré. L'ouverture réelle peut être plus petite, mais elle a une très faible probabilité d'être plus grande, d'où sa qualification de « caractéristique ».

Comme déjà vu, w_k, qui sera comparé à w_{max}, est calculé sous la combinaison quasi permanente des actions, à savoir :

$$G_{sup} + G_{inf} + \Sigma \Psi_{2,i} Q_i$$

avec $\psi 2_i = 0,3$ à $0,8$ selon l'usage du bâtiment (voir Tableau C-III.3.1, § C-III.3.2)

La formule réglementaire de calcul de w_k avec tous ses paramètres est exposée dans le § D-III.5.3.1 ci-dessous, et expliquée en annexe § D-III.8.2. Puis le § D-III.5.3.3 propose une synthèse des points à retenir et comment diminuer w_k lorsque nécessaire.

Le calcul s'appuie notamment sur la valeur de $\sigma_{s,qp}$ (sous actions quasi permanentes) déterminée comme montré en annexe, § D-III.8.1.

D-III.5.3.1 Formule de calcul de w_k (en mm) proposée par Eurocode

$$w_k = s_{r,max} \cdot (\varepsilon_{sm} - \varepsilon_{cm})$$

où :

- $s_{r,max}$ = espacement maximum escompté des fissures

  La logique générale d'attribution des indices aurait voulu que cet espacement entre fissures fût affecté de l'indice cr comme crack (fissure en anglais). Mais ce ne fut pas le choix d'Eurocode ;

- ε_{sm} = déformation moyenne de l'armature entre deux fissures
- ε_{cm} = déformation moyenne du béton tendu entre deux fissures

  La logique générale d'attribution des indices aurait voulu que cette déformation moyenne du béton tendu fût notée ε_{ctm}. Eurocode a fait un autre choix.

Avec :

$$\varepsilon_{sm} - \varepsilon_{cm} = \frac{\sigma_s - k_t \cdot \dfrac{f_{ct,eff}}{\rho_{p,eff}} \cdot \left(1 + \alpha_e \cdot \rho_{p,eff}\right)}{E_s} \geq 0,6 \cdot \frac{\sigma_s}{E_s}$$

où :

- σ_s = contrainte dans les armatures de béton armé tendues en supposant la section fissurée
- α_e = rapport E_s / E_{cm} ; il s'agit bien de α_e et non $\alpha_{e,eff}$ car l'incidence de la durée de chargement est prise en compte plus loin par le coefficient k_t
- $\rho_{p,eff} = A_s / A_{c,eff}$
- $A_{c,eff}$ = aire de la section effective de béton autour des armatures tendues, sa hauteur est $h_{c,eff}$ = min $[2,5(h - d) ; (h - x)/3 ; h/2]$
- k_t est un facteur dépendant de la durée de chargement

  $k_t = 0,4$ dans le cas d'un chargement de longue durée, le seul cas envisageable sous la combinaison quasi permanente des actions.

  (Pour information, dans le cas d'un chargement de courte durée : $k_t = 0,6$).

Et avec:

$s_{r,max}$ tel que suit.

Lorsque l'espacement entre axes des armatures $\leq 5(c + \phi/2)$ c'est-à-dire lorsque l'armature contrôle la fissuration:

$$s_{r,max} = k_3.c + k_1.k_2.k_4.\phi/\rho_{p,eff} \tag{1}$$

où:

- c = enrobage des armatures longitudinales exprimé en mm

  Eurocode ne précise pas s'il s'agit de l'enrobage minimum, moyen ou maximum. La sécurité veut qu'on ne minimise pas w_k. Aussi l'auteur propose-t-il de prendre la valeur moyenne de $c = c_{nom} + \phi_w \approx c_{nom} + 10$ mm

- k_3 = 3,4 si $c \leq 25$ mm, sinon $k_3 = 3,4.(25/c)^{2/3}$ avec c en mm (AF)

- ϕ = diamètre des barres exprimé en mm

  Lorsque plusieurs diamètres de barres sont utilisés dans une même section, considérer un diamètre équivalent $\phi_{eq} = \dfrac{n_1.\phi_1^2 + n_2.\phi_2^2}{n_1.\phi_1 + n_2.\phi_2}$ avec n_1 et n_2 égaux au nombre respectif de barres de diamètre ϕ_1 et ϕ_2.

- k_1 = 0,8 pour les barres HA (haute adhérence) (et k_1 = 1,6 pour les barres très lisses, c'est le cas de fils de précontrainte)

- k_2 est un coefficient qui tient compte de la distribution des déformations:

  = 0,5 en flexion

  = 1,0 en traction pure

  Dans le cas d'une traction excentrée, il convient d'utiliser des valeurs intermédiaires de k_2 telles que $k_2 = \dfrac{\varepsilon_1 + \varepsilon_2}{2\,\varepsilon_1}$ où ε_1 est le plus grand et ε_2 le plus petit allongement relatif en fibre extrême, la section étant supposée fissurée.

- k_4 = 0,425

Lorsque l'espacement entre axes des armatures $> 5(c + \phi/2)$, leur influence est insuffisante pour retenir les fissures, et celles-ci s'ouvrent comme s'il n'y avait pas d'armature.

On a alors:

$$s_{r,max} = 1,3.(h - x) \geq s_{r,max} \text{ de la formule (1) ci-dessus}$$

D-III.5.3.2 Explication de cette formule

Elle est proposée en annexe, § D-III.8.2.

D-III.5.3.3 Points à retenir et comment diminuer w_k lorsque nécessaire

Facteurs principaux dont dépend l'ouverture de fissure w_k

Les fissures sont d'autant plus étroites, donc w_k plus petit, que la densité d'acier $\rho_{p,eff}$ dans la membrure tendue est grande et que le diamètre ϕ des barres utilisées est petit.

- $\rho_{p,eff}$ est d'autant plus grand que A_s est grand et que $A_{c,eff}$ est petit.
- $A_{c,eff} = h_{c,eff}.b$ est d'autant plus petit que $h_{c,eff}$ et b sont petits.
- $h_{c,eff}$ est d'autant plus petit que l'enrobage c est petit.

Il s'ensuit que :

- Les plus faibles ouvertures de fissure sont obtenues dans les cas où μ_u est élevé, traduisant une forte sollicitation et par suite, une grande section d'acier en regard de la largeur b de la poutre.
- À l'opposé, les plus grands risques de dépassement de l'ouverture de fissure autorisée sont encourus avec les éléments les moins sollicités, ceux qui présentent les plus faibles valeurs de μ_u. Ce sont ceux qui sont à la limite de fragilité, on a alors $\mu_u = \mu_{u,limite,frag}$ et $A_{s,u} = A_{s,min}$. C'est pour cette raison que les tableaux 7.2N et 7.3N de l'EN 1992-1-1 ont été établis en se positionnant à la limite de la fragilité.
- Plus la section A_s de l'armature tendue est dispersée en de nombreuses barres fines, c'est-à-dire plus leur diamètre ϕ est petit, mieux c'est.
- Enfin, augmenter l'enrobage c est défavorable. Cela augmente $h_{c,eff} \Rightarrow A_{c,eff}$, dont la conséquence est une diminution de $\rho_{p,eff}$ qui se traduit par une augmentation de w_k.

  Cela complique la tâche du calculateur car, dans les conditions d'environnement difficiles, il doit concilier une diminution drastique de l'ouverture maximum de fissure autorisée avec une augmentation significative de l'enrobage c, reflet de l'augmentation de l'enrobage c_{min} requis. Deux exigences qui sont antinomiques.

Comment diminuer w_k lorsque sa valeur dépasse w_{max} autorisé ?

- D'abord, diminuer le diamètre ϕ des barres formant A_s, avec pour conséquence l'augmentation de leur nombre.

  La diminution de w_k avec ϕ est relativement lente et ce remède atteint vite ses limites. Très rapidement, les barres requises sont excessivement fines ou/et leur nombre est trop grand pour une mise en place acceptable dans l'espace disponible (respectant les distances minimums requises entre barres et un passage suffisant pour l'aiguille vibrante sans multiplier à l'infini le nombre de lits d'aciers).
- Ensuite, rendre A_s excédentaire par rapport au strict besoin de résistance. Le résultat est une diminution significative de w_k.

  Pour cela : augmenter arbitrairement la section d'acier A_s en gardant les dimensions de la poutre inchangées. On se fixe un diamètre ϕ pour les barres et on essaye plusieurs dispositions conduisant à $A_s > A_{s\,initial}$.
- On peut enfin envisager un béton de classe plus élevée. Le gain sur w_k reste faible.

Ce qui ne marche pas

- Changer la géométrie de la poutre en augmentant h ou b ou en traitant la poutre en poutre en Té (pour les poutres en Té, voir § D-V.2). Le résultat est une diminution de μ_u défavorable :
  - soit on tire bénéfice de la réduction de A_s découlant de ce changement de géométrie et alors w_k augmente ;
  - soit on garde A_s constant et l'opération a un impact négligeable sur w_k.

D-III.6 Limitation de la flèche [7.4]

D-III.6.1 Flèches limites

Deux types de flèche, et avec eux deux valeurs limites, doivent être considérés.

D-III.6.1.1 Flèche totale

Valeur limite = $\ell/250$, applicable aux poutres, dalles et consoles.

Elle est calculée sous la combinaison quasi permanente des actions. Il convient alors de supposer un développement complet du fluage.

Elle ne doit pas être visible, ce qui créerait un malaise esthétique et ne doit pas nuire à la fonctionnalité de l'ouvrage.

> *Nota*
>
> Elle peut être compensée partiellement ou en totalité par une contre-flèche initiale.

D-III.6.1.2 Flèche susceptible d'endommager les éléments sensibles avoisinants

Valeur limite = $\ell/500$.

Les éléments sensibles sont :

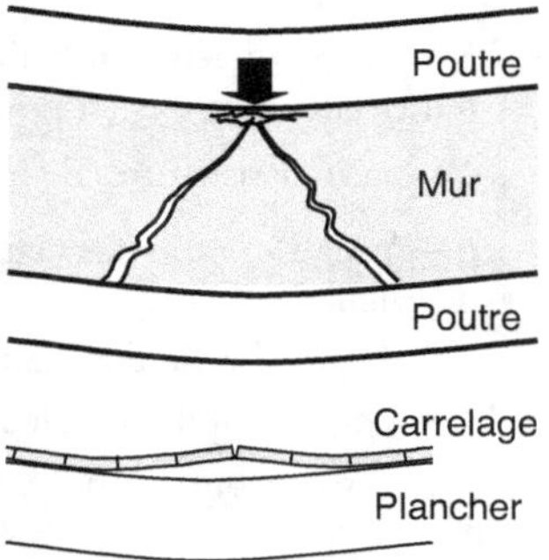

- les cloisons et murs rigides, notamment en blocs béton, brique, ou carreaux de plâtre, qui risquent des fissures, comme schématisé ci-contre (les cloisons en plaques de plâtre, légères et mises en place de sorte que les poutres ou dalles en plafond ne pèsent pas dessus, n'y sont pas sensibles) ;
- les revêtements rigides comme les carrelages qui peuvent « cloquer » comme schématisé ci-contre ;
- des ensembles de machinerie dont des éléments doivent rester parfaitement alignés.

La flèche concernée est en fait l'augmentation de flèche après la mise en place et la rigidification de l'élément sensible considéré. Elle est calculée comme la flèche totale définie au § D-III.6.1.1 moins la flèche escomptée avant la date de fin de durcissement ou de réglage des éléments sensibles. Cette flèche venant en soustraction est calculée en ne prenant en compte que les charges effectivement présentes à cette date (incluant le poids des éléments sensibles) et le développement du fluage jusqu'à cette date.

D-III.6.2 Cas de dispense du calcul de la flèche

Eurocode dispense de cette vérification lorsque le rapport ℓ/d = portée/hauteur utile est inférieur à une valeur limite déterminée comme exposé ci-après.

Attention

La référence est ici ℓ/d, et non plus ℓ/h comme dans les règlements français antérieurs. De plus, s'agissant de prescriptions d'Eurocode : $\ell = \ell_{\text{eff}}$

D-III.6.2.1 Cas de la flexion simple

Les valeurs limites de ℓ_{eff}/d proposées par Eurocode pour diverses circonstances on été établies dans le cas d'une flexion simple, en supposant qu'à l'ELS sous les charges de calcul requises pour la vérification des flèches, on a : $\sigma_s \approx 310$ MPa

De fait, pour toute poutre rectangulaire en flexion simple, on a 227 MPa $\leq \sigma_s \leq$ 360 MPa avec une valeur médiane voisine de 310 MPa.

Dans le cas des bâtiments courants, le respect de cette close est peu contraignant. C'est la solution la plus simple pour régler le problème des flèches et c'est celle préconisée par l'auteur.

D-III.6.2.1.1 Formule de calcul de la valeur limite de ℓ_{eff}/d dispensant de la vérification de la flèche en flexion simple

$$\text{Si } \rho \leq \rho_0 \Rightarrow \ell_{eff}/d \leq K.\left[11+1,5\sqrt{f_{ck}}.\frac{\rho_0}{\rho}+3,2\sqrt{f_{ck}}.\left(\frac{\rho_0}{\rho}-1\right)^{3/2}\right]$$

$$\text{Si } \rho > \rho_0 \Rightarrow \ell_{eff}/d \leq K.\left[11+1,5\sqrt{f_{ck}}.\frac{\rho_0}{\rho-\rho'}+\frac{1}{12}\sqrt{f_{ck}}.\sqrt{\frac{\rho'}{\rho}}\right]$$

avec :

- K = un coefficient qui tient compte du système structural ; sa valeur en fonction des différentes circonstances est donnée dans le Tableau D-III.6.1 ci-après
- ρ_0 = ratio d'armatures de référence = $\sqrt{f_{ck}}.10^{-3}$
- $\rho = A_s/(b.d)$ = ratio d'armatures de traction nécessaire pour reprendre le moment maximum de calcul
- ρ' = éventuel ratio d'armatures comprimées

Si ℓ_{eff} > 7 m, multiplier la valeur de ℓ_{eff}/d par $7/\ell_{eff}$ (avec ℓ_{eff} en m).

Dans le cas de poutres en Té telles que largeur de table $\geq$ 3 largeur de la nervure : multiplier ℓ_{eff}/d par 0,8.

Cette clause est très surprenante, car les calculs de flèche montrent au contraire que considérer une poutre en Té au lieu d'une poutre rectangulaire est favorable.

En bâtiment, ρ est généralement calculé par rapport à la nervure. Alors, adjoindre à la poutre une table de compression, donc la traiter comme une poutre en Té, est favorable. En effet, le béton en est moins comprimé et la valeur de z_{ser} en est augmentée.

Il semble qu'il faille comprendre cette prescription pénalisant les poutres en Té comme applicable aux cas où ρ est calculé par référence à la poutre rectangulaire de largeur b_{eff} = largeur de table. Alors effectivement, dans ce dernier cas, à l'ELS, l'axe neutre a de forts risques d'être dans la nervure et l'inertie de la section mécaniquement résistante est plus faible que celle de la poutre rectangulaire de largeur b_{eff} $\Rightarrow$ une flèche plus grande et ℓ_{eff}/d préconisé plus petit.

L'auteur propose, pour l'utilisation de ces formules et du tableau D-III.6.1 de calculer ρ par référence à la nervure seule.

D-III.6.2.1.2 Tableau donnant la valeur limite de ℓ_{eff}/d dispensant de la vérification de la flèche en flexion simple

Il s'agit du Tableau D-III.6.1. Il est issu du tableau [7.4NA] de l'AF ; il traite de la flexion simple et rassemble une sélection de valeurs limites de ℓ_{eff}/d, résultats des formules de calcul présentées ci-dessus. Pour les poutres comme pour les dalles, deux cas sont proposés, qui sont distingués par la proportion d'acier ρ.

En fait, le tableau [7.4NA] ne précise les valeurs de ρ (1,5 % et 0,5 %) que pour les poutres. Celles affichées dans le Tableau D-III.6.1 pour les dalles ont été déduites des valeurs proposées de ℓ_{eff}/d par calcul inverse à partir des formules du § D-III.6.2.1.1.

Le Tableau D-III.6.1 est également complété par le cas du béton C25/30 et une autre valeur de ρ pour les dalles.

ρ est le reflet de l'intensité du moment appliqué rapporté à la hauteur de l'élément. Du fait de l'équilibre $F_c = F_s$, toutes choses égales par ailleurs, plus ρ est important, plus le béton comprimé est sollicité et plus σ_c est élevé. Il en découle que plus ρ est important, plus le diagramme de déformation et des contraintes à l'ELS est incliné et plus la flèche est importante.

Les dalles ayant des hauteurs utiles d et par suite des hauteurs de l'axe neutre x beaucoup plus faibles que les poutres, à valeur de σ_c égale, elles présentent un diagramme de déformation et des contraintes plus incliné et, en conséquence, une flèche plus importante. Pour viser une flèche égale, elles doivent donc afficher des valeurs de σ_c plus faibles et en amont des valeurs de ρ plus faibles. D'où, sur le tableau, des valeurs ρ plus faibles que pour les poutres.

Enfin, ρ et μ_{Gu} étant liés par $\mu_{G,u} \approx 0,4 \left(\sqrt{1 + \rho.5,5.f_{yd}/f_{cd}} - 1 \right)$ (voir § D-II.5.2.3), les valeurs de ρ du tableau [7.4NA] peuvent être complétées par les valeurs correspondantes de $\mu_{G,u}$.

Cette transposition est proposée dans le tableau ci-dessous dans les cas où d $\approx 0,9$ h correspondant aux conditions d'environnements X0 et XC. Se référer aux mêmes valeurs $\mu_{G,u}$ lorsque d $\approx 0,8$ h (conditions d'environnement XS, XD et XF) va dans le sens de la sécurité.

Tableau D-III.6.1. Flexion simple : valeurs limites de ℓ_{eff}/d dispensant de vérification de la flèche selon la valeur de K et la classe du béton (C25/30 ou C30/37).

(On peut entrer dans ce tableau au choix par ρ ou $\mu_{G,u}$ calculés sur la nervure seule.)

Flexion simple			Poutres		Dalles		
			$\rho = $ 1,5 %	$\rho = $ 0,5 %	(AF) $\rho \approx$ 0,41 %	(AF) $\rho \approx$ 0,36 %	$\rho \approx$ 0,26 %
Système structural $\Rightarrow$ valeur de K	**K**	Béton C25/30	$\mu_{G,u} \approx$ 0,310	$\mu_{G,u} \approx$ 0,124	$\mu_{G,u} \approx$ 0,104	$\mu_{G,u} \approx$ 0,093	$\mu_{G,u} \approx$ 0,07
		C30/37	*0,269*	*0,106*	*0,088*	*0,078*	*0,06*
Valeurs limites de ℓ_{eff}/d							
Travées isolées sur appuis simples : poutres ou dalles portant dans une seule direction	1,0	C25/30	14	18	22	25	40
		C30/37	*14*	*20*	*25*	*30*	*49*
Travée de rive d'une poutre ou dalle continue ou dalle continue le long d'un grand côté et portant dans les deux directions	1,3	C25/30	18	23	28	32	52
		C30/37	*18*	*26*	*30*	*35*	*44*
Travée intermédiaire d'une poutre ou dalle portant dans une ou deux directions	1,5	C25/30	20	27	33	38	60
		C30/37	*20*	*30*	*35*	*40*	*73*
Consoles : poutre ou dalle portant dans une direction	0,4	C25/30	6	7	9	10	16
		C30/37	*6*	*8*	*10*	*12*	*19*

Si $\ell_{eff} > 7$ m, multiplier la valeur de ℓ_{eff}/d par $7/\ell_{eff}$ (avec ℓ_{eff} en m).
Pour les valeurs de ρ ou μ_{Gu} intermédiaires entre les valeurs ci-dessus : interpoler linéairement.

Nota

Si comme vu plus haut, ρ doit être calculé sur la nervure seule, la valeur de μ_{Gu} proposée comme référence alternative doit elle aussi être calculée sur la nervure seule.

Le tableau [7.4NA] est construit sur les valeurs $\rho = 1,5$ % et 0,5 % pour les poutres puis 0,41 % et 0,36 % pour les dalles.

- ρ = 1,5 % est un ratio d'acier élevé. En effet, avec un béton C25/30, il est associé à $\mu_{G,u} \approx 0,31$ qui excède $\mu_{u,limite,\sigma ck} \approx 0,25$ et $\mu_{u,limite,\sigma cqp} \approx 0,24$ du § D-III.4.2. De fait, $\mu_{G,u} \approx 0,31$ doit être considéré du domaine des poutres très fortement sollicitées qui, en poutres rectangulaires, ne peuvent être traitées qu'avec aciers comprimés.

- ρ = 0,5 % est, avec un béton C25/30, associé à $\mu_{G,u} \approx 0,12$. C'est la frontière entre les poutres peu sollicitées et moyennement sollicitées.

- La transposition au cas des dalles, toujours avec un C25/30, est $\mu_{G,u} \approx 0,15$ pour les dalles très fortement sollicitées et $\mu_{G,u} \approx 0,07$ pour la frontière entre les dalles peu sollicitées et moyennement sollicitées. Il y correspond respectivement ρ = 0,6 % et 0,26 %. La colonne ρ = 0,26 % est rajoutée au Tableau D-III.6.1.

D-III.6.2.2 Cas de la flexion composée

D-III.6.2.2.1 Adaptations nécessaires par rapport à la flexion simple

Dans le cas d'une section homogène (il ne s'agit alors pas de béton armé), la section mécaniquement résistante est la section toute entière dans laquelle partie tendue et partie comprimée apportent le même type de contribution. Le passage de la flexion simple à la flexion composée par adjonction d'un effort normal n'apporte aucune modification de la section mécaniquement résistante (qui reste la section toute entière) et se traduit par un simple décalage du diagramme de déformation et des contraintes parallèlement à lui-même. Sa pente reste inchangée et, à son tour, la flèche de l'élément reste inchangée.

Dans le cas d'une section béton armé, c'est la section mécaniquement résistante, différente de la section totale, qui doit être prise en compte. Comme exposé en annexe, § D-III.8.1 et rappelé sur la Figure D-III.6.1 ci-après, le passage de la flexion simple à la flexion composée par adjonction d'un effort normal modifie la section mécaniquement résistante à deux niveaux :

- d'une part, la hauteur de l'axe neutre change, modifiant l'aire de béton comprimé (le seul pris en compte dans le calcul de la section mécaniquement résistante) ;

- d'autre part, la section d'acier tendu nécessaire est elle aussi modifiée, traduisant le passage de $F_s = F_c$ à $F_s = F_c - N$ avec N > 0 en compression.

La pente du diagramme de déformation et des contraintes en est modifiée, ainsi que la flèche qui en découle. Cela est d'autant plus marqué que le produit $N.A_s G$ est plus grand par rapport à M_G.

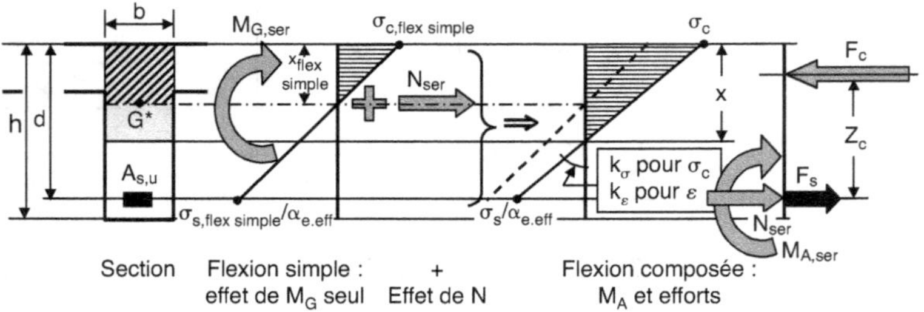

Figure D-III.6.1. (rappel de la Figure D-III.8.1). Modifications du diagramme de déformation et des contraintes induites par le passage d'une flexion simple à une flexion composée par adjonction d'un effort normal.

Il en ressort deux constatations importantes.

- Si la section d'acier tendu dans la section est égale à celle calculée à l'ELU $\Rightarrow A_s = A_{s,u}$, l'incidence sur la flèche reste négligeable tant que $N.A_s G/M_G \leq 10$ %. Au-delà, elle doit être prise en compte. La flèche est augmentée en flexion composée compression et diminuée en flexion composée traction.

- Lorsque plusieurs combinaisons de charges sont à considérer: à section d'acier constante (celle retenue pour armer l'élément), il faut envisager différentes valeurs de l'effort normal. L'augmentation de la compression de la section est favorable, sa diminution est défavorable.

D-III.6.2.2.2 Proposition de l'auteur

Bien qu'en toute rigueur, les valeurs limites de ℓ_{eff}/d du § D-III.6.2.1 et du Tableau D-III.6.1 ne conviennent plus, ce même tableau peut encore être utilisé dans les conditions et avec les précautions ci-dessous:

- Ignorer ρ et entrer dans le tableau par la valeur de $\mu_{G,u}$ qu'on aurait en flexion simple.
- En flexion composée traction: les valeurs limites de ℓ_{eff}/d proposées par le tableau sont toujours du côté de la sécurité, même quelquefois très fortement.
- En flexion composée compression: le tableau est utilisable jusqu'à $N_u.A_sG/M_{G,u} = 0,4$:
  - pour $N_u.A_sG/M_{G,u} \leq 0,1$, utiliser le tableau sans correction;
  - pour $N_u.A_sG/M_{G,u} = 0,4$, diminuer de 20 % les valeurs limites ℓ_{eff}/d du tableau;
  - pour les valeurs intermédiaires de $N_u.A_sG/M_{G,u}$, interpoler linéairement le taux de correction;
  - lorsque plusieurs combinaisons de charges sont à considérer, l'augmentation de la compression de la section est favorable.

D-III.6.3 Comment remédier à une flèche trop importante?

La flèche est d'autant plus grande que l'inclinaison du diagramme des déformations et des contraintes à l'ELS est grande. Celle-ci découle à la fois de la valeur de la contrainte σ_c du béton comprimé en fibre extrême et de la hauteur x de l'axe neutre. Pour la diminuer, il faut: soit diminuer σ_c, soit augmenter x, soit faire les deux à la fois.

- Le plus efficace est d'augmenter d, ce qui agit sur les deux tableaux:
  - à l'ELS, l'augmentation de d entraîne toujours l'augmentation de x;
  - de plus, l'augmentation de d augmente z_c et diminue $F_c = M/z_c$, avec pour conséquence une diminution σ_c.
- Une autre solution est d'augmenter la largeur de la poutre, ou au moins celle de sa partie comprimée (c'est ce qu'on fait en considérant une poutre en Té). Cela répartit F_c sur une aire plus grande de béton et σ_c diminue. En revanche, x diminue aussi, grignotant une large part du gain sur σ_c.

D-III.6.4 Éléments de base pour le calcul de la flèche

L'option de cet ouvrage est de se dispenser du calcul de la flèche. Ne sont donc présentées ici que les grandes lignes du calcul.

La flèche résulte de l'intégration des rotations des sections successives depuis un appui jusqu'à la section de flèche maximum.

Dans tous les cas, l'angle de rotation α d'une section reste très faible et sa valeur en radians est confondue avec la valeur de sa tangente. On a donc l'habitude d'assimiler la rotation α d'une section à la pente k de son diagramme de déformation.

Le calculateur dispose à son choix de deux façons d'exprimer la rotation d'une section sollicitée par un moment M_G:

- soit par la pente k du diagramme de déformation de la section, connue lorsqu'on a déterminé le diagramme de déformation et des contraintes comme exposé en annexe, § D-III.8.1 ;
- soit par le rapport $\dfrac{M_G}{E.I}$ issu de la mécanique des matériaux continus.

Donc, dans toutes les formules de RDM donnant des valeurs de flèche, on peut remplacer $\dfrac{M_G}{E.I}$

par la pente k correspondante avec :

k = pente du diagramme de déformation = $\varepsilon_c/x = \dfrac{\sigma_c}{E_{eff}}/x$

Cas des travées isostatiques (isolées sur deux appuis simples) et uniformément chargées par p/m :

La RDM donne : flèche $f = \dfrac{5}{384} \cdot \dfrac{8M_{G,max}\ell^2}{E.I} \approx \dfrac{M_{G,max}}{E.I} \cdot \dfrac{\ell^2}{10}$

d'où : flèche $f \approx k$ dans la section de moment maximum $\times \dfrac{\ell^2}{10}$

Ce calcul suppose que toutes les sections de la poutre ont la même inertie. Pour les éléments en béton armé, cela signifie : partout les mêmes aciers et le même degré de fissuration que la section de moment maximum. Ce n'est bien sûr pas le cas. La correction nécessaire pour y porter remède est présentée dans l'Eurocode 2 à l'article [7.4.3].

Ignorer cette correction conduit à une flèche calculée plus grande, ce qui va dans le sens de la sécurité. Donc, si après un premier calcul sans cette correction la flèche convient, il est inutile d'aller plus loin.

S'agissant de la flèche « susceptible d'endommager les éléments sensibles avoisinants », chacune de ses composantes est calculée comme ci-dessus avec les paramètres qui lui sont propres.

Cas des éléments continus

Pour les travées continues et consoles uniformément chargées, l'auteur propose ce qui suit.

En bâtiments courants, on a une précision suffisante en déduisant la flèche du cas isostatique ci-dessus par la formule :

flèche $f = \dfrac{\text{flèche de l'élément supposé isostatique}}{\text{coefficient structural K}}$ avec K donné par le Tableau D-III.6.1.

D-III.7 Armatures de peau

Elles ont toutes pour objet de limiter ou d'empêcher une fissuration préjudiciable du parement.

Dans les poutres, des armatures de peau sont requises dans deux circonstances :

- lorsque la poutre est de hauteur h > 1 m ;
- en cas d'utilisation d'aciers ou paquets d'aciers de diamètre ϕ > 32 mm.

Des armatures de peau sont également requises dans les murs banchés directement soumis au soleil et aux intempéries. Ce point est traité au § E-IV.2.3.

D-III.7.1 Cas des poutres de hauteur h > 1 m [7.3.3(3)]

Il est illustré sur la Figure D-III.7.1.

Les règles vues au § D-III.5.3 assurent la limitation de l'ouverture des fissures dans la zone d'influence de l'armature principale.

Dans le cas des poutres de hauteur h > 1 m, il subsiste entre l'armature tendue et l'axe neutre une large zone de béton tendu, où l'armature principale n'a plus d'influence pour restreindre l'ouverture des fissures. Il faut craindre là des fissures plus espacées, donc plus larges, avec le risque qu'elles soient trop larges. Comme illustré sur la figure, deux fissures se condensent en une seule qui s'élargit. Pour s'en prémunir, il faut ajouter des aciers de peau comme suit.

- Ces aciers de peau doivent être constitués de barres horizontales, de petit diamètre, placées à l'intérieur des cadres et uniformément réparties entre l'armature principale et l'axe neutre.
- Leur section, que nous désignerons $A_{s,peau}$, est $A_{s,peau} \geq A_{s,min}$ du § D-II.7.2.2 en prenant $k = 0,5$ et $\sigma_s = f_{yk}$.
- Leur diamètre et leur espacement se déduit :
  - soit du calcul conformément au § D-III.5.3 ;
  - soit des tableaux 7.2N et 7.3N [7.3.3] non reproduits dans cet ouvrage (voir § D-III.5.2) en supposant une traction pure et $\sigma_s = \dfrac{\sigma_s \text{ estimé dans l'armature principale}}{2}$.

Dans tous les cas, ce calcul est complexe.

Proposition de l'auteur

Pour les poutres de bâtiments courants, se contenter de la prescription de BAEL.
À savoir :
- Sur chaque face de la poutre $A_{s,peau} = 3 \text{ cm}^2.h_{peau}$ (en m) (voir sur la Figure D-III.7.1 la définition de h_{peau}).
- $A_{s,peau}$ constitué de barres horizontales de petit diamètre uniformément réparties sur la hauteur h_{peau}.

L'armature principale remplace une de ces barres.

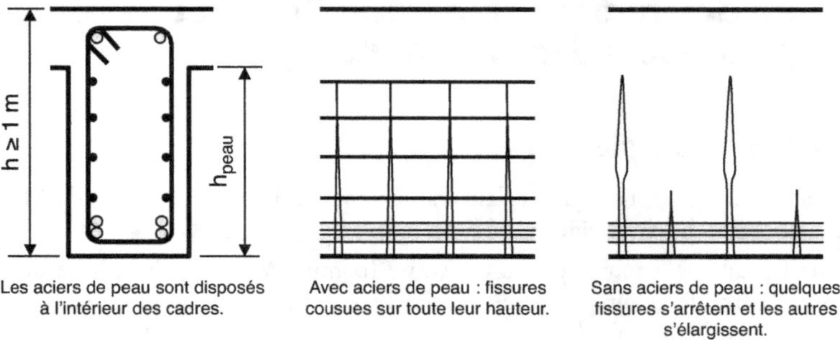

Figure D-III.7.1. Armature de peau dans le cas d'une poutre de hauteur h > 1 m.

D-III.7.2 Cas d'aciers ou paquets de diamètre ϕ > 32 mm [Annexe J.1]

Alors, les aciers de peau apportent un complément aux aciers transversaux pour prévenir l'éclatement du béton d'enrobage. Leur disposition et les éléments de leur calcul sont illustrés sur la Figure D-III.7.2.

La prescription est la suivante :

- Ces aciers de peau sont constitués de barres fines verticales et horizontales formant un quadrillage régulier.
- Ils sont disposés à l'extérieur des cadres et doivent néanmoins respecter l'enrobage minimum requis.

- Ils sont développés sur toute la surface extérieure de la zone tendue de la poutre à l'ELU. Cependant, si $d - x > 60$ cm, ils ne sont développés que sur les premiers 60 cm.
- Leur section requise est $A_{s,surf} \geq 0{,}01\ A_{ct,ext}$ où $A_{ct,ext}$ est la section de béton tendu extérieure aux cadres devant être cousue par les aciers de peau. Si l'enrobage des cadres > 70 mm, $A_{s,surf}$ peut être réduit à $A_{s,surf} \geq 0{,}005\ A_{ct,ext}$

S'il est correctement ancré, chacun de ces aciers, selon son orientation et sa position, peut être intégré à la section nécessaire d'aciers longitudinaux, transversaux ou de peau selon le § D-III.7.1.

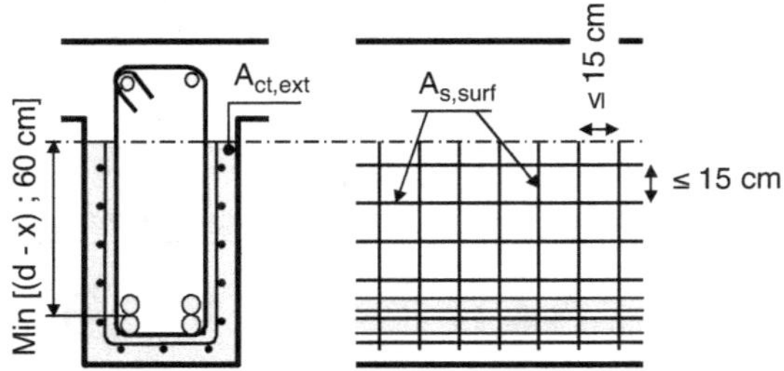

Figure D-III.7.2. Armature de peau dans le cas d'aciers longitudinaux de gros diamètre.

D-III.8 Annexe

D-III.8.1 Sections rectangulaires : détermination du diagramme de déformation et des contraintes puis calcul des contraintes

D-III.8.1.1 Flexion simple

La détermination de x s'appuie sur le calcul traditionnel et donc sur la valeur de $M_{G,ser}$ comme illustré sur le côté gauche de la Figure D-III.8.1.

Pour la suite des calculs, l'auteur propose d'écrire (comme à l'ELU) l'équilibre des moments par rapport au centre de gravité des aciers tendus tel qu'illustré sur la partie droite de la figure. Cela conduit souvent à des calculs plus simples. La valeur du moment fléchissant à prendre en compte est alors $M_{A,ser}$ (en flexion simple, $M_{A,ser} = M_{G,ser}$).

Noter qu'à l'ELS : diag σ_c est triangulaire $\Rightarrow \psi_{ser} = 1/2$ et $\delta_{G,ser} = 1/3$

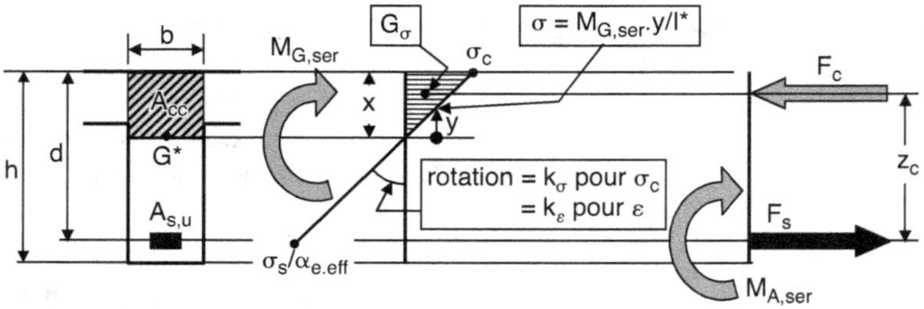

Figure D-III.8.1. Flexion simple : éléments du calcul pour les vérifications à l'ELS.

D-III.8.1.1.1 Hauteur x de l'axe neutre

C'est le premier stade de la démarche. Tout le reste en découle.

À l'ELS, en flexion simple, l'axe neutre passe par le centre de gravité G^* de la section mécaniquement résistante. x est donc aussi la hauteur de son centre de gravité G^*.

On a alors :

moment statique de la section résistante au-dessus de G^*

= moment statique de la section résistante au-dessous de G^*

soit : $b.x^2/2 = \alpha_{e,eff}.A_{s,u}.(d-x)$

d'où : $x = \dfrac{\alpha_{e,eff}.A_{s,u}}{b}.\left(\sqrt{1+\dfrac{2.b.d}{\alpha_{e,eff}.A_{s,u}}}-1\right)$

et on en déduit z_c = distance de G_s à A_s = $d - x.\delta_{G,ser}$ avec $\delta_{G,ser} = 1/3$

D-III.8.1.1.2 Valeurs des contraintes

On peut calculer l'inertie I^* par rapport à l'axe neutre de la section mécaniquement résistante A^* et, à toute ordonnée y, en déduire σ_c ou $\sigma_s/\alpha_{e,eff} = M_{Gser}.y/I^*$

L'auteur préconise plutôt le calcul suivant

Calcul de σ_c

De l'équilibre des moments par rapport au centre de gravité des aciers tendus on tire :
$F_c = M_A/z_c$
Dans le cas d'une section rectangulaire, on a à l'ELS :
$F_c = b.\text{aire diag } \sigma c = b.\psi_{ser}.x.\sigma_c$, avec $\psi_{ser} = 1/2$
et, comme déjà vu, $z_c = d - \delta_{G.ser}.x$, avec $\delta_{G,ser} = 1/3$
alors : $F_c = M_{A,ser}/z_c$ s'écrit $b.\psi_{ser}.x.\sigma_c = M_{A,ser}/(d - \delta_{G,ser}.x)$

d'où : $\sigma_c = \dfrac{M_{A,ser}}{b.\dfrac{x}{2}.\left(d-\dfrac{x}{3}\right)}$

Calcul de σ_s

La pente du diagramme des contraintes est $k_s = \sigma_c/x$
On en tire :
$\sigma_s/\alpha_{e,eff} = k_s.(d-x) \Rightarrow \sigma_s = \alpha_{e,eff}.k_s.(d-x)$
On arrive directement à une formulation équivalente en exploitant, par le théorème de Thalès ou par les triangles semblables, le fait que le diagramme de déformation et des contraintes est une droite.

On calcule alors : $\sigma_s = \alpha_{e,eff}.\sigma_c.\dfrac{d-x}{x}$

En flexion simple sans aciers comprimés, une autre voie est possible.
On a $F_s = F_c = M_A/z_c$ d'où on tire simplement $\sigma_s = F_{s,ser}/A_{s,u}$

D-III.8.1.1.3 Autres valeurs

Ces calculs ont fourni la valeur de k_s, pente du diagramme des contraintes. On en tire la valeur de k_e, pente du diagramme de déformation, qui est un paramètre essentiel dans les calculs de flèche.

On a : $k_e = \varepsilon_c/x = (\sigma_c/E_{c,eff})/x = (\sigma_c/x)/E_{c,eff}$
soit $k_e = k_s/E_{c,eff}$

D-III.8.1.2 Flexion composée

Le calcul est beaucoup plus complexe qu'en flexion simple. Son exposé s'appuie sur la Figure D-III.8.2.

D-III.8.1.2.1 Données de bases

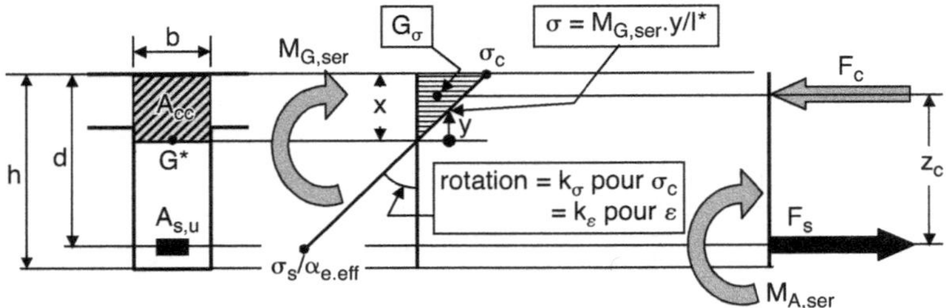

Figure D-III.8.2. Flexion composée : éléments du calcul pour les vérifications à l'ELS.

L'axe neutre n'est plus positionné au niveau du centre de gravité de la section mécaniquement résistante. On dispose donc d'une équation de moins pour atteindre les valeurs de x, σ_c, σ_s et en déduire $k_s = \sigma_c/x$

Les seules équations disponibles sont les suivantes :

- Les équations d'équilibre
  - Équation d'équilibre des moments, à écrire alors par rapport aux aciers tendus

    $M_{A,ser} = M_{G,ser} + N_{ser}.A_sG = M_{G,ser} + N_{ser}.(d - h/2)$, avec $N_{ser} > 0$ en compression

    $\Sigma M/_A = 0 \Rightarrow M_{A,ser} = F_c.z_c = b.\text{aire diag } \sigma_c.(d - x.\delta_{G,ser})$

    $= b.x.\sigma_c.\psi_{ser}.(d - x.\delta_{G,ser})$, avec $\psi_{ser} = 1/2$ et $\delta_{G,ser} = 1/3$
  - Équation d'équilibre des efforts

    $\Sigma N_{ser} = 0 \Rightarrow N_{ser} + F_s = F_c$, avec $F_s = A_{s,u}.\sigma_s$ (avec les compressions positives)
- Une autre équation est tirée du fait que le diagramme de déformation et des contraintes est une droite, par exemple :

$$\frac{\sigma_c}{x} = \frac{(\sigma_s/\sigma_{e,eff})}{(d - x)}$$

La résolution de ce système conduit à des équations du troisième degré. Une résolution par approximations successives est souvent la meilleure solution.

D-III.8.1.2.2 Méthode de résolution proposée

Par comparaison avec la flexion simple, l'adjonction d'un effort normal agit directement sur la valeur de x et a un effet du second ordre sur la pente k_s ou k_e du diagramme de déformation et des contraintes.

Démarche

1) Prendre les valeurs x et k_s en flexion simple comme approximation de départ.
2) Puis passer à la flexion composée.
3) En s'appuyant sur l'approximation de k_s, faire varier x jusqu'à arriver à l'équilibre des moments.
4) Vérifier l'équilibre des efforts. S'il n'est pas assuré, choisir une autre approximation de k_s et recommencer à 3).

Traduction en équations

1) Approximation de départ: valeurs en flexion simple

$M_{G,u} \Rightarrow A_{s,u,\text{flex simple}}$

$M_{G,ser}$ et $A_{s,u,\text{flex simple}} \Rightarrow x_{\text{flex simple}}$, $\sigma_{c,\text{flex simple}}$ et $k_{s,\text{flex simple}}$

2) Passage à la flexion composée

Les données sont

$A_{s,u}$ résultant du calcul en flexion composée et N_{ser}

$M_{A,ser} = M_{G,ser} + N_{ser}.A_sG = M_{G,ser} + N_{ser}.(d - h/2)$

Pour la première série de calculs 2) ci-dessous: $k_s = k_{s,\text{flex simple}}$

3) Avec k_s donné, faire varier x pour rechercher l'équilibre des moments

$\Sigma M/_A = 0 \Rightarrow$

$M_{A,ser} = F_c.z_c = b.\text{aire diag } \sigma_c.(d - x/3)$

$M_{A,ser} = b.x.\sigma_c/2.(d - x/3)$ avec $\sigma_c = x.k_s$

$M_{A,ser} = b.k_s.x^2/2.(d - x/3)$ (équation du troisième degré en x)

Faire évoluer x jusqu'à vérification de l'équation ci-dessus.

4) Vérifier l'équilibre des efforts

$\Sigma N_{ser} = 0 \Rightarrow N_{ser} = F_s + F_c = A_{s,u}.\sigma_s + b.\text{aire diag } \sigma_c$, avec $\sigma_s = k_s.\alpha_{e,eff}.(d - x)$

$N_{ser} = b.k_s.[x^2/2 - A_{s,u}.\alpha_{e,eff}.(d - x)]$, avec $N_{ser} > 0$ en compression

Si l'égalité n'est pas vérifiée: recommencer en 3) avec une nouvelle valeur de k_s.

Nota

Si N_{ser} est une compression:

$N_{ser} > 0 \Rightarrow x > x_{\text{flex simple}}$ et $k_s > k_{s,\text{flex simple}}$

Si N_{ser} est une traction: c'est le contraire.

Ces calculs fournissent en 3) et en 4) les valeurs recherchées de x, σ_c et σ_s et aussi les valeurs de k_s et k_e.

D-III.8.2 Explication de la formule de calcul de w_k

La Figure D-III.8.3 montre la répartition des contraintes entre deux fissures et la répartition des efforts entre acier et béton en faisant ressortir les points sur lesquels s'appuie Eurocode pour établir la formule de calcul de w_k.

L'adhérence armature-béton est assurée, comme illustré au § B.1, par des bielles comprimées s'arc-boutant sur le béton environnant. Au droit de la fissure, un cône de béton ne trouvant aucun appui est arraché. Sur sa longueur, l'adhérence est bien sûr nulle, puis sur une courte longueur, elle reste médiocre. Sur la longueur $s_{r,max}$ entre deux fissures, on trouve deux telles zones sans, ou presque sans, adhérence. C'est ce que représente le terme $k_3.c$ de la formule de calcul.

Après la création des premières fissures affichant une distance initiale entre fissures $s_r = s_{r0}$, l'augmentation de la charge appliquée entraîne:

- une augmentation de la contrainte σ_s dans l'armature et son allongement, lequel induit à son tour:
  - une augmentation de l'ouverture de ces fissures,
  - et aussi, par adhérence avec l'armature, un allongement du béton tendu entre deux fissures;
- à son tour, cet allongement du béton entre deux fissures conduit à l'augmentation de la contrainte maximum $\sigma_{ct,max}$ qu'il reprend, ou plutôt qui lui est imposée, à mi-distance entre deux fissures.

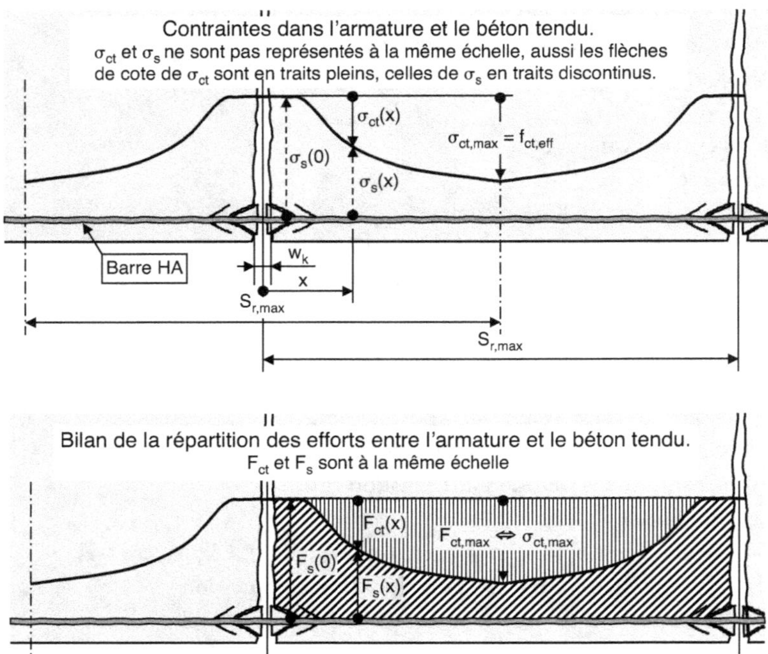

Figure D-III.8.3. Contraintes et efforts dans l'armature et le béton tendu entre deux fissures.

Lorsque cette contrainte $\sigma_{ct,max}$ atteint la résistance en traction du béton $f_{ct,eff}$, une nouvelle fissure s'ouvre qui coupe en deux s_r. L'allongement total se répartit alors entre deux fois plus de fissures moins ouvertes. Mais cependant pas deux fois moins ouvertes car la multiplication du nombre de fissures a altéré la capacité du béton à soulager l'effort repris par l'armature. À la création des nouvelles fissures, les fissures initiales se referment un peu. Puis la continuation de l'augmentation de la charge, et avec elle de σ_s, ne tarde pas à ouvrir plus les fissures anciennes et nouvelles. Cela jusqu'à ce que, à nouveau, $\sigma_{ct,max}$ à mi-distance entre deux fissures atteigne $f_{ct,eff}$.

Donc, au fur et à mesure que la charge appliquée et σ_s augmentent, l'ouverture de fissure passe par des maximums successifs. Chacun correspond à une valeur de $\sigma_{ct,max}$ immédiatement inférieure à $f_{ct,eff}$ (dans les calculs, on prend alors $\sigma_{ct} = f_{ct,eff}$) associée à un $s_r = s_{r,max}$

w_k est l'ouverture de fissure maximum envisageable pour une contrainte σ_s donnée dans l'armature tendue. Elle est calculée avec l'hypothèse :

$$\sigma_{ct,max} = f_{ct,eff} \Leftrightarrow s_r = s_{r,max}$$

On a donc :

w_k = allongement de l'armature sur la longueur $s_{r,max}$ moins allongement du béton tendu non fissuré sur la même longueur $s_{r,max}$

soit : w_k = déformation moyenne de l'armature $\varepsilon_{sm} \cdot s_{r,max}$ moins déformation moyenne du béton $\varepsilon_{cm} \cdot s_{r,max}$

d'où : la formulation du règlement : $w_k = s_{r,max} \cdot (\varepsilon_{sm} - \varepsilon_{cm})$

Valeur de ($\varepsilon_{sm} - \varepsilon_{cm}$)

Il s'agit de la valeur de ($\varepsilon_{sm} - \varepsilon_{cm}$) associée à w = w$_k$

La formule d'Eurocode $\varepsilon_{sm} - \varepsilon_{cm} = \dfrac{\sigma_s - k_t.\dfrac{f_{ct,eff}}{\rho_{p,eff}}.\left(+\alpha_e.\rho_{p,eff}\right)}{E_s}$ s'écrit aussi comme suit.

Sachant que $\alpha_e = E_s/E_{cm}$

$$\varepsilon_{sm} - \varepsilon_{cm} = \frac{\sigma_s}{E_s} - \frac{k_t}{E_s}.\left[\frac{f_{ct,eff}}{\rho_{p,eff}} + \frac{E_s.f_{ct,eff}}{E_{cm}}\right]$$

Sachant que $\rho_{p,eff} = A_s/A_{c,eff}$

$$\varepsilon_{sm} - \varepsilon_{cm} = \frac{1}{E_s}.\left(\sigma_s - k_t.f_{ct,eff}.\frac{A_{c,eff}}{A_s}\right) - \frac{1}{E_{cm}}.k_t.f_{ct,eff}$$

$k_t.f_{ct,eff}$ est la contrainte moyenne σ_{ctm} dans le béton entre deux fissures quand $\sigma_{ct,max}$ atteint $f_{ct,eff}$

d'où on tire : $\varepsilon_{cm} = \dfrac{1}{E_{cm}}.k_t.f_{ct,eff}$

k_t est égal au rapport de l'aire à l'aire du rectangle circonscrit à

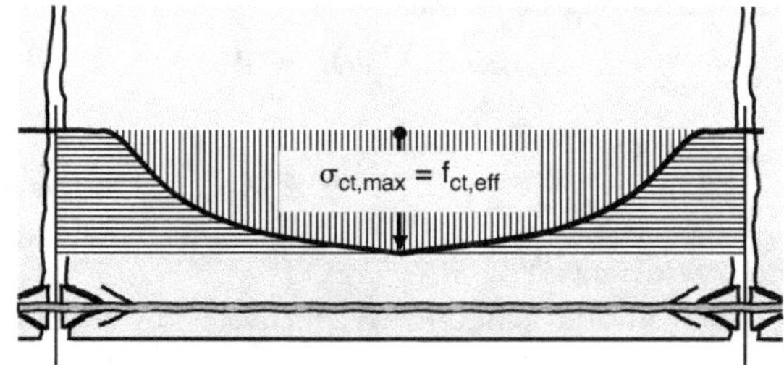

Sa valeur est d'autant plus grande que le tracé $\sigma_c = f_{(x)}$ est plus incurvé. En cas de chargement de longue durée, le fluage a pour conséquence un tracé moins incurvée, c'est pourquoi la valeur de k_t associée est plus faible.

Il reste à démontrer que $\varepsilon_{sm} = \dfrac{1}{E_s}.(\sigma_s - k_t.f_{ct,eff}.\dfrac{A_{c,eff}}{A_s})$

On y arrive à partir du bilan des efforts $F_s(x) = F_s(0) - F_{ct}(x)$, d'où on tire :

Effort moyen dans l'armature entre deux fissures = $F_s(0)$ – moyenne de $F_{ct}(x)$

puis :

Contrainte moyenne σ_{sm} dans l'armature entre deux fissures = contrainte associée à $F_s(0)$ – contrainte associée à moyenne de $F_{ct}(x)$

avec :

Contrainte associée à $F_s(0)$ = σ_s du calcul béton armé, au droit d'une fissure

Contrainte associée à moyenne de $F_{ct}(x)$ = σ_{ctm} × aire concernée de béton tendu/aire de l'armature = $k_t.f_{ct,eff}.A_{c,eff}/A_s$

On a donc : $\sigma_{sm} = \sigma_s - k_t.f_{ct,eff}.A_{c,eff}/A_s$

d'où on tire en effet : $\varepsilon_{sm} = \dfrac{1}{E_s}.(\sigma_s - k_t.f_{ct,eff}.\dfrac{A_{c,eff}}{A_s})$

Valeur de $s_{r,max}$

Lorsque l'espacement entre axes des armatures $\leq 5(c + \phi/2)$, c'est-à-dire lorsque le faciès de fissuration est contrôlé par l'armature tendue, Eurocode spécifie :

$s_{r,max} = k_3.c + k_1.k_2.k_4.\phi/\rho_{p,eff}$

Dans ce cas on a :

$s_{r,max}$ = 2 × (longueur à partir de chaque fissure sur laquelle l'ancrage est nul ou peu efficace par défaut d'appui des bielles comprimées + longueur nécessaire pour ancrer l'effort $F_{ct,max}$)

avec :

- longueur à partir de chaque fissure sur laquelle l'ancrage est nul ou peu efficace par défaut d'appui des bielles comprimées = $k_3.c/2$
- longueur nécessaire pour ancrer l'effort $F_{ct,max}$ = ?

À $F_{ct,max}$ correspond la contrainte dans l'acier $\sigma_{s(Fct,max)} = f_{ct,eff}.A_{c,eff}/A_s$

D'après le § C-II.4.1.1 traitant de la longueur d'ancrage de référence, en supprimant tous les coefficients de sécurité, c'est-à-dire en remplaçant f_{bd} par $f_{b,eff}$ lui-même calculé en remplaçant f_{ctd} par $f_{ct,eff}$, on a :

longueur nécessaire pour ancrer $\sigma_{s(Fct,max)} = (\phi/4).(\sigma_{s(Fct,max)}/f_{b,eff})$

avec $f_{b,eff} = 2{,}25\,\eta_1\,\eta_2\,f_{ct,eff}$, le coefficient 2,25 correspondant à des aciers HA, les seuls admis pour les armatures de béton armé.

D'où, avec $\sigma_{s(Fct,max)} = f_{ct,eff}A_{c,eff}/A_s$, on a :

$$\text{longueur nécessaire pour ancrer } \sigma_{s(Fct,max)} = \left(\phi/4\right).\frac{f_{ct,eff}\cdot\dfrac{A_{c,eff}}{A_s}}{2{,}25\eta_1\eta_2 f_{ct,eff}} = \left(\phi/4\right).\frac{\dfrac{A_{c,eff}}{A_s}}{2{,}25\eta_1\eta_2}$$

En considérant :

- de mauvaises conditions d'adhérence pour se placer du côté de la sécurité $\Rightarrow \eta_1 = 0{,}7$
- des aciers de diamètre $\phi \le 32$ mm $\Rightarrow \eta_2 = 1$
- et sachant que $\dfrac{A_{c,eff}}{A_s} = \dfrac{1}{\rho_{p,eff}}$

On calcule enfin :

$$\text{longueur nécessaire pour ancrer } \sigma_{s(Fct,max)} = \frac{\phi}{4.\rho_{p,eff}.2{,}25.0{,}7.1}$$

On en déduit :

$$s_{r,max} = 2.\left(k_3.\frac{c}{2} + \frac{\phi}{4.\rho_{p,eff}.2{,}25.0{,}7.1} \right)$$

d'où :

$$s_{r,max} = k_3.c + 0{,}32.\phi/\rho_{p,eff}$$

Pour comparaison, la formule réglementaire spécifie :

$$s_{r,max} = k_3.c + k_1.k_2.k_4.\phi/\rho_{p,eff}$$

avec :

- $k_3 = 3{,}4$ (probablement déterminé par analyse inverse)
- $k_1 = 0{,}8$ pour des aciers HA
- $k_2 = 1$ en traction simple et 0,5 en flexion simple (probablement déterminé par analyse inverse)
- $k_4 = 0{,}425$

Dans le développement plus haut, aucun coefficient modificatif n'a été introduit pour prendre en compte la spécificité d'une sollicitation de flexion, ce qui signifie que les calculs associés ont été menés dans l'hypothèse d'une sollicitation de traction simple de l'aire $A_{c,eff}$. Pour la comparaison avec la formule réglementaire, il convient donc de considérer $k_2 = 1$. Celle-ci s'écrit alors $s_{r,max} = k_3.c + 0,8.1.0,425.\phi/\rho_{p,eff} = k_3.c + 0,34.k_2.\phi/\rho_{p,eff}$.

Dans le cas de la traction simple, la formulation réglementaire n'apporte donc qu'un ajustement mineur (le produit $k_1.k_2.k_4$ passe de 0,32 à 0,34, ce qui est légèrement favorable) à la transcription du phénomène physique.

Dans le cas d'une sollicitation de flexion, la contrainte de traction du béton sur la fibre extrême, là où est déclenchée la fissuration, est plus élevée qu'au niveau de l'armature, là où sont faits les calculs ci-dessus. Donc la fissuration y est plus précoce, il s'ensuit une valeur de $s_{r,max}$ plus petite qui est traduite par une valeur de k_2 plus petite. Eurocode propose de la diviser par deux, ce qui apparaît très conséquent.

D-IV Résistance aux effets de l'effort tranchant

D-IV.1 Introduction

Comme pour l'étude de la résistance aux effets du moment fléchissant, l'exposé s'appuie sur l'exemple des poutres isostatiques (travées isolées) uniformément chargées et de section rectangulaire. Les mêmes dispositions et prescriptions s'appliquent sans modification aux poutres en Té ou avec aciers comprimés.

Les poutres en Té doivent en plus répondre à des prescriptions complémentaires assurant la liaison table-nervure. Ce point est traité dans la section suivante, au § D-V.2.

L'effort tranchant sollicite l'âme des éléments concernés et les calculs associés supposent le développement complet de la fissuration (voir § B.5.3.1), aussi sont-ils menés à l'ELU et uniquement à l'ELU.

Dans le cas des poutres, des aciers transversaux, aussi appelés «armatures d'âme», s'imposent. Ceux-ci peuvent être «droits», c'est-à-dire perpendiculaires à la ligne moyenne de l'élément renforcé, ou obliques.

Dans le cas des dalles, les contraintes induites sont faibles. Généralement, le béton y résiste seul et on peut se dispenser d'aciers transversaux.

Les dispositions nécessaires pour la résistance aux effets de l'effort tranchant comprennent trois grands volets :

- Le calcul des aciers transversaux nécessaires et leur disposition le long de chaque travée.
- Les conditions d'appui.
- L'arrêt des barres de l'armature tendue. Bien que calculée pour résister aux effets du moment fléchissant, comme signalé au § D-I.5.1.3, elle participe à la résistance aux effets de l'effort tranchant.

    Y sont adjoints les chapeaux minimums à mettre en place, notamment sur appuis de rive.

D-IV.1.1 Notations spécifiques

Tout ce qui est relatif à l'âme des poutres est repéré par l'indice w (comme *web* en anglais, qui désigne notamment l'âme des poutres).

Par exemple :

- b_w = largeur ou largeur minimum (b) de l'âme (w) d'une poutre ;
- A_{sw} = section (A) d'un cours d'armatures (*a priori* en acier [s]) d'âme (w) ;
- …

Tout ce qui est relatif à l'effort tranchant est repéré par la lettre V.

À savoir :

- V = effort tranchant (déjà vu) ;
- v (v minuscule) = contrainte de cisaillement.

    Cette dernière notation est ambiguë car elle se confond avec le coefficient ν (nu). C'est le cas avec la majorité des polices de caractères, notamment celle utilisée pour l'édition d'Eurocode. D'où un grand risque de confusions.

Par ailleurs :

Il a été vu au § C-I.2 qu'Eurocode a fait le choix de présenter (car ce n'est qu'un problème de présentation) les prescriptions relatives aux calculs de résistance sous la forme d'inégalités à respecter : «capacité de résistance ≥ efforts agissants». La forme des prescriptions relatives à l'effort tranchant et, nous le verrons plus loin, à toute sollicitation de cisaillement repose largement sur ce type de présentation. Les notations sont les suivantes :

- V_{Ed} = effort tranchant (V) agissant (E = effet des actions) de calcul (d, c'est-à-dire avec les pondérations réglementaires) à l'ELU (sous-entendu car les calculs de résistance aux effets de l'effort tranchant se font toujours et uniquement à l'ELU.

   C'est ce qui jusqu'ici a été noté V_u. On a donc V_{Ed} identique à V_u.

- V_{Rd} = effort tranchant auquel les aciers et le béton présents dans l'élément permettent de résister en respectant tous les coefficients de sécurité du calcul (d).

   Il peut être complété par divers indices précisant une limite ou le facteur de résistance visé. Par exemple, les indices :

   - max ;

   - c pour préciser qu'il s'agit de la résistance de l'élément sans aciers transversaux (on a l'habitude de dire « par le béton seul » d'où l'indice c, mais cela est inexact, comme expliqué au § D-IV.2) ;

   - s indiquant qu'il s'agit de l'apport des aciers (s) transversaux à la résistance ;

   - …

Assurer la résistance se traduit alors par : assurer $V_{Rd} \geq V_{Ed}$

Dans la suite, les formules de calcul seront bien sûr présentées avec cette notation réglementaire, mais la notation V_u restera largement utilisée.

D-IV.1.2 Déroulé de l'exposé

Il est organisé comme suit.

- Cas où il n'y a pas besoin d'aciers transversaux. Il s'agit d'un cas à part, régi par des mécanismes et des prescriptions qui lui sont propres.

- Mécanismes fondamentaux de la résistance aux effets de l'effort tranchant lorsque des aciers transversaux sont nécessaires.

Suit un groupe en trois points qui balaye les trois volets principaux de la résistance aux effets de l'effort tranchant et constituent la pièce maîtresse de cette section.

Ces trois points sont :

- Démarche de calcul des aciers transversaux.

- Conditions d'appui dans le cas de charges réparties. Dans ce cas, Eurocode en codifie un traitement simplifié.

- Arrêt des barres et chapeaux minimums.

   Dans un objectif de clarté, pour ne pas interrompre le déroulé de l'exposé, les justifications de formules ou modes de calcul qui nécessitent un long développement sont reportées en annexe.

Puis l'exposé est complété par :

- Conditions d'appui dans le cas général.

- Quelques cas particuliers.

- Annexe. Justification des formules ou modes de calcul utilisés.

D-IV.1.3 Champ de l'exposé

Il est strictement limité au cas des aciers transversaux droits (verticaux dans le cas d'éléments horizontaux). Aussi, les résultats et formules proposés ignorent-ils volontairement les paramètres propres au cas des aciers obliques.

À part un développement consacré à divers cas particuliers, l'exposé est centré sur le cas des éléments uniformément chargés.

D'autres points sont traités dans des sections suivantes. Ce sont :
- La liaison table-nervure dans les poutres en Té (§ D-V.2.3.2).
- Le poinçonnement, une sollicitation de cisaillement (comme l'effort tranchant), dans les dalles (§ E-II.6) et dans les semelles de fondations (§ E-V.6.4).

D-IV.2 Cas où on peut se dispenser d'armature transversale [6.2.2]

Ce sont les cas où la résistance à l'effort tranchant $V_{Rd,c}$ fournie en l'absence d'aciers transversaux est supérieure à l'effort tranchant agissant $V_{Ed} = V_u$. Dire qu'il s'agit de « la résistance du béton seul » est inexact, car les aciers longitudinaux y jouent un rôle indispensable, comme expliqué ci-après.

Tant qu'il n'y a pas besoin d'aciers transversaux, les fissures inclinées décrites aux § B.5.1.2 et B.5.3 ne sont pas encore amorcées et le fonctionnement est d'un type différent. Comme illustré sur la Figure D-IV.2.1, le dispositif portant consiste alors en une voûte développée dans la hauteur de l'élément. Les aciers longitudinaux tendus, en retenant les pieds de la voûte (et aussi d'éventuelles voûtelettes secondaires), y jouent un rôle indispensable. La contrainte de compression du béton est maximum au niveau des pieds de la voûte.

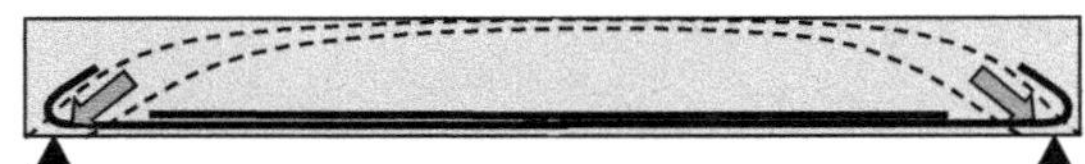

Figure D-IV.2.1. Organisation de la résistance en l'absence d'aciers transversaux.

Sont essentiellement concernées les dalles. En effet, pour les poutres dont le calcul montrerait qu'on pourrait se dispenser d'aciers transversaux, Eurocode (comme les règlements antérieurs) impose un minimum d'aciers transversaux.

Malgré des similitudes de présentation, il ne faut pas essayer de faire un parallèle avec les formules du § D-IV.3, construites en supposant les fissures inclinées complètement développées.

D-IV.2.1 Valeur de $V_{Rd,c}$ pour la vérification de $V_{Rd} \geq V_{Ed}$

Valeur de V_{Ed}

C'est la valeur de l'effort tranchant agissant : $V_{Ed} = V_u$.

Dans le cas des éléments soumis principalement à des charges uniformément réparties, il n'y a pas lieu d'effectuer de vérification à l'effort tranchant à une distance au nu de l'appui inférieure à d [6.1(8)].

Valeur de $V_{Rd,c}$

Elle est donnée par la formule suivante.

Cette formule n'est pas homogène, donc le respect scrupuleux des unités prescrites est impératif.

$$V_{Rd,c} = [C_{Rd,c}.k.(100\rho_l.f_{ck})1/3 + k_1.\sigma_{cp}].b_w.d \geq (v_{min} + k_1.\sigma_{cp}).b_w.d$$

avec :
- $V_{Rd,c}$ et N_{Ed} en newtons, f_{ck} en MPa, d en mm et les sections A_{sl} et A_c en mm²
- $C_{Rd,c} = 0,18/\gamma_c$
- $k = 1 + \sqrt{200/d} \leq 2,0$, avec d en mm

- $\rho_\ell = A_{s\ell}/(b_w.d) \leq 0{,}02$
  - où : $A_{s\ell}$ (en mm^2) = aire de la section des armatures tendues, prolongées sur une longueur $\geq (\ell_{bd} + d)$ au-delà de la section considérée (voir Figure D-IV.2.2)
  - b_w (en mm) = plus petite largeur de la section droite dans la zone tendue
- $k_1 = 0{,}15$
- σ_{cp} (en MPa) = $N_{Ed}/A_c < 0{,}2\, f_{cd}$
  - où : N_{Ed} (en Newton) = effort normal agissant dans la section droite, dû aux charges extérieures appliquées et/ou à la précontrainte ($N_{Ed} > 0$ en compression). L'influence des déformations imposées sur N_{Ed} peut être négligée
  - A_c (en mm^2) = aire de la section droite du béton
- v_{min} (v minuscule) : (Annexe nationale française [AF]) [6.2.2(1) NOTE]
  $= 0{,}34/\gamma_c.f_{ck}^{1/2}$ pour les dalles
  $= 0{,}053/\gamma_c.k^{3/2}.f_{ck}^{1/2}$ pour les poutres
  $= 0{,}35/\gamma_c.f_{ck}^{1/2}$ pour les voiles

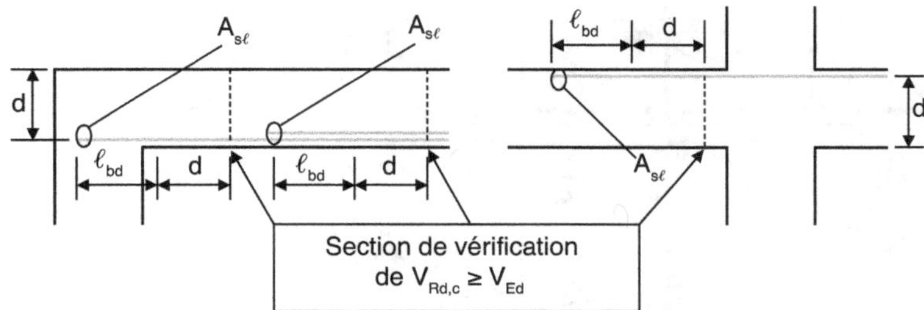

Figure D-IV.2.2. Condition à respecter lors de la vérification de $V_{Rd,c} \geq V_{Ed}$.

D-IV.2.2 Vérification du non-écrasement du béton à proximité des appuis

Il s'agit de vérifier que le béton résiste à la contrainte régnant dans les pieds de la voûte.

La prescription est :

$V_{Ed,nu\ appui} = V_{u,nu\ appui} \leq 0{,}5.b_w.d.v.f_{cd}$

où : v (nu) = v_1 (nu$_1$) du § D-IV.4.4.1 = $0{,}6.(1 - f_{ck}/250)$

C'est un coefficient de limitation de la contrainte admissible du béton comprimé dans les zones d'effort tranchant (celui-ci induit en effet des tractions défavorables perpendiculaires à l'effort de compression considéré).

D-IV.3 Principe de fonctionnement des aciers transversaux et bases de leur calcul

D-IV.3.1 Rappels tirés du § B.5

La sollicitation d'effort tranchant induit des fissures obliques caractéristiques telles qu'illustré sur la Figure D-IV.3.1. Leur inclinaison change de sens lorsque l'effort tranchant V_u change de signe. Leur orientation est telle que leur pointe supérieure s'éloigne de l'appui le plus proche.

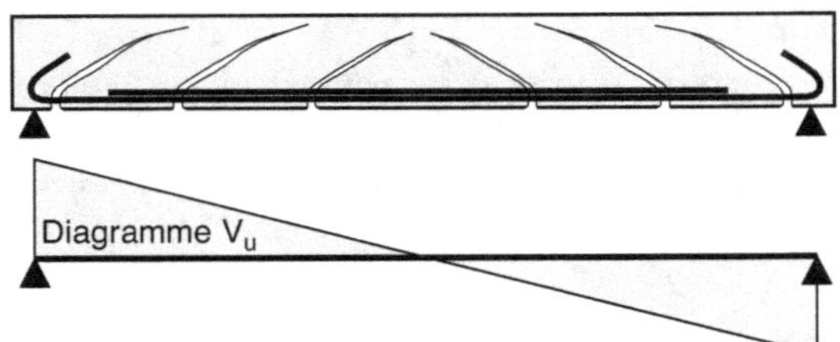

Figure D-IV.3.1. Orientation des fissures inclinées d'effort tranchant.

La Figure D-IV.3.2 montre comment s'organise la résistance aux effets de l'effort tranchant.

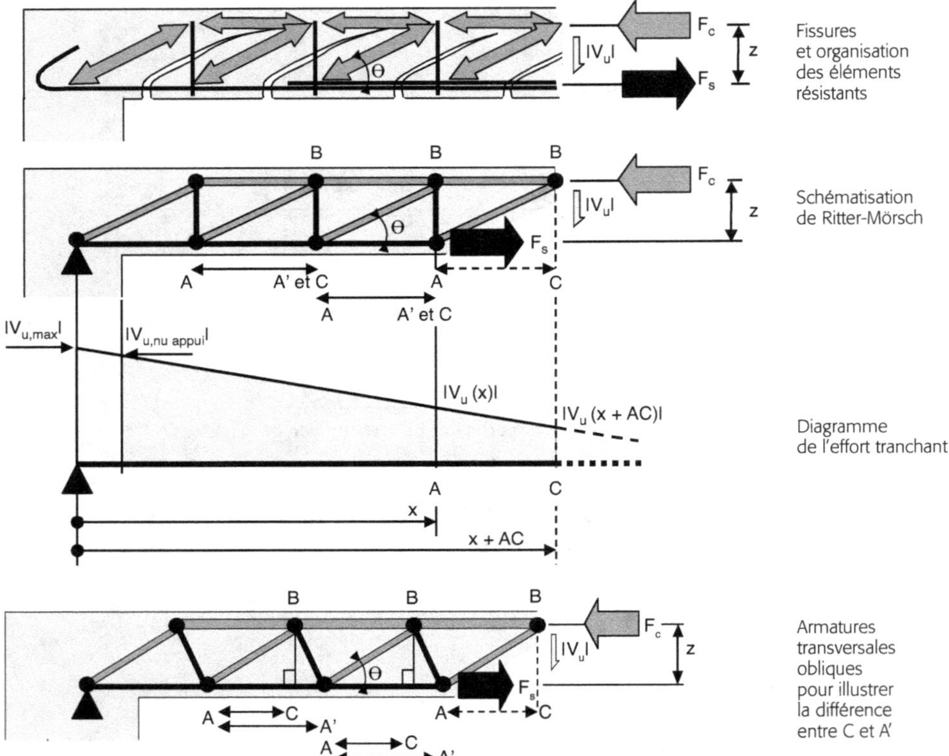

Figure D-IV.3.2. Résistance aux effets de l'effort tranchant : éléments de base
(exemple d'une travée isolée uniformément chargée).

La résistance aux effets de l'effort tranchant se développe à travers une triangulation d'éléments s'opposant à la distorsion (transformation d'un rectangle en parallélogramme) de l'ensemble. Ces éléments sont :

- les diagonales comprimées, constituées par des bielles de béton développées dans le béton resté intact entre les fissures obliques d'effort tranchant ;
- les aciers transversaux ;
- une participation du béton de la membrure comprimée ;
- enfin, une participation des aciers longitudinaux par un effort additionnel ΔF_t ; alors, l'effort total dans les aciers tendus est :

F_s = effort nécessaire pour résister aux effets du moment fléchissant + ΔF_t

Pour le calcul, ce système triangulé est assimilable à une poutre en treillis formalisée par la schématisation de Ritter-Mörsch.

Ce schéma n'est valable qu'une fois la fissuration généralisée, après que la continuité des autres éléments pouvant assurer une résistance à l'effort tranchant a été coupée par une (ou des) fissure(s). On est alors à l'ELU. C'est dans ces conditions qu'est fait le calcul réglementaire.

Les sommets de chaque maille du treillis de Ritter-Mörsch sont ici repérés par les lettres A, B et A'.

Spécificité des poutres en treillis : les charges doivent être appliquées aux nœuds B, en tête des diagonales comprimées.

Les longueurs AA' et AC (voir la Figure D-IV.3.2) jouent chacune un rôle spécifique dans les calculs. Dans le cas d'aciers transversaux « droits » (verticaux), elles sont confondues. Pour les distinguer, la figure montre aussi le cas d'aciers transversaux obliques. On voit alors clairement que :

- AA' est la longueur totale sur laquelle se développe chaque maille de la triangulation ;
- AC est la projection sur la ligne moyenne de l'élément de la longueur sur laquelle se développe chaque diagonale comprimée AB.

Le changement de signe de V_u change l'orientation des fissures et des diagonales comprimées, mais le signe des efforts dans les éléments de la triangulation reste inchangé. Aussi, les calculs sont-ils menés à partir de la valeur absolue $|V_u|$ de l'effort tranchant.

Un résultat essentiel établi au § B.5.3.1 est : sur la longueur AA', les aciers transversaux reprennent un effort vertical égal à $|V_u|$.

En fin de compte

Les trois points fondateurs du calcul sont les suivants.

- Les calculs sont toujours menés à l'ELU.
- Les charges doivent être appliquées en partie supérieure de la poutre (en tête des diagonales comprimées).
- Sur la longueur AA', les aciers transversaux reprennent un effort vertical égal à $|V_u|$.
- Aucune vérification à l'ELS.

  En effet, en service, la fissuration est très loin d'être généralisée et la résistance à l'effort tranchant passe par de très nombreux chemins alternatifs. Les déformations associées sont très faibles et généralement négligeables.

- La résistance à un effort tranchant ne se développe pas dans une section (comme la résistance au moment fléchissant) mais dans un volume, celui nécessaire au développement d'une diagonale comprimée. Alors, parler du calcul « à une abscisse x » est un raccourci de langage pour parler du calcul dans la zone autour de l'abscisse x.

- Enfin, la valeur de l'effort tranchant est toujours considérée en valeur absolue. Aussi Eurocode écrit-il simplement V_u ou V_{Ed} au lieu de $|V_u|$ ou $|V_{Ed}|$. La même pratique prévaudra dans la suite de l'exposé : la précision « valeur absolue » sera généralement omise s'agissant de valeurs de l'effort tranchant.

  Nota

  La suite se limite *strictement* au cas des aciers transversaux verticaux.

D-IV.3.2 Caractéristiques et équilibre d'une maille du treillis de base de Ritter-Mörsch

Le «treillis de base» est celui présenté sur la Figure D-IV.3.2 et l'équilibre d'une maille est détaillé sur la Figure D-IV.3.3. Dans la réalité, la distance entre aciers transversaux successifs est plus courte que AA'. Ce treillis de base est donc une première approche, qui sera affinée au paragraphe suivant.

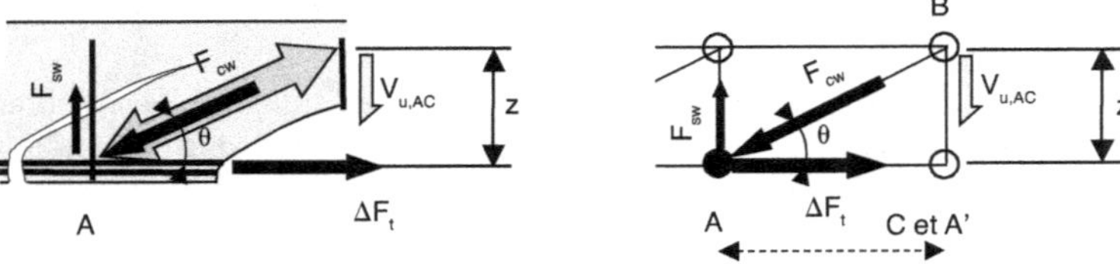

Figure D-IV.3.3. Caractéristiques et équilibre d'une maille du treillis de base de Ritter-Mörsch sous le seul effet de l'effort tranchant.

Longueur AA' et AC

Avec des aciers transversaux verticaux : $AC = AA' = z.\cot\theta$

Équilibre du nœud A

- Effort de traction dans une barre verticale schématisant des aciers transversaux verticaux :
  $F_{sw} = V_u$
  (Dans le cas d'aciers transversaux obliques : composante verticale de $F_{sw} = V_u$)
  Le treillis de base a une barre verticale tous les AA', d'où la formulation introduite plus haut : «sur la longueur AA', les aciers transversaux reprennent un effort vertical égal à $|V_u|$». Il s'ensuit que, toutes choses égales par ailleurs, diminuer l'angle θ d'inclinaison des diagonales comprimées permet d'étaler la même quantité d'aciers transversaux sur une plus grande longueur. L'économie invite donc à envisager l'angle θ le plus petit possible acceptable réglementairement.

- Effort de compression véhiculé par une diagonale comprimée : $F_{cw} = V_u/\sin\theta$

- Effort additionnel induit en partie inférieure de l'élément du fait de V_u : $\Delta F_t = V_u.\cot\theta$

  #### *Rappel*
  Cet effort additionnel sollicite l'armature longitudinale. Il s'ajoute à l'effort qu'elle reprend déjà pour résister aux effets du moment fléchissant.

L'étude de l'équilibre du nœud A du treillis de base montre que les valeurs de F_{sw}, F_{cw} et ΔF_t dépendent de la valeur de V_u au nœud B, donc à une distance $AC = z.\cot\theta$ plus loin dans le sens où $|V_u|$ décroît. Les valeurs découlant de ce décalage seront repérées par l'indice AC.

D-IV.3.3 Treillis multiple, représentatif du cas des poutres réelles

L'espacement effectif des aciers transversaux est noté s (symbole utilisé pour désigner une distance parallèlement à la ligne moyenne d'un élément).

Dans les poutres réelles, du fait que s est plus petit que la longueur AA', plusieurs treillis se superposent pour former un «treillis multiple». Ils ajoutent leurs effets pour résister à l'effort tranchant V_u, comme montré sur la Figure D-IV.3.4. Le nombre (pas nécessairement entier) de treillis superposés est : n = AA'/s

Chacun de ces n treillis qui se superposent est désigné « treillis élémentaire ».

Les n barres verticales du treillis multiple reprennent ensemble l'effort de la barre verticale unique du treillis de base. Également, l'ensemble des diagonales comprimées du treillis multiple se regroupent en une diagonale unique recréant la diagonale du treillis de base.

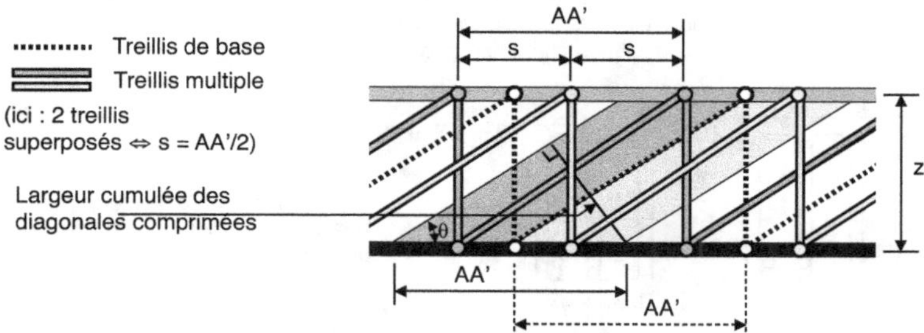

Figure D-IV.3.4. Illustration et caractéristiques du « treillis multiple », représentatif des poutres réelles.

D-IV.4 Démarche de calcul des aciers transversaux

Deux exemples illustrent cette démarche, aux § F.1.8 et F.2.9.

D-IV.4.1 Constitution et organisation d'un cours d'armature transversale

Un cours d'aciers transversaux est l'ensemble des aciers transversaux disposés à une abscisse x donnée. Il est constitué, conformément à la Figure D-IV.4.1, de « cadres », « épingles » et « étriers ».

Sa section résistante est A_{sw} = section d'un brin × nombre de brins.

L'espacement maximum entre deux brins [9.2.2] est :

$$s_{t,max} = \min\,[0{,}75\ d\,;\,600\ mm] \quad (AF)\,:\,si\ h \le 250\ mm \Rightarrow s_{t,max} = 0{,}9\ d$$

D-IV.4.2 Choix initiaux

(Voir un exemple § F.1.8.3.)

Il s'agit :

- d'une part, des choix du type et diamètre ϕ_w des aciers transversaux, puis de la section A_{sw} d'un cours d'armature transversale ;
- d'autre part, du choix de l'inclinaison θ des diagonales comprimées.

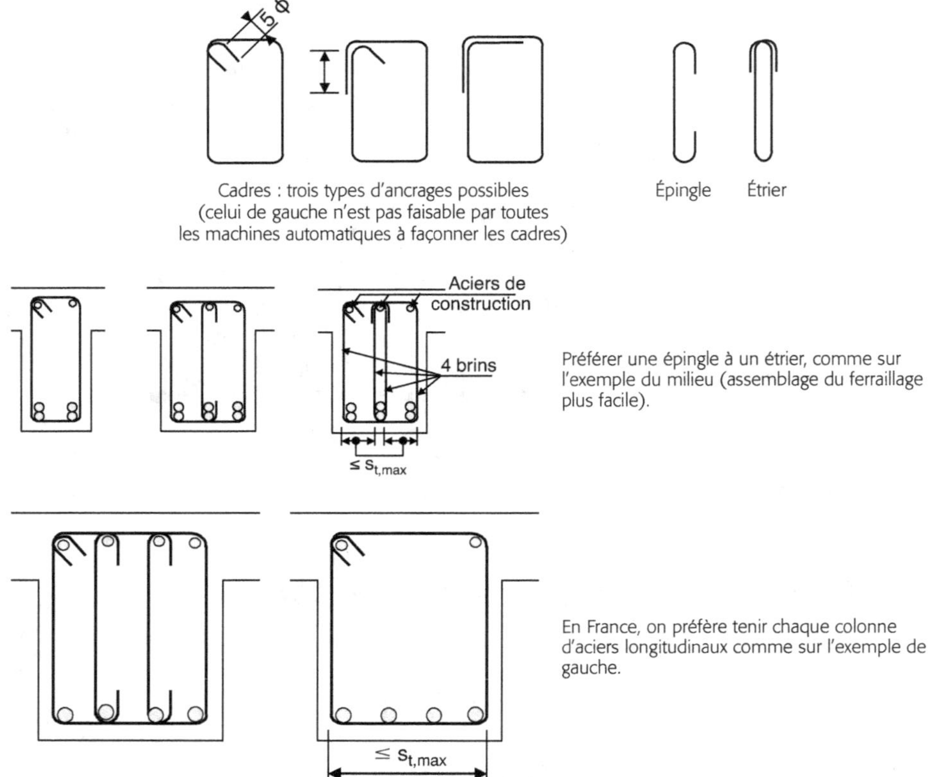

Préférer une épingle à un étrier, comme sur l'exemple du milieu (assemblage du ferraillage plus facile).

En France, on préfère tenir chaque colonne d'aciers longitudinaux comme sur l'exemple de gauche.

Figure D-IV.4.1. Éléments constitutifs d'un cours d'armature transversale et exemples de dispositions possibles.

D-IV.4.2.1 Choix de la constitution d'un cours d'aciers transversaux $\Rightarrow A_{sw}$

En bâtiments courants :

Aciers

A priori des B500.

Diamètre

En plus de leur fonction de résistance aux effets de l'effort tranchant, les aciers transversaux assurent aussi la rigidité de la cage de ferraillage durant sa manutention. Si les aciers la constituant sont trop fins, elle risque des déformations gênantes.

Proposition de l'auteur
- Plus grande longueur libre d'un brin ≈ 30 cm $\Rightarrow \phi_w = 6$
- Plus grande longueur libre d'un brin ≈ 40 cm $\Rightarrow \phi_w = 8$
- Plus grande longueur libre d'un brin ≈ 60 cm $\Rightarrow \phi_w = 10$
- Plus grande longueur libre d'un brin ≈ 80 cm $\Rightarrow \phi_w = 12$

…

Dans les cas les plus courants, où ce sont les brins verticaux qui présentent la plus grande longueur libre, cela se traduit par :

d ≤ 35 cm $\Rightarrow \phi_w = 6$

d ≤ 45 cm $\Rightarrow \phi_w = 8$

d ≤ 65 cm $\Rightarrow \phi_w = 10$

d ≤ 85 cm $\Rightarrow \phi_w = 12$

…

Nombre de brins

Il dépend du nombre de colonnes d'aciers à tenir et du choix, s'il y a lieu, d'épingles ou d'étriers. Voir la Figure D-IV.4.1.

Section A_{sw} d'un cours d'aciers transversaux

Elle est déduite de ϕ_w et du nombre de brins choisis.

D-IV.4.2.2 Choix de l'angle d'inclinaison θ des diagonales comprimées

De lui dépend le degré de compression de ces diagonales. Il peut être choisi dans la plage $1 \leq \mathrm{cotg}\theta \leq 2{,}5$ qui correspond à $45° \geq \theta \geq 22°$.

Nota

Plus $\mathrm{cotg}\theta$ est grand (ou plus θ est petit, ou plus les diagonales sont horizontales) :
- plus AA' = z.cotgθ est grand et plus la quantité nécessaire d'aciers transversaux est petite $\Rightarrow$ plus c'est économique ;
- en contrepartie, plus l'effort de compression dans chaque diagonale est grand.

Rappel. Dans le cas d'aciers verticaux : AA' = AC.

En pratique

On recherche l'économie : on fait le choix initial de diagonales les plus horizontales possible, soit $\mathrm{cotg}\theta = 2{,}5$. Ce choix sera ensuite changé si la contrainte de compression qui en découle dans les diagonales comprimées dépasse le maximum admissible.

D-IV.4.3 Données des calculs

Ce sont : A_{sw} et θ choisis ci-dessus, z, AC = z.cotgθ, et les diagrammes V_{Ed} ou V_u puis $V_{Ed,AC}$ ou $V_{u,AC}$.

Valeur de z

Il s'agit d'un paramètre récurrent de tous les calculs à l'effort tranchant.

Pour cet usage, le règlement prescrit de se contenter de z = 0,9 d (c'est une approximation, mais suffisante pour la circonstance).

Diagramme $V_{Ed,AC}$ ou $V_{u,AC}$

Comme illustré sur la Figure D-IV.4.2, il est obtenu en décalant le diagramme V_{Ed} ou V_u de AC = z.cotgθ dans la direction où $|V_{Ed}$ ou $V_u|$ diminue.

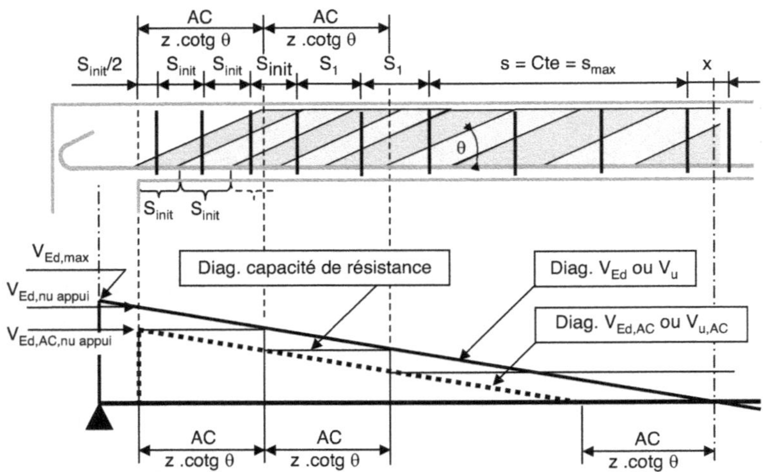

Figure D-IV.4.2. Éléments du calcul des aciers transversaux et de leur répartition
(sur le schéma de la poutre, à chaque cours d'aciers transversaux est associée la bielle comprimée
du treillis élémentaire correspondant dont la largeur est égale à l'espacement s calculé pour ce cours).

D-IV.4.4 Calculs de base en travée à proximité d'un appui ⇒ dans la zone d'effort tranchant maximum

Il s'agit de deux calculs : d'abord, vérifier que l'angle θ choisi convient, puis déterminer les espacement successifs des cours d'aciers transversaux au long de la travée.

D-IV.4.4.1 Vérifier si cotgθ choisi en travée convient

Le choix *a priori* est cotgθ = 2,5

À travers l'angle θ, c'est en fait le non-dépassement de la contrainte admissible dans les diagonales comprimées qui est vérifié.

Il s'agit donc de vérifier $V_{Rd,max} \geq V_{Ed}$ où :

- $V_{Rd,max}$ est l'effort tranchant maximum réglementairement supportable par l'élément du fait de la résistance potentielle de ses diagonales comprimées ;

- V_{Ed} est l'effort tranchant agissant sur les diagonales considérées.

Les diagonales comprimées aboutissant à l'abscisse x sont en fait sollicitées par l'effort tranchant à l'abscisse x + AC, c'est-à-dire par $V_{Ed,AC}$. La diagonale la plus sollicitée, celle dont le pied est au nu de l'appui, devrait donc être vérifiée par référence à $V_{Ed,AC,nu\ appui}$.

Mais Eurocode en a décidé autrement.

Prescriptions d'Eurocode

Dans le cas de charges réparties à l'approche de l'appui, le cas le plus courant, Eurocode prescrit de vérifier $V_{Rd,max} \geq V_{Ed,nu\ appui}$ (et non $V_{Rd,max} \geq V_{Ed,AC,nu\ appui}$)

C'est plus sévère que nécessaire pour la vérification des diagonales comprimées en travée.

En revanche, cela a l'avantage de régler du même coup la vérification de la bielle d'appui (voir plus loin § D-IV.5).

La formule de calcul de $V_{Rd,max}$ s'écrit comme suit. Elle prend différentes formes selon l'ouvrage dans lequel elle est rapportée. Sa justification est proposée au § D-IV.9.1.

La formulation Eurocode est:

$$V_{Rd,max} = \alpha_{cw}.\frac{b_w.z}{\cot g\,\theta + tg\,\theta}.\nu_1\,(nu_1).f_{cd}$$

qui s'écrit aussi:

$$V_{Rd,max} = \alpha_{cw}.\frac{b_w.z}{\sin^2\theta.\cot g\theta}.\nu_1.f_{cd}$$

ou encore:

$$V_{Rd,max} = \alpha_{cw}.\frac{b_w.z.\cot g\theta}{1 + \cot g^2\theta}.\nu_1.f_{cd}$$

Cette dernière formulation a l'avantage de ne faire intervenir θ qu'à travers $\cot g\theta$.

La vérification $V_{Rd,max} \geq V_{Ed}$ se traduit donc par:

$$V_{Ed} = V_{Ed,nu\ appui} \leq \alpha_{cw}.\frac{b_w.z.\cot g\theta}{1 + \cot g^2\theta}.\nu_1.f_{cd}\ \text{et toutes ses déclinaisons}$$

où:

b_w = plus petite largeur de la poutre sur la hauteur où se développent les diagonales comprimées inclinées de θ.

Rappel

$\nu_1\,(nu_1) = 0{,}6.(1 - f_{ck}/250) \Rightarrow$ avec un C25/30 on a $\nu_1 = 0{,}6 \times 0{,}9 = 0{,}54$

$\nu_1\,(nu_1)$ est un coefficient de réduction de la résistance en compression du béton (éventuellement fissuré) dans les zones d'effort tranchant (source d'une traction défavorable perpendiculaire à la compression).

On a donc $\nu_1.f_{cd}$ = contrainte maximum admise dans le béton constituant les diagonales comprimées.

α_{cw} tient compte d'un éventuel effort axial. Une compression est favorable et une traction défavorable.

En l'absence d'effort axial

$\alpha_{cw} = 1$

En compression

Cas d'une poutre précontrainte ou d'une poutre servant de buton.

$\alpha_{cw} = 1 + \sigma_{cp}/f_{cd}$ pour $0 \leq \sigma_{cp} \leq 0{,}25\,f_{cd}$

$\alpha_{cw} = 1{,}25$ pour $0{,}25 \leq \sigma_{cp} \leq 0{,}5\,f_{cd}$

$\alpha_{cw} = 2{,}5.(1 - \sigma_{cp}/f_{cd})$ pour $0{,}5 \leq \sigma_{cp} \leq f_{cd}$

où σ_{cp} = contrainte moyenne de compression N_u/A_c dans le béton à une distance du nu de l'appui $\geq 0{,}5.d.\cot g\theta$

L'indice p de σ_{cp} rappelle que sont essentiellement concernés les éléments précontraints.

En traction

C'est notamment le cas des poutres linteau servant de tirant à une voûte de décharge, voir § E-IV.3.

Alors:

$$\alpha_{cw} = 1 + \sigma_{ct}/f_{ctm}\ \text{avec}\ \sigma_{ct} < 0\ \text{et}\ f_{ctm} > 0$$

où σ_{ct} = contrainte moyenne de traction

Noter que si $|\sigma_{ct}| > |f_{ctm}| \Rightarrow \alpha_{cw} = 0 \Rightarrow V_{Rd,max} = 0$. Une telle situation est réservée à des cas exceptionnels non traités dans cet ouvrage.

D-IV.4.4.2 Cas où $V_{Rd,max} \geq V_{Ed,AC}$ n'est pas vérifié

Cela signifie que la contrainte du béton dans les diagonales comprimées dépasse $v_1.f_{cd}$ maximum admis.

Alors :

- Diminuer $\cotg\theta$ et, si possible, viser $V_{Rd,max} = V_{Ed,nu\ appui}$

  Nota

  Attention : changer $\cotg\theta$ change le diagramme $V_{Ed,AC}$.

- Si $\cotg\theta < 1 \Leftrightarrow \theta > 45°$ on sort des limites autorisées. Il faut changer les dimensions de la poutre. Pour cela, d'abord augmenter b_w.

  Nota

  En s'éloignant des appuis, $V_{Ed,AC} = V_{u,AC}$ diminue et, réglementairement, $\cotg\theta$ peut être augmenté progressivement sans dépasser $\cotg\theta = 2,5$.

  Cependant, des précautions particulières doivent être prises au raccord entre deux zones d'inclinaisons de bielles différentes. Pour la simplicité du calcul, il est conseillé de garder $\cotg\theta$ constant dans chaque «demi-travée» (la longueur courant du nu de l'appui jusqu'au point d'effort tranchant nul en travée).

D-IV.4.5 Espacement des cours d'aciers transversaux

(Voir un exemple § F.1.8.4.)

D-IV.4.5.1 Espacements maximum et minimum

Ils découlent de trois prescriptions d'Eurocode développées en annexe, § D-IV.9.2, qui aboutissent à :

$$s_{max} = \min\ [0,75\ d\ ;\ s_{\ell,max,rw} = \frac{A_{sw}}{b_w}.\frac{f_{ywk}}{0,08.\sqrt{f_{ck}}}]$$

$$s_{\ell,min} = \frac{A_{sw}}{b_w}.\frac{2.f_{ywd}}{v_1.f_{cd}}$$

En bâtiment, très généralement, le calcul aboutit à : $s_{max} = 0,75\ d$

D-IV.4.5.2 Espacements requis : formule de calcul réglementaire

Il faut assurer $V_{Rd,s} \geq V_{Ed,AC}$

où $V_{Rd,s}$ = capacité de résistance apportée par les aciers (d'où l'indice s) transversaux ;

avec $V_{Rd,s} = \dfrac{A_{sw}}{s}.z.\cotg\theta.f_{ywd}$;

et f_{ywd} = résistance de calcul des aciers transversaux = f_{yd} du type d'aciers utilisés.

On en tire la formule de calcul : $s = \dfrac{A_{sw}}{V_{Ed,AC}}.z.\cotg\theta.f_{ywd}$

Elle traduit la formule déjà largement répétée : «sur la longueur AC = $z.\cotg\theta$, les aciers transversaux verticaux reprennent un effort = $V_{u,AC} = V_{Ed,AC}$» (maintenant, on sait qu'il s'agit de $V_{u,AC}$ et non de V_u).

Nota

Ici, Eurocode ne cherche pas à faire d'une pierre deux ou plusieurs coups et il retient $V_{Ed,AC}$ conformément au comportement de base explicité sur la Figure D-IV.3.3.)

Contrairement à BAEL, Eurocode considère que, du fait des fissures obliques largement développées, l'apport du béton de l'âme doit être négligé $\Rightarrow$ seul l'apport des aciers est considéré ici.

D-IV.4.5.3 Démarche pour la détermination de l'espacement initial s_{init}

Elle s'appuie sur les données du § D-IV.4.3 illustrées sur la Figure D-IV.4.2.

- Par la vérification $V_{Ed,nu\ appui} \leq \alpha_{cw}.\dfrac{b_w.z.cotg\theta}{1 + cotg^2\theta}.\nu_1.f_{cd}$, s'assurer que $cotg\theta$ convient.

Sinon, rechercher la valeur de $cotg\theta$ qui convient.

- Calculer s_{max} et $s_{\ell,min}$
- Calculer l'espacement initial s_{init} pour $V_{Ed} = V_{Ed,AC,nu\ appui}$, ou en d'autres termes pour $V_u = V_{u,AC,nu\ appui}$

$$d'où : s_{init} = \frac{A_{sw}}{V_{Ed,AC,nu\ appui}}.z.cotg\theta.f_{yd} \quad ou \quad s_{init} = \frac{A_{sw}}{V_{u,AC,nu\ appui}}.z.cotg\theta.f_{yd}$$

Si $s_{init,calculé} \leq s_{max} \Rightarrow$ retenir $s_{init} = s_{init,calculé}$

Si $s_{init,calculé} > s_{max} \Rightarrow$ retenir $s_{init} = s_{max}$

Si $s_{init,calculé} < s_{min} \Rightarrow$ augmenter A_{sw}

Remarque

Très souvent, $s_{max} = 0,75\ d$ et $s_{init} = s_{max}$. Le calcul en est grandement simplifié. C'est assurément le cas tant que $1\,000\ A_{sw}\ (cm^2) \geq 5\ V_{u,nu\ appui}(kN)$ (voir «Ordres de grandeur et calculs estimatifs», § H.6.2).

D-IV.4.5.4 Disposition des aciers transversaux le long de la travée

Elle suit la démarche ci-dessous, illustrée sur la Figure D-IV.4.2.

1) Partir de chaque appui en se dirigeant vers les valeurs plus faibles de $V_{Ed,AC} = V_{u,AC}$.
2) Position du premier cadre ?

   Sur ce point, Eurocode ne donne aucune instruction.

   Proposition de l'auteur

   Perpétuer la prescription des règlements français antérieurs, à savoir placer le premier cadre à la distance $s_{init}/2$ du nu de l'appui.

   L'objectif est de répartir harmonieusement les cadres sur la longueur AC = $z.cotg\theta$.

   Comme illustré sur la Figure D-IV.4.2 par la mise en évidence des bielles associées à chaque cadre, placer le premier cadre à $s_{init}/2$ du nu de l'appui assure une largeur uniforme des bielles couvrant le premier intervalle AC = $z.cotg\theta$.

3) Continuer de remplir la longueur AC = $z.cotg\theta$ avec des cadres espacés de s_{init}.
4) Puis calculer $V_{Ed,AC}$ et s_1 sur l'intervalle AC = $z.cotg\theta$ suivant et le remplir par des cadres espacés de s_1.
5) Faire de même pour chaque intervalle AC = $z.cotg\theta$ suivant ($\Rightarrow$ séries d'espacements s_2, s_3,…) jusqu'à buter :
   - soit sur s_{max}
   - soit sur le point $V_{Ed,AC} = V_{u,AC} = 0$

6) Ensuite, si le point d'effort tranchant nul (cette fois, il s'agit de $V_{Ed} = V_u = 0$) n'a pas été atteint, compléter jusqu'à l'atteindre en accumulant des espacements constants $= s_{max}$.

7) À la rencontre des répartitions venant des appuis de gauche et de droite, subsiste autour du point $V_{Ed} = V_u = 0$ un espacement résiduel qui doit être $\leq s_{max}$ et est coté x

Cette méthode aboutit à un diagramme des capacités de résistance en escalier par excès.

Nota

Dans les cas courants (voir la figure du § H.4.3.2) ce diagramme en escalier ne dépasse pas trois niveaux : s_{init}, s_1 et s_{max}. Il en compte même moins si la répartition bute rapidement sur s_{max}.

D-IV.5 Conditions d'appui dans le cas d'un chargement uniforme à l'approche de l'appui

Rappel

Assurer les conditions d'appui, c'est assurer l'équilibre de la bielle d'appui sous les efforts illustrés sur la Figure D-IV.5.1. C'est-à-dire :

- amener et ancrer sur appui une section d'acier capable de reprendre l'effort $\Delta F_{td,appui}$ retenant le pied de la bielle, (s'agissant maintenant de calcul : ΔF_t et ses déclinaisons deviennent Δf_{td} et ses déclinaisons) ;
- s'assurer que la contrainte de compression dans la bielle d'appui ne dépasse pas la contrainte maximum admise réglementairement.

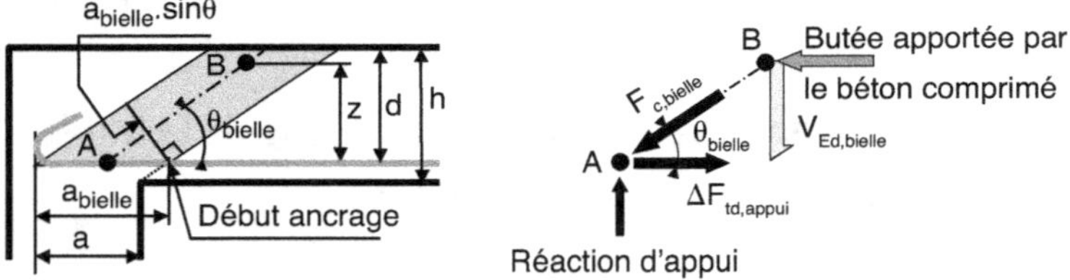

Figure D-IV.5.1. Équilibre d'un nœud d'appui et ses composantes.

Dans le cas d'un chargement uniforme à l'approche de l'appui, Eurocode ne prescrit rien.

De fait, par son silence, il implique que les conditions d'appui sont assurées sans autre précaution par les prescriptions du § D-IV.4.4.1 (vérification de $V_{Rd,max} \geq V_{Ed}$ au nu de l'appui sans décalage de AC) et du § D-IV.6.2.1.1 (application jusque sur l'appui de la règle d'arrêt des barres développée pour la travée). C'est une approximation !

Cette approximation, implicite à la prescription d'Eurocode, est justifiée en annexe, § D-IV.9.3.

Il reste une prescription à respecter sur tout appui d'extrémité :

A_s ancré sur appui $\geq 0,25\ A_{s,max,travée}$

Généralement, cette prescription n'a d'incidence que dans les cas où il y a plus que trois lits d'aciers en travée.

Le traitement rigoureux des conditions d'appui est l'objet du § D-IV.7.

D-IV.6 Arrêt des barres [9.2.1.3 à 9.2.1.5]

Il s'agit de l'arrêt des barres de l'armature longitudinale calculée pour résister aux effets du moment fléchissant. Le moment, maximum en travée, diminuant lorsqu'on s'approche des appuis, l'économie demande d'arrêter des barres au fur et à mesure qu'elles ne sont plus indispensables.

Ce faisant, il ne faut pas oublier l'effort additionnel, ΔF_{td} en travée et $\Delta F_{td,appui}$ sur appuis, apporté par la participation des aciers longitudinaux à la résistance aux effets de l'effort tranchant.

Par chance, la section maximum d'aciers longitudinaux calculée pour résister au moment maximum comme montré au chapitre D-II n'en est pas affectée. En effet, au point de moment maximum correspond le point d'effort tranchant nul ($|V(x)| = |dM(x)/dx|$) et l'effort additionnel ΔF_{td} y est nul. C'est le seul point de la poutre qui bénéficie de cette particularité.

Voir deux exemples aux § F.1.8.5 et F.2.10.

D-IV.6.1 Prescriptions d'Eurocode pour la prise en compte de l'effort additionnel $\Delta F_{td}(x)$ dans l'armature tendue

D-IV.6.1.1 Effort additionnel à prendre en compte

Avec des armatures transversales verticales et un chargement réparti sans force concentrée, l'effort additionnel à prendre en compte dans l'armature tendue à chaque abscisse x en travée (ce qui exclut les conditions d'appui) est :

$$\Delta F_{td}(x) = \frac{V_{Ed,AC}(x)}{2}.\cotg\theta = \frac{V_{u,AC}(x)}{2}.\cotg\theta$$

Cet effort additionnel est deux fois plus petit que ce qui avait été démontré et rappelé au § D-IV.3.1 dans le cas du treillis de base de Ritter-Mörsch. La justification de cette division par deux dans le cas d'un chargement réparti, ainsi que celle de l'application identique de ΔF_{td} en zone de moment positif ou négatif est proposée en annexe, § D-IV.9.4.

D-IV.6.1.2 Façon pratique de traiter l'effort additionnel

La méthode est justifiée en annexe, § D-IV.9.4.

Eurocode prescrit de décaler le diagramme M_u de la valeur a_ℓ telle que ci-après.

Cas des poutres

Décaler horizontalement le diagramme M_u de $a_\ell = \dfrac{z}{2}.\cotg\theta$ en s'éloignant des appuis.

Comme pour tout ce qui est relatif à l'effort tranchant, prendre z = 0,9 d.

Ordre de grandeur et comparaison avec BAEL

Si on admet d $\approx$ 0,9 h, dans le cas où $\cotg\theta$ = 2,5 ce décalage est $\approx$ 0,9 × 0,9 h × 2,5/2 $\approx$ h. C'est peu différent du décalage antérieurement prescrit par BAEL = 0,8 h.

Cas des dalles résistant sans aciers transversaux

Comme vu au § D-IV.2, le mode de résistance est différent.

Dans ce cas, Eurocode prescrit un décalage a_ℓ = d [9.3.1.1(4)].

Ordre de grandeur

Ce décalage est peu différent de celui prescrit pour les poutres (a_f = d ≈ 0,8 à 0,9 h (voir § D-I.4.2.3) contre a_f ≈ h pour les poutres).

Remarque

Compte tenu de la similitude des valeurs de a_f dans les poutres avec cotgθ = 2,5 et dans les dalles, la proposition d'arrêt forfaitaire des aciers du § E-I.5.2.3 vaut pour les poutres et les dalles.

Le diagramme M ainsi transformé est appelé «diagramme M décalé».

D-IV.6.2 Épure d'arrêt des barres [9.2.1.3]

C'est une construction graphique (épure) de laquelle on tire la longueur nécessaire de chaque barre ou groupe de barres. Elle est illustrée sur la Figure D-IV.6.1.

L'arrêt des aciers comprimés relève de règles spécifiques qui sont exposées au § D-V.3 dédié aux aciers comprimés. Les prescriptions ci-dessus s'appliquant de façon identique en travée (moment positif) et sur appui (moment négatif), la présentation de leur application par l'épure d'arrêt des barres est dès maintenant élargie au cas général d'une poutre continue.

D-IV.6.2.1 Construction de l'épure

Elle est exposée sur la Figure D-IV.6.1 par l'exemple d'une poutre renforcée en travée par deux lits égaux de 2 HA 16 chacun et sur appui par deux lits inégaux, l'un de 2 HA 16 et l'autre de 2 HA 14.

L'usage ancien proposait de placer les aciers les plus gros le plus à l'extérieur. En fait, comme sur cet exemple, il est mieux de placer les aciers les plus gros le plus à l'intérieur. L'avantage est double :

- c'est source d'économie car ce sont les aciers les plus gros qui sont arrêtés les premiers ;
- la résistance à l'incendie en est améliorée car les aciers les plus gros (ceux qui apportent la plus grande part à la résistance) étant plus à l'intérieur, ils sont mieux protégés et plus tardivement altérés par l'incendie.

La construction de l'épure compte trois étapes :

1) Tracé du diagramme des moments M_u. Dans le cas d'éléments continus, il s'agit du diagramme enveloppe des moments tenant compte des différentes combinaisons de chargement envisageables (voir chapitre E-I).

2) Tracé du «diagramme M_u décalé». C'est le diagramme des capacités de résistance requises intégrant l'incidence de l'effort tranchant. Pour rappel, il s'agit d'un décalage horizontal de a_f dans le sens où $|M_u|$ augmente. Dans le cas des poutres, $a_f = \dfrac{z}{2}$ .cotgθ.

3) Sur cette base, construire le diagramme des capacités de résistance effectives. La sécurité veut que celui-ci soit en tout point extérieur au diagramme des capacités de résistance nécessaires et l'économie veut qu'il l'encadre au plus près.

L'arrêt des barres se fait généralement par lits entiers.

Si on le souhaite, il est cependant possible de «faire de la dentelle» en scindant chaque lit en plusieurs groupes de barres arrêtés séparément. Ceci à condition qu'en toute abscisse la disposition des barres présentes reste symétrique par rapport à l'axe vertical de la section.

Les paragraphes suivants détaillent les points à retenir et les points délicats des étapes 2) et 3) ci-dessus.

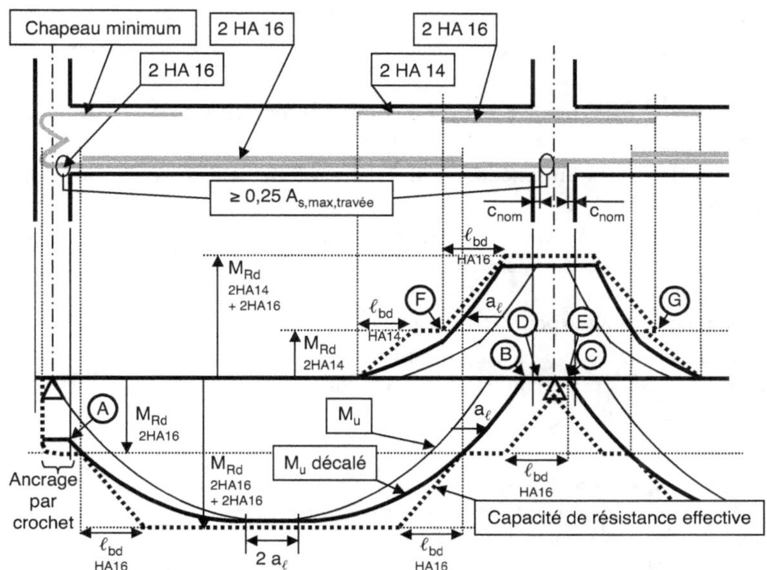

Figure D-IV.6.1. Épure d'arrêt des barres
(pour une meilleure lisibilité, l'échelle verticale du schéma de la poutre a été dilatée).

D-IV.6.2.1.1 Diagramme M_u décalé

Il a été construit pour fournir le diagramme des capacités de résistance requises en travée.

En plus, en l'absence de charge concentrée au voisinage de l'appui, d'après le § D-IV.5, il indique également la quantité d'aciers inférieurs à amener et ancrer sur appui pour assurer la condition d'appui.

Sur un appui d'extrémité, vérifier en plus que A_s ancré sur appui $\geq 0,25\ A_{s,max,travée}$.

D-IV.6.2.1.2 Tracé du diagramme des capacités de résistance effectives

Le moment résistant M_{Rd} associé à chaque groupe de barres pris en compte est matérialisé sur l'épure par un tracé horizontal.

Dans la zone de moment maximum, là où tous les lits se superposent, ils sont tous soumis au même contexte, particulièrement la même valeur de μ_u, et M_{Rd} est proportionnel à A_s.

Par exemple :

- pour les 2 lits de HA 16 en travée, on calcule :

$$M_{Rd}\ (2\ HA\ 16 + 2\ HA\ 16)\ \text{en travée} = M_{u\,travée} \cdot \frac{A_s\left(2\ HA\ 16 - 2\ HA\ 16\right)}{A_{su}\left(\text{calculé pour résister à } M_{u\,travée}\right)}.$$

- pour le seul lit inférieur en travée (2 HA 16), on calcule :

$$M_{Rd}\ (2\ HA\ 16)\ \text{en travée} = M_{u\,travée} \cdot \frac{A_s\left(2\ HA\ 16\right)}{A_{su}\left(\text{calculé pour résister à } M_{u\,travée}\right)}$$

En s'éloignant de la zone de moment maximum, M_u diminue, μ_u diminue et z augmente légèrement. Alors, à la même section d'acier A_s correspond un moment résistant M_{Rd} qui augmente légèrement. Cela s'entrevoit à travers la relation $A_s = (0,81 + \mu_u).M_u/(0,9\ d.f_{yd})$

Dans la pratique, on ignore cette variation et on considère M_{Rd} = Cte sur toute la longueur de chaque lit, calculé comme montré ci-dessus.

L'intersection du diagramme M_u décalé avec les horizontales matérialisant les moments résistants disponibles fournit une première approximation de l'abscisse d'arrêt de chaque groupe de barres.

Pour un arrêt exact, il faut encore prendre en compte la longueur nécessaire pour l'ancrage de chaque barre.

- En travée et sur appuis intermédiaires, il s'agit généralement d'ancrages droits. Leur longueur nécessaire est ℓ_{bd}.

  La capacité de reprise d'effort par les barres, nulle à leur extrémité, augmente linéairement sur leur longueur d'ancrage. Cela se traduit sur le diagramme par un tracé oblique désigné dans cet ouvrage « pente d'ancrage ».

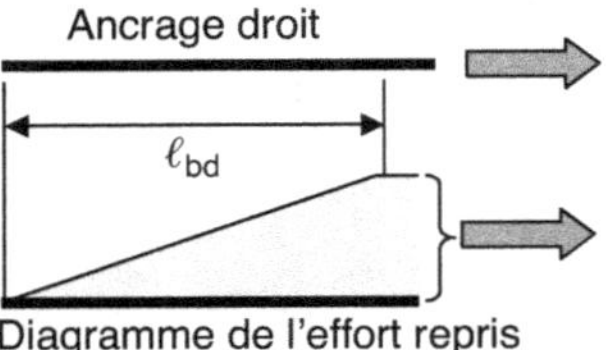

- Sur les appuis d'extrémité, l'espace disponible est souvent insuffisant pour déployer un ancrage droit et alors un ancrage par crochet s'impose.

Nota

Pour des raisons de sécurité discutées plus loin (§ D-IV.6.2.3), sur les appuis d'extrémité, l'auteur préconise systématiquement un ancrage par crochet, même lorsque le calcul montre qu'un ancrage droit pourrait suffire.

Comparé à un ancrage droit, l'ancrage par crochet a une longueur d'encombrement, $\ell_{b,eq,eff}$, plus faible et une reprise d'effort beaucoup plus rapide.

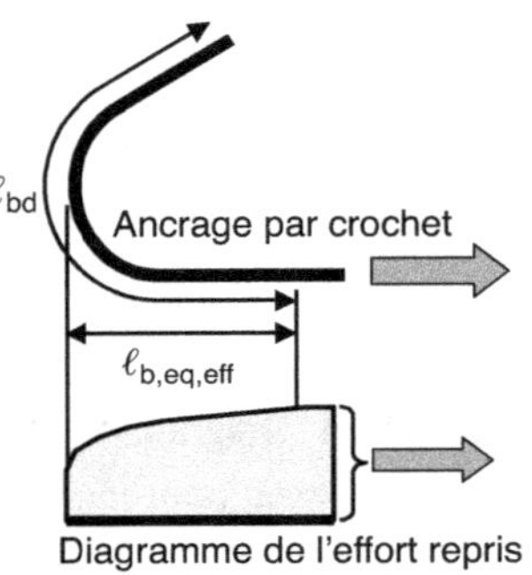

On en tire enfin le diagramme des capacités de résistance effectives. Il doit être en tout point extérieur au diagramme des capacités de résistance requises.

Il se peut que ce ne soit pas le cas au niveau d'un ou plusieurs ancrages. Alors il faut allonger les barres concernées jusqu'à ce que ça devienne le cas.

D-IV.6.2.2 Commentaires

Ils s'appuient sur l'exemple de la Figure D-IV.6.1.

- En F et G, il a fallu allonger les barres pour assurer totalement leur ancrage.

  C'est souvent le cas en chapeau sur les appuis intermédiaires, où la pente du diagramme M_u décalé peut être très forte.

  De plus, ne pas oublier que les aciers en chapeau étant placés en partie haute des poutres, ils sont souvent en zone de mauvaises conditions d'adhérence $\Rightarrow$ ils nécessitent une longueur d'ancrage ℓ_{bd} plus longue (1,4 fois plus) qui accentue encore le problème.

- Le point A (où le diagramme M_u décalé atteint le nu intérieur de l'appui) indique, exprimé sous forme d'un moment, la quantité d'acier à amener et ancrer sur l'appui pour reprendre l'effort additionnel $\Delta F_{td,appui}$. Cette façon de traiter la condition d'appui découle du § D-IV.5 et est justifiée en annexe, § D-IV.9.3.

  Sur l'exemple de la figure, ce moment est plus faible que M_{Rd} du premier lit d'aciers en travée. Donc, celui-ci est en quantité suffisante pour reprendre $\Delta F_{td,appui}$. Ne reste qu'à assurer son ancrage (par un crochet, en s'assurant que $a_{bielle} \geq \ell_{b,eq,eff}$ comme traité au § D-IV.7). Il faut aussi vérifier le non-dépassement de la contrainte admise dans la bielle d'appui. Dans le cas d'un chargement uniforme, comme vu au § D-IV.4.4.1, conformément au § D-IV.5 et justifié en annexe, § D-IV.9.3, cette vérification est déjà assurée par celle des bielles en travée.

Le fait que le point A soit clairement au-dessus de M_{Rd} du premier lit indique qu'un ancrage partiel pourrait suffire.

Proposition de l'auteur pour les appuis d'extrémité

Toujours préférer un crochet, à la rigueur calculé en se contentant d'un ancrage (par crochet) partiel (voir un exemple au § F.2.9.1).

Si ancrage droit, toujours faire un ancrage total.

Si le point A avait correspondu à un moment > M_{Rd} du premier lit, il aurait fallu :

- soit augmenter la section du premier lit, et en contrepartie diminuer celle du deuxième ;
- soit amener et ancrer les deux lits sur l'appui.

- Sur l'appui de continuité, au point B, le diagramme M_u décalé coupe la trace de la poutre avant le nu de l'appui. Cela signifie qu'aucun acier inférieur n'est nécessaire pour assurer la condition d'appui.

En effet, l'effort de compression $M_{u\,appui}/z$ induit en partie basse de la poutre par le moment négatif sur appui diminue d'autant $\Delta F_{td,appui}$. Quand il l'égale ou le dépasse, il n'est plus besoin d'aciers inférieurs pour assurer l'équilibre de la bielle d'appui. C'est ce qu'admet l'AF [NA-9.2.1.4(1)]. Cela ne dispense aucunement de la vérification de la contrainte de la bielle d'appui.

De façon plus imagée, on peut dire que les deux bielles qui convergent sur un appui intermédiaire (celle de la travée de gauche et celle de la travée de droite) s'appuient l'une sur l'autre. Dans l'exemple de la Figure D-IV.6.1, cela ne suffit à assurer totalement que l'équilibre de la bielle de gauche. 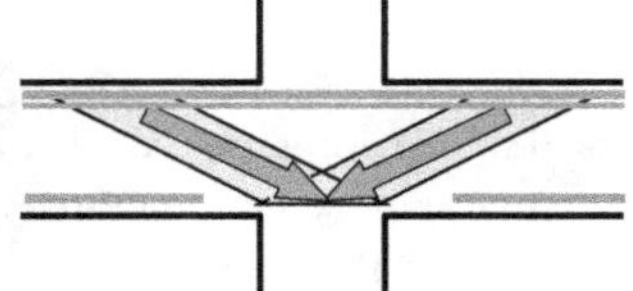

- Au point C, le diagramme M_u décalé atteint le nu de l'appui, signifiant que l'équilibre de la bielle d'appui de droite nécessite un apport des aciers inférieurs de la travée.

La longueur minimum sur laquelle le lit inférieur doit être prolongé sur l'appui en tenant compte de son ancrage nécessaire est déduite du diagramme des capacités de résistance effectives, qui doit rester en tout point extérieur au diagramme des capacités de résistances requises.

D-IV.6.2.3 Précautions

Les défauts de conditions d'appui entraînent un risque de rupture fragile (brutale et sans préavis) de la zone d'appui, qui entraîne à son tour la chute brutale et en bloc de tout un pan de plancher, écrasant toute personne qui se trouve en-dessous. C'est donc un risque mortel, dont la prévention mérite une marge de sécurité renforcée.

Le risque est particulièrement grand en phase de chantier. Bien que les charges soient alors plus faibles qu'en phase d'usage définitif, il y a les risques suivants.

- Tant que le béton n'a pas suffisamment durci, les ancrages sont moins efficaces. La résistance des ancrages droits en est beaucoup plus affectée que celle des crochets. D'où la préférence affichée pour ces derniers sur appui d'extrémité.

- Les moments de continuité, qui permettraient de se passer d'aciers inférieurs sur appui sont beaucoup plus faibles qu'en phase définitive. La phase la plus délicate a lieu lors du décoffrage. On ne peut pas décoffrer toutes les travées simultanément. Le moment le plus critique est le temps durant lequel une travée est décoffrée mais pas encore étayée. Elle doit alors se tenir par ses propres moyens, tandis que la travée adjacente, encore soutenue par le coffrage, n'apporte qu'un faible moment de continuité et ne contribue que de façon faible à diminuer la section des aciers inférieurs nécessaires sur appui. Au moins pour cette phase, il faut prévoir un minimum d'aciers inférieurs sur appuis intermédiaires.

- On retrouve une situation semblable lors de l'enlèvement des étais.

Au-delà de la phase de chantier :

- Si par accident une travée s'effondre, cela entraîne la disparition du moment de continuité sur l'appui commun avec la travée adjacente et, en l'absence d'aciers inférieurs sur appui, la chute de cette travée adjacente par défaut de conditions d'appui. Puis l'effondrement en chaîne de toutes les travées en continuité avec les précédentes.
- Un minimum d'aciers inférieurs prévient cet effondrement en chaîne.

Proposition de l'auteur

Appuis d'extrémité

Toujours ancrer les aciers inférieurs par crochet, même si un ancrage droit pourrait suffire.

Appuis intermédiaires

Toujours prolonger le lit inférieur de chacune des travées adjacentes sur au moins toute la largeur de l'appui moins c_{nom} (voir la Figure D-IV.6.1) en respectant une longueur de recouvrement $\geq 10\ \phi$. Faire *a priori* démarrer le diagramme des capacités de résistance effectives à l'extrémité des barres ainsi arrêtées (points D et E sur la figure) puis éventuellement allonger les barres si nécessaire.

Si un décoffrage précoce est prévu : même sur appuis intermédiaires, ancrer les aciers inférieurs par crochet ou assurer leur continuité d'une travée à l'autre.

Nota

Eurocode, avant application de l'AF [AN9.2.1.4(1)], est encore plus exigeant. Envisageant le risque de petit séisme, de choc violent ou d'explosion, il impose la continuité des aciers inférieurs. Avec les prescriptions relatives à la « redistribution », § E-I.4 et E-I.5, la valeur admissible de μ_u sur les appuis de continuité est fortement limitée et on est très souvent amené à y ajouter des aciers comprimés (voir le résultat sur la figure du § F.2.10.2). Ceux-ci assurent, au moins en partie, la continuité des aciers inférieurs.

D-IV.6.3 Chapeaux minimums [9.2.1.2]

Voir un exemple au § F.1.8.5.

En plus des aciers inférieurs assurant la condition d'appui, il faut aussi disposer une section minimum d'acier en chapeau (sur l'appui en partie haute), comme illustré sur la Figure D-IV.6.2. Cela a pour objet d'éviter une fissure qui (voir figure), au-delà de la nuisance pour l'utilisateur de l'édifice, coupe la bielle d'appui et rend inopérant son fonctionnement escompté.

Sont concernés :

- les appuis d'extrémité sur lesquels, *a priori*, le moment est nul ;
- les appuis intermédiaires sur lesquels le moment de continuité est très faible (originellement ou du fait d'un choix délibéré du calculateur).

Leurs section et longueur sont forfaitaires.

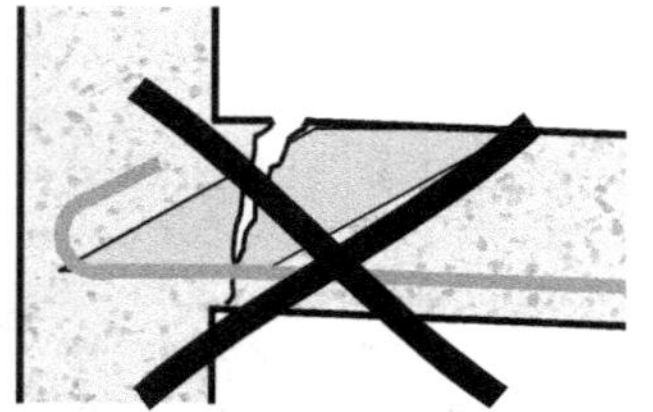

En l'absence de chapeau minimum : risque d'une grosse fissure qui coupe la bielle d'appui.

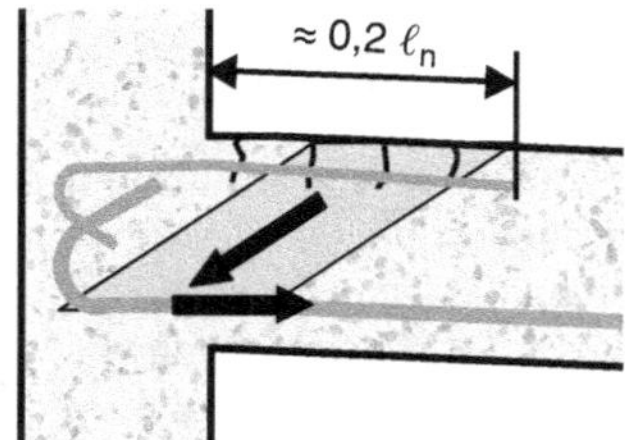

Avec chapeau minimum : plusieurs petites fissures qui passent inaperçues et la continuité de la bielle d'appui est préservée.

Figure D-IV.6.2. Rôle, disposition et longueur du chapeau minimum sur appui (cas d'un appui d'extrémité).

Section des chapeaux minimums

- Sur appuis d'extrémité : $M_{u,\text{chapeau min}} \geq 0,15\ M_{u,\text{travée}}$

  En fait, il ne s'agit que d'un ordre de grandeur et il doit être compris comme $0,10\ M_{u,\text{travée}} \leq M_{u,\text{chapeau min}} \leq 0,20\ M_{u,\text{travée}}$

- Sur appuis intermédiaires : $M_{u,\text{chapeau min}} \geq 0,25\ M_{u,\text{travée}}$

  En fait, un moment de continuité $\approx 0,25\ M_{u,\text{travée}}$ est très faible et implique un degré de redistribution très supérieur au maximum $\delta = 0,7$ admis (§ E-I.4.3.2).

  Donc, sur appuis intermédiaires : pas de chapeaux minimums, mais des chapeaux réalistes dûment calculés, au moins par la règle des moments forfaitaires.

- Les chapeaux minimums doivent également satisfaire aux conditions de non-fragilité. À défaut, leur section doit être augmentée de 20 % (§ D-II.7.2.1).

  En fait, leur dimensionnement étant très approximatif, par exemple $0,10\ M_{u,\text{travée}} \leq M_{u,\text{chapeau min}} \leq 0,20\ M_{u,\text{travée}}$ pour les chapeaux sur appuis d'extrémité, l'éventuel surdimensionnement de 20 % est noyé dans la plage d'incertitude.

  Par exemple, si on prend $M_{u,\text{chapeau min}} \geq 0,15\ M_{u,\text{travée}}$ et que le surdimensionnement doive être appliqué, on peut considérer qu'a été visé $M_{u,\text{chapeau min}} \geq 0,13\ M_{u,\text{travée}}$ (acceptable car $> 0,10\ M_{u,\text{travée}}$) qui après surdimensionnement de 20 % est devenu $0,15\ M_{u,\text{travée}}$.

Proposition de l'auteur

On applique $M_{u,\text{chapeau min}} \geq 0,15\ M_{u,\text{travée}}$ et, comme vu ci-dessus, s'il y a fragilité, c'est encore acceptable.

Pour les poutres de hauteur constante, cela se traduit par : $A_{s,\text{chapeau min}} \geq 0,15\ A_{s,\text{travée}}$

Ancrage et longueur des chapeaux minimums

Ils doivent être totalement ancrés sur l'appui.

Dans le cas des appuis d'extrémité, il s'agit généralement d'un ancrage par crochet.

Leur longueur côté travée doit « être suffisante », ce qui est très flou.

Pour les chapeaux minimums à mettre dans les dalles, Eurocode prescrit de les prolonger au-delà du nu de l'appui sur la longueur $0,2\ \ell_n$. On peut appliquer la même règle aux poutres.

D-IV.7 Conditions d'appui dans le cas général

Voir deux exemples aux § F.1.8.5 et F.2.9.

Les prescriptions et la méthode de calcul sont présentées dans le cas d'un appui d'extrémité. Le cas des appuis intermédiaires est vu au § D-IV.7.4.

D-IV.7.1 Principe

Il s'agit d'assurer l'équilibre du nœud d'appui, c'est-à-dire l'équilibre (par des aciers inférieurs suffisants et suffisamment ancrés) et la résistance suffisante de la diagonale comprimée qui arrive sur appui. Celle-ci est habituellement désignée « bielle d'appui » et c'est l'appellation qui sera utilisée dans la suite.

Les composantes de cet équilibre sont illustrées sur la Figure D-IV.7.1.

Elles sont les suivantes.

Bielle d'appui

Elle est sollicitée par l'effort de compression $F_{c,bielle} = V_{Ed,bielle}/\sin\theta_{bielle}$ et sa contrainte de compression est $\sigma_{c,bielle} = F_{c,bielle}/$section droite minimum de la bielle.

Section droite minimum de la bielle

Elle conditionne sa contrainte $\sigma_{c,bielle}$ maximum et découle de la combinaison la plus défavorable des points ci-dessous.

- Dimensions imposées par la géométrie de la poutre : largeur minimum de la bielle = b_w et longueur horizontale = $z.\cotg\theta_{bielle}$.
- Dimensions imposées par l'appui : largeur de l'appui = b_{appui} et longueur horizontale = a_{bielle} telle que précisé ci-dessous.

  Côté travée, a_{bielle} commence au point où les aciers inférieurs amenés sur appui pénètrent dans la bielle. On a donc : $a_{bielle} = a + (h - d).\cotg\theta_{bielle}$

  Sur l'appui, excepté quelques cas dont celui d'un appareil d'appui (voir Figure D-IV.7.3), a_{bielle} se prolonge sur la longueur où se développe l'ancrage des aciers.

Aciers inférieurs amenés sur l'appui pour apporter l'effort $\Delta F_{td,appui}$ et assurer ainsi l'équilibre de la bielle

- Ils doivent être en section suffisante, calculée avec $\sigma_s = f_{yd}$.
- Ils doivent enfin être ancrés pour l'effort $\Delta F_{td,appui}$. Leur ancrage commence au point où ils entrent dans la bielle d'appui, c'est-à-dire à l'extrémité de a_{bielle} côté travée.

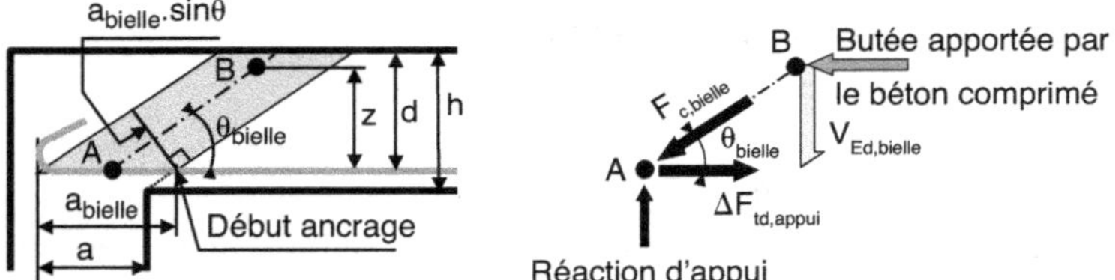

Figure D-IV.7.1. Équilibre d'un nœud d'appui et ses composantes.

D-IV.7.2 Réalité

D-IV.7.2.1 Bielles d'appui

La situation est explicitée sur la Figure D-IV.7.2.

Il n'y a en fait pas une bielle d'appui unique, mais un ensemble de bielles en éventail couvrant la zone gris clair sur la figure.

Cet ensemble est sollicité par toutes les charges présentes du nu de l'appui jusqu'à la distance AC = $z.\cotg\theta_{travée}$. L'effort repris est plus grand que $V_{Ed,AC,nu\ appui}$ et plus petit que $V_{Ed,nu\ appui}$.

Pour le calcul, il est admis d'assimiler l'ensemble des bielles en éventail à une bielle unique affichant une inclinaison moyenne θ_{moy} (en gris plus foncé sur la figure).

En l'absence de charge concentrée au voisinage de l'appui, on admet :

$$\cotg\theta_{moy} \approx (\cotg\theta_{travée})/2$$

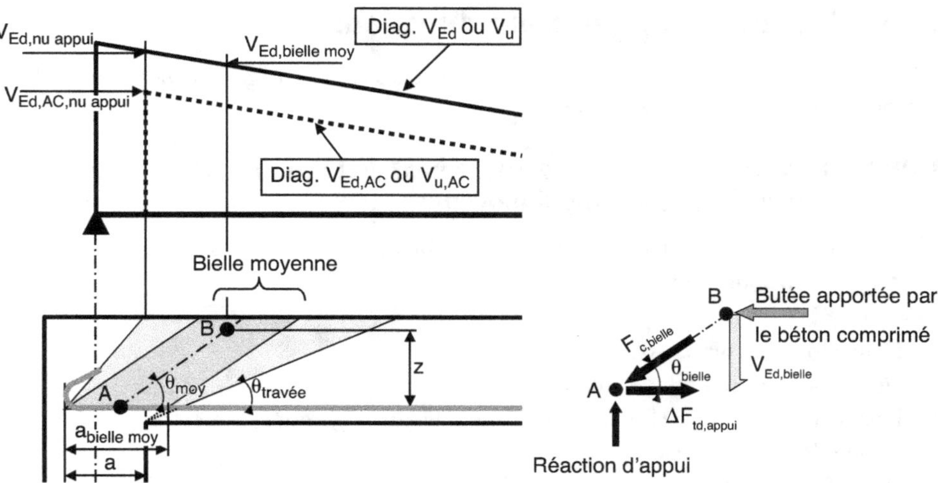

Figure D-IV.7.2. Conditions d'appui des poutres réelles : éventail des bielles d'appui réelles, bielle moyenne et efforts pris en compte dans le calcul pratique.

D-IV.7.2.2 Longueur horizontale disponible sur les appuis réels

Désignée a, cette longueur est aussi appelée « profondeur d'appui ».

L'extrémité de a côté travée n'est pas systématiquement au nu de l'appui. La Figure D-IV.7.3 montre ce qu'il en est selon le parti constructif choisi.

C'est à partir d'elle qu'est calculé $a_{bielle} = a + (h - d).cotg\theta_{bielle}$

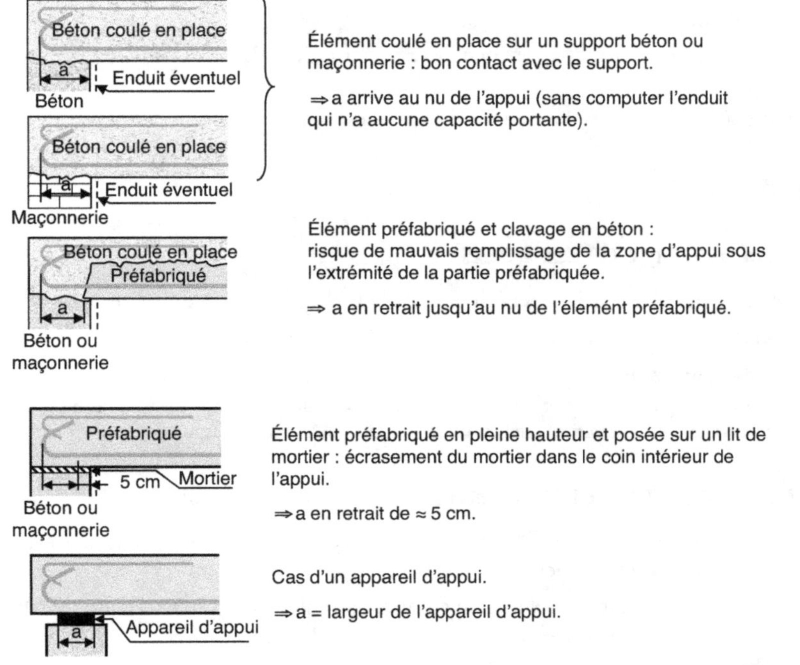

Figure D-IV.7.3. Profondeur d'appui a à prendre en compte selon le parti constructif.

D-IV.7.3 Démarche générale du calcul

Elle s'applique à tous les cas particuliers, notamment aux cas de charges(s) concentrée(s) à l'approche de l'appui (traités au § D-IV.8.2).

D-IV.7.3.1 Vérification du non-dépassement de la contrainte admise dans la bielle d'appui moyenne

Elle est transposée de la vérification en travée, à savoir :

$$\sigma_{c,bielle} \leq \text{maximum admis} = \nu_1 \, (nu_1).f_{cd}$$

avec :

- inclinaison de la bielle = θ_{moy}
- largeur de la bielle = b_{bielle} = min $[b_w \, ; \, b_{appui}]$
- longueur horizontale de la bielle = a_{bielle} = min $[a + (h - d).cotg\theta_{bielle} \, ; \, z.cotg\theta_{moy}]$
- section droite de la bielle = $b_{bielle}.a_{bielle}.sin\theta_{moy}$
- effort dans la bielle moyenne = $F_{c,bielle}$ = $V_{Ed,bielle \, moy}/sin\theta_{moy}$

d'où :

$$\sigma_{c,bielle} = F_{c,bielle}/\text{section droite de la bielle} \leq \nu_1.f_{cd}$$

D'où enfin :

$$V_{Ed,bielle \, moy}/(b_{bielle}.a_{bielle}.sin^2\theta_{moy}) \leq \nu_1.f_{cd}$$

avec : $\nu_1 = 0,6.(1 - f_{ck}/250)$ (voir § D-IV.4.4.1)

D-IV.7.3.2 Section nécessaire d'aciers inférieurs pour assurer l'équilibre de la bielle moyenne

L'effort à reprendre est : $\Delta F_{td,appui} = V_{Ed,bielle \, moy}.cotg\theta_{moy}$

La contrainte admise dans les aciers peut atteindre $f_{sd,max}$, mais on se contente généralement de f_{yd}.

La section d'aciers inférieurs à amener sur l'appui est donc :

$$A_{s,cond \, appui} \geq \Delta F_{td,appui}/f_{yd} = V_{Ed,bielle \, moy}.cotg\theta_{moy}/f_{yd}$$

qui doit respecter : $A_{s,cond \, appui} \geq A_{s,cond \, appui,min} = 0,25 \, A_{s,travée}$ [9.2.1.4]

D-IV.7.3.3 Ancrage de ces aciers

Il débute au point où ces aciers pénètrent dans la bielle d'appui et doit être suffisant pour l'effort $\Delta F_{td,appui}$.

Proposition de l'auteur

Toujours ancrer par un crochet. Si la section d'acier est surabondante par rapport à celle strictement nécessaire, un ancrage partiel (toujours par crochet) est envisageable.

D-IV.7.3.4 Cas où s'ajoute un effort axial

Si la poutre est sollicitée par un effort de traction N_u (par exemple car elle sert également de tirant) : $\Delta F_{td,appui}$ doit être augmenté d'autant.

Réciproquement, s'il s'agit d'un effort de compression, il vient en soustraction de $\Delta F_{td,appui}$. Sur un appui d'extrémité, c'est le cas de poutres servant de butons.

D-IV.7.4 Cas d'un appui intermédiaire

Le cas a été abordé au § D-IV.6.2.2. L'effort de compression $M_{u,appui}/z$ développé par le moment de continuité vient en soustraction de $\Delta F_{td,appui}$ et, souvent, on pourrait théoriquement se dispenser d'aciers inférieurs. Mais (voir § D-IV.6.2.3), il est prudent d'en laisser un peu.

Quant aux bielles d'appui, chacune (celle de gauche et celle de droite) doit *toujours* être vérifiée comme une bielle sur appui d'extrémité.

D-IV.8 Cas particuliers

Trois cas particuliers sont abordés ici :
- Le cas où, sur appui, a_{bielle} est insuffisant pour pouvoir assurer $\sigma_{c,bielle} \leq \nu_1.f_{cd}$. Une solution est le recours à des « bielles relevées ».
- Le cas de charges concentrées.
- Le cas de charges appliquées en partie inférieure de la poutre porteuse. Il faut alors mettre en place des « suspentes ».

D-IV.8.1 Cas où a_{bielle} est insuffisant pour assurer $\sigma_{c,bielle} \leq \nu_1.f_{cd}$

Il y a trois remèdes possibles, dont les effets se cumulent. Ils doivent être envisagés dans l'ordre suivant :
- Augmenter a_{bielle} ou/et b_{bielle}.
- Considérer des bielles plus verticales.
- Avoir recours au dispositif de « bielles relevées ».

D-IV.8.1.1 Augmenter a_{bielle} ou/et b_{bielle}

C'est rarement possible car, généralement, le calcul de départ a déjà été conduit avec les valeurs maximums de a_{bielle} et b_{bielle}. Si c'est absolument nécessaire, le seul recours est alors d'augmenter les dimensions des éléments en présence : appui et/ou poutre.

D-IV.8.1.2 Diminuer $\sigma_{c,bielle}$ en envisageant des bielles plus verticales

C'est la solution la plus simple après éventuelle augmentation de a_{bielle} ou/et b_{bielle}.

Une seule limitation : Eurocode interdit d'envisager en travée des bielles plus verticales que $\theta_{travée} = 45°$, soit $\cotg\theta_{travée} = 1$.

D'après les § D-IV.7.2.1 et D-IV.7.3.1 :
- L'angle d'inclinaison $\theta_{bielle} = \theta_{moy}$ de la bielle d'appui est lié à celui $\theta_{travée}$ des bielles en travée par la relation $\cotg\theta_{moy} \approx (\cotg\theta_{travée})/2$

  On peut admettre comme ordre de grandeur : $\theta_{moy} \approx \theta_{travée}/2$
- $\sigma_{c,bielle} = F_{c,bielle\ moy}/(b_{bielle}.a_{bielle}.\sin\theta_{moy})$ avec $F_{c,bielle\ moy} = V_{Ed,bielle\ moy}/\sin\theta_{moy}$

  $= (V_{Ed,bielle\ moy}/\sin\theta_{moy})/(b_{bielle}.a_{bielle}.\sin\theta_{moy}) = V_{Ed,bielle\ moy}/b_{bielle}.a_{bielle}.\sin^2\theta_{moy}$

  Utilisant la relation $\theta_{bielle} = \theta_{moy} \approx \theta_{travée}/2$

  on déduit : $\sigma_{c,bielle} \approx V_{Ed,bielle\ moy}/[b_{bielle}.a_{bielle}.\sin^2(\theta_{travée}/2)]$

Les effets de l'augmentation de $\theta_{travée}$ sont donc les suivants :

- Un double effet bénéfique :
    - d'une part en diminuant $F_{c,bielle}$;
    - d'autre part, à a_{bielle} inchangé, en augmentant la section droite de la bielle.

    C'est ce gain sur deux tableaux qu'exprime l'élévation au carré $\sin^2(\theta_{travée}/2)$.

- Un faible effet négatif du fait que la tête de la bielle d'appui se rapproche du nu de l'appui. $V_{Ed,bielle\ moy}$ en est augmenté, mais sans commune mesure avec le gain du point précédent. Le bilan reste largement positif.

Nota

Du fait que $\cot g\theta_{moy} \approx (\cot g\theta_{travée})/2$, la modification de θ_{moy} de la bielle d'appui se fait par la modification de $\theta_{travée}$. En conséquence, les aciers transversaux doivent être recalculés.

Avec la diminution de $\theta_{travée}$ ($\Leftrightarrow$ la diminution de $\cot g\theta_{travée}$) leur quantité augmente.

D-IV.8.1.3 Recours à des « bielles relevées »

Ce recours n'est à envisager qu'après avoir obtenu le maximum du point précédent. Alors, les bielles en travée sont déjà les plus verticales possible, soit : $\theta_{travée} = 45°$ et $\cot g\theta_{travée} = 1$

D-IV.8.1.3.1 Principe

C'est celui de l'application illustrée sur la partie droite de la Figure B.5.4 (§ B.5.1.1), où deux cellules de résistance à l'effort tranchant sont superposées et ajoutent leurs effets. Dans le cas des poutres béton armé, cette superposition a les caractéristiques précisées sur la Figure D-IV.8.1.

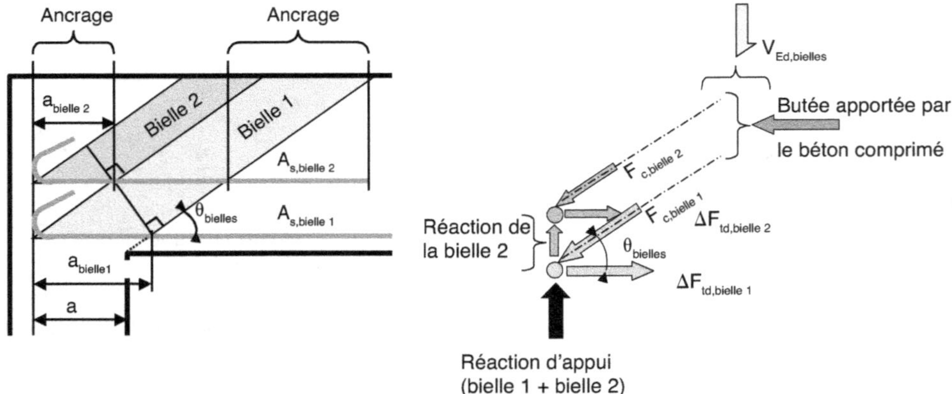

Figure D-IV.8.1. Bielles relevées : disposition des éléments résistants et distribution des efforts. Exemple de deux bielles superposées sur un appui d'extrémité.

D-IV.8.1.3.2 Prescriptions dans le cas d'un appui d'extrémité

C'est le cas de la Figure D-IV.8.1.

On peut superposer autant de bielles que souhaité, à condition que la plus haute assure encore le lien entre une zone comprimée et une zone tendue. Pratiquement, se limiter à des bielles dont le pied n'est pas plus haut que 1/2 ou, très exceptionnellement, 2/3 de la hauteur de la poutre.

L'ensemble des bielles superposées (deux dans le cas de l'exemple traité ici) doit avoir les caractéristiques de la bielle unique qu'elles remplacent. À savoir :

- même inclinaison $\theta_{bielle} = \theta_{moy}$ (voir Figure D-IV.7.2)

- même section totale $\Rightarrow a_{\text{bielle 1}} + a_{\text{bielle 2}} = a_{\text{bielle unique}}$
- même effort tranchant total repris $\Rightarrow V_{\text{Ed,bielle 1}} + V_{\text{Ed,bielle 2}} = V_{\text{Ed,bielle unique}}$

Chaque bielle prend une part de l'effort tranchant proportionnellement à sa section.

Donc :

$$V_{\text{Ed,bielle 1}} = a_{\text{bielle 1}} \cdot (V_{\text{Ed,bielle unique}} / a_{\text{bielle unique}})$$

$$V_{\text{Ed,bielle 2}} = a_{\text{bielle 2}} \cdot (V_{\text{Ed,bielle unique}} / a_{\text{bielle unique}})$$

La tête de la bielle la plus haute étant plus proche du nu de l'appui que la bielle unique prise pour référence, il est prudent de prendre : $V_{\text{Ed,bielle unique}} = V_{\text{Ed,nu appui}}$

Chaque bielle partielle, avec ses dimensions et la part d'effort qui la sollicite, doit répondre à toutes les prescriptions d'une bielle d'appui ordinaire.

- $\sigma_{\text{c,bielle 1}} \leq \nu_1 \cdot f_{cd}$ et $\sigma_{\text{c,bielle 2}} \leq \nu_1 \cdot f_{cd}$

  Est automatiquement vérifié s'il n'y a pas eu d'erreur aux deux points précédents.

- Pied de chaque bielle retenu par des aciers en quantité suffisante et ancrés pour l'effort à reprendre.

Bielle 1

Aciers inférieurs prolongés sur l'appui.

- Section : $A_{\text{s,bielle 1}} = V_{\text{Ed,bielle 1}} \cdot \text{cotg}\theta_{\text{moy}} / f_{yd}$
- Ancrage sur appui : il commence côté travée, au point où les aciers pénètrent dans la bielle.
- Ancrage en travée : largement assuré puisque les aciers concernés se prolongent sur toute la longueur de la travée.

Bielle 2

Des aciers spécifiques doivent être positionnés au niveau du pied de la bielle.

- Section : $A_{\text{s,bielle 2}} = V_{\text{Ed,bielle 2}} \cdot \text{cotg}\theta_{\text{moy}} / f_{yd}$
- Ancrage sur appui : il commence au point où ces aciers pénètrent dans la bielle concernée (ici la bielle 2).
- Ancrage en travée : il commence au point où ces aciers émergent de la bielle la plus basse (ici la bielle 1).

Nota

Il est pratique de disposer ces aciers $A_{\text{s,bielle 2}}$ sous la forme d'un U horizontal comme illustré ci-contre. Ce qui assure, avec un faible encombrement, leur ancrage sur appui.

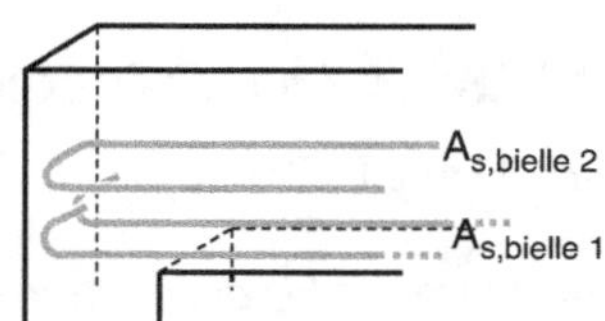

D-IV.8.2 Cas des charges concentrées

D-IV.8.2.1 Dispositions au droit et à proximité immédiate d'une charge concentrée

Comme montré sur la Figure D-IV.8.2, la situation est semblable à celle d'un appui. Il faut y pratiquer le même type de vérifications : contrainte dans les bielles concernées et effort complémentaire dans les aciers inférieurs.

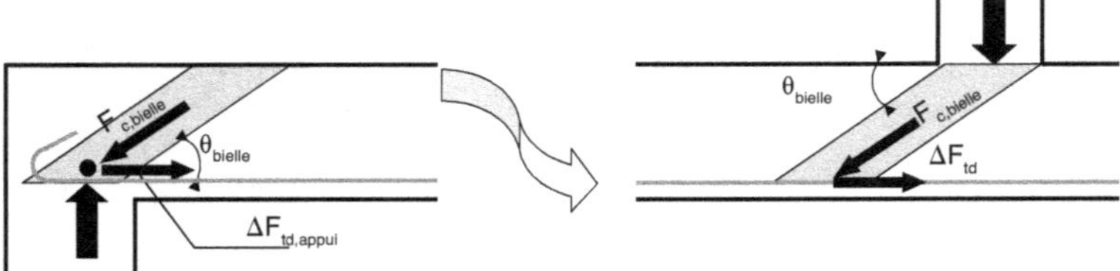

Figure D-IV.8.2. Similitude entre un appui et la reprise d'une charge concentrée.

D-IV.8.2.2 Diagramme effort tranchant et disposition des aciers transversaux

Au droit de chaque charge concentrée (voir Figure D-IV.8.3) : le diagramme effort tranchant affiche un saut = valeur de la charge concentrée.

Le calcul et la répartition des aciers transversaux doivent être faits en deux sections : avant, puis à partir de la charge concentrée.

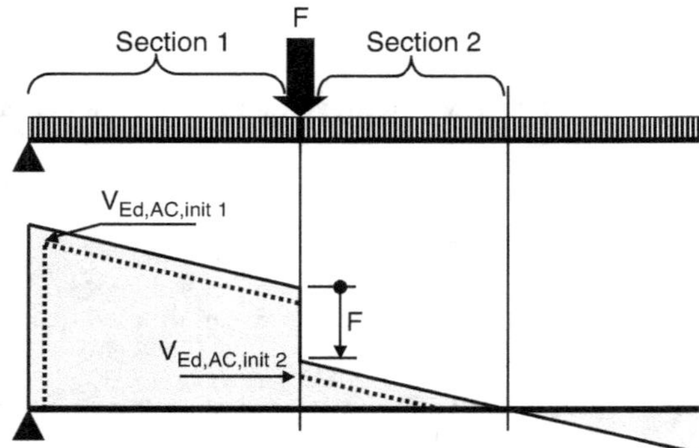

Figure D-IV.8.3. Diagramme effort tranchant et données du calcul des aciers transversaux dans le cas de charge(s) concentrée(s).

D-IV.8.2.3 Charge concentrée proche d'un appui [6.2.3(8)]

Voir Figure D-IV.8.4.

Incidence sur les aciers transversaux

Si une charge concentrée F est située à une distance $a_v \leq 2d$ du nu de l'appui, une part de cette charge est transmise directement à l'appui sans solliciter les aciers transversaux.

La part sollicitant les aciers transversaux est $\beta.F$ avec $\beta = a_v/2d \geq 1/2$

Seuls les aciers transversaux correctement disposés pour coudre la fissure potentielle entre la force et l'appui peuvent être pris en compte pour résister à $\beta.F$. Eurocode prescrit qu'ils soient disposés sur la longueur $0{,}75\ a_v$ dans la zone médiane entre la force et l'appui (voir la Figure D-IV.8.4).

Incidence sur le traitement des conditions d'appui

- La bielle d'appui n'en est pas allégée : sa contrainte et les aciers inférieurs assurant son équilibre doivent être vérifiés avec l'intégralité des charges présentes.
- Son inclinaison θ_{bielle} est imposée par la position de la charge concentrée comme montré sur la Figure D-IV.8.4.

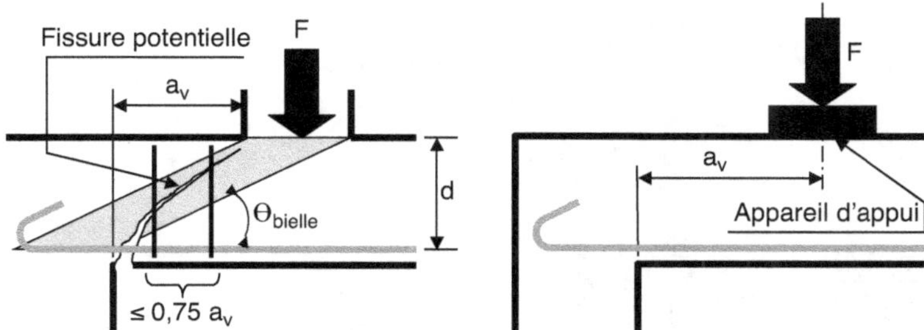

Figure D-IV.8.4. Charge concentrée proche d'un appui.

Si la charge est importante, par exemple un poteau non aligné avec le poteau inférieur, traiter la zone comme une console courte (non traitée dans cet ouvrage) intégrée dans le volume de la poutre.

D-IV.8.3 Charges appliquées en partie inférieure de la poutre porteuse [9.2.5]

Nous avons vu plus haut (§ D-IV.3.1) que le fonctionnement conformément au treillis de Ritter-Mörsch impose que les charges soient appliquées en partie supérieure des éléments concernés, en tête des diagonales comprimées.

Dans le cas d'une dalle ou d'une poutre secondaire reposant sur une poutre porteuse, il faut que le pied de la bielle d'appui de l'élément porté repose en «partie supérieure» de la poutre porteuse. «Partie supérieure» a la même signification que pour le positionnement des bielles relevées (§ D-IV.8.1.3), à savoir : plus haut que 2/3 ou à la rigueur 1/2 de la hauteur de la poutre.

Cela n'est vérifié que :

- pour une dalle située en partie haute de sa poutre porteuse ;
- pour une poutre peu haute s'appuyant en partie supérieure d'une poutre beaucoup plus haute.

Dans tous les autres cas, il faut prévoir des «suspentes». Voir Figure D-IV.8.5.

Ces cas sont les suivants :

- croisement de deux poutres de hauteurs semblables ;
- poutre porteuse «en soffite» : on ne veut pas de retombée visible ou l'on n'a pas la place pour une retombée et la poutre est installée au-dessus de l'élément porté.

Dans tous les cas, les suspentes sont dimensionnées à l'ELU pour, travaillant à la contrainte $\sigma_s = f_{yd}$, reprendre un effort dont la composante verticale égale la charge apportée par l'élément porté.

Elles sont généralement constituées d'aciers verticaux en forme de cadres, disposés en plus des cadres déjà calculés pour la résistance à l'effort tranchant. Elles sont bouclées, d'une part sous les aciers inférieurs de l'élément porté, d'autre part en partie supérieure de la poutre porteuse.

Lorsque les suspentes ont la forme de cadres, les aciers inférieurs de l'élément porté doivent passer au-dessus des aciers inférieurs de la poutre porteuse. Ces suspentes peuvent être placées dans le volume commun aux éléments concernés, mais (pour des raisons d'encombrement) lorsque c'est possible, il est préférable de les disposer à l'extérieur du volume commun, en respectant les règles illustrées sur la Figure D-IV.8.5.

Elles peuvent aussi prendre des formes différentes : notamment barres «en bateau» ou barres relevées (dont c'est ici une des applications), comme illustré sur la Figure D-IV.8.5. C'est alors la composante verticale de leur effort qui doit égaler la charge à reprendre.

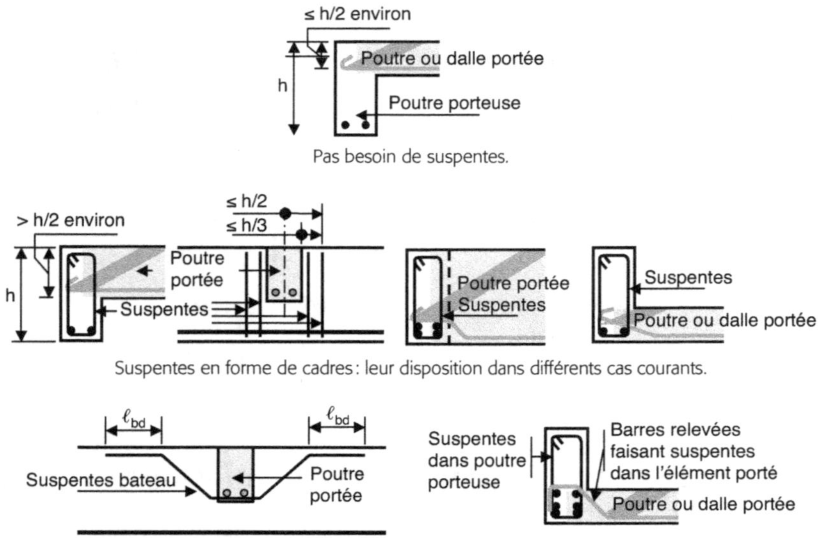

Figure D-IV.8.5. Suspentes : domaine d'utilisation et dispositions les plus courantes (les aciers transversaux à disposer pour la résistance à l'effort tranchant ne sont pas représentés).

D-IV.9 Annexe

D-IV.9.1 Justification de la formule de vérification si cotgθ convient

C'est en fait la justification de la formule de calcul de la contrainte σ_c régnant dans une diagonale comprimée courante.

Dans le treillis multiple (Figure D-IV.3.4), l'ensemble des diagonales comprimées accumulées sur la longueur AA' remplace la diagonale unique du treillis de base.

Les caractéristiques de cet ensemble sont :

- effort transmis = F_{cw} du treillis de base ;
- section minimum = $b_w \times$ largeur cumulée des diagonales comprimées ;
- contrainte maximum de son béton = F_{cw}/section minimum.

Exprimé à partir des paramètres de base du calcul, cela devient :

$$F_{cw} = V_{Ed,AC}/\sin\theta = V_{u,AC}/\sin\theta \text{ (voir § D-IV.3.2)}$$

Largeur cumulée des diagonales comprimées = AA'.$\sin\theta$ (voir Figure D-IV.3.4)

$$= z.\cotg\theta.\sin\theta$$

$$\text{Contrainte } \sigma_{c,diagonale} = (V_{Ed,AC}/\sin\theta)/(b_w.z.\cotg\theta.\sin\theta) = \frac{V_{Ed,AC}}{b_w.z} \cdot \frac{1}{\sin^2\theta.\cotg\theta}$$

On en tire la formule réglementaire qui exprime que :

$$V_{Rd,max} = V_{Ed,AC} \text{ lorsque } \sigma_{c,diagonale} = \nu_1.f_{cd}$$

D-IV.9.2 Espacements maximum et minimum des cours d'aciers transversaux

Ils découlent de trois prescriptions d'Eurocode présentées ci-dessous :

- [9.2.2(6)]. Un espacement longitudinal maximum $s_{\ell,max} = 0{,}75\ d$

  Cette prescription a pour objet d'assurer l'homogénéité du renfort transversal. C'est-à-dire que celui-ci puisse être considéré comme réparti de façon diffuse au long de la poutre (treillis multiple) et non parfaitement localisé, comme les barres du treillis de base de Ritter-Mörsch.

- [9.2.2(5)]. Un taux minimum d'armatures transversales

  L'objectif est ici d'assurer la non-fragilité des diagonales tendues. Chacune est constituée par un cours d'armature transversale et le volume de béton dans lequel il est enserré. Cet ensemble est fragile si sa section d'acier est trop faible comparée à sa section béton.

  La prescription Eurocode est : $\rho_w = \dfrac{A_{sw}}{s.b_w} \geq \rho_{w,min} = \dfrac{0{,}08.\sqrt{f_{ck}}}{f_{ywk}}$

  Attention. Cette formule n'est pas homogène. Les contraintes sont en MPa et A_{sw} et b_w sont dans des unités cohérentes, par exemple cm² et cm.

  Elle peut être traduite par un espacement maximum : $s \leq s_{\ell,max,rw} = \dfrac{A_{sw}}{b_w} . \dfrac{f_{ywk}}{0{,}08.\sqrt{f_{ck}}}$.

- [6.2.3(4)]. Lorsque $V_{Ed} = V_u$ est très élevé et nécessite de redresser les bielles comprimées jusqu'à $\theta = 45°$, soit $\cotg\theta = 1$, il faut aussi s'assurer que la densité d'armatures transversales ne soit pas trop élevée. À savoir :

  $$\rho_w = \frac{A_{sw}}{s.b_w} \leq \rho_{w,max} = \frac{\nu_1.f_{cd}}{2.f_{ywd}}$$

  qui peut être traduit par un espacement minimum : $s \geq s_{\ell min} = \dfrac{A_{sw}}{b_w} . \dfrac{2.f_{ywd}}{\nu_1.f_{cd}}$

D-IV.9.3 Justification de la prescription d'Eurocode pour les conditions d'appui dans le cas d'un chargement uniforme au voisinage de l'appui

D-IV.9.3.1 Aciers à ancrer sur appui pour assurer l'équilibre de la bielle

Ils sont déduits de l'épure d'arrêt des barres, par extrapolation des règles établies pour les zones en travée.

L'épure d'arrêt des barres est basée sur les valeurs de $\cotg\theta_{travée}$ et de $V_{Ed}(x)$. Sur l'appui, on a donc : $V_{Ed}(x) = V_{Ed,nu\ appui}$

Le calcul de la section d'aciers inférieurs à amener et ancrer sur l'appui (§ D-IV.7.3.2) se fait avec :

- $\cotg\theta_{moy}$ toujours plus favorable que $\cotg\theta_{travée}$;
- et avec $V_{Ed,moy}$ plus favorable que $V_{Ed,nu\ appui}$.

Alors, l'extrapolation sur appui de l'arrêt des barres en travée est du côté de la sécurité.

D-IV.9.3.2 Vérification de la contrainte dans la bielle d'appui

Elle est extrapolée de la vérification en travée du § D-IV.4.4.1, c'est-à-dire de la vérification si $\cotg\theta_{travée}$ choisi convient.

Cette vérification s'écrit :

$$V_{Ed} \leq V_{Rd,max} = \frac{b_w.z}{\cotg\theta + \tg\theta}.\nu_1 f_{cd} \text{ avec, selon Eurocode, } V_{Ed} = V_{Ed,nu\ appui}$$

Elle assure que la contrainte de compression dans une bielle inclinée de l'angle $\theta_{travée}$, de longueur de pied = $z.\cotg\theta_{travée}$, de largeur b_w et reprenant l'effort tranchant $V_{Ed} = V_{Ed,nu\ appui}$ est inférieure à $\nu_1.f_{cd}$.

La proposition d'Eurocode d'appliquer cette prescription aux bielles d'appui repose sur les deux approximations présentées ci-dessous, l'une favorable et l'autre défavorable :

- Approximation favorable : l'effort dans la bielle est beaucoup plus faible que celui sous-entendu par la formule car :
    - $V_{Ed,bielle\ appui} < V_{Ed,nu\ appui}$
    - $\cotg\theta_{bielle\ appui} = \cotg\theta_{moy} \approx (\cotg\theta_{travée})/2$ est environ deux fois plus favorable qu'en travée.
- Approximation défavorable : la longueur effective a_{bielle} du pied de la bielle d'appui, limitée par la géométrie de l'appui, peut être beaucoup plus petite que la longueur $z.\cotg\theta_{travée}$ sous-entendue par la formule. De plus, quelquefois sa largeur b_{appui} peut aussi être plus petite que b_w de la formule.

Eurocode escompte que le bilan de ces deux approximations soit du côté favorable. C'est le cas dans la très grande majorité des cas.

D-IV.9.4 Justification des prescriptions d'Eurocode pour prendre en compte l'effort additionnel $\Delta F_{td}(x)$

D-IV.9.4.1 Justification de $\Delta F_{td}(x) = (V_{u,AC}/2).\cotg\theta$

D-IV.9.4.1.1 Dans les zones de moment positif

L'équilibre de l'extrémité supérieure des diagonales comprimées est assuré grâce à la butée apportée par le béton comprimé.

Dans le cas du treillis de base de Ritter-Mörsch : $\Delta F_{td} = V_{Ed,AC}.\cotg\theta = V_{u,AC}.\cotg\theta$. Dans le cas des poutres réelles, la modélisation qui convient est le treillis multiple. La démarche pour aboutir à la valeur pertinente de $\Delta F_{td}(x)$ est illustrée sur la Figure D-IV.9.1.

Dans un treillis de base, chaque diagonale comprimée participe à reprendre sur la longueur AC un effort vertical égal à l'effort tranchant $V_{u,AC}$ et induit dans l'armature tendue un effort additionnel $\Delta F_t = V_{u,AC}.\cotg\theta$. Dans le cas du treillis multiple, chaque diagonale du treillis de base est remplacée par un faisceau de n diagonales qui additionnent leurs effets. Chacune participe à reprendre une part d'effort tranchant égale à $V_{u,AC}/n$ et induit dans l'armature tendue un effort additionnel $\Delta F_t/n = (V_{u,AC}/n).\cotg\theta$.

Si la diagonale considérée est la diagonale médiane du faisceau, à son abscisse x sont accumulés les efforts additionnels de n/2 diagonales, à savoir un effort additionnel résultant

$$\Delta F_{td}(x) = (\Delta F_t/n).(n/2) = [(V_{u,AC}/n).\cotg\theta].(n/2) = \frac{V_{u,AC}}{2}.\cotg\theta$$

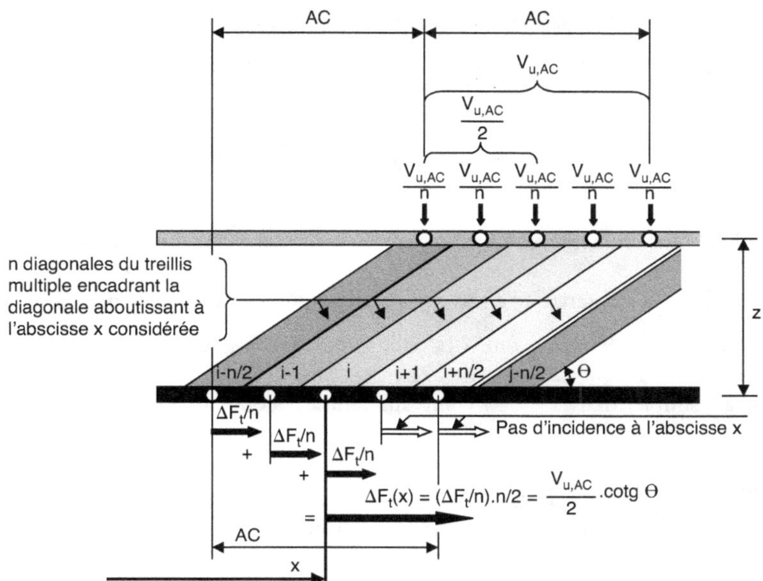

Figure D-IV.9.1. Valeur de l'effort additionnel $\Delta F_{td}(x)$ induit à l'abscisse x dans l'armature tendue comme conséquence de l'effort tranchant dans le cas d'un chargement réparti et d'aciers transversaux verticaux.

Pourquoi la diagonale considérée doit-elle être la diagonale médiane du faisceau ?

- Car loin des appuis, rien ne localise la position du faisceau et le cas considéré ci-dessus est le cas générique.

- Envisageons tout de même le cas où la diagonale considérée est en bordure du faisceau, par exemple, la diagonale i + n/2 de la figure.

  L'effort repris cumulé à ce niveau est celui des n diagonales, soit $V_{u,AC}.\text{cotg}\theta$. Mais au niveau de la diagonale suivante, au tout début du faisceau suivant et de numéro j − n/2, l'effort additionnel cumulé est pratiquement nul.

  Dans la réalité des poutres béton armé, que reflète le treillis multiple, les efforts ne varient que progressivement d'un point à l'autre. L'effort additionnel régnant dans une zone découle donc d'une moyenne. Dans la zone des diagonales i + n/2 et j − n/2, la moyenne est :

$$(V_{u,AC}.\text{cotg}\theta + \text{presque rien})/2 \approx \frac{V_{u,AC}}{2}.\text{cotg}\theta$$

D-IV.9.4.1.2 Dans les zones de moment négatif

C'est alors la partie inférieure de la section qui est comprimée et la partie supérieure tendue.

Dans ces conditions, c'est l'extrémité inférieure des diagonales comprimées qui bénéficie de la butée du béton comprimé et l'extrémité supérieure qui doit être retenue par la participation $\Delta F_{td}(x)$ des aciers tendus.

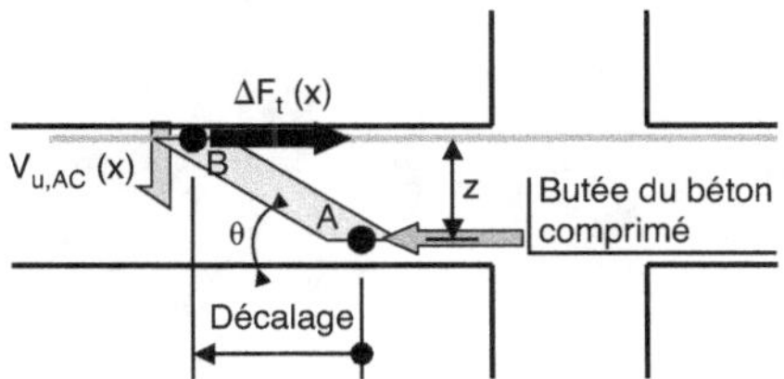

L'incidence sur les aciers en chapeau est donc directement transposable de celle dégagée pour les aciers inférieurs en travée. Ils doivent reprendre le même effort additionnel $\Delta F_{td}(x)$.

D-IV.9.4.2 Justification du décalage de $a_\ell = (z/2).\mathrm{cotg}\theta$ du diagramme M_u

Il a pour objet de prendre en compte l'effort additionnel $\Delta F_{td}(x)$ découlant de l'effort tranchant.

Principe

À l'abscisse x, l'effort induit dans l'armature tendue par les effets du moment fléchissant est :
$F_s(x) = M_u(x)/z$ (voir chapitre D-II)

Augmenter à chaque abscisse x cet effort de $\Delta F_{td}(x) = \dfrac{V_{u,AC}(x)}{2}.\mathrm{cotg}\theta$ pour la participation de

l'armature tendue à la résistance à l'effort tranchant peut être traduit par une augmentation artificielle $\Delta M_u(x)$ du moment agissant $M_u(x)$ telle que : $\Delta M_u(x) = \Delta F_{td}(x).z = \dfrac{V_{u,AC}(x)}{2}.\mathrm{cotg}\theta.z$

Le principe est simple, mais $V_{u,AC}(x)$ étant différent à chaque abscisse x, son application est laborieuse.

Méthode pratique

En s'appuyant sur $|V(x)| = |dM(x)/dx|$ on démontre facilement que :

décaler verticalement le diagramme $M_u(x)$ d'une valeur $V_u(x).\alpha.z$ dans le sens qui augmente $|M_u(x)|$ est presque identique à : décaler horizontalement le même diagramme $M_u(x)$ de $\alpha.z$. dans le sens qui augmente $|M_u(x)|$.

C'est « identique » lorsque le diagramme M est constitué de portions de droites. C'est « presque identique » dans les autres cas.

Dans le cas de l'arrêt des barres : $\alpha = (\mathrm{cotg}\theta)/2$

Cette deuxième façon de faire se limite à un décalage constant quel que soit x. Elle est d'une application beaucoup plus simple et c'est celle qui est universellement retenue.

Cette équivalence vaut pour un décalage vertical = $V_u(x).\alpha.z$, l'appliquer pour le décalage vertical plus faible = $V_{u,AC}(x).\alpha.z$ requis par Eurocode reste une approximation acceptable et va dans le sens de la sécurité.

D-V Poutres en Té, poutres avec aciers comprimés, poutres de section quelconque

D-V.1   Introduction

D-V.1.1   Poutres en Té et poutres avec aciers comprimés

On y a généralement recours lorsque $\mu_u > \mu_{u,limite}$.

Comme vu au § D-II.3.4.1 et exploité au § D-II.5, μ_u caractérise le degré de sollicitation du béton comprimé d'un élément fléchi. Si $\mu_u > \mu_{u,limite}$, quel que soit l'objet de cette limite, cela signifie que la contrainte du béton comprimé de l'élément fléchi est, pour l'objet en question, trop élevée. Il convient alors de modifier quelque chose à sa géométrie ou à sa composition pour diminuer le degré de sollicitation de son béton et, en conséquence, diminuer μ_u.

Dans l'ordre de préférence économique, et dans la mesure des possibilités, les changements à envisager sont les suivants.

- Changement applicable uniquement aux poutres : les traiter en poutres en Té

  C'est possible chaque fois qu'une poutre est associée à un plancher béton armé dans lequel l'effort de compression peut s'étaler. L'effort F_c de compression dans le béton reste pratiquement inchangé mais, s'étalant alors sur une aire de béton plus grande, la contrainte associée est diminuée.

  Avantage important de cette solution : elle n'implique aucun changement de dimension et, au pire, ne coûte que l'ajout d'aciers en faible quantité pour étaler l'effort F_c dans le plancher.

  De plus, par un effet du second ordre, il en découle un léger gain sur la section des aciers longitudinaux A_s qui peut atteindre 10 %.

- Changement applicable aux poutres et aux dalles : augmenter leur hauteur h et, par là, leur hauteur utile d

  Ici, la largeur de béton comprimé reste inchangée. C'est l'effort F_c qui diminue et avec lui la contrainte associée.

  Le principal défaut de cette solution est de consommer de la hauteur, pas toujours disponible. En contrepartie, elle fait économiser de l'acier, en effet, F_c diminuant, F_s et A_s diminuent de même.

  Sachant que $\mu_u = M_u/(bd^2 f_{cd})$, on note que le gain est proportionnel à l'évolution de d^2.

- Changement applicable uniquement aux poutres : augmenter leur largeur b

  Cela relève du même principe que passer à une poutre en Té : le résultat est une augmentation de la largeur sur laquelle peut s'étaler l'effort de compression et A_s reste pratiquement inchangé. Mais ici s'arrête la comparaison.

  Dans la pratique, l'augmentation possible de b est très limitée. De plus, elle s'accompagne d'une augmentation, qui peut être significative, du volume de béton, qui entraîne un surcoût, avec comme effet secondaire une augmentation du poids et du moment.

  D'après $\mu_u = M_u/(bd^2 f_{cd})$, le gain n'est proportionnel qu'à l'évolution de b à la puissance 1. C'est la modification géométrique qui a le plus faible rendement.

- Changement applicable aux poutres et aux dalles : ajouter des aciers comprimés

  C'est la solution du dernier recours quand toutes les autres solutions ont été épuisées.

  Le principe est simple : limiter la contrainte dans le béton comprimé à la part qui correspond à $\mu_{u,limite}$ et reprendre le complément nécessaire d'effort de compression par des aciers comprimés ajoutés spécialement.

  C'est une solution onéreuse car, à effort de compression repris égal, les aciers reviennent beaucoup plus chers que du béton.

- Changement applicable aux poutres et aux dalles : augmenter la classe du béton utilisé

N'est pas envisageable localement pour résoudre le problème de quelques éléments isolés dans une construction.

N'est envisageable que si l'on prévoit de nombreux points de dépassement de $\mu_{u,limite}$ et alors, tout l'édifice est construit avec un béton de classe supérieure; c'est le cas des ouvrages d'art.

D-V.1.2 Poutres de section quelconque

Les poutres «de section quelconque» sont toutes celles qui ne sont pas rectangulaires. Leur calcul en est compliqué. Il est traité au § D-V.4.

D-V.2 Poutres en Té

Voir un exemple de calcul de poutre en Té au § F.2.6.

D-V.2.1 Présentation et données de base

De fait, toutes les poutres associées à un plancher fonctionnent en poutre en Té. Les calculer en poutres rectangulaires est une approximation. C'est un choix simplificateur du calculateur, qui décide d'ignorer l'étalement de l'effort de compression dans le plancher (voir la Figure D-V.2.1).

D-V.2.1.1 Terminologie et notations

Elles sont explicitées sur la Figure D-V.2.1.

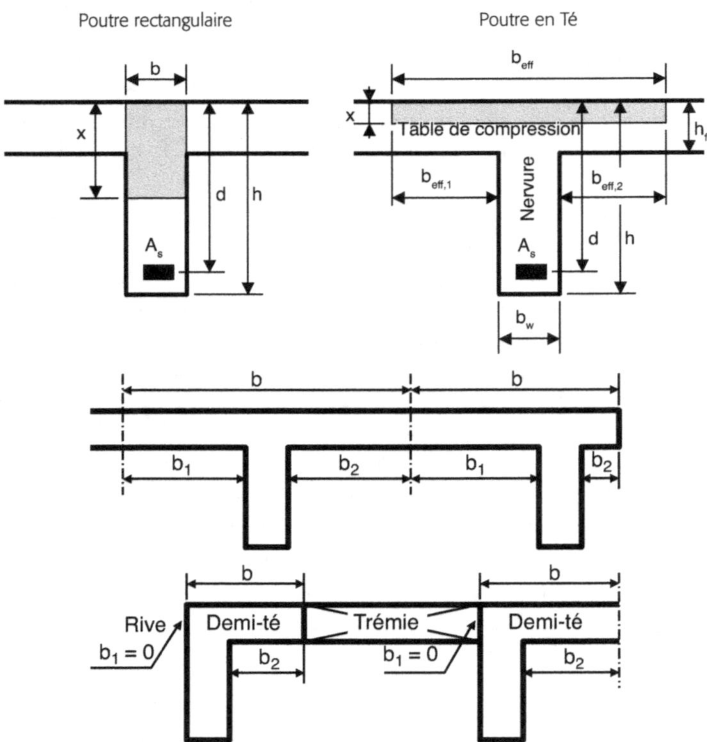

Figure D-V.2.1. Poutres rectangulaires, poutres en Té et notations.

La partie de la poutre excluant l'apport du plancher est appelée «nervure», sa largeur est notée b_w (avec l'indice w comme *web* en anglais désignant «l'âme» des poutres). La zone participante de plancher, y compris dans l'épaisseur de la nervure, est appelée «table de compression» ou plus simplement «table». Sa largeur participante est notée b_{eff} (c'est la largeur de la zone comprimée *effectivement* participante), ses débords effectivement participants à gauche et à droite de la nervure sont notés $b_{eff,1}$ et $b_{eff,2}$. Enfin, sa hauteur est notée h_f (l'indice f réfère au mot anglais *flange* désignant les ailes d'une poutre) et les largeurs géométriquement disponibles, qu'elles soient ou non participantes, sont notées b, b_1, b_2.

D-V.2.1.2 Limitations et servitudes

D-V.2.1.2.1 Limitations

Il n'y a pas de fonctionnement en Té possible s'il n'y a pas de plancher lié de façon monolithique au niveau de la zone comprimée de la poutre.

Lorsque la poutre est en retombée sous le plancher, les cas d'impossibilité les plus courants sont les suivants:

* Sur appui

  La zone comprimée de la poutre est en partie inférieure et n'y trouve pas de plancher pour s'étaler. Le seul fonctionnement possible est en poutre rectangulaire.

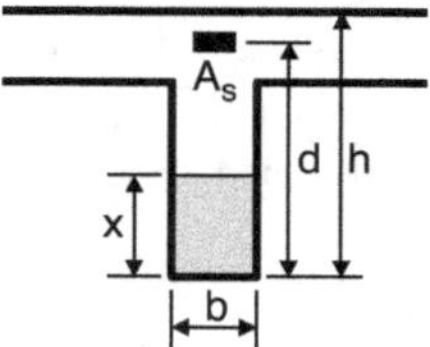

* En travée lorsqu'il n'y a pas de plancher ou que celui-ci est localement amputé par une ou des trémies. S'il subsiste un plancher solidaire d'un côté au moins de la poutre, Eurocode admet sans restriction un fonctionnement en «demi-Té» (voir la Figure D-V.2.1).

* Lorsque la poutre est en «relevé», le plancher est en partie inférieure, au niveau de la zone tendue de la poutre.

D-V.2.1.2.2 Servitudes

L'étalement dans le plancher d'une part de l'effort de compression de la poutre développe, dans les parties en débord par rapport à la nervure, une sollicitation de cisaillement à laquelle il convient de résister. Cette sollicitation est maximum au nu de la nervure (à la «liaison table-nervure») et d'autant plus grande que le débord de la table prise en compte est grand. Elle demande une vérification spécifique et peut nécessiter l'ajout d'aciers dédiés.

Enfin, la prise en compte d'une poutre en Té implique une servitude de pérennité de la zone de plancher comptée comme table de compression. Il faut prévenir le risque que, même des années après la construction, le percement d'une trémie dans le plancher (par exemple, pour faire communiquer deux étages par un escalier ou un monte-charge) ampute la table de compression considérée dans les calculs.

D-V.2.1.3 Largeur participante b_{eff} maximum de la table de compression

La largeur participante obéit à trois principes:
* b_{eff} est limité par la largeur géométriquement disponible;

- la même zone de plancher ne peut appartenir à deux tables de compression ;
- b_{eff} est limité par la capacité d'étalement de l'effort de compression dans le plancher.

Prescription d'Eurocode

À défaut d'autre précision, dans les formules réglementaires, il faut traduire $\ell = \ell_{eff}$

La prescription est : $b_{eff} = \Sigma b_{eff,i} + b_w$

- avec $b_{eff,i} \le b_i$, c'est-à-dire $\le b_i$ physiquement disponible
- et $b_{eff,i} \le 0{,}2\, b_i + 0{,}1\, \ell_0 \le 0{,}2\, \ell_0$ (c'est la limite admise pour l'étalement de l'effort de compression dans le plancher)

  où ℓ_0 est la distance entre points de moments nuls. Ses valeurs préconisées par Eurocode sont indiquées sur la Figure D-V.2.2.

  Les autres paramètres sont définis sur la Figure D-V.2.1.

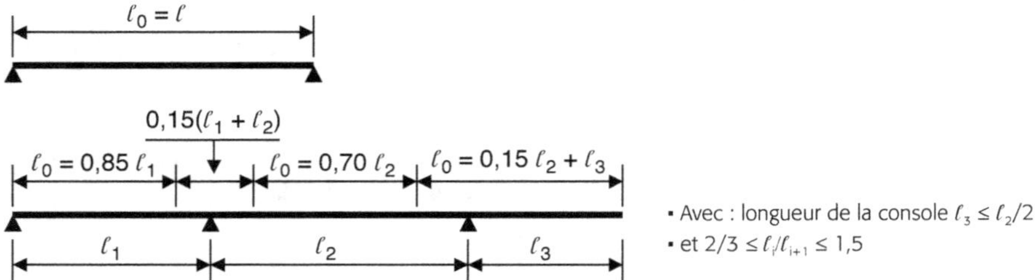

Figure D-V.2.2. Définition de ℓ_0 pour le calcul de la largeur participante de la table de compression. (Notation : $\ell = \ell_{eff}$.)

Cette prescription vaut quelles que soient les valeurs de b_i et notamment lorsque l'un d'eux est nul, on a alors une poutre en « demi-Té ».

Nota

Il est loisible, notamment dans le but d'éviter l'ajout d'aciers dédiés pour assurer la liaison table-nervure, de considérer des débords $b_{eff,i}$ et par suite une largeur de table b_{eff} plus petits que les maximums autorisés (voir § D-V.2.4).

Il est surprenant qu'Eurocode prescrive sur appuis une largeur de table non nulle. Il s'agit alors de la largeur sur laquelle il est proposé d'étaler les aciers en chapeau (voir la fin du § D-V.2.2.1.1).

D-V.2.2 Résistance aux effets du moment fléchissant

D-V.2.2.1 Calcul de base à l'ELU

Il faut distinguer deux cas de figure :

- Un cas simple : le diagramme des contraintes du béton comprimé, diag σ_c, se développe entièrement dans la table de compression.
- L'autre cas, compliqué : le diag σ_c déborde dans la nervure.

D-V.2.2.1.1 Cas simple où le diag σ_c se développe entièrement dans la table de compression

Le béton tendu étant négligé dans le calcul réglementaire, les seules données géométriques signifiantes sont la hauteur utile et la géométrie de la zone de béton comprimé.

Alors, conformément à l'illustration de la Figure D-V.2.3, tant que le diag σ_c se développe entièrement dans la table de compression, une poutre en Té de largeur de table b_{eff} se comporte et se calcule comme une poutre rectangulaire de largeur $b = b_{eff}$. Le calcul est fait sur la base de :

$$\mu_{u,Té} = M_u/(b_{eff}.d^2.f_{cd})$$

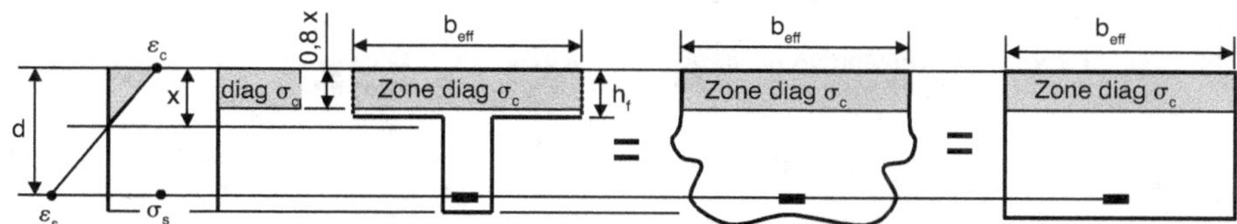

Figure D-V.2.3. Poutres en Té, cas où le calcul est simple : le diagramme σ_c est développé entièrement dans la table de compression $\Rightarrow$ calcul comme une poutre rectangulaire de largeur b_{eff} (exemple avec référence au diagramme rectangle).

Avec la référence au diagramme rectangle (le choix de cet ouvrage), cela se chiffre comme suit :

Le diag σ_c se développe entièrement dans la table de compression si :

$0,8\ x \leq h_f \Rightarrow 0,8\ x/d \leq h_f/d$, soit $0,8\ \alpha \leq h_f/d$ (à la limite, on a : $0,8\ \alpha = h_f/d$)

Sachant que $\mu_u = \alpha.\psi.(1 - \delta_G.\alpha)$, qui, avec $\psi = 0,8$ et $\delta_G = 0,4$, s'écrit :

$$\mu_u = \alpha.0,8.(1 - 0,4.\alpha) = 0,8.\alpha - (0,8.\alpha)^2/2$$

En substituant h_f/d à $0,8.\alpha$, on conclut enfin que :

---

la poutre se calcule comme une poutre rectangulaire tant que $\mu_u \leq h_f/d - (h_f/d)^2/2$

Avec les dimensions rencontrées en bâtiments courants, cette situation est le cas général.

Disposition des aciers

- Dans les zones de moment positif (en travée)

  Les aciers sont disposés comme dans une poutre rectangulaire se limitant à la nervure.

- Dans les zones de moment négatif (sur appuis), la poutre ne fonctionne plus en Té.

  Les aciers sont alors en partie supérieure de la section et Eurocode prescrit de les étaler sur toute la largeur de la table, en autorisant une plus grande concentration à l'aplomb de la nervure [9.2.1.2(2)]. Il s'agit ici de la largeur de table envisageable sur appuis.

  Remarque

  En travée, la largeur b_{eff} étant souvent importante, on a souvent $\mu_{u,Té} = M_u/(b_{eff}.d^2.f_{cd})$ très faible. Sa valeur peut même être inférieure à $< \mu_{u,limite,frag}$, mais sans que cela pose problème.

  En effet, calculer $M_{u,Té} < \mu_{u,limite,frag}$ signifie qu'une poutre rectangulaire (avec du béton en largeur b_{eff} sur toute sa hauteur) serait fragile. Ce n'est pas le cas de la poutre en Té, dont le béton tendu (en dessous de l'axe neutre) est en quantité beaucoup faible. Aussi, la vérification de non-fragilité doit-elle se faire sur la nervure seule, sur la base de : $\mu_{u,w} = M_u/(b_w.d^2.f_{cd})$

D-V.2.2.1.2   Autre cas : le diag σ_c déborde de la table de compression

C'est une situation rare en bâtiments courants, elle est illustrée sur la Figure D-V.2.4. La zone sur laquelle se développe le diag σ_c n'est plus rectangulaire $\Rightarrow$ la poutre concernée n'est plus assimilable à une poutre rectangulaire et le paramètre μ_u ne s'applique plus.

Le calcul relève alors de celui des poutres « de section quelconque » traité au § D-V.4.

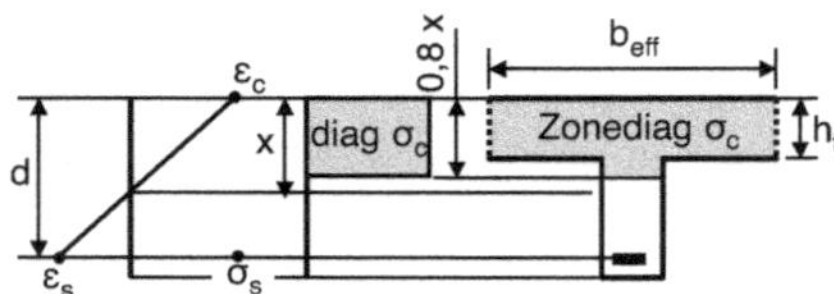

Figure D-V.2.4. Poutres en Té, cas où diag σ_c déborde de la table de compression :
la poutre n'est plus assimilable à une poutre rectangulaire.

Dans le cas des poutres en Té, le plus simple est souvent de revenir aux intégrales du calcul de base présentées au § D-II.3.3. Les formes à traiter comprenant plusieurs zones, chacune de largeur constante, les intégrales à manipuler sont simples.

Disposition des aciers : comme dans le cas précédent.

D-V.2.2.2 Vérifications à l'ELS

Si, comme c'est l'optique de cet ouvrage, la limitation des flèches et de la fissuration sont traitées forfaitairement, il ne reste à vérifier à l'ELS que le non-dépassement de la valeur limite de $\sigma_{c,ser}$. Dans le cas de poutres rectangulaires, cette vérification se transpose, comme montré au § D-II.5.2.4, en la vérification du non-dépassement des valeurs $\mu_{u,limite}$ suivantes :

- En conditions d'exposition XS, XD, XF $\Rightarrow$ béton C30/37 :

  vérifier $\sigma_c \leq 0{,}6.f_{ck} \Rightarrow \mu_u \leq \mu_{u,limite,\sigma ck} \approx 0{,}25$

- Dans tous les cas, pour se limiter au domaine du fluage linéaire :

  avec un béton C25/30 vérifier $\mu_u \leq \mu_{u,limite,\sigma cqp} \approx 0{,}24$

Ces valeurs limites restent exactes pour les poutres en Té si, à l'ELS comme à l'ELU, elles sont effectivement assimilables à des poutres rectangulaires. À savoir : à l'ELU, diag σ_c entièrement dans la table de compression *et* à l'ELS, $x_{ser} \leq h_f$.

À l'ELS, l'axe neutre est significativement plus bas qu'à l'ELU. Il n'est pas rare que $x_{ser} > h_f$ et alors les limites ci-dessus ne sont plus applicables. Elles conservent cependant une valeur approximative. Si $\mu_{u,Té}$ leur est suffisamment inférieur, on peut admettre la condition comme vérifiée.

D-V.2.3 Résistance aux effets de l'effort tranchant

D-V.2.3.1 Résistance de l'âme de la poutre

Il s'agit de la nervure. Les vérifications et aciers nécessaires sont ceux de la poutre rectangulaire de largeur b_w qui constitue la nervure.

D-V.2.3.2 Liaison table-nervure [6.2.4]

D-V.2.3.2.1 Principe

Pour s'opposer efficacement à l'effort de traction dans les aciers et former avec lui le couple qui permet de résister au moment fléchissant, l'effort de compression développé dans le béton comprimé doit être centré sur la nervure. Dans le cas d'une poutre en Té, l'effort développé dans chaque débord de la table de compression, à l'extérieur de la nervure, doit donc être transmis vers la nervure. Cela induit une sollicitation de cisaillement qui est maximum là où le débord est le plus grand : à la liaison table-nervure. Comme pour les autres cas de cisaillement (recouvrements, fonctionnement des aciers transversaux dans l'âme des poutres, …), la résistance est assurée par la triangulation de bielles de béton comprimé et d'aciers faisant tirants ; enfin, le calcul est fait à l'ELU.

D-V.2.3.2.2 Organisation des bielles et tirants

Elles et ils s'organisent comme montré sur la Figure D-V.2.5.

L'effort de cisaillement dans la table, maximum à l'interface table-nervure, diminue au fur et à mesure qu'on s'en éloigne jusqu'à, bien sûr, s'annuler aux limites $b_{eff,1}$ et $b_{eff,2}$.

Par ailleurs :

- d'une part, le besoin de table de compression est d'autant plus fort que le moment est fort ;
- d'autre part, l'effort de cisaillement évolue comme l'effort tranchant (voir § D-V.2.3.2.3), c'est-à-dire qu'il est nul là où le moment est le plus fort et maximum au nu des appuis, là où le moment sollicitant la table est nul.

Les bielles de béton comprimé sont inclinées d'un angle θ_f par rapport à la direction du cisaillement, ici par rapport à l'interface. Comme pour les aciers transversaux, θ_f est partiellement laissé au choix du calculateur.

Les aciers mis en place sont appelés « aciers de couture de l'interface table-nervure ».

- Dans le cas général des poutres en Té (deux débords de la table), deux interfaces sont à coudre et chaque barre mise en place coud les deux interfaces en même temps. Pour avoir la même efficacité sur les deux interfaces, ces barres doivent avoir la même inclinaison par rapport aux bielles comprimées des deux débords. La seule solution pour répondre à ce double impératif est de les placer perpendiculaires aux deux interfaces (et du même coup, à l'axe de la poutre). Par analogie avec la terminologie des aciers transversaux, elles sont qualifiées de coutures « droites » (à angle droit).
- Dans le cas d'une poutre en demi-Té, il n'y a plus qu'une interface.

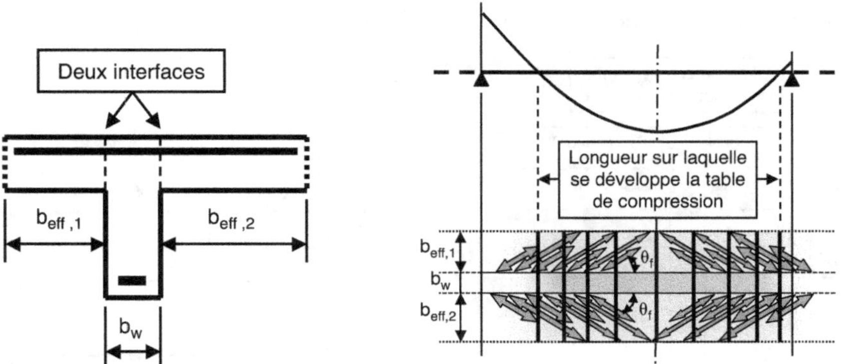

Figure D-V.2.5. Interfaces, bielles et tirants dans une poutre en Té. Les efforts augmentent au fur et à mesure qu'on s'approche, d'une part de l'interface, d'autre part des appuis.

On voit sur la Figure D-V.2.5 que chaque élément de la triangulation bielles et tirants se développe sur une portion conséquente de la portée de la poutre. Alors, un calcul focalisé sur une abscisse x précise n'a pas de sens ; seul un calcul intégrant les phénomènes sur une longueur suffisante convient.

D-V.2.3.2.3 Données du calcul

Le calcul s'appuie sur « l'effort de cisaillement par unité de longueur », appelé « glissement » et noté g_u, le long de l'interface table-nervure. Sa valeur est obtenue comme montré ci-dessous. La contrainte de cisaillement sur cette même interface vaut v_u (v minuscule) = g_u/h_f.

Valeur de $F_{d,i}$

Voir Figure D-V.2.6.

$F_{d,i} = F_c \cdot b_{eff,i}/b_{eff}$

Cette formule est exacte si l'axe neutre est dans la table. Sinon, elle reste une approximation suffisante.

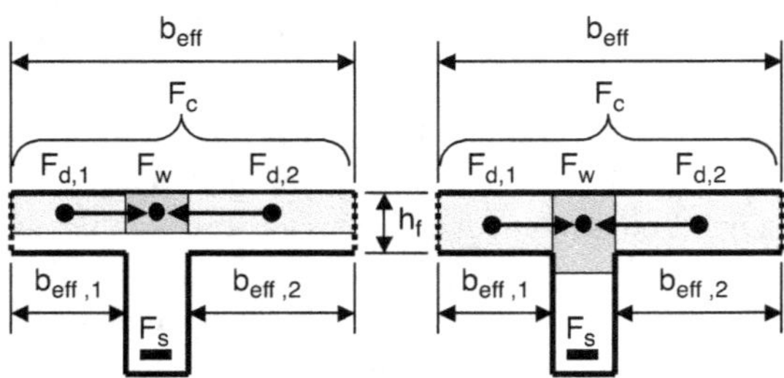

Figure D-V.2.6. Transmission des efforts $F_{d,i}$ vers la nervure et données pour le calcul de leurs valeurs.

Valeur du glissement g_u

Voir Figure D-V.2.7.

Elle se déduit de l'équilibre de la zone hachurée (poutre vue de dessus).

À l'abscisse x : $F_{d,i}(x) = F_c(x) \cdot b_{eff,i}/b_{eff} = [M(x)/z] \cdot b_{eff,i}/b_{eff}$.

À l'abscisse $x + dx$: $F_{d,i}(x + dx) = [M(x + dx)/z] \cdot b_{eff,i}/b_{eff}$.

Effort de cisaillement assurant l'équilibre $= F_{d,i}(x + dx) - F_{d,i}(x) = dF_{d,i}(x)$

$= \{[M_u(x + dx) - M_u(x)]/z\} \cdot b_{eff,i}/b_{eff} = [dM_u(x)/z] \cdot b_{eff,i}/b_{eff}$

D'où la valeur du glissement : $g_u(x) = \{[dM_u(x)/dx]/z\} \cdot b_{eff,i}/b_{eff} = [V_u(x)/z] \cdot b_{eff,i}/b_{eff}$

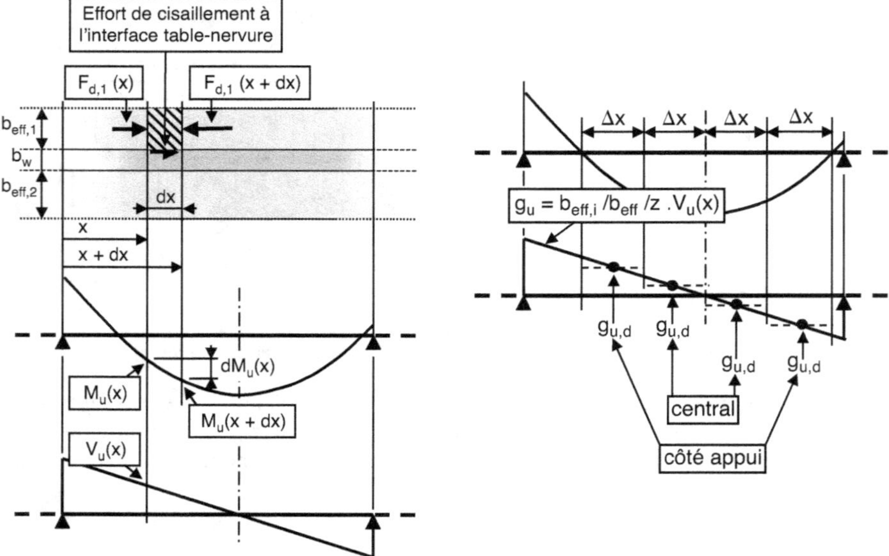

Figure D-V.2.7. Bases du calcul du glissement g_u à l'interface table-nervure et longueur Δx sur laquelle doit être déterminé $g_{u,d}$.

D-V.2.3.2.4 Valeur du glissement $g_{u,d}$ à prendre en compte pour les calculs réglementaires

Voir la deuxième partie de la Figure D-V.2.7.

Eurocode prescrit de faire le calcul sur la base du glissement $g_{u,d}$ (l'indice d pour calcul) mesuré sur des longueurs Δx suffisantes $\Rightarrow g_{u,d}$ est calculé à partir de la valeur moyenne de V_u sur la longueur Δx.

Dans le cas d'un chargement réparti : $\Delta x = \dfrac{\text{distance entre points de moment nul}}{4}$

Dans le cas de charges concentrées : Δx = distance entre charges

Dans le cas d'une charge répartie p_u/m, cela se traduit par les valeurs ci-dessous :

$$g_{u,d} = [V(x)/z].b_{eff,i}/b_{eff}$$

avec $V(x)$ comme montré sur la Figure D-V.2.7.

Alors :

- $g_{u,d}$ côté appui = $[(0,75.p_u.2\Delta x)/z].b_{eff,i}/b_{eff}$
  Contrainte de cisaillement
  v_u côté appui = $\{[(0,75.p_u.2\Delta x)/z]/h_f\}.b_{eff,i}/b_{eff}$
- $g_{u,d}$ central = $g_{u,d}$ côté appui/3
  Contrainte de cisaillement
  v_u central = v_u côté appui/3

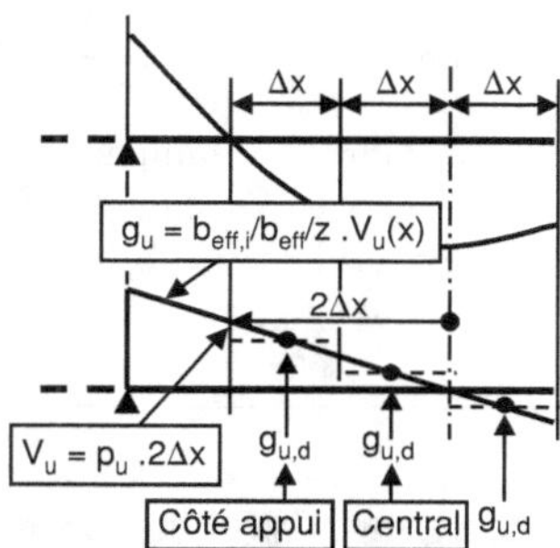

D-V.2.3.2.5 Cas où l'on peut se dispenser d'aciers de couture et de toute autre vérification

Formulation réglementaire

Lorsque la contrainte de cisaillement v_u (v minuscule) à l'interface est telle que :

- $v_u = g_{u,d}/h_f \leq k.f_{ctd} \Rightarrow$ les aciers en chapeau du plancher suffisent pour assurer la couture et il n'est pas besoin d'autre vérification ;
- Eurocode prescrit k = 0,4.
- L'Annexe nationale française (AF), pour se rapprocher de la prescription antérieure de BAEL, propose :
  k = 0,5 en cas de surface de reprise verticale rugueuse ;
  k = 1 s'il n'y a pas de surface de reprise.

Dans le cas des poutres en Té, le plancher est généralement coulé en place et il convient de prendre k = 1.

Même en cas de prédalle : prendre k = 1. En effet, s'il y a effectivement une interface verticale rugueuse (l'extrémité de la prédalle), celle-ci n'est que sur la part la plus inférieure de la zone de liaison table-nervure, là où le béton est comprimé par le moment de continuité du plancher. Dans la zone critique, là où le béton est tendu, il n'y a pas de surface de reprise verticale.

En bâtiments courants, cette condition est souvent vérifiée. Quand elle ne l'est pas, essayer de diminuer b_{eff} pour qu'elle devienne vérifiée.

Repère pour la dispense d'aciers spécifiques pour la liaison table-nervure

Il est développé dans le cas d'une travée isolée uniformément chargée par p_u/m. C'est dans le cas d'une travée isolée que Δx, d'où $g_{u,d}$ et v_u, sont les plus défavorables. Dans tous les autres cas, le repère ainsi dégagé est une approximation du côté de la sécurité.

Il faut vérifier : v_u côté appui = $g_{u,d}$ côté appui/$h_f \le k\,f_{ctd}$ avec, selon (AF), $k = 1$.

Dans le cas d'une travée isolée on a : $\Delta x = \ell_{eff}/4$ et sachant qu'on considère $z = 0,9_d$

on tire : $g_{u,d}$ côté appui = $[(0,75.p_u.2.\ell_{eff}/4)/0,9d].b_{eff,i}/b_{eff}$

Il faut donc vérifier : $\{[(0,75.p_u.2.\ell_{eff}/4)/0,9d].b_{eff,i}/b_{eff}\}/h_f \le f_{ctd}$

ce qui s'écrit : $b_{eff,i}/b_{eff} \le f_{ctd}.2,4.\dfrac{d.h_f}{p_u.\ell_{eff}}$

D'où la formulation ci-dessous :

Avec un béton C25/30 ($\Rightarrow f_{ctd} = 1,2$ Mpa) et un chargement uniforme p_u/m :

vérifier $b_{eff,i}/b_{eff} \le 2,9.\dfrac{d.h_f}{p_u.\ell_{eff}}$ assure par excès qu'il n'y a pas besoin d'aciers de liaison table-ner-

vure (attention : formule non homogène $\Rightarrow$ longueurs en m et p_u en MN/m)

Si la table est symétrique on a : $b_{eff,i} = (b_{eff} - b_w)/2 \Rightarrow b_{eff,i}/b_{eff} = [(b_{eff} - b_w)/2]/b_{eff} = 0,5 - b_w/2b_{eff}$

Alors, quel que soit b_{eff}, aucune armature spécifique de liaison table-nervure n'est requise tant que $2,9.\dfrac{d.h_f}{p_u.\ell_{eff}} \ge 0,5 - b_w/2b_{eff}$, qui s'arrondit du côté de la sécurité en $2,9.\dfrac{d.h_f}{p_u.\ell_{eff}} \ge 0,5$

D-V.2.3.2.6 Calcul des aciers spécifiques de couture table-nervure lorsqu'ils sont nécessaires

Dans tous les cas, les aciers de couture (A_{sf} et espacement s_f) déterminés pour chaque zone « côté appui » sont prolongés jusqu'à l'axe de l'appui.

Angle θ_f des bielles inclinées

Si table comprimée : $1 \le \mathrm{cotg}\theta_f \le 2 \Rightarrow$ viser $\mathrm{cotg}\theta_f = 2$

Non-écrasement des bielles

Vérifier que la contrainte de cisaillement à l'interface v_u (v minuscule)

= $g_{u,d}/h_f \le v\,(n_u).f_{cd}.\sin\theta_f.\cos\theta_f$

avec $v = 0,6.(1 - 1/250)$ = coefficient de réduction de $\sigma_{c,admissible}$ dans les zones d'effort tranchant

Si ce n'est pas vérifié : diminuer $\mathrm{cotg}\theta_f$

Disposition des aciers

Voir Figure D-V.2.8.

- Systématiquement perpendiculaires aux interfaces à coudre.
- Disposés en une ou deux nappes au choix et prolongés au moins jusqu'à $b_{eff,1}$ et $b_{eff,2}$.
- Totalement ancrés de part et d'autre de chaque interface.

  Pour assurer cet ancrage des deux côtés, dans le cas d'une poutre en demi-Té, mettre des aciers en forme de U.

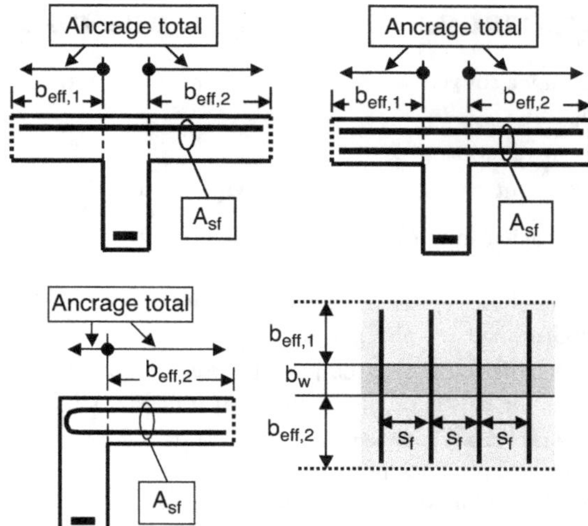

Figure D-V.2.8. Dispositions possibles des aciers de couture table-nervure et notations. Aciers toujours perpendiculaires à l'interface.

Dimensionnement de ces aciers

Dans chaque zone Δx, ils sont dimensionnés de façon que, travaillant à la contrainte $\sigma_s = f_{yd}$, ils reprennent un effort/unité de longueur = $g_{u,d}/\mathrm{cotg}\theta_f$

On doit avoir : $\dfrac{A_{sf}}{s_f}.f_{yd} \geq g_{u,d}/\mathrm{cotg}\theta_f$ (Formule D-V.2)

Possibilité de faire participer d'autres aciers à la couture

Lorsque les aciers en chapeau du plancher qui s'appuie sur la poutre sont en position pour assurer la fonction de couture (perpendiculaires à la nervure et totalement ancrés de part et d'autre), ils peuvent, dans les limites ci-dessous, partiellement œuvrer à la couture.

Alors : $A_{sf} = \max\left[A_{sf} \text{ de la formule D-V.2}\,;\, \dfrac{A_{sf} \text{ de la formule D-V2}}{2} + A_s \text{ chapeau du plancher}\right]$

La solution $\left[\dfrac{A_{sf} \text{ de la formule D-V2}}{2} + A_s \text{ chapeau du plancher}\right]$ est plus économique dès que

A_s chapeau du plancher $> \dfrac{A_{sf} \text{ de la formule D-V2}}{2}$

BAEL était plus radical et proposait : $A_{sf} = \max\left[A_{sf} \text{ de la formule D-V.2}\,;\, A_s \text{ chapeau du plancher}\right]$

Explication

Comme illustré ci-contre, dans l'équilibre du moment de continuité du plancher sur l'appui qu'est la poutre, l'effort de traction repris par les aciers en chapeau est équilibré par un effort de compression égal favorable à la couture. Celui-ci devrait soulager d'autant l'effort à reprendre par les aciers de couture.

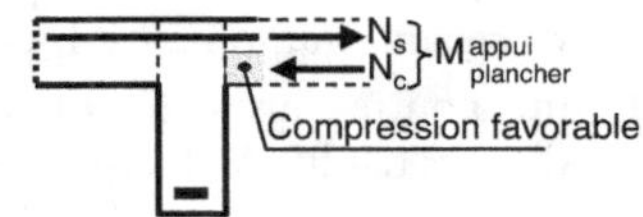

D-V.2.4 Généralisation du recours à une poutre en Té

En bâtiments courants, il y a souvent avantage à considérer une poutre en Té même lorsque ce n'est pas imposé par $\mu_u > \mu_{u,limite}$.

Les arguments sont les suivants :

- Pour le même chargement $\Rightarrow$ la même valeur de M_u, on a $\mu_{u,Té}$ très inférieur à μ_u originel. La formule de calcul des aciers longitudinaux (§ D-II.4.3.1) $A_s = \dfrac{M_u}{0,9\,d}/f_{yd}.(\mu_u + 0,81)$ montre

  clairement que, toutes choses égales par ailleurs, une valeur plus petite de μ_u conduit à une section d'aciers longitudinaux A_s plus petite.

- L'économie est totale si, dans le même temps, la prise en compte d'une poutre en Té n'oblige pas à ajouter des aciers de liaison table-nervure (voir § D-V.2.3.2.5 et D-V.2.3.2.6).

  Un élément très favorable est l'épaisseur h_f de la table de compression, souvent importante en regard de d. En effet, pour les portées courantes de bâtiments, la hauteur utile d est de l'ordre de 30 à 50 cm alors que h_f = épaisseur du plancher $\geq$ 18 cm. On a un rapport $0,35 \leq h_f/d \leq 0,6$

  Le calculateur peut aussi aider les choses en limitant les débords de table $b_{eff,i}$, ce qui diminue $g_{u,d}$ et v_u.

D-V.3 Poutres avec aciers comprimés

Un exemple de calcul est proposé au § F.2.7.

Notation

Les grandeurs relatives aux aciers comprimés sont repérées par un « prime ».

Lorsque $\mu_u > \mu_{u,limite}$ et que toutes les autres solutions pour y porter remède ont été épuisées, on envisage d'ajouter des aciers comprimés.

Sont particulièrement concernées les sections sur appui des poutres, là où il n'est pas possible de considérer une poutre en Té. De plus, une redistribution, généralement souhaitée, des moments sur appui y impose une limitation drastique de $\mu_{u,appui}$ (voir § E-I.4.3.2.2 et E-I.4.3.3.1).

D-V.3.1 Principe

D-V.3.1.1 Calcul des aciers longitudinaux

La poutre avec aciers comprimés est traitée comme la superposition de deux poutres qui additionnent leurs capacités portantes pour reprendre le moment M sollicitant. Ce sont :

- une poutre sans aciers comprimés (dont la partie comprimée n'est constituée que de béton), reprenant un moment M_1 et contenant les aciers tendus $A_{s,1}$;
- une poutre constituée uniquement d'aciers (une nappe d'aciers comprimés A'_s et une nappe d'aciers tendus $A_{s,2}$), reprenant le complément M_2 du moment total M à reprendre.

La solution la plus économique (celle pour laquelle M_2 est le plus petit) est bien sûr celle pour laquelle M_1 a la valeur maximum autorisée, à savoir celle associé à $\mu_{u,limite}$.

D-V.3.1.2 Calcul des aciers transversaux

Il est identique à celui d'une poutre sans aciers comprimés.

D-V.3.2 Calcul

Le calcul présenté ici est limité ici au cas de la flexion simple.

En cas de flexion composée, il faut attacher l'effort normal N_u à la poutre 1.

D-V.3.2.1 Aciers longitudinaux

D-V.3.2.1.1 Calcul de base à l'ELU

Décomposer la poutre réelle en deux poutres fictives superposant leurs effets. Cela impose qu'elles aient en commun le même diagramme des déformations, celui de la poutre réelle. Cette organisation est illustrée sur la Figure D-V.3.1.

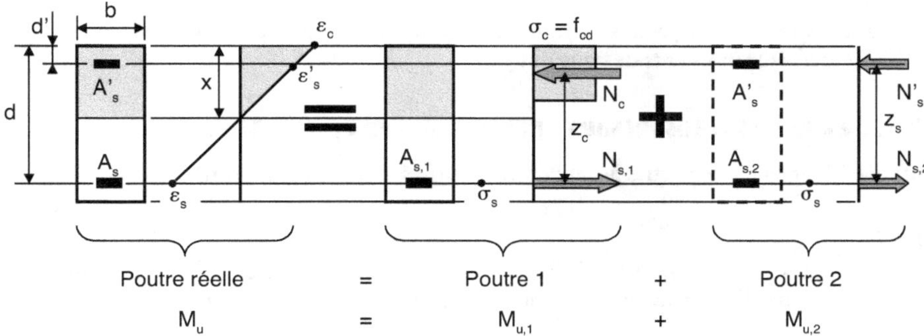

Figure D-V.3.1. Organisation du calcul d'une poutre avec aciers comprimés.

Poutre 1

L'économie invite à choisir :

$$M_{u,1} = M_{u,\text{limite}} = \mu_{u,\text{limite}}.b.d^2.f_{cd}$$

Alors, μ_u étant connu, il est égal à $\mu_{u,\text{limite}}$, les paramètres essentiels de cette poutre sont connus, notamment son diagramme de déformation.

Par référence au diagramme rectangle, on a :

$$\alpha = 1{,}25.(1 - \sqrt{1 - 2.\mu_u})$$

$$A_{s,1} \approx M_{u,1}/(0{,}9d.f_{yd}).(\mu_u + 0{,}81)$$

Vu la valeur de μ_u, on est au pivot B, d'où : $\varepsilon_c = \varepsilon_{cu2} = 3{,}5$ ‰ et on déduit :

$$\varepsilon_s = \varepsilon_c.\frac{1 - \alpha}{\alpha} \text{ d'où on tire } \sigma_s \quad \text{et} \quad \varepsilon'_s = \varepsilon_c.\frac{\alpha.d - d'}{\alpha.d} \text{ d'où on tire } \sigma'_s$$

Il en découle toujours $\sigma'_s = \sigma_s = f_{yd}$

Poutre 2

$$M_{u,2} = M_u - M_{u,1}$$

Ses seuls éléments résistants sont ses deux nappes d'aciers,

donc $z_s = d - d'$

On en déduit :

$$F_{s,2} = F'_s = M_{u,2}/z_s \text{ d'où } A_{s,2} = F_{s,2}/\sigma_s \text{ et } A'_s = F'_s/\sigma'_s$$

Compte tenu de $F'_s = F_{s,2}$ et $\sigma'_s = \sigma_{s,2} = f_{yd}$, on a : $A'_s = A_{s,2} = F_{s,2}/f_{yd}$

Poutre réelle

$A_s = A_{s,1} + A_{s,2}$ et $A'_s = A'_s$

D-V.3.2.1.2 Vérifications à l'ELS

Toutes les vérifications relatives aux limitations de $\sigma_{s,ser}$ sont assurées si $\mu_u \leq \mu_{u,limite}$.

Limitation de la fissuration et de la flèche

Les prescriptions des § D-III.5.2 et D-III.6.2 dispensant de la vérification risquent de ne plus être suffisantes.

Deux cas ne posent pas de problème :

- lorsque les aciers comprimés ne sont nécessaires que pour un faible complément de résistance ;
- lorsque les renforts par aciers comprimés ne concernent que les sections sur appui (pour résister aux seuls moments de continuité).

D-V.3.2.2 Aciers transversaux : prescriptions réglementaires

Comme déjà signalé, identiques à ceux d'une poutre sans aciers comprimés.

En plus

Respecter la prescription suivante : tout acier comprimé de diamètre ϕ_c doit être tenu par des aciers transversaux d'espacement $s \leq 15 \, \phi_c$ [9.2.1.2(3)]. Cela peut amener à resserrer les aciers transversaux.

D-V.3.3 Disposition des aciers comprimés

Les dispositions courantes sont traitées sur l'exemple d'une zone d'appui de continuité, le cas le plus fréquent de recours à des aciers comprimés, comme déjà signalé en introduction de ce paragraphe.

Les aciers comprimés sont positionnés dans la zone de béton comprimé et viennent souvent en superposition d'aciers déjà en place.

Sur appui, ils pontent les cages de ferraillage des deux travées de part et d'autre de l'appui et, comme expliqué pour les chapeaux sur la Figure D-I.5.1, ils sont mis en place en dernier, en surnombre des aciers déjà présents.

Comme illustré sur la Figure D-V.3.2, sont déjà présents les aciers inférieurs des deux travées adjacentes qui, comme vu au § D-IV.6.2.3, doivent être prolongés sur l'appui. Pour la circonstance, ces aciers ne sont pas mis en recouvrement sur la largeur de l'appui, mais simplement amenés face à face, les barres mises en place comme aciers comprimés jouant le rôle d'éclisses pour assurer une continuité suffisante des aciers inférieurs.

Les aciers comprimés sont donc au mieux en position de deuxième lit. On a alors au mieux :

$$d' \approx (h - d)_{travée} + \phi_c/2, \text{ sinon } d' \approx (h - d)_{travée} + \phi_\ell + \phi_c/2$$

Ne pas oublier que tout acier comprimé de diamètre ϕ_c doit être tenu par des aciers transversaux d'espacement $s \leq 15 \, \phi_c$ Si nécessaire, resserrer les cadres d'effort tranchant pour respecter cette prescription.

Les appuis étant généralement des nœuds de structure encombrés de très nombreux aciers (non représentés sur la Figure D-V.3.2), il faut, dans la mesure du possible, s'efforcer de les laisser dégagés de tout cadre.

C'est facile tant que 15 $\phi_c \geq$ largeur d'appui.

Dans les autres cas, on note que l'appui lui-même empêche tout flambement vers le bas de ces aciers comprimés, ne leur laissant plus qu'une possibilité de flambement : vers l'extérieur dans le plan horizontal en faisant éclater les parements latéraux encore libres. La solution est alors de les retenir par une épingle horizontale moins encombrante qu'un cadre. Comme les aciers qu'elle retient, celle-ci sera positionnée sur le chantier au dernier moment.

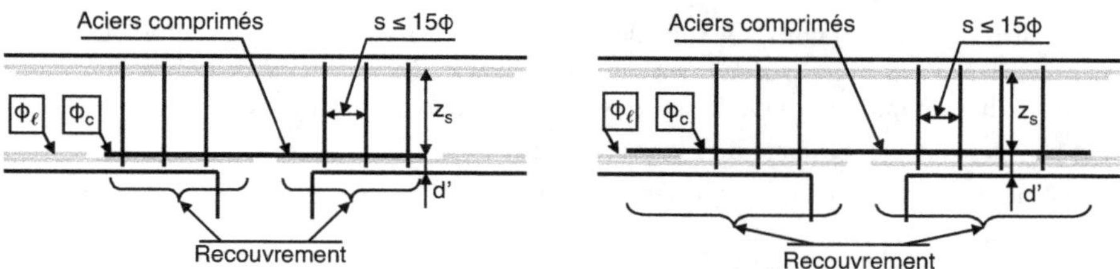

Figure D-V.3.2. Dispositions possibles des aciers comprimés sur appui selon leur longueur (tous les aciers autres que les aciers comprimés et ceux qui participent à leur bon fonctionnement sont en gris ou non représentés).

D-V.3.4 Épure d'arrêt des aciers comprimés

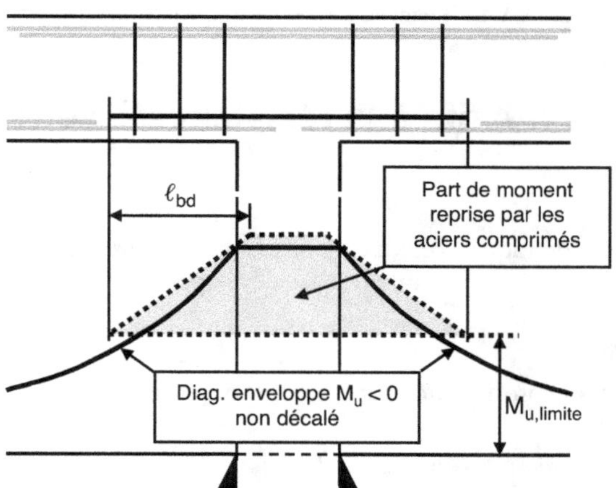

Figure D-V.3.3. Épure d'arrêt des aciers comprimés (exemple d'un appui de continuité).

Les aciers comprimés sont nécessaires au long de toute la zone où $\mu_u > \mu_{u,limite}$. Pour les besoins de l'épure, cela est désigné « zone où $M_u > M_{u,limite}$ ».

De même que dans les calculs et la prise en compte de la contrainte de compression σ_c dans une section fléchie, l'incidence de l'effort tranchant est ignorée dans les calculs relatifs aux aciers comprimés. Aussi, pour l'arrêt des aciers comprimés aucun décalage du diagramme du moment n'est requis.

L'épure d'arrêt de tels aciers se fait comme illustré sur la Figure D-V.3.3. La seule différence de méthode par rapport à l'arrêt des barres tendues est la référence au diagramme enveloppe M_u non décalé.

D-V.4 Poutres de section quelconque

La Figure D-V.4.1 en montre quelques exemples qui sont présentés par ordre de complexité croissante.

- Les poutres en Té : déjà vues. Dans de nombreux cas, elles peuvent être calculées comme des poutres rectangulaires.
- Les poutres en I ou à talons. Ce sont des poutres en Té avec un talon. Le talon étant tendu, sa géométrie n'intervient pas dans les calculs en flexion. En revanche, de même qu'il faut des aciers de liaison table-nervure, il faut des aciers de liaison « talon-nervure ».
- Les poutres caisson, généralement dans les ponts.
- Enfin, les poutres de section vraiment quelconque.

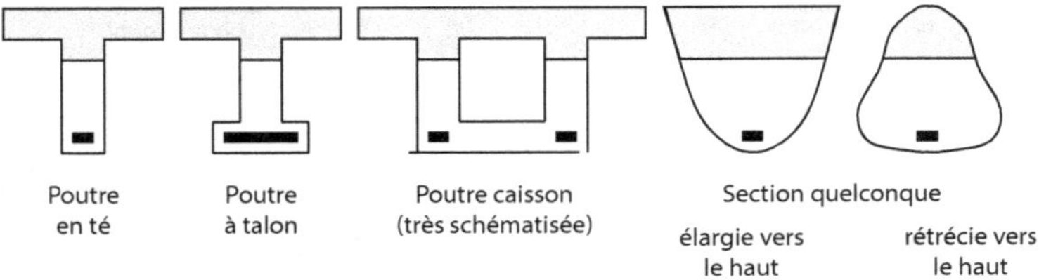

Figure D-V.4.1. Exemples de poutres de section quelconque.

D-V.4.1 Calculs relatifs à la résistance à l'effort tranchant

Aciers transversaux

Ils se calculent de façon identique à ceux des poutres rectangulaires ou en Té. La valeur de b_w est toujours la plus petite largeur sur la hauteur où se développent les bielles comprimées.

Cas des poutres à talon

Il faut assurer la liaison « talon-nervure » par des aciers disposés comme montré ci-contre.

Leur calcul est transposé de celui des aciers de liaison table-nervure (§ D-V.2.3.2), à savoir :

$$\frac{A_{sf}}{s_f}.f_{yd} \geq g_{u,d}/\cotg\theta_f$$

avec ici :

$$g_u(x) = [V_u(x)/z].A_{s,ext,i}/A_{s,total}$$

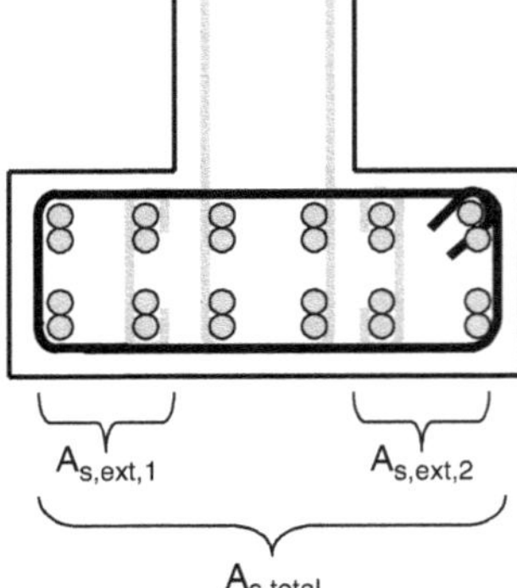

D-V.4.2 Calculs de résistance en flexion de ces poutres

Sauf si leur partie comprimée est rectangulaire (voir § D-V.2.2.1.1), ces poutres doivent être calculées en revenant aux équations générales à base d'intégrales (pour l'ELU, voir § D-II.3.3.3).

D-V.4.2.1 Calcul à l'ELU

D-V.4.2.1.1 Équations générales d'équilibre (Rappel)

Elles s'écrivent à base d'intégrales (voir § D-II.3.3.3) et sont rappelées ci-dessous.

- Effort F_c total = résultat de l'intégrale des efforts élémentaires sur la hauteur où se développe le diag σ_c, soit ici de y_1 à y_2 :

$$F_c = \int_{y1}^{y2} b(y).\sigma_c(y).dy$$

- Moment de l'effort total F_c par rapport à l'armature tendue :

$$M_{Fc} = \int_{y1}^{y2} b(y).\sigma_c(y).y.dy$$

- D'où on tire :

$$z_c = \frac{M_{Fc}}{F_c} = \frac{\displaystyle\int_{y1}^{y2} b(y).\sigma_c(y).y.dy}{\displaystyle\int_{y1}^{y2} b(y).\sigma_c(y).dy}$$

D-V.4.2.1.2 Simplifications associées au diagramme rectangle

Chaque fois que c'est possible (c'est-à-dire tant que la section comprend une part tendue et une part comprimée), mener les calculs par référence au diagramme rectangle. Il apporte une simplification appréciable.

Condition pour assimiler une poutre à une poutre rectangulaire

Voir § D-V.2.2.1.1.

Diagramme rectangle : il suffit que 0,8.hauteur de la zone comprimée soit de forme rectangulaire.

Avec un autre diagramme, c'est la pleine hauteur de la zone comprimée qui doit être de forme rectangulaire.

Écriture des équations d'équilibre dans le cas du diagramme rectangle

Dans le cas du diagramme rectangle, sur la hauteur 0,8 x où celui-ci se développe, on a : $\sigma_c(y) = C_{te} = f_{cd}$

Il est alors possible de sortir $\sigma_c(y)$ des intégrales et les équations se simplifient, comme indiqué ci-dessous et illustré sur la Figure D-V.4.2.

- $F_c = f_{cd}.\int_{y1}^{y2} b(y).dy = f_{cd}.$aire de béton comprimé sur la hauteur 0,8 x

- $z_c = \dfrac{f_{cd}.\displaystyle\int_{y1}^{y2} b(y).y.dy}{f_{cd}.\displaystyle\int_{y1}^{y2} b(y).dy}$ = distance au centre de gravité de l'aire de béton comprimé sur la

hauteur 0,8 x

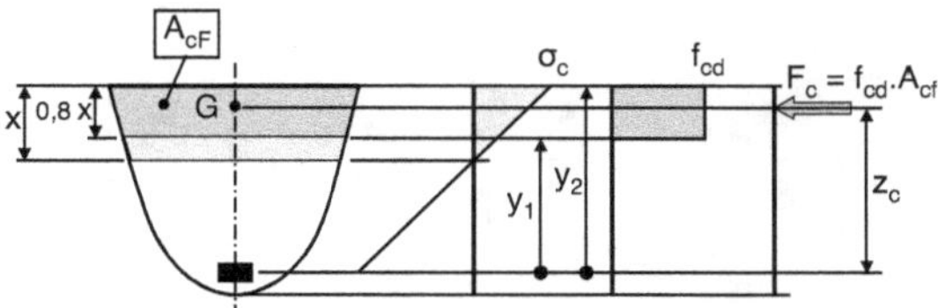

Figure D-V.4.2. Simplification associée à la référence au diagramme rectangle pour le calcul de F_c et z_c.

Nota

Si largeur de la zone de béton comprimé va en rétrécissant vers le haut (en s'éloignant de l'axe neutre), il faut diminuer f_{cd} de 10 %. [3.1.7(3)].

Dans les cas fréquents où l'aire de béton comprimé au-dessus de 0,8 x est décomposable en rectangles, il est possible de faire le calcul en recomposant la poutre par une somme algébrique de poutres fictives rectangulaires judicieusement choisies, chacune bénéficiant des aides de calcul développées pour les poutres rectangulaires.

Mais dans ces cas, la géométrie de la zone comprimée est simple et il est souvent plus rapide de faire le calcul intégral direct sur la section réelle.

D-V.4.2.2 Vérifications à l'ELS

Il s'agit d'une vérification $\Rightarrow$ les aciers et leur position sont connus. Cela facilite beaucoup les choses.

Les calculs de base sont ceux présentés au § D-III.8.1.

En flexion simple, les paramètres déterminants sont :

- pour connaître la hauteur x_{ser} de l'axe neutre, le moment statique de la zone comprimée mécaniquement résistante ;
- pour la limitation de la flèche, l'inertie I^* de la section mécaniquement résistante A^* ;
- pour la limitation de la fissuration, la contrainte $\sigma_{t,ser}$ dans la fibre la plus tendue qui se calcule par $\sigma(y) = M_{ser}.y/I^*$. Le paramètre à déterminer est encore I^*.

Les intégrales associées sont généralement simples et les calculs abordables.

Partie E

Applications aux structures

(centrées sur le cas des bâtiments courants contreventés par des murs)

E-I **Continuité**

E-II **Dalles pleines**

E-III **Poteaux**

E-IV **Murs banchés, chaînages, linteaux, voûtes de décharge**

E-V **Fondations superficielles**

E-I   Continuité

E-I.1   Introduction

Comme vu au § B.6, le cas de chargement le plus défavorable pour les éléments continus n'est pas le seul cas «tout chargé». Il faut considérer tous les cas de charge envisageables et en tirer les diagrammes enveloppes du moment et de l'effort tranchant.

Les cas de charge donnant les valeurs extrêmes sont les suivants.

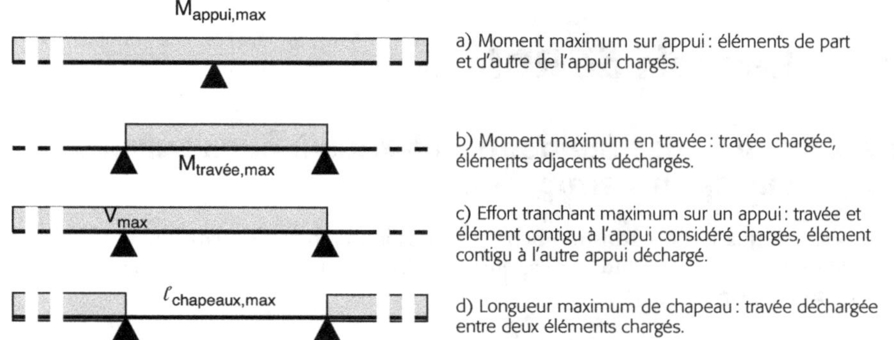

a) Moment maximum sur appui : éléments de part et d'autre de l'appui chargés.

b) Moment maximum en travée : travée chargée, éléments adjacents déchargés.

c) Effort tranchant maximum sur un appui : travée et élément contigu à l'appui considéré chargés, élément contigu à l'autre appui déchargé.

d) Longueur maximum de chapeau : travée déchargée entre deux éléments chargés.

Dans la pratique, on se contente souvent d'étudier les trois cas de charge de la Figure E-I.1.1 regroupés sous la dénomination de chargement «en damier».

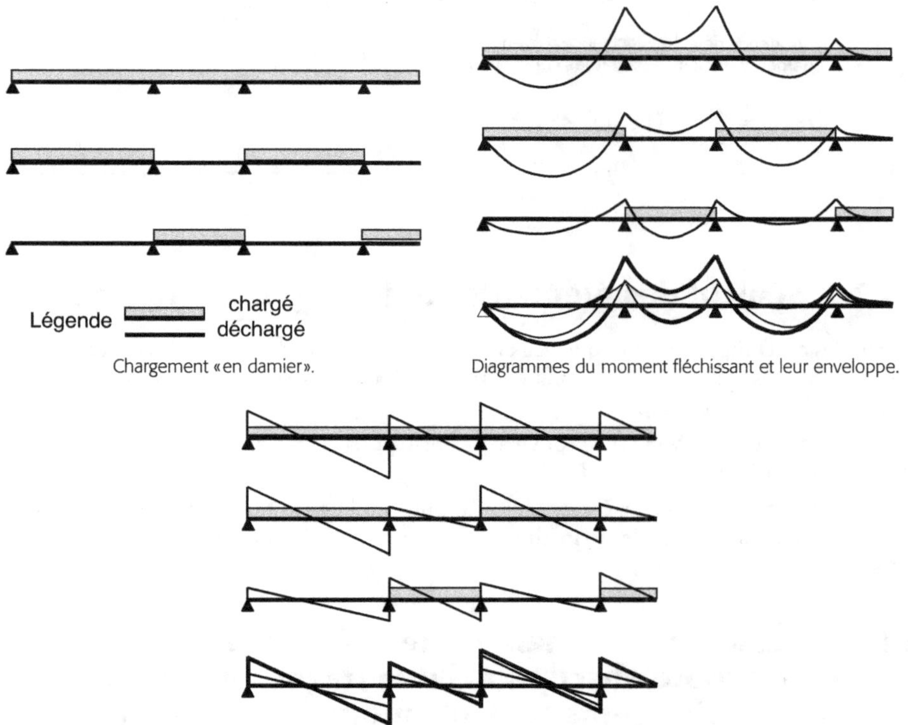

Figure E-I.1.1. Chargement «en damier» d'éléments continus pour en tirer les diagrammes enveloppes du moment fléchissant et de l'effort tranchant.

Tout en ignorant le cas (d) ci-dessus, le chargement en damier fournit une approximation suffisante des valeurs extrêmes des moments et efforts tranchants ainsi que des longueurs de chapeaux. La prise en compte du cas (d) conduirait à des valeurs à peine supérieures de V_{max} avec un écart voisin de l'incertitude des calculs de béton armé.

Par ailleurs, les éléments continus ayant une capacité d'adaptation par redistribution des moments, c'est la somme de leurs capacités de résistance sur appui et en travée qui est finalement dimensionnante. C'est cette propriété qui est à la base des modes de calcul présentés aux § E-I.4 et E-I.5.

E-I.2 Rappels de RDM

E-I.2.1 Calcul des éléments continus à deux travées sur appuis simples

Dans ce cas, «l'équation des trois moments» aboutit à une formule relativement simple pour calculer le moment de continuité sur l'appui central. S'agissant de poutres à inertie constante, elle s'écrit comme suit.

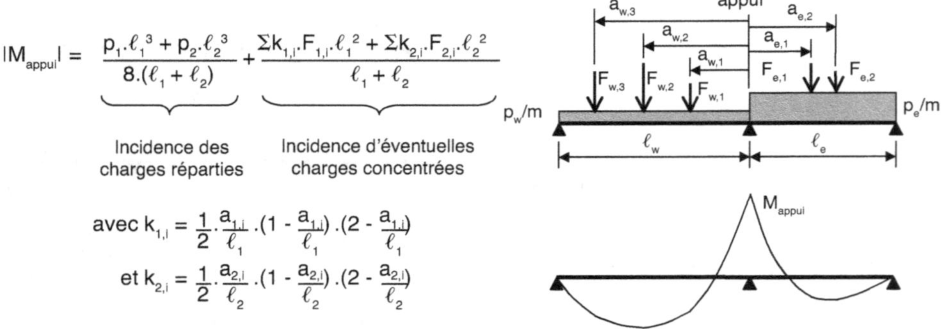

$$|M_{appui}| = \frac{p_1.\ell_1^3 + p_2.\ell_2^3}{8.(\ell_1 + \ell_2)} + \frac{\Sigma k_{1,i}.F_{1,i}.\ell_1^2 + \Sigma k_{2,i}.F_{2,i}.\ell_2^2}{\ell_1 + \ell_2}$$

Incidence des charges réparties — Incidence d'éventuelles charges concentrées

$$\text{avec } k_{1,i} = \frac{1}{2}.\frac{a_{1,i}}{\ell_1}.\left(1 - \frac{a_{1,i}}{\ell_1}\right).\left(2 - \frac{a_{1,i}}{\ell_1}\right)$$

$$\text{et } k_{2,i} = \frac{1}{2}.\frac{a_{2,i}}{\ell_2}.\left(1 - \frac{a_{2,i}}{\ell_2}\right).\left(2 - \frac{a_{2,i}}{\ell_2}\right)$$

E-I.2.2 Calcul des éléments continus plus complexes

Il s'agit des cas comprenant plus que deux travées, ou/et une ou des console(s), ou/et des appuis non limités à des appuis simples, ou/et des travées d'inertie variable (d'une travée à l'autre ou/et au long de chaque travée).

Alors le calcul est plus laborieux. Il convient de regarder dans les manuels de RDM les solutions possibles ou d'utiliser un logiciel dédié.

Des solutions approchées ont été développées pour les besoins du béton armé appliqué aux bâtiments courants. Il s'agit de la «méthode de Caquot» et de la «méthode des moments forfaitaires» qui sont exposées au § E-I.5.

E-I.2.3 Calcul du moment et de l'effort tranchant en toute abscisse x d'une travée connaissant son chargement et ses moments sur appui

Les notations et le principe d'utilisation de la méthode proposée sont présentés sur la Figure E-I.2.1.

Attention

Toutes les formules associées sont en valeurs algébriques. Le respect scrupuleux des signes est essentiel, sinon le résultat peut être n'importe quoi.

E-I.2.3.1   Cas général

On désigne par A l'appui de gauche et par B l'appui de droite.

Le chargement de la travée considérée est caractérisé par les diagrammes M' et V' de la «travée isostatique associée» (il s'agit de la même travée désolidarisée de son contexte et reposant sur deux appuis simples).

La valeur du moment maximum dans la travée isostatique associée est un repère largement utilisé. Elle est désignée par M_0 et, par définition, on a : $M_0 = M'_{max}$

À toute abscisse x et en valeurs algébriques on a :

$$M(x) = M'(x) + M_A.(1 - \frac{x}{\ell}) + M_B.\frac{x}{\ell} \quad \text{et} \quad V(x) = V'(x) + \frac{M_B - M_A}{\ell}$$

Noter que : $V'_A > 0 ; V'_B < 0 ; M_A < 0$ et $M_B < 0$

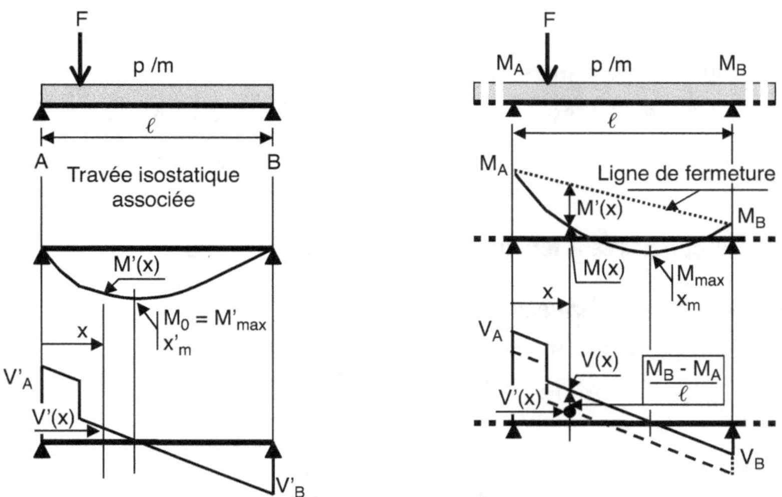

Figure E-I.2.1. M et V en travée en fonction de M', V' et des moments sur appui.

E-I.2.3.1.1   Démonstration de ces relations

Cas du moment

Une façon simple, illustrée sur la Figure E-I.2.2, consiste à superposer les effets des différents moments à prendre en compte.

On peut regrouper en un seul terme les effets des deux moments sur appui. C'est la somme $[M_A. (1 - \frac{x}{\ell}) + M_B.\frac{x}{\ell}]$ dont la représentation graphique est la «ligne de fermeture» du diagramme des moments. Ses propriétés sont traitées au § E-I.2.3.1.2 ci-dessous.

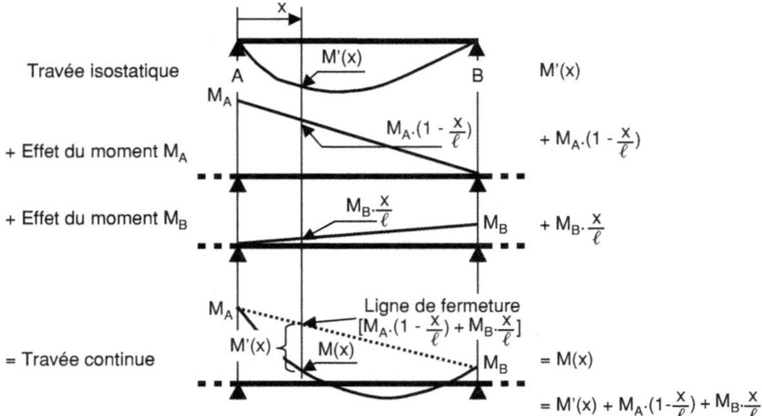

Figure E-I.2.2. Démonstration de la relation $M(x) = M'(x) + M_A \cdot (1 - \frac{x}{\ell}) + M_B \cdot \frac{x}{\ell}$

Cas de l'effort tranchant

Avec la convention de signes du béton armé, on a : $V(x) = + dM(x)/dx$

En dérivant par rapport à x l'expression $M(x) = M'(x) + M_A \cdot (1 - \frac{x}{\ell}) + M_B \cdot \frac{x}{\ell}$

on obtient : $V(x) = V'(x) - \frac{M_A}{\ell} + \frac{M_B}{\ell} \Rightarrow V(x) = V'(x) + \frac{M_B - M_A}{\ell}$

E-I.2.3.1.2 Propriétés caractéristiques de ces relations

Propriétés de la ligne de fermeture

Sous la ligne de fermeture on retrouve le diagramme M' distordu (les longueurs verticales sont conservées mais pas les angles). Un exemple de distorsion est la transformation d'un rectangle en parallélogramme.

Conséquences

Possibilité de construction graphique du diagramme M : à chaque abscisse, le diagramme $M(x)$ est à une hauteur $M'(x)$ en dessous de sa ligne de fermeture.

Il est très facile de calculer M à mi-portée de la travée.

On a en effet $M(\ell/2) = |\text{hauteur de la ligne de fermeture à } x = \ell/2| - M'(\ell/2)$

soit : $M(\ell/2) = |(M_A + M_B)/2| - M'(\ell/2)$

> #### Nota
> Lorsque, comme dans le cas d'une charge uniformément répartie p/m, M'_{max} est à l'abscisse $\ell/2$, on a : $M'(\ell/2) = M_0$

Propriétés du diagramme V

Le diagramme V est déduit du diagramme V' par une simple translation verticale de vecteur $\frac{M_B - M_A}{\ell}$ (en valeurs algébriques).

Donc, les diagrammes V et V' ont exactement la même forme. Simplement, l'un est plus haut que l'autre, mais lequel ? C'est le signe du vecteur de décalage $\dfrac{M_B - M_A}{\ell}$ qui donne la réponse (voir § E-I.2.3.3).

E-I.2.3.2 Cas d'un chargement uniforme p/m

Diagrammes M' et M : paraboliques

On a : $M_0 = p\ell^2/8$

Le diagramme M' est parabolique et on démontre facilement que le diagramme M est encore parabolique. De plus, il s'agit d'une parabole de mêmes paramètres que le diagramme M'. Elle est simplement déplacée parallèlement à elle-même (sans aucune rotation) pour passer par les points M_A et M_B (voir ci-contre).

L'équation de cette parabole par rapport aux axes passant par son sommet est invariante. Elle s'écrit :

$$|\Delta M| = p.\Delta x_0^2/2 \Rightarrow |\Delta x_0| = \sqrt{2\Delta M/p}$$

où, par rapport au sommet de la parabole, $|\Delta M|$ est l'écart en ordonnée pour un écart Δx_0 en abscisse.

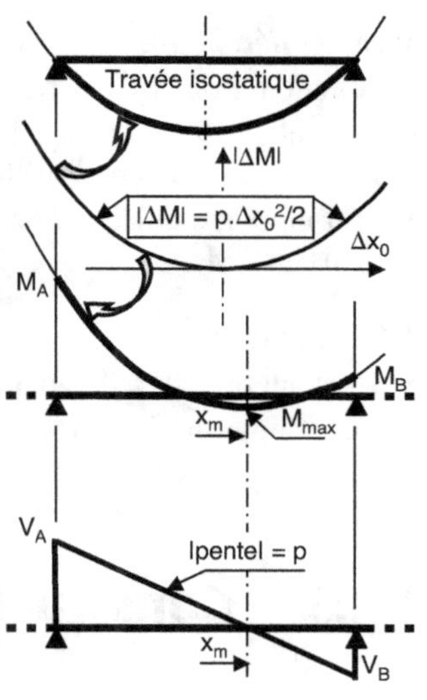

Diagrammes V' et V : linéaires, de |pente| = p

Les valeurs particulières sont les suivantes :

- Abscisse du point de moment maximum : $x_m = \dfrac{V_A}{p}$

  C'est la distance à parcourir pour, avec la |pente| = p, passer de V_A sur l'appui A jusqu'à V = 0 à l'abscisse x_m du point de moment maximum.

- Moment maximum : $M_{max} = \dfrac{V_A^2}{2p} + M_A$ (ne pas oublier que $M_A < 0$)

  Sachant que $M = \int Vx.dx$ on a :

  $M_{max} = M_A$ + aire diagramme V de A jusqu'à x_m
  $= M_A + V_A.x_m/2 = M_A + V_A.(V_A/p)/2 = M_A + V_A^2/2p$

- Connaissant x_m et M_{max}, coordonnées du sommet de la parabole, on en déduit les coordonnées de tout autre point intéressant par la relation $|\Delta M| = p.\Delta x_0^2/2$ ou sa réciproque $|\Delta x_0| = \sqrt{2\Delta M/p}$

- Aide à l'arrêt des barres dans le cas de deux lits égaux

  Données : $\Delta M = M_{max}$, altitude du point A = ΔM, altitude du point B = $\Delta M/2$.

  Des propriétés de la parabole on tire les repères suivants.

  - Passage de la parabole au point B à l'altitude $\Delta M/2$: en retrait de $0{,}30\Delta x_0$ par rapport au point A d'altitude ΔM.

  - Tangente de la parabole en B : elle passe par le point C en retrait de $0{,}36\ \Delta x_0$ par rapport à B.

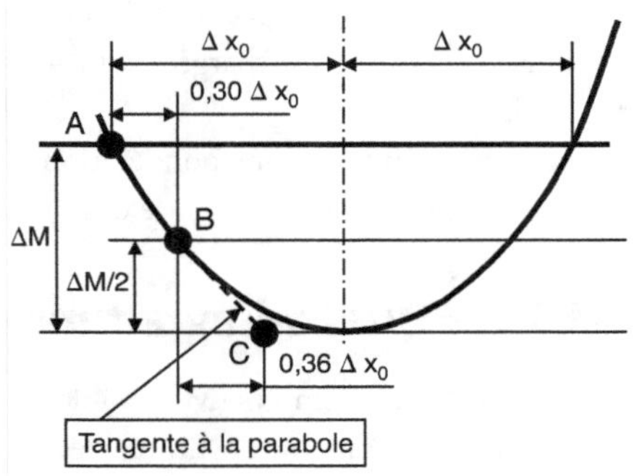

E-I.2.3.3   Comment éviter les erreurs?

Dans l'utilisation de ces formules, toutes en valeurs algébriques, le respect scrupuleux des signes est essentiel. Sinon le résultat peut être n'importe quoi.

Plusieurs repères d'autocontrôle proposés ci-dessous permettent d'intercepter une éventuelle erreur. Il est conseillé d'en faire l'usage systématique.

Moment fléchissant

- On doit avoir : $M_{max} \leq M_0$
- Calculer $M(\ell/2) = |(M_A + M_B)/2| - M'(\ell/2)$ et vérifier que $M_{max} \geq M(\ell/2)$ (sinon, ce ne serait pas M_{max}) et qu'il ne s'en éloigne pas exagérément.
- Par rapport au diagramme M', le point de moment maximum doit s'éloigner de l'appui de plus fort $|M_{appui}|$.

Effort tranchant

- Par rapport à $|V'|$, $|V|$ augmente sur l'appui de plus fort $|M_{appui}|$.
- En s'appuyant sur ce résultat, il est possible de faire les calculs de V en valeurs absolues :

$$\Rightarrow |V| = |V'| \text{ décalé de } \left|\frac{M_B - M_A}{\ell}\right| \text{ dans le sens indiqué ci-dessus.}$$

E-I.3   Construction des diagrammes enveloppes

E-I.3.1   Cas de charge à considérer

En bâtiments courants, $G = G_{sup}$ ou G_{inf} résulte de l'incertitude sur l'épaisseur exacte des planchers et sur le poids volumique effectif de leur béton. On a donc, aux incertitudes près, $G_{sup} \approx G_{inf} \approx G$ et ils ne sont distingués que par leur coefficient de pondération.

De plus, toutes les travées d'un même ensemble continu sont *a priori* coffrées et coulées en même temps avec le même béton. Elles affichent donc le même écart avec G théorique et sont toutes ensemble à G_{sup} ou G_{inf} ou à la même valeur intermédiaire. D'où la prescription réglementaire : appliquer G_{sup} ou G_{inf} à l'ensemble des travées en continuité (supposées coffrées et coulées toutes ensemble).

En restant sur la base du chargement en damier, il faut alors considérer les cas suivants.

- À l'ELU

  $G = G_{sup}$: travée chargée $\Rightarrow 1,35\,G + 1,5\,Q$; travée déchargée $\Rightarrow 1,35\,G$

  Puis $G = G_{inf}$: travée chargée $\Rightarrow G + 1,5Q$; travée déchargée $\Rightarrow G$
- À l'ELS

  G_{sup} et G_{inf} ont la même pondération.

  D'où, dans tous les cas : travée chargée $\Rightarrow G + Q$; travée déchargée $\Rightarrow G$

E-I.3.2   Quels diagrammes enveloppes

On dégage deux ensembles (M et V) de diagrammes enveloppes.

- L'un à l'ELU, faisant la synthèse des cas G_{max} et G_{min} et fournissant les données du calcul de base (à l'ELU).
- L'autre à l'ELS, fournissant les données pour les vérifications à l'ELS.

Nota

À l'ELU, le cas G_{min} n'a d'éventuelle incidence que sur la longueur maximum des chapeaux. Cette incidence ne risque d'être sensible (mais ce n'est jamais une certitude) que dans les trois cas suivants :

- sur une travée adjacente à une console ;
- sur une travée courte adjacente à une travée longue ou, plus sévère encore, comprise entre deux travées longues ;
- lorsque Q est grand par rapport à G.

En l'absence de telles circonstances, on peut se dispenser de traiter G_{min}. Quand il doit être pris en compte, on peut en limiter le traitement à la zone géographique encadrant les travées concernées.

Enfin : Eurocode autorisant une redistribution différenciée, voir § E-I.4.3.3 ci-après ; il est toujours possible d'ajuster les diagrammes relatifs à G_{inf} pour qu'ils n'impactent pas l'enveloppe des moments. Alors, les cas de charge avec G_{inf} peuvent simplement être ignorés.

E-I.3.3   Obtention de ces diagrammes

E-I.3.3.1   Prescriptions d'Eurocode

Rappels du § C-I.4.2 :

- portées de calcul = $\ell_{eff} \approx$ portées d'axe à axe des appuis ;
- ignorer les charges à l'aplomb des appuis $\Rightarrow$ diagramme $V_{\ell eff}$ tronqué au nu des appuis ;
- dans le cas d'appuis monolithiques, tronquer le diagramme $M_{\ell eff}$ au nu des appuis ;
- dans le cas d'appuis non monolithiques : raccordement parabolique comme indiqué au § C-I.4.2.2.1.

E-I.3.3.2   Démarche pratique proposée par l'auteur

Faire les calculs avec les portées ℓ_n de nu à nu des appuis puis, comme indiqué et illustré ci-dessous, en déduire les valeurs prescrites par Eurocode : celles associées à ℓ_{eff}, et tronquées au nu des appuis.

La procédure est exposée sur l'exemple de charges réparties p/m. Elle est facilement transposable aux autres cas tant que subsiste un chargement réparti p/m au voisinage immédiat des appuis.

E-I.3.3.2.1   Cas des travées isolées

Le calcul est immédiat et illustré ci-dessous :

Moment fléchissant

Le diagramme $M_{\ell eff}$ est facile à tracer directement
$\Rightarrow M_{0,\ell eff} = p.\ell^2_{eff}/8$

Par ailleurs, il se déduit du diagramme $M_{\ell n}$ par une translation verticale de vecteur $\Delta M = M_{0,\ell eff} - M_{0,\ell n}$

d'où : $M_{\ell eff,travée,nu\ appui} = \Delta M$

Effort tranchant

Diagramme $V_{\ell n}$ = portion du diagramme $V_{\ell eff}$ entre nus des appuis,

d'où notamment : $V_{\ell eff,nu\ appui} = V_{\ell n,appui}$

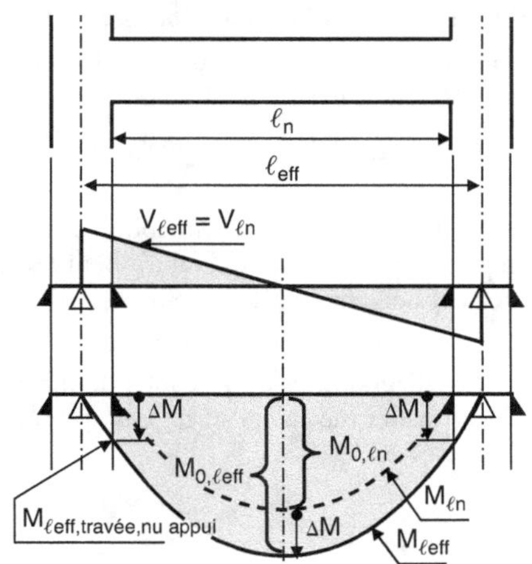

Nota

Lorsque $\ell_{\text{eff}} \approx 1,05\ell_n : \Rightarrow M_{0,\ell\text{eff}} \approx 1,1\, M_{0,\ell_n}$ et $\Delta M \approx 0,1\, M_{0,\ell_n}$

E-I.3.3.2.2 Cas des éléments continus

Détermination des moments de continuité à prendre en compte dans chaque cas de charge considéré

La proposition est de tirer ces moments de continuité d'un calcul basé sur ℓ_n (en prenant ℓ_n pour référence, toutes les valeurs relatives à un appui sont les valeurs au nu de l'appui).

Dans le cas d'éléments à deux travées, la formule rappelée au § E-I.2.1 permet de calculer facilement la valeur du moment de continuité sur l'appui intermédiaire fourni par la RDM.

Dans les autres cas, le calcul est plus laborieux et on a généralement recours à un logiciel dédié.

On constate ce qui suit

- Les moments de continuité au nu des appuis déduits du calcul RDM basé sur ℓ_n sont systématiquement plus élevés que ceux $M_{\ell\text{eff,nu appui}}$ déduits (§ C-I.4.3.1) du calcul RDM basé sur ℓ_{eff}.

- Cet écart est d'autant plus grand que les largeurs d'appui sont plus grandes comparées aux portées des travées qui les encadrent.

Formule proposée par l'auteur pour compenser cet écart

Il s'agit d'un ajustement numérique.

$$M_{\ell\text{eff,nu appui}} \approx M_{\ell n,\text{appui}} / \left(1 + \frac{\text{largeur d'appui}}{\text{portée moyenne sur cet appui}}\right)$$

soit : $M_{\ell\text{eff,nu appui}} \approx M_{\ell n,\text{appui}} / \left(1 + \dfrac{t}{\ell_{n,\text{moy}}}\right) = M_{\ell n,\text{appui}} / \left(1 + \dfrac{2t}{\ell_{n,w} + \ell_{n,e}}\right)$

Tant que $t/\ell_{n,\text{moy}}$ reste petit, on peut écrire $M_{\text{eff,nu,appui}} \approx M_{\ell n,\text{appui}}(1 + t/\ell_{n,\text{moy}})$

Tant qu'on ne dépasse pas $t/\ell_{n,\text{moy}} \approx 5\,\%$, ce qui recouvre la majorité des cas courants en bâtiments, on fait une erreur de $\leq 5\,\%$ en admettant $M_{\ell\text{eff,nu,appui}} = M_{\ell n,\text{appui}}$, ce qui reste acceptable.

Si $t/\ell_{n,\text{moy}}$ est plus grand, la correction ci-dessus s'impose.

Diagrammes V et M dans chaque travée et pour chaque cas de charge

Connaissant les moments sur appuis et le tarif de charge, ils sont construits à l'aide des formules rappelées au § E-I.2.3.1. À savoir :

$$M(x) = M'(x) + M_A.\left(1 - \frac{x}{\ell}\right) + M_B.\frac{x}{\ell} \quad \text{et} \quad V(x) = V'(x) + \frac{M_B - M_A}{\ell}$$

Pour être conforme à Eurocode, chaque point de ces diagrammes doit appartenir à un diagramme $V_{\ell\text{eff}}$ ou $M_{\ell\text{eff}}$. Notamment les valeurs des moments sur appui sur lesquelles s'appuie le calcul doivent être des valeurs $M_{\ell\text{eff,nu appui}}$.

- Particularités des travées intermédiaires

  Les diagrammes ou portions de diagramme manipulés par ces formules sont construits à partir des moments au nu des appuis. Donc la portée ℓ à prendre en compte dans ces formules est ℓ_n.

Le diagramme M ainsi tracé a l'équation des diagrammes associés au tarif de charge, p/m, de cette travée et est construit à partir des deux points $M_{A,\ell eff,\text{nu appui}}$ et $M_{B,\ell eff,\text{nu appui}}$ du diagramme $M_{\ell eff}$. Il s'agit donc du diagramme $M_{\ell eff}$ de cette travée pour ce cas de charge avec toutes ses prérogatives. Notamment, sous sa ligne de fermeture qui passe par les axes des appuis, on a $M_{0,\ell eff}$.

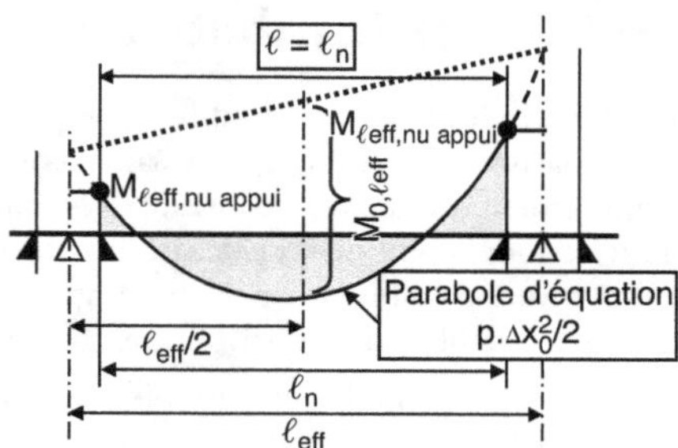

- Particularités des travées de rive

  Même principe de construction et même résultat que pour une travée intermédiaire.

  Mais dans ce cas, les points pris pour référence pour tracer le diagramme M sont, l'un au nu de l'appui intermédiaire, l'autre sur l'axe de l'appui de rive.

  De ce fait, la longueur ℓ à prendre en compte dans les formules de calcul devient $\ell = \ell_n + a_e$.

  En corollaire, en rive, ce calcul fournit la valeur de V à l'axe de l'appui.

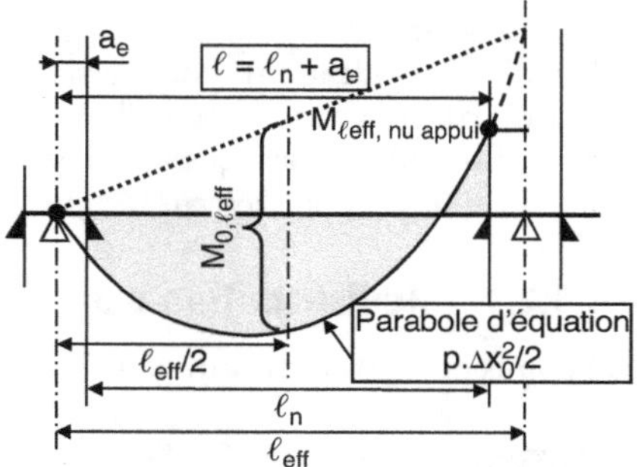

E-I.4　Redistribution

Comme évoqué dans l'introduction, § E-I.1, pour les poutres continues, c'est la somme de leurs capacités de résistance sur appui et en travée qui est finalement dimensionnante. En d'autres termes, leur capacité de résistance doit être considérée globalement.

E-I.4.1　Répartitions possibles des capacités de résistance entre travée et appuis

La Figure E-I.4.1 montre comment on peut atteindre la même résistance globale, attestée par la même valeur maximum M_0 sous la ligne de fermeture du diagramme des moments, avec des répartitions différentes des capacités de résistance entre appuis et travée.

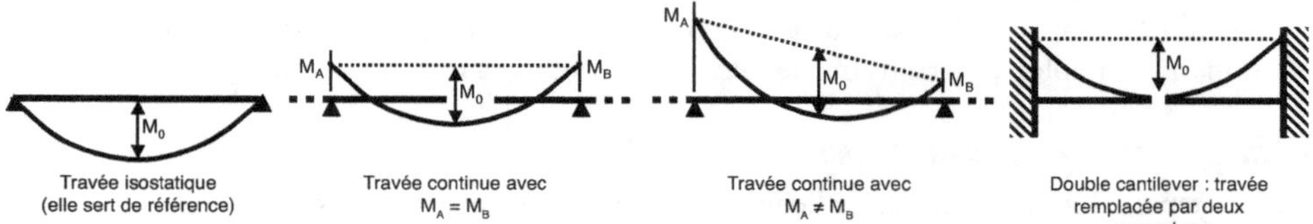

Figure E-I.4.1. Répartitions différentes des moments sur appuis et en travée assurant une même capacité portante globale.

E-I.4.2 Redistribution des moments

La redistribution est une modification par rapport au résultat du calcul RDM de la répartition des capacités de résistance nécessaires entre appuis et travée. Elle a deux composantes : l'une d'ajustement du calcul au contexte (très imparfaitement connue à l'avance), l'autre d'adaptation du fonctionnement de la structure aux capacités de résistance effectivement mises en place. Elle n'est rendue possible que par un comportement non linéaire des matériaux et, par simplification, sera qualifiée de redistribution « plastique ».

Dans la limite des moments mobilisables sur appuis et dans le respect des bornes imposées par le règlement, le calculateur a le choix de la répartition des capacités de résistance entre appuis et travée et de la redistribution qui en découle. La répartition la plus harmonieuse est celle qui couvre la seule redistribution d'ajustement du calcul au contexte. Elle est malheureusement l'objet d'une grande incertitude. Aussi l'écart entre la répartition visée et la répartition idéale est-il couvert par une part de redistribution « plastique ». S'écarter beaucoup de l'idéal induit une forte redistribution « plastique » avec pour conséquence des flèches et fissures plus importantes, mais aucun risque pour la sécurité.

E-I.4.2.1 Redistribution d'ajustement du calcul au contexte

Les points de désaccords entre réalité et calculs RDM sont les suivants.

Désaccords sur l'inertie effective

Celle-ci n'est en effet qu'imparfaitement représentée par l'inertie de la section de coffrage qui sert de référence pour les calculs RDM.

Elle en diffère par les trois points ci-dessous.

- L'inertie effective varie avec la section d'acier, d'une travée à l'autre et aussi le long de chaque travée. Ignorer ces variations est sans incidence pratique.
- La fissuration également modifie les inerties des sections : elle les diminue. En modifiant différemment l'inertie de chaque section selon son degré de sollicitation, elle modifie la répartition des moments entre appuis et travée. Les variations induites restent faibles et peuvent souvent être négligées.
- Un désaccord majeur affecte les poutres associées à un plancher (cas de la majorité des poutres). Malgré une inertie de la section de coffrage constante, en travée elles fonctionnent en poutres en Té, sur appuis en poutres rectangulaires. De fait, elles sont à inertie variable. Leur inertie réelle est plus faible sur appuis (poutre rectangulaire) qu'en travée (poutre en Té). En conséquence, leurs moments de continuité sur appuis doivent être significativement plus faibles (et en contrepartie leurs moments en travée plus forts) que ceux découlant du calcul RDM basé sur les sections de coffrage. Dans la suite, nous désignerons cela par « effet d'inertie variable » et verrons que le calculateur a intérêt à en tenir compte.

Désaccord dû aux effets du fluage

Le fluage participe aussi à modifier l'équilibre des moments entre appuis et travée.

À nouveau, sont particulièrement concernées les poutres associées à un plancher. La travée fonctionnant en poutre en Té, son béton comprimé est très faiblement sollicité, avec pour conséquence un fluage très faible. À l'opposé, les appuis fonctionnant en section rectangulaire, la sollicitation du béton y est beaucoup plus élevée, avec pour conséquence un fluage beaucoup plus élevé. Le fluage se traduisant par une diminution de raideur, celle-ci est plus accentuée dans les zones d'appui, avec pour conséquence un affaiblissement des moments de continuité par comparaison au résultat du calcul RDM de base.

Le fluage se développant au fur et à mesure du temps maintenu sous chargement, son incidence est pratiquement nulle aux jeunes âges et augmente avec le temps d'usage de l'édifice. Il est à peu près stabilisé au-delà de 15 ans de chargement maintenu mais, même alors, il subsiste une grande incertitude sur l'amplitude de l'ajustement à prendre en compte.

E-I.4.2.2 Redistribution « plastique »

Il s'agit cette fois de l'adaptation du fonctionnement de la structure aux capacités de résistance effectivement mises en place.

C'est la part de redistribution restant nécessaire après application de la redistribution d'ajustement du calcul au contexte.

En effet, on ne peut jamais viser exactement la part de redistribution d'ajustement au contexte qui conviendrait, notamment conditionnée à l'incidence du fluage très imparfaitement connue.

S'y ajoute souvent une part complémentaire d'adaptation volontairement imposée par le calculateur dans un but d'économie ou de simplicité.

Cette adaptation n'est rendue possible que par la capacité de déformation non linéaire, fluage à l'ELS et déformation plastique (ductilité) à l'ELU, des sections devant s'adapter. Si cette capacité est insuffisante ou limitée, l'adaptation n'est pas admise ou limitée.

Comment se fait la redistribution plastique ?

L'évolution du processus est exposée ci-dessous sur l'exemple, illustré sur la Figure E-I.4.2, d'une travée dans laquelle les capacités de résistance implantées sur appuis sont inférieures à celles de la répartition optimum. C'est le cas visé par Eurocode pour l'application de la redistribution.

Il s'agit de la relation d'un essai de laboratoire dans lequel la charge est augmentée progressivement jusqu'à rupture dans un temps qui ne permet pas le fluage (moins de quelques jours et couramment moins d'une heure).

Quand il est présent, le fluage participe aussi à la redistribution plastique. Son rôle sera précisé au § E-I.4.2.3.

- À l'ELS

  Comme vu au § B.3.2.2.5, les sollicitations sont alors de l'ordre de la moitié de celles qui entraîneront la rupture et les sections sont en phase de comportement linéaire.

  En l'absence de fluage, au fur et à mesure que la charge augmente et tant que toutes les sections sont en phase de comportement linéaire, les moments sur appui et en travée évoluent dans les mêmes proportions et les points de moment nul sont invariants.

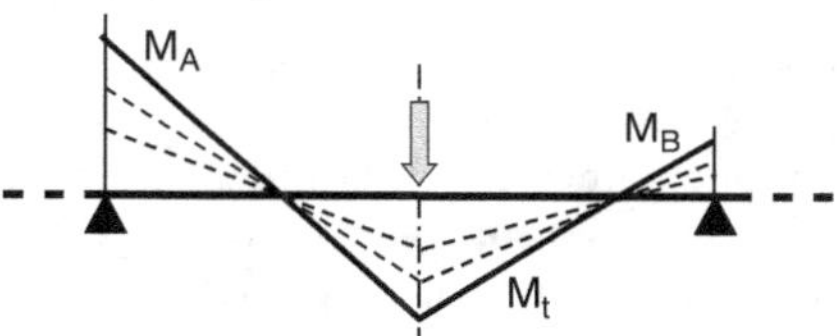

ELS : en l'absence de fluage et tant que toutes les sections sont en phase de comportement élastique, il n'y a pas de redistribution ⇒ évolution de M_A, M_B et M_t dans les mêmes proportions ⇒ les points de moment nul sont invariants.

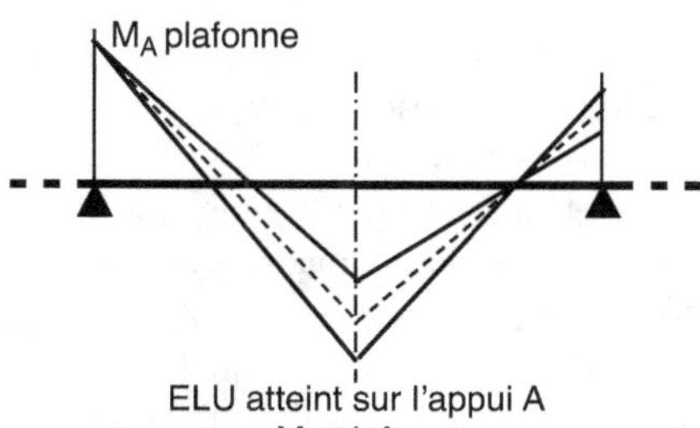

ELU atteint sur l'appui A
⇒ M_A plafonne.

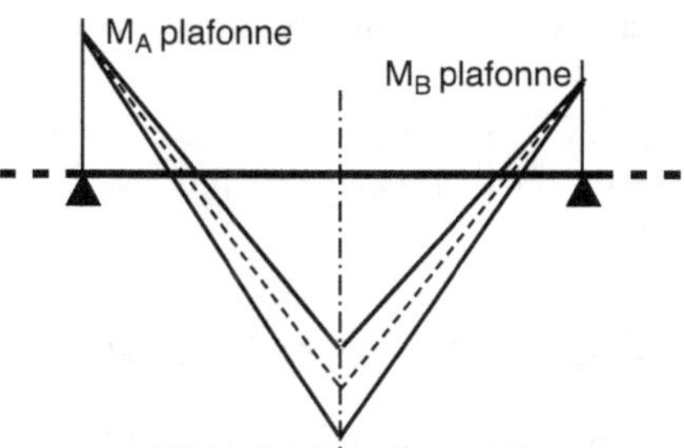

ELU atteint sur l'appui B
⇒ M_B plafonne.
Ensuite : augmentation de M_t seul jusqu' à la ruine.

Figure E-I.4.2. Redistribution plastique (exemple dans le cas simple d'une charge concentrée).

- À l'ELU

  Si, à l'approche de l'ELU, une section (travée ou un des deux appuis) est renforcée avec moins d'acier que nécessaire pour l'équilibre idéal à l'instant considéré, elle atteint l'ELU la première. Alors elle entre en phase de grande déformation et sa résistance plafonne (voir § B.3.2.2.5). Puis chaque augmentation de l'effort sur la poutre, à laquelle ne peut participer cette section qui a atteint son maximum de résistance, est reprise par une augmentation de la sollicitation des deux autres sections. Si la ductilité à l'ELU est suffisante, le processus se poursuit jusqu'à ce que, en fin de compte, les trois sections résistantes (travée et les deux appuis) atteignent l'ELU. Alors, toutes les capacités de résistance disponibles sont épuisées. La capacité maximum de résistance de la poutre est atteinte et c'est la ruine.

E-I.4.2.3   Rôle du fluage

Le fluage est à la fois cause et remède du désaccord entre réalité et calculs RDM.

Il en est la cause car, comme exposé au § E-I.4.2.1, il modifie les raideurs des éléments en continuité et, ce faisant, les données à prendre en compte pour le calcul.

Il en est aussi le remède car il apporte, dès l'ELS, une capacité de déformation non linéaire qui, au même titre que la déformation plastique de l'exemple du § E-I.4.2.2, participe à l'adaptation du fonctionnement de la structure aux capacités de résistance effectivement mises en place. Si une section est sur-sollicitée, le fluage y est plus intense et cette section se déforme plus, redistribuant les moments à reprendre vers les sections voisines.

Les Recommandations professionnelles françaises lui reconnaissent ce rôle et l'intègrent à la redistribution plastique.

E-I.4.2.4   Temps et domaine de chaque facteur de redistribution

L'effet d'inertie variable pour les poutres associées à un plancher est intrinsèque à la structure considérée. Sa prise en compte est une pure « redistribution d'ajustement au contexte » et son temps est celui du calcul.

Le calcul qui tient le meilleur compte de l'effet d'inertie variable est celui qui conduit au fonctionnement le plus harmonieux de la structure avec le plus faible besoin de redistribution plastique.

En revanche, ignorer l'effet d'inertie variable alors qu'il existe (poutres associées à un plancher) ou le prendre en compte alors qu'il n'existe pas (par exemple, dalles pleines) apporte un désaccord patent entre calcul et réalité, qui devra être rattrapé par une part égale de redistribution plastique.

Le fluage participe à la fois de la « redistribution d'ajustement au contexte » et de la « redistribution d'ajustement aux capacités de résistance mises en place » (intégrée pour le calcul à la redistribution plastique). Son action se développe durant la phase contrôlée par l'ELS.

À l'ELU, ne reste plus à accomplir que l'éventuelle part de redistribution que le fluage n'aurait pu finaliser. C'est une pure redistribution plastique telle que présentée sur l'exemple du § E-I.4.2.2.

E-I.4.3   Redistribution selon Eurocode [5.5]

Elle est limitée à la redistribution plastique.

Seule est concernée la part de redistribution restant requise après prise en compte (conseillée chaque fois que justifiée) de l'éventuel effet d'inertie variable.

Eurocode propose un traitement de cette redistribution qui, en plus, peut permettre une économie d'aciers.

E-I.4.3.1 Prescriptions générales d'Eurocode

- Eurocode limite l'application de la redistribution à l'ELU.

  Limiter l'application à l'ELU sous-entend, contrairement à ce qui vient d'être exposé, qu'il n'y aurait pas de redistribution avant la phase ELU. Cela a une incidence inattendue sur les calculs : les moments à l'ELS étant non redistribués, ils ne sont plus la transposition directe de ceux qui ont présidé au calcul de base à l'ELU.

  $\Rightarrow$ Les aides au calcul $\mu_{u,limite,\sigma ck}$ et $\mu_{u,limite,\sigma cqp}$, qui s'appuient sur une relation fixe entre ELU et ELS pour dispenser des vérifications de contrainte à l'ELS, ne s'appliquent plus.

  $\Rightarrow$ Les vérifications à l'ELS doivent être menées sur les moments non redistribués, donc sur les résultats d'un calcul RDM conduit exprès pour l'ELS.

- La redistribution s'applique aux diagrammes $M_{\ell eff}$ bruts issus de la RDM. Les moments sur appui à considérer sont les moments $M_{\ell eff,axe\ appui}$.

- La nouvelle distribution des moments doit continuer à équilibrer les charges appliquées. En d'autres termes, la hauteur sous la ligne de fermeture du diagramme enveloppe des moments $M_{\ell eff}$ résultant de la redistribution ne doit pas être inférieure à $M_{0,\ell eff}$.

- Dans le cas d'appuis de continuité monolithiques où est pris en considération le moment au nu de l'appui, il faut respecter $|M_{nu\ appui}| \geq 0,65\ |M\ encastrement|$.

  Ce point a longtemps posé problème. Le Guide d'application de l'Eurocode 2 tranche en précisant les deux points suivants :

  - Cette limitation ne s'applique qu'aux portiques et aux appuis de grande rigidité. En conséquence, elle peut être ignorée dans les calculs courants de poutres continues assimilant les appuis à des appuis simples (c'est notamment le cas de la méthode de Caquot telle qu'exposée au § E-I.5.1 et de la méthode redistribution forfaitaire du § E-I.5.2).

  - Lorsque cette limitation est impérative, |M encastrement| doit être lu comme |Moment d'encastrement parfait entre nus d'appuis de la poutre considérée| tel qu'illustré sur les schémas ci-dessous avec l'exemple d'un chargement uniforme p/m.

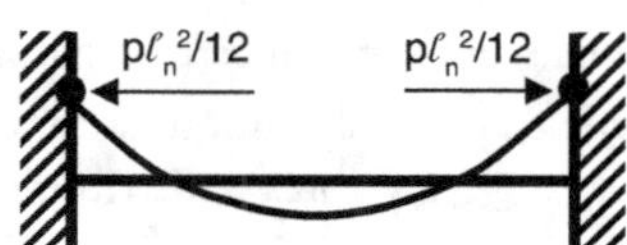

- La redistribution n'est pas applicable :
  - au moment d'encastrement d'une console, irrémédiablement fixé par les actions appliquées à la console ;
  - aux nœuds des systèmes fonctionnant en portiques (simples ou multiples) ; c'est notamment le cas aux nœuds avec des poteaux participant au contreventement.

- Redistribution « limitée »

  Dans les cas où le rapport entre portées adjacentes est compris entre 0,5 et 2 et où l'amplitude de la redistribution est maintenue dans les limites précisées au § E-I.4.3.2, des règles d'application simples sont proposées par Eurocode. La redistribution alors autorisée est qualifiée de « limitée ». Elle est limitée à l'ELU en s'appuyant sur les résultats du calcul RDM (linéaire et élastique).

  Dans ce cas, la pratique française (Recommandations professionnelles françaises [clause 5.5(2)], voir § E-I.4.5.2) admet que cette redistribution soit également appliquée à l'ELS, avec les mêmes coefficients de redistribution que ceux utilisés à l'ELU. Ce qui rend à nouveau utilisables les aides au calcul telles que : $\mu_{u,limite,ck}$ et $\mu_{u,limite,cqp}$

- Hors des limites de la redistribution « limitée »

  La redistribution reste autorisée alors exclusivement à l'ELU sans dérogation possible.
    - Elle s'appuie sur un calcul en plasticité (donc effectivement à l'ELU).
    - La simplification admise par la pratique française [clause 5.5(2)] pour les vérifications à l'ELS ne s'applique pas.
    - Subsiste une seule limitation : s'assurer que chaque section considérée a une ductilité suffisante pour supporter la rotation plastique imposée par la redistribution visée.

      À titre de simplification, Eurocode dispense de cette vérification tant qu'après redistribution : $\alpha_u \leq 0,25 \Rightarrow \mu_u \leq 0,18$.

  Ce calcul, complexe (même quand s'applique la dispense ci-dessus), permet souvent de justifier des moments de continuité sur appui significativement plus faibles que ceux autorisés par la redistribution limitée. Du fait de sa complexité, il n'est pas abordé dans cet ouvrage.

E-I.4.3.2 Redistribution limitée : amplitude autorisée pour la redistribution

Elle autorise à s'exonérer du calcul en plasticité à condition que la capacité de déformation plastique des sections, c'est-à-dire leur capacité de ductilité, soit suffisante. En effet, nous avons vu plus haut (§ E-I.4.2.2 et Figure E-I.4.2) que la redistribution n'est possible que si les sections concernées ont la capacité de se déformer sans rompre en attendant que les autres sections aient elles aussi atteint l'ELU.

Dans le cas de la redistribution limitée, cette condition est traitée forfaitairement par les deux exigences suivantes :

- l'utilisation d'aciers de classe de ductilité B ou C ; les aciers de classe de ductilité A sont admis avec une pénalisation ;
- une limitation du degré de redistribution conditionnée à la hauteur relative α_u de l'axe neutre calculée à l'ELU après redistribution.

Dans la pratique, c'est aux sections sur appuis qu'on impose le plus fort taux de redistribution et ce sont elles qui sont concernées par la limitation du degré de redistribution.

L'amplitude de la redistribution est caractérisée par le « coefficient de redistribution »

$$\delta = \frac{M_{\ell\text{eff},\text{axe appui}} \text{ après redistribution}}{M_{\ell\text{eff},\text{axe appui}} \text{ avant}}$$

- Avec des aciers de classe de ductilité B ou C la redistribution admise s'étend sur l'intervalle $70\ \% \leq \delta \leq 100\ \%$ ($\Rightarrow$ diminution du moment sur appui limitée à 30 %) et $85\ \% \leq \delta \leq 100\ \%$ lorsqu'une vérification au feu est exigée.
- Avec des aciers de classe de ductilité A, la redistribution est limitée à l'intervalle $80\ \% \leq \delta \leq 100\ \%$

Les Recommandations professionnelles françaises reprises par le Guide d'application de l'Eurocode [clause 5.3.2.2(3)], proposent de faire les calculs par référence aux valeurs de $M_{nu\ appui}$ et

admettre $\delta \approx \delta_{nu\ appui} = \dfrac{M_{nu\ appui} \text{ après redistribution}}{M_{nu\ appui} \text{ avant}}$.

C'est une approximation. Son incidence et les notations utilisées sont explicitées sur la Figure E-I.4.3. On constate que, en valeurs absolues :

$$M_{\ell\text{eff},nu\ appui,redistribué,2} > M_{\ell\text{eff},nu\ appui,redistribué,1}$$

Avec $\delta_{nu\ appui} = \delta = 0,7$ on a :

$M_{\ell\text{eff},nu\ appui,redistribué,2}$ supérieur de 5 à 10 % à $M_{\ell\text{eff},nu\ appui,redistribué,1}$

L'écart n'est pas négligeable, mais va dans le sens de la sécurité. En effet, les moments $M_{\ell\text{eff,nu appui,redistribué,2}}$ redistribués selon l'approximation $\delta_{\text{nu appui}} = \delta$ restent au-dessus de ceux $M_{\ell\text{eff,nu appui,redistribué,1}}$ découlant du calcul exact selon δ à partir de $M_{\ell\text{eff,axe appui}}$. Ils sont donc associés à une redistribution de fait $< \delta$ et leur appliquer les règles d'une redistribution δ est du côté de la sécurité (dans une proportion $\geq 5\ \%$).

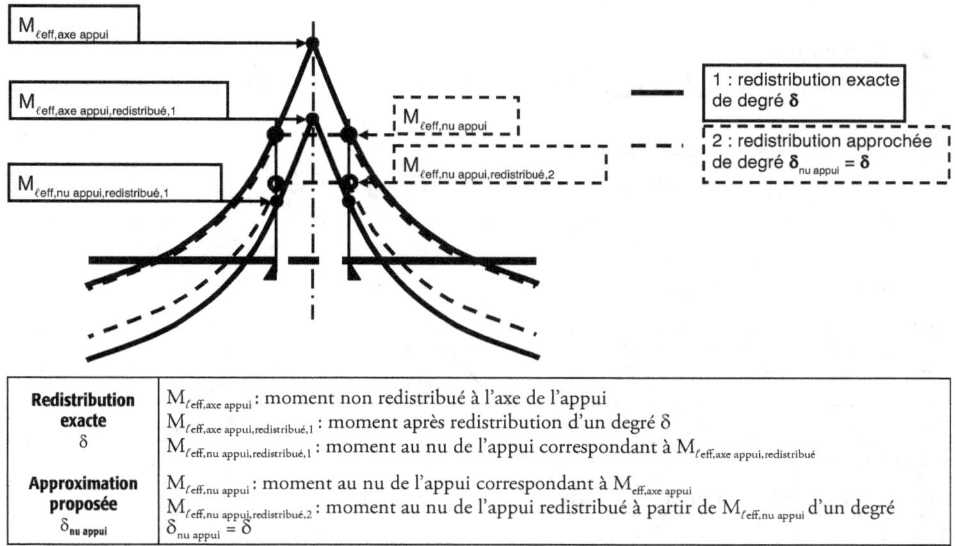

Redistribution exacte δ	$M_{\ell\text{eff,axe appui}}$: moment non redistribué à l'axe de l'appui $M_{\ell\text{eff,axe appui,redistribué,1}}$: moment après redistribution d'un degré δ $M_{\ell\text{eff,nu appui,redistribué,1}}$: moment au nu de l'appui correspondant à $M_{\ell\text{eff,axe appui,redistribué}}$
Approximation proposée $\delta_{\text{nu appui}}$	$M_{\ell\text{eff,nu appui}}$: moment au nu de l'appui correspondant à $M_{\text{eff,axe appui}}$ $M_{\ell\text{eff,nu appui,redistribué,2}}$: moment au nu de l'appui redistribué à partir de $M_{\ell\text{eff,nu appui}}$ d'un degré $\delta_{\text{nu appui}} = \delta$

Figure E-I.4.3. Incidence de l'approximation $\delta_{\text{nu appui}} = \delta$

E-I.4.3.2.1   Justifications

Relation entre α_u et δ

Le lien entre la capacité de ductilité et α_u est illustré sur les exemples du § B.3.2.3.

On y voit en effet qu'une poutre sur-armée n'affiche aucune ductilité, seulement une pseudo-ductilité et qu'elle est par ailleurs caractérisée par une valeur de α_u élevée. Les poutres moins armées affichent des ductilités d'autant plus grandes, associées à des valeurs de α_u d'autant plus faibles, qu'on s'éloigne du cas sur-armé.

Pourquoi une redistribution plus limitée lorsqu'une vérification au feu est exigée ?

Parce que, comme vu au § C-I.7.3.5.2 les incendies affectent d'abord les aciers inférieurs des poutres et dalles. La limitation $\delta \geq 0{,}85$ a pour objet de privilégier la reprise d'effort par les aciers en chapeau qui, placés en partie supérieure, sont moins affectés par l'incendie.

E-I.4.3.2.2   Valeur limite de δ en relation avec α_u et μ_u

Prescription d'Eurocode

Pour des bétons de classe $\leq$ C50/60, les seuls considérés dans cet ouvrage :

$\delta \geq k_1 + k_2.\alpha_u$ où α_u = valeur après redistribution

$\geq 0{,}7$ avec des aciers de classe de ductilité B ou C

$\geq 0{,}85$ lorsqu'un calcul de résistance au feu est requis

$\geq 0{,}8$ avec des aciers de classe de ductilité A

avec, pour les bétons de classe $\leq$ C50/60 :

$k_1 = 0,44$

$k_2 = 1,25.(0,6 + 0,0014/\varepsilon_{cu2})$

En se référant au diagramme parabole-rectangle ou sa simplification, le diagramme rectangle, on a : $\varepsilon_{cu2} = 3,5$ ‰ $= 0,0035 \Rightarrow k_2 = 1,25$ et $\delta \geq 0,44 + 1,25.\alpha_u$

Traduction en valeurs de μ_u

Par la relation $\mu_u = \alpha_u.\psi_u.(1 - \delta_{Gu}.\alpha_u)$, cette limitation sur α_u peut être traduite en limitation sur μ_u.

En l'occurrence, il s'agit de la valeur de $\mu_{u,\text{après redistribution}}$.

La valeur de $\mu_{u,\text{avant redistribution}}$ fournit aussi une information précieuse.

Connaissant la valeur de $\mu_{u,\text{après redistribution}}$ et le coefficient de redistribution δ associé, on calcule $\mu_{u,\text{avant redistribution}} = \mu_{u,\text{après redistribution}}/\delta$.

Le Tableau E-I.4.1 fait la synthèse de ces prescriptions.

Tableau E-I.4.1. Redistribution limitée : valeurs de α_u et μ_u limitant la redistribution dans le cas d'aciers de classe de ductilité A, B ou C, d'un béton de classe $\leq$ C50/60 et sur la base du diagramme rectangle.

		Avant redistribution	Après redistribution	
Pas de redistribution autorisée	$\delta = 1$	μ_u avant $\geq 0,295$	α_u après $\geq 0,45$	μ_u après $\geq 0,295$
Valeur intermédiaire	$\delta = 0,9$	μ_u avant $\leq 0,279$	α_u après $\leq 0,37$	μ_u après $\leq 0,251$
Limite en cas de vérification au feu	$\delta = 0,85$	μ_u avant $\leq 0,268$	α_u après $\leq 0,33$	μ_u après $\leq 0,228$
Limite en cas d'aciers de classe A	$\delta = 0,8$	μ_u avant $\leq 0,255$	α_u après $\leq 0,29$	μ_u après $\leq 0,204$
Redistribution maximum autorisée	$\delta = 0,7$	μ_u avant $\leq 0,220$	α_u après $\leq 0,21$	μ_u après $\leq 0,154$

E-I.4.3.2.3   Démarche pratique

Pour mieux refléter le comportement réel (non linéaire) du béton armé, il convient généralement de diminuer les moments de continuité sur appui obtenus par le calcul RDM (linéaire élastique). C'est ce que propose la redistribution. Dans ce cadre et dans un but d'économie (chapeaux de plus faible section et plus courts), on s'efforce d'exploiter la diminution maximum autorisée par les règles de redistribution.

Calculs RDM de base

Dans le cas d'une poutre associée à un plancher, il est avantageux d'exploiter « l'effet de variation d'inertie » en considérant pour les calculs RDM, en travée une poutre en Té et sur appui une poutre rectangulaire. Il en découle des moments de continuité en diminution de ≈ 5 %.

Pour cela, en première approximation, on peut prendre dans chaque travée :

- largeur de table = b_{eff}
- longueur sur laquelle la section peut être considérée en Té = ℓ_0

Les valeurs de b_{eff} et ℓ_0 sont celles données au § D-V.2.1.3.

ℓ_0 étant la distance entre points de moment nul en travée, c'est une approximation par excès de la longueur sur laquelle une table de largeur b_{eff} est effective.

Ces calculs sont basés sur les portées ℓ_{eff}.

On en déduit :

- sur les appuis monolithiques : $M_{\ell\text{eff,nu appui}}$ puis μ_u associé ;
- sur les autres appuis : $M_{\ell\text{eff,écrêté}}$ puis μ_u associé.

À l'exception de la restriction du § E-I.4.5.3, c'est à ces valeurs que sont appliquées les règles de la redistribution.

Diagnostic de la situation

Il est fait par référence aux limites du Tableau E-I.4.1 et aux valeurs de μ_u associées à $M_{\ell eff,\text{nu appui}}$ ou $M_{\ell eff,\text{écrêté}}$ selon le cas.

*   Si sur un appui $\mu_{u,\text{avant redistribution}} \geq 0{,}295 \Rightarrow$ aucune redistribution limitée n'est autorisée sur cet appui.

    Seul recours envisageable : le calcul en plasticité évoqué au § E-I.4.3.1.

*   Si sur un appui $\mu_{u,\text{avant redistribution}} \leq 0{,}220 \Rightarrow$ la redistribution maximum, $\delta = 0{,}7$, est possible sur cet appui.

*   Si sur un appui $0{,}220 \leq \mu_{u,\text{avant redistribution}} \leq 0{,}295 \Rightarrow$ seule une redistribution limitée partielle est possible sur cet appui.

    Par exemple, si $\mu_{u,\text{avant redistribution}} = 0{,}255 \Rightarrow$ taux maximum de redistribution autorisé : $\delta = 0{,}80$

Application de la redistribution

Voir le § E-I.4.3.3.1 ci-après.

Il existe des recours possibles pour augmenter le degré de redistribution autorisé.

Ils sont de trois ordres :

*   Augmenter la hauteur (ou à défaut la largeur) de la poutre, notamment sur appui, pour diminuer $\mu_{u,\text{appui,avant redistribution}}$. C'est rarement possible.
*   Faire le calcul en plasticité évoqué au § E-I.4.3.1. Alors les vérifications à l'ELS doivent être menées séparément.
*   Ajouter des aciers comprimés, ce qui diminue la compression du béton et la valeur de μ_u.

    C'est une solution qui coûte de l'acier et qui, comme illustré ci-dessous, ne convient pas lorsque les talons des poutres sont préfabriqués.

    Ces aciers comprimés sont à calculer avec $\mu_{u,\text{limite}} = \mu_{u,\text{après redistribution}}$ du Tableau E-I.4.1.

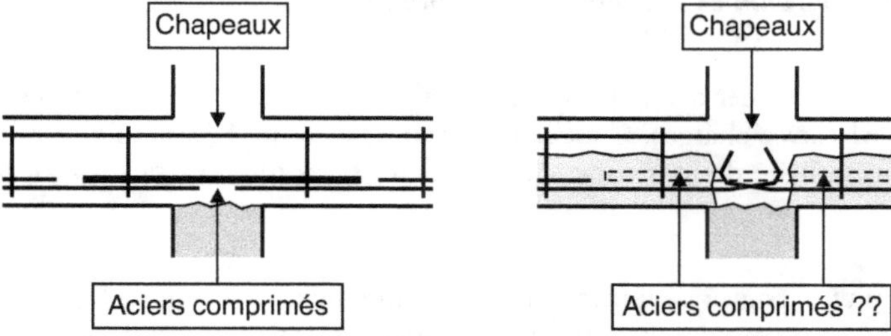

Pas de préfabrication ⇒ pas d'obstacle à la mise en place d'aciers comprimés.

Préfabrication ⇒ là où on voudrait mettre des aciers comprimés, les talons des poutres occupent la place.

E-I.4.3.3 Proposition d'Eurocode : redistribution différenciée

Eurocode autorise d'appliquer des degrés de redistribution δ différents sur chaque appui et pour chaque cas de charge considéré. À condition que, ce faisant, la capacité globale de résistance de chaque travée ne soit pas altérée. C'est-à-dire que la hauteur sous la ligne de fermeture du diagramme enveloppe $M_{\ell eff}$ après redistribution ne soit pas inférieure à $M_{0,\ell eff}$ de la travée chargée.

C'est ce qui est désigné dans cet ouvrage par « redistribution différenciée », par opposition à une « redistribution uniforme » dans laquelle le même calcul de redistribution est appliqué à l'ensemble des appuis et à l'ensemble des cas de charge (c'est notamment le cas de la méthode de Caquot, vue au § E-I.5.1).

La redistribution différenciée a pour objectif une économie d'acier. Elle est qualifiée d'optimisée lorsqu'elle atteint ou approche la plus grande économie possible.

E-I.4.3.3.1 Démarche pour une redistribution optimisée

L'exposé s'appuie sur la Figure E-I.4.4.

Les cas de charge considérés sont les trois cas du chargement en damier. Pour bien suivre ce que sont et deviennent les diagrammes des moments de chacun, chaque cas de charge est repéré par un numéro (1), (2) ou (3) et distingué par un type de trait différent (fort, moyen, pointillé).

Diagrammes des moments $M_{\ell eff}$ et leur enveloppe tels qu'issus du calcul RDM

Figure E-I.4.4 (a).

Ils ont été obtenus à partir d'un calcul RDM basé sur ℓ_n par la démarche exposée au § E-I.3.3.2.2.

Les valeurs des moments de continuité au nu de chaque appui et pour chaque cas de charge sont repérées par un numéro ([1] à [6]).

Sur chaque appui, les diagrammes fournissant les moments négatifs extrêmes (cas tout chargé) ont été extrapolés jusqu'à l'axe de l'appui pour pouvoir tracer la ligne de fermeture de l'enveloppe $M_{\ell eff}$. On constate qu'à mi-portée de chaque travée, la hauteur sous la ligne de fermeture est > $M_{0,\ell eff}$. C'est systématiquement le cas avant redistribution.

> *Nota*
>
> Ces extrapolations jusqu'à l'axe n'aboutissent pas à la même « valeur de pointe » à gauche et à droite de l'appui. C'est la réciproque de l'écart constaté au § C-I.4.3.1.2 lorsqu'il s'est agi de passer d'un moment de continuité unique sur l'axe de l'appui $M_{\ell eff,axe\ appui}$ (calculé directement sur la base de ℓ_{eff}) aux moments $M_{\ell eff,nu\ appui,w}$ et $M_{\ell eff,nu\ appui,e}$ aux nus gauche et droite de l'appui.

Redistribution et diagrammes des moments résultants

Figure E-I.4.4 (b).

L'exemple proposé ici permet d'aboutir, dans toutes les travées considérées, à la superposition des diagrammes M travée chargée. C'est le maximum absolu de l'économie possible et on a alors hauteur sous la ligne de fermeture = $M_{0,\ell eff}$. Il n'est pas toujours possible d'atteindre ce maximum.

- Objectifs visés

  Pour chaque travée, essayer de limiter à son minimum la hauteur sous la ligne de fermeture des moments. Le mieux qui puisse être fait est d'arriver à la superposition des diagrammes M travée chargée.

  Pour chaque appui, essayer de diminuer le plus possible le moment maximum de continuité.

  - À l'exception de la restriction du § E-I.4.5.3, cette diminution est plafonnée par les prescriptions du Tableau E-I.4.1. Outrepasser ce plafonnement amène à ajouter des aciers comprimés (sinon à conduire la redistribution en phase plastique, ce qui est hors du champ de cet ouvrage).

  - Dans ce qui suit, il est supposé que le taux de redistribution maximum, $\delta = 0{,}7$, est applicable sur chacun des appuis traités.

Viser des chapeaux les plus courts possibles, c'est-à-dire, dans chaque travée, viser l'impact minimum du diagramme «travée déchargée» sur l'enveloppe des moments.

- Servitudes

  Dans chaque travée, les moments de continuité des cas «travée chargée» et «travée déchargée» ne peuvent être choisis indépendamment de la situation sur les travées adjacentes.

  En effet, on voit par exemple à l'appui B sur les figures E-I.4.4 (a) et (b), que le cas «travée déchargée» à droite appartient au cas de charge (2) qui impose «travée chargée» à gauche. Du même coup, fixer un moment de continuité pour le cas «travée chargée» à gauche impose le moment de continuité pour le cas «travée déchargée» à droite. Et de même pour les autres cas de charge.

- Démarche sur l'appui B

  Il est appliqué $\delta = 0{,}7$ au cas (1) «tout chargé» $\Rightarrow$ [1] redistribué = [1] × 0,7

  Ce moment est en dessous des moments [2] et [3] des autres cas de charge. Ceux-ci doivent donc être redistribués pour redescendre au moins au niveau du cas (1).

  Pour le cas (2), choisir [2] redistribué = [1] redistribué pour que dans la travée AB, les deux diagrammes travée chargée se superposent. Dans cet exemple, on a alors: δ cas 2 $\approx$ 0,85 soit [2] redistribué $\approx$ [2] × 0,85

  Pour le cas (3). Dans la travée AB, il y aurait intérêt à appliquer le plus grand δ possible pour avoir le chapeau le plus court possible. En revanche, dans la travée BC ce cas (3) correspond à «travée chargée»; alors, abaisser son moment de continuité en B augmenterait la hauteur sous la ligne de fermeture. Dans chaque travée, l'objectif visé étant la superposition des diagrammes «travée chargée», il faut viser [3] redistribué = [1] redistribué. Il y correspond: $\delta \approx 0{,}99$ soit [3] redistribué $\approx$ [3] × 0,99

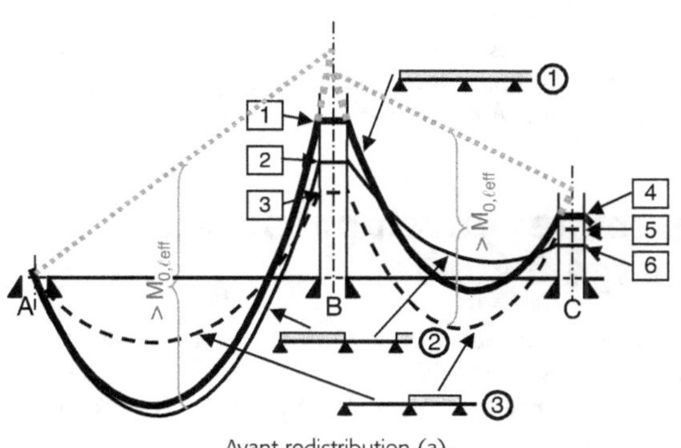

Avant redistribution (a).

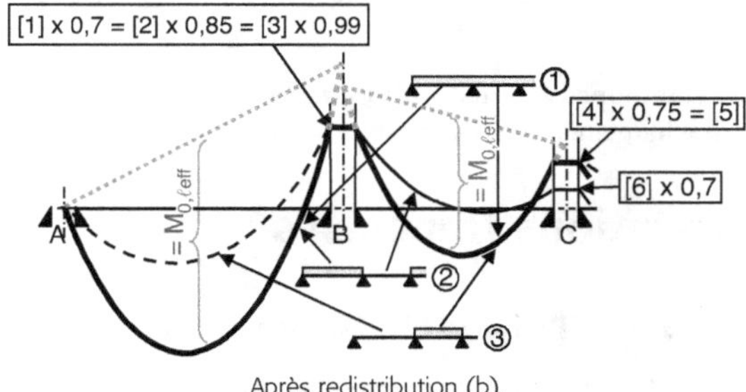

Après redistribution (b).

Figure E-I.4.4. Exemple de redistribution des moments de continuité.

- Démarche sur l'appui C

  Essayer de superposer les diagrammes «travée chargée» dans la travée BC. Sont concernés les cas de charge (1) et (3). Il faut essayer d'arriver à [4] redistribué = [5] redistribué. Ici, c'est possible. Il a été choisi de garder [5] inchangé $\Rightarrow$ redistribution de [4] dans le rapport δ $\approx 0,75$, soit [4] redistribué = [4] $\times$ 0,75 (on aurait aussi pu choisir $\delta_{[4]}$ = 0,70 $\Rightarrow \delta_{[5]} \approx 0,06$). Pour raccourcir les chapeaux de cette travée initialement sous-tendue (travée déchargée, cas (2)), rabaisser au maximum le moment [6] $\Rightarrow \delta_{[6]}$ = 0,7. Ce peut ne pas être judicieux pour la travée CD (non traitée dans cet exemple).

E-I.4.3.3.2   Bilan de la redistribution optimisée

- Sur appuis

  Section maximum des chapeaux plus faible (jusqu'à $\times$ 0,7).

  Longueur des chapeaux peu différente qu'avant redistribution (mais avec des aciers en plus faible section).

  En revanche, si on choisit δ = 0,7, cela implique de respecter $\mu_{u,appui} \leq 0,154$, ce qui impose souvent de rajouter des aciers comprimés sur appui.

- En travée : section d'acier augmentée par rapport à ce qui aurait été sans redistribution ; mais augmentée en proportion moindre que la diminution obtenue sur appui.

- Globalement : un gain d'acier.

Remarques

La superposition des diagrammes travée chargée, comme dans l'exemple vu ici, n'est pas toujours possible. Elle n'est assurément accessible que dans le domaine où $\ell_{n,i}/\ell_{n,i+1} \leq 2$ (condition par ailleurs déjà exigée par Eurocode pour appliquer les règles simples de la redistribution limitée) et Q $\leq$ environ G/2 (à $\pm$ 30 % près).

Si l'ajout d'aciers comprimés n'est pas envisageable, il n'est pas toujours possible d'abaisser suffisamment les moments sur appui du cas tout chargé pour arriver jusqu'à la superposition des diagrammes travée chargée. Alors on fait de son mieux, dans les limites prescrites par le Tableau E-I.4.1.

E-I.4.4   Diagrammes enveloppes : retour sur les cas de charge à étudier

Comme déjà évoqué : la construction du diagramme enveloppe des moments avec redistribution différenciée laisse toujours la possibilité de caler en hauteur les diagrammes relatifs à G_{inf} (en jouant très modérément sur leurs valeurs de δ) pour qu'ils passent à l'intérieur du faisceau des diagrammes G_{sup} sans impacter le diagramme enveloppe.

Il en est de même pour le diagramme G_{sup} tout déchargé.

Donc dans la pratique

Pour les diagrammes enveloppes avec redistribution différenciée, il est suffisant de limiter les calculs aux trois cas du chargement en damier avec G_{sup}.

E-I.4.5   Interprétations françaises

E-I.4.5.1   Moments sur appui à prendre en compte

Les Recommandations professionnelles françaises [clause 5.3.2.2(3)] précisent : les moments sur appui à prendre en compte dans les calculs relatifs à la redistribution sont les moments $M_{chapeau}$ définis au § C-I.4.2.2.1 (au nu de l'appui sur appui monolithique, au sommet du raccordement parabolique dans les autres cas).

Ce point est d'importance car il ouvre la porte à la méthode de Caquot (§ E-I.5.1) et à la méthode de redistribution forfaitaire des moments (§ E-I.5.2) basées sur un calcul par référence aux portées ℓ_n de nu à nu des appuis. Également, il conforte le parti pris de l'auteur d'organiser les calculs par référence à ℓ_n.

Ce point a une autre incidence : il admet $\delta_{nu\ appui} \approx \delta_{axe\ appui}$ (point déjà traité au § E-I.4.3.2).

E-I.4.5.2   Prise en compte de l'ELS

Les Recommandations professionnelles françaises [clause 5.5(2)] précisent : pour les bâtiments et dans le strict cadre de la redistribution limitée, il est admis que cette redistribution soit également appliquée à l'ELS, avec les mêmes coefficients de redistribution que ceux utilisés à l'ELU.

Ce point avait déjà été énoncé au § E-I.4.2.3. Il rend utilisables les aides au calcul telles que $\mu_{u,limite,\sigma ck}$ et $\mu_{u,limite,\sigma cqp}$.

E-I.4.5.3   Limitation $|M_{nu\ appui}| \geq 0,65\ |M\ encastrement|$

Il a été vu au § E-I.4.3.1 que cette limitation n'est à appliquer que dans le cas de calculs en portique ou d'appui de très forte raideur.

Elle est par ailleurs restreinte aux cas où on met à profit la spécificité des appuis monolithiques pour calculer les chapeaux sur la base du moment de continuité au nu de l'appui.

Justification de la non application de cette limitation aux poutres sur appuis assimilés à des appuis simples

Pour simplifier, elle est proposée sur l'exemple de poutres uniformément chargées par p/m. On a alors : $M_{0,\ell n} = p\ell_n^2/8$

Sont considérés :

- des portées variant dans un rapport de 1 à 2 $\Rightarrow \ell_n = L$ à $\ell_n = L/2$, c'est le domaine de la « redistribution limitée » ;
- une charge d'exploitation Q = G/2, ce qui est le cas fréquent en bâtiments courants.

Poutres à deux travées

|M encastrement| est celui du schéma de gauche du § E-I.4.3.1.

|M encastrement| = $M_{0,\ell n} \Rightarrow$ 0,65 |M encastrement| = 0,65 $M_{0,\ell n}$

- Travées égales, cas tout chargé :

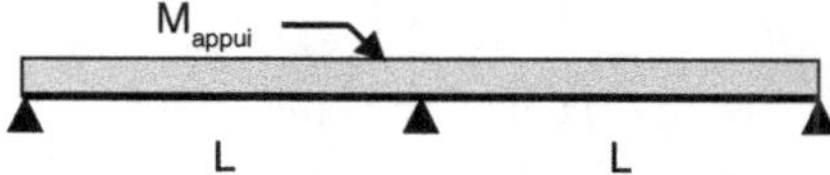

$M_{nu\ appui\ avant\ redistribution} = p\ell_n^2/8 = M_{0,\ell n} = |M\ encastrement|$

Alors, après redistribution de coefficient $\delta = 0,7$:

$M_{nu\ appui\ redistribué} = 0,7\ M_{0,\ell n} > 0,65\ |M\ encastrement|$

$\Rightarrow$ Dans ce cas, la limitation n'a pas d'incidence sur la redistribution limitée.

- Travées inégales (L et L/2), cas tout chargé :

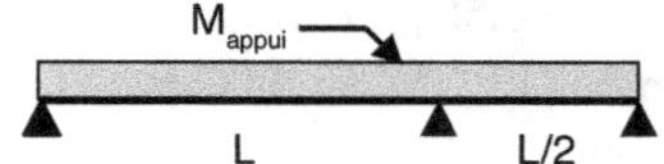

$M_{\text{nu appui avant redistribution}} = 0,75\ M_{0,\ell n} = 0,75\ |M\ \text{encastrement}|$

Alors, pour ne pas outrepasser $|M_{\text{nu appui}}| \geq 0,65\ |M\ \text{encastrement}|$: capacité de redistribution restante $\delta = \dfrac{0,65\ |M\ \text{encastrement}|}{0,75\ |M\ \text{encastrement}|} = 0,87$

La capacité potentielle de redistribution limitée en est significativement affectée : $\delta = 0,87$ au lieu de $\delta = 0,7$

- Travées inégales, travée 1 chargée, travée 2 déchargée :

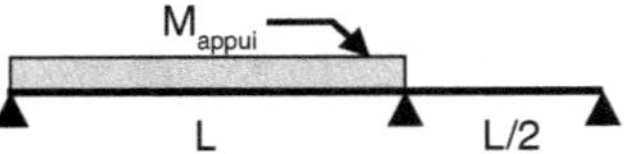

$M_{\text{nu appui avant redistribution}} = 0,72\ M_{0,\ell n} = 0,72\ |M\ \text{encastrement}|$

Alors, pour ne pas outrepasser $|M_{\text{nu appui}}| \geq 0,65\ |M\ \text{encastrement}|$: capacité de redistribution restante $\delta = \dfrac{0,65\ |M\ \text{encastrement}|}{0,72\ |M\ \text{encastrement}|} = 0,90$

Travée intermédiaire d'une poutre à de nombreuses travées

$|M\ \text{encastrement}|$ est celui du schéma de droite du § E-I.4.3.1.

$|M\ \text{encastrement}| = 0,67\ M_{0,\ell n} \Rightarrow 0,65\ |M\ \text{encastrement}| = 0,44\ M_{0,n\ell}$

- Travées égales, cas tout chargé :

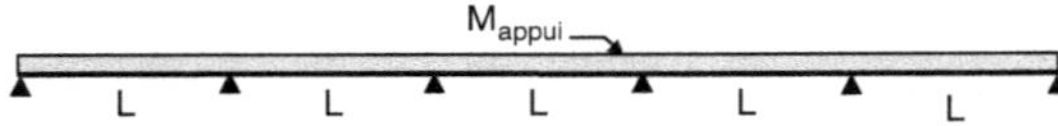

$M_{\text{nu appui avant redistribution}} = 0,60\ M_{0,\ell n} = 0,89\ |M\ \text{encastrement}|$

Alors, pour ne pas outrepasser $|M_{\text{nu appui}}| \geq 0,65\ |M\ \text{encastrement}|$: capacité de redistribution restante $\delta = \dfrac{0,65\ |M\ \text{encastrement}|}{0,89\ |M\ \text{encastrement}|} = 0,73$

$\Rightarrow$ Dans ce cas, la limitation n'altère que peu la capacité potentielle de redistribution limitée : $\delta = 0,73$ au lieu de $d = 0,7$

- Travées inégales (L et L/2), cas tout chargé :

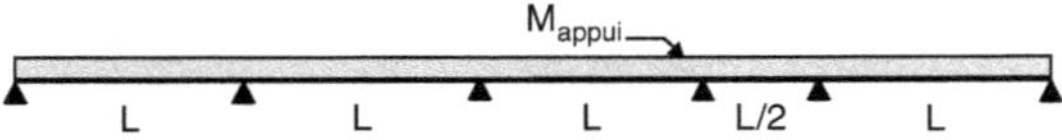

$M_{\text{nu appui avant redistribution}} = 0,42\ M_{0,\ell n} = 0,63\ |M\ \text{encastrement}|$

Dans ce cas, la condition $|M_{\text{nu appui}}| \geq 0,65\ |M\ \text{encastrement}|$ n'est même pas remplie par le résultat du calcul RDM seul, avant redistribution. Ce qui interpelle !

- Travées inégales, travée considérée chargée, travée voisine déchargée :

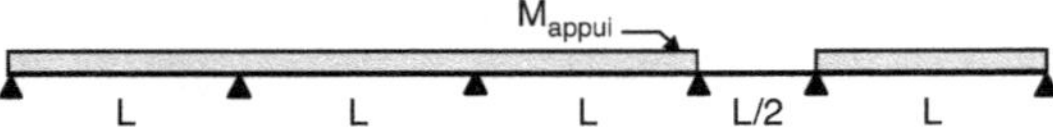

$M_{\text{nu appui avant redistribution}} = 0,39\ M_{0,\ell n} = 0,58\ |M\ \text{encastrement}|$

Encore une fois, la condition $|M_{\text{nu appui}}| \geq 0,65\ |M\ \text{encastrement}|$ n'est même pas remplie par le résultat du calcul RDM seul, avant redistribution.

Synthèse

On constate que, à part le cas de travées égales, cette restriction réduirait souvent à peau de chagrin la capacité de redistribution et même dans certains cas invaliderait le calcul RDM.

E-I.5   Pratique française

À condition que les aciers utilisés soient de classe de ductilité B ou C, les Recommandations professionnelles françaises puis le Guide d'application de l'Eurocode 2 font les propositions suivantes qui vont dans le sens d'une simplification du calcul.

- Comme déjà signalé : quand on reste dans les limites de la redistribution limitée ou de la méthode de Caquot ou de la redistribution forfaitaire présentées ci-après, il est admis que la redistribution à l'ELS, notamment par fluage, se fait dans les mêmes proportions qu'à l'ELU.
- Dans la limite où les appuis sont assimilés à des appuis simples et où la section de coffrage est constante sur l'ensemble des travées en continuité :
  - la « Méthode de Caquot » est admise, à condition de limiter à 2 le rapport entre les portées entre nu de travées adjacentes ; dans ces conditions ses résultats sont compatibles avec les impératifs de la redistribution limitée (voir § E-I.5.1.4) ;
  - la « Méthode des moments forfaitaires » est actualisée et devient la « Méthode de redistribution forfaitaire » (voir § E-I.5.2) ;
  - le traitement de la continuité des dalles portant dans deux directions (pour ce dernier point voir § E-II.5.4) tel que proposé en application du règlement BAEL est reconduit.

E-I.5.1   Méthode de Caquot

E-I.5.1.1   Domaine d'application et philosophie

Domaine d'application de la Méthode de Caquot originelle
- M et V calculés par référence à ℓ_n.
- Poutres associées à un plancher.
- Pas de limitation des écarts de longueur entre portées adjacentes.
- Peut traiter les cas les plus complexes. Mais avec les possibilités de calcul informatique désormais à disposition, l'auteur propose de limiter son utilisation au cas des poutres sur appuis simples, éventuellement avec console(s) et de section de coffrage constante sur l'ensemble des travées en continuité.

Limitations de ce domaine d'application imposées par le Guide d'application de l'Eurocode 2
- Exclusivement des poutres sur appuis simples, éventuellement avec console(s), et de section de coffrage constante sur l'ensemble des travées en continuité.
- Limitation aux cas où le rapport entre portées adjacentes mesurées entre nus des appuis ≤ 2.

Philosophie

L'objectif est d'approcher une répartition réaliste des capacités de résistance entre travée et appuis dans le cas réel des poutres béton armé. Sont pris en compte : d'une part « l'effet d'inertie variable» des poutres associées à un plancher, d'autre part l'incidence du fluage. La solution la plus harmonieuse n'étant qu'approchée, une part de redistribution d'adaptation aux capacités de résistance effectivement mises en place reste toujours présente.

Remarque

Outrepassant son domaine d'application, la méthode de Caquot est couramment utilisée pour calculer aussi les planchers en dalle pleine portant dans une seule direction (pour lesquels il n'y a pas d'effet d'inertie variable).

E-I.5.1.2   Démarche

Pour chaque cas de charge considéré, la méthode fournit la valeur du moment $|M_{appui}|$ redistribué sur chacun des appuis de continuité.

À partir de là, charge au calculateur :

- d'en déduire les diagrammes M et V redistribués travée par travée grâce aux formules :

$$M(x) = M'(x) + M_A.(1 - \frac{x}{\ell}) + M_B.\frac{x}{\ell} \quad \text{et} \quad V(x) = V'(x) + \frac{M_B - M_A}{\ell}$$

- de balayer tous les cas de charge nécessaires pour en déduire les diagrammes enveloppes redistribués M et V.

Cas à considérer

- Le chargement en damier est généralement suffisant.
- Construction des diagrammes enveloppes M et V :
  D'abord à l'ELU : sur la base de G_{sup} ; compléter par la prise en compte de G_{inf} si nécessaire. Puis à l'ELS.
  Dans le cas d'un chargement uniforme p/m découlant de G/m et Q/m identiques sur l'ensemble des travées, on peut admettre de déduire les diagrammes à l'ELS de ceux à l'ELU par simple division des valeurs par $\gamma = p_u/p_{ser}$ (dans ce cas, les aides au calcul $\mu_{u,limite,\sigma ck}$ et $\mu_{u,limite,\sigma cqp}$ ont toute leur validité).

E-I.5.1.3   Principe de la méthode et formules de calcul

Tous les calculs sont faits sur la base des portées ℓ_n de nu à nu des appuis.

Les formules proposées ont été développées par extrapolation à partir du cas d'une poutre à deux travées. Celles présentées ici sont limitées au cas des poutres sur appuis simples et de section de coffrage constante sur l'ensemble des travées.

Notations

Les éléments sont repérés par référence aux points cardinaux $\Rightarrow$ la travée à gauche de l'appui considéré a l'indice w et la travée à droite l'indice e.

Les portées de nu à nu sont notées ℓ. Il est également fait référence à des «portées fictives», notées ℓ'.

Ces points sont illustrés sur la Figure E-I.5.1.

E-I.5.1.3.1   Cas des poutres à deux travées

Cas de charges réparties

Calcul RDM brut : $|M_{appui}| = \dfrac{p_w.\ell_w^3 + p_e.\ell_e^3}{8.(\ell_w + \ell_e)}$

Pour prendre en compte « l'effet d'inertie variable » qui atténue la valeur de $|M_{appui}|$, Caquot propose de remplacer le terme 8 au dénominateur par 8,5.

Pour prendre en compte l'effet du fluage, qui atténue d'autant plus la valeur de $|M_{appui}|$ que la partie permanente des charges est importante, Caquot propose de faire le calcul avec une valeur fictive des charges, diminuée d'autant plus que G y prend une part plus importante. La solution proposée est de remplacer G par $G' = k_{fluage}.G < G$. Lorsque le fluage est complètement développé, Caquot propose de prendre $k_{fluage} = 2/3 \approx 0{,}67$.

D'où : calcul Caquot pour une poutre à deux travées uniformément chargée :

$$|M_{appui\,Caquot}| = \frac{p'_w.\ell_w^3 + p'_e.\ell_e^3}{8,5.(\ell_w + \ell_e)} \text{ avec p' calculé à partir de Q et } G' = k_{fluage}.G$$

Cas où sont aussi présentes des charges concentrées

Le calcul RDM fournit :

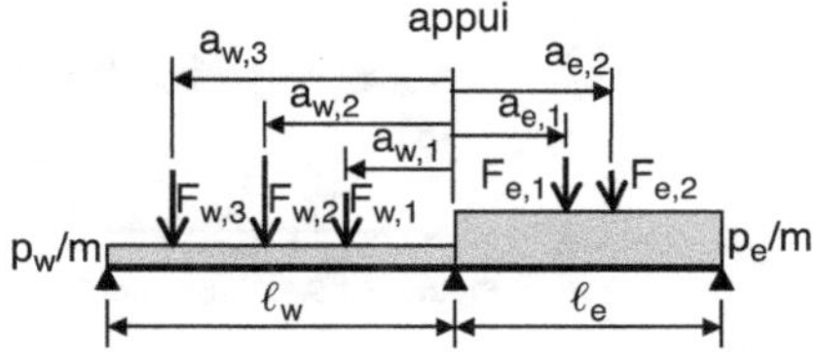

$$|M_{appui}| = \frac{p_w.\ell_w^3 + p_e.\ell_e^3}{8.(\ell_w + \ell_e)} + \frac{1}{\ell_w + \ell_e}.(\ell_w^2.\Sigma k_{wi}F_{wi}$$

$$+ \ell_e^2.\Sigma k_{ej}F_{ej})$$

$$\text{avec } k_i = \frac{1}{2}.\frac{a_i}{\ell}.(1 - \frac{a_i}{\ell}).(2 - \frac{a_i}{\ell})$$

Après les mêmes adaptations que pour les charges réparties on a :

$$|M_{appui\,Caquot}| = \frac{p'_w.\ell_w^3 + p'_e.\ell_e^3}{8,5.(\ell_w + \ell_e)} + \frac{1}{\ell_w + \ell_e}(\ell_w^2.\Sigma k'_{wi}F'_{wi} + \ell_e^2.\Sigma k'_{ej}F'_{ej})$$

$$\text{avec } k'_i = \frac{1}{2,125}.\frac{a_i}{\ell}.(1 - \frac{a_i}{\ell}).(2 - \frac{a_i}{\ell}) \text{ et F' calculé à partir de } Q_F \text{ et } G'_F = k_{fluage}.G_F$$

E-I.5.1.3.2   Cas des poutres à plus que deux travées

Pour chaque appui et les deux travées qui l'encadrent, Caquot ramène le problème au cas d'une poutre à deux travées de portées fictives ℓ'_w et ℓ'_e telles qu'illustré sur la Figure E-I.5.1 ; ℓ' est de l'ordre de la distance entre l'appui considéré et le deuxième point de moment nul (nul comme sur un appui simple d'extrémité). Par simplification, Caquot propose de se contenter de deux valeurs de ℓ' :

- $\ell' = \ell$ lorsque l'autre appui de la travée est un appui d'extrémité ;
- $\ell' = 0{,}8\,\ell$ lorsque l'autre appui de la travée est un appui intermédiaire.

Nota

Dans le cas des poutres à deux travées vues ci-dessus : $\ell' = \ell$ pour les deux travées.

E-I.5.1.3.3   Cas des consoles

Moment sur l'appui d'encastrement de la console = moment calculé par les règles classiques de la RDM pour l'équilibre de la console.

Longueur fictive de la travée adjacente à la console : ℓ'_e voisin console $= \ell_e$

Le moment sur l'appui intermédiaire proche de la console est diminué par la présence de la console. Sa formule de calcul est fournie au § E-I.5.1.3.4 suivant.

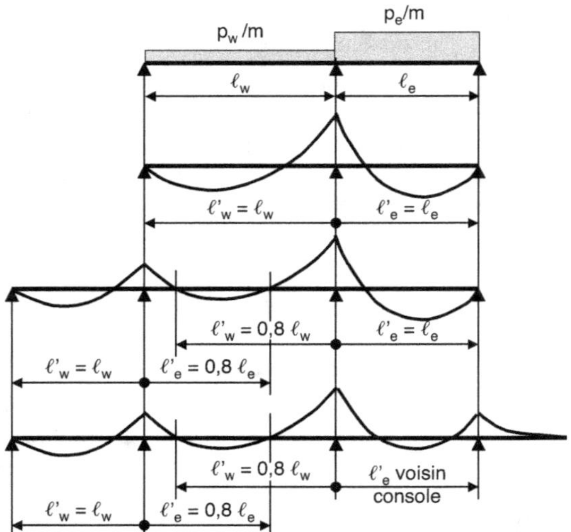

Figure E-I.5.1. Illustration des notations et du choix de $\ell' = \ell$ ou $\ell' = 0,8\,\ell$.

E-I.5.1.3.4 Formule générale de calcul

Elle est valable aussi pour les poutres à deux travées. Elle est présentée en incluant le cas des charges concentrées.

$$|M_{\text{appui Caquot}}| = \frac{p'_w.\ell'^3_w + p'_e.\ell'^3_e}{8,5.(\ell_w + \ell_e)} + \frac{\sum k'_{w,i}.F'_{w,i}.\ell'^2_w + \sum k'_{e,j}.F'_{e,j}.\ell'^2_e}{\ell'_w + \ell'_e}$$

$$\text{avec } k'_{w,i} = \frac{1}{2,125}\frac{a_{w,i}}{\ell'_w}.(1 - \frac{a_{w,i}}{\ell'_w}).(2 - \frac{a_{w,i}}{\ell'_w})$$

$$\text{et } k'_e j = \frac{1}{2,125}\frac{a_{e,j}}{\ell'_e}.(1 - \frac{a_{e,j}}{\ell'_e}).(2 - \frac{a_{e,j}}{\ell'_e})$$

puis p' et F' calculés à partir de Q et G' = k_{fluage}.G

Sur et à proximité d'une console :

$$|M_c| = |M'_{d\,\text{encastrement de la console}}| = |M| \text{ de la RDM}$$

$$= \frac{p_c.\ell^2_c}{2} + \Sigma F_{c,i}.a_i$$

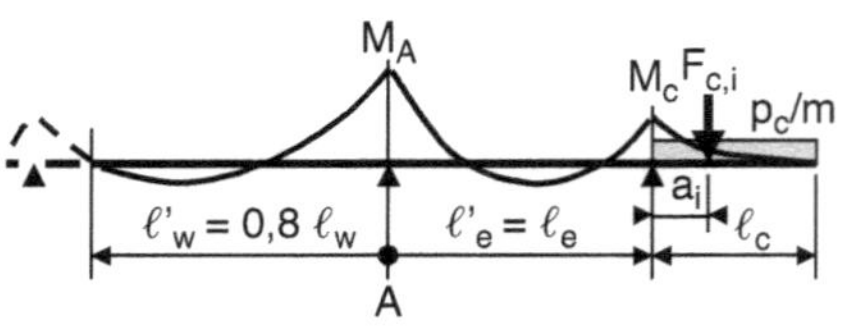

$$|M_A| = |M_{A\,\text{Caquot calculé sans la console}}| - \frac{|M_c|}{2,125}.\frac{\ell'_e}{\ell'_w + \ell'_e}$$

Rappel : s'applique uniquement aux calculs faits par référence à ℓ_n.

E-I.5.1.4   Justification de la compatibilité avec Eurocode

E-I.5.1.4.1   Compatibilité avec les calculs basés sur ℓ_{eff} d'Eurocode

Contrairement aux calculs préconisés par Eurocode, la méthode de Caquot s'appuie sur des calculs basés sur les portées ℓ_n de nu à nu des appuis. Aussi, utiliser les résultats de la méthode de Caquot signifie qu'on admet que $M_{\ell eff,nu\,appui} \approx M_{\ell n,appui}$. C'est une approximation.

En effet, comme vu au § E-I.3.3.2.2, les moments de continuité au nu des appuis tirés d'un calcul RDM basé sur ℓ_n sont plus forts que ceux tirés d'un calcul basé sur ℓ_{eff}.

On a : $M_{\ell eff,nu\,appui} \approx M_{n,appui}/(1 + \dfrac{\text{largeur d'appui}}{\text{portée moyenne sur cet appui}})$

Donc, considérer $M_{\ell eff,nu\,appui} \approx M_{\ell n,appui}$ est une approximation par excès. Dans les cas courants où largeur d'appui $\approx$ 5 % portée moyenne sur cet appui, il s'agit d'un excès $\approx$ 5 %.

Dans la pratique

Le caractère «par excès» de cette approximation est négligé et assure une marge de sécurité $\approx$ 5 % vis-à-vis des approximations de la méthode de Caquot.

Elle se cumule avec une autre approximation, elle aussi par excès $\approx$ 5 % : $\delta \approx \delta_{nu\,appui}$, traitée au § E-I.4.3.2 et rappelée au § E-I.5.1.4.5 ci-après.

Il en découle une marge totale de sécurité $\approx$ 10 % vis-à-vis des approximations de la méthode de Caquot.

E-I.5.1.4.2   Moments sur appui à considérer

La méthode de Caquot s'appuie sur des calculs qui prennent pour référence les portées ℓ_n de nu à nu des appuis et fournissent directement les valeurs des moments de continuité au nu des appuis.

- Si les appuis sont monolithiques (cas envisagé ici), les moments de continuité à prendre en compte sont ceux au nu des appuis. Ceux fournis par la méthode de Caquot sont de même type et transposables directement.

- Si les appuis sont non monolithiques, la méthode reste applicable moyennant l'adaptation suivante. Les moments de continuité à prendre en compte sont alors ceux au sommet du raccordement parabolique. La méthode de Caquot donne les valeurs des moments de continuité au nu des appuis et il suffit de rajouter le raccordement parabolique conformément au § C-I.4.2.2.1.

E-I.5.1.4.3   Exigences

La compatibilité avec Eurocode nécessite la conformité aux quatre points suivants :
- Portées adjacentes dans un rapport ≤ 2.
- Amplitude sous la ligne de fermeture du diagramme enveloppe des moments $M_{\ell eff}$ redistribués $\geq M_{0,\ell eff}$.
- Degrés δ de redistribution résultant du calcul Caquot compatibles avec les limites d'Eurocode.

La réponse au premier point est immédiate. Il suffit de restreindre la méthode aux cas où les portées adjacentes sont dans un rapport ≤ 2.

La réponse aux deux points suivants est moins immédiate et fait l'objet des § E-I.5.1.4.4 et E-I.5.1.4.5 ci-après.

E-I.5.1.4.4 Hauteur sous la ligne de fermeture de l'enveloppe $M_{\ell\text{eff}} \geq M_{0,\ell\text{eff}}$

La construction des diagrammes enveloppes telle qu'exposée au § E-I.5.1.5 ci-après s'appuie sur la démarche du § E-I.3.3.2.2 et assure ce point.

E-I.5.1.4.5 Comptabilité des degrés de redistribution implicites de la méthode

La méthode de Caquot prend pour référence les portées ℓ_n de nu à nu des appuis et fournit donc les valeurs des moments de continuité $M_{\text{appui}} = M_{\ell n,\text{appui}}$. Le coefficient de redistribution associé est $\delta_{\text{nu appui}}$.

Comme déjà vu au § E-I.4.3.2, calculer la redistribution sur la base de $\delta_{\text{nu appui}}$ est du côté de la sécurité par rapport au calcul codifié par Eurocode dans une proportion $\approx 5~\%$. De plus, comme vu au § E-I.5.1.4.1, s'y cumule l'incidence de l'approximation $M_{\ell\text{eff,nu appui}} \approx M_{\ell n,\text{appui}}$ (§ E-I.3.3.2.2) pour aboutir à une marge de sécurité totale $\approx 10~\%$ vis-à-vis des approximations de la méthode de Caquot.

Cas où la méthode de Caquot est appliquée aux poutres associées à un plancher

(C'est-à-dire dans son strict domaine d'application.)

Deux facteurs de diminution des moments de continuité cumulent leurs effets :
- L'effet d'inertie variable
  - Il n'est pas à comptabiliser dans le calcul du coefficient de redistribution δ ou $\delta_{\text{nu appui}}$
  - Il intervient pour la part $\delta_{\text{nu appui,variation inertie}} = 8/8{,}5 = 0{,}94$
- L'effet du fluage
  - Il est une composante de la redistribution plastique et doit être intégralement comptabilisé dans le calcul de δ ou $\delta_{\text{nu appui}}$.
  - Il intervient pour la part $\delta_{\text{nu appui,fluage}}$. Lui seul conditionne la limitation de $\mu_{\text{u appui}}$ codifiée au § E-I.4.3.2.2. Sa valeur dépend du rapport Q/G.

Cas des poutres à deux travées

Le calcul Caquot avant redistribution est alors exact.

Dans le cas le plus courant où est considéré $G' = 0{,}67\,G$, les valeurs de $\delta_{\text{nu appui,fluage}}$ en fonction de Q/G sont compilées dans le Tableau E-I.5.1 suivant. Y sont également indiquées les valeurs globales de $\delta_{\text{nu appui}} = \dfrac{M_{\text{u,nu appui,Caquot}}}{M_{\text{u,nu appui,RDM}}}$ qui cumulent les effets de $\delta_{\text{nu appui,fluage}}$ et $\delta_{\text{nu appui,variation inertie}}$.

Tableau E-I.5.1. Poutres associées à un plancher.

Travées à gauche et à droite de l'appui chargées (notamment cas « tout chargé ») $\Rightarrow$ moments maximums sur appui			
	$\delta_{\text{nu appui,fluage}}$	Valeurs autorisées de $\mu_{\text{u,appui,redistribué}}$	$\dfrac{M_{\text{u,nu appui,Caquot}}}{M_{\text{u,nu appui,RDM}}}$
$Q = G/4$	0,74	$\leq 0{,}173$	0,70
$Q = G/2$	0,79	$\leq 0{,}199$	0,74
$Q = G$	0,84	$\leq 0{,}223$	0,79
Travées à gauche et à droite de l'appui déchargées (notamment cas « tout déchargé »). Cas non dimensionnant			
$Q = 0$	$0{,}67 < 0{,}70$		0,63
Travée chargée d'un côté de l'appui et déchargée de l'autre (cas « mixtes ») $\Rightarrow$ moments maximums en travées et chapeaux les plus longs			
Valeurs intermédiaires de $\delta_{\text{nu appui,fluage}}$: souvent $\geq 0{,}7$			

Cas des poutres à plus que deux travées

Le calcul Caquot avant redistribution surestime généralement les moments de continuité. Les valeurs de δ qui en résultent en sont plus élevées et, avec elles, les valeurs associées de $\delta_{nu\ appui,fluage}$, ce qui va dans le sens de la sécurité.

À moins de faire en parallèle et, pour chaque cas de charge, le calcul RDM sur la base de ℓ_n (et alors le recours à la méthode de Caquot dans un but de simplification n'a plus lieu d'être), on ne connaît pas exactement le degré de surestimation des moments.

Synthèse

- Cas « tout chargé »
  - Il fixe les moments maximums sur appui, ceux de l'enveloppe des moments négatifs.
  - On constate qu'on a dans tous les cas $\delta_{nu\ appui,fluage} \geq 0{,}7$ conformément aux exigences d'Eurocode.
  - Le fait que cette même valeur $\delta_{nu\ appui,fluage}$ soit proche de 0,7 incite à la prudence. Prudence contrebalancée par la marge de sécurité $\approx 10\%$ qu'apportent les calculs faits par référence à ℓ_n.
  - Si cette limitation n'est pas respectée :
    › la solution de calcul la plus simple, mais pas la plus économique, est d'ajouter des aciers comprimés, comme montré sur l'exemple du § F.2.7 ;
    › il y a aussi l'alternative qui consiste à abandonner les règles simples de la redistribution limitée et de faire le calcul en plasticité évoqué plus haut ; celui-ci s'appuie sur un calcul de continuité spécifique, alors on abandonne également la méthode de Caquot.
- Cas de chargement « tout déchargé »
  Il n'est pas dimensionnant et peut être ignoré.
- Cas de chargement « mixtes »
  - Les moments de continuité associés sont inférieurs à ceux du cas « tout chargé » et conditionnent les valeurs des moments maximums en travée ainsi que les longueurs des chapeaux.
  - Dans les cas où ils conduisent à $\delta_{nu\ appui,fluage} < 0{,}7$, il faut remonter les moments de continuité sur les appuis concernés, en veillant cependant à rester dans le domaine $\delta_{nu\ appui} \leq 1$.
  - Il est souvent suffisant de ne remonter qu'un peu ces moments.
  - En revanche, dans un but d'optimisation, on peut choisir de les remonter beaucoup plus que strictement nécessaire. C'est la méthode de Caquot optimisée présentée au § E-I.5.1.6.
  - Il est également possible de ne rien faire. Comme illustré ci-dessous, cela se traduit par :
    › des moments de continuité remontés de ce qui convient (c'est toujours peu et inférieur au maximum autorisé), mais sans que leur nouvelle valeur soit explicitée ;
    › des moments en travée calculés avec les moments de continuité avant leur remontée ci-dessus, donc en excès par rapport à un calcul plus exact. Cela va dans le sens de la sécurité, avec pour seule conséquence une surconsommation d'aciers en travée ; ce faisant, les prescriptions d'Eurocode demeurent respectées.
    › On note donc que : appliquer la méthode de Caquot sans se poser de question répond à toutes les exigences d'Eurocode, au prix cependant d'une légère surconsommation d'acier en travée.

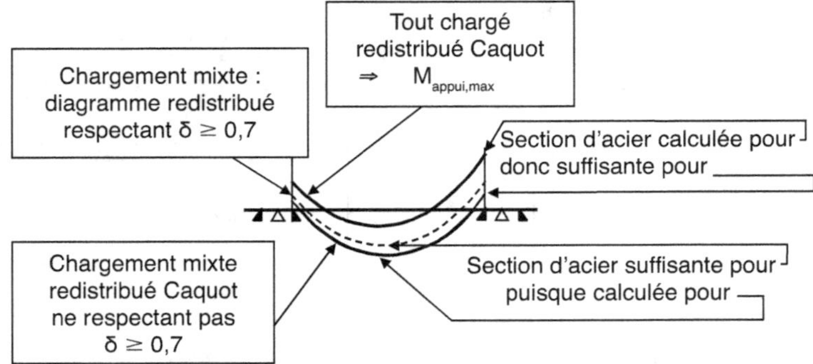

Cas où la méthode de Caquot est appliquée à un plancher en dalle pleine

C'est hors du domaine d'application de la méthode, car une dalle continue fonctionne en section rectangulaire en travée comme sur appui. Elle ne bénéficie donc pas de l'effet d'inertie variable. Malgré cela, c'est d'une application courante.

En l'absence d'effet d'inertie variable, l'intégralité de $\delta_{nu\ appui,global} = \dfrac{M_{u,nu\ appui,Caquot}}{M_{u,nu\ appui.RDM}}$ est de la

redistribution. On a donc : $\delta_{nu\ appui} = \delta_{nu\ appui,global} = \dfrac{M_{u,nu\ appui,Caquot}}{M_{u,nu\ appui.RDM}}$

La relation associée entre Q/G, $\delta_{nu\ appui}$ et $\mu_{u,appui,redistribué}$ est explicitée dans le Tableau E-I.5.2.

Tableau E-I.5.2. Dalles pleines continues.

Travées à gauche et à droite de l'appui chargées (notamment cas « tout chargé ») ⇒ moments maximums sur appui		
	$\delta_{nu\ appui} = \dfrac{M_{u,nu\ appui,Caquot}}{M_{u,nu\ appui,RDM}}$	Valeurs autorisées de $\mu_{u,appui,redistribué}$
$= G/4$	0,70	$\leq 0,154$
$Q = G/2$	0,74	$\leq 0,174$
$Q = G$	0,79	$\leq 0,199$
Travées à gauche et à droite de l'appui déchargées (notamment cas « tout déchargé »). **Cas non dimensionnant**		
$Q = 0$	$0,63 < 0,70$	
Travée chargée d'un côté de l'appui et déchargée de l'autre (cas « mixtes ») ⇒ moments maximums en travées et aux chapeaux les plus longs		
Valeurs intermédiaires de $\delta_{nu\ appui}$: très souvent $< 0,70$		

Synthèse

- Respect de la limitation de $\mu_{u,appui,redistribué}$

  Bien que la condition à vérifier puisse être ici aussi drastique que $\mu_{u,appui,redistribué} \leq 0,154$, ce n'est pas un problème. En effet, dans le cas des dalles, les valeurs de μ_u sont habituellement faibles à très faibles et, sauf exception, cette condition est toujours satisfaite.

- Respect, dans les cas de chargement mixtes, de $\delta_{nu\ appui} \geq 0,7$

Dans pratiquement tous les cas, on a $\delta_{\text{nu appui}} < 0,7$ et il convient de remonter les moments de continuité. Les solutions sont celles déjà vues pour les poutres associées à un plancher.

Si on applique la méthode de Caquot optimisée présentée plus loin au § E-I.5.1.6, ce point ne se pose pas.

On peut, soit appliquer la méthode de Caquot optimisée (§ E-I.5.1.6), soit ne rien faire (et consommer un peu plus d'acier).

E-I.5.1.5   Comment appliquer la méthode de Caquot dans le cadre d'Eurocode ?

Rappel

La méthode de Caquot ne fournit que les moments de continuité sur appuis. Charge au calculateur d'en déduire, avec la rigueur nécessaire, les diagrammes des moments et efforts tranchants associés à chacun des cas de charge considérés.

Un exemple est proposé au § F.2.5.

La méthode est exposée sur l'exemple d'appuis monolithiques. Dans le cas d'appuis non monolithiques, le résultat doit être adapté par l'ajout du raccordement parabolique comme vu plus haut.

Des calculs Caquot il faut retenir, pour chaque cas de charge, les moments de continuité sur appui en admettant $M_{\ell\text{eff,nu appui}} \approx M_{\ell\text{n,appui,Caquot}}$.

Rappel

(§ E-I.3.3.2.2) :

$$M_{\ell\text{eff,nu appui}} \approx M_{\ell\text{n,appui}} / (1 + \frac{\text{largeur d'appui}}{\text{portée moyenne sur cet appui}})$$

Comme déjà vu au § E-I.5.1.4.1, cette approximation et celle $\delta \approx \delta_{\text{nu appui}}$ assurent une marge de sécurité $\approx 10\ \%$ vis-à-vis des approximations de la méthode de Caquot.

Puis, conformément à la démarche exposée au § E-I.3.3.2.2, en déduire les diagrammes $M_{\ell\text{eff}}$ correspondants.

* Dans les travées intermédiaires, chaque diagramme ainsi obtenu est confondu avec le diagramme $M_{\ell\text{n,Caquot}}$ correspondant.
* Dans les travées de rive, il en diffère un peu du fait que $\ell = \ell_n + a_i$ (voir § E-I.3.3.2.2).

E-I.5.1.6   Proposition de l'auteur : méthode de Caquot optimisée

Un exemple est traité au § F.2.5.

Il s'agit de modifier, par application d'une redistribution différenciée, le résultat de la méthode de Caquot traditionnelle, celle admise par les Recommandations professionnelles françaises.

La démarche de l'exemple du § E-I.4.3.3.1 est applicable, avec cependant une différence.

L'ensemble des moments sur appui fournis par la méthode de Caquot est déjà affecté du degré de redistribution $\delta_{\text{nu appui}}$ qui est précisé dans les tableaux E-I.5.1 et E-I.5.2, selon qu'il s'agit d'une poutre associée à un plancher ou non.

La démarche doit donc être transposée comme suit.

* On conserve inchangés les diagrammes M du cas « tout chargé ».

  Il leur est donc affecté la valeur de $\delta_{\text{nu appui,fluage}}$ ou $\delta_{\text{nu appui}} \geq 0,7$ du Tableau E-I.5.1 ou du Tableau E-I.5.2.
* Puis on remonte comme souhaité les $M_{\text{appui,Caquot}}$ des cas de chargement mixtes.

La valeur de $\delta_{nu\ appui,fluage}$ ou $\delta_{nu\ appui}$ qui leur est affectée augmente et il faut respecter $\delta_{nu\ appui,fluage}$ ou $\delta_{nu\ appui} \leq 1$.

Nota

Dans le domaine où $\ell_{n,i}/\ell_{n,i+1} \leq 2$: tant que $Q \leq$ environ $G/2$ (à $\approx$ 30 % près), on peut généralement remonter les $M_{appui,Caquot}$ des cas de chargement mixtes jusqu'à superposer les diagrammes M « travée chargée » tout en restant dans la limite $\delta_{nu\ appui,fluage}$ ou $\delta_{nu\ appui} \leq 1$.

E-I.5.2 Méthode de redistribution forfaitaire

Elle s'applique aux calculs à l'ELU.

Il s'agit d'une adaptation aux exigences de l'Eurocode de la règle des « moments forfaitaires applicable aux planchers à charge d'exploitation modéré » qui prévalait antérieurement en France. Comme cette dernière, par un calcul très simple basé sur les portées ℓ_n de nu à nu des appuis et au prix d'une approximation respectant la sécurité, elle fournit directement les diagrammes enveloppes redistribués $M_{u,\ell eff}$ et $V_{u,\ell eff}$ entre nus des appuis à partir des valeurs $M_{0,\ell n}$ et $V'_{u,\ell n}$.

La méthode présentée ici a été développée fin 2011 par le groupe de travail des Règles professionnelles françaises et est proposée dans le Guide d'application de l'Eurocode 2 publié en décembre 2013.

Elle a été validée sur la base du calcul général, en plasticité, et s'exonère des restrictions de la « redistribution limitée ». Il en découle les deux avantages suivants :

- une valeur de $\delta = 0,65 < 0,7$ est accessible ;
- même pour cette faible valeur de δ, il suffit de respecter sur appuis $\alpha_u \leq 0,25 \Rightarrow \mu_u \leq 0,18$ (voir § E-I.4.3.1), plus avantageux que $\alpha_u \leq 0,21 \Rightarrow \mu_u \leq 0,154$ pour seulement $\delta = 0,7$ de la redistribution limitée.

E-I.5.2.1 Domaine d'application

- Planchers à surcharge modérée portant dans une seule direction ainsi que les poutrelles et poutres les supportant.
- Pas de revêtements ou cloisons fragiles et pas de restriction de la fissuration.
- Béton de classe $\leq$ C50/60 et aciers B500B ou C (en l'absence de sollicitation sismique, le treillis soudé B500A est admis dans les dalles).
- $M_u = M_{u,\ell n}$ et $V_u = V_{u,\ell n}$ sont calculés par référence aux portées ℓ_n de nu à nu des appuis.
- Limitations chiffrées.
  - Inertie constante sur l'ensemble des travées.
  - Rapport des portées ℓ_n des travées adjacentes compris entre 0,8 et 1,25 et, sous-entendu, des tarifs de charge peu différents d'une travée à l'autre avec prédominance d'un chargement réparti.
  - $G_1 + Q \leq 7,5$ kN/m^2 et $Q \leq 2.(G_0 + G_1)$

    où G_0 = poids propre de la dalle brute et G_1 = autres charges permanentes = chape + revêtement.
  - Pour les planchers béton armé ou à prédalles en béton armé : élancement $\ell_n/d \leq 27$.

    S'agissant de poutres, cette vérification est toujours assurée.

    Cette limite est portée à $\ell_n/d \leq 32$ en cas de contrôle qualité avec certification par tierce partie (prédalles béton armé certifiées par exemple).

E-I.5.2.2 Démarche et formules de calcul

E-I.5.2.2.1 Diagramme enveloppe $M_{u,\ell\text{eff}}$

Choisir les moments de continuité sur appui

Ils sont choisis conformément au bon sens du calculateur dans les limites ci-dessous.

Il faut par ailleurs respecter sur appuis : $\alpha_u \leq 0{,}25 \Rightarrow \mu_u \leq 0{,}18$.

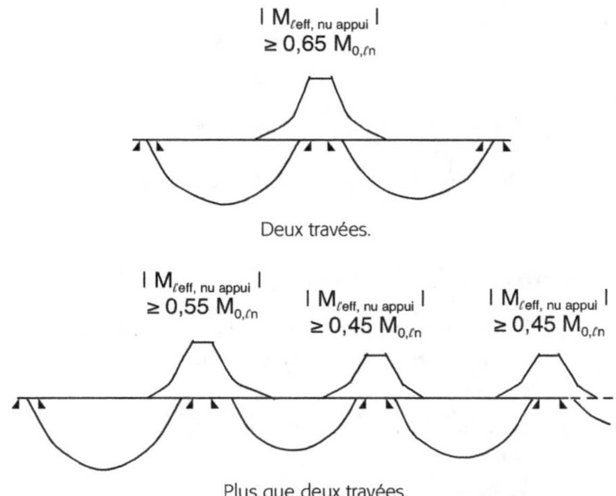

Si $M_{0\,\text{à gauche}} \neq M_{0\,\text{à droite}}$ c'est le plus grand des deux qui sert de référence pour choisir $M_{\ell\text{eff,nu appui}}$. Généralement, sur chaque appui le calculateur choisit pour le moment de continuité la valeur minimum découlant de ces limites. Il a cependant, dans certaines limites, la liberté de choisir une valeur plus élevée (jusqu'à environ 20 % en plus).

Calculer dans chaque travée la valeur du moment maximum $M_{t,\ell\text{eff}}$ en travée

Il faut respecter :

Pour les travées intermédiaires :

$$M_{t,\ell\text{eff}} + \frac{\left|M_{e,\ell n}\right| + \left|M_{w,\ell n}\right|}{2} \geq 1{,}1 \cdot M_{0,\ell n}$$

Pour les travées de rive :

$$M_{t,\ell\text{eff}} + \frac{\left|M_{e,\ell n}\right| + \left|M_{w,\ell n}\right|}{2} \geq 1{,}15 \cdot M_{0,\ell n}$$

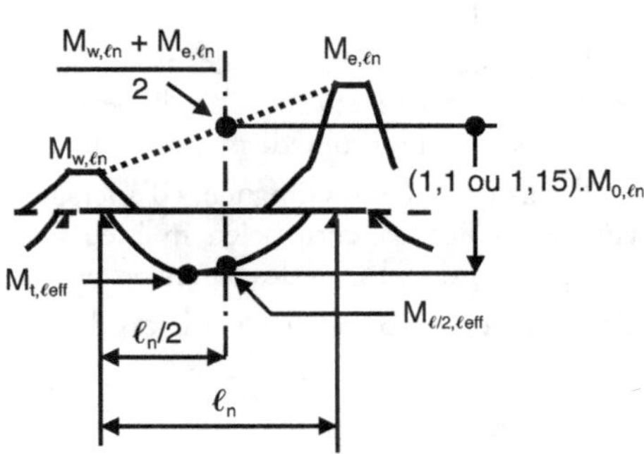

Cette formule traite le moment maximum en travée $M_{t,\ell\text{eff}}$ comme le moment à mi-portée $M_{\ell/2,\ell\text{eff}}$. C'est une approximation comme illustrée ci-contre.

Les coefficients 1,1 et 1,15 sont calés pour prendre en compte l'incidence des différents cas de charge et aussi pour corriger l'écart entre $M_{\ell/2}$ et M_t puis entre $M_{t,\ell n}$ et $M_{t,\ell\text{eff}}$.

E-I.5.2.2.2 Diagramme enveloppe $V_{\ell eff}$ entre nus des appuis

En bâtiments courants, ce diagramme enveloppe peut être assimilé au diagramme enveloppe $V_{\ell n}$.

Il est totalement forfaitaire, avec les valeurs ci-dessous.

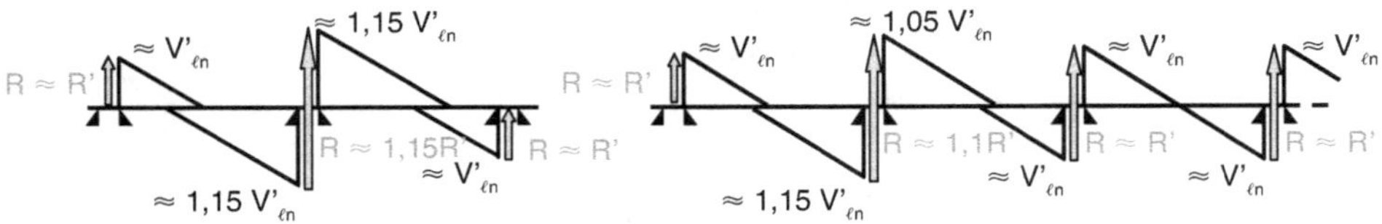

Deux travées   Plus que deux travées

V' et R' sont les valeurs de la travée isostatique associée

On retrouve ici le résultat déjà énoncé au § C-III.5.2.2 (descente des charges) sur la valeur des réactions.

E-I.5.2.3 Arrêt forfaitaire des armatures

C'est une adaptation aux spécificités d'Eurocode et de la méthode de redistribution forfaitaire de l'arrêt forfaitaire proposé par les règlements précédents pour les éléments calculés avec la «règle des moments forfaitaires».

L'adaptation proposée ci-après a été développée par l'auteur.

E-I.5.2.3.1 Prescription de base

L'arrêt forfaitaire est limité aux cas où chaque armature est constituée de deux lits égaux.

Celui proposé ici s'applique aux cas où $Q \leq$ environ $G/2$ (à + 30 % près) et $\cot g\theta = 2,5$.

La longueur d'arrêt des barres est conditionnée par les trois éléments ci-dessous :
- Le diagramme enveloppe des moments : celui dégagé ci-dessus.
- Le décalage a_ℓ du diagramme des moments pour tenir compte de l'effet de l'effort tranchant :
  - dans le cas des poutres : calé sur $\cot g\theta = 2,5 \Rightarrow a_\ell \approx h$;
  - dans le cas des dalles : a_ℓ est réglementairement $= d$; pour cet arrêt forfaitaire on admet $a_\ell \approx h$.
- La longueur d'ancrage ℓ_{bd} des aciers. Son incidence est généralement sensible sur la longueur d'arrêt des deuxièmes lits de chapeaux. D'autant que dans le cas des poutres, les chapeaux sont souvent en zone de mauvaise qualité d'adhérence $\Rightarrow \ell_{bd} = 1,4\,\ell_{bd,nom}$

Les décalages $\approx h$ et les longueurs d'ancrage ℓ_{bd} sont différents entre une dalle et une poutre et, dans ce dernier cas, entre aciers inférieurs et aciers supérieurs. Chaque fois que leur incidence peut être sensible, l'arrêt des barres proposé ci-dessous les fait apparaître explicitement.

L'information est complétée par le cas des travées isolées.

Travées isolées avec deux lits égaux dans les cas où cotgθ = 2,5

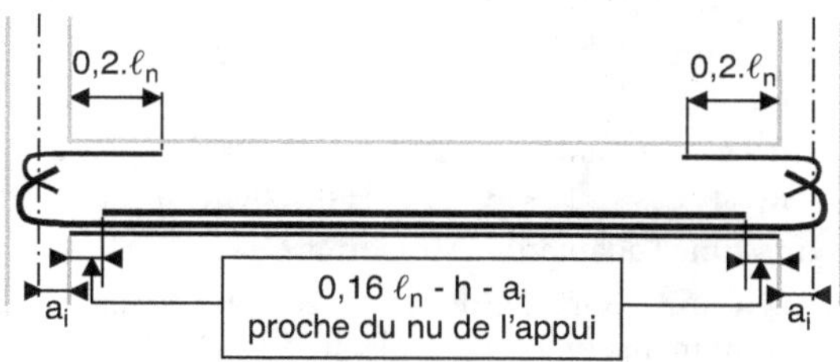

Travées continues, avec dans chaque zone considérée deux lits égaux, et dans les cas où Q ≤ environ G/2 (à +30 % près) et cotgθ = 2,5

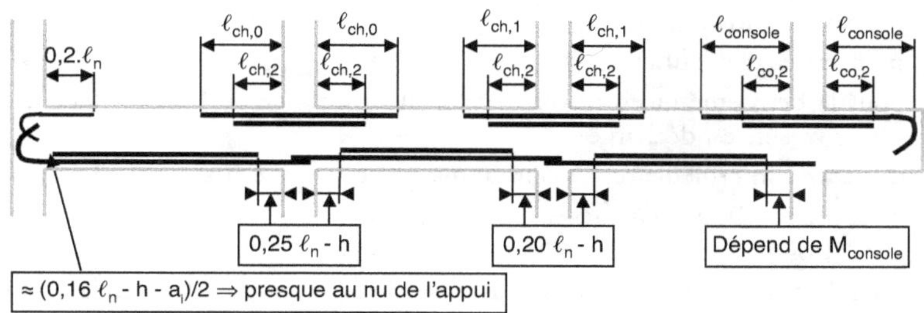

Avec:

- Sur appui proche de rive: $\ell_{ch,0} = h + 0{,}25 \times \max\,[\ell_{n,w}\,;\,\ell_{n,e}]$
- Sur appui loin de rive: $\ell_{ch,1} = h + 0{,}2 \times \max\,[\ell_{n,w}\,;\,\ell_{n,e}]$
- $\ell_{ch,2} = 0{,}5 \times (\ell_{ch,0}\ \text{ou}\ \ell_{ch,1}) + \Delta_{ancrage}$
- $\ell_{co,2} = 0{,}5 \times \ell_{console} + \Delta_{ancrage}$

  avec $\Delta_{ancrage} = \ell_{bd} - h \geq 0$

Attention

Les chapeaux des poutres sont souvent en zone de mauvaise qualité d'adhérence
$\Rightarrow \ell_{bd} = 1{,}4\,\ell_{bd,nom}$

Nota

Dans la formule d'arrêt du deuxième lit en travée, le terme $0{,}16\,\ell_n$ de l'ensemble $(0{,}16\,\ell_n - h - a_i)$ représente en fait $0{,}30\,x_m$ qui est la transposition de $0{,}30\,\Delta x_0$ de « Aide à l'arrêt des barres dans le cas de deux lits égaux » du § E-I.2.3.2.

- Sur une travée isolée on a $\Delta x_0 = \ell_{eff}/2$. Alors, si on admet $\ell_{eff} \approx 1{,}05\,\ell_n$, on a $0{,}30\,\Delta x_0 = 0{,}15\,\ell_{eff} \approx 0{,}16\,\ell_n$.
- Sur une travée de rive, x_m est plus court $\Rightarrow$ le deuxième lit est arrêté plus près de l'appui de rive, à une distance qu'on peut admettre $\approx (0{,}16\,\ell_n - h - a_i)/2$.

Ces propositions sont des approximations. Les résultats doivent être arrondis.

E-I.5.2.3.2   Cas particuliers

Lits inégaux

La prescription de base doit être adaptée.

- Arrêt du premier lit (le lit le plus extérieur).

Le premier lit se développe sur toute la longueur où des aciers tendus sont nécessaires, indépendamment de la répartition des tâches entre premier et deuxième lit. Donc il est arrêté conformément à la prescription de base.

- Arrêt du deuxième lit.

Les règles ci-dessus ne conviennent plus. Si $A_{s\,deuxième\,lit} > A_{s\,total}/2$, le deuxième lit doit être plus long. Inversement, si $A_{s\,deuxième\,lit} < A_{s\,total}/2$, le deuxième lit doit être plus court. Alors :
- soit le calculateur estime l'adaptation à apporter,
- soit il fait localement une épure d'arrêt de ce second lit, sans oublier le décalage $a_\ell \approx h$ du diagramme des moments (voir l'exemple du § F.2.10.3).

Dans ce deuxième cas, le diagramme M à prendre pour référence dans la zone concernée par l'arrêt du deuxième lit est toujours un diagramme *travée chargée* (voir nota plus bas). Ce diagramme est :
- sur une travée de rive, le diagramme *travée chargée* qui passe par M = 0 à l'axe de l'appui de rive et sur l'autre appui :
  - › pour le deuxième lit en chapeau, par $M_{\ell n,appui,diag\,enveloppe}$
  - › pour le deuxième lit en travée, par la valeur estimée de $M_{\ell n,appui}$ dans le cas où la travée voisine est déchargée.
- sur une travée intermédiaire, il s'agit du diagramme travée chargée qui :
  - › pour le deuxième lit en chapeau, passe par $M_{\ell n,appui,diag\,enveloppe}$ sur les appuis de gauche et de droite
  - › pour le deuxième lit en travée, affiche à mi-portée de la travée la valeur M_t du § E-I.5.2.2.1.

Aciers comprimés

L'arrêt des aciers comprimés est difficile à estimer et une épure s'impose. Voir un exemple § F.2.10.2.

Le diagramme des moments à prendre pour référence dans la zone concernée par les aciers comprimés est le même que pour l'arrêt du deuxième lit de chapeau, *mais alors sans le décalage a_ℓ*.

Dans les zones nécessitant des aciers comprimés, il est facile (et du même coup conseillé) de mettre à profit l'épure construite pour l'arrêt des aciers comprimés pour arrêter aussi les aciers tendus associés. Le résultat est de meilleure qualité et la méthode traite, exactement et sans difficulté supplémentaire, les cas de lits inégaux.

Nota
- Sur appuis, dans le cas de la redistribution forfaitaire, on voit § E-I.5.2.2.1 que le diagramme enveloppe des moments sur appuis suit d'abord un diagramme M *travée chargée* (forte pente) puis (rupture de pente) un diagramme M *travée déchargée* (pente plus faible).

  Très généralement, le domaine d'action du deuxième lit et aussi des aciers comprimés est dans la zone de l'enveloppe qui correspond à un cas *travée chargée* (forte pente).

  La redistribution forfaitaire ne permet pas d'avoir une vue suffisamment précise de la portion du diagramme enveloppe correspondant à un cas *travée déchargée* (faible pente) pour un arrêt exact du premier lit. Alors, se contenter de l'arrêt forfaitaire du premier lit.
- En travée, dans tous les cas le diagramme enveloppe M correspond à un cas travée chargée.

E-II Dalles pleines

E-II.1 Introduction

Une dalle pleine est un élément plan en béton armé faisant fonction de plancher et reposant sur des appuis linéaires, des murs ou/et des poutres. Comme vu au § C-III.5.2.1, elle peut porter dans une seule direction ou dans deux directions orthogonales.

Il ne faut pas confondre les dalles pleines avec les deux éléments suivants :

* Le plancher-dalle, qui est une dalle pleine reposant uniquement sur les têtes de poteaux, sans poutre apparente. En fait, les poutres sont remplacées par des bandes renforcées, disposées dans deux directions orthogonales, s'appuyant sur les têtes de poteaux et noyées dans l'épaisseur de la dalle. Il relève d'un calcul spécifique [9.4] non présenté dans cet ouvrage.

* Le dallage, qui s'appuie directement sur le sol préalablement compacté, généralement par l'intermédiaire d'un hérisson. Il n'assure aucune fonction porteuse. Il assure seulement une surface de plancher plane et rigide, ainsi que la fonction de répartition des éventuelles charges concentrées.

D'autres formes de planchers béton armé sont également possibles.

* Le plancher nervuré (voir Figure E-II.1.1). Seul est conservé le volume de béton tendu qui englobe les aciers tendus, ce sont les nervures. La fine dalle pontant l'espace entre les nervures est appelée «hourdis». Un tel plancher ne peut porter que dans une seule direction et l'ensemble nervure + hourdis se calcule en poutres en Té.

  L'application la plus courante est le plancher à poutrelles et entrevous. Dans ce cas, le nom «hourdis» peut aussi désigner l'entrevous, ce qui est source de confusion.

* Le plancher à caissons. C'est un plancher nervuré avec des nervures dans deux directions orthogonales. Il porte donc dans deux directions et dégage entre nervures des espaces en creux, visibles en plafond, en forme de caissons.

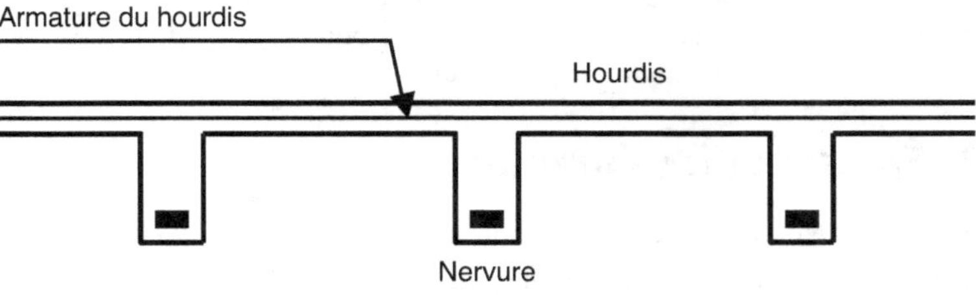

Plancher nervuré classique.

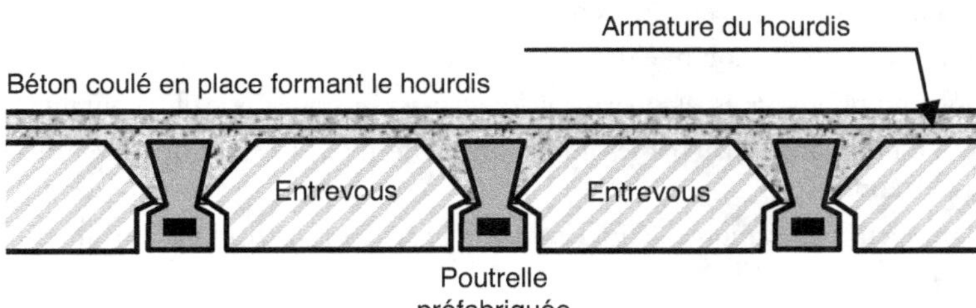

Plancher à poutrelles et entrevous.

Figure E-II.1.1. Planchers nervurés.

E-II.2 Données de base

E-II.2.1 Dimensions en plan et portées

Voir Figure E-II.2.1.

Un panneau de dalle rectangulaire a deux dimensions : a et b.

- S'il porte dans une seule direction, sa portée, habituellement dans le sens de la plus petite dimension, est désignée ℓ_x.
- S'il porte dans les deux directions, il a deux portées : une portée « principale » ℓ_x, toujours dans le sens de la plus petite dimension, et une portée « secondaire » ℓ_y.

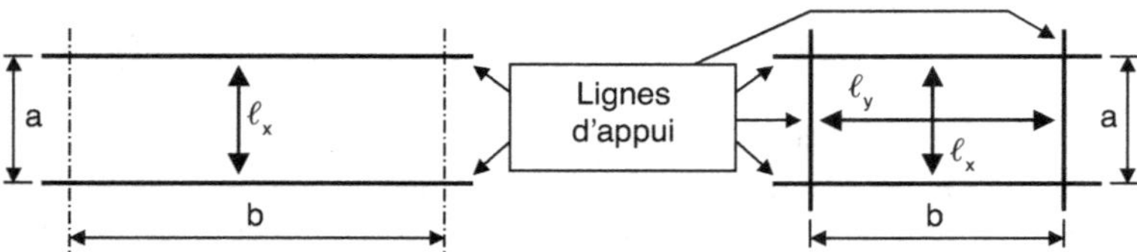

Figure E-II.2.1. Dimensions en plan et portées des dalles.

La valeur de chaque portée est déterminée avec les mêmes règles que pour les poutres (voir § C-I.4.1). Notamment, ℓ_x et ℓ_y sont déclinées en $\ell_{\text{eff,x ou y}}$ et $\ell_{\text{n,x ou y}}$, mais, dans le cas des dalles, avec les particularités suivantes :

- L'épaisseur des dalles étant souvent h = 18 cm, il n'est pas rare que leurs appuis (poutres ou murs) aient une largeur t ≥ h. On est alors dans le cas d'appuis larges et $\ell_{\text{eff}} \leq \ell_{\text{axe à axe des appuis}}$.
- Les appuis sont souvent des murs. S'ils sont en maçonnerie, ils ne forment pas avec la dalle un assemblage monolithique et le raccordement parabolique doit être pris en compte pour chiffrer les moments de continuité sur ces appuis.

E-II.2.2 Épaisseur h minimum

Eurocode n'impose rien. Les limites qui prévalaient avant sont donc reconduites.

Pour les éléments de portée ≥ environ 2 m, il faut respecter h ≥ 12 cm.

Pour les éléments de portée ≤ environ 0,8 m (c'est le cas notamment des portées entre poutrelles des planchers nervurés et des couvercles de regards) : h ≥ 5 cm.

Ce minimum n'a de dérogation que dans le cas de certains planchers avec entrevous en brique.

Lorsque l'isolation phonique est assurée par la loi de masse, c'est le cas le plus courant : h ≥ 18 cm.

Par ailleurs, h est également fixé par les impératifs de flèche de fissuration et éventuellement de résistance à l'incendie.

À défaut d'un calcul plus élaboré, il convient de respecter les prescriptions du Tableau D-III.6.1 fixant d et, par suite, h.

E-II.2.3 Organisation du calcul

La dalle est assimilée à une poutre, en l'occurrence plus large que haute.

Dans la pratique, comme illustré sur les figures E-II.4.1 et E-II.5.1, on fait le calcul (diagrammes M et V puis aciers nécessaires) pour une bande de largeur b = 1 m représentative.

Cela a les avantages suivants :

- Action par unité de longueur (p/m) sur cette bande de 1 m de large = action par m².
- Les opérations du calcul béton armé en sont simplifiées, car multiplier ou diviser par b = 1 est immédiat.
- Les sections d'acier ainsi calculées sont les sections par mètre de large, le paramétrage utilisé pour caractériser les treillis soudés (TS).

E-II.2.4 Calcul des sollicitations et arrêt des aciers

E-II.2.4.1 Dalles portant dans une seule direction

Pour les diagrammes enveloppes M et V, on se contente généralement des règles de la redistribution forfaitaire dégagées au § E-I.5.2. Elles s'utilisent à l'ELU et, à leur suite, on se satisfait généralement de l'arrêt forfaitaire des aciers proposé dans le même paragraphe.

Rappel
- Conventions : V', R', M' sont les valeurs de la travée isostatique associée et $M_0 = M'_{max}$.
- En s'appuyant sur les valeurs de $V'_{\ell n}$, $R'_{\ell n}$ et $M_{0,\ell n}$, les diagrammes enveloppes obtenus sont ceux de $V_{\ell eff}$ entre nus des appuis et $M_{\ell eff}$.

- Diagramme enveloppe V forfaitaire :

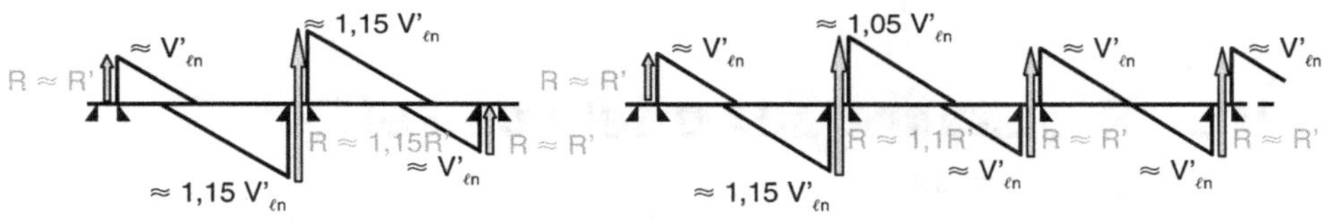

- Données de base du diagramme enveloppe M avec redistribution forfaitaire :

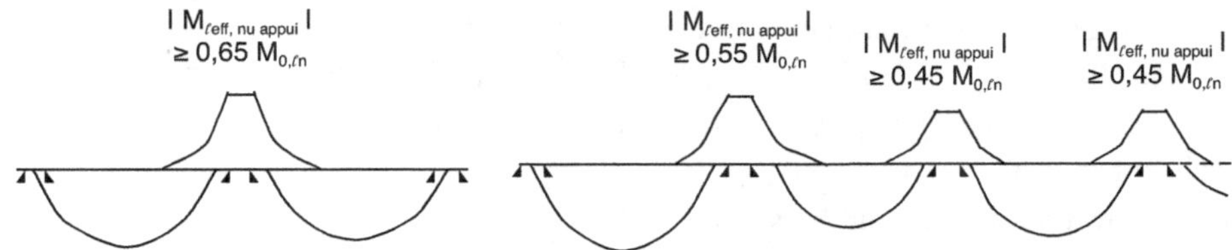

Respecter de plus sur appuis : $\alpha_u \leq 0,25 \Rightarrow \mu_u \leq 0,18$
Pour le calcul des moments en travée, voir § E-I.5.2.2.1.

- Arrêt forfaitaire des aciers (limité au cas de deux lits égaux) :

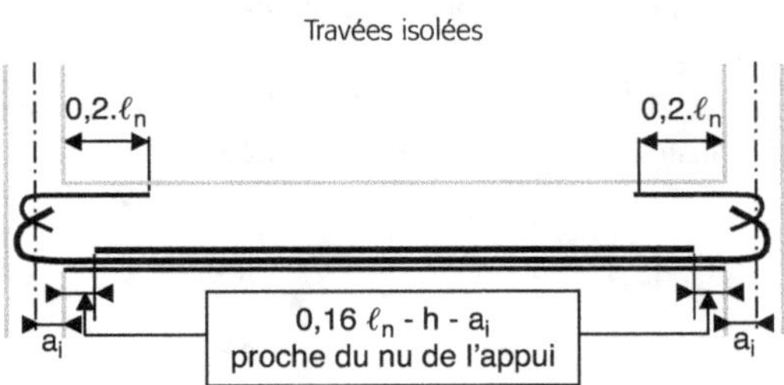

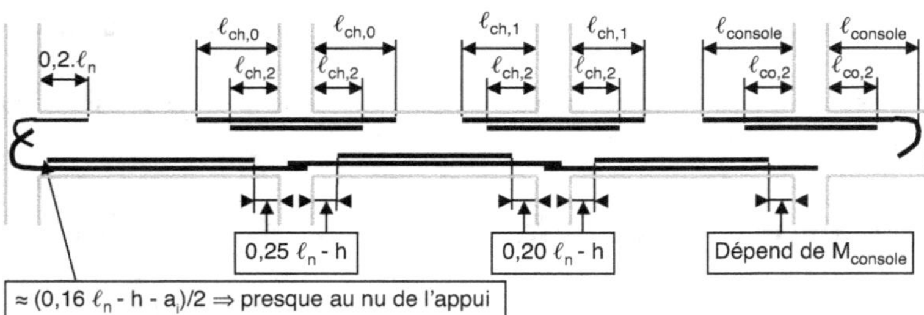

Avec :
- Sur appui proche de rive : $\ell_{ch,0} = h + 0,25 \times \max\ [\ell_{n,w} ; \ell_{n,e}]$
- Sur appui loin de rive : $\ell_{ch,1} = h + 0,2 \times \max\ [\ell_{n,w} ; \ell_{n,e}]$

$\ell_{ch,2} = 0,5 \times (\ell_{ch,0}$ ou $\ell_{ch,1}) + \Delta_{ancrage}$

$\ell_{co,2} = 0,5 \times \ell_{console} + \Delta_{ancrage}$

avec $\Delta_{ancrage} = \ell_{bd} - h \geq 0$

E-II.2.4.2 Dalles portant dans les deux directions

Elles relèvent de spécifications et calculs spécifiques développés au § E-II.5. L'arrêt forfaitaire des aciers ne convient plus.

E-II.3 Résistance aux effets de l'effort tranchant

Ce sont les règles des poutres qui s'appliquent.

E-II.3.1 Cas où il n'y a pas besoin d'aciers transversaux

C'est le cas général. La formule de vérification est celle du § D-IV.2.

Il n'y a pas besoin d'aciers transversaux si, dans la direction la plus sollicitée :

$$V_{Ed} \leq V_{Rd,c} = [C_{Rd,c}.k.(100\rho_\ell.f_{ck})^{1/3} + k_1.\sigma_{cp}].b_w.d \geq (v_{min} + k_1.\sigma_{cp}).b_w.d$$

avec $b_w = 1$ m et $\rho_\ell = A_s/(d.b_w)$

(pour la valeur des autres paramètres, voir § D-IV.2.1).

Nota

Pour les dalles $b_w = 1$ m $\Rightarrow A_s = A_s$ par m de large.

Rappel

Cette relation n'est pas homogène, il est donc impératif de respecter les unités :

v_{min} et f_{ck} en Mpa, d et b_w en mm, A_s en mm^2.

Par ailleurs, le béton dans les dalles étant peu sollicité, la vérification de son non écrasement à proximité des appuis est considérée *a priori* comme assurée.

E-II.3.2 Cas où des aciers transversaux sont nécessaires

Ils sont délicats à mettre en place. Le premier réflexe, lorsque $V_{Ed} > V_{Rd,c}$, est d'essayer d'augmenter $h \Rightarrow d$ pour revenir à $V_{Ed} \leq V_{Rd,c}$

Quand on ne peut se dispenser d'aciers transversaux :

- Ils sont calculés comme pour les poutres avec les deux différences ci-dessous :
  - ils ne sont pas admis dans les dalles d'épaisseur h < 20 cm ;
  - espacement transversal entre brins $\leq$ 1,5 d.
- Mise en place de ces aciers

  La difficulté est de les tenir verticaux.

Souvent, comme illustré sur la Figure E-II.3.1, ils sont façonnés en bandes crénelées assurant déjà la verticalité dans une direction. L'ensemble de ces bandes est tenu en partie haute par des aciers de construction transversaux et leur verticalité est assurée par quelques barres diagonales.

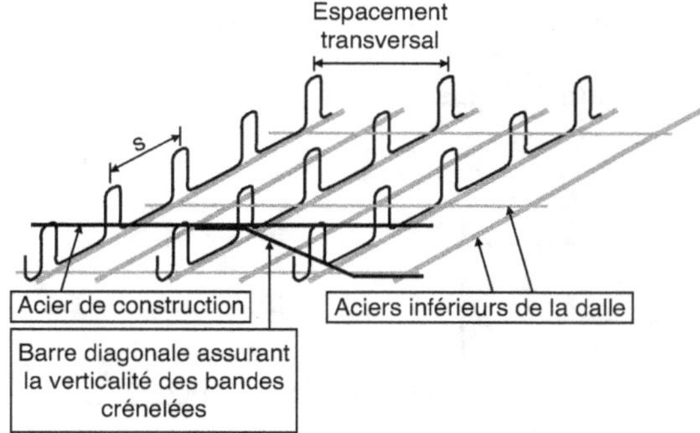

Figure E-II.3.1. Exemple de mise en place d'aciers transversaux dans les dalles.

E-II.4 Dalles portant dans une seule direction

E-II.4.1 Définition

Une dalle ne peut porter que dans une seule direction ℓ_x dans les deux cas suivants :

- Lorsque, comme sur la partie gauche de la Figure E-II.2.1, il n'y a pas de ligne d'appui parallèle à ℓ_x.
- Lorsqu'il y a bien des lignes d'appui sur les quatre côtés, mais que $\ell_y > 2,5\ \ell_x$.

  Alors, l'apport du sens de portée ℓ_y est négligeable et doit être négligé.

Lorsqu'il y a bien des lignes d'appui sur les quatre côtés et que $\ell_y \leq 2,5\ \ell_x$, le choix le plus approprié est de faire porter la dalle dans les deux directions. Cependant, si on prévoit que les impératifs de flèche et de fissuration seront largement satisfaits, il est loisible de se limiter à ne faire porter la dalle que dans une seule direction, le calcul est plus simple. C'est un choix fréquent en bâtiments courants.

E-II.4.2 Résistance aux effets du moment fléchissant

E-II.4.2.1 Deux groupes d'aciers longitudinaux à mettre en place

Ce sont les aciers porteurs et les aciers de répartition disposés comme illustré sur la Figure E-II.4.1.

Aciers porteurs

Comme déjà dit, ils sont calculés pour une bande représentative de 1 m de large, comme les aciers d'une poutre rectangulaire de largeur b = 1 m. Ils sont disposés parallèlement à ℓ_x, leur section est $A_{s,x}$/m de large et leur diamètre est $\phi_{s,x}$. Ils reprennent à eux seuls l'intégralité du moment M sollicitant.

Aciers de répartition

Leur section est $A_{s,r}$/m de large et leur diamètre est $\phi_{s,r}$. Leur rôle est d'assurer une répartition transversale des efforts, comme illustré schématiquement sur la Figure E-II.4.2. Ils ne sont pas calculés, mais dimensionnés forfaitairement.

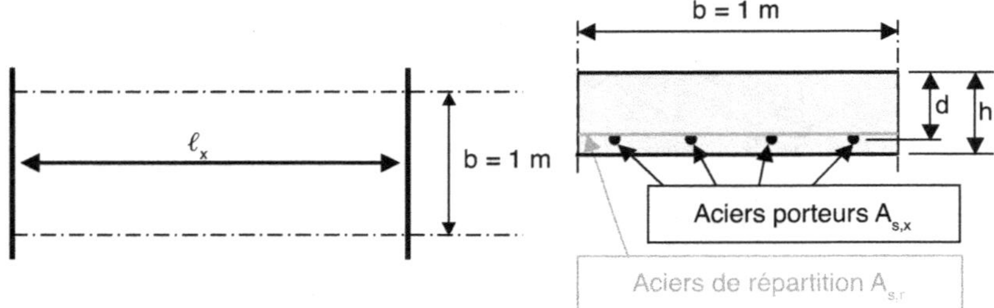

Figure E-II.4.1. Dalles portant dans une seule direction : largeur à prendre en compte et organisation des aciers longitudinaux.

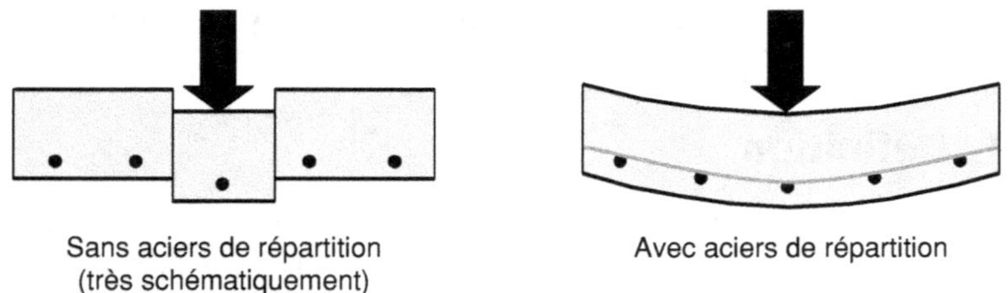

Figure E-II.4.2. Rôle des aciers de répartition.

E-II.4.2.2 Hauteur utile d

Elle ne concerne que les aciers calculés, donc ici $A_{s,x}$. Pour bénéficier de la plus grande hauteur utile, ils sont placés à l'extérieur comme montré sur les figures E-II.4.1 et E-II.4.2.

Dans tous les cas courants, les dalles ne comprennent pas d'aciers transversaux.

E-II.4.2.2.1   Valeur de h – d

Cas des dalles renforcées par des barres

Celles-ci sont disposées en un seul lit (voir Figure E-II.4.3)
et on a d = $h - c_{nom} - \phi_{s,x}/2$

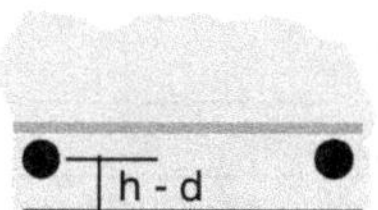

Cas des dalles renforcées par des TS

C'est la situation générale en travée.

Si un seul lit de TS : même situation que ci-dessus pour les barres en un seul lit.

Si deux lits de TS, c'est le cas si on veut arrêter une partie des aciers avant les appuis : d se mesure alors à l'axe des aciers de répartition du premier lit et on a :

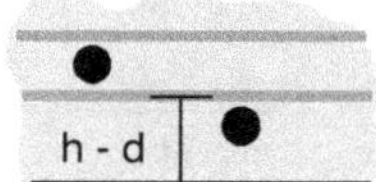

$$d = h - c_{nom} - (\phi_{s,x} + \phi_{s,r}/2)$$

Avec la référence à ℓ_{eff} comme le veut Eurocode, le deuxième lit en travée est très long. Dans le cas d'utilisation de TS sur stock, en raison des possibilités limitées des panneaux disponibles, l'économie finale découlant du choix de deux lits d'aciers pour en arrêter un avant les appuis n'est pas toujours au rendez-vous. Aussi, de plus en plus, ce sont des solutions à un seul lit qui sont retenues.

E-II.4.2.2.2   Valeurs de c_{nom} selon les cas

Elles ont été dégagées au § C-I.7.3.

Les aciers inférieurs des dalles bénéficient de la clause favorable «d'enrobage compact». De plus, la classe d'exposition XC4 n'a pas lieu d'être car la sous-face des dalles est naturellement protégée du ruissellement de l'eau.

Les valeurs de c_{nom} associées sont proposées dans le Tableau E-II.4.1.

Les aciers supérieurs ne bénéficient pas de la clause d'enrobage compact et la classe d'exposition XC4 est envisageable.

Sont particulièrement concernés les chapeaux des balcons et dalles de parking dont la face supérieure est rarement protégée par un revêtement.

Les enrobages minimums à respecter et les enrobages nominaux qui en découlent sont alors ceux du Tableau E-II.4.2.

Tableau E-II.4.1. Enrobage nominal c_{nom} des aciers inférieurs des dalles.

Enrobages à envisager par défaut pour les aciers inférieurs des dalles : conditions d'enrobage compact, classe d'exposition XC4 exclue Hypothèses : $d_g < 32$ mm et $\Delta c_{dev} = 10$ mm			
Classe envisagée pour le béton	C25/30		C30/37
Classe d'exposition	XC1		XS1
Diamètre $\phi_{s,x}$ des aciers les plus extérieurs	≤ 12 mm (notamment TS)	14 ou 16 mm	≤ 25 mm
Classe structurale (Tableau C-I.6.4)	4 – 1 = 3	4 – 1 = 3	4 – 1 = 3
$c_{min,dur}$ (Tableau C-I.6.5)	10 mm	10 mm	30 mm
$c_{min,b} = \phi_{s,x}$	≈ 10 mm	≈ 15 mm	≤ 25 mm
$c_{min} = \max\,[c_{min,dur}\,; c_{min,b}\,; 10\text{ mm}]$	≈ 10 mm	≈ 15 mm	30 mm
$c_{nom} = c_{min} + \Delta c_{dev}$ avec $\Delta c_{dev} = 10$ mm	≈ 20 mm	≈ 25 mm	40 mm

Tableau E-II.4.2. Enrobage nominal c_{nom} des aciers supérieurs des dalles.

Enrobages à envisager par défaut pour les aciers en chapeau des dalles : pas d'enrobage compact, classe d'exposition XC4 possible Hypothèses : $d_g < 32$ mm et $\Delta c_{dev} = 10$ mm			
Classe envisagée pour le béton	C25		C30
Classe d'exposition	XC1	XC4	XS1
Diamètre $\phi_{s,x}$ des aciers les plus extérieurs	≤ 16 mm	≤ 25 mm	≤ 25 mm
Classe structurale (Tableau C-I.6.4)	4	4	4
$c_{min,dur}$ (Tableau C-I.6.5)	15 mm	30 mm	35 mm
$c_{min,b} = \phi_{s,x}$	≈ 15 mm	≈ 25 mm	≤ 25 mm
$c_{min} = \max [c_{min,dur} ; c_{min,b} ; 10$ mm$]$	≈ 15 mm	≤ 25 mm	35 mm
$c_{nom} = c_{min} + \Delta c_{dev}$ avec $\Delta c_{dev} = 10$ mm	≈ 25 mm	40 mm	45 mm

E-II.4.2.3 Calcul et disposition des aciers porteurs

Le calcul est fait conformément aux règles des poutres rectangulaires, sur une bande de 1 m de large $\Rightarrow b_w = 1$ m

Condition de non-fragilité

C'est celle des poutres rectangulaires en flexion simple (voir § D-II.7).

À savoir, dans le cas d'un béton C25/30 et d'aciers B500 : $A_{s,min} = 0{,}26.b_t.d.f_{ctm}/f_{yk} \Rightarrow \mu_u \geq 0{,}042$

E-II.4.2.4 Chapeaux minimums dans le sens porteur

Ils doivent être suffisants pour répartir la fissuration potentielle.

Les spécifications sont celles des poutres (§ D-IV.6.3) mais leur application appelle quelques précautions.

Sur appuis d'extrémité (en rive)

Comme pour les poutres, on doit avoir :

$$M_{chapeau\ min} \geq 0{,}15\ M_{u,travée}$$

qui n'est qu'un ordre de grandeur pour signifier :

$0{,}10\ M_{u,travée} \leq M_{chapeau\ min} \leq 0{,}20\ M_{u,travée}$ et se traduit pratiquement par $A_{s,chapeau\ min} \approx 0{,}10$ à $0{,}20\ A_{s,travée}$

En plus, $M_{chapeau\ min}$ doit être modulé en fonction des circonstances :

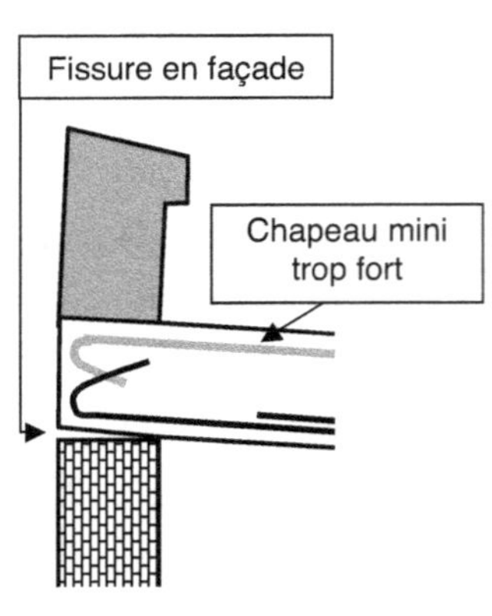

* En terrasse, il doit être à son minimum pour éviter un soulèvement du bord de la dalle et une fissure en façade comme illustré ci-contre.

  #### Recommandation de l'auteur
  Il préconise de ne pas hésiter à le diminuer jusqu'à $0{,}10\ M_{u,travée}$, même après application d'un éventuel surdimensionnement de 20 %.

* Aux niveaux inférieurs, avec le poids de plusieurs étages au-dessus, le risque de soulèvement est mineur et les chapeaux de rive peuvent être plus forts.

- Les aciers doivent être ancrés sur l'appui et se prolonger dans la travée, au-delà du nu de l'appui, sur une longueur $\geq 0,2\,\ell_n$.

Sur appuis intermédiaires

Dans certaines circonstances rares, il peut être toléré de négliger la continuité de panneaux de dalle contigus. Alors, mettre en place sur les appuis intermédiaires des chapeaux minimums forfaitaires capables de reprendre $M_{chapeau\ min} \geq 0,25\,M_{u,travée}$.

E-II.4.2.5   Dalle continue sur plusieurs travées : diagrammes enveloppes

Diagrammes enveloppes

En bâtiments courants, généralement la règle des moments forfaitaires telle qu'exposée § E-I.5.2 convient. Dans les dalles, les valeurs de μ_u sont habituellement très faibles et $\delta = 0,7 \Rightarrow \mu_{u,chapeau} \leq 0,154$ n'amène pas à ajouter des aciers comprimés.

E-II.4.2.6   Arrêt des aciers

Pour les aciers inférieurs en travée, Eurocode prescrit qu'à défaut de calcul plus précis, au moins 50 % de la section maximum en travée doit être amenée *et ancrée* sur appui.

En cas de TS : l'ancrage par une soudure est généralement suffisant.

Si le diagramme M est forfaitaire, l'arrêt des aciers est également forfaitaire (voir § E-II.2.4).

E-II.4.2.7   Aciers de répartition

Ils sont forfaitaires : $A_{s,r} \geq 0,20\,A_{s,x}$

Ils ne concernent que les aciers inférieurs.

La Figure E-II.4.2 illustre que c'est en partie basse qu'ils sont utiles. De plus, là où il y a des aciers en partie haute, on est sur ou à proximité d'un appui et cet appui, un mur ou une poutre, joue à lui seul un rôle répartiteur suffisant.

Si en chapeau, des aciers sont disposés comme des aciers de répartition, ce ne sont en fait que des aciers de construction.

E-II.4.2.8   Chapeaux minimums dans le sens de la répartition et renfort des bords libres

Chapeaux sur les appuis perpendiculaires à la direction ℓ_y

Eurocode n'en parle pas explicitement, mais il est bon d'en mettre.

Proposition de l'auteur

Si $\ell_y > 2,5\,\ell_x \Rightarrow$ le panneau de dalle porte effectivement dans une seule direction,
alors on transpose à la direction ℓ_y les règles prescrites pour la direction ℓ_x, à savoir :
- en rive A_s chapeau mini $\approx 0,15\,A_{s,r}$
- sur appui intermédiaire A_s chapeau mini $\approx 0,25\,A_{s,r}$

Si le panneau de dalle pourrait effectivement porter dans les deux directions ($\ell_y \leq 2,5\,\ell_x$) mais que par commodité, il est calculé comme ne portant que dans une seule direction,
- alors : chapeaux mini $\ell_y \approx$ chapeaux mini ℓ_x

Bords libres

Un bord libre est un bord non appuyé (ni sur une poutre ni sur un mur).

Eurocode prescrit : en l'absence d'autres aciers pouvant jouer le même rôle, mettre un renfort conforme au schéma ci-contre. En bref, il faut, le long du bord libre, un ou des aciers filants qui soient solidarisés au corps de la dalle.

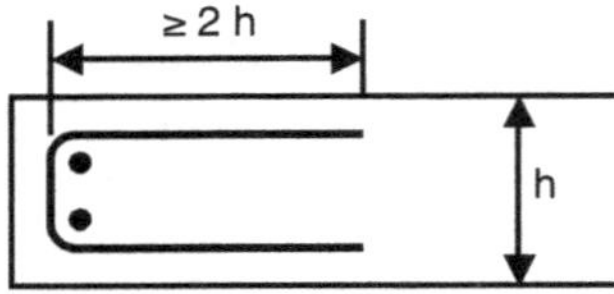

En rive, il y a généralement un chaînage (voir § E-IV.2) assurant la section suffisante de renfort filant. S'il est en recouvrement suffisant avec les aciers de répartition, il est solidarisé au corps de la dalle. Sinon, il faut ajouter les aciers en U.

E-II.4.2.9 Disposition en plan des aciers

E-II.4.2.9.1 Espacement maximum $s_{max,slabs}$ entre barres

* Si chargement réparti :
  - Aciers porteurs : $s_{max,slabs}$ = min [3 h ; 40 cm]
  - Aciers de répartition : $s_{max,slabs}$ = min [3,5 h ; 45 cm]
* Si charges concentrées :
  - Aciers porteurs : $s_{max,slabs}$ = min [2 h ; 25 cm]
  - Aciers de répartition : $s_{max,slabs}$ = min [3 h ; 40 cm]

E-II.4.2.9.2 Organisation des aciers

Elle est illustrée sur la Figure E-II.4.3.

Aciers en barres

Dans ce cas, l'expression « lit d'aciers » désigne chaque groupe de barres arrêtées en même temps. Mais de fait, tous ces aciers sont placés dans le même plan.

Aciers en TS

Les lits d'aciers sont effectivement superposés.

* Continuité des aciers de répartition

  Les panneaux de TS font 2,40 m de large. C'est presque toujours moins que la largeur du panneau de plancher à couvrir.

  Il faut donc disposer plusieurs panneaux « côte à côte », sans oublier d'assurer la continuité des aciers de répartition. Pour cela, les panneaux doivent être en recouvrement latéral sur la largeur ℓ_0 nécessaire (voir § C-II.5.3.2).

  Dans le cas de plusieurs lits, il faut décaler les panneaux pour que les recouvrements des divers lits ne se superposent pas (voir un exemple sur la Figure E-II.4.3).

  En chapeau, il n'y a pas besoin d'aciers de répartition et les panneaux de TS sont simplement juxtaposés sans recouvrement latéral.

* Recouvrement des aciers principaux

  Il est nécessaire lorsque les aciers disponibles sont plus courts que la portée à couvrir. Le cas se présente essentiellement avec les TS sur stock, dont la longueur commerciale est limitée à 6 m.

Il faut :

– assurer le recouvrement, conformément aux règles du § C-II.5.3.1 ;
– disposer les recouvrements à l'écart des zones de moment maximum et, si plusieurs lits sont concernés, décaler les recouvrements d'un lit à l'autre.

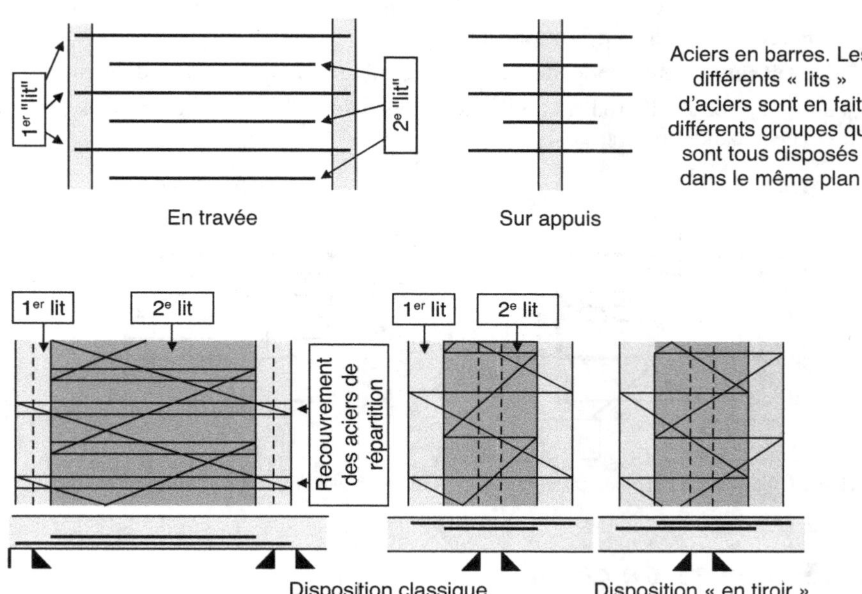

Les treillis soudés sont nécessairement disposés en lits superposés.

Figure E-II.4.3. Disposition des aciers en barres ou en TS.

Remarques sur la Figure E-II.4.3

– La disposition « en tiroir » n'est illustrée ici que dans un cas, mais elle est applicable à tous les cas : avec TS ou barres, sur appui ou en travée.
– Sur appui : les panneaux de TS sont simplement juxtaposés.
– Représenter sur un même plan (un même dessin) les différents lits de TS devient vite illisible. Aussi, dans le cas de TS, fait-on un plan par lit.

E-II.5   Dalles portant dans les deux directions

Même non continue, une dalle portant dans les deux directions est un système hyperstatique. En effet, chacun de ses points est à la croisée de deux bandes résistantes, l'une dans la direction x, l'autre dans la direction y, qui ont en ce point la même flèche. Le moment repris dans chaque direction découle du rapport des raideurs des deux bandes.

E-II.5.1   Définition

Pour pouvoir porter dans les deux directions, un panneau de dalle doit :
• être appuyé sur ses quatre côtés
• avoir des dimensions telles que : $\ell_y \leq 2{,}5\,\ell_x$

E-II.5.2 Organisation du calcul et aciers résistants

L'essentiel est résumé sur la Figure E-II.5.1.

Les aciers dans les deux directions sont calculés à partir des moments respectifs M_x et M_y. Les aciers dans la direction x sont qualifiés de «principaux» et ceux dans la direction y (qui ne sont plus forfaitaires) sont qualifiés de «secondaires».

Le calcul se fait sur les deux bandes de 1 m de large qui se croisent au milieu du panneau.

Bien que près des bords, les sollicitations soient plus faibles, l'ensemble du panneau est armé comme ces deux bandes médianes.

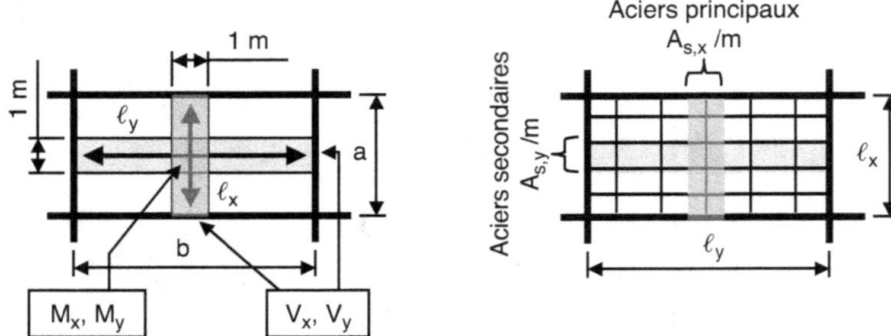

Figure E-II.5.1. Organisation du calcul et des aciers dans les dalles portant dans les deux directions.

E-II.5.3 Règles de calcul

Pour chaque bande de calcul de 1 m de large, les règles qui s'appliquent sont celles prescrites pour la bande ℓ_x des dalles portant dans une seule direction.

Ce sont également les mêmes minimums et maximums qui prévalent pour les aciers dans chaque direction. Notamment : $A_{s,y} \geq 0{,}20\, A_{s,x}$

E-II.5.4 Détermination des sollicitations M_x, M_y, V_x, V_y

Les formules de calcul résultent d'un calcul hyperstatique. Les Recommandations professionnelles françaises reconduisent les formules préconisées par BAEL, mais en réduisant son domaine d'application aux cas où $\ell_y \leq 2\,\ell_x$.

Les notations sont définies par analogie avec les poutres.

Notamment, s'agissant d'un élément isolé sans continuité :

- les moments sont repérés par un «prime» et leurs valeurs maximums sont notées M_0, ce sont ici $M_{0,x}$ et $M_{0,y}$;
- les efforts tranchants sont repérés par un «prime» et leurs valeurs maximums sont notées $V'_{x,max}$ et $V'_{y,max}$.

Comme vu pour les poutres, les résultats sont à décliner en valeurs issues de la référence à ℓ_n et issues de la référence à ℓ_{eff}. Notamment, le moment maximum à considérer en travée est $M_{\ell eff,travée,max}$. Les formules de transfert entre la référence à ℓ_n et celle à ℓ_{eff} développées aux § C-I.4.3.2 et E-I.3.3.2 restent valables.

E-II.5.4.1 Panneau de dalle isolé uniformément chargé par p/m²

Les formules de calcul proposées dans ce cas sont à décliner en ℓ_{eff} et ℓ_n. Pour le rappeler, les portées sont simplement notées ℓ. Ne pas oublier que le moment maximum en travée à considérer pour les calculs est $M_{\ell\text{eff,travée,max}}$.

Paramétrage

$\alpha = \ell_x/\ell_y$ avec $\ell_x \leq \ell_y$

Deux paramètres spécifiques : μ_x et μ_y

d'où on tire : $M_{0,x} = \mu_x.p.\ell_x^2$ et $M_{0,y} = \mu_y.M_{0,x}$

Moment fléchissant

Les valeurs de μ_x et μ_y sont données par le Tableau E-II.5.1.

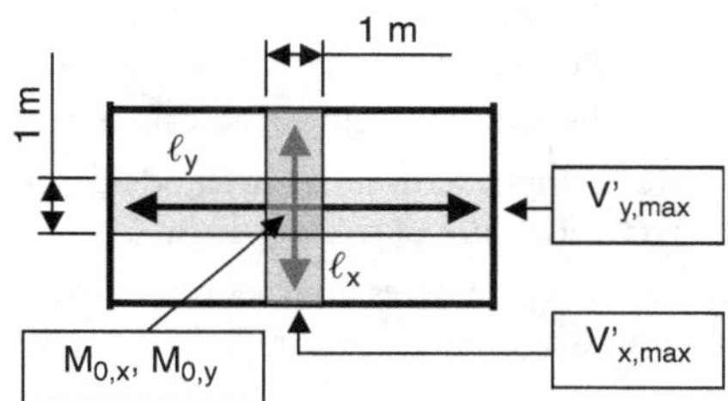

Effort tranchant

$$V'_{x,max} = \frac{p.\ell_x}{2+\alpha} \text{ et } V'_{y,max} = \frac{p.\ell_x}{3} \leq V'_{x,max}$$

Tableau E-II.5.1. Calcul d'un panneau de dalle isolé portant sur ses quatre côtés et uniformément chargé.

$\alpha = \ell_x/\ell_y$	Calcul des moments à l'ELU : béton fissuré $\Rightarrow$ coefficient de Poisson $\nu = 0$		Flèche f à l'ELS : béton supposé non fissuré $\Rightarrow \nu = 0,2$
	$\mu_{u,x} = M_{u0,x}/p_u.\ell_x^2$	$\mu_{uy} = M_{u0,y}/M_{u0,x}$	$E.h^3.f/p_{ser}.\ell_x^4$
0,50	0,0965	0,258	0,117
0,55	0,0892	0,289	0,108
0,60	0,0820	0,329	0,0998
0,65	0,0750	0,378	0,0916
0,70	0,0683	0,439	0,0838
0,75	0,0620	0,512	0,0764
0,80	0,0561	0,596	0,0694
0,85	0,0506	0,687	0,0630
0,90	0,0456	0,785	0,0571
0,95	0,0410	0,889	0,0517
1,00	0,0368	0,100	0,0468

E-II.5.4.2 Panneaux continus uniformément chargés par p/m²

Pour prendre en compte la continuité sur appui, les Recommandations professionnelles françaises reconduisent le traitement proposé dans BAEL.

Il s'agit d'une adaptation de la méthode des moments forfaitaires au cas des dalles portant dans les deux directions. Il s'ensuit les deux différences essentielles suivantes :

- Parallèlement à ℓ_x :
  - les moments minimums à prendre en compte en rive (correspondant aux chapeaux minimums) sont notablement plus élevés ;
  - les moments de continuité proposés ne font pas de distinction entre appui proche de rive ou non.
- Parallèlement à ℓ_y :
  - les moments d'encastrement en rive ou de continuité sur appuis intermédiaires sont de l'ordre de ceux développés dans la direction ℓ_x ;
  - ils imposent leur loi au calcul dans la direction ℓ_y.

Cette méthode, comme la méthode des moments forfaitaires pour les poutres, a été développée par référence aux portées ℓ_n de nu à nu des appuis.

Les valeurs proposées pour les moments sur appuis et la hauteur imposée sous la ligne de fermeture du diagramme enveloppe M assurent la compatibilité avec Eurocode.

En conséquence

Tous les calculs qui suivent peuvent être menés par référence à ℓ_n sans besoin d'autre vérification.

E-II.5.4.2.1 Diagramme enveloppe des moments

La relation de base est : $M_t + \dfrac{M_w + M_e}{2} \geq 1{,}25\,M_0$ (noter que $1{,}25\,M_0 \geq (1 + 0{,}3\alpha).M_0$ de la

règle des moments forfaitaires)

Dans la direction ℓ_x

Choisir pour les moments de continuité une des deux propositions ci-dessous.

$$|M_{a,x}| \geq 0{,}15\,M_{0,x} \qquad |M_{a,x}| \geq 0{,}4\,M_{0,x} \qquad |M_{a,x}| \geq 0{,}4\,M_{0,x}$$

$$M_{t,x} \geq M_{0,x} \qquad M_{t,x} \geq 0{,}85\,M_{0,x}$$

$$|M_{a,x}| \geq 0{,}30\,M_{0,x} \qquad |M_{a,x}| \geq 0{,}5\,M_{0,x} \qquad |M_{a,x}| \geq 0{,}5\,M_{0,x}$$

$$M_{t,x} \geq 0{,}85\,M_{0,x} \qquad M_{t,x} \geq 0{,}75\,M_{0,x}$$

Calculer les $M_{t,x}$ par la relation de base et respecter leurs valeurs minimums ci-dessus.

Dans la direction ℓ_y

Même principe avec les valeurs ci-dessous.

$$M_{a,y} \approx M_{a,x} \qquad M_{a,y} \approx M_{a,x} \qquad M_{a,y} \approx M_{a,x}$$

$$M_{t,y} \geq M_{t,x}/4 \qquad M_{t,y} \geq M_{t,x}/4$$

Important

Lorsque est retenu le choix d'un encastrement de $0{,}30\,M_0$ en rive (encastrement partiel du plancher dans les murs), les dispositions d'armature nécessaires doivent être prises pour effectivement assurer cet encastrement, avec pour conséquence la mise en flexion des murs.

E-II.5.4.2.2 Diagramme enveloppe de l'effort tranchant

Dans les deux directions, on peut admettre :

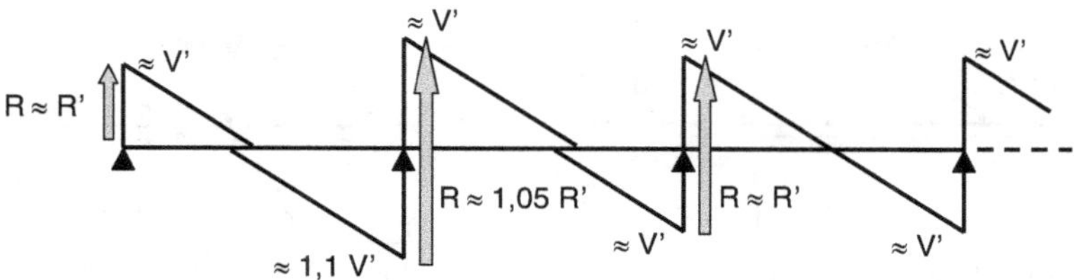

E-II.5.4.2.3 Arrêt des aciers

Dans ce cas, aucun arrêt forfaitaire des aciers n'est satisfaisant.

Il faut donc, dans chaque direction, faire une épure d'arrêt des aciers (voir § D-IV.6), même sommaire.

E-II.6 Poinçonnement [6.4]

Une grande variété de situations complexes est envisagée par Eurocode. Elles incluent notamment la protection contre le poinçonnement d'un plancher-dalle par un des poteaux qui le supportent.

L'exposé se limite ici à la vérification de non-poinçonnement d'une dalle par une charge localisée centrée n'apportant pas de moment et non située en bordure de panneau. Celle-ci peut être une charge spécifique indiquée au cahier des charges, comme la charge sous les pieds d'un système de stockage en hauteur ou sous les points d'appui d'une machine lourde. C'est aussi la charge d'exploitation concentrée Q à considérer alternativement à une charge uniformément répartie q/m^2 (voir Tableau C-III.3.1).

Dans le cas des dalles pleines, la vérification n'est à faire qu'en cas de charge poinçonnante importante. Dans le cas des hourdis de planchers nervurés, beaucoup plus fins, la vérification doit être systématique.

E-II.6.1 Description du phénomène de poinçonnement

Le poinçonnement développe des contraintes de cisaillement. Lorsqu'il y a rupture, elle se fait par poinçonnement d'un cône de béton, comme illustré sur la Figure E-II.6.1.

Tant que la contrainte moyenne de cisaillement dans le volume où se développe la surface potentielle de rupture reste inférieure à un certain seuil, il n'y a pas besoin d'armatures transversales.

Le mécanisme est alors du type de celui de la résistance au cisaillement des dalles sans aciers transversaux (§ E-II.3.1).

Au-delà, le poinçonnement du béton est supposé amorcé. Il convient alors d'ajouter des aciers transversaux capables de coudre la fissure conique matérialisant la surface de rupture.

Le mécanisme est alors du type de celui mis en œuvre pour la résistance à l'effort tranchant de l'âme des poutres (§ E-II.3.2) : il y a des fissures inclinées d'un angle θ, des aciers transversaux qui les cousent et des bielles de béton comprimé de même inclinaison θ.

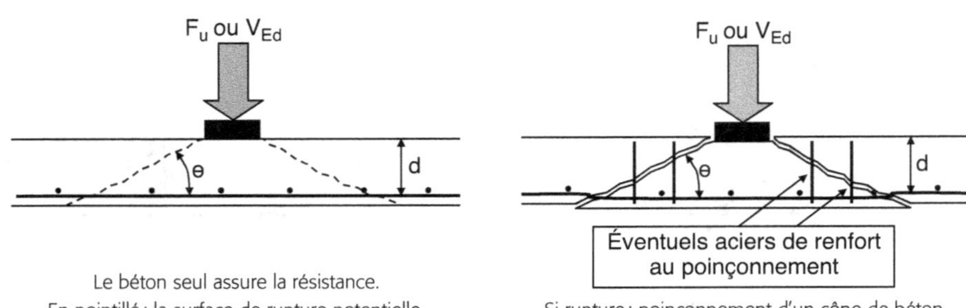

Figure E-II.6.1. Poinçonnement d'une dalle.

E-II.6.2 Prescriptions réglementaires

Comme pour tous les cas de cisaillement, les calculs sont menés à l'ELU.

En bâtiments courants, on fait en sorte qu'il n'y ait pas besoin d'ajouter spécifiquement des aciers transversaux (verticaux). Pour cela, si nécessaire on augmente l'épaisseur de la dalle. Alors, le calcul se limite à vérifier le non-poinçonnement. Eurocode demande deux vérifications relatives à la contrainte de cisaillement v_{Ed} (v minuscule) induite par le poinçonnement. Elles ont pour objet :

- la vérification qu'on reste en deçà du seuil d'amorçage de la fissure conique de poinçonnement et donc qu'on peut se dispenser d'aciers transversaux ;
- la vérification du non-écrasement du béton comprimé au voisinage de la force poinçonnante.

E-II.6.2.1 Contrainte de cisaillement v_{Ed}

La contrainte de cisaillement par poinçonnement se calcule par : $v_{Ed} = V_{Ed}/(u_i.d)$

où : $V_{Ed} = F_u$ = force poinçonnante à l'ELU ;

d = hauteur utile moyenne de l'ensemble des aciers tendus de la dalle ;

u_i = périmètre du « contour de contrôle ».

Contour de contrôle

C'est le contour dessiné par la base du cône de béton susceptible de poinçonner. Les règles de son tracé selon Eurocode sont explicitées sur la Figure E-II.6.2.

Plusieurs contours de contrôle peuvent être considérés. Pour le poinçonnement des dalles, Eurocode retient les deux contours ci-après :

- Le contour de contrôle « de référence »

  Il est tracé à une distance $\xi d = 2\,d$ des bords de l'impact et son périmètre est désigné u_1. Dans le cas des dalles, c'est lui qui est pris pour référence pour la vérification de la non-nécessité d'aciers transversaux.

- Le contour situé à l'aplomb du périmètre de l'impact

  Son périmètre est désigné u_0. Il sert de base pour vérifier le non-écrasement du béton à proximité de la force poinçonnante.

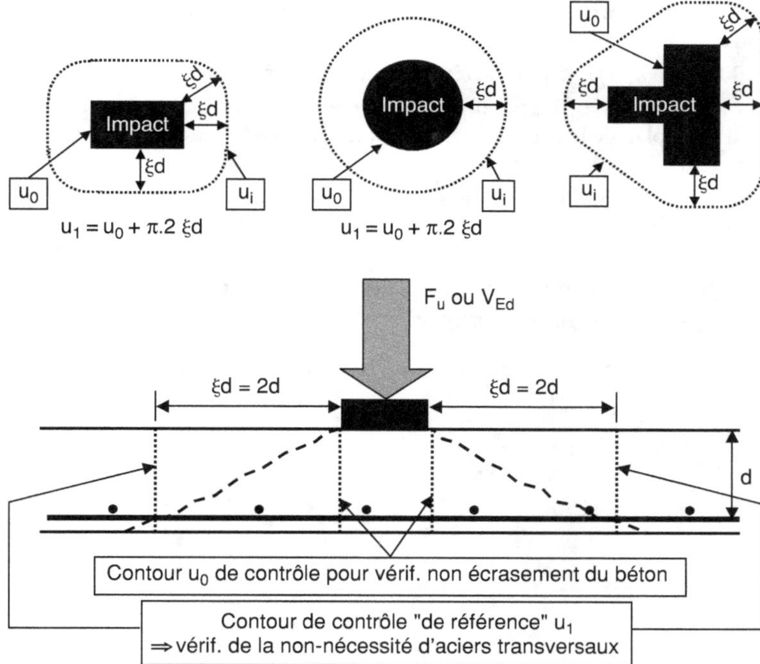

Figure E-II.6.2. Contours de contrôle.

E-II.6.2.2   Vérification qu'on peut se dispenser d'aciers transversaux

Comme déjà signalé, elle se fait le long du contour u_1.

C'est la même problématique que pour la résistance des dalles aux effets de l'effort tranchant (§ E-II.3.1 et plus en amont § D-IV.2.1) et on retrouve les mêmes formules. Quelques coefficients ont cependant été adaptés.

Il faut vérifier : capacité de résistance sans aciers transversaux $v_{Rd,c}$ ≥ contrainte v_{Ed} induite par les efforts agissants.

La contrainte v_{Ed} induite par les efforts agissants est : $v_{Ed} = V_{Ed}/(u_1.d)$

où u_1 = périmètre du contour tracé à la distance $\xi\,d = 2\,d$ de l'impact

La capacité de résistance $v_{Rd,c}$ est donnée par la formule transposée de celle déjà vue au § D-IV.2.1.

Attention

Comme déjà vu, cette formule n'est pas homogène et le respect scrupuleux des unités prescrites est impératif.

$v_{Rd,c} = C_{Rd,c}.k.(100\rho_\ell.f_{ck})^{1/3} + k1.\sigma_{cp} \geq (v_{min} + k_1.\sigma_{cp})$ où v_{min} est une contrainte

avec :

- $v_{Rd,c}$, v_{min}, σ_{cp} et f_{ck} en Mpa, d en mm et les sections $A_{s,x}$, $A_{s,y}$ et A_c en mm²
- $C_{Rd,c} = 0,18/\gamma_c$
- $k = 1 + \sqrt{200/d} \leq 2,0$ avec d en mm
- $\rho_\ell = \sqrt{\rho_{\ell x}.\rho_{\ell y}} \leq 0,02$

où : $\rho_{\ell x} = A_{s,x}/(d_x.1\ m)$ et $\rho_{\ell y} = A_{s,y}/(d_y.1\ m)$ = proportions d'armatures tendues dans les directions ℓ_x et ℓ_y

- $k_1 = 0{,}10$ (contre $k_1 = 0{,}15$ pour la résistance à l'effort tranchant)
- σ_{cp} (en Mpa) = $(\sigma_{cx} + \sigma_{cy})/2$ = moyenne des éventuelles contraintes normales extérieures agissant dans le plan de la dalle, les compressions étant comptées positives. Concerne essentiellement les dalles précontraintes
- $v_{min} = 0{,}34/\gamma_c\ f_{ck}^{1/2}$ spécifique au poinçonnement des dalles (Annexe nationale française [AF]) [6.2.2(1) NOTE]

E-II.6.2.3 Vérification du non-écrasement du béton au voisinage de la force poinçonnante

Cette vérification se fait par référence au périmètre u_0, au nu de l'impact.

On doit avoir :

$$v_{Ed,bielles} = V_{Ed}/(u_0.d) \leq v_{Rd,max} = 0{,}5.v(nu).f_{cd}$$

avec $v = 0{,}6.(1 - f_{ck}/250)$ valeur déjà vue au § D-IV.2.2

D'où $v_{Ed,bielles} \leq 0{,}3.(1 - f_{ck}/250).f_{cd}$

E-III Poteaux

E-III.1 Introduction

Les poteaux périssent habituellement par flambement. Leur calcul en est rendu très délicat et laborieux. Les prescriptions et exigences d'Eurocode font l'objet des articles [5.7 et 5.8].

Le flambement est une instabilité qui intervient en phase ultime. C'est pourquoi le calcul des poteaux est toujours mené à l'ELU.

Cet ouvrage se limite à la présentation du calcul simplifié proposé par les Recommandations professionnelles françaises pour les poteaux « en compression réputée centrée ». Ce calcul, dû à Henry Thonier, est une amélioration du calcul simplifié précédemment préconisé par BAEL. Son application est limitée aux élancements $\lambda \leq 120$ et aux bétons C20/25 à C50/60.

L'expression « compression réputée centrée » signifie que les poteaux concernés ne sont sollicités par aucun moment explicitement identifié et quantifié, le contreventement étant assuré par ailleurs. Seuls les sollicitent des moments négligés dans les calculs courants, conséquences de petits défauts géométriques et de l'encastrement négligé des poutres dans les poteaux.

Un exemple de calcul est proposé au § F.3.

E-III.2 Données géométriques des poteaux [9.5.3]

E-III.2.1 Longueur libre ℓ

Elle est désignée par ℓ. La version française d'Eurocode ne précise pas sa définition. La version anglaise est plus claire. Elle précise que ℓ est la longueur libre entre les faces des éléments retenant le poteau à ses extrémités. Alors :

- dans la direction de flambement parallèle à la poutre (voir la signification de cette notion au § E-III.3.1) : $\ell = \ell_{//}$ = hauteur entre dessus de plancher et dessous de la poutre ;
- dans la direction de flambement perpendiculaire à la poutre : cette dernière n'est d'aucune efficacité pour retenir l'extrémité du poteau $\Rightarrow$ $\ell = \ell_{\perp}$ = hauteur entre dessus de plancher et dessous de plancher.

E-III.2.2 Section béton et disposition des aciers longitudinaux

Les aciers doivent être disposés symétriquement par rapport aux axes de symétrie de la section.

E-III.2.2.1 Sections rectangulaires

$A_c = a.b$ avec $b \leq 4\,a$ et $a \geq 15$ cm

Au moins un acier à chaque angle.

Des paquets de deux aciers sont envisageables, alors obligatoirement traités comme une barre unique de diamètre équivalent ϕ_n.

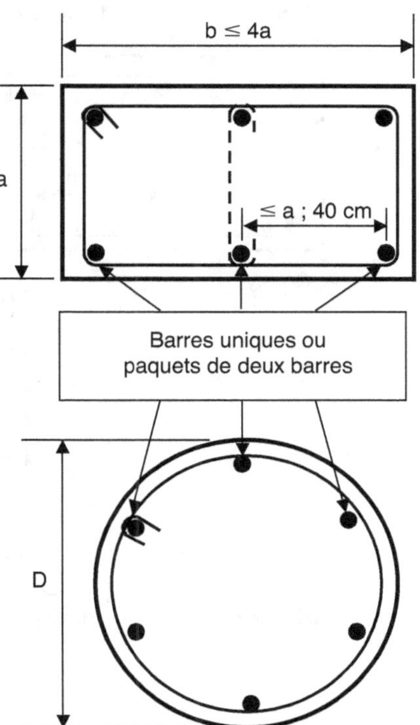

E-III.2.2.2 Sections circulaires

Diamètre $D \geq 15$ cm

$A_c = \pi.D^2/4$

Au moins quatre aciers longitudinaux.

Six aciers (ni plus ni moins) pour pouvoir appliquer le calcul simplifié.

Les cadres sont circulaires ou polygonaux, individuels ou formant une hélice continue.

E-III.2.2.3 Aciers longitudinaux

$\phi_\ell \geq 8$ mm

Distance maximum entre barres : Eurocode ne prescrit rien. L'auteur propose de reconduire la règle BAEL, à savoir : distance entre barres $\leq$ min [a ; 40 cm].

E-III.2.2.4 Aciers transversaux

Diamètre : $\phi_t \geq$ max [6 mm ; $\phi_\ell/4$]. Si armatures transversales en treillis soudé (TS) $\Rightarrow \phi_t \geq 5$ mm

Espacement en zone courante :

- $s \leq$ min [20 $\phi_{\ell,min}$; 40 cm ; a (petit côté du poteau) ou D]
- avec $\phi_{\ell,min}$ = diamètre des barres longitudinales les plus fines à tenir.

Disposition (voir Figure E-III.2.1) :

- Tous les aciers longitudinaux des angles sont obligatoirement tenus par des aciers transversaux s'opposant directement à leur déplacement vers l'extérieur.
- Les aciers longitudinaux disposés le long des faces peuvent ne pas être tenus s'ils se trouvent à une distance $a_s \leq 15$ cm d'une barre tenue.

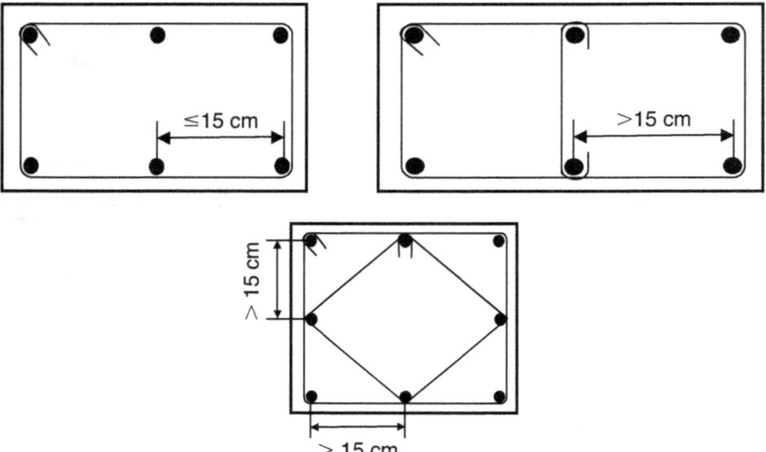

Les dispositions spécifiques aux pieds et têtes des poteaux sont traitées au § E-III.5.

Figure E-III.2.1. Nécessité ou non de tenir les barres longitudinales disposées le long des faces. Dans un poteau à 8 aciers, la disposition ci-dessus est préférable à deux épingles en croix.

E-III.3 Prise en compte du flambement [5.8.3.1]

La théorie du flambement a été élaborée par Euler. Elle s'appuie notamment sur l'hypothèse que la déformée de flambement est sinusoïdale.

E-III.3.1 Longueur de flambement

Elle est désignée ℓ_0. C'est, toutes choses égales par ailleurs, la longueur du poteau bi-articulé (une rotule à chacune de ses deux extrémités) qui aurait le même comportement au flambement.

Une fois la longueur ℓ_0 du poteau déterminée, tous les calculs sont faits sur le poteau bi-articulé équivalent de longueur ℓ_0.

Dans les conditions de la RDM, avec un matériau parfaitement élastique, les valeurs de ℓ_0 sont celles de la Figure E-III.3.1.

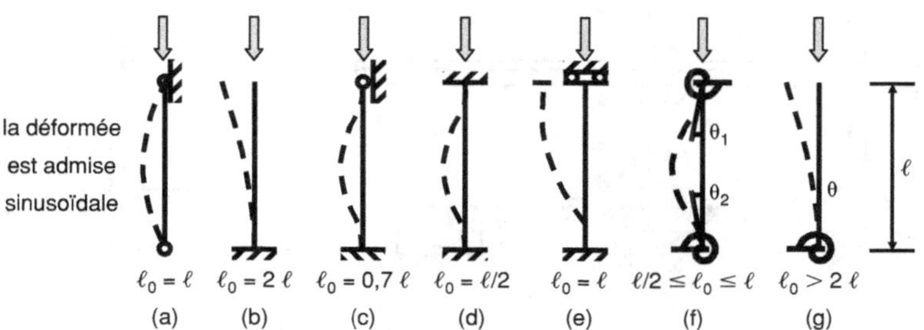

Figure E-III.3.1. Longueurs de flambement ℓ_0 d'après la RDM.

Dans le cas des bâtiments courants en béton armé, les nœuds de structure ne se comportent jamais comme des rotules parfaites ni comme des encastrements parfaits. La vérité est intermédiaire et représentée par les cas (f) et (g) de la Figure E-III.3.1. Elle est plus proche de la rotule ou de l'encastrement selon le contexte. Par ailleurs, dans le cas des bâtiments contreventés par des murs (le seul traité dans cet ouvrage) les déplacements horizontaux des pieds ou têtes de poteaux sont supposés empêchés (bien qu'ils ne soient jamais absolument nuls) et le cas (e) n'est pas à considérer.

Seul le cas du mât (cas (b) et (g)) est sans ambiguïté. Il est particulièrement sévère, puisque $\ell_0 \geq 2\,\ell$.

Pour les poteaux d'étages courants des bâtiments, lorsque le contreventement est assuré par des murs en quantité et qualité suffisantes (voir § C-III.4.3) il n'y a pas de déplacements horizontaux notables. Il est alors préconisé ce qui suit :

* Si les poteaux ont un bon encastrement en pied *et* en tête $\Rightarrow \ell_0 \approx 0,7\,\ell$
* sinon, se contenter de $\ell_0 = \ell$

On a un «bon encastrement» lorsque le poteau est encastré dans un élément de raideur supérieure ou égale à la sienne. On admet généralement que c'est le cas lorsqu'il est encastré dans :

* une fondation ;
* une poutre d'inertie supérieure ou égale à celle du poteau, qui est prolongée de part et d'autre jusqu'à un autre appui.

Si, sur un appui, une poutre est prolongée en console, la qualité de l'encastrement du poteau n'en est pas améliorée. En effet, une console suit la rotation du nœud dans lequel elle est encastrée et n'apporte aucune raideur supplémentaire à ce nœud $\Rightarrow$ mauvais encastrement.

Enfin, le rapport ℓ_0/ℓ dépend de la direction de flambement considérée : selon une direction ou l'autre, les conditions d'encastrement peuvent être différentes.

L'ensemble de ces points et la numérotation des directions de flambement (1 et 2) utilisée dans les commentaires qui suivent sont illustrés sur la Figure E-III.3.2.

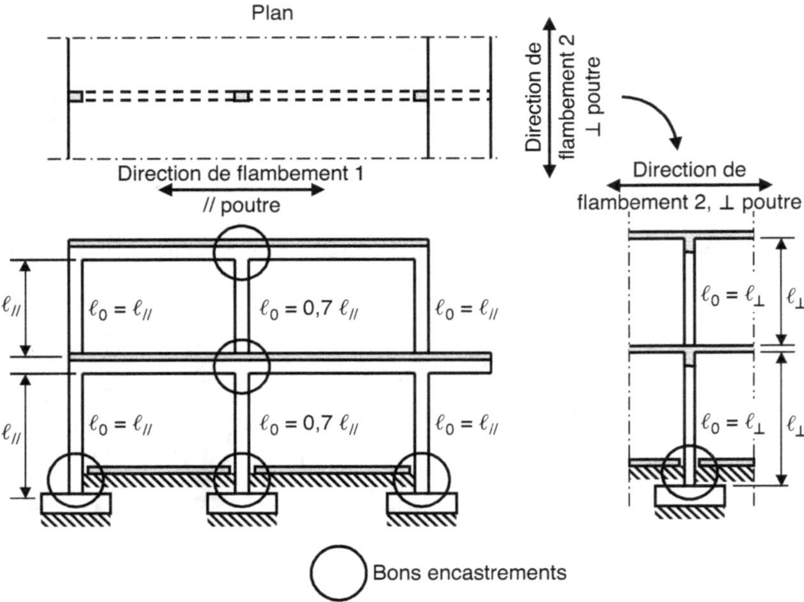

Figure E-III.3.2. Longueurs de flambement dans les bâtiments contreventés par des murs et directions de flambement.

E-III.3.1.1 Direction de flambement parallèle à la poutre (direction 1)

On a alors $\ell = \ell_{//}$ et c'est pour cette direction de flambement que la poutre est la mieux positionnée pour apporter un encastrement efficace des poteaux.

Le poteau médian au niveau inférieur :

- est encastré en pied dans une fondation ⇒ bon encastrement ;
- est encastré en tête dans une poutre d'inertie supérieure à celle du poteau, qui est prolongée de part et d'autre jusqu'à un autre appui. ⇒ bon encastrement ;
- ⇒ bien encastré en pied et en tête ⇒ dans cette direction, on a : $\ell_{0//} = 0,7\ \ell_{//}$

Le poteau médian au niveau supérieur :

- il est encastré en pied et en tête dans une poutre d'inertie supérieure à celle du poteau, qui est prolongée de part et d'autre jusqu'à un autre appui ;
- ⇒ bien encastré en pied et en tête ⇒ dans cette direction on a : $\ell_{0//} = 0,7\ \ell_{//}$

Les autres poteaux n'ont pas un « bon encastrement » à leurs deux extrémités ⇒ $\ell_{0//} = \ell_{//}$

E-III.3.1.2 Direction de flambement perpendiculaire à la poutre (direction 2)

On a alors $\ell = \ell_{\perp}$. Au niveau des planchers, dans cette direction 2, il n'y a aucun élément s'opposant efficacement à la rotation des nœuds de liaison des poteaux ⇒ mauvais encastrements.

La poutre ne peut s'y opposer qu'en torsion, or les raideurs en torsion sont très faibles. Quant au plancher, il est correctement disposé pour s'opposer à la rotation des nœuds, mais très mince comparé à la largeur du poteau ; il est trop souple pour apporter un encastrement suffisant. ⇒ Dans cette direction, pour tous les poteaux : $\ell_{0\perp} = \ell_\perp$.

E-III.3.1.3 Autres cas

Il se peut qu'un poteau soit à la jonction de deux poutres orthogonales, ou bien dans un angle d'un bâtiment, ou bien à l'intérieur avec les deux poutres continues de part et d'autre. Alors, il faudrait aussi se poser la question du risque de flambement dans la direction diagonale du poteau. Dans le cas de poteaux rectangulaires ou carrés dans les bâtiments courants, généralement on s'en dispense.

Il existe aussi des cas où il n'y a pas de poutre : ce sont les cas de planchers-dalles. Alors, les poutres sont remplacées par des bandes renforcées intégrées dans l'épaisseur de la dalle. Généralement, la raideur de l'ensemble est insuffisante pour considérer qu'il apporte un «bon encastrement».

E-III.3.2 Élancement

Il caractérise la susceptibilité du poteau au flambement. Plus il est grand, plus le poteau risque de flamber et plus grande doit être la quantité d'aciers longitudinaux pour s'en prémunir.

Sa valeur est : $\lambda = \ell_0/i$

où i = rayon de giration de la section = $\sqrt{I/A_c}$

avec I = inertie de la section béton A_c du poteau par rapport à l'axe passant par son centre de gravité et perpendiculaire à la direction de flambement considérée.

Pour chaque poteau, il faut donc considérer autant de valeurs de λ que de directions de flambement, généralement deux.

Le calcul de résistance qui en découle est d'abord fait dans la direction la plus défavorable, celle à laquelle correspond la plus grande valeur de λ. Puis, si nécessaire, une vérification est faite dans l'autre direction. Pour les poteaux rectangulaires, cette vérification est nécessaire dès que le ferraillage comprend une ou des barres disposées le long des faces (voir § E-III.4.2.2).

E-III.3.2.1 Notation

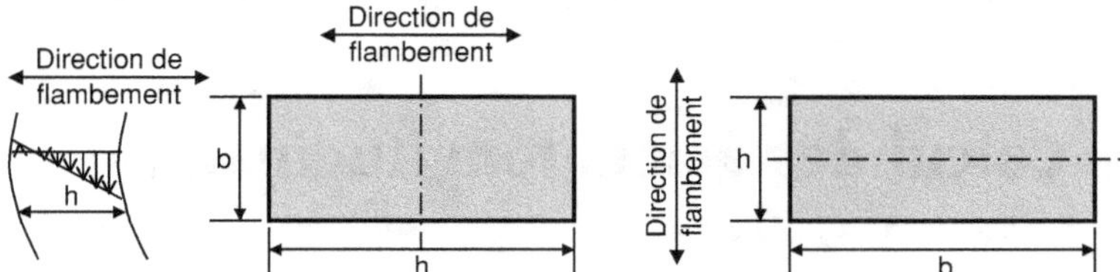

Figure E-III.3.3. Calcul des poteaux : axe d'inertie, h et b à prendre en compte selon la direction de flambement.

Elle est présentée sur l'exemple de poteaux rectangulaires et illustrée sur la Figure E-III.3.3. Elle est à transposer pour les poteaux non rectangulaires.

Le flambement se traduit par une déformation de flexion et les notations sont celles de la flexion. Alors :

- largeur du poteau parallèle à la direction de flambement = hauteur h de la section ;
- l'autre dimension = largeur b de la section.

E-III.3.2.2 Valeur de λ pour les poteaux rectangulaires

$$I = b.h3/12 \qquad A_c = b.h \Rightarrow i = \sqrt{I/A_c} = \sqrt{\frac{(b.h^3/12)}{b.h}}$$

D'où : $\lambda = \ell_0/i = \dfrac{\ell_0}{h}.\sqrt{12} \approx 3,5.\dfrac{\ell_0}{h}$

Nota

$\ell_0 = 10\,h \Rightarrow \lambda = 35$ et par extension $\ell_0 = 20\,h \Rightarrow \lambda = 70$. Ces deux repères simples permettent une estimation facile et rapide de λ. Il convient aussi de retenir $\ell_0 = 25\,h \Rightarrow \lambda = 86$ qui est une limite rencontrée plus loin.

On a tendance à considérer que la valeur la plus défavorable de λ est dans le cas où h = petit côté de la section. Compte tenu des conditions d'encastrement, ce n'est pas toujours le cas.

En voici un exemple ci-contre.

Avec une longueur libre $\ell_\perp = 285$ cm et $\ell_{//} = 265$ cm, le poteau relie deux niveaux identiques $\Rightarrow$ mêmes conditions d'encastrement en pied et en tête.

- Flambement parallèle à la poutre :

  h = 25 cm, $\ell_{0//} = 0,7\,\ell_{//} \Rightarrow \lambda_{//} = 26$

- Flambement perpendiculaire à la poutre :

  h = 30 cm, $\ell_{0\perp} = \ell_\perp \Rightarrow \lambda_\perp = 33$

C'est le flambement parallèlement au plus long côté qui conduit à la valeur de λ la plus défavorable.

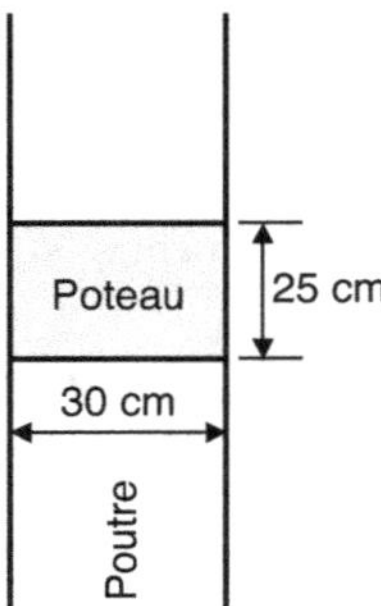

E-III.3.2.3 Valeur de λ pour les poteaux circulaires de diamètre D

On a alors : $\lambda = 4.\dfrac{\ell_0}{D}$

Nota

Un poteau circulaire a le même rayon de giration i quelle que soit la direction de flambement considérée. Son λ le plus défavorable est donc dans la direction de plus fort ℓ_0.

- S'il est encastré dans une poutre : parallèlement à la poutre, on a $\ell_{0//} = 0,7\,\ell_{//}$ et perpendiculairement, on a $\ell_{0\perp} = \ell_\perp \Rightarrow \lambda$ le plus défavorable découle de : $\ell_0 = \ell_\perp$

- S'il aboutit à la croisée de deux poutres on a $\ell_0 = \ell_{//}$ dans les deux directions. Par contre, la direction de flambement la plus défavorable est alors selon la bissectrice de deux poutres, direction dans laquelle les poutres sont peu efficaces pour s'opposer à la rotation du nœud. Dans ce cas, il est prudent de considérer qu'on ne dispose pas d'un « bon encastrement » $\Rightarrow \ell_0 = \ell$

E-III.4 Calcul des aciers longitudinaux

E-III.4.1 Sections minimum et maximum d'acier [9.5.2]

Hors des zones de recouvrement : $A_{s,max} = 0,04\,A_c$

Hors des zones de recouvrement : $A_{s,min} = 0,1.N_{Ed}/f_{yd} > 0,002\,A_c$

qui peut aussi s'écrire : $A_{s,min} = 0,1.N_u/f_{yd} > 0,002\,A_c$

E-III.4.2 Section mécaniquement nécessaire

Il s'agit d'une désignation propre à l'auteur. Elle représente la section d'aciers longitudinaux $A_{s,mec\ nec}$ nécessaire pour assurer la résistance requise compte tenu du risque de flambement.

Pour les poteaux rectangulaires, seuls peuvent être pris en compte les aciers disposés proches des deux faces perpendiculaires à la direction de flambement considérée à une distance d' $\leq \min [0,3\ h\ ;\ 10\ cm]$ de cette face.

Pour les poteaux circulaires, $A_{mec\ nec}$ doit compter au moins quatre aciers uniformément répartis sur la circonférence du poteau et disposés à une distance du parement d' $\leq \min [0,3\ D\ ;\ 10\ cm]$.

Tout acier disposé ailleurs ne peut être compté dans $A_{s,mec\ nec}$. La Figure E-III.4.1 en propose quelques exemples.

C'est de cette section $A_{s,mec\ nec}$ que traitent les formules de calcul ci-après.

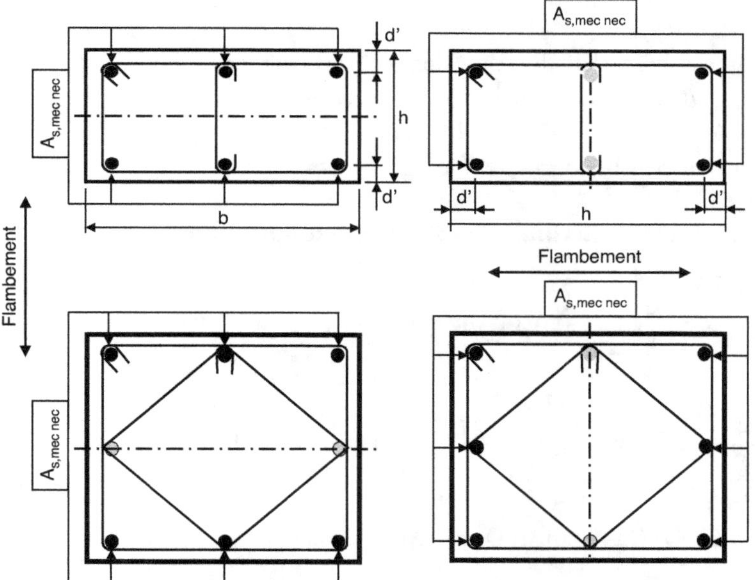

Figure E-III.4.1. Définition de d' et aciers pouvant être comptés dans $A_{s,mec\ nec}$ selon les cas.

E-III.4.2.1 Formule de calcul de $A_{mec\ nec}$

Rappel

Il s'agit de la formule issue du calcul simplifié proposé par les Recommandations professionnelles françaises pour les poteaux en « compression réputée centrée ». Son application est limitée aux élancements $\lambda \leq 120$ et aux bétons C20/30 à C50/60.

Il s'agit de vérifier :

$$N_{Rd} \geq N_{Ed} = N_u \text{ avec } N_{Rd} = k_h.k_s.\alpha.(A_c.f_{cd} + A_{s,mec\ nec}.f_{yd})$$

Soit : $A_{s,mec\ nec} \geq (\dfrac{N_u}{k_h.k_s.\alpha} - A_c.f_{cd})/f_{yd}$

Les valeurs de k_h, k_s et α, différentes selon que le poteau est rectangulaire ou circulaire, sont données plus loin.

$N_{Ed} = N_u$ doit inclure le poids du poteau.

En effet, l'effort de N_{Ed} = Nu est celui qui sollicite le poteau dans sa section critique qui est sa section de courbure maximum du fait du flambement. À part le cas (a) de la Figure E-III.3.1, la section de pied du poteau, dont la sollicitation inclut le poids du poteau, est la section critique (cas (b), (e), (g)) ou fait partie des sections critiques (cas (c), (d), (f)).

E-III.4.2.2 Poteaux rectangulaires

$$\alpha = \frac{0,86}{1 + \left(\dfrac{\lambda}{62}\right)^2} \quad \text{si } \lambda \leq 60$$

$$\alpha = \left(\frac{32}{\lambda}\right)^{1,3} \quad \text{si } 60 < \lambda \leq 120 \qquad k_h = (0,75 + 0,5h).(1 - 6\rho.\delta) \text{ si } h < 0,50 \text{ m} \quad \text{sinon } k_h = 1$$

avec :
- $\delta = d'/h$: enrobage relatif des aciers longitudinaux (voir Figure E-III.4.1) ;
- $\rho = A_{s,mec\,nec}/(b.h)$: proportion d'aciers longitudinaux.

$k_s = 1,6 - 0,6\,f_{yk}/500 \geq 1 \quad$ si $f_{yk} > 500$ MPa $et\,\lambda > 40$

sinon $k_s = 1$ ($\Rightarrow$ aciers B500 $\Rightarrow k_s = 1$)

E-III.4.2.3 Poteaux circulaires à six aciers longitudinaux

$$N_{Rd} = k_h.k_s.\alpha\,.(\pi D^2/4.f_{cd} + A_{s,mec\,nec}.f_{yd})$$

$$\text{soit : } A_{s,mec\,nec} \geq (\frac{N_u}{k_h.k_s.\alpha} - \pi D^2/4.f_{cd})/f_{yd}$$

où :

$$\alpha = \frac{0,84}{1 + \left(\dfrac{\lambda}{52}\right)^2} \quad \text{si } \lambda \leq 60 \quad \text{et} \quad \alpha = \left(\frac{27}{\lambda}\right)^{1,24} \quad \text{si } 60 < \lambda \leq 120$$

$k_h = (0,70 + 0,5\,D).(1 - 8\rho.\delta) \quad$ si $D < 0,60$ m $\quad$ sinon $k_h = 1$

avec :
- $\delta = d'/D$ = enrobage relatif des aciers longitudinaux ;
- $\rho = A_{s,mec\,nec}/\dfrac{\pi D^2}{4}$ = proportion d'aciers longitudinaux.

$k_s = 1,6 - 0,65\,f_{yk}/500 \geq 1 \quad$ si $f_{yk} > 500$ MPa $et\,\lambda > 30$

sinon $k_s = 1$ ($\Rightarrow$ aciers B500 $\Rightarrow k_s = 1$)

E-III.4.2.4 Remarques

- Alors que le calcul proposé par BAEL était limité supérieurement à l'élancement $\lambda = 70$, celui-ci est applicable jusqu'à $\lambda = 120$.

  Pouvoir gérer un élancement $\lambda = 120$ est utile dans certains cas particuliers, mais c'est très élevé. Dans les cas courants, l'auteur suggère de se limiter à $\lambda = 86 \Leftrightarrow \ell_0 = 25$ h. C'est la limite supérieure imposée par Eurocode pour les murs banchés calculés avec les règles des poteaux (voir § E-IV.1.2.2).

- Dans les formules de calcul de $A_{s,mec\ nec}$

  Rappel : $A_{s,mec\ nec} \geq (\dfrac{N_u}{k_h.k_s.\alpha} - b.h.f_{cd})/f_{yd}$ et $A_{s,mec\ nec} \geq (\dfrac{N_u}{k_h.k_s.\alpha} - \pi\ D^2/4.f_{cd})/f_{yd}$

  Lorsque $h < 50$ cm, la valeur du coefficient k_h est fonction de $A_{s,mec\ nec}$ cherché. La valeur de $A_{s,mec\ nec}$ ne peut donc être atteinte que par approximations successives.

  - Une aide au calcul est proposée pour cela au § G.2.2.5.
  - Elle s'appuie notamment sur $\sigma_{c,moy} = N_u/(a.b)$ dont la valeur sera réutilisée pour le calcul des attentes (§ E-III.7.3).

  Lorsque $h \geq 50$ cm : $k_h = 1$ et le calcul de $A_{s,mec\ nec}$ est direct.

- Dans $N_{Rd} = k_h.k_s.\alpha\ .(b.h.f_{cd} + A_{s,mec\ nec}.f_{yd})$ ou $N_{Rd} = k_h.k_s.\alpha\ .(\pi D^2/4.f_{cd} + A_{s,mec\ nec}.f_{yd})$, on reconnaît à l'intérieur des parenthèses $(A_c.f_{cd} + A_{s,mec\ nec}.f_{yd})$ l'effort que reprendrait le poteau si le béton et les aciers travaillaient à leur contrainte maximum admissible. **C'est l'effort que pourrait reprendre le poteau en compression simple sans flambement et après fluage du béton.** Du fait de l'adhérence, les déformations de l'acier et du béton sont identiques et à l'ELU en compression simple on a :

  - avant fluage : $\varepsilon_s = \varepsilon_c = 2$ ‰ $< \varepsilon_{yd} \Rightarrow \sigma_s < f_{yd}$
  - mais après fluage : $\varepsilon_s = \varepsilon_c = 2$ ‰$.(1 + \phi) > \varepsilon_{yd} \Rightarrow \sigma_s \geq f_{yd}$ arrondi à $\sigma_s = f_{yd}$

- Si un poteau rectangulaire a des aciers longitudinaux disposés le long de ses quatre faces (par exemple comme sur les croquis de la Figure E-III.4.1), pour chaque direction de flambement considérée, seuls les aciers disposés le long des faces perpendiculaires à la direction de flambement peuvent être comptés dans $A_{s,mec\ nec}$. En revanche, c'est la section de la totalité des aciers qui doit être comparée à $A_{s,max}$.

E-III.5 Dispositions spécifiques en pied et en tête [9.5.3]

Les dispositions nécessaires sont schématisées sur la Figure E-III.5.1.

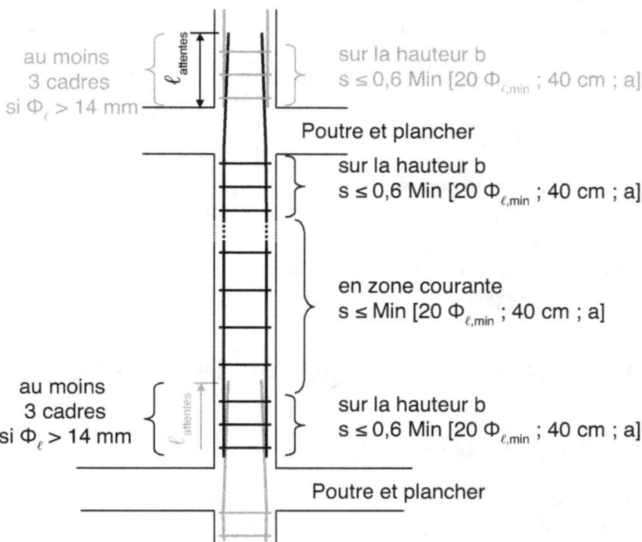

Figure E-III.5.1. Dispositions en tête et en pied de poteau.

E-III.5.1 Disposition de l'article [9.5.3]

Dans les zones au-dessus et au-dessous des poutres et planchers, sur la longueur b, les cadres sont plus rapprochés ⇒ espacement maximum multiplié par 0,6.

Les attentes assurent, par recouvrement, la continuité du ferraillage d'un niveau à l'autre. Si les aciers en recouvrement sont de diamètre ϕ_ℓ > 14 mm ⇒ au moins trois cadres doivent être présents pour coudre leur recouvrement.

E-III.5.2 Dispositions complémentaires

Elles sont notamment issues des pratiques antérieures.

* Le premier cadre en pied de poteau est placé à une distance ≥ 2 cm de l'extrémité des barres.
* Lorsque le recouvrement au niveau des attentes doit être cousu par au moins trois cadres :
  – le premier cadre est placé comme indiqué ci-dessus ;
  – le troisième doit rester à l'intérieur de la zone effective de recouvrement, à une distance ≥ 2 cm de son extrémité.
* Les cadres disposés dans la hauteur de l'ensemble poutre + plancher font obstacle à la mise en place du ferraillage des poutres. Dans la mesure du possible, on essaye de les éviter.
  – La disposition d'Eurocode imposant une densification des aciers transversaux de part et d'autre de cette zone (en pied et en tête de poteau : $s = 0,6\ s_{courant}$) semble avoir été développée à cette fin : tenir plus fermement les aciers longitudinaux de part et d'autre de la zone poutre + plancher, en espérant pouvoir s'en affranchir à sa traversée.
  – La zone la plus critique est sur à la hauteur de la retombée de la poutre.

Proposition de l'auteur
* Si la retombée de la poutre est ≤ environ 30 à 40 cm, on se dispense de cadres dans la zone.
* Si elle est plus haute, il est conseillé de prévoir des cadres.

Ceux-ci doivent alors pouvoir être mis en place au dernier moment, dans le coffrage et les autres ferraillages déjà en place. Pour cela, ils sont souvent constitués de deux demi-cadres en U se recouvrant comme illustré ci-contre.

Si le recouvrement de deux U est plus court que ℓ_{bd}, la force du cadre reconstitué est limitée à celle du recouvrement et il faut en tenir compte.

Une autre solution est de prévoir des cadres classiques mais non solidarisés à la cage de ferraillage. Charge au chantier de les glisser en place le long des aciers longitudinaux après la mise en place des cages de ferraillage des poutres.

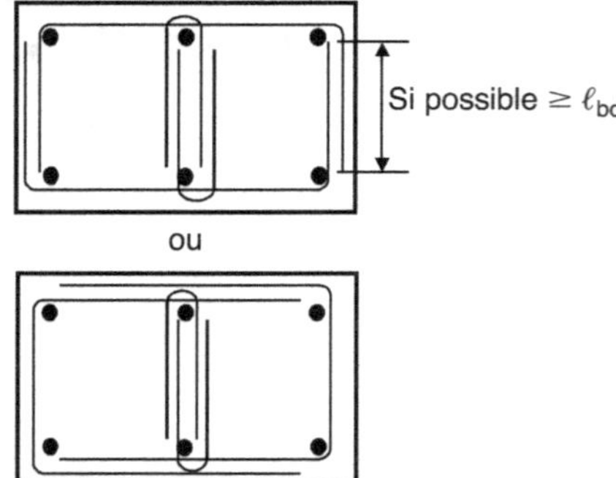

E-III.5.3 Organisation et longueur des attentes

E-III.5.3.1 Organisation des attentes

Les attentes sont constituées par le prolongement des aciers du bas (ou seulement une partie de ces aciers, voir Figure E-III.6.1). Leur section sera désignée $A_{s,attentes}$.

Elles doivent être coiffées par la cage d'armatures du poteau du dessus, comme illustré sur la Figure E-III.5.1. Pour cela, les attentes sont libres de tout cadre et resserrées pour entrer à l'intérieur de la cage de ferraillage du dessus. Si l'angle de déviation des barres pour les resserrer a une tangente ≤ 1/12, c'est le cas général, aucune précaution particulière n'est nécessaire.

E-III.5.3.2 Longueur des attentes

La longueur des attentes est la longueur nécessaire de recouvrement ℓ_0 (à ne pas confondre avec la longueur de flambement du poteau) des aciers longitudinaux pour transmettre au poteau du bas l'effort de chaque barre du poteau du haut.

Sur cette zone, 100 % des aciers sont en recouvrement $\Rightarrow \alpha_6 = 1,5$ et $\ell_0 = 1,5\,\ell_{b,rqd}$. (voir § C-II.5.2.2). S'agissant de barres verticales, on a toujours une bonne qualité d'adhérence et sachant qu'en compression $\alpha_1, \alpha_2, \alpha_3$ et $\alpha_5 = 1$, pour un recouvrement total d'aciers proches les uns des autres, on a : $\ell_{attentes} = 1,5\,\ell_{bd,nom}$

Cela est très différent des prescriptions de BAEL qui, pour les attentes toujours comprimés des poteaux, proposait au contraire : $\ell_{attentes} < \ell_{bd,nom}$, exactement $\ell_{attentes} = 0,6\,\ell_{bd,nom}$

Pour s'en rapprocher (les ouvrages construits selon BAEL n'ayant pas mis en évidence une sous-estimation de la longueur des attentes dans les poteaux), l'Annexe nationale française (AF) préconise de recourir ici à un recouvrement partiel.

Ce recouvrement entre aciers du poteau du bas et du poteau du haut, matérialisé par les attentes, est situé en pied du poteau du haut. Les attentes doivent donc être dimensionnées pour la sollicitation régnant en pied du poteau du haut.

Dans le cas des poteaux en compression réputée centrée, l'interprétation qui a cours en France en 2010 est la suivante.

E-III.5.3.2.1 Cas des poteaux bi-articulés

Ce sont les poteaux du cas (a) de la Figure E-III.3.1.

Leurs zones de pied et de tête étant assimilées chacune à une articulation, le moment les sollicitant est assimilé à un moment nul.

Cette articulation n'étant pas parfaite, il est préconisé ce qui suit.

Le coefficient $\alpha_6 = 1,5$ s'applique aux armatures $A_{s,pied}$ calculées suivant le maximum de :

$A_{s,min} = 0,1.N_{Ed}/f_{yd} > 0,002\,A_c$ (§ E-III.4.1) ;

A_s calculé par la flexion composée tenant compte uniquement de l'excentricité du premier ordre $e_0 = \max\,[h/30\,; 20\,mm]$ avec h = hauteur de la section (Eurocode [6.1(4)]) ;

Un exemple de ce calcul est proposé en annexe § E-III.7.

Si $A_{s,pied} < A_{s,attentes}$ la longueur nécessaire d'attentes est calculée comme un recouvrement partiel dans la proportion $A_{s,pied}/A_{s,attentes}$.

Nota

Si dans l'autre direction de flambement, les conditions d'extrémité ne sont pas toutes deux assimilables à une articulation, les attentes doivent de plus être vérifiées vis à vis de cette direction conformément aux prescriptions du § E-III.5.3.2.2 suivant.

De fait, cette vérification n'est nécessaire que dans deux cas.

- Si, malgré un calcul mené dans la direction de flambement la plus probable, celle associée à la plus grande valeur de λ, il subsiste un risque de flambement dans l'autre direction. Ce n'est le cas que lorsque la valeur de λ dans cette autre direction est proche de celle dans la direction du calcul de base.
- Si dans l'autre direction (voir le troisième point du § E-III.4.2, quelques aciers ne peuvent être comptés dans $A_{s,mec\ nec}$.

E-III.5.3.2.2 Cas des autres poteaux (non bi-articulés)

Dans ce cas, à leur(s) extrémité(s) non articulée(s) le calcul doit inclure en plus l'excentricité du second ordre e_1. C'est celle associée à la flèche que prend le poteau lors de son flambement en phase ultime. Elle est conséquente et très supérieure à e_0.

Dans ces conditions, la prescription française s'écrit :

Le coefficient $\alpha_6 = 1{,}5$ s'applique aux armatures $A_{s,pied}$ calculées suivant le maximum de :

* $A_{s,min} = 0{,}1 . N_{Ed}/f_{yd} > 0{,}002\ A_c$ (§ E-III.4.1) ;
* A_s calculé par la flexion composée tenant compte de l'excentricité du deuxième ordre.
* C'est, par définition, la section d'acier $A_{s,mec\ nec}$ calculée comme vu au § E-III.4.2.

Poteaux avec extrémité(s) parfaitement encastrée(s)

Ce sont les cas (c), (d) et (e) de la Figure E-III.3.1 rappelés sur la Figure E-III.5.2 ci-contre.

> *Nota*
>
> Le cas (e), qui ne concerne pas les poteaux contre-ventés, n'est cité ici que pour mémoire.

Dans l'hypothèse de la déformée sinusoïdale, les zones de moment maximum sont les zones de courbure maximum, donc les zones des extremums de la sinusoïde.

Dans le cas (e) les sections de courbure maximum sont les deux sections d'encastrement.

Dans les cas (c) et (d), chaque section d'encastrement est encore une section de courbure maximum (même s'il existe aussi une autre section de courbure maximum en pleine longueur du poteau).

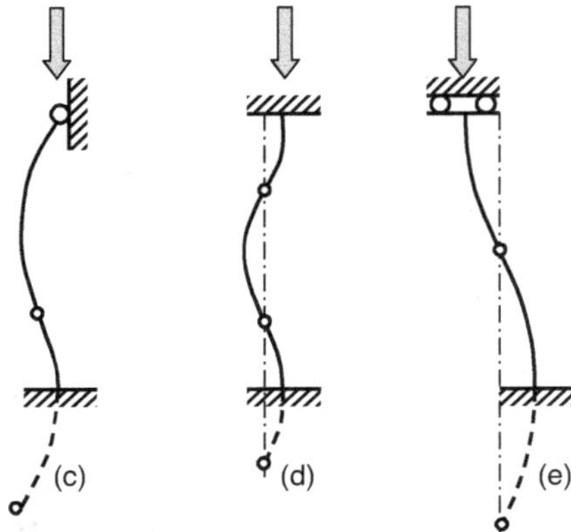

Figure E-III.5.2. Déformée de flambement et courbure dans la zone d'encastrement en pied.

Chaque extrémité encastrée est une section de courbure maximum. Elle doit être traitée avec $A_s = A_{s,mec\ nec}$.

L'éventuelle extrémité articulée doit être traitée comme celle d'un poteau bi-articulé.

On peut traiter les attentes comme un recouvrement partiel, dans la mesure où $A_{s,attentes} > A_{s,mec\ nec}$ poteau du haut. Ce qui est généralement le cas.

Poteaux avec extrémité(s) partiellement encastrée(s)

Cas (f) de la Figure E-III.3.1.

C'est la situation des poteaux réels dans les structures réelles. On est alors dans une situation intermédiaire entre l'articulation et l'encastrement parfait, plus près de l'un ou de l'autre selon les raideurs respectives des poteaux et poutres concernés.

En bâtiments courants, à défaut d'un décompte précis et délicat des raideurs de chaque composant, l'auteur propose de se placer du côté de la sécurité et de traiter les attentes à un nœud partiellement encastré comme dans le cas d'un encastrement parfait $\Rightarrow A_s = A_{s,mec\ nec}$.

Cas des mâts

Cas (b) et (g) de la Figure E-III.3.1.

La section la plus sollicitée est la section de jaillissement de l'encastrement en pied.

On a donc dans sa section d'encastrement $A_s = A_{s,\text{mec nec}}$ du mât.

E-III.5.3.3 Comparaison avec BAEL

Elle est proposée sur l'exemple d'un béton C25/30.

Pour les poteaux en compression réputée centrée, BAEL prescrivait $\ell_{\text{attentes}} = 0{,}6\,\ell_{\text{bd,nom}} \approx 26\,\phi$

- Dans le cas des poteaux bi-articulés, le calcul exposé ci-dessus conduit souvent à :
  $\ell_{\text{attentes}} = \ell_{0,\text{min}} = \alpha_6 \times \max\,[15\,\phi_\ell\,;\,200\text{ mm}] \Rightarrow$ généralement à $\ell_{\text{attentes}} = 1{,}5 \times 15\,\phi \approx 23\,\phi$, ce qui rejoint à peu près la prescription BAEL.

- Dans les autres cas, on peut atteindre $\ell_{\text{attentes}} = \alpha_6 \times \ell_{\text{bd,nom}} = 1{,}5 \times 40\,\phi = 60\,\phi$, ce qui est 2,3 fois plus que la prescription BAEL.

  Cet écart peut cependant souvent être diminué par la prise en compte d'un recouvrement partiel dans la proportion $\dfrac{A_{s,\text{mec nec}} \text{ poteau du haut}}{A_{s,\text{attentes}}}$.

E-III.5.3.4 Incertitude sur la longueur des attentes

La longueur d'attente n'est jamais cotée sur un plan. C'est en fait la longueur libre des aciers du poteau inférieur qui reste disponible pour un recouvrement avec les aciers du poteau supérieur.

Elle cumule les incertitudes sur :

- la cote d'assise du ferraillage à son pied ;
- la longueur de coupe des aciers ;
- la hauteur entre le dessus du plancher brut du bas et la sous-face du plancher du haut + l'épaisseur brute du plancher du haut.

Il s'agit des incertitudes liées à la tolérance dimensionnelle. En béton armé, la tolérance est de ± 1 cm sur les dimensions finies. L'incertitude sur les cotes brutes peut être plus grande, c'est particulièrement le cas de la cote d'assise du ferraillage, très dépendante des irrégularités de la surface de reprise.

L'amplitude des incertitudes cumulée est donc ≈ 4 cm.

Proposition de l'auteur

Les longueurs d'attente calculées conformément au § E-III.5.3.2 ci-dessus pouvant être très courtes, il n'est pas question de les amputer encore en ignorant ou sous-estimant les incertitudes.

- Sur un plancher

  Incertitude maximum = 4 cm arrondi à 5 cm

  Alors : ℓ_{attente} sur un plancher $\geq \ell_0 + 5$ cm

- Sur fondation

  Les fondations sont le domaine des incertitudes. Lors du coulage de leur béton, c'est le niveau d'arase du terrassement qui sert de référence (voir Figure E-V.2.2), l'incertitude sur sa hauteur h est ≥ 5 cm. S'y ajoute une incertitude presque aussi grande sur l'altitude du pied des attentes (voir Figure E-V.2.3).

  Incertitude maximum ≈ 5 + 5 = 10 cm

  Alors : ℓ_{attente} niveau fondation $\geq \ell_0 + 10$ cm

E-III.6 Raccordement de poteaux de géométries différentes [9.5.3]

Les diverses dispositions possibles sont illustrées sur la Figure E-III.6.1. Elles s'appuient notamment sur des barres déviées, autorisées par Eurocode, et sur des barres éclisses. Il est aussi possible de mixer ces solutions.

Barres déviées et poussée au vide

Il y a poussée au vide lorsque, au niveau de son changement de direction, une barre est proche d'un parement.

Les barres comprimées poussent au vide dans les angles saillants $\Rightarrow$ risque d'éclatement du béton d'enrobage avec flambement des aciers ainsi libérés.

Les barres tendues poussent au vide dans les angles rentrants $\Rightarrow$ risque d'éclatement du béton d'enrobage par ces barres qui ont tendance à couper tout droit à l'intérieur de l'angle.

Cas du raccordement par barres déviées de deux poteaux de sections différentes

Le changement de direction du haut est nécessairement dans la hauteur du plancher. *A priori* il ne crée pas de risque de poussée au vide.

Le changement de direction du bas, situé en haut du poteau inférieur ou au niveau de la retombée de la poutre, est proche d'un parement. Si les barres concernées sont comprimées, elles poussent au vide. C'est le cas de l'exemple présenté sur la Figure E-III.6.1.

Si l'extrémité du poteau est de type « articulée » tous les aciers sont comprimés.

Si l'extrémité du poteau est de type « encastrement » la section est fléchie, sur une face les barres sont comprimées, sur l'autre elles sont tendues ou moins comprimées (voir § E-III.7.3.2.2). Par contre, pour chaque direction de flambement envisagée, on ne sait pas à l'avance dans quel sens il se déclenchera. Donc il faut traiter chaque barre comme pouvant être comprimée ou tendue.

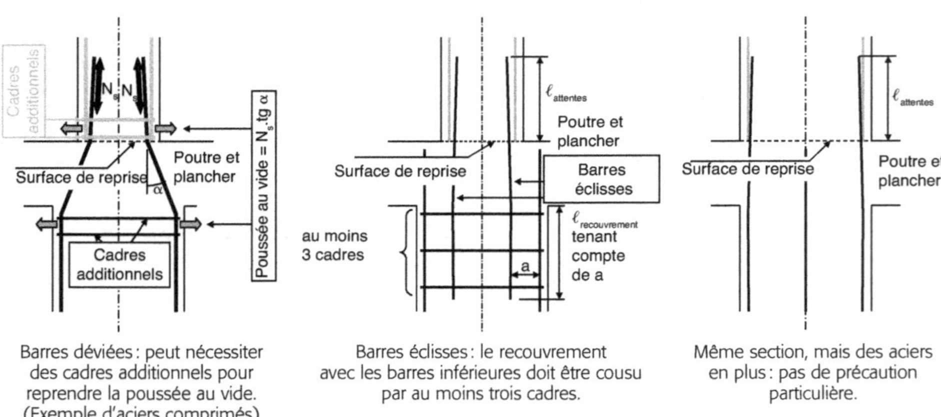

Barres déviées : peut nécessiter des cadres additionnels pour reprendre la poussée au vide. (Exemple d'aciers comprimés)

Barres éclisses : le recouvrement avec les barres inférieures doit être cousu par au moins trois cadres.

Même section, mais des aciers en plus : pas de précaution particulière.

Ne sont représentés sur cette figure que les aciers transversaux spécifiques aux dispositions exposées.

Figure E-III.6.1. Solutions possibles pour raccorder des poteaux de géométries différentes.

Prescription d'Eurocode

- Aucune précaution particulière tant que tg $\alpha \leq 1/12$.
- Sinon : prévoir, là où indiqué sur la figure, des aciers de couture (des cadres et/ou épingles) en quantité suffisante pour reprendre un effort total $\geq$ effort de poussée au vide de chaque barre.

Démarche pratique

Les calculs de couture se font à l'ELU. Les aciers de couture sont considérés travailler à la contrainte $\sigma_{s,couture} = f_{yd}$. Les barres poussant au vide, ici comprimées, peuvent dans certains cas afficher une contrainte $\sigma_{s,barres} < f_{yd}$. Par simplification on admet que leur contrainte est $\sigma_{s,barre} = f_{yd}$. C'est une approximation du côté de la sécurité.

Il convient d'assurer pour chaque barre déviée :

Effort capable de couture $F_{couture} \geq$ Effort de poussée au vide $F_{poussée\ vide}$.

avec :

- $F_{poussée\ vide} = N_{s,barre}.\mathrm{tg}\,\alpha = A_{s,barre}.\sigma_{s,barre}.\mathrm{tg}\,\alpha = A_{s,barre}.f_{yd}.\mathrm{tg}\,\alpha$
- $F_{couture} = A_{s,couture}.\sigma_{s,couture} = A_{s,couture}.f_{yd}$

D'où en fin de compte : $A_{s,couture} = A_{s,barre}.\mathrm{tg}\,\alpha$

Dans le cas d'un poteau à quatre barres retenues par des cadres, comme montré ci-contre, les quatre brins d'un seul cadre retiennent les quatre barres du poteau dans toutes les directions nécessaires.

E-III.7 Annexe : calcul de A_{s,pied} dans le cas d'une articulation

E-III.7.1 Bases du calcul à l'ELU

Il s'agit d'une flexion composée compression à faible excentricité.

Le diagramme de déformation correspondant est associé au pivot C ou au pivot B avec très faible déformation de traction (voir § D-II.2.3).

E-III.7.1.1 Pivot C

La simplification du diagramme rectangle est interdite. La référence est alors le diagramme parabole-rectangle et la situation, non compris les aciers, est celle illustrée sur la Figure E-III.7.1.

- Le cas (a) est à la frontière entre les fonctionnements au pivot C et au pivot B. Y est associée la plus grande excentricité possible de l'effort $N_{Ed} = N_u$ pour lequel, à l'ELU, toute la section est comprimée.

  Cette excentricité vaut : $h/2 - \delta_G\,h = (0,5 - 0,416).h = 0,086\,h$

  Nota

  Elle est différente (plus petite) de son équivalent à l'ELS $= h/6 \approx 0,17\,h$ car à l'ELS, le diagramme des contraintes a une géométrie différente, il est linéaire.

- Le cas (c) représente l'autre extrême du domaine, la compression simple. L'excentricité de l'effort est alors nulle.

- Le cas (b) est représentatif de tous les cas intermédiaires. Ce sont les plus courants.

  À retenir

  La section est totalement comprimée et le calcul relève du pivot C tant que : $e \leq 0,086\,h$

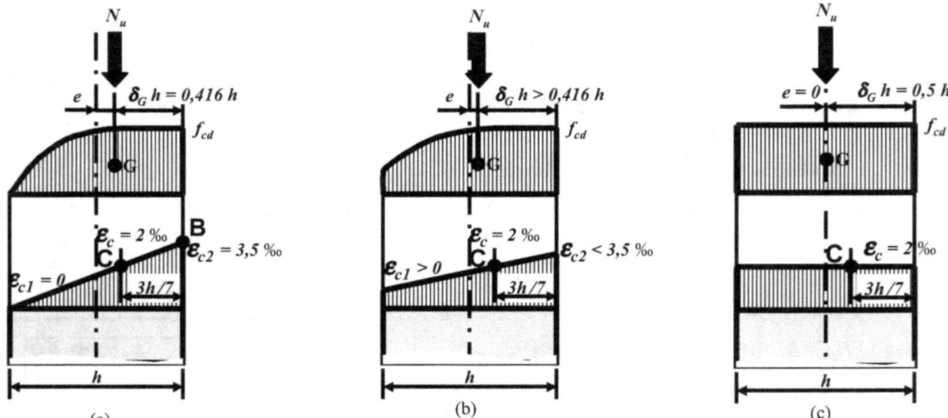

Figure E-III.7.1. ELU, pivot C (non compris les aciers).

Effort repris par le béton

Il est égal à $N_c = b.h.\psi.f_{cd}$ avec b = largeur du poteau perpendiculairement à h.

- Dans le cas (a) : $\psi = 0,81$
- Dans le cas (c) : $\psi = 1$
- Et dans les cas (b) intermédiaires, ψ, δ_G, ε_{c1} et ε_{c2} sont donnés dans le Tableau E-III.7.1 en fonction de e/h.

Tableau E-III.7.1. Pivot C : valeurs de ψ, δ_G, ε_{c1} et ε_{c2} en fonction de e/h.

e/h	ψ	δ_G	ε_{c1} ‰	ε_{c2} ‰
0,086	0,81	0,416	0	3,50
0,048	0,88	0,452	0,42	3,19
0,028	0,93	0,472	0,76	2,93
0,019	0,95	0,481	0,98	2,76
0,012	0,97	0,488	1,17	2,62
0,004	0,989	0,496	1,51	2,37
0	1	0,50	2,00	2,00

E-III.7.1.2 Pivot B

Une partie de la section est alors tendue et l'approximation du diagramme rectangle est admise.

Ses caractéristiques, déjà présentées au § D-II.4.3, sont rappelées ci-contre.

On a notamment : $\psi = 0,8$ et $\delta_G = 0,4$

Dans le cas traité ici du calcul de $A_{s,pied}$ au niveau d'une articulation, l'excentricité $e = e_0$ est très faible et $\mu_u > 0,37$. La démarche de calcul, alors différente de celle exposée pour les poutres au § D-II.4.3, est présentée ci-après au § E-III.7.3.2.

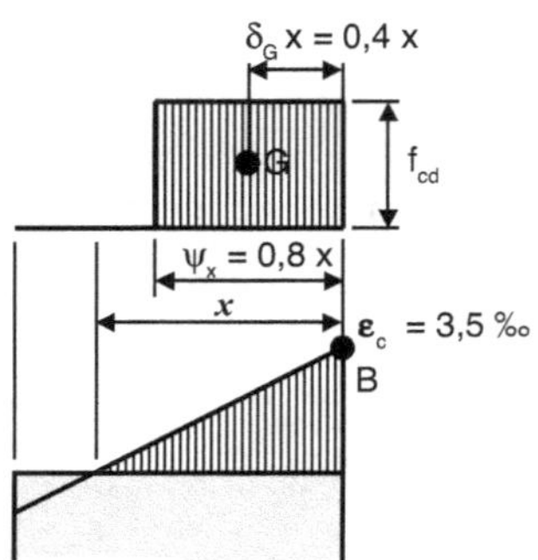

E-III.7.2 Données et spécificité du problème

Effort normal

$N_{Ed} = N_u$

Excentricité

Il s'agit de l'excentricité du premier ordre $\Rightarrow$ e = e_0 = max [h/30 ; 2 cm]

La section est-elle entièrement comprimée ?

Elle est totalement comprimée tant que e = $e_0 \leq 0,086$ h (voir ci-dessus § E-III.7.1.1).

- Si e_0 = h/30 = 0,033 h, on a largement $e_0 < 0,086$ h $\Rightarrow$ toute la section est comprimée et le calcul se fait au pivot C.

  e_0 = h/30 l'emporte sur e_0 = 2 cm tant que 0,033 h > 2 cm $\Rightarrow$ h > 60 cm

- Si e_0 = 2 cm, la situation dépend de la hauteur h de la section du poteau.

  - La section en pied de poteau reste totalement comprimée tant que 2 cm $\leq 0,086$ h $\Rightarrow$ h $\geq$ 23,3 cm arrondi à 24 cm.

  - Entre h = 15 cm (la plus petite valeur autorisée par Eurocode) et h = 24 cm, une partie de la section est tendue et le calcul doit se faire au pivot B.

  #### En résumé à une extrémité articulée

  - h > 60 cm $\Rightarrow$ e_0 = h/30 $\Rightarrow$ toute la section de pied est comprimée ($\Rightarrow$ pivot C)
  - 24 cm $\leq$ h $\leq$ 60 cm $\Rightarrow$ e_0 = 2 cm $\Rightarrow$ toute la section de pied est encore comprimée ($\Rightarrow$ pivot C)
  - 15 cm $\leq$ h $\leq$ 24 cm $\Rightarrow$ e_0 = 2 cm $\Rightarrow$ alors une partie de la section de pied est tendue ($\Rightarrow$ pivot B)

E-III.7.3 Démarche pour l'estimation de $A_{s,pied}$

E-III.7.3.1 Cas où la section est entièrement comprimée $\Leftrightarrow$ $e_0 \leq 0,086$ h

E-III.7.3.1.1 Vérifier si le béton seul suffit

C'est très souvent le cas !

Le béton seul suffit tant que N_c = (section béton A_c du poteau).$\psi.f_{cd} \geq N_u$, soit b.h.$\psi.f_{cd} \geq N_u$

Ce qui peut être traduit par : $\sigma_{c,moy} = N_u/(b.h) \leq \psi.f_{cd}$

($\sigma_{c,moy}$ a déjà été déterminé pour le calcul de $A_{s,mec\,nec}$)

Alors aucun effort n'est à reprendre par les aciers en attente et on a :

$\ell_{attentes} = \ell_{0,min} = \alpha_6 \times$ max [15 ϕ_ℓ ; 200 mm] = 1,5 $\times$ max [15 ϕ_ℓ ; 200 mm]

- Dans le cas le plus défavorable (cas (a) de la Figure E-III.7.1), on a : ψ = 0,81

  Donc :

  Tant que $e_0 \leq 0,086$ h et $\sigma_{c,moy} \leq 0,81$ f_{cd}, on a : $\ell_{attentes}$ = 1,5 $\times$ max [15 ϕ_ℓ ; 200 mm]

- Si $\sigma_{c,moy}$ légèrement > 0,81 f_{cd}, affiner la valeur de ψ avec le Tableau E-III.7.1.

E-III.7.3.1.2 Si le béton seul ne suffit pas

Calculer la quantité d'acier A_s nécessaire pour compléter l'effort repris par le béton seul jusqu'à atteindre : $N_c + N_s \geq N_u$

Attention, ajouter des aciers symétriquement n'apporte pas un effort additionnel centré, car les aciers placés du côté ε_{c1} subissent une déformation moindre que ceux du côté ε_{c2}. Ils travaillent donc à une contrainte σ_s moindre et apportent du même coup une contribution moindre à la résistance.

E-III.7.3.2 Cas où une partie de la section est tendue $\Leftrightarrow e_0 > 0,086\ h$

Pour le calcul de $A_{s,pied}$, c'est le cas exclusif des poteaux de $h \leq 24$ cm. La plus grande excentricité relative envisageable est alors atteinte lorsque $h = 15$ cm et on a : $e_0 = 0,133\ h$

Le calcul se fait au pivot B. Mais dans un domaine où les aciers tendus présentent une déformation ε_{s1} presque nulle.

La situation est illustrée sur la Figure E-III.7.2 et la démarche de calcul appropriée, différente de celle exposée au § D-II.4.3 pour les poutres, est présentée ci-dessous.

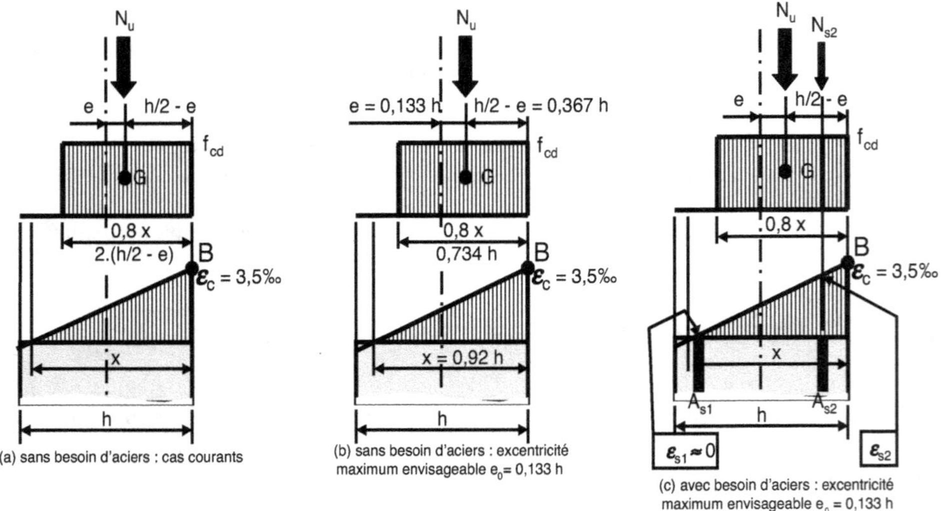

Figure E-III.7.2. Éléments du calcul de $A_{s,pied}$ dans le cas où une partie de la section est tendue (pivot B).

E-III.7.3.2.1 Vérifier si le béton seul suffit

Il faut vérifier si un diagramme rectangle des contraintes, centré sous N_u pour assurer l'équilibre des moments, est capable de reprendre un effort $\geq N_u$.

À savoir : vérifier si $b.[2.(h/2 - e_0)].f_{cd} \geq N_u$

Si oui, aucun effort n'est à reprendre par les aciers en attente et on a :

$\ell_{attentes} = \ell_{0,min} = \alpha_6 \times \max\ [15\ \phi_\ell\,;\ 200\ \text{mm}] = 1,5 \times \max\ [15\ \phi_\ell\,;\ 200\ \text{mm}]$

Nota

L'excentricité la plus forte envisageable est $e_0 = 0,133\ h$ (dans le cas où $h = 15$ cm). Appliquer cette excentricité aux autres cas est défavorable, donc du côté de la sécurité.

Alors, tant que $b.[2.(h/2 - e_0)].f_{cd} \geq N_u \Rightarrow b.[2.(h/2 - 0,133\ h)].f_{cd} \geq N_u \Rightarrow 2.(1/2 - 0,133)].f_{cd} \geq N_u/(b.h)$, on est sûr que le béton seul suffit.

Donc : tant que $\sigma_{c,moy} \leq 0,72\ f_{cd}$, on est sûr que le béton seul suffit. (Limite pessimiste lorsque $h > 15$ cm)

E-III.7.3.2.2 Si le béton seul ne suffit pas

Déterminer la quantité d'acier nécessaire pour compléter l'effort repris par le béton seul.

Dans les conditions des pieds de poteaux considérés (voir Figure E-III.7.2 (c)), la déformation des aciers A_{s1} est presque nulle et la part d'effort qu'ils peuvent apporter est négligeable.

On ne peut compter que sur A_{s2}. Ses caractéristiques sont :

- déformation ε_{s2} conséquente ($\geq \varepsilon_{yd} = 2,17\ \text{‰}$) $\Rightarrow$ contrainte de travail $\sigma_{s2} \geq f_{yd}$;
- excentricité plus grande que celle diagramme σ_c $\Rightarrow$ participent à l'équilibre des moments.

L'auteur propose, par simplification, de mener le calcul dans les conditions suivantes :

- Ignorer la participation de N_{s2} à l'équilibre des moments $\Rightarrow$ N_{s2} nécessaire $\approx N_u - N_c$. Cela conduit à une surestimation de N_{s2}, et c'est du côté de la sécurité.
- Admettre $\sigma_{s2} = f_{yd} \Rightarrow A_{s2} = N_{s2}/f_{yd}$
- De plus, le poteau pouvant flamber aussi bien dans un sens que dans l'autre, son ferraillage doit être symétrique.

  Il convient donc ici de choisir $A_{s1} = A_{s2} \Rightarrow A_{s,pied} = A_{s1} + A_{s2} = 2\ A_{s2}$

- Enfin, $\ell_{attentes} = \alpha_6.\ell_{bd,nom}$ aciers en attente. $\dfrac{A_{s,pied}}{A_{s,attentes}} \geq \alpha_6.\max\ [15\ \phi_1 ; 200\ \text{mm}]$

E-IV Murs banchés, chaînages, linteaux, voûtes de décharge

Cet ouvrage est centré sur les constructions en béton, il n'est donc question ici que de murs banchés, armés ou non selon le cas. Le calcul des murs en maçonnerie, non traité ici, est dérivé de celui des murs banchés non armés.

Les chaînages sont pour leur majorité disposés dans le volume des murs. Quant aux linteaux et voûtes de décharge, ils sont exclusivement disposés dans l'épaisseur des murs. C'est pourquoi les uns et les autres sont traités avec les murs.

Les poutres-voiles sont également à classer dans cette famille d'éléments. On y a recours lorsqu'un linteau classique serait trop sollicité et que les conditions pour une voûte de décharge ne sont pas réunies. Elles ne sont pas traitées dans cet ouvrage du fait de la complexité de leur calcul selon Eurocode. Cependant, leur calcul selon BAEL (qui n'est pas l'objet de cet ouvrage), relativement simple, est une alternative acceptable. Elle est du côté de la sécurité et n'induit qu'une faible surconsommation d'acier par rapport à Eurocode.

E-IV.1 Murs banchés

S'ils sont suffisamment résistants sans l'apport d'armatures, ils sont non armés. Tout en étant «non armés», ils peuvent contenir quelques armatures forfaitaires, notamment des armatures de peau le long des parements soumis aux agressions climatiques.

Si des armatures sont nécessaires à leur équilibre, ils sont armés. Leur calcul est adapté de celui des poteaux.

E-IV.1.1 Caractéristiques géométriques

Notation et dimensions minimums

- ℓ_w = hauteur du mur de dessus de plancher à dessous de plancher

  (ℓ comme la longueur d'un poteau et l'indice w pour *wall*).

- h_w = épaisseur du mur

  (h désigne, comme dans les poteaux, la dimension parallèle à la direction de flambement).

  - Pour les murs extérieurs : $h_w \geq 15$ cm
  - Pour les murs intérieurs : $h_w \geq 12$ cm

  #### *Nota*

  Lorsque le mur doit aussi assurer la fonction d'isolation phonique, en l'absence de dispositifs spécifiques, il doit respecter $h_w \geq 18$ cm.

  Les murs extérieurs protégés des intempéries par un bardage ou par un autre mur accolé (c'est le cas au niveau des joints de dilatation) sont à considérer ici comme des murs intérieurs.

- b = longueur du mur (b comme la largeur d'un poteau, mais ici il n'y a plus l'indice w). Lorsque b est long, on mène le calcul sur une tranche de longueur b = 1 m.

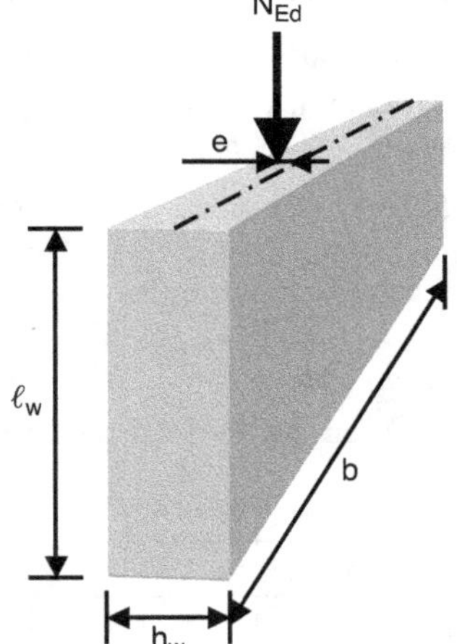

E-IV.1.2 Données du calcul de résistance

Comme pour les poteaux, le calcul s'appuie sur la longueur de flambement ℓ_0 (fonction de ℓ_w), l'élancement λ, l'effort normal appliqué $N_{Ed} = N_u$ et son excentricité e. Chaque mur est supposé sollicité par un effort réparti dont la valeur totale, désignée N_{Ed}, est déterminée à sa mi-hauteur.

On distingue l'effort agissant $N_{Ed} = N_u$ et la capacité de résistance N_{Rd}. Le calcul consiste à vérifier que $N_{Rd} \geq N_{Ed}$.

E-IV.1.2.1 Prise en compte des charges concentrées

Les charges concentrées s'étalent dans la largeur des murs comme suit et comme illustré sur le croquis ci-contre.

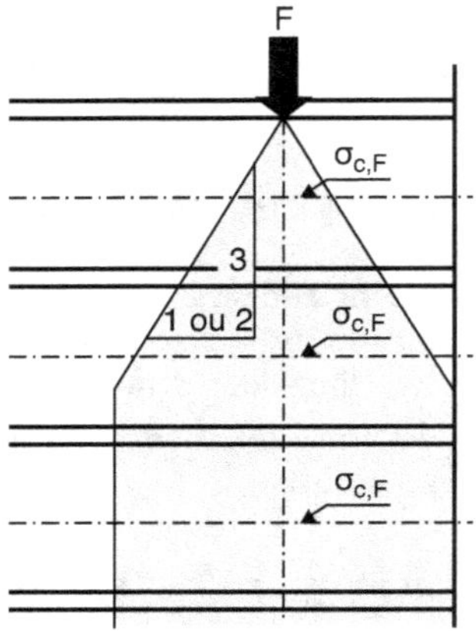

- Mur non armé : étalement avec la pente 1/3.
- Mur renforcé par des armatures horizontales, c'est le cas des murs armés : étalement avec la pente 2/3.

On en déduit la contrainte correspondante à mi-hauteur de chaque mur.

À chaque niveau, la résultante de la contrainte $\sigma_{c,F}$ doit rester centrée sur F, sinon un moment est induit dans le plan du mur. Il faut le reprendre par un jeu de forces horizontales ou, un peu artificiellement, limiter l'étalement de F comme illustré ci-contre. Alors, sur le papier, il n'y a plus de moment. De fait, une réaction du sol plus forte dans la zone où est limité l'étalement (conséquence d'une fondation plus large pour reprendre en plus $\sigma_{c,F}$) assure l'équilibre général des moments.

E-IV.1.2.2 Longueur de flambement ℓ_0 et élancement λ

En l'absence de murs banchés perpendiculaires ayant un effet raidisseur : $\ell_0 = \ell_w$

Si des murs perpendiculaires peuvent avoir un effet raidisseur : $\ell_0 = \beta.\ell_w$

Les valeurs de β à prendre en compte sont proposées dans le Tableau E-IV.1.1.

Si le mur est percé par des ouvertures de hauteur $> \ell_w/3$ (c'est le cas de toutes les portes) ou occupant plus que 1/10 de la surface du mur, il faut considérer séparément chacune des zones séparées par ces ouvertures.

Limitation

Pour tous les murs banchés, armés comme non armés : $\lambda \leq 86$ soit $\ell_0 \leq 25\,h_w$

Tableau E-IV.1.1. Calcul de la longueur de flambement des murs banchés [12.6.5.1].

Contexte du mur		$\ell_0 = \beta.\ell_w$
Pas de mur perpendiculaire raidisseur	Plancher supérieur ℓ_w Mur considéré Plancher inférieur b Plancher supérieur ℓ_w Plancher inférieur b	$\ell_0 = \ell_w$ $\Rightarrow \beta = 1$

	Schéma	Formule	b/ℓ_w	β
Un mur perpendiculaire raidisseur à une extrémité	Mur raidisseur / ℓ_w Mur considéré / Plancher supérieur / Plancher inférieur / b / Plancher supérieur / Mur raidisseur / Plancher inférieur / b / b	$\beta = \dfrac{1}{1+\left(\ell_w/3b\right)^2}$	0,2 0,4 0,6 0,8 1,0 1,5 2,0 5,0	0,26 0,59 0,76 0,85 0,90 0,95 0,97 1,00
Deux murs raidisseurs : un à chaque extrémité	Murs raidisseurs / Plancher supérieur / ℓ_w Mur considéré / Plancher inférieur / b	Si $b \geq \ell_w$ $\beta = \dfrac{1}{1+\left(\ell_w/b\right)^2}$ Si $b < \ell_w$ $\beta =$	b/ℓ_w 0,2 0,4 0,6 0,8 1,0 1,5 2,0 5,0	β 0,10 0,20 0,30 0,40 0,50 0,69 0,80 0,96

E-IV.1.3 Résistance à un effort tranchant

À vérifier lorsqu'il y a un effort tranchant conséquent. C'est notamment le cas lorsque le mur doit résister à des efforts horizontaux de contreventement importants, comme les murs de contreventement des étages inférieurs dans un immeuble haut. C'est hors du champ de cet ouvrage.

E-IV.1.4 Murs non armés

E-IV.1.4.1 Résistance de calcul à considérer

Pour tenir compte du manque de ductilité des éléments non armés (les rendant dangereux en cas de rupture), ils sont dimensionnés avec des contraintes maximums plus faibles. Ainsi :
- f_{cd} est remplacé par $f_{cd,pl} = 0,8\, f_{cd}$; c'est-à-dire que α_{cc} (voir § C-II.1.3) vaut alors 0,8.
- f_{ctd} est remplacé par $f_{ctd,pl} = 0,8\, f_{ctd}$

L'indice pl signifie *plain concrete* (« béton non armé » en anglais).

E-IV.1.4.2 Méthode de calcul simplifiée [12.6.5.2]

Eurocode propose cette méthode qui s'applique à des zones uniformément chargées dont la sollicitation à mi-hauteur, incluant les charges concentrées étalées comme vu plus haut, est p_u/m. On en tire l'effort global agissant : $N_{Ed} = p_u.b$

Cet ouvrage se limite aux cas où toute la section du mur est comprimée $\Rightarrow$ conformément au § E-III.7.1.1 $\Leftrightarrow$ $e_{tot} \leq 0,086\, h_w$ mais la formule ci-dessous s'applique aussi lorsqu'une partie de la section est tendue (pour la définition de e_{tot}, voir plus bas).

L'équilibre du mur est assuré si : $N_{Rd,mur\,non\,armé} \geq N_{Ed}$

avec $N_{Rd,mur\,non\,armé} = b.h_w.f_{cd,pl}.\Phi$

où :

- N_{Rd} = effort normal résistant ;
- b et h_w : déjà vus ;
- Φ est un facteur explicité ci-dessous prenant en compte l'excentricité et incluant les effets du second ordre ainsi que les effets normaux du fluage.

Pour les éléments contreventés, les seuls considérés dans cet ouvrage, on a :

$$\Phi = (1{,}14.(1 - 2\, e_{tot}/h_w) - 0{,}02.\ell_o/h_w \le (1 - 2\, e_{tot}/h_w)$$

où :

- $e_{tot} = e_o + e_i$
- e_o est l'excentricité du premier ordre découlant de moments clairement identifiés tels que l'encastrement d'un plancher ou l'effet d'actions horizontales ;
- e_i est l'excentricité additionnelle couvrant les effets des imperfections géométriques. Pour les voiles d'un bâtiment contreventé, Eurocode [5.2(7)], modifié par l'Annexe nationale française, propose : $e_i = \max\,[\ell_0/400 ; 0{,}02\ \text{m}]$ (AF).

Dans le cas des bâtiments courants contreventés par des murs, poteaux et murs sont généralement calculés en « compression réputée centrée ». Alors seul subsiste e_i, et on a : $e_{tot} = e_i$

E-IV.1.4.3 Aciers à prévoir

Bien qu'il s'agisse de murs non armés, ils incluent cependant des aciers, particulièrement des aciers de chaînage et éventuellement de peau. Leurs dispositions et les quantités requises sont explicitées au § E-IV.2.3.

E-IV.1.5 Murs armés

E-IV.1.5.1 Généralités

Une fois ℓ_o et N_{Ed} déterminés, ils se calculent comme des poteaux $\Rightarrow A_s$ et $N_{Rd,armé}$.

Pour appliquer le calcul simplifié des poteaux, l'élancement doit être limité à : $\lambda \le 86$ soit $\ell_0 \le 25\ h_w$

Si le mur reçoit des charges horizontales importantes perpendiculaires à son plan, par exemple s'il sert aussi à retenir des terres (mur périphériques en sous-sol), on lui applique en plus les règles des dalles.

E-IV.1.5.2 Armatures nécessaires à la résistance : disposition, sections minimum et maximum

Les armatures nécessaires à la résistance doivent être disposées symétriquement (comme pour les poteaux) sur les deux faces du mur. Les valeurs données ci-après sont les valeurs cumulées des deux faces.

E-IV.1.5.3 Armatures verticales

Les limites ci-dessous relèvent de l'article [9.6.2].

- Section minimum $A_{s,v\,min}$
  - si $N_{Ed} \le N_{Rd,mur\,non\,armé} \Rightarrow A_{s,v\,min} = 0$
  - sinon $\Rightarrow A_{s,v\,min} = 0{,}001\ A_c.[1 + 2.(N_{Ed} - N_{Rd,non\,armé})/(N_{Rd,armé} - N_{Rd,non\,armé})] \ge 0{,}002\ A_c$
  où A_c = section droite de la zone de mur calculée.

- Section maximum : $A_{s,v\,max} = 0,04\,A_c$ (comme pour les poteaux)
- Espacement maximum : min $[3\,h_w\,; 40\ \text{cm}]$

E-IV.1.5.4 Acier transversaux [9.6.4]

Il s'agit d'aciers perpendiculaires au plan du mur.
- Ils ne sont pas nécessaires :
  - tant que $A_s \leq 0,02\,A_c$
  - quel que soit A_s avec des barres $\phi \leq 16$ mm enrobées de $c \geq 2\,\phi$
- Lorsqu'ils sont nécessaires :
  - $\phi_t \geq 6$ mm
  - au moins quatre épingles par m^2 ou un dispositif équivalent
  - dans des zones particulièrement chargées, appliquer les règles des poteaux en prenant $b = 4\,h_w$

E-IV.1.5.5 Armatures horizontales parallèles aux faces du mur [9.6.3]

D'après l'AF, elles ne sont obligatoires que dans les murs armés. La prescription est alors :
- Section minimum $A_{s,h\,min}$:
  - si $N_{Ed} \leq N_{Rd,mur\,non\,armé} \Rightarrow A_{s,h\,min} = 0$
  - sinon $\Rightarrow A_{s,h\,min} = \max\,[A_v/4\,; 0,001\,A_c]$
- Espacement maximum : 40 cm

E-IV.2 Chaînages [9.10] et autres renforts forfaitaires

E-IV.2.1 Rôle des chaînages et leur positionnement

Les chaînages sont exclusivement des tirants. Ils étaient notamment constitués autrefois par une chaîne, noyée dans la construction, qui cerclait l'édifice au niveau des planchers, d'où leur nom. Étant des tirants, seuls leurs aciers assurent leur résistance. Pour qu'ils jouent complètement leur rôle, il est essentiel d'assurer la continuité de leurs aciers au travers des nœuds de structure et d'un niveau à l'autre.

Voici, à la lettre, les termes d'Eurocode :

« Les structures qui ne sont pas conçues pour résister aux actions accidentelles doivent posséder un système de chaînages approprié, destiné à empêcher l'effondrement progressif en fournissant des cheminements alternatifs pour les charges après apparition de dommages locaux. Les règles simples suivantes sont considérées satisfaire à cette exigence.

Il convient de prévoir les chaînages suivants.
a) Chaînages périphériques
b) Chaînages intérieurs
c) Chaînages horizontaux de poteau ou de voile
d) Si nécessaire, chaînages verticaux, en particulier dans des bâtiments construits en panneaux préfabriqués.

Lorsqu'un bâtiment est divisé par des joints de dilatation en sections structurellement indépendantes, il convient que chaque section possède un système de chaînages indépendant. »

Le positionnement de chacun de ces types de chaînage est précisé sur la Figure E-IV.2.1.

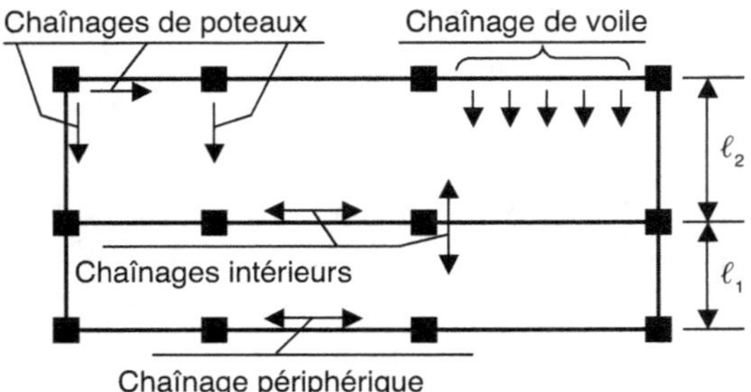

Figure E-IV.2.1. Positionnement des différents types de chaînage.

Remarque

L'exigence relative aux chaînages verticaux fait débat.

Elle a été définie sous l'impulsion des Anglo-Saxons et demande que si un poteau ou un mur faisait défaut, détérioré par une explosion ou l'impact d'un véhicule, les chaînages verticaux, avec l'aide des autres chaînages, puissent apporter un cheminement alternatif de descente des charges. Notamment, que les chaînages verticaux (travaillant en tirant, car les chaînages ne sont que des tirants) puissent remonter au niveau au-dessus la charge qui n'est plus reprise par l'élément défaillant. Puis là, faire en sorte que l'organisation des différents chaînages et autres éléments résistants permette le report de cette charge sur les autres éléments porteurs.

C'est une exigence très sévère, à laquelle la France a du mal à souscrire, car les chaînages verticaux forfaitaires exigés avant Eurocode ont jusqu'à ce jour suffi pour prévenir un «effondrement progressif» redouté par les Anglo-Saxons.

L'interprétation française est donc de n'appliquer toutes les exigences des chaînages verticaux que dans le cas de bâtiments construits en panneaux préfabriqués. Aussi l'AF a-t-elle modifié le point d) comme suit :

d) Si **exigé**, chaînages verticaux, en particulier dans des bâtiments construits en panneaux préfabriqués. ... (AF)

E-IV.2.2 Section requise pour chaque type de chaînage

Comme précisé au paragraphe précédent, les chaînages assurent une résistance aux actions accidentelles des structures qui n'ont pas été calculées pour cela. Aussi, comme pour tout ce qui est relatif aux conditions accidentelles, les aciers sont calculés avec $\sigma_s = f_{yk}$.

Chaque type de chaînage doit être capable de résister à un effort minimum duquel on déduit facilement la section nécessaire d'acier par division par f_{yk}.

Enfin, point essentiel : les armatures mises en place à d'autres fins dans les poteaux, voiles, poutres et planchers, correctement positionnées pour assurer la fonction chaînage et dont la continuité au niveau des nœuds de structure est assurée, peuvent être comptées en totalité dans la section requise de chaînage.

E-IV.2.2.1 Exemple du chaînage périphérique

Effort à reprendre : $F_{tie,per} = \ell_i \cdot q_1 \leq Q_2$

Avec :

- ℓ_i = longueur de la travée concernée

- $q_1 \geq 15$ kN/m
- $Q_2 \geq 70$ kN
- L'indice « tie,per » est l'abréviation de *tie* et *peripheral* en anglais qui signifient respectivement « chaînage » (littéralement « qui sert à lier ») et « périphérique ».

On note que $F_{tie,per} = Q_2$ dès que $\ell_i > 4{,}67$ m. Dans les cas courants (portées voisines de 4 m), on a donc $F_{tie,per} \approx Q_2$ et on admet généralement par simplification : $F_{tie,per} = Q_2$

Il y correspond $A_{s,tie,per} = Q_2/f_{yk} \Rightarrow$ avec des aciers B500 : $A_{s,tie,per} \geq 1{,}4$ cm²

E-IV.2.2.2 Section minimum des différents types de chaînage telle que requise par Eurocode avec des aciers B500

Ces sections sont celles déduites de la prescription réglementaire conformément à l'exemple du § E-IV.2.2.1 ci-dessus.

- Chaînage périphérique : $A_s \geq 1{,}4$ cm². Peut inclure des aciers jusqu'à 1,2 m de la façade.
- Chaînage intérieur : $A_s \geq 1{,}4$ cm². Peut inclure des aciers jusqu'à 0,5 m au-dessous et au-dessus du plancher.
- Chaînage de poteau : $A_s \geq 3$ cm². Il s'agit des poteaux de rive. Les poteaux d'angle doivent être liés dans les deux directions, le chaînage périphérique peut y participer.
- Chaînage de mur ou voile : $A_s \geq 0{,}3$ cm²/m (AF). Il s'agit des murs et voiles périphériques. Les aciers des dalles ancrés sur appui y suffisent généralement.
- Chaînage vertical : A_s découle de la remarque du § E-IV.2.1.

Nota

La section 1,4 cm² apparaît comme le dénominateur commun à de nombreux chaînages. Y compris les chaînages de poteau qui sont généralement constitués par une barre bouclée autour du poteau présentant deux brins résistants de 1,4 cm² de section chacun (voir Figure E-IV.2.2).

Cette section peut notamment être assurée par une barre HA 14 (barre haute adhérence de diamètre $\phi = 14$ mm) $\Rightarrow A_s = 1{,}54$ cm²

Les Recommandations professionnelles françaises en font une lecture moins exigeante, qui est proposée au § E-IV.2.3.

E-IV.2.2.3 Formes que peuvent prendre ces chaînages

Elles sont illustrées sur la Figure E-IV.2.2.

Les chaînages peuvent :

- être « monobarre » ;
- former une cage de ferraillage (soit ouverte en forme de V inversé, soit fermée de forme rectangulaire, carrée ou triangulaire) ;
- enfin, utiliser les aciers d'une poutre ou d'une dalle.

Leur continuité au niveau des nœuds de structure est assurée soit par recouvrement (aisé à mettre en œuvre avec les chaînages ouverts en V inversé), soit par l'intermédiaire d'une ou plusieurs barres « éclisses », en recouvrement à la fois avec deux chaînages à mettre en continuité. Lorsque les chaînages font un angle, seule la barre éclisse permet d'apporter la continuité suffisante, elle fait alors elle-même un angle et est appelée « équerre ».

Les chaînages aboutissant perpendiculairement à un autre chaînage doivent, directement ou par l'intermédiaire d'une barre équerre, être bouclés autour ou au moins au-delà de ce dernier.

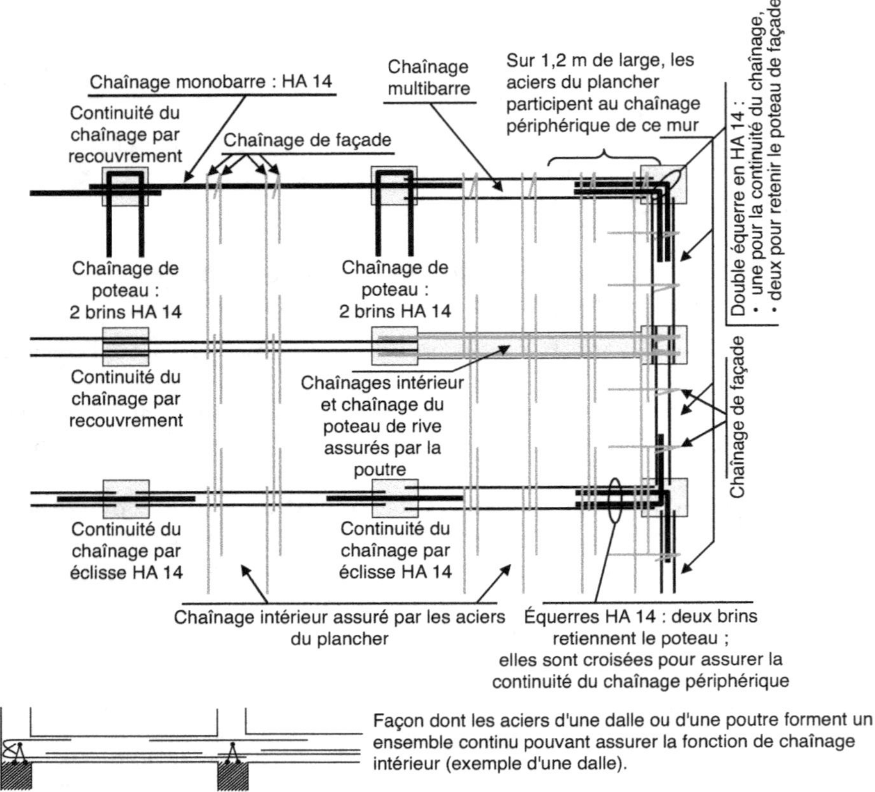

Figure E-IV.2.2. Formes que peuvent prendre les chaînages et moyens pour assurer leur continuité aux nœuds de structure

Au niveau des appuis d'extrémité :

- dans le cas des dalles, les aciers inférieurs ancrés sur appui plus les chapeaux minimums sont largement suffisants pour assurer la fonction de chaînage de façade ;
- dans le cas des poutres, leurs aciers inférieurs ancrés sur appui plus leurs chapeaux minimums sont généralement suffisante pour assurer la fonction de chaînage de poteau.

Au niveau des appuis intermédiaires, la fonction de chaînage intérieur est assurée par :

- le recouvrement partiel des lits inférieurs ;
- si besoin complété par les chapeaux qui sont toujours suffisamment longs pour agir comme des barres éclisses assurant une continuité.

E-IV.2.3 Recommandations professionnelles françaises et autres renforts forfaitaires

Les autres renforts forfaitaires à disposer dans les murs sont de deux types :

- Des aciers de peau pour limiter la fissuration des murs extérieurs soumis aux intempéries et autres agressions climatiques (dont le soleil). On en est dispensé si le mur est protégé par un bardage ou un autre mur accolé (par exemple dans un joint de dilatation).
- Des aciers de renfort autour ou au droit des ouvertures.

Les sections de chaînage et de renfort recommandées sont regroupées dans la Figure E-IV.2.3.

On note que l'exigence française est en deçà de celle d'Eurocode. La plus grande différence concerne les chaînages verticaux qui, tant que le bâtiment n'est pas construit en panneaux préfabriqués, ne sont exigés qu'au dernier niveau, à la jonction de deux murs en façade.

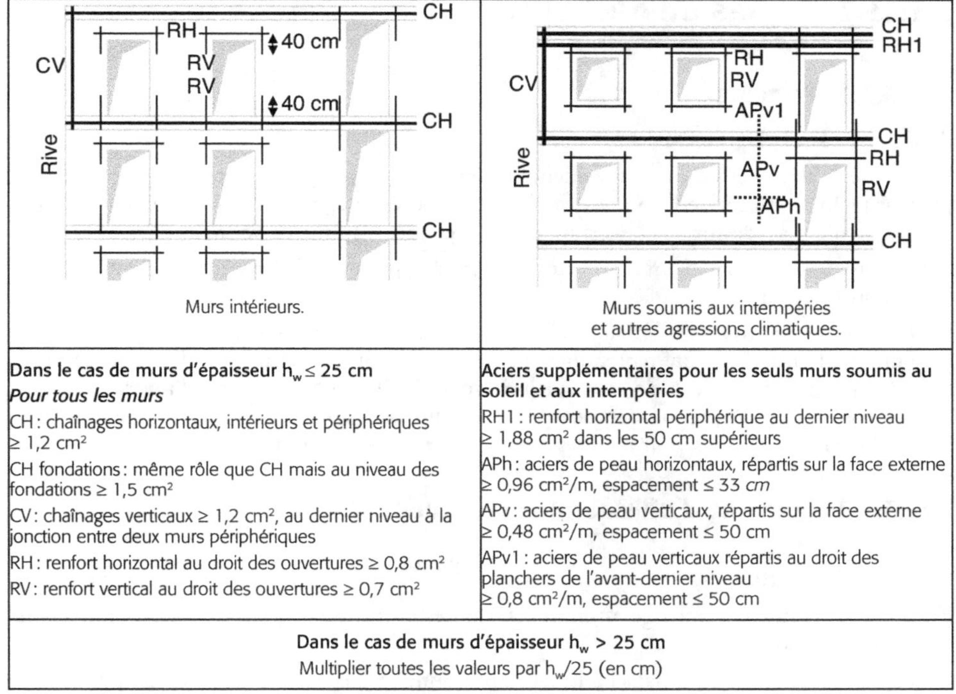

Dans le cas de murs d'épaisseur $h_w \leq 25$ cm	Aciers supplémentaires pour les seuls murs soumis au soleil et aux intempéries
Pour tous les murs	
CH : chaînages horizontaux, intérieurs et périphériques $\geq 1,2$ cm²	RH1 : renfort horizontal périphérique au dernier niveau $\geq 1,88$ cm² dans les 50 cm supérieurs
CH fondations : même rôle que CH mais au niveau des fondations $\geq 1,5$ cm²	APh : aciers de peau horizontaux, répartis sur la face externe $\geq 0,96$ cm²/m, espacement ≤ 33 *cm*
CV : chaînages verticaux $\geq 1,2$ cm², au dernier niveau à la jonction entre deux murs périphériques	APv : aciers de peau verticaux, répartis sur la face externe $\geq 0,48$ cm²/m, espacement ≤ 50 cm
RH : renfort horizontal au droit des ouvertures $\geq 0,8$ cm²	APv1 : aciers de peau verticaux répartis au droit des planchers de l'avant-dernier niveau $\geq 0,8$ cm²/m, espacement ≤ 50 cm
RV : renfort vertical au droit des ouvertures $\geq 0,7$ cm²	
Dans le cas de murs d'épaisseur $h_w > 25$ cm	
Multiplier toutes les valeurs par $h_w/25$ (en cm)	

Figure E-IV.2.3. Recommandations professionnelles françaises : sections requises en aciers B500 pour les divers chaînages et renforts forfaitaires dans les murs banchés armés ou non armés.

E-IV.3 Linteaux et voûtes de décharge

E-IV.3.1 Linteaux

Les linteaux ordinaires sont calculés comme des poutres et s'appuient directement sur le mur sans autre dispositif d'appui.

Question : quelle profondeur d'appui a faut-il prévoir ?

Pour les linteaux pontant des portes ou fenêtres de largeur courante, procéder comme illustré ci-dessous :

- *A priori* : a = h
- Puis, en admettant une répartition triangulaire de la contrainte sur la surface d'appui, vérifier :
  - Mur armé : $\sigma_c = 2\,R_{appui}/(b_w.a) \leq f_{cd}$
  - Mur non armé : $\sigma_c = 2\,R_{appui}/(b_w.a) \leq f_{cd,pl}$

  Si ce n'est pas vérifié, augmenter a

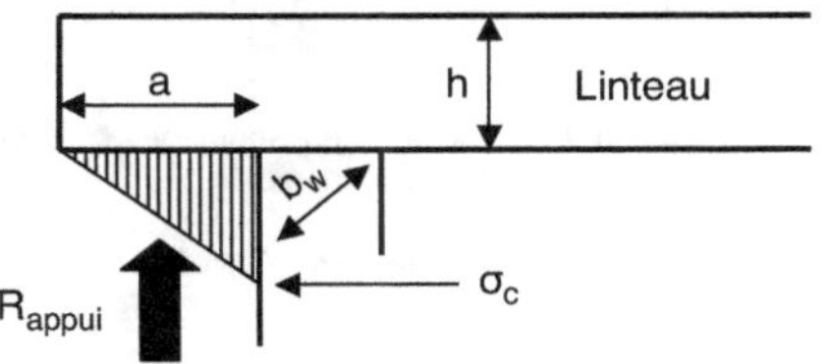

Les linteaux pontant des ouvertures plus grandes s'appuient sur des poteaux noyés dans le mur.

S'ils sont au bas d'une zone de mur sans ouverture ou avec peu d'ouverture, il se forme dans le volume du mur une voûte de décharge qui peut être efficacement mise à profit.

E-IV.3.2 Voûtes de décharge

E-IV.3.2.1 Principe

Il est illustré sur la Figure E-IV.3.1.

Une voûte de décharge est mise en évidence lorsqu'on fait, sans précaution, une ouverture dans un mur plein en maçonnerie. Souvent tout le mur ne s'effondre pas, mais seulement la partie immédiatement au-dessus de l'ouverture qui se découpe en forme de voûte.

Une voûte s'est spontanément formée dans le mur, reportant sur les côtés de l'ouverture les charges au-dessus d'elle.

Avoir recours à une voûte de décharge, c'est apprivoiser ce phénomène et le mettre à profit pour faire une économie : la voûte reprend les charges venant du haut et il suffit d'un simple tirant pour assurer son équilibre. Cela est particulièrement intéressant dans le cas d'une large ouverture au pied d'un mur pignon peu ouvert descendant la charge de nombreux étages. Dans ce cas, un linteau classique devrait être très gros et coûterait beaucoup plus cher.

E-IV.3.2.2 Domaine d'utilisation et servitude

Domaine d'utilisation

L'usage d'une voûte de décharge est limité au cas des murs homogènes. Ce sont les murs banchés, armés ou non.

La méthode reste acceptable dans les murs en maçonnerie, à condition que tous les joints entre blocs soient parfaitement remplis (en construction courante, quelquefois les joints verticaux ne sont pas remplis).

Seul est traité ici le cas des murs banchés.

Servitude

Une servitude : la zone de mur dans laquelle se développe la voûte doit être exempte d'ouverture (voir Figure E-IV.3.1) et le rester durant toute la vie de l'édifice. Par les moyens qui conviennent (voir § E-IV.3.2.3.5), il faut s'assurer que personne ne viendra ouvrir une porte ou fenêtre entamant l'intégrité de la voûte.

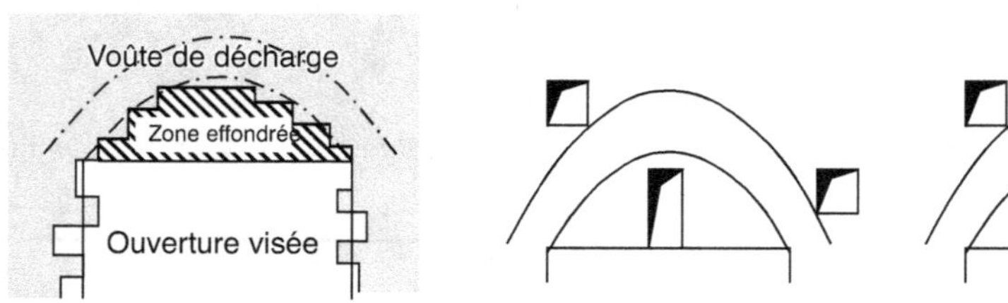

Illustration du développement spontané d'une voûte de décharge.

L'intégrité de la voûte escomptée ne doit être entamée par aucune ouverture, présente ou à venir.

Figure E-IV.3.1. Voûte de décharge : son développement et ses servitudes.

E-IV.3.2.3 Fonctionnement, géométrie et calcul de la voûte

Voir Figure E-IV.3.2.

E-IV.3.2.3.1 Fonctionnement

La voûte suit le funiculaire des efforts mis en jeu. Si la charge à reprendre est uniformément répartie sur la portée de l'ouverture, la voûte est parabolique. C'est le seul cas considéré ici.

Chaque pied de la voûte s'appuie sur la structure par un effort oblique, tangent à sa ligne moyenne en ce point. Il s'ensuit des efforts horizontaux qui tendent à écarter les pieds de la voûte qu'il est indispensable de reprendre par un tirant.

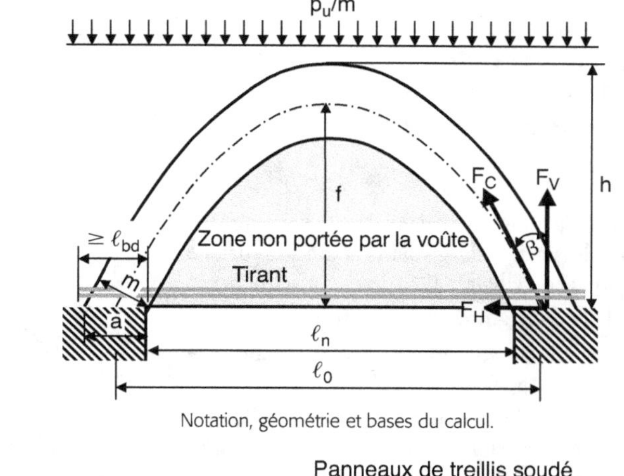

Notation, géométrie et bases du calcul.

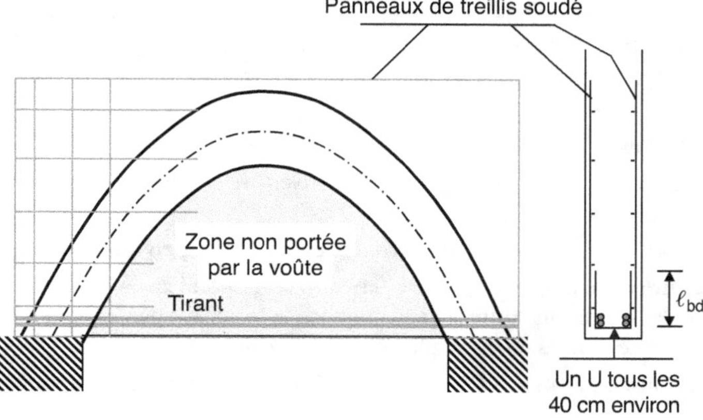

Disposition des armatures.

Figure E-IV.3.2. Voûte de décharge : notation, géométrie, éléments du calcul et disposition des armatures.

E-IV.3.2.3.2 Notation

- Épaisseur commune au mur et à la voûte = b_w
- Profondeur d'appui du pied de la voûte = a
- Ouverture de la ligne moyenne de la voûte = ℓ_0
- Flèche de la ligne moyenne de la voûte = f

- Largeur de la voûte = m
- Hauteur totale de la voûte = h = f + m/2
- Portée de l'ouverture à ponter = ℓ_n
- Charge répartie à reprendre = p_u/m
- Réaction verticale à chaque pied de la voûte = F_V
- Poussée horizontale des pieds de la voûte à reprendre par le tirant = F_H
- Effort de compression sollicitant le pied la voûte = F_C
- Angle β : voir Figure E-IV.3.2

E-IV.3.2.3.3 Géométrie

Flèche f

La flèche conseillée est dans l'intervalle $0,5\,\ell_0 \le f \le \ell_0$

avec ℓ_0 = portée de la voûte mesurée sur sa ligne moyenne.

Largeur m

C'est à chacun de ses pieds que la voûte est la plus étroite. En zone courante, elle a le loisir de s'élargir dans la grande surface de mur à sa disposition, ce qu'elle fait avec deux conséquences :

- une diminution de la contrainte dans le béton ;
- le développement d'efforts secondaires d'éclatement perpendiculaires à l'axe de la voûte comme illustré ci-contre.

Par simplification, pour les calculs courants, on considère une voûte de largeur m constante. La valeur minimum de cette largeur est celle qui assure le non-dépassement de la contrainte admissible dans le corps de la voûte et dans son pied.

Une valeur courante est : $m \approx 0,4\,h \Rightarrow m \approx 0,5\,f$

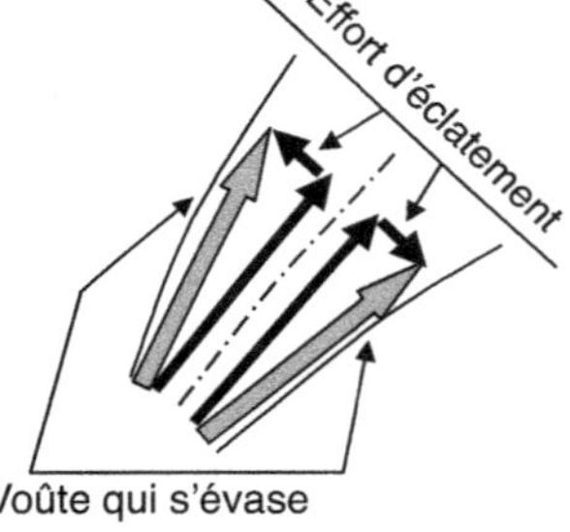

Prédimensionnement

Il est exprimé ici en fonction de la largeur ℓ_n de l'ouverture à ponter et de la hauteur d'encombrement h de la voûte.

Le domaine conseillé pour les voûtes de décharge est : $h \ge 0,8\,\ell_n$ environ

La limite inférieure de ce domaine $h = 0,8\,\ell_n$ environ correspond au cas où hauteur *sous* la voûte $\approx \ell_n/2$ (comme dans un plein cintre si ce n'est qu'ici, la forme est parabolique). Il est donc préférable d'envisager des voûtes en ogive plutôt que surbaissées.

Dans ces conditions, on a : $m \approx 0,4\,h \ge 0,3\,\ell_n$ environ et la profondeur d'appui a un peu supérieure à m.

Donc, espace souhaitable pour le développement d'une voûte de décharge :

- largeur disponible $\ge \ell_n + 2a \approx 1,6\,\ell_n$; hauteur disponible $\ge 0,8\,\ell_n$ environ

La zone dimensionnante d'une telle voûte est son pied. C'est là qu'elle est la plus étroite et de plus, comme vu plus loin, cette zone de pied étant soumise à la superposition d'efforts de compression et de traction, la contrainte maximum admissible dans le béton y est plus faible.

Pour information

Le domaine des poutres-voiles (non traitées ici) est $h \ge \ell_n/3 \approx 0,3\,\ell_n$. Elles apportent la solution quand l'espace disponible (hauteur ou/et largeur) est insuffisant pour développer une voûte dans de bonnes conditions.

E-IV.3.2.3.4 Calcul

Il est mené à l'ELU.

$F_V = p_u.\ell_0/2$

Dans le cas d'une voûte parabolique : $F_H = F_V.\ell_0/4\,f$

$F_C = \sqrt{F_V^2 + F_H^2}$

$\cos\beta = F_V/F_C$

$m = a.\cos\beta \Leftrightarrow a = m/\cos\beta$

Section de la voûte

Elle est égale à : $A_{c,voûte} = m.b_w$

où m est imposé par le non-dépassement de la contrainte admissible dans le béton du pied de la voûte, soit σ_c dans la zone de pied $\leq \sigma_c$ maximum admissible.

Généralement, le pied a de la voûte se développe jusqu'au bout des aciers du tirant a $\geq \ell_{bd}$.

Valeur minimum de m pour non-dépassement de σ_c

*   Contrainte de compression dans le pied de la voûte = $\sigma_c = F_C/(m.b_w)$
*   Le pied de la bielle est une zone de cohabitation de compression et traction $\Rightarrow$ contrainte maximum admissible = $0,85.v'(nu').f_{cd}$ ou $f_{cd,pl}$, avec $v' = (1 - f_{ck}/250)$
*   La largeur de la voûte doit donc être telle que, en pied, $\sigma_c = F_C/(m.b_w) \leq 0,85.v'\,f_{cd}$ ou $f_{cd,pl}$

    Dans la pratique (voir § E-IV.3.2.3.5) la zone d'appui (comme toute la zone de la voûte) est renforcée par un quadrillage d'aciers verticaux et horizontaux et c'est f_{cd} qu'il convient d'utiliser.

    Le coefficient v' exprime une réduction de la contrainte admissible du béton, à appliquer dans le cas d'une bielle comprimée en même temps sollicitée par une traction transversale (due ici à l'élargissement de la bielle quand on s'éloigne de l'appui, comme vu au § E-IV.3.2.3.3).

    Le coefficient 0,85 est un complément de réduction dans les zones d'appui où les bielles doivent être retenues par un tirant.

    #### *Remarque*

    Dans le traitement des conditions d'appui des poutres, pour la bielle d'appui qui est dans ces mêmes conditions, Eurocode prescrit :

    $\sigma_{c,max} \leq v_1.f_{cd} = 0,6.(1 - f_{ck}/250) = 0,6.v'.f_{cd}$

    et non $0,85.v'.f_{cd}$ comme ci-dessus

Caractéristiques du tirant

Ses aciers travaillent à : $\sigma_s = f_{yd}$

Sa section est : $A_s = F_H/f_{yd}$

Il est ancré pour cet effort avec les mêmes règles que les aciers qui retiennent la bielle d'appui d'une poutre. Lorsqu'on dispose de la place suffisante : préférer des ancrages droits, plus simples lorsque plusieurs lits d'aciers sont à ancrer en même temps.

Les aciers à ancrer étant connus, on peut déterminer la longueur nécessaire à leur ancrage et vérifier si a = m/cos β convient.

Si ce n'est pas vérifié :

*   soit augmenter a $\Rightarrow$ m (ce qui ne change rien aux vérifications précédentes qui s'en trouvent encore plus vérifiées) ;
*   soit choisir des dispositifs d'ancrage plus courts, généralement par crochet.

E-IV.3.2.3.5 Dispositions complémentaires

La voûte ne supporte pas les charges au-dessous d'elle.

Alors :

- soit le tirant est aussi calculé comme un linteau reprenant les charges sous la voûte ;
- soit ces charges sont suspendues à la voûte par des aciers, généralement par deux panneaux de treillis soudés (TS) (un sur chaque face) qui les remontent au-dessus de la voûte.

L'auteur préconise cette deuxième solution.

Elle fait consommer plus d'acier car l'ensemble des aciers de suspente est plus lourd que les aciers supplémentaires nécessaires pour faire fonctionner le tirant en linteau, mais elle a deux avantages primordiaux :

- Elle installe un treillis soudé sur chaque face du mur, signalant ainsi, lors d'un éventuel percement, que cette zone a un rôle structural particulier $\Rightarrow$ prudence !
- Les treillis soudés reprennent les tractions secondaires induites par l'évasement de la voûte dès qu'on s'éloigne de son pied.

Sur chaque face considérée, les sections de ces aciers de suspente et des éventuels aciers de peau ne s'additionnent pas, c'est la plus grande des deux qui est dimensionnante.

E-V Fondations superficielles

E-V.1 Introduction

Les fondations superficielles constituent le système de fondation le plus simple. C'est celui de beaucoup de bâtiments courants.

Elles consistent en un évasement de la base des murs ou poteaux pour adapter la contrainte transmise au sol à la capacité portante de ce dernier. On distingue :

- les semelles filantes (sous les murs) qui ne sont évasées que dans une direction, perpendiculairement au mur ;
- les semelles isolées (sous les poteaux) qui sont évasées dans deux directions.

Selon l'importance de l'évasement, les semelles peuvent être :

- non armées, s'il s'agit de semelles filantes à faible évasement ;
- sinon, elles sont nécessairement armées ; c'est le cas de toutes les semelles isolées quel que soit leur évasement et des semelles filantes à fort évasement.

Ce qui suit se limite au cas des fondations sollicitées en compression centrée.

Ce sont les fondations types des bâtiments contreventés par des voiles dans lesquels murs et poteaux sont admis être en compression centrée.

L'exposé comprend trois volets :

- Les fondations non armées, réglementairement limitées au cas des fondations filantes.
- Les fondations armées, filantes ou isolées.
- Les longrines de redressement : une solution pour traiter les fondations excentrées sans induire de moment, ni dans les poteaux ou murs, ni dans les fondations sous-jacentes. Dans les bâtiments considérés ici, une telle situation se rencontre notamment en limite de propriété et au droit de joints de structure.

L'exposé est organisé comme suit.

Eurocode codifie un calcul beaucoup plus fin que le règlement BAEL antérieur et les calculs en sont plus délicats. Particulièrement, ses prescriptions sont calées sur le cas général des fondations sollicitées en compression excentrée, le cas des fondations sollicitées en compression centrée (cible cet ouvrage) n'en est qu'un cas particulier.

Eurocode lui-même pour les fondations non armées, et surtout les Recommandations professionnelles françaises pour les fondations armées, proposent un calcul plus simple qui, de fait, reconduit les prescriptions de BAEL.

L'exposé principal est centré sur ce calcul simplifié. L'auteur propose de le réserver au cas des fondations en compression centrée.

Un exemple de calcul est proposé au § F.4.

Pour information, les strictes prescriptions d'Eurocode, toujours limitées au cas de la compression centrée, sont proposés en annexe, § E-V.6.

E-V.2 Notations et dispositions générales

E-V.2.1 Notations

Données géométriques essentielles et notations associées

Elles sont explicitées sur la Figure E-V.2.1.

Les notations dimensionnelles utilisées par Eurocode laissent une part de flou. En conséquence, pour les dimensions, les notations proposées ici sont celles utilisées antérieurement.

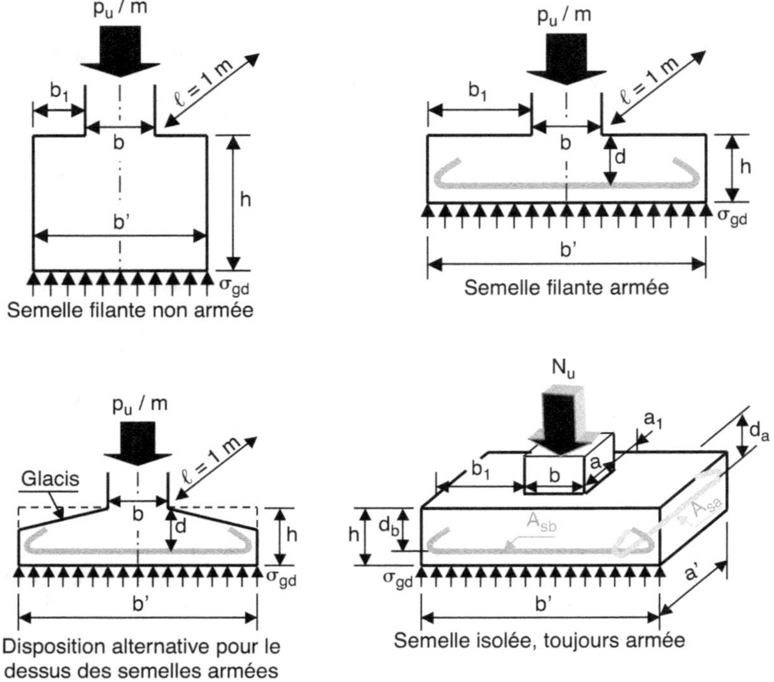

Efforts dimensionnants des armatures : $F_{sb, max} \Rightarrow A_{sb}$; $F_{sa, max} \Rightarrow A_{sa}$.

Figure E-V.2.1. Données géométriques des semelles et notations.

Contrainte et capacité portante du sol

- Contrainte imposée par la fondation au sol support. Elle est notée σ_{gd} (où gd est l'abréviation de *ground*).
- Capacité portante du sol. C'est la contrainte de calcul maximum admissible par le sol, elle sera notée dans cet ouvrage $\sigma_{Rd,gd}$.

E-V.2.2   Dispositions générales

Dimensions en plan

Il est souvent proposé que les semelles isolées soient homothétiques des poteaux qu'elles supportent $\Rightarrow b'/a' = b/a$. En fait, ce n'est pas une nécessité.

Des semelles d'égal débord $\Rightarrow \dfrac{b'-b}{2} = \dfrac{a'-a}{2}$ sont plus harmonieuses, car leurs débords ont

la même raideur dans les deux directions.

Sous les poteaux ronds et sous les poteaux rectangulaires tels que $b - a \leq 10$ cm environ, préférer des semelles carrées.

Pour éviter une erreur de positionnement, les semelles carrées sous poteaux rectangulaires ont obligatoirement la même section d'acier dans les deux directions. Elles sont donc surdimensionnées dans la direction du plus faible débord. Mais la simplification que cela apporte au chantier vaut ce prix.

Cohabitation des semelles filantes et isolées

À la liaison entre une semelle isolée et une ou plusieurs semelles filantes aboutissant au même nœud de fondations, une part de la semelle isolée appartient aussi aux semelles filantes qui y convergent et vice-versa.

Pour les calculs, on ignore cette superposition.

L'aire nécessaire de la semelle considérée (filante ou isolée) puis son épaisseur requise et ses aciers sont déterminés comme si les semelles incidentes n'existaient pas.

Coulage en pleine fouille, face supérieure brute ou non, béton de propreté, coffrage?

Voir la Figure E-V.2.2.

Les semelles non armées sont coulées en pleine fouille et leur surface supérieure reste brute.

Les semelles armées sont coulées sur un béton de propreté. Pour les plus grosses d'entre elles, leurs faces latérales sont coffrées.

La face supérieure des semelles armées peut être terminée en glacis incliné qui n'affecte pas leur résistance et fait économiser un peu de béton. Cependant, dans les cas courants, l'économie de béton ainsi réalisée ne compense pas l'excédent de travail induit. Aussi la face supérieure est-elle généralement laissée horizontale et brute, comme pour les semelles non armées.

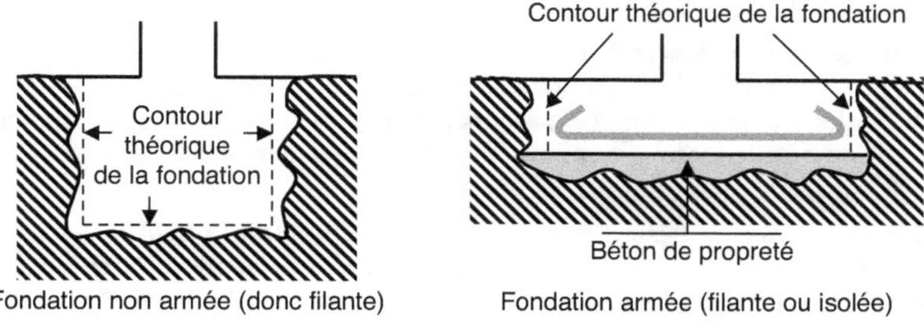

Figure E-V.2.2. Conditions courantes de coulage des fondations.

Réglage en hauteur des fondations et harmonisation de leurs dimensions

* Réglage en hauteur

  Dans la mesure du possible, l'arase supérieure de l'ensemble des fondations d'un même bloc de bâtiment est réglé à une cote unique. Cela facilite grandement le coffrage des soubassements lorsqu'ils sont banchés et simplifie aussi le travail lorsqu'ils sont en maçonnerie (on est alors généralement en maison individuelle).

  Pour cela, on joue sur le niveau d'assise de chaque fondation pour respecter sa hauteur nécessaire.

* Profondeur «hors gel»

  Le dessous de chaque semelle doit être suffisamment profond pour être «hors gel». Sinon, les fondations peuvent subir au gré des saisons des mouvements verticaux préjudiciables.

  En plaine, dans un climat tempéré comme la France, la profondeur minimum hors gel est 50 cm.

- Harmonisation des dimensions : proposition de l'auteur

Arrondir chaque dimension (h, b' et a' s'il existe) de chaque fondation par pas de 10 cm entiers. Cet arrondi est conforme à la précision escomptable à la pelle mécanique. De plus, il regroupe sous les mêmes dimensions les fondations de dimensions voisines.

S'il subsiste alors plus qu'environ trois dimensions de semelles filantes et environ quatre dimensions de semelles isolées, envisager des regroupements ou critères de regroupement supplémentaires.

Toutes les semelles d'un même groupe sont identiques.

Elles sont calculées en prenant pour référence la plus défavorable du groupe.

Aciers : diamètre, espacement et enrobage

- Diamètre minimum : $\phi \geq 8$ mm
- Espacement maximum s_{max} : règles des dalles

Rappel : si charge concentrée (cas des semelles sous poteau), $s_{max} \leq 2\,h \leq 25$ cm

Sinon (cas des semelles filantes), $s_{max} \leq 3\,h \leq 40$ cm
- Enrobage minimum (rappel du § C-I.7.2.1.3) :

Sur les faces au contact direct de la terre $c_{min} = 65$ mm $\Rightarrow c_{nom} = 75$ mm

Sur un béton de propreté $c_{min} = 30$ mm (AF) $\Rightarrow c_{nom} = 40$ mm

Le long d'une face coffrée, l'auteur propose la même valeur que sur le béton de propreté, soit $c_{min} = 30$ mm $\Rightarrow c_{nom} = 40$ mm.

Aciers en attente

Voir la Figure E-V.2.3.

Les recommandations professionnelles françaises spécifient ce qui suit. En fait, elles reconduisent des prescriptions applicables antérieurement avec BAEL. On est alors en droit de penser que la sollicitation de flexion composée évoquée ci-dessous est celle de la prescription BAEL : limitée à celle du premier ordre, avant prise en compte du flambement.

- Sous les poteaux (semelles isolées)
  - Si la sollicitation de flexion composée à la base du poteau conduit à des aciers tendus (c'est hors du domaine visé ici, limité aux compressions centrées), retourner les attentes en partie basse de la fondation comme indiqué sur la figure, avec un retour correspondant à l'ancrage nécessaire (à défaut de calcul plus précis on admet un retour de longueur 35 ϕ.

    Remarque. Le coude de ces barres étant situé en pleine masse de la semelle de fondation, il n'y a aucun risque « d'écrasement » du béton à l'intérieur de la courbure (§ C-II.4.3.3). Les diamètres de courbure minimums suffisent : diamètre du mandrin $\phi_m = 4\,\phi$ tant que $\phi \leq 16$ mm, au-delà $\phi_m = 7\,\phi$ (§ C-II.4.3.1).

    Ce retour a aussi l'avantage de faire reposer les attentes sur le quadrillage d'armatures de la fondation, ce qui leur permet de tenir debout seules et les positionne en altitude. Si souhaité, il permet aussi de solidariser attentes et aciers de la semelle alors ferraillées et mis en place comme un tout.

  - Dans le cas contraire (ce sont les cas visés dans cet ouvrage), on peut se contenter d'un ancrage droit de longueur 20 ϕ.

    Dans la pratique, pour garder les avantages exposés au point précédent, ces attentes sont souvent façonnées elles aussi avec un retour horizontal, mais sans se préoccuper de l'ancrage nécessaire.
- Sous les murs (semelles filantes)
  - Sous les murs armés : transposition des règles des poteaux.

– Sous les murs non armés : aucune attente exigée.

Dans la pratique, on prévoit souvent quelques aciers non calculés disposés comme des attentes (par exemple 1 HA 8 tous les 40 cm).

Nota

La stricte application d'Eurocode en ignorant la prescription des Recommandations profession-nelles françaises conduit à ce qui suit.

Une semelle de fondation constituant un bon encastrement, le pied de poteau et les attentes doivent résister au moment maximum de flambement.

– Chaque acier est susceptible d'être tendu et, si les attentes ne sont pas surdimensionnées, leur ancrage dans la semelle doit être total leur longueur développée = $\ell_{bd,nom}$. On calcule que, dans la majorité des cas, le retour horizontal strictement nécessaire reste inférieur aux 35 ϕ proposés forfaitairement plus haut.

– Par contre, un ancrage des attentes supposant des aciers toujours comprimés (par exemple les 20 ϕ d'ancrage droit proposés par les Recommandations professionnelles françaises) est hors de propos.

La prudence invite ici à suivre la prescription d'Eurocode et à abandonner l'ancrage droit de 20 ϕ.

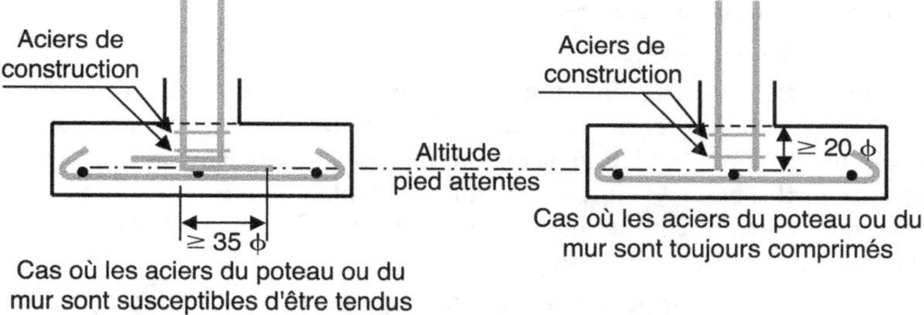

Figure E-V.2.3. Ancrage des aciers en attente dans les fondations.

Chaînages

Il faut prévoir au niveau des fondations des chaînages périphériques et intérieurs tels que définis au § E-IV.2.3. Ils sont placés en pied de mur ou dans les longrines reliant les poteaux.

Rappel

Avec des aciers B500, conformément aux Recommandations professionnelles françaises, ces deux types de chaînages doivent avoir une section $A_s \geq 1,5$ cm^2

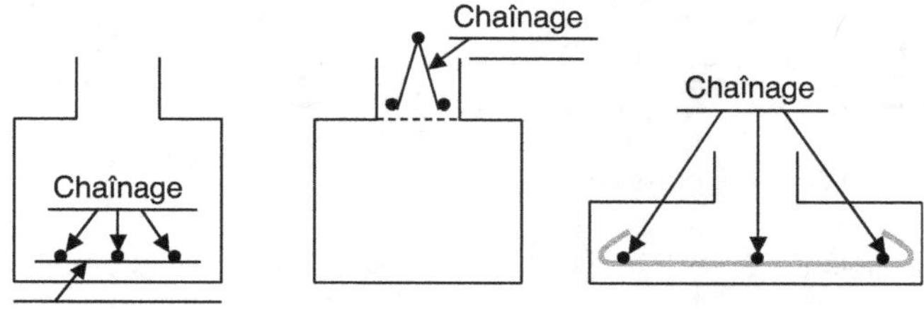

Figure E-V.2.4. Dispositions possibles pour les chaînages au niveau des fondations.

- Chaînages en pied de mur

  Ils sont placés comme montré sur la Figure E-V.2.4 :
  - soit dans la fondation elle-même ;
  - soit dans le mur, très près au-dessus de la fondation.
- Longrines et chaînages reliant les pieds de poteaux

  Toute longrine mise en place pour raison structurelle doit être traitée pour assurer aussi la fonction chaînage.

  Si le sol de fondation est suffisamment ferme, aucune autre longrine n'est nécessaire.

  Si le sol de fondation est mouvant et/ou susceptible de tasser, il est en plus indispensable de relier entre eux tous les pieds de poteaux par un réseau de longrines empêchant ceux-ci de s'écarter ou de se rapprocher. Ces longrines doivent contenir au moins la section de chaînage et beaucoup plus si, en plus, on leur demande de limiter les éventuels tassements différentiels.

Fondations assises à des niveaux différents

Ces prescriptions ne concernent pas les petites différences de niveau d'assise, utilisées pour ajuster à la même cote les arases supérieures des semelles.

- Deux points sont à respecter.

  Il faut faire en sorte d'éviter une interaction entre deux fondations assises à des niveaux différents. C'est-à-dire éviter que, du fait de l'étalement (toujours présent) des contraintes dans le volume du sol de fondation, la fondation la plus haute ne surcharge la portion de sol qui supporte la plus basse. C'est le cas lorsque les «bulbes de pression» des deux fondations voisines s'interpénètrent comme illustré sur la Figure E-V.2.5, surchargeant localement le sol avec tous les risques que cela comprend.

  Pour s'en prémunir, il est impératif de respecter les règles de décalage explicitées sur la Figure E-V.2.5.
- La sous-face des fondations doit toujours être horizontale. C'est pourquoi la sous-face d'une fondation filante le long d'un terrain en pente ne peut être qu'en redans conformément à la Figure E-V.2.6.

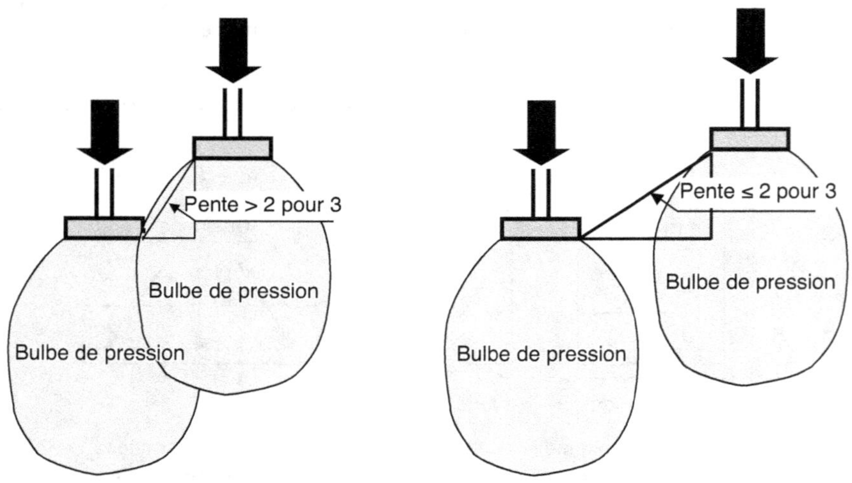

Figure E-V.2.5. Exemple d'interaction entre deux fondations assises à des niveaux différents.

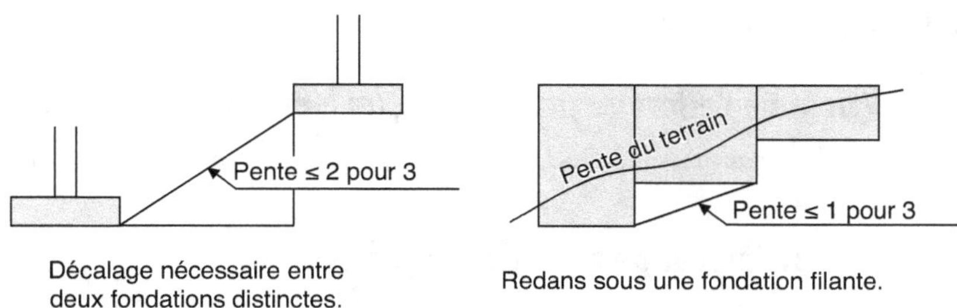

Figure E-V.2.6. Règles de décalage des fondations assises à des niveaux différents.

Joints de dilatation et joints de structure

Voir Figure E-V.2.7.

Les joints de dilatation ne descendent que jusqu'à l'arase supérieure des fondations. Les deux éléments (poteaux ou murs) de part et d'autre du joint sont traités comme un tout et partagent la même fondation.

Les joints de structure, au contraire, courent sur toute la hauteur de l'édifice, y compris les fondations, car ils sont là pour pallier un éventuel tassement différentiel entre deux zones de conditions géotechniques différentes. Ces joints coupant les fondations, chaque demi-fondation se trouve inévitablement sollicitée de façon excentrée. Cela doit être pris en compte dans le calcul.

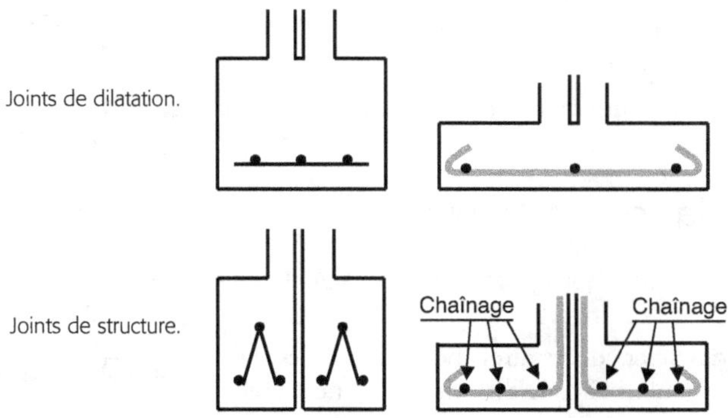

Figure E-V.2.7. Fondations : joints de dilatation et joints de structure.

E-V.3   Calculs

Ils sont menés uniquement à l'ELU.

Ceux présentés ci-après sont les calculs simplifiés des Recommandations professionnelles françaises. Ils reconduisent les prescriptions de BAEL.

Voir exemple § F.4.

L'auteur propose de les réserver au cas des fondations sollicitées en compression centrée.

Pour le calcul plus complexe prescrit par Eurocode, voir annexe, § E-V.6.

E-V.3.1 Données de base

E-V.3.1.1 Valeur de l'effort vertical N_u ou p_u/m à prendre en compte

Dans le domaine de ces calculs simplifiés : N_u ou p_u/m à prendre en compte inclut le poids de la fondation.

E-V.3.1.2 Aire ou largeur de fondation nécessaire

N_u ou p_u/m incluant le poids de la fondation, celui-ci doit être estimé dans un premier temps.
- Pour une fondation filante : $b' = p_u/\sigma_{Rd,gd}$
- Pour un poteau : $b'.a' = N_u/\sigma_{Rd,gd}$

Proposition de l'auteur
- Faire le calcul en ignorant le poids de la fondation.
- Puis augmenter chaque dimension de 5 cm et l'arrondir au nombre entier de 10 cm le plus proche ($\Rightarrow$ valeur retenue en excès de 3 à 8 cm).
- Enfin, calculer le poids de la fondation et vérifier que ces arrondis ont été suffisants pour le prendre en compte.

E-V.3.2 Fondations non armées

Il s'agit exclusivement de semelles filantes.

Prescription simplifiée admise par Eurocode [12.9.3] :
- Elle est très simple : $b_1 \le h/2$
- c'est notamment celle qui avait cours avec le règlement BAEL.

E-V.3.3 Fondations armées

Concerne les semelles isolées (sous poteaux) et des semelles filantes (sous murs).

L'exposé du calcul des aciers nécessaires (horizontaux) est fait sur l'exemple de l'évasement dans la direction b d'une semelle isolée sous un poteau chargeant la fondation par l'effort N_u.

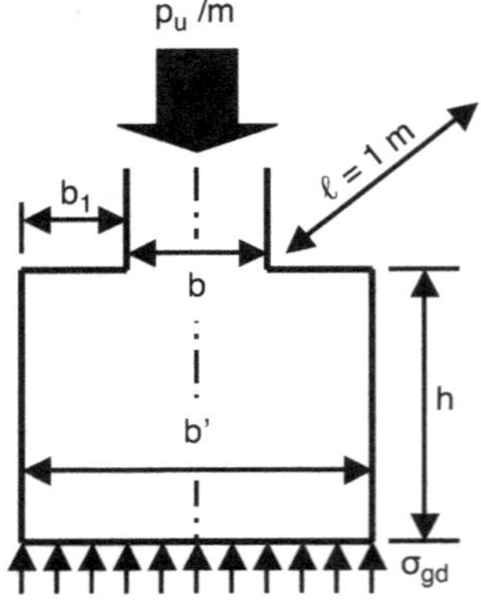

La transposition à l'évasement dans la direction a se fait simplement en remplaçant b et ses déclinaisons par a et ses déclinaisons.

Les semelles filantes se calculant sur une tranche de 1 m de long, la transposition se fait en remplaçant les efforts totaux par des efforts par mètre. Par exemple, N_u est remplacé par p_u/m et $F_{s,max}$ par $F_{s,max}/m$ de longueur de la fondation.

E-V.3.3.1 Domaine de validité

Bien que les Recommandations professionnelles ne l'imposent pas, l'auteur propose de le limiter au cas des fondations sollicitées en compression centrée.

E-V.3.3.2 Hauteur utile d et hauteur totale h

Une seule prescription qui assure un bon dimensionnement et dispense des vérifications au poinçonnement et de non-dépassement de la contrainte admise dans le béton :

$d \ge b_1/2 \ge [6\ \text{cm} + 6\ \phi$ des barres constituant $A_s]$

Attention

Dans les semelles isolées, il y a deux nappes d'acier orthogonales (avec les notations utilisées ici, la hauteur utile de la plus extérieure est d_b et celle de l'autre est d_a). Chacune de ces deux hauteurs utiles doit respecter l'inégalité ci-dessus.

Une fois la hauteur utile d définie, on en déduit comme suit la hauteur totale h, nécessaire notamment au calcul du poids de la fondation.

Les semelles armées étant coulées sur béton de propreté, on a : c_{nom} = 40 mm

Si ϕ est le diamètre des aciers, on a :

- pour la nappe d'aciers la plus extérieure A_{sb} : $h - d_b \leq 40$ mm $+ \phi_b/2$
- dans le cas d'une semelle isolée, pour la nappe d'acier A_{sa} dans l'autre direction, disposée au-dessus de la précédente : $h - d_a \leq 40$ mm $+ \phi_a/2 + \phi_b$

Estimation proposée

Si, comme pour estimer d dans les poutres, on admet $\phi \approx 20$ mm, on a :

- pour la nappe A_{sb} extérieure : $h - d_b \approx 5$ cm
- pour la nappe A_{sa} intérieure : $h - d_a \approx 6$ à 7 cm

E-V.3.3.3　Dimensions en plan

Il s'agit des valeurs de b' et a'. Voir § E-V.3.1.2.

E-V.3.3.4　Calcul des aciers nécessaires

Il ne s'agit que des seuls aciers inférieurs A_s, puisque dans ce calcul simplifié, il est alors admis que le respect de $d \geq b_1/2$ dispense de toutes autres vérifications et des éventuels autres aciers qu'elles pourraient exiger.

E-V.3.3.4.1　Principe du calcul

Il est considéré que l'effort N_u appliqué s'étale sur toute la largeur de la fondation par le jeu de bielles comprimées, comme schématisé sur la Figure E-V.3.1.

Les barres inférieures A_s font tirant pour retenir les pieds de chaque couple de bielles avec, à chaque abscisse x, un effort $F_{s,x}$. À leurs extrémités, elles ne sont sollicitées que par le couple de bielles le plus externe. Au fur et à mesure qu'on se rapproche du centre s'ajoute l'effet des bielles plus internes et c'est sur l'axe de la fondation que l'effort à reprendre par ces aciers est le plus grand. Il est noté $F_{s,max}$.

E-V.3.3.4.2　Calcul proprement dit

On démontre que :

- l'effort $F_{s,x}$ à reprendre par A_s évolue de façon parabolique
- $F_{s,max} = N_u . \dfrac{b' - b}{8\,d}$

À l'ELU, les aciers sont en phase plastique $\Rightarrow$ on considère $\sigma_s = f_{yd}$

On en tire : section d'acier nécessaire $A_s = F_{s,max}/f_{yd}$

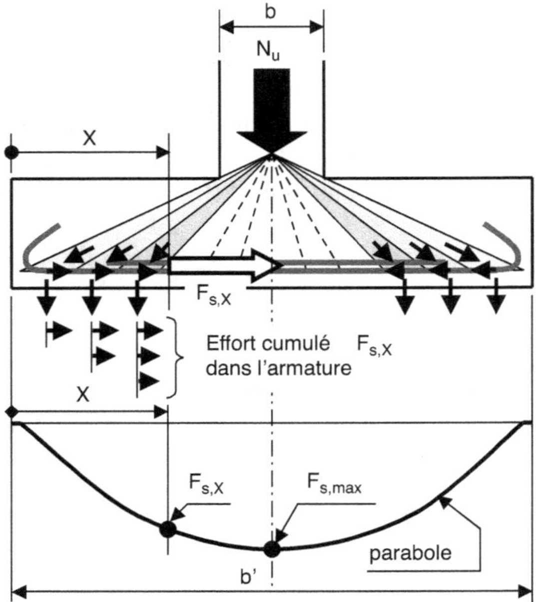

Figure E-V.3.1. Efforts dans une fondation en compression centrée.

Déclinaison de ce résultat dans les cas des semelles filantes et isolées

- Semelles filantes : $N_u = p_u/m$ et $F_{s,max}/m = N_u \cdot \dfrac{b' - b}{8\,d}$

- Semelles isolées : on mène le même calcul dans les deux directions b' et a', avec dans chaque direction la valeur totale de N_u :

  On a donc : $F_{sb,max} = N_u \cdot \dfrac{b' - b}{8\,d_b}$ et $F_{sa,max} = N_u \cdot \dfrac{a' - a}{8\,d_a}$ Attention : $d_a \neq d_b$

  Dans le cas de semelles d'égal débord, on a : $F_{sb,max} \approx F_{sa,max}$ et par suite : $A_{sa} \approx A_{sb}$ (seulement « à peu près égaux » car $d_a \neq d_b$)

E-V.3.3.5   Arrêt des aciers et leur ancrage

E-V.3.3.5.1   Arrêt des barres

Lorsqu'il est jugé utile, on arrête une barre sur deux, conformément aux indications de la Figure E-V.3.2. Les barres arrêtées ont systématiquement un ancrage droit.

E-V.3.3.5.2   Ancrage des barres non arrêtées

Il s'agit de l'ancrage aux extrémités de la largeur b'. Un ancrage droit convient si la pente d'ancrage (voir la Figure E-V.3.2 et le § D-IV.6.2.2) est plus forte que la pente de la tangente du diagramme des efforts dans les aciers à cette même extrémité.

E-V.3.3.5.3 Règle pratique

Elle s'appuie sur l'exploitation des propriétés des tangentes aux paraboles, comme illustré sur la Figure E-V.3.2.

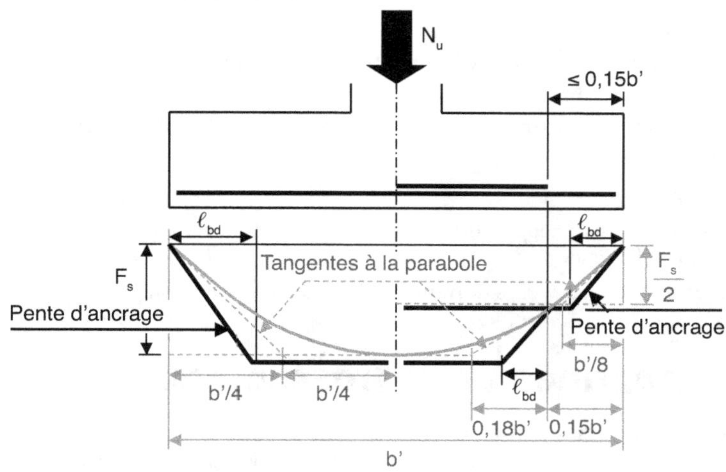

Figure E-V.3.2. Fondations armées : cas où un ancrage droit des aciers convient et longueur d'arrêt d'une barre sur deux lorsque jugé utile.

Par simplification, il est admis que : longueur des barres non arrêtées = b' (au lieu de b' − 2 × enrobage).

Cas des semelles filantes

- Si aucune barre n'est arrêtée, un ancrage droit suffit à condition que $\ell_{bd} \leq b'/4$, sinon un crochet est impératif.
- Si une barre sur deux est arrêtée :

  Elle est arrêtée avec ancrage droit.

  Des propriétés de la parabole (voir «Aide à l'arrêt des barres» au § E-I.2.3.2) on déduit que :
  - si $\ell_{bd} \leq 0,18\ b'$, la barre est arrêtée à la distance $0,15\ b'$ de l'extrémité de la semelle ;
  - sinon, à chaque extrémité, elle doit être rallongée de $\ell_{bd} - 0,18\ b'$.

  Pour les barres amenées aux extrémités, un ancrage droit suffit, à condition que $\ell_{bd} \leq b'/8$, sinon, un crochet est impératif.

Cas des semelles isolées

Mêmes règles que pour les semelles filantes, en transposant à la direction a' les règles développées pour la direction b'.

Dans le cas où la semelle n'est pas homothétique du poteau, les limites b'/4 et b'/8 et l'arrêt éventuel d'une barre sur deux à 0,15 b' ainsi que leurs déclinaisons dans la direction a' sont remplacés par 0,8.(b'/4), 0,8.(b'/8) et 0,8 × 0,15 b'. En revanche, la limite 0,18 b' pour l'ancrage droit des barres arrêtées reste inchangée.

Proposition de l'auteur

En bâtiments courants, pour les barres prolongées sur toute la largeur de la semelle, il est rare qu'un ancrage droit suffise. L'auteur propose de *systématiquement* les ancrer par crochet.

E-V.4   Longrines

Si, quelle qu'en soit la raison, sous un mur il n'est pas possible de mettre en place une semelle filante, on installe à la place une poutre qui supporte le mur et reporte ses charges sur des points d'appui résistants.

Ce sont de telles poutres, au niveau des fondations, que désigne le mot «longrine». Elles sont calculées comme des poutres.

Supportant des murs en maçonnerie ou en béton très peu déformables, leur flèche doit être strictement limitée.

Proposition de l'auteur

Les dimensionner avec un rapport d/ℓ augmenté de 10 à 15 % par rapport à la préconisation pour les poutres classiques.

Comme évoqué au § E-V.2.2, elles doivent de plus assurer la fonction chaînage.

E-V.5   Longrines de redressement

En bâtiments courants, la longrine de redressement est une solution simple pour traiter les fondations excentrées : simple au niveau du calcul, mais aussi simple au niveau de l'exécution. En effet, son fonctionnement n'induit aucun moment dans les poteaux concernés, qui peuvent continuer à être calculés et construits sur la base d'une compression réputée centrée.

E-V.5.1   Principe de fonctionnement

Voir Figure E-V.5.1.

C'est le même principe qu'une balance romaine (avec bras de leviers inégaux), mais, au lieu d'être suspendues, les charge sont appliquées en partie supérieure.

Pour porter le poteau A, la longrine s'appuie sur la semelle B et, au bout d'un long bras de levier qu'on désignera «fléau», exerce en C un effort de soulèvement. Pour l'équilibre de l'ensemble, il est impératif qu'un poteau en C apporte un effort descendant $\geq N_C$.

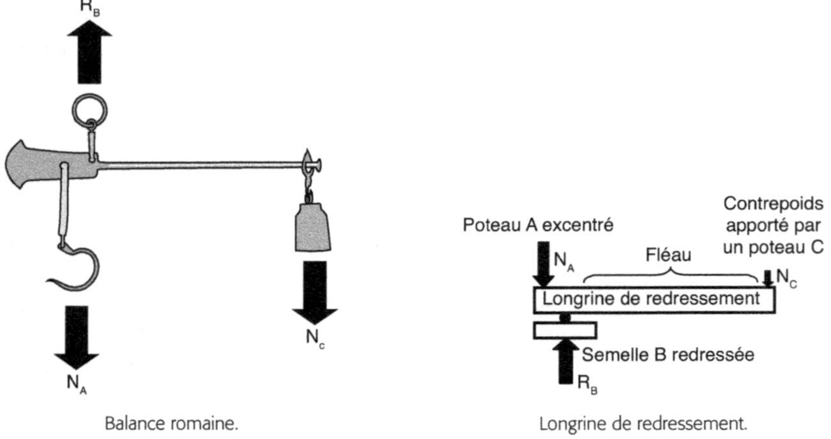

Figure E-V.5.1. Principe de fonctionnement des longrines de redressement.

E-V.5.2 Cas des longrines réelles

La longrine ne s'appuie pas sur la semelle redressée par un seul point, comme sur le schéma de principe, mais sur toute la longueur de cette dernière, comme illustré sur la Figure E-V.5.2. Cette semelle ne fonctionne donc pas comme une semelle isolée, mais comme une portion de semelle filante.

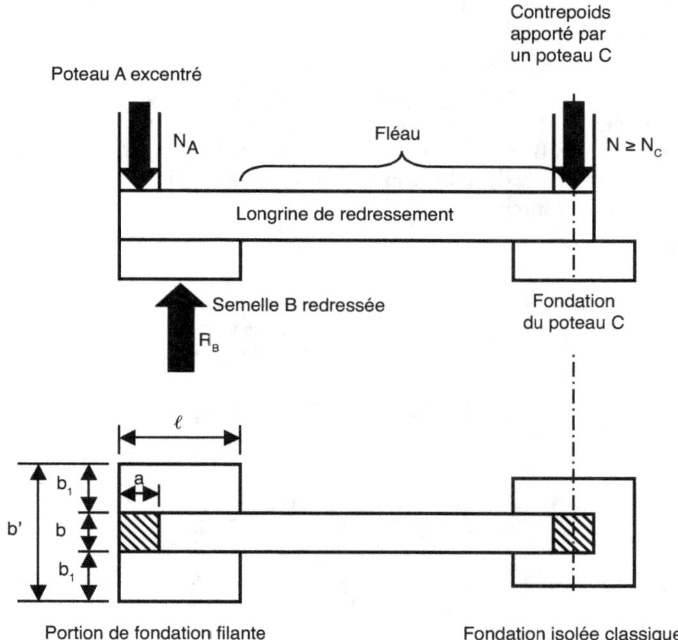

Figure E-V.5.2. Longrines de redressement : leur géométrie réelle.

Le poids du fléau, petit comparé aux autres efforts en présence, peut généralement être négligé.

Les diagrammes du moment fléchissant et de l'effort tranchant qui en découlent sont montrés sur la Figure E-V.5.3.

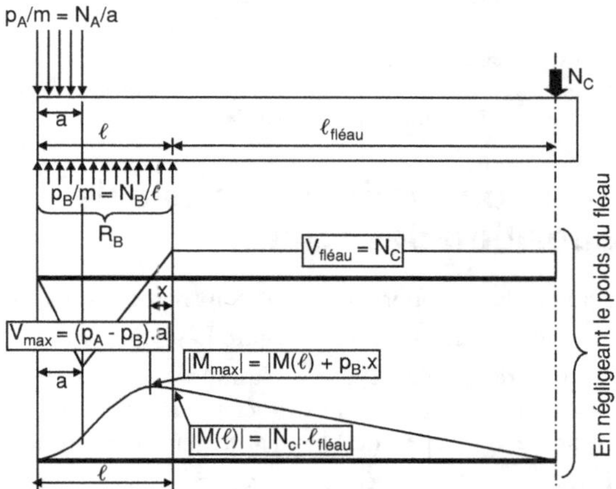

Figure E-V.5.3. Longrines de redressement : efforts mis en jeu et diagrammes V et M.

E-V.5.3 Prescription complémentaire d'Eurocode [9.8.3]

S'il y a le risque que des engins de chantier, notamment de compactage, surchargent le fléau de la longrine, Eurocode prescrit que celui-ci soit en plus ferraillé pour résister à une action variable descendante répartie Q = 10 kN/m. Cela est illustré sur la Figure E-V.5.4.

C'est notamment le cas lorsque le sol du niveau fondation est posé sur hérisson. Ce dernier est mis en place entre et au-dessus des longrines et, nécessairement, les engins de chantier sont amenés à peser sur les longrines.

Une telle circonstance ne peut se produire qu'avant la construction des superstructures, donc avant que les fondations n'aient à reprendre une charge descendant des (futurs) poteaux. Le fléau, sous l'éventuelle sollicitation des engins de chantier fonctionne alors comme une travée isostatique entre les appuis B et C. Par ailleurs, une fois que les superstructures sont construites et que la longrine joue son rôle de redressement, d'éventuels engins de terrassement n'y ont plus accès et ne peuvent plus la surcharger.

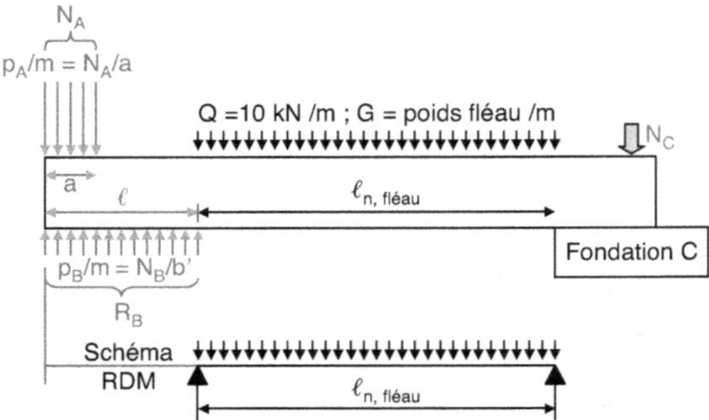

Figure E-V.5.4. Longrines de redressement : prise en compte d'une éventuelle surcharge par un engin de terrassement.

Le fléau doit donc contenir, superposés, deux ferraillages. Chacun répond à une des fonctions considérées ci-dessus et est calculé indépendamment de l'autre. Pour les aciers transversaux, dans chaque zone du fléau, il faut retenir la plus forte densité de renfort découlant des deux calculs. Il s'agit généralement de celle qui découle de la fonction redressement.

Nota

Les longrines qui ne sont pas de redressement risquent aussi d'être surchargées par un engin de chantier.

Aucune précaution n'est demandée pour celles mises en place pour supporter un mur. En effet, dimensionnées pour supporter un mur qui leur appliquera une charge plus élevée que 10 kN/m, elles sont aptes à résister aux aléas du chantier.

E-V.5.4 Organisation pratique des calculs et disposition des aciers

*   On s'assure que le poteau en C apporte bien un effort descendant $\geq N_C$.
*   On se réfère aux diagrammes simplifiés de la Figure E-V.5.5.

    Dans les zones de forte variation de M et V, il est impossible de suivre exactement leur évolution par l'arrêt des barres et l'espacement des aciers transversaux. Aussi le calcul est-il fait pour une valeur constante, d'une part de M et d'autre part de V, encadrant les valeurs réelles.
*   Pour le calcul de la fondation C, on néglige souvent son allègement par l'effort de soulèvement (égal à N_C) en bout de fléau.

Un exemple du ferraillage en découlant est montré sur la même Figure E-V.5.5. Compte tenu de l'effort important à transmettre du poteau A à la longrine, il serait bon de boucler en U les aciers supérieurs de la longrine autour de l'impact du poteau. À défaut, et comme illustré sur la figure, développer le crochet d'ancrage de ces aciers dans le plan horizontal (ou le plus horizontal possible).

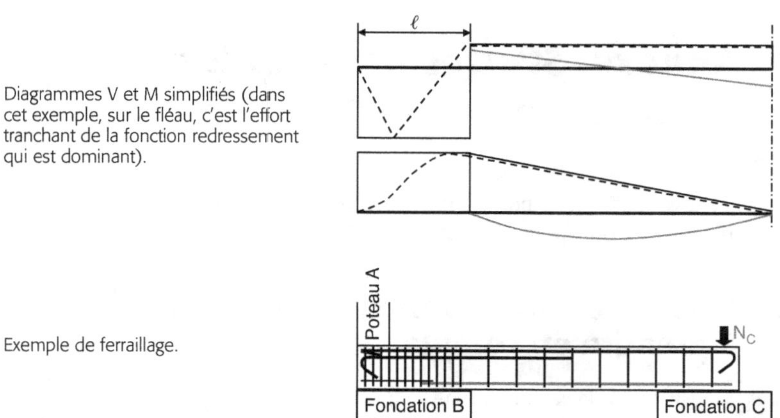

Figure E-V.5.5. Longrines de redressement : diagrammes V et M simplifiés et exemple de ferraillage (en gris, prise en compte d'une éventuelle incidence des engins de chantier).

E-V.5.5 Encombrement en hauteur des longrines de redressement

Les longrines courantes ont une hauteur ≥ portée/10, soit, en bâtiments courants, ≥ 40 à 50 cm environ.

Dans le schéma proposé plus haut, la longrine est installée au-dessus des fondations. C'est le schéma le plus simple, mais alors le système des fondations redressées exige plus de hauteur (40 à 50 cm de plus) que les fondations ordinaires.

Dans certaines circonstances cela peut être une gêne. Il est alors possible d'intégrer les longrines dans la hauteur des fondations concernées, comme illustré sur la Figure E-V.5.6.

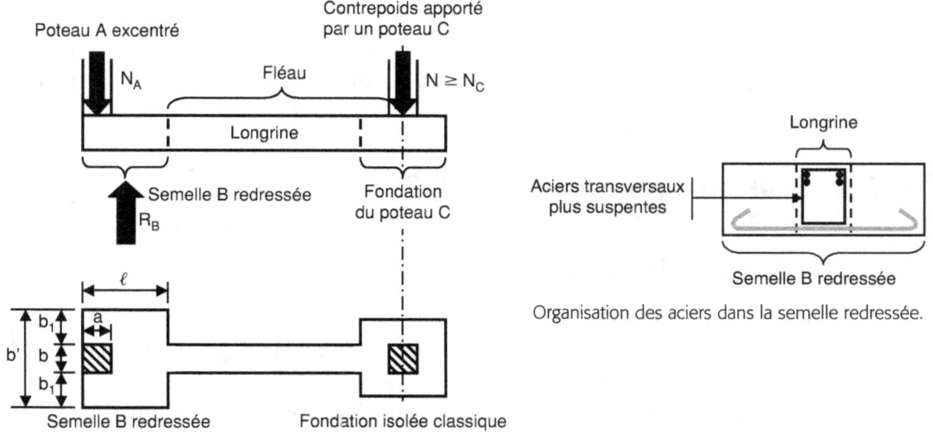

Figure E-V.5.6. Longrine de redressement intégrée dans la hauteur des fondations.

Attention !

La longrine s'appuyant alors au bas de la fondation B qu'elle est supposée charger, l'effort qu'elle y reporte doit être remonté en partie haute de la fondation par des suspentes. Ces suspentes, en forme de cadres, s'ajoutent aux aciers transversaux d'effort tranchant.

En A et C, la longrine reste chargée en partie supérieure et aucune adaptation n'est requise.

E-V.6 Annexe. Strictes prescriptions d'Eurocode

Elles conduisent à un calcul plus fin.

En contrepartie, la vérification de non-dépassement de la contrainte dans le béton ne peut être évitée et la vérification de non-poinçonnement devient le pivot du dimensionnement.

E-V.6.1 Valeur de l'effort vertical N_u ou p_u/m à prendre en compte

Ce n'est plus exclusivement la valeur incluant le poids de la fondation.

- Pour la détermination de l'aire de fondation nécessaire ainsi que pour le calcul de résistance de ses débords, c'est la valeur *incluant* le poids de la fondation.
- Pour les vérifications de non-poinçonnement et de non-dépassement de la contrainte admissible dans le béton, c'est la valeur *excluant* le poids de la fondation.

E-V.6.2 Fondations non armées [12.9.3]

Une seule prescription, qui s'exprime par la formule de calcul suivante :

$$\text{débord } b_1 \text{ tel que } \frac{0{,}85.h}{b_1} \geq \sqrt{\frac{9.\sigma_{gd}}{f_{ctd,p,}}}$$

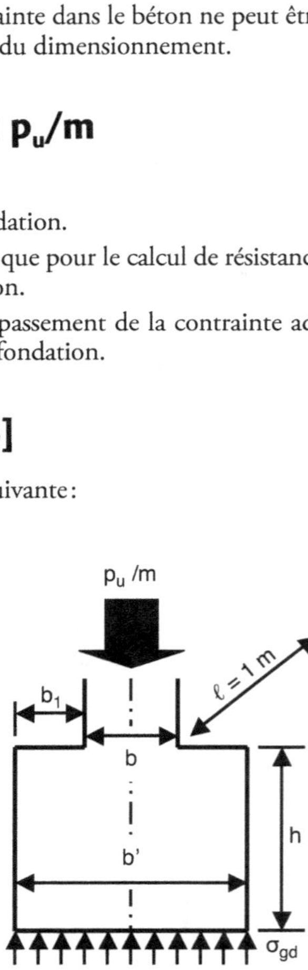

Commentaires

σ_{gd} = contrainte effective en sous-face de la fondation.
Elle comprend nécessairement l'incidence du poids de la fondation.
Elle peut être inférieure à $\sigma_{Rd,gd}$ si la fondation est un peu plus large que nécessaire.
Pour une semelle non armée, la résistance en traction du béton à prendre en compte est $f_{ctd,pl} = 0{,}8\,f_{ctd}$.

E-V.6.3 Fondations armées [9.8.2]

E-V.6.3.1 Détermination de la hauteur utile d

C'est la condition de non-poinçonnement qui est dimensionnante.

- Les semelles filantes sont moins sujettes au poinçonnement que les semelles isolées et le respect de $d \geq b_1/2$ est généralement suffisant.
- Pour les semelles isolées, il est difficile de dégager une règle simple et le dimensionnement $d \geq b_1/2$ n'est plus qu'un repère pour une première approximation.

La difficulté est que seule une démarche itérative permet d'atteindre la valeur de d. En effet, les calculs au poinçonnement (§ E-V.6.4) font intervenir les sections d'acier finalement mises en place qui, à leur tour, sont très sensibles à la valeur de d cherchée.

E-V.6.3.2 Calcul des aciers nécessaires dans le cas d'une compression centrée

E-V.6.3.2.1 Semelles filantes

Les éléments du calcul et les notations sont explicités sur la Figure E-V.6.1.

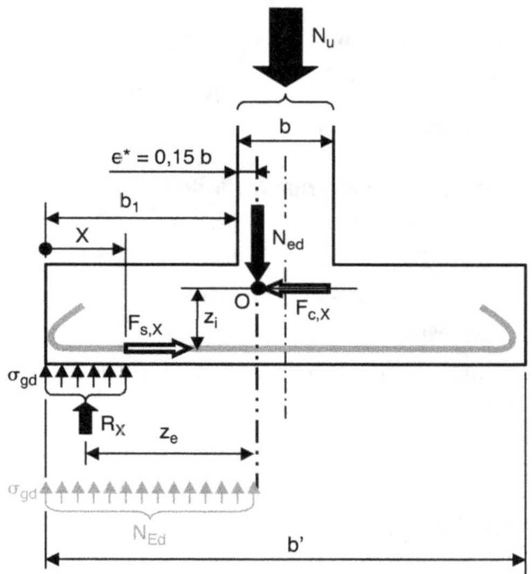

Effort nécessaire $F_{s,X}$ dans les aciers à l'abscisse X.

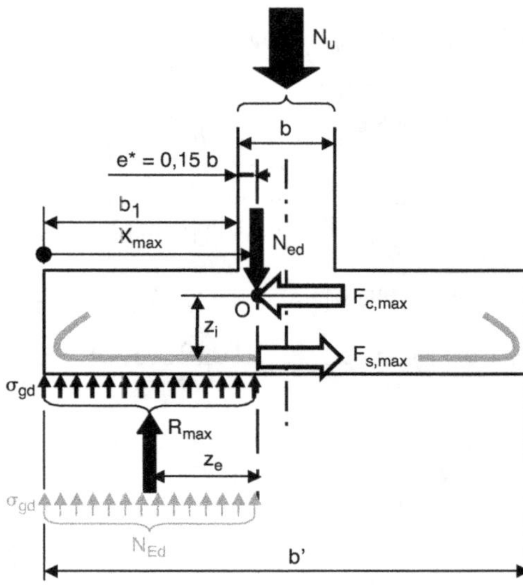

Effort dimensionnant $F_{s,max}$ des aciers, c'est l'effort en partie centrale de la fondation.

Figure E-V.6.1. Éléments du calcul des fondations armées (exemple d'une semelle filante).

L'équilibre des moments est fait par rapport au point O situé:
- à la distance 0,15 b du nu du mur du côté du débord considéré;
- à l'altitude de la résultante de l'effort de compression F_c développé dans la semelle pour la résistance à la flexion du débord considéré (calcul comme une poutre); c'est-à-dire à la distance z (nommée ici z_i) du centre de gravité des aciers.

Ne compter les charges que jusqu'à 0,15 b du parement implique que les charges réparties sur la partie centrale du mur (sur les 0,7 b intérieurs) se transmettent directement au sol porteur sans induire d'autre effort que de la compression dans le volume de la fondation.

Nota

N_{Ed} tel qu'il est défini par Eurocode pour ce calcul est très différent de N_u, effort total sollicitant la fondation.

En effet, N_{Ed} = effort repris par la fondation sur la largeur $(b_1 + 0,15\ b)$, il apparaît donc très inférieur à N_u, il est même inférieur à $N_u/2$.

Aciers nécessaires à chaque abscisse X à partir du nu de la fondation

L'effort qu'ils doivent reprendre découle de l'équilibre des moments par rapport au point O. On a:

$$\text{moment agissant} = \text{moment résistant}$$

d'où, en l'absence de moment extérieur:

(moment des efforts extérieurs $= R_X.z_e$) = (moment des efforts intérieurs $= F_{s,X}.z_i$)

soit: $F_{s,X} = R_X.z_e/z_i = \sigma_{gd}.X.z_e/z_i$

d'où on tire: $A_{s,X} = F_{s,X}/f_{yd}$

Nota

Les indices e et i rappellent les efforts «extérieurs» et «intérieurs».

Mise en forme pratique de ce résultat

On a:

$$z_e = (b_1 + 0,15\ b) - X/2 = (b' - 0,7\ b)/2 - X/2$$

Eurocode admet de se contenter de $z_i = 0,9\ d$

d'où: $F_{s,X} = \sigma_{gd}.X.z_e/z_i = \sigma_{gd}.X.[(b' - 0,7\ b)/2 - X/2]/0,9\ d = \sigma_{gd}.X.\dfrac{b' - 0,7\ b - X}{1,8\ d}$

L'effort $F_{s,X}$ part de zéro près du parement et augmente au fur et à mesure qu'on s'en éloigne, pour atteindre sa valeur maximum $F_{s,max}$ à l'aplomb du point O. Son diagramme de variation est illustré sur la Figure E-V.6.2.

La valeur dimensionnante est $F_{s,max}$, elle est associée à $X = X_{max} = (b' - 0,7\ b)/2$

On a donc: $F_{s,max} = \sigma_{gd}.(b' - 0,7\ b)/2.\dfrac{[(b' - 0,7\ b) - (b' - 0,7\ b)/2]}{1,8\ d} = \sigma_{gd}.\dfrac{(b' - 0,7\ b)^2}{7,2\ d}$

Si l'on souhaite paramétrer ces relations par référence à N_u, il faut noter que: $\sigma_{gd} = \dfrac{N_u}{b'}$

La relation devient:

$$F_{s,max} = \frac{N_u.(b' - 0,7\ b)^2}{7,2\ b'.d}$$

D'où on tire: $A_s = F_{s,max}/f_{yd}$

Nota

Avec les valeurs courantes de b, b' et d, le résultat ainsi obtenu est très proche de celui antérieurement fourni par la relation de BAEL et repris par les Recommandations professionnelles françaises : $F_{s,max} = \dfrac{N_u.(b'-b)}{8\,d}$

Ces relations sont l'aboutissement du calcul lorsque la fondation est sollicitée en compression centrée. Elles ne conviennent pas dans les autres cas.

E-V.6.3.2.2   Semelles isolées

Même principe que pour les semelles filantes. Mêmes formules que dans la direction b'. Dans l'autre direction, remplacement de b' et ses déclinaisons par a' et ses déclinaisons.

E-V.6.3.3   Arrêt des aciers et leur ancrage

E-V.6.3.3.1   Semelles filantes

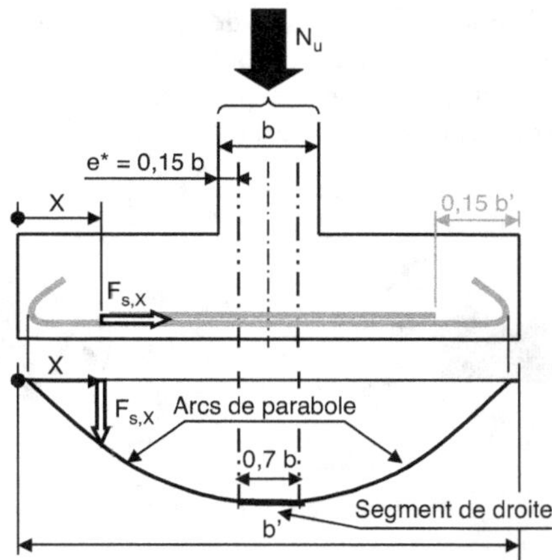

Figure E-V.6.2. Fondations armées : diagramme de l'effort nécessaire $F_{s,x}$ à reprendre par l'armature tendue.

Toujours dans le cas d'une compression centrée, le diagramme de l'effort à reprendre par ces aciers est présenté sur la Figure E-V.6.2. Il est constitué de deux arcs de parabole encadrant une zone d'effort constant de longueur 0,7 b.

Pour les besoins de l'arrêt et des barres et leur ancrage, l'ensemble peut être assimilé à une parabole unique et les règles dégagées au § E-V.3.3.5 conviennent.

E-V.6.3.3.2   Semelles isolées

Arrêt des barres

C'est comme pour les semelles filantes, avec transposition à la direction a' des indications développées pour la direction b'.

Ancrage des barres

Ce n'est plus la transposition directe des résultats dégagés pour les semelles filantes.

En effet, une semelle isolée a une importance stratégique plus grande qu'une semelle filante (une faiblesse de quelques aciers dans une semelle isolée affecte toute la semelle, alors qu'une faiblesse locale dans une semelle filante est rattrapée par la résistance des zones voisines). Aussi la prescription d'Eurocode est-elle plus sévère. Elle prend une marge de sécurité en remplaçant les 1/4 et 1/8 des semelles filantes par 1/5 et 1/10. C'est ce qu'ont retranscrit les Recommandations professionnelles françaises, en limitant cependant cette précaution supplémentaire au cas des semelles non homothétiques du poteau qu'elles supportent (§ E-V.3.3.5.3).

E-V.6.4 Calcul au poinçonnement

Il est impératif pour les semelles isolées. Pour les semelles filantes, le risque de poinçonnement est plus faible et on peut généralement se contenter de $d \geq b_1/2$.

Comme vu plus haut, il est mené sur la base de N_u excluant le poids de la semelle et, de plus, nécessite une démarche par approximations successives.

E-V.6.4.1 Principe

Le calcul est du même type que celui déjà vu pour les dalles pleines.

Notamment, il s'appuie sur la notion de «contour de contrôle», dont la définition est rappelée sur la Figure E-V.6.3. Deux contours particuliers ont un repérage spécifique : celui situé au nu du poteau, repéré u_0, et celui situé à la distance $\xi d = 2\,d$ du nu du poteau, désigné «contour de référence» et noté u_1. Les autres contours, à une autre distance du nu du poteau, sont notés de façon générique u_i.

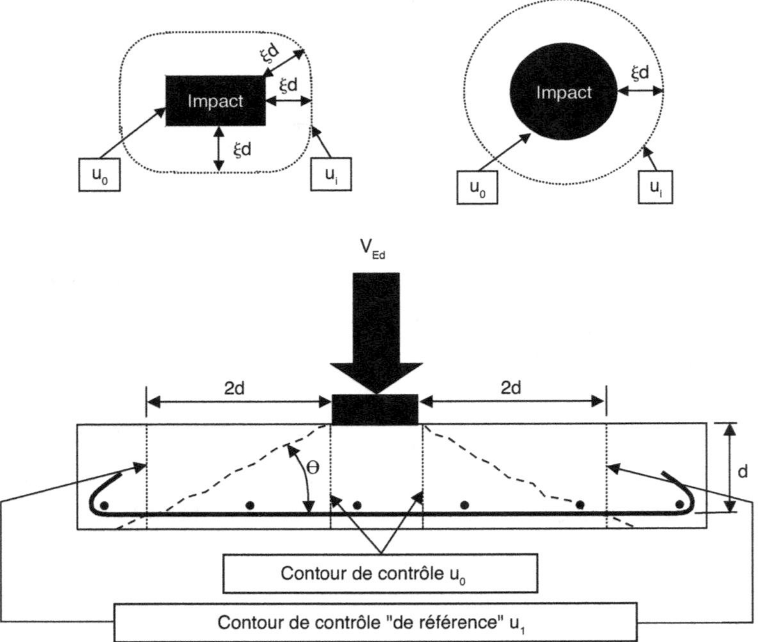

Figure E-V.6.3. Rappel : contours de contrôle.

Ce calcul comprend deux volets :

* Vérification sous le poteau, le long du contour de contrôle u_0. Il s'agit en fait de la vérification de non-dépassement de la contrainte admissible en compression dans le béton.

- Vérification le long des contours de contrôle u_i situés à des distances ξd du nu du poteau avec $\xi \leq 2$ (donc situés entre u_0 et u_1).

En bâtiments courants, on fait en sorte qu'aucun acier transversal (vertical) ne soit requis dans les fondations. Le calcul prend donc pour modèle celui des dalles sans aciers transversaux (voir § E-II.6.2.2).

Malgré ces similitudes sur le principe, l'adaptation au cas des fondations apporte des différences au niveau de l'application.

E-V.6.4.2 Différences par rapport au cas des dalles

E-V.6.4.2.1 Effort poinçonnant

À la différence des dalles, l'effort poinçonnant n'est plus la charge totale V_{Ed} appliquée en face supérieure de l'élément, mais un effort réduit $V_{Ed,rEd}$ (l'indice signifie *reduced* en anglais).

Dans le cas d'une charge centrée (cas traité ici), on a :

$$V_{Ed,rEd} = V_{Ed} - \Delta V_{Ed}$$

où :

- V_{Ed} = effort descendu par le poteau sur le haut de la fondation. Il ne comprend donc pas le poids de la fondation.
- ΔV_{Ed} = réaction du sol à l'intérieur du contour de contrôle u_i considéré, moins le poids de la part de fondation à l'intérieur du même contour.

Les calculs au poinçonnement excluent donc, comme annoncé, le poids de la fondation. Celui-ci est en effet directement reporté au sol sans induire d'autre effort dans le massif de fondation qu'une compression.

> *Nota*
>
> Le même raisonnement s'applique au calcul des aciers horizontaux nécessaires, mais Eurocode en a décidé autrement et a conservé dans les efforts agissants le poids de la fondation.

À travers l'étalement de la charge à l'intérieur du contour de contrôle, l'effort ΔV_{Ed} s'appuie directement d'abord sur le béton de la fondation situé au-dessous, puis sur le sol sous-jacent. Seule est donc poinçonnante la réaction du sol à l'extérieur du cône poinçonné (qu'encadre le contour u_i considéré). Elle a tendance à faire remonter la partie périphérique de la fondation autour du poteau, comme illustré sur la Figure E-V.6.4.

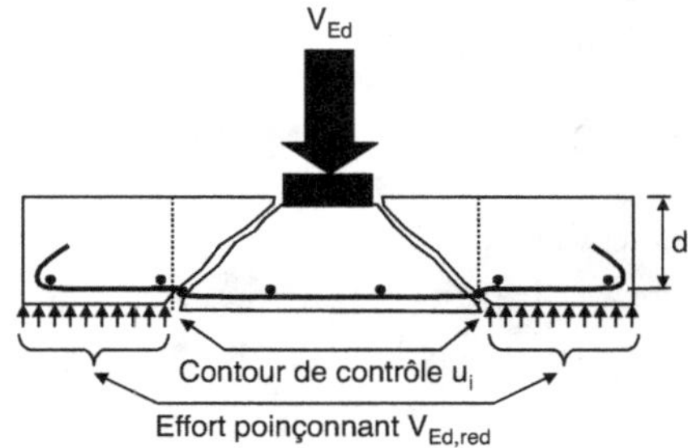

Figure E-V.6.4. Effort poinçonnant dans une fondation.

E-V.6.4.2.2 Choix du contour de contrôle

Comme déjà évoqué, le contour de contrôle à prendre en compte pour la vérification de non-poinçonnement n'est plus le « contour de référence » u_1 (à la distance $\xi d = 2\,d$). Pour les fondations, tous les contours entre u_0 et u_1 (c'est-à-dire associés à $0 \leq \xi \leq 2$) doivent être envisagés et c'est le plus défavorable qui est dimensionnant. Cela fait une grosse différence et impose une démarche par approximations successives.

E-V.6.4.2.3 Résistance au cisaillement par poinçonnement

Malgré de grandes ressemblances, certaines formules de calcul et valeurs de référence diffèrent sensiblement de celles des dalles. Elles sont explicitées au § E-V.6.4.3.2.

E-V.6.4.3 Calcul proprement dit

E-V.6.4.3.1 Vérification sous le poteau, le long du contour de contrôle u_0

Mêmes formules que pour les dalles.

On doit avoir : contrainte de cisaillement $v_{Ed} = V_{Ed}/(u_0.d) \leq v_{Rd,max} = 0,5v$ (nu)$.f_{cd}$

avec $v = 0,6.(1 - f_{ck}/250)$

D'où $v_{Ed,bielles} \leq 0,3.(1 - f_{ck}/250).f_{cd}$

L'effort à considérer est V_{Ed} et non $V_{Ed,rEd}$. Ce qui ne fait pas grande différence car, au niveau du contour u_0, on a : $V_{Ed,rEd} \approx V_{Ed}$

E-V.6.4.3.2 Vérification du non-poinçonnement le long des contours de contrôle u_i

Le long de chaque contour u_i envisageable, c'est-à-dire pour chaque valeur de ξ dans l'intervalle $0 \leq \xi \leq 2$, il faut vérifier que la contrainte de cisaillement v_{Ed} associée à l'effort poinçonnant est inférieure à la résistance disponible au cisaillement $v_{Rd,c,fondations}$. Si ce n'est pas vérifié, il faut augmenter d.

Pour distinguer les valeurs associées qui diffèrent de leurs « cousines » dans le cas des dalles, l'auteur a choisi de les repérer par l'indice complémentaire « fondations ».

Avec ces notations, la prescription réglementaire [6.4.4(2)] s'écrit :

Contrainte de cisaillement de poinçonnement agissante $= v_{Ed,fondations} = V_{Ed,rEd}/u_i.d$

Contrainte de cisaillement de poinçonnement résistante $= v_{Rd,c,fondations}$ telle que :

$$v_{Rd,c,fondations} = C_{Rd,c}.k.(100\rho_{fondations}.f_{ck})^{1/3}.2d/a \geq (v_{min}.2d/a)$$

Les paramètres sont :

- $C_{Rd,c} = 0,18/\gamma_c$ (comme pour les dalles)
- $k = 1 + 200/d \leq 2$ (comme pour les dalles)
- $\rho_{fondations} = \sqrt{\dfrac{A_{sb}}{b'.d_b} . \dfrac{A_{sa}}{a'.d_a}} \leq 0,02$

  (voir Figure E-V.2.1 pour les notations)
- $a = \xi d$ (à ne pas confondre avec le petit côté du poteau)
- $v_{min} = 0,34/\gamma_c.f_{ck}^{1/2}$ (c'est une contrainte limite prise pour référence, la même que pour les dalles)

  Attention !

  Comme pour les dalles, cette relation n'est pas homogène. Il est donc impératif de respecter les unités : $v_{Rd,c}$, v_{min} et f_{ck} en MPa, d et a en mm, A_{sb} et A_{sa} en mm².

En remplaçant a par ξd, la relation s'écrit :

$$v_{Rd,c,fondations} = C_{Rd,c}.k.(100\rho_{fondations}.f_{ck})^{1/3}.2/\xi \geq (v_{min}.2/\xi)$$

Le calcul, peu compliqué en soi, est laborieux.

L'objectif, la détermination de d, n'est atteint qu'à la suite d'une cascade de calculs itératifs. Il faut tester plusieurs valeurs de d et, pour chacune d'elles, recalculer les sections d'acier A_{sb} et A_{sa} associées pour en tirer $\rho_{fondations}$, puis balayer une série de valeurs de ξ qui chacune impose à son tour le recalcul du périmètre u_i et de l'aire qu'il délimite. De chaque pas d'itération, on tire $V_{Ed,rEd}$ et $V_{Rd,rEd} = v_{Rd,c,fondations}.(u_i.d)$. Le choix de d convient si $V_{Rd,rEd} \geq V_{Ed,rEd}$. L'économie invite à viser $V_{Rd,rEd} = V_{Ed,rEd}$.

Une aide informatique est fortement conseillée. Un tableur convient très bien.

Partie F

Exemples de calcul

Dans cette partie dédiée aux exemples de calcul, pour apporter l'éclairage le plus complet au lecteur, chaque exemple est complété par les précisions suivantes.

- Le rappel du paragraphe qui sous-tend le point traité.
- Le rappel du paragraphe où trouver l'aide au calcul utilisée.
- En italique et sous la désignation «Ordre de grandeur»: l'indication du résultat qu'auraient fournis les repères et calculs estimatifs de la partie H.

F.1 Poutre rectangulaire en flexion simple en classe d'exposition XC1

Il s'agit d'une poutre intérieure d'un bâtiment, ou extérieure et protégée par un enduit dans une ambiance non agressive.

C'est l'archétype des poutres à travée unique en bâtiments courants.

Elle est schématisée ci-dessous.

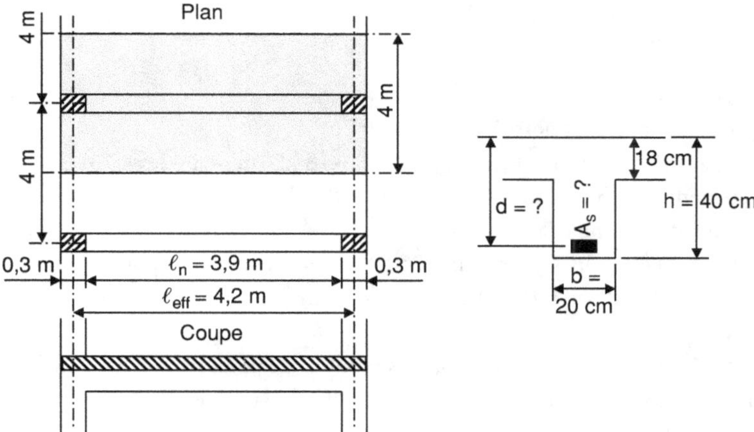

F.1.1 Données

- Bâtiment d'habitation
- Durée d'utilisation = 50 ans
- Conditions d'exposition XC1
- Béton C25/30, aciers B500B
- Géométrie: ℓ_{eff} = 4,20 m, b = 20 cm, h = 40 cm, largeur des appuis t = 30 cm $\Rightarrow \ell_n$ = 3,9 m
- Plancher porté par cette poutre:
  - dalle d'épaisseur h = 18 cm, largeur concernée = 4 m
  - pas de chape (les éventuels conduits, dont électricité, sont noyés dans la dalle)
  - revêtement plastique ou moquette sur ragréage $\Rightarrow$ 0,2 kN/m^2
- Charge d'exploitation du plancher:
  - habitation $\Rightarrow$ Q = 1,5 kN/m^2
  - cloisons légères en plaques de plâtre $\Rightarrow$ Q = 0,5 kN/m^2

- Pas d'action d'accompagnement ni accidentelle
- Pour combinaison quasi permanente : $\psi_2 = 0,3$ (Tableau C-III.3.1)

F.1.2   Convenance du prédimensionnement

- Poutre isolée $\Rightarrow$ viser h $\approx \ell_n/10 = 3,9/10 = 39$ cm (Tableau C-III.4.1)
- Hauteur donnée par les plans : h = 40 cm cohérent avec l'ordre de grandeur h $\approx$ 39 cm $\Rightarrow$ OK !

F.1.3   Classe structurale et enrobage

Conformément aux § C-I.6.4 et C-I.6.5, dont les résultats sont compilés au § C-I.7.3.3, pour : durée d'utilisation = 50 ans, classe d'exposition XC1, béton C25/30, on a :

- classe structurale S4
- enrobage nominal $c_{nom} = 25$ mm

F.1.4   Actions

- Actions permanentes G
  Poids propre du plancher porté par la poutre :
  - dalle $\Rightarrow$ 0,18 m × 4 m × 1 m × 25 kN/m³ = 18 kN/m de poutre
  - revêtement $\Rightarrow$ 4 m × 1 m × 0,2 kN/m² = 0,8 kN/m de poutre
  Poids propre de la retombée de la poutre :
  - 0,20 m × (0,40 – 0,18) m × 1 m × 25 kN/m³ = 1,1 kN/m de poutre
  TOTAL : G = 18 + 0,8 + 1,1 = 19,9 kN/m de poutre
- Actions variables Q
  Charge d'exploitation : 1,5 kN/m² × 4 m = 6 kN/m de poutre
  Incidence des cloisons : 0,5 kN/m² × 4 m = 2 kN/m de poutre
  TOTAL : Q = 6 + 2 = 8 kN/m de poutre
- Action totale pondérée à l'ELU
  Dans les travées isolées en flexion simple, le cas de chargement le plus défavorable est toujours le cas « tout chargé ».
  Action totale pondérée correspondante $p_u = 1,35\,G + 1,5\,Q$
  $p_u = 1,35 × 19,9 + 1,5 × 8 = 38,9$ kN/m de poutre
  Ordre de grandeur (§ H.2.2.3) $p_u \approx 10$ kN/m² $\Rightarrow$ pour 4 m de large : $p_u \approx 40$ kN/m
- Action totale pondérée à l'ELS sous combinaison quasi permanente des actions
- $\psi_2 = 0,3$ (Tableau C-III.3.1) $\Rightarrow p_{ser,qp} = G + \psi_2.Q = 22,3$ kN/m
- $\gamma_{qp} = p_u/p_{ser,qp} = 1,74$

F.1.5 RDM : diagrammes M_u et V_u

Dans le cas de travées isolées, le diagramme M_u se calcule directement sur la base de ℓ_{eff}. Ne retenir que les valeurs entre les nus des appuis.

Pour cette poutre uniformément chargée, on a :

$$M_{u,max} = M_{\ell eff,u,max} = p_u.\ell^2{}_{eff}/8 = 85,8 \text{ kN.m}$$

Pour le diagramme V_u, seules sont à retenir les valeurs entre les nus des appuis. Ce sont pratiquement (même exactement dans le cas d'une travée isolée) celles calculées sur la base de ℓ_n. On a :

$$V_{\ell eff,u,nu\ appui} \approx V_{\ell n,u,appui}$$

Dans le cas de cette poutre :

$$V_{\ell eff,u,nu\ appui} = V_{\ell n,u,appui} = p_u.\ell_n/2 = 75,9 \text{ kN}$$

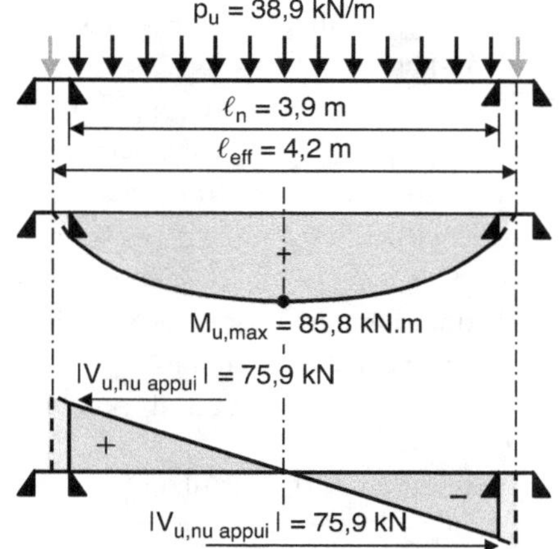

F.1.6 Estimation de d

Comme vu au § D-I.4.2 et compilé dans le Tableau D-I.4.1, en condition d'exposition XC1 :

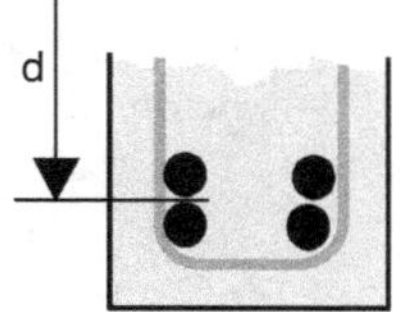

- enrobage nominal $c_{nom} = 25$ mm
- on part sur l'hypothèse de deux lits d'aciers longitudinaux de $\phi = 20$ mm avec des aciers transversaux de $\phi_w = 10$ mm

d'où on tire : $h - d \approx 55$ mm

Donc on estime : $d \approx 400 - 55 = 345$ mm $= 0,345$ m

F.1.7 Résistance aux effets du moment fléchissant

F.1.7.1 Calcul de base à l'ELU

Toujours sous actions courantes.

En toute rigueur, avec les notations choisies dans cet ouvrage, le moment issu de la RDM devrait être noté $M_{G,u}$ et celui pris pour référence pour les calculs béton armé, $M_{A,u}$. Lorsqu'il s'agit d'éléments en flexion simple, ces deux moments sont égaux. Alors la pratique les confond généralement sous la notation unique M_u.

F.1.7.2 Valeur de μ_u et vérifications préliminaires

Valeur de μ_u

Rappel : $M_u = 85,8$ kN.m $= 0,0858$ MN.m

Béton C25/30 $\Rightarrow f_{ck} = 25$ MPa

Sous actions courantes : $f_{cd} = f_{ck}/\gamma_c = 25/1,5 = 16,7$ MPa

$\mu_u = M_u/(b.d^2.f_{cd}) = 0,0858/(0,2 \times 0,345^2 \times 16,7) = 0,216$

Vérifications préliminaires

§ D-II.5 repris au § G.2.2.3.

1) $A_s \leq A_{s,max}$: toujours vérifié en flexion simple
2) Non-fragilité :
    - Béton C25/30 $\Rightarrow \mu_{u,limite,frag} = 0,042$
    - $\mu_u > \mu_{u,limite,frag} \Rightarrow$ cette poutre ne sera pas fragile. Ceci assure la vérification requise.
3) Utilisation des aciers dans le domaine économique :
    - Aciers B500 $\Rightarrow \mu_{u,limite,\varepsilon yd} = 0,37$
    - $\mu_u < \mu_{u,limite,\varepsilon yd} \Rightarrow$ les aciers seront effectivement utilisés dans le domaine économique.
4) Vérification d'une réserve de ductilité confortable :
    - Non impérative en travée
    - À titre d'information, $\mu_u \leq 0,24$ environ $\Rightarrow$ Si besoin est : réserve de ductilité confortable.
5) Vérification de $\sigma_{c,ser,qp} \leq 0,45\ f_{ck}$:
    - $\gamma_{qp} = 1,74 \Rightarrow \mu_{u,limite,\sigma cqp} \approx 0,23$
    - $\mu_u = 0,216 < \mu_{u,limite,\sigma cqp} \approx 0,23 \Rightarrow$ OK!
    - Cette vérification est importante car la vérification de flèche qui suit suppose le fluage «linéaire», soit : $\sigma_{c,ser,qp} \leq 0,45\ f_{ck}$
6) Vérification de la flèche :
    - Béton C25/30 $\Rightarrow$ d'après le Tableau D-III.6.1 repris au § G.2.2.4, on a :
        › $\mu_{Gu} = 0,310 \Rightarrow \ell_{eff}/d_{limite} = 14$
        › $\mu_{Gu} = 0,124 \Rightarrow \ell_{eff}/d_{limite} = 18$
    - Cas de cette poutre : $\mu_{Gu} = 0,216 \Rightarrow \ell_{eff}/d_{limite} = 14 + \dfrac{18-14}{0,310-0,124} \times (0,310 - 0,216)$

        $= 16,0$
    - $\ell_{eff}/d_{réel} = 4200/345 = 12,2 < \ell/d_{limite} = 16,0 \Rightarrow$ pas de problème de flèche à craindre.
7) Vérification vis-à-vis de l'ouverture des fissures

    Si toutes les vérifications ci-dessus sont assurées $\Rightarrow$ vérification non requise en classe d'exposition XC1 (voir Tableau D-III.5.1).

F.1.7.3   Calcul des aciers longitudinaux nécessaires

Rappel

Les calculs sont menés avec, pour le diagramme σ_c, référence au diagramme rectangle.

$\mu_u \geq \mu_{uAB} = 0,056$ (voir § D-II.5.1) $\Rightarrow$ calcul au pivot B $\Rightarrow \varepsilon_c = 3,5$ ‰ et ε_s inconnu $\leq \varepsilon_{ud}$

$\alpha = 1,25.(1 - \sqrt{1 - 2.\mu_u}) = 0,308$

$z_c = d.(1 - \delta_G.\alpha)$ avec $\delta_G = 0,4 \Rightarrow z_c = (1 - 0,4 \times 0,308) \times 0,345 = 0,302$ m

Rappel

On désigne par β le rapport z_c/d qui vaut $1 - \delta_G.\alpha \Rightarrow z_c = \beta.d$

$F_c = ?$
- En flexion simple sans aciers comprimés, préférer la relation $F_c = M_u/z_c = M_u/\beta.d$
- Alors : $F_c = 0,0858/0,302 = 0,284$ MN $= 284$ kN

$F_s = ?$
- En flexion simple, $F_s = F_c = 0,284$ MN

$\sigma_s = ?$

- σ_s est lu sur le diagramme déformation-contrainte des aciers en fonction de ε_s.
- Au pivot B, on a : $\varepsilon_s = \varepsilon_c.(1 - \alpha)/\alpha \Rightarrow \varepsilon_s = 3,5$ ‰$.(1 - 0,308)/0,308 = 7,86$ ‰
- Donc, avec des aciers B500B et le choix de l'option a pour leur diagramme déformation-contrainte, on a (voir § C-II.2.2.3 ou § G.2.1.3) :

$\sigma_s = f_{yd} - 2 + 0,724.\varepsilon_s$‰

$= 435 - 2 + 0,724 \times 7,86 = 439$ MPa

Enfin :

$A_s = F_s/\sigma_s = 0,284/439 = 6,5 \times 10^{-4}$ m$^2 = 6,5$ cm^2

Ordre de grandeur § H.4.2 $\Rightarrow$ As $\approx$ 2,5 M_u (kN.m)/d(cm) = 2,5 $\times$ 86/34,5 = 6,2 cm^2

F.1.7.4　Vérifications

Ce sont :

- vérification sous actions accidentelles ;
- vérifications de non-fragilité et $A_s \leq A_{s,max}$;
- vérification à l'ELS : $\sigma_{c,ser}$, flèche et ouverture de fissure.

À part la vérification sous actions accidentelles, qui n'a pas d'objet dans cet exemple, toutes ont été traitées de façon préliminaire au § F.1.7.2.

Donc, dans cet exemple, aucune vérification complémentaire n'est requise.

F.1.7.5　Raccourcis possibles

F.1.7.5.1　Vérifications préliminaires

Constater que $0,04 \leq \mu_u = 0,216 \leq 0,24$ environ assure globalement les vérifications 1) à 5) vues plus haut.

Tant que, comme ici, μ_u est suffisamment inférieur à 0,24, on peut se satisfaire du « environ ». Les limites dans lesquelles on peut s'en satisfaire se jugent au vu des valeurs $\mu_{u,limite,\sigma cqp}$ du § G.2.2.3.2.

F.1.7.5.2　Suite de calculs $\mu_u \Rightarrow \alpha_u \Rightarrow \beta_u \Rightarrow \varepsilon_{su} \Rightarrow \sigma_{su}$

Sur le tableau du § G.2.2.1.1, on lit directement, déjà calculées, les valeurs nécessaires.

Nous avons : $\mu_u = 0,216$

Dans la ligne la plus proche du tableau : $\mu_u = 0,220$

on lit : $\alpha_u = 0,15 \Rightarrow \beta_u = 0,874 \Rightarrow \varepsilon_{su} = 7,6$ ‰ $\Rightarrow \sigma_{su} = 439$

d'où : $A_s = M_u/(\beta_u.d)/\sigma_{su} = 6,48$ cm^2

Le calcul exact sans cette aide avait conduit à : $A_s = 6,50$ cm^2

F.1.7.5.3　Calcul rapide quasi exact (en flexion simple sans aciers comprimés)

C'est celui du § G.2.2.2 : $A_{s,u}$ quasi exact $= (\dfrac{M_u}{0,9\,d}\,/f_{yd}).(\mu_u + 0,81)$

Pour cette poutre, on en tire : $A_s = 6,5$ cm^2 (écart négligeable avec A_s exact $= 6,5$ cm^2)

F.1.7.5.4 Calcul approché

C'est celui du § G.2.2.1.3 : $A_{s,u}$ approché $\approx \dfrac{M_u}{0,9\,d} / f_{yd}$

C'est une approximation très honorable tant que $\mu_u \leq 0,24$. C'est le cas de cette poutre.

Elle fournit ici : $A_s \approx 6,35\ \text{cm}^2$ ($\Rightarrow$ ici : écart < 3 % avec le calcul exact).

Rappel

Ce calcul est le premier pas du calcul quasi exact vu plus haut.

F.1.7.6 Choix des aciers commerciaux, disposition et vérifications associées

Toutes les vérifications réglementaires étant maintenant assurées, cette phase de la démarche peut être entreprise.

F.1.7.6.1 Choix des aciers commerciaux

Un tableau des sections d'acier est proposé au § G.2.1.1.

- Données du choix

  Dans une poutre de 20 cm de large, il convient de viser *a priori* deux colonnes d'aciers. Les aciers doivent être disposés symétriquement par rapport à l'axe vertical de la section. Enfin, l'hypothèse de départ est deux lits d'aciers.

- Orientation du choix

  Il faut ici chercher à approcher A_s calculé par deux lits chacun constitué de deux aciers identiques.

- Choix qui en découle

  Le choix le plus approchant est : un lit de 2 HA 16 + un lit de 2 HA 14 = 7,10 cm² (Rappel : HA = acier à haute adhérence.)

F.1.7.6.2 Disposition des aciers et vérifications associées

Il a été vu au § D-IV.6.2 qu'il est plus économique de mettre les aciers les plus gros le plus à l'intérieur. Il convient donc d'envisager les 2 HA 14 en premier lit et les 2 HA 16 en deuxième lit. La validité de ce choix doit être confirmée par la vérification des conditions d'appui.

Disposition

Voir le schéma ci-contre.

Rappel : $c_{nom} = 25$ mm

Vérification

Voir § C-I.7

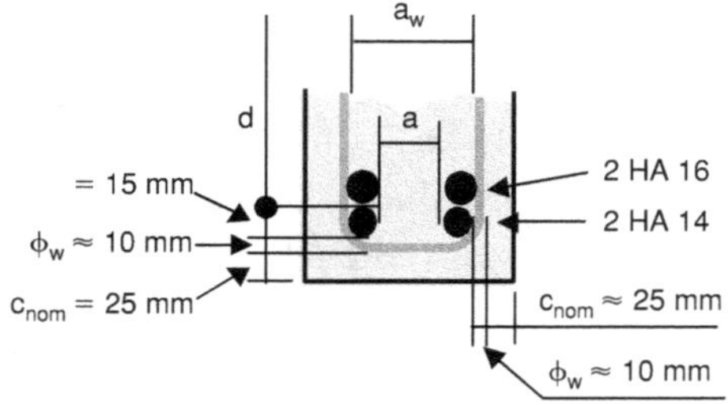

- Enrobage c des aciers longitudinaux

  Le plus petit enrobage, horizontal ou vertical est $c = c_{nom} + \phi_w \approx 35$ mm,

  - qui suppose que c puisse descendre jusqu'à c_{nom} – écart d'exécution = 25 mm

  - $\Rightarrow$ acceptable tant que $\phi \leq 25$ mm

  Les plus grosses barres sont des HA 16 $\Rightarrow$ OK !

- Espace minimum disponible a entre colonnes d'aciers. Le cas le plus défavorable est celui du lit de HA 16 $\Rightarrow \phi$ = 16 mm

  $a_w = b - 2.(c_{nom} + \phi_w) - $ écart d'exécution $= 200 - 2.(25 + 10) - 10 = 120$ mm

  $a = a_w - 2\,\phi = 120 - 2 \times 16 = 88$ mm

  Il faut respecter $a \geq [\phi$ ou ϕ_n ; $d_g + 5$ mm ; $2\,c_{min}$; 20 mm ; encombrement aiguille vibrante]

  soit : $a \geq [\phi = 16$ mm ; $(15 + 5)$ mm $= 20$ mm ; 2×15 mm $= 30$ mm ; 20 mm ; encombrement aiguille vibrante ≈ 50 mm] $\Rightarrow$ OK !

- Valeur réelle de d

  Le centre de gravité de ces deux lits d'aciers est légèrement à l'intérieur du lit de HA 16, à environ 15 mm du bas de l'ensemble.

  $d_{réel} \approx h - (c_{nom} + \phi_w + 15$ mm$) = 400 - (25 + 10 + 15) = 348$ mm

  $d_{réel} \geq d_{calcul} \Rightarrow$ côté de la sécurité avec un écart relatif faible $\Rightarrow$ accepté.

  Si l'écart avait été trop grand ou du côté opposé à la sécurité ($d_{réel} < d$), il aurait fallu recommencer le dimensionnement avec une valeur de d mieux adaptée.

  Dans ce cas, il n'est généralement pas nécessaire de refaire le calcul en entier. La nouvelle valeur de d différant peu de l'ancienne, μ_u, z_c, σ_s et, en fin de compte le rapport σ_s/z_c, évoluent très peu et l'erreur encourue en considérant que A_s et d évoluent de façon inversement proportionnelle est négligeable.

Alors, en flexion simple on admet : $A_{s,nouveau} = A_{s,ancien}.(d_{ancien}/d_{nouveau})$

F.1.8   Résistance aux effets de l'effort tranchant

F.1.8.1   Données

Les calculs se font par « demi-travée ». Dans le cas de cet exercice, le chargement est symétrique et la situation est identique sur les deux demi-travées.

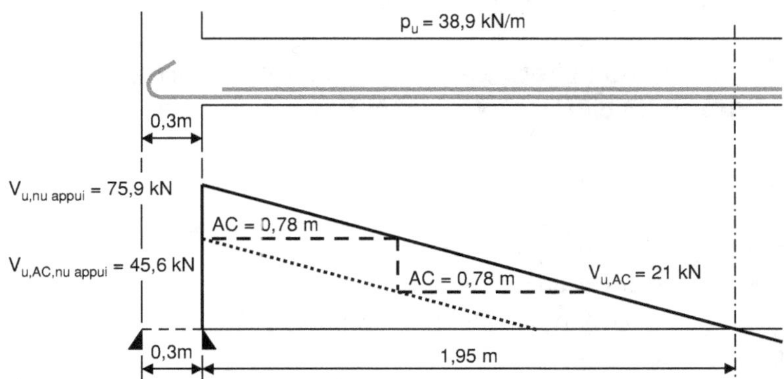

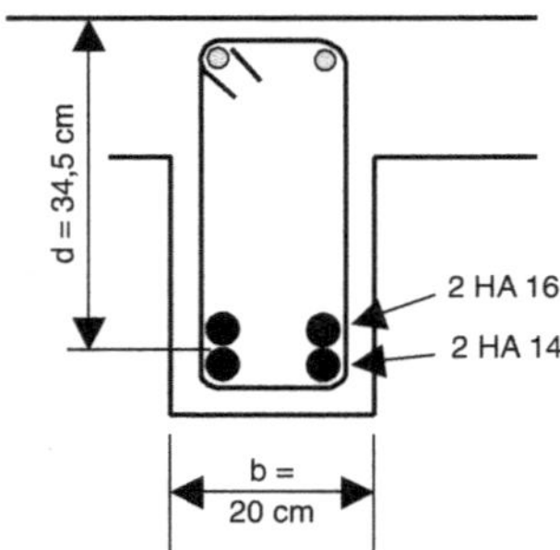

F.1.8.2   Valeur de cotgθ ?

Choix a priori : cotgθ = 2,5

D'où : AC = z.cotgθ = 0,9 d × 2,5 = 0,78 m

Ordre de grandeur § H.4.3.2 ⇒ AC ≈ 2 h = 80 cm

et $V_{u,AC} = V_{u,nu\,appui} - p_u.AC = 75,9 - 38,9 \times 0,78 = 45,6$ kN

Il convient de vérifier si le choix est acceptable.

C'est-à-dire vérifier que $V_{u,AC} \leq \alpha_{cw}.\dfrac{b_w.z.cotg\theta}{1 + cotg^2\theta}.v_1.f_{cd}$

avec : v_1 (nu$_1$) = 0,6.(1 – f_{ck}/250) ⇒ C25/30 ⇒ v_1 = 0,6 × 0,9 = 0,54 ; flexion simple ⇒ α_{cw} = 1

Dans le cas d'un chargement réparti, la vérification se fait avec $V_{u,nu\,appui}$ (sans le décalage AC) et assure en même temps la vérification de la bielle d'appui.

Ici, on doit vérifier : 75,9 kN = 0,0759 MN $\leq \dfrac{0,20 \times (0,9 \times 0,345) \times 2,5}{1 + 2,5^2} \times 0,54 \times 16,7$

= 0,193 MN C'est vérifié ⇒ cotgθ = 2,5 convient !

F.1.8.3   Constitution et espacements minimum et maximum des cours d'aciers transversaux

Constitution d'un cours d'aciers transversaux

- Ses éléments constitutifs

  Ici : un cadre (sans hésitation possible) ⇒ deux brins.
- Le diamètre ϕ_w de chaque brin

  d ≤ 35 cm ⇒ ϕ_w = 6 mm (voir § D-IV.4.2.1 repris au § H.4.3.1).
- Sa section totale A_{sw}

  A_{sw} = section d'un brin × nombre de brins = 0,283 × 2 = 0,566 cm² = 0,566.10^{-4} m²

Espacement minimum $s_{\ell,min}$

$$s_{\ell,min} = \frac{A_{s,w}}{b_w} . \frac{2.f_{ywd}}{v_1.f_{cd}}$$

$$s_{\ell,min} = \frac{0,566 \cdot 10^{-4}}{0,2} . \frac{2 \cdot 435}{0,54 \cdot 16,7} = 0,03 \text{ m} = 3 \text{ cm}$$

Espacement maximum s_{max}

$$s_{max} = \min\left[s_{\ell,max}\,;\, s_{\ell,max,rw}\right] = \min\left[0{,}75\,d\,;\, \frac{A_{sw}}{b_w} \cdot \frac{f_{ywk}}{0{,}08 \cdot \sqrt{f_{ck}}}\right]$$

$$s_{max} = \min\left[0{,}75 \times 0{,}345 = 0{,}26\text{ m} = 26\text{ cm}\,;\, \frac{0{,}566 \cdot 10^{-4}}{0{,}2} \cdot \frac{500}{0{,}08 \cdot \sqrt{25}} = 0{,}35\text{ m} = 35\text{ cm}\right]$$

Donc: $s_{max} = 26$ cm

F.1.8.4   Espacement initial s_{init} et répartition des aciers transversaux

Espacement initial s_{init}

Il est calculé sur la base de: $V_{u,AC,nu\ appui} = 45{,}6$ kN

$$s_{init} = \frac{A_{sw}}{V_{u,AC,nu\ appui}} \cdot z \cdot \cotg\theta \cdot f_{ywd} = \frac{0{,}566 \cdot 10^{-4}}{0{,}0456} \times (0{,}9 \times 0{,}345) \times 2{,}5 \times 435 = 0{,}42\text{ m} = 42\text{ cm}$$

On note que $s_{init} > s_{max} = 26$ cm $\Rightarrow$ s_{init} est réduit jusqu'à 26 cm.

Ordre de grandeur. § H.4.3.4 repris du § D-IV.4.5.3 $\Rightarrow$ $s_{init} = s_{max} \approx 0{,}75\,d$ tant que 5 $V_{u,nu\ appui}$ (kN) $\leq$ 1 000 A_{sw} (cm^2), soit ici: 75,9 × 5 $\leq$ 566 $\Rightarrow$ 376 $\leq$ 566 $\Rightarrow$ $s_{init} = s_{max} \approx 0{,}75\,d$. Donc pour cette travée: $s_{init} = s_{max} = 26$ cm

Répartition

Le premier cadre est placé à $s_{init}/2$ du nu de l'appui. Soit ici à 26/2 = 13 cm

La répartition des aciers transversaux est alors très simple: tous les espacements sont égaux, plafonnant à $s = s_{max} = 26$ cm (c'est fréquemment le cas pour les poutres de bâtiments courants).

À partir de chaque appui, on les répartit comme défini ci-dessus. À la rencontre des répartitions venant de gauche et de droite, il subsiste un espace coté x. S'il est > s_{max}, il faut le couper en deux par un cadre supplémentaire.

Dans le cas de cette poutre, le hasard a voulu que x = 0. Le plan de positionnement de ces aciers est le suivant.

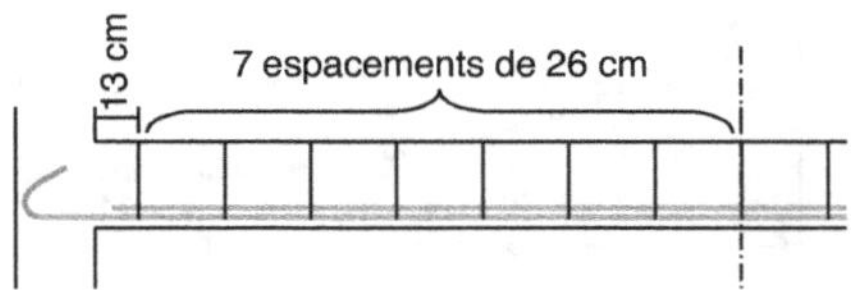

F.1.8.5   Arrêt des barres, conditions d'appui et chapeaux minimums en rive

Conditions d'appui

La validation de $\cotg\theta$ a déjà assuré la vérification de la bielle d'appui.

L'épure d'arrêt des barres fournira la section des aciers inférieurs à amener et ancrer sur l'appui.

Restera à vérifier l'ancrage suffisant de ces aciers (après l'épure d'arrêt des barres).

Épure d'arrêt des barres

- Diagramme M_u décalé

Il est décalé de $a_\ell = z.(\cot\theta)/2 = 0{,}9 \times 3\ 4{,}5\text{ cm} \times 2{,}5/2 = 39\text{ cm}$

Ordre de grandeur. § H.3.3 $\Rightarrow a_< \approx h = 40$ cm

- Moment résistant du lit inférieur
  - Section = 2 HA 14 = 3,08 cm²
  - Moment résistant $= \dfrac{M_{u,max}}{A_{s\ calculé}}.A_{s\ concerné} = \dfrac{85{,}8\text{ kN.m}}{6{,}5\text{ cm}^2}.3{,}08\text{ cm}^2 \approx 41\text{ kN.m}$

- Moment résistant de l'ensemble des deux lits
  - Section = 2 HA 16 + 2 HA 14 = 7,10 cm²
  - Moment résistant $= \dfrac{M_{u,max}}{A_{s\ calculé}}.A_{s\ concerné} = \dfrac{85{,}8\text{ kN.m}}{6{,}5\text{ cm}^2}.7{,}10\text{ cm}^2 \approx 94\text{ kN.m}$

- Longueur d'ancrage droit des aciers arrêtés

Ici, il s'agit des HA 16 $\Rightarrow \eta_2 = 1$

Ils sont en partie basse de la poutre, donc bonnes conditions d'adhérence $\Rightarrow \eta_1 = 1$

Par conséquent, considérer leur ancrage comme nominal est du côté de la sécurité.

Alors (voir § C-II.4.1.2 rappelé au § G.2.1.5), avec un C25/30 et des aciers B500 : $\ell_{bd} = 40\ \phi = 64$ cm

- D'où l'épure proprement dite ci-dessous.

Compte tenu de la symétrie, seule est représentée une demi-travée.

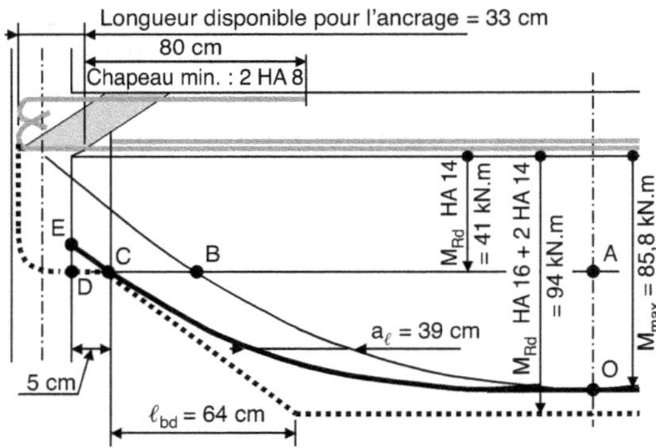

- Longueur d'arrêt du deuxième lit

Il s'agit de trouver l'abscisse du point C.

Pour cela, on utilise les relations du § E-I.2.3.2 rappelé au § G.2.1.6 :

$|\Delta M| = p.\Delta x_0^2/2 \Rightarrow |\Delta x_0| = \sqrt{2\Delta M/p}$

Ici : $\Delta M = OA = 85{,}8 - 41 \approx 45\text{ kN.m} \Rightarrow \Delta x = AB = \sqrt{2 \times 45/38{,}9} = 1{,}52\text{ m}$

d'où : $AC = AB + BC = 1{,}52 + 0{,}39 = 1{,}91\text{ m} \approx 1{,}90\text{ m}$

Donc, le deuxième lit est arrêté à $1{,}95 - 1{,}90 = 0{,}05\text{ m} = 5\text{ cm}$ du nu de l'appui.

Ordre de grandeur. Dans le cas de deux lits égaux d'aciers, l'arrêt forfaitaire des aciers propose, pour une travée isolée : distance à l'appui $\approx 0{,}16\,\ell n - h - t/2 = 0{,}16 \times 3{,}9 - 0{,}40 - 0{,}30/2 \approx 0{,}07$ m = 7 cm. Dans le cas de cette poutre, les deux lits sont inégaux. Le lit arrêté est le plus gros $\Rightarrow$ il est plus long que dans le cas de deux lits égaux $\Rightarrow$ arrêt des barres cohérent.

Conditions d'appui (suite) : section d'acier à amener et ancrer sur l'appui

- Section d'acier à amener sur l'appui ?

  La trace du premier lit intercepte le nu de l'appui au point D, plus bas que le diagramme M_u décalé (point E). Donc le premier lit suffit.

- Ancrage de ces aciers : l'espace disponible pour cet ancrage commence au point où les aciers pénètrent dans la bielle d'appui et se termine au bout des aciers, c'est-à-dire au mieux à la distance c_{nom} du parement.

  – Inclinaison de la bielle d'appui : $\cot\theta_{bielle} \approx (\cot\theta)/2 = 1,25$

  – Débord de la zone d'ancrage côté travée = $(c_{premier\ lit} + \phi/2).(\cot\theta)/2 = (35 + 8) \times 1,25$
    = 54 mm $\approx$ 5,5 cm

  – Retrait par rapport au parement = c_{nom} = 2,5 cm

  – Donc, espace disponible = 30 cm – 2,5 cm + 5,5 cm = 33 cm

  – Encombrement $\ell_{b,eq,eff}$ d'un crochet d'ancrage nominal = 22 ϕ = 22 × 1,4 $\approx$ 31 cm

  Ça suffit $\Rightarrow$ OK !

  Il y a la place pour un ancrage total, donc : l'ancrage est suffisant et il est inutile de se préoccuper d'un éventuel ancrage partiel.

Chapeaux minimums en rive

Leur section $\approx 0,15.A_{s,travée,calculé} = 0,15 \times 6,5 \approx 1\ cm^2 \Rightarrow$ 2 HA 8 = 1 cm^2

Leur débord côté travée à partir du nu de l'appui $\approx 0,2.\ell_n = 0,2 \times 3,9 = 0,78$ m $\approx 0,80$ m

Leur ancrage sur l'appui : un crochet.

Ici, le travail du calculateur pour cette poutre est terminé.

F.1.8.6 Comparaison pour information avec l'autre option : les plus gros aciers à l'extérieur

F.1.8.6.1 Calculs et dispositions propres à cette autre option

Ce sont alors les 2 HA 16 qui sont en premier lit.

Épure d'arrêt des barres

- Diagramme M_u décalé de a_ℓ = 39 cm
- Moment résistant de l'ensemble des deux lits = 94 kN.m
- Moment résistant du lit inférieur
  – Section = 2 HA 16 = 4,02 cm^2

  – Moment résistant = $\dfrac{M_{u,max}}{A_{s\ calculé}}.A_{s\ concerné} \approx \dfrac{85,8\ kN.m}{6,5\ cm^2}.4,02\ cm^2 \approx 53$ kN.m

- Longueur d'ancrage droit des aciers arrêtés = ℓ_{bd} = 40 ϕ = 56 cm
- D'où l'épure proprement dite ci-dessous.

  Les plus gros aciers, le lit de 2 HA 16, à l'extérieur.

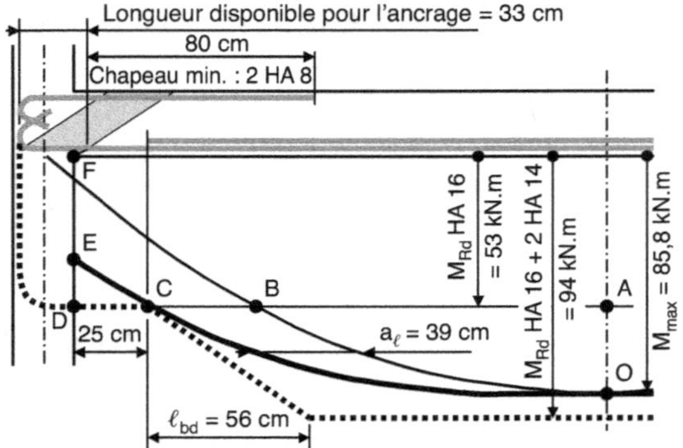

- Longueur d'arrêt du deuxième lit

  Il s'agit de trouver l'abscisse du point C.

  $|\Delta M| = p.\Delta x_0^2/2 \Rightarrow |\Delta x_0| = \sqrt{2\Delta M/p}$

  Ici : ΔM = OA = 85,8 – 53 ≈ 33 kN.m $\Rightarrow \Delta x$ = AB = 2 × 33/38,9 = 1,30 m

  d'où AC = AB + BC = 1,30 + 0,39 1,70 m

- Donc le deuxième lit est arrêté à 1,95 – 1,70 = 0,25 m = 25 cm du nu de l'appui.

- Section d'acier à amener et ancrer sur l'appui

  2 HA 14 suffisaient $\Rightarrow$ 2 HA 16 suffisent encore plus.

  - On le constate : la trace du premier lit intercepte le nu de l'appui au point D, bien plus bas que le diagramme Mu décalé (point E).

  Ancrage de ces aciers :

  - Espace disponible pour cet ancrage : toujours = 33 cm

  - Encombrement $\ell_{b,eq,eff}$ d'un crochet d'ancrage nominal = 22 ϕ = 22.1,6 = 35 cm

  - Cette fois, il manque 2 cm !

  - Il faut envisager un ancrage partiel. Le fait que le point E soit plus haut que le point D montre que c'est possible.

  - Les aciers ancrés ne sont sollicités qu'à la proportion FE/FD de leur maximum. La longueur développée de l'ancrage partiel nécessaire est :

    ℓ_{bd} = FE/FD. $\ell_{bd,nom}$ = (33/53).40 ϕ = 25 ϕ

  - ℓ_{bd} est diminué de 40 – 25 = 15 ϕ qui diminue d'autant $\ell_{b,eq,eff}$.

  - Il s'ensuit : $\ell_{b,eq,eff}$ ancrage partiel nécessaire = 22 – 15 = 7 ϕ

  - On constate que dans le cas traité ici, l'ancrage partiel nécessaire commence pratiquement à la naissance de la courbure et l'espace disponible est largement suffisant.

F.1.8.6.2 Comparaison des deux options

Consommation d'acier

- HA 16 à l'extérieur :
  - deux barres HA 16 avec crochet : ℓ = ℓ_n + deux crochets de ≈ 40 ϕ = 3,9 + 1,28 ≈ 5,2 m
  - deux barres HA 14 : ℓ = ℓ_n – 2 × 25 cm = 3,4 m
  - poids total = 2 × 5,2 m × 1,58 kg/m + 2 × 3,4 m × 1,21 kg/m = 25,2 kg

- HA 14 à l'extérieur :
  - deux barres HA 14 avec crochet : $\ell = \ell_n +$ deux crochets de 40 ϕ = 3 ,9 + 1,1 = 5,0 m
  - deux barres HA 16 : $\ell = \ell_n - 2 \times 5$ cm = 3,8 m
  - poids total = $2 \times 5,0$ m $\times$ 1,21 kg/m + $2 \times 3,8$ m $\times$ 1,58 kg/m $\approx$ 24,4 kg

Économie 3 %. Dans ce cas, l'économie n'est guère significative. Reste cependant, et c'est appréciable, l'avantage vis-à-vis de la résistance au feu.

F.2   Poutre continue, poutre en Té et aciers comprimés

Il s'agit d'une poutre intérieure d'un bâtiment de bureau continue sur plusieurs travées. L'exemple se limite au traitement des deux premières travées.

Elle est schématisée ci-dessous.

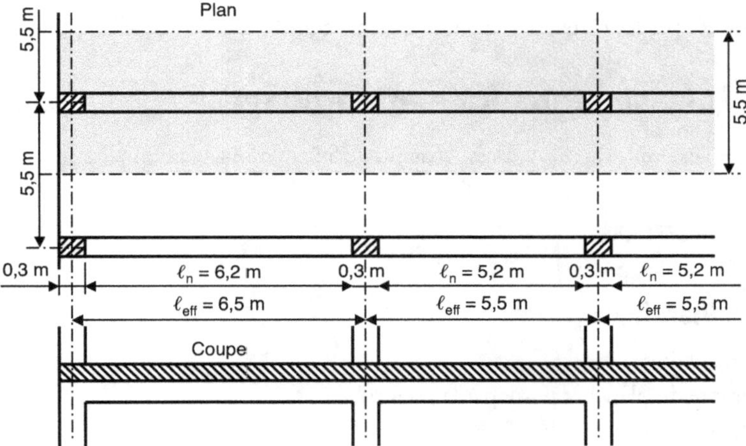

F.2.1   Données

- Bâtiment de bureau, durée d'utilisation = 50 ans, conditions d'exposition XC1
- Béton C25/30, aciers B500B
- Géométrie : voir les croquis ci-dessus et ci-contre
- Plancher porté par cette poutre :
  - dalle épaisseur h = 20 cm, largeur concernée = 5,5 m
  - chape + revêtement : 0,5 kN/m²
- Charge d'exploitation du plancher :
  - bureaux $\Rightarrow$ Q = 2,5 kN/m²
  - cloisons légères en plaques de plâtre $\Rightarrow$ Q = 0,5 kN/m²
- Pas d'action d'accompagnement ni accidentelle
- Pour combinaison quasi permanente : ψ = 0,3 (Tableau C-III.3.1)

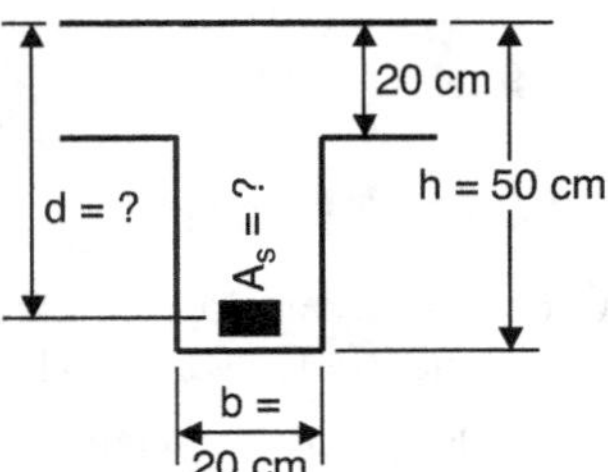

F.2.2 Convenance du prédimensionnement

Voir Tableau C-III.4.1.

Plancher

Dalle pleine 4,5 m $\leq \ell_n \leq$ 7 m $\Rightarrow$ viser h $\approx \ell_n/25$ = 5,3/25 = 0,21 m

La hauteur donnée par les plans pour cette dalle est : h = 20 cm

Elle est cohérente avec h $\approx$ 21 cm $\Rightarrow$ pas de difficulté particulière à attendre.

Poutre

Poutre continue $\Rightarrow$ viser $\ell_n/15 \leq$ h $\leq \ell_n/12$

La travée la plus critique est la travée proche de rive, ici pour deux raisons : car elle est de rive ($\Rightarrow$ toutes choses égales par ailleurs : $M_{travée,max}$ le plus élevé) et en plus car c'est la plus longue.

Pour une travée de rive, il faut plutôt viser la partie supérieure de l'intervalle $\ell_n/15 \leq$ h $\leq \ell_n/12$, c'est-à-dire : h $\approx \ell_n/12$ = 6,2/12 = 0,52 m

Hauteur donnée par les plans : h = 50 cm $\approx$ 52 cm $\Rightarrow$ OK !

F.2.3 Classe structurale et enrobage

Comme dans l'exemple du § F.1 : classe structurale S4 et enrobage nominal c_{nom} = 25 mm

F.2.4 Actions

F.2.4.1 Plancher

Actions permanentes G
- Poids propre du plancher porté par la poutre :
    - dalle : 0,20 m $\times$ 25 kN/m3 = 5 kN/m^2
    - revêtement : 0,5 kN/m^2
- Total : G = 5 + 0,5 = 5,5 kN/m^2

Actions variables Q
- Charge d'exploitation : 2,5 kN/m^2 ; incidence des cloisons : 0,5 kN/m^2
- Total : Q = 2,5 + 0,5 = 3 kN/m^2

F.2.4.2 Poutre

Cette poutre constitue un appui courant (loin de la rive) du plancher. La réaction du plancher y est donc R $\approx$ R' (voir § C-III.5.2.2) et on a : largeur de plancher portée par la poutre = 5,5 m

G = poids propre de la retombée de la poutre + poids de plancher porté

= 0,20 m $\times$ (0,50 – 0,20) m $\times$ 1 m $\times$ 25 kN/m3 + 5,5 kN/m^2 $\times$ 5,5 m = 31,7 kN/m de poutre

Q = 3 kN/m^2 $\times$ 5,5 m = 16,5 kN/m de poutre

Actions totales pondérées

Travée chargée : p_u = 1,35 G + 1,5 Q = 1,35 $\times$ 19,9 + 1,5 $\times$ 16,5 = 67,5 kN/m $\approx$ 68 kN/m

Travée déchargée : pu = 1,35 G = 42,8 $\approx$ 43 kN/m

F.2.5 Diagrammes enveloppes M_u et V_u

On choisit ici la méthode de Caquot optimisée (voir § E-I.5.1.6).

F.2.5.1 Méthode de Caquot optimisée

On a $Q \approx G/2$, donc :

- on peut atteindre la superposition des diagrammes M «travée chargée», ce qui sera visé ;
- d'après le Tableau E-I.5.1, on doit escompter :
  - $\delta = \delta_{\text{nu appui,fluage}} = 0,79 \Rightarrow \mu_{\text{u,appui,redistribué}} \leq 0,199$

Dans ce cas les calculs sont les suivants :

- Calcul par la méthode de Caquot du seul cas de charge «tout chargé» dont on retient :
  - les moments maximums sur appui ;
  - le diagramme effort tranchant qui constitue une approximation suffisante du diagramme V enveloppe propre à ce cas optimisé.
- Des moments sur appui, déduire le diagramme M «tout chargé» dans chaque travée conformément au § E-I.3.3.2. Ces diagrammes constituent l'enveloppe des moments positifs.
- L'enveloppe des moments négatifs est constituée dans chaque travée par le diagramme M «travée déchargée» passant par les points de moments maximums du cas «tout chargé» du premier point ci-dessus.

Les diagrammes résultants sont ceux ci-dessous.

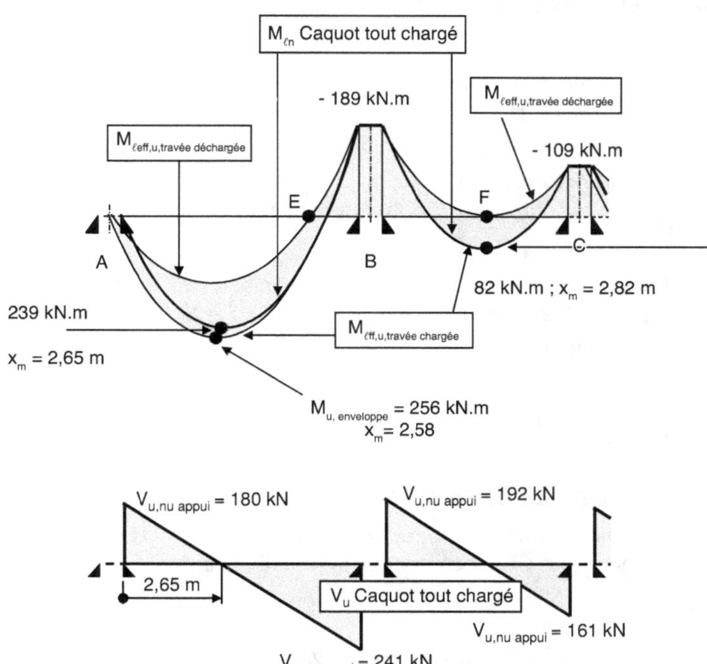

F.2.5.2 Enveloppe des moments

F.2.5.2.1 Travée AB

Enveloppe des moments positifs (travée chargée)

$p_u \approx 68$ kN/m

$M\ell_{eff,u,enveloppe}$ passe par $M_B = 189$ kN.m au nu de B et par $M_A = 0$ à l'axe de l'appui A

Ce diagramme se développe sur la longueur $\ell = t/2 + \ell_n = 0,15 + 6,2 = 6,35$ m

Par les formules $M(x) = M'(x) + M_A.(1 - \dfrac{x}{\ell}) + M_B.\dfrac{x}{\ell}$ et $V(x) = V'(x) + \dfrac{M_B - M_A}{\ell}$ et leurs

corollaires : $x_m = \dfrac{V_A}{p}$ et $M_{max} = \dfrac{V_A^2}{2p} + M_A$ (ne pas oublier que M_A et $M_B < 0$)

on calcule (avec $\ell = 6,35$ m pour référence) :

- $V\ell_{eff,u,A}$ à l'axe de l'appui = 186 kN
- $M\ell_{eff,max} = 254$ kN.m
- x_m par rapport à l'axe de l'appui A = 2,73 m $\Rightarrow$ x_m par rapport au nu de l'appui = 2,73 − 0,15 = 2,58 m

On note, à la différence entre x_m du diagramme M enveloppe travée AB et l'abscisse du point d'effort tranchant nul du diagramme V enveloppe, que celui-ci est une approximation. Mais elle est suffisante.

Enveloppe des moments négatifs (travée déchargée)

$p_u \approx 43$ kN/m

Même technique que pour l'enveloppe des moments positifs. D'où :

- $V\ell_{eff,u,A}$ à l'axe de l'appui = 107 kN
- $M\ell_{eff,max} = 133$ kN.m
- x_m par rapport à l'axe de l'appui A = 2,49 m
- $\Rightarrow$ x_m par rapport au nu de l'appui = 2,49 − 0,15 = 2,34 m

Abscisse du point de moment nul E ?

- Ce point est le symétrique par rapport à l'axe de la parabole de l'autre point de moment nul, ici l'axe de l'appui A. Il est donc à la distance $2 x_m = 2 \times 2,49 = 4,98$ m de l'axe de l'appui A $\Rightarrow$ à 4,98 − 0,15 = 4,83 m du nu de l'appui A
- Soit à 6,20 − 4,83 = 1,37 m du nu de l'appui B

F.2.5.2.2 Travée BC

Enveloppe des moments positifs (travée chargée)

La superposition des diagrammes M « tout chargé » est possible et c'est elle qui est visée. Donc, l'enveloppe des moments positifs est confondue avec le diagramme M_{Caquot} « tout chargé ».

Donc : $M\ell_{eff,u,enveloppe} = 82$ kN.m ; $x_m = 2,82$ m par rapport au nu de l'appui B

Enveloppe des moments négatifs (travée déchargée)

$p_u \approx 43$ kN/m

Même technique que pour la travée AB. Mais ici, les moments sur appui qui servent de référence sont tous les deux au nu de l'appui $\Rightarrow \ell$ pris pour référence = ℓ_n.

$$V'_A + \frac{M_B - M_A}{\ell} = p_u . \ell_n / 2 + (M_B - M_A)/\ell_n$$

soit : $V_A = 43 \times 5,2/2 + (-109 - (-189))/5,2 = 127,4 \approx 127$ kN

puis : $x_m = V_A / p_u = 127/43 = 2,95$ m

et : $M_{max} = V^2_A / 2p_u + M_A = 127^2/(2 \times 43) + (-189) = 1,4 \approx 0$ kN.m

Ici, le diagramme enveloppe des moments négatifs affleure la trace de la poutre au point F. Son abscisse est $x_m = 2,95$ m par rapport au nu de l'appui B.

En résumé

* $V\ell_{eff,u,B}$ au nu de l'appui B = 127 kN
* $M\ell_{eff,max} = 1,4 \approx 0$ kN.m
* x_m par rapport au nu de l'appui B = 2,95 m

F.2.6 Résistance aux moments positifs : poutre en Té

F.2.6.1 Travée AB

Estimation de la hauteur utile d

Comme dans l'exemple du § F.1 : conditions d'exposition XC1 $\Rightarrow c_{nom}$ = 25 mm, hypothèse de deux lits d'aciers $\phi \approx 20$ mm et encombrement des aciers transversaux 10 mm. Il en découle : $d \approx h - 5,5$ cm $\Rightarrow d \approx 44,5$ cm

Valeur de μ_u

Calculé sur la nervure seule :

$$\mu_u = M_u/(b.d^2.f_{cd}) = 0,254/(0,2 \times 0,445^2 \times 16,7) = 0,384$$

C'est très supérieur aux limites admises.

Ici, l'effort de compression dû à la flexion peut s'étaler dans le plancher. Considérer une poutre en Té devrait apporter la solution.

Largeur de table à retenir

Voir § D-V.2.1.3.

Débord de table maximum autorisé :

$$b_{eff,i} \leq 0,2\ b_i + 0,1\ \ell_0 \leq 0,2\ \ell0$$

Travée de rive $\Rightarrow \ell_0 = 0,85\ \ell_{eff} = 5,5$ m

Dans cette poutre, la table est symétrique et aucune trémie n'ampute une partie du plancher $\Rightarrow b_i$ = $(b_{disponible} - b_w)/2 = 2,55$ m

d'où : $b_{eff,i} \leq 0,2 \times 2,55 + 0,1 \times 5,5 = 1,06$ m

Verification : $b_{eff,i} \leq 0,2\ \ell_0 = 0,2 \times 5,5 = 1,10$ m : OK !

On a donc :

$$b_{eff} \leq 2.b_{eff,i} + b_w = 2 \times 1,06 + 0,20 \approx 2,3 \text{ m}$$

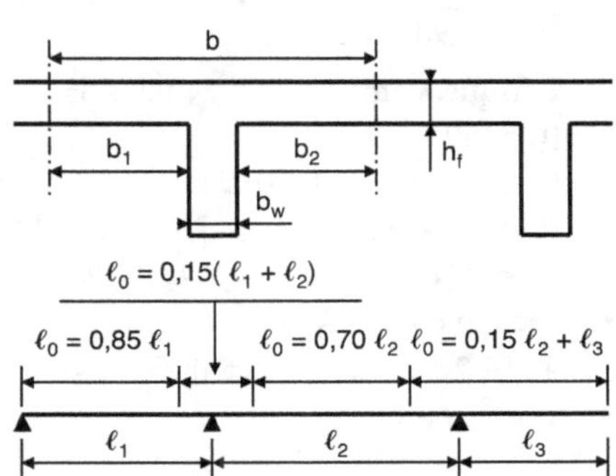

Cette largeur de table permet-elle de se dispenser d'ajouter des aciers pour la liaison table-nervure (voir § D-V.2.3.2.5) ?

- Avec un béton C25/30 : c'est le cas si $\dfrac{b_{eff,i}}{b_{eff}} \leq 2{,}9 . \dfrac{d.h_f}{p_u . \ell_{eff}}$ (longueurs en m et p_u en MN/m)

- Si de plus, la table est symétrique, c'est le cas dès que $2{,}9 . \dfrac{d.h_f}{p_u . \ell_{eff}} \geq 0{,}5$

- Avec cette poutre : $2{,}9 . \dfrac{d.h_f}{p_u . \ell_{eff}} = 2{,}9 \times 0{,}445 \times 0{,}2/(0{,}068 \times 6{,}2) = 0{,}6 > 0{,}5 \Rightarrow$ pas besoin

  d'ajouter des aciers pour la liaison table-nervure.

- Donc, toute largeur de table $\leq 2{,}30$ m convient sans besoin d'aciers supplémentaires pour la couture table-nervure.

Proposition de la largeur de table pour cet exemple : $b_{eff} = b_{eff,max} = 2{,}30$ m

(Pour limiter la servitude de non-percement du plancher, il est loisible de choisir une valeur plus faible de b_{eff}.)

Valeur de $\mu_{u,Té}$

$\mu_{u,Té} = M_u/(b_{eff} . d^2 . f_{cd}) = 0{,}254/(2{,}3 \times 0{,}445^2 \times 16{,}7) = 0{,}035$

À l'exception de la non-fragilité, qui doit être vérifiée sur la nervure seule (donc en considérant $\mu_u = 0{,}298 \Rightarrow$ vérifié), cette valeur de μ_u vérifie largement les divers $\mu_{u,limite}$. $\Rightarrow$ OK !

Cette poutre peut-elle se calculer comme une poutre rectangulaire de largeur b_{eff} ?

Pour cela, il faut que le diagramme des contraintes du béton comprimé se développe totalement dans la table $\Rightarrow$ vérifier que $0{,}8\,x \leq h_f$

Deux solutions (voir § D-V.2.2.1.1) :
- soit calculer α et en tirer $x = \alpha.d$
- soit vérifier $\mu_u \leq h_f/d - (h_f/d)^2/2$

Dans cet exemple : $x \approx 0{,}045 \Rightarrow 0{,}8\,x = 1{,}6$ cm très inférieur à $h_f = 20$ cm $\Rightarrow$ OK !

Ou bien : $\mu_u = 0{,}035 < 20/44{,}5 - (20/44{,}5)^2/2 \approx 0{,}35 \Rightarrow$ OK !

Cette poutre en Té peut donc se calculer comme une poutre rectangulaire de largeur $b_{eff} = 2{,}30$ m et satisfait toutes les vérifications basées sur une valeur de $\mu_{u,limite}$.

On a également vérifié plus haut qu'elle ne nécessite pas d'ajout d'aciers de liaison table-nervure.

Aciers longitudinaux

- Calcul quasi exact

  $A_s = (\dfrac{M_u}{0{,}9d} /f_{yd}).(\mu_u + 0{,}81)$ dans le domaine $0{,}04 \leq \mu_u \leq 0{,}37$

  Lorsque, comme ici, $\mu_u < 0{,}04$, la proposition de l'auteur est d'appliquer la formule avec $\mu_u = 0{,}04$.

  On en tire : $A_s = 0{,}00124$ m^2 = 12,4 cm^2

  Ordre de grandeur. § H.4.2 $\Rightarrow A_s \approx 2{,}5\,M_u(kN.m)/d(cm) - 10\,\%$ dans le cas des poutres en Té $\Rightarrow A_s \approx 14$ cm^2 $- 10\,\% = 12{,}6$ cm^2

- Section commerciale

  4 HA 20 = 12,6 cm^2 $\Rightarrow$ deux lits de 2 HA 20 chacun
- Vérification de d

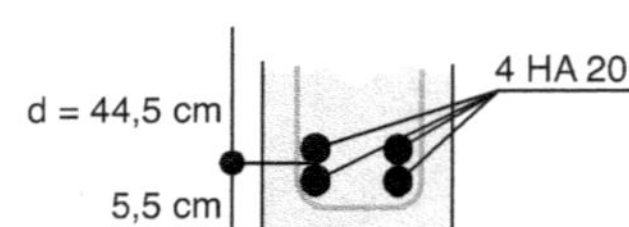

Deux lits de 2 HA 20 = hypothèse pour estimer d

$\Rightarrow$ d exact = d estimé = 44,5 cm

- Espace suffisant entre les barres ?

  Même situation que dans l'exemple du § F.1 $\Rightarrow$ OK !

F.2.6.2 Travée BC

Même section de coffrage et même estimation de d que pour la travée AB $\Rightarrow$ d $\approx$ 44,5 cm

$M_{u,max}$ = 82 kN.m

μ_u calculé sur la nervure = $0,082/(0,2 \times 0,445^2 \times 16,7)$ = 0,125

Cette valeur, qui vérifie tous les $\mu_{u,limite}$, permet de calculer cette travée en poutre rectangulaire. Cependant, la poutre étant associée à un plancher, il est économique de la calculer en poutre en Té.

Nota

L'éventuelle nécessité d'ajouter des aciers de liaison table-nervure pourrait entamer l'économie visée. Il n'y en a pas besoin dans la travée AB qui est dans une situation plus difficile, donc il n'y en a pas besoinn non plus dans cette travée (le calcul le confirme).

Calcul en poutre en Té

- Largeur de table
  - b_i = 5,3 m et ℓ_0 = 0,70 ℓ_{eff} = 3,85 m $\Rightarrow$ $b_{eff,i}$ $\leq$ 0,77 m imposé par $b_{eff,i}$ $\leq$ 0,2 ℓ_0
  - d'où : b_{eff} = 2.$b_{eff,i}$ + b_w $\approx$ 1,74 m
- Calcul de A_s

  $\mu_{u,Té}$ = $0,102/(1,74 \times 0,445^2 \times 16,7)$ = 0,014

  Valeur très petite $\Rightarrow$ 0,8 x très largement < h_f $\Rightarrow$ calcul comme une poutre rectangulaire de largeur b_{eff}

  A_s quasi exact = $(\dfrac{M_u}{0,9d} /f_{yd}).(\mu_u + 0,81)$ avec μ_u limité inférieurement à 0,04

  = 0,00040 m^2 = 4,0 cm^2 $\Rightarrow$ 4 HA 12 = 4,52 cm^2 en deux lits
- Vérification de d et de l'espacement entre aciers

  d réel un peu plus grand que d du calcul $\Rightarrow$ du côté de la sécurité sans arriver au gaspillage $\Rightarrow$ OK !

  Espace entre aciers plus favorable que pour la travée AB $\Rightarrow$ OK !

Donc A_s = deux lits de 2 HA 12 est confirmé.

Pour comparaison : calcul en poutre rectangulaire

On a alors : μ_u = 0,125 $\Rightarrow$ A_s = $(\dfrac{M_u}{0,9d} /f_{yd}).(\mu_u + 0,81)$ = $(\dfrac{M_u}{0,9d} /f_{yd}).(0,14 + 0,81)$

d'où A_s = 4,5 cm^2, soit une surconsommation 10 % par rapport à A_s calculé en considérant une poutre en Té.

Cette surconsommation est d'autant plus grande que μ_u nervure seule est plus grand.

F.2.7 Résistance aux moments négatifs : aciers comprimés

Il n'y a pas systématiquement des aciers comprimés sur appui. Mais c'est souvent le cas compte tenu de la limitation de μ_u sur appui imposée par Eurocode dans le cadre de la « redistribution limitée » (§ E-I.4.3.2) pour préserver une possibilité de redistribution. C'est notamment le cas de cet exemple.

Rappel des données

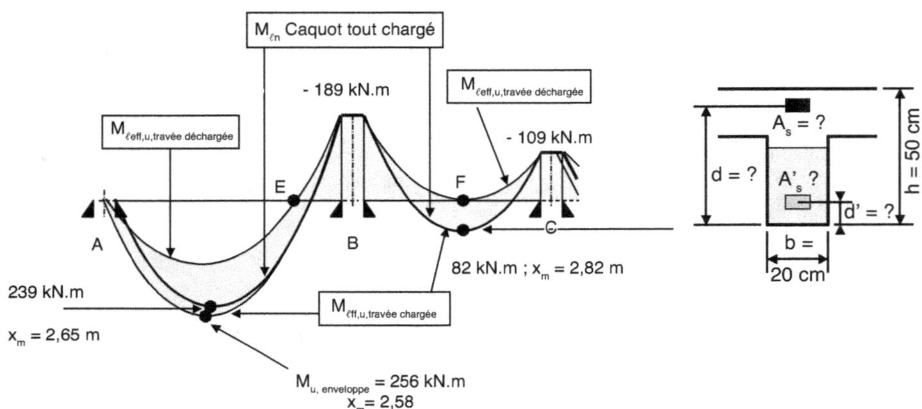

F.2.7.1 Appui A

Il s'agit du chapeau minimum.

$A_s \approx 0{,}15\, A_{s,travée\,AB} = 0{,}15 \times 12{,}4 = 1{,}9 \text{ cm}^2 \Rightarrow 2 \text{ HA } 12 = 2{,}26 \text{ cm}^2$

Débord dans la travée à partir du nu de l'appui $\approx 0{,}2\, \ell_n = 0{,}2 \times 6{,}2 = 1{,}24 \text{ m} \approx 1{,}25 \text{ m}$

Ancrage sur l'appui : un crochet.

F.2.7.2 Valeur de d sur les appuis B et C

Les aciers en chapeau viennent en plus des aciers de construction. Les deux dispositions possibles sont schématisées ci-contre, la (a) est plus avantageuse. L'impératif est que l'aiguille vibrante puisse passer entre les aciers en chapeau $\Rightarrow a \geq 5$ cm environ.

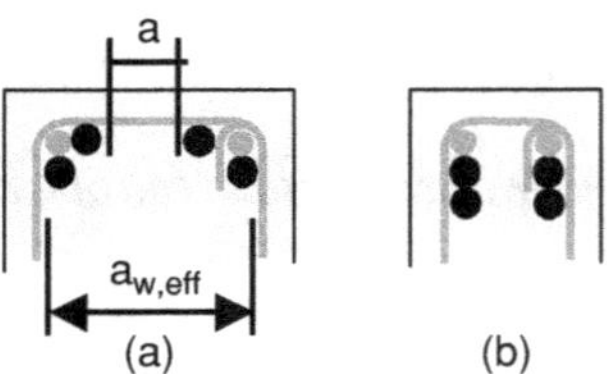

La disposition (a) est-elle possible ?

a = ? Son calcul est fait sur les bases du § C-I.7.2.2.2.

On a ici : a = b_w − 2.(c_{nom} + encombrement acier transversal + ϕ acier de construction + ϕ acier chapeau) − écart d'exécution

c_{nom} = 2,5 cm   et   écart d'exécution = 1 cm

Pour les autres valeurs l'auteur propose :

- encombrement acier transversal $\approx$ 1 cm
- ϕ acier de construction $\approx$ 1 cm
- ϕ acier chapeau $\approx$ 2 cm
- d'où : a $\approx$ 20 – 2.(2,5 + 1 + 2) – 1 = 8 cm

C'est un passage suffisant pour l'aiguille vibrante et la disposition (a) convient.

Estimation de d

La disposition (a) convenant, les données de l'estimation de d sont les mêmes qu'en travée
$\Rightarrow$ d $\approx$ 44,5 cm

F.2.7.3   Appui B

F.2.7.3.1   Valeur de μ_u

Sur appui, c'est la partie inférieure de la section qui est comprimée. Il n'y a pas, à ce niveau, de plancher dans lequel peut s'étaler l'effort de compression dû à la flexion. Le seul calcul envisageable est en poutre rectangulaire de largeur b = b_w = 20 cm

Alors : $\mu_u = M_u/(b.d^2.fcd) = 0,189/(0,2 \times 0,445^2 \times 16,7) = 0,285$

Pour cette poutre, les moments de continuité sur appui ont été déterminés par la méthode de Caquot. Comme vu au § F.2.5.1, avec Q $\approx$ G/2, on doit escompter :

$$\delta = \delta_{nu\ appui,fluage} = 0,79 \Rightarrow \text{respecter } \mu_{u,appui,redistribué} \leq 0,199$$

On a donc : $\mu_{u,appui} > \mu_u$,appui autorisé. Ne souhaitant pas modifier les dimensions de la poutre, la solution est le recours à des aciers comprimés pour reprendre la différence entre μ_u total = 0,285 et $\mu_{u,appui}$ autorisé = 0,199

F.2.7.3.2   Poutre avec aciers comprimés

Géométrie

d = 44,5 cm comme déjà vu.

d' = ?

Les aciers comprimés sont ici en partie inférieure de la section et nécessairement au-dessus des aciers inférieurs en travée amenés sur l'appui (*a priori* le premier lit).

En supposant un seul lit d'aciers comprimés de diamètre $\phi_c \approx$ 20 mm

on a : d' = $c_{nom} + \phi_w + \phi_\ell + \phi_c/2 \approx$ 2,5 + 1 + 2 + 2/2

Donc : d' = 6,5 cm

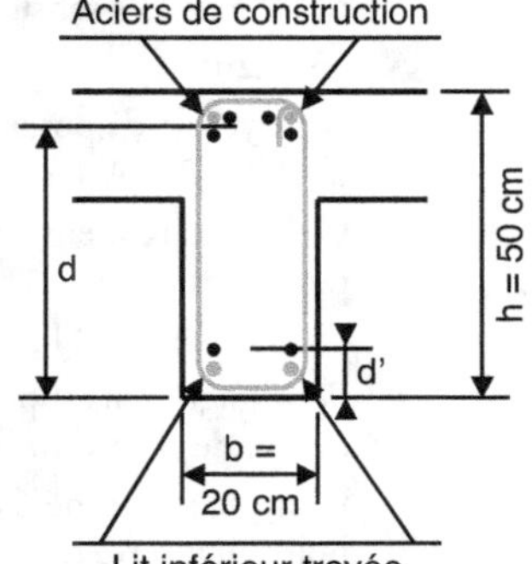

Calcul

Rappel de la Figure D-V.3.1 illustrant le fonctionnement d'une poutre avec aciers comprimés. Attention, cette figure a été construite dans le cas d'un moment agissant positif.

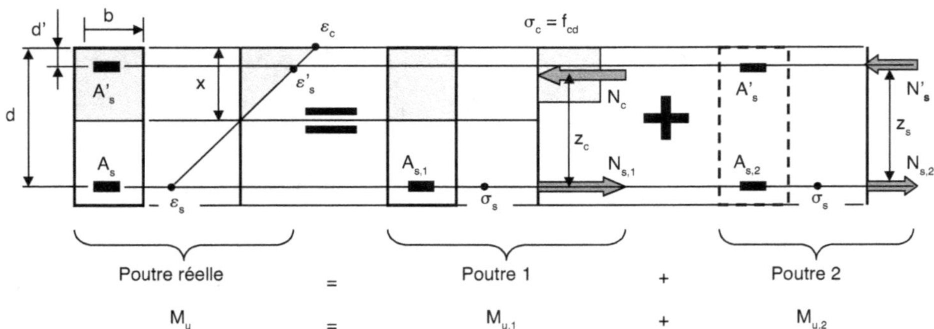

$M_{u,1} = \mu_{u,\text{appui autorisé}}.b.d^2.f_{cd} = 0,199 \times 0,2 \times 0445^2 \times 16,7 = 0,132 \text{ MN.m} = 132 \text{ kN.m}$

$M_{u,2} = M_u - M_{u,1} = 189 - 132 = 57 \text{ kN.m}$

- Calcul de la poutre 1

  $\mu_{u,1} = 0,199 \Rightarrow A_{s,1} = (\mu_{u,1} + 0,81).M_{u,1}/(0,9d.f_{yd})$

  $A_{s,1} = (0,199 + 0,81) \times 0,132/(0,9 \times 0,445 \times 435) = 0,00076 \text{ m}^2 = 7,6 \text{ cm}^2$

- Calcul de la poutre 2

  $z_s = d - d' = 44,5 - 6,5 = 38 \text{ cm}$

  $F_s = F'_s = M_{u,2}/z_s = 0,057/0,38 = 0,15 \text{ MN}$

  $A_{s,2} = A'_s = F_s/f_{yd} = 0,15/435 = 0,00034 \text{ m}^2 = 3,4 \text{ cm}^2$

- Poutre réelle

  - $A_s = A_{s,1} + A_{s,2} = 7,6 + 3,4 = 11,0 \text{ cm}^2$ à disposer en deux lits de deux barres d'où :

    › soit 2 HA 20 + 2 HA 16 = 10,30 cm² ⇒ déficit de 6 %

    Cela serait acceptable si les sections d'acier en travée étaient excédentaires, mais ce n'est pas le cas dans la travée AB.

    › soit 4 HA 20 en deux lits égaux = 12,6 cm²

    Malgré l'excès sensible d'acier, c'est ici la seule solution acceptable.

  - $A'_s = 3,4 \text{ cm}^2$

    › à essayer de disposer en un seul lit de deux barres comme envisagé dans l'estimation de d' ⇒ 2 HA 16 = 4,02 cm².

    › On peut aussi envisager deux lits de quatre barres plus fines

    ⇒ 2 HA 12 + 2 HA 10 = 3,83 cm²

    Pour gagner aussi peu que 4,02 − 3,83 cm², on se demande si ça vaut la peine.

    Compte tenu de l'espace disponible, ces aciers pourraient être disposés comme montré ci-contre. La valeur de z_s associée est plus favorable que l'hypothèse de départ d'un lit de HA 20 ⇒ du côté de la sécurité.

    › Choix proposé : se satisfaire de 2 HA 16

  - D'où le ferraillage retenu :

    $A_s = 11,0 \text{ cm}^2 \Rightarrow 4 \text{ HA } 20 = 12,6 \text{ cm}^2$

    $A'_s = 3,4 \text{ cm}^2 \Rightarrow 2 \text{ HA } 16 = 4,02 \text{ cm}^2$

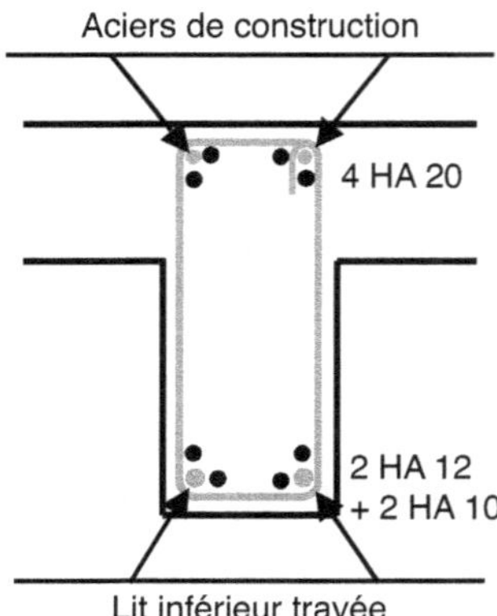

F.2.7.4   Appui C

F.2.7.4.1   Données

M_u = 109 kN.m ; d = 44,5 cm $\Rightarrow$ μ_u = 0,163

μ_u = 0,163 < 0,199 $\Rightarrow$ sur cet appui : pas besoin d'aciers comprimés

F.2.7.4.2   Calcul

A_s = (μ_u + 0,81).M_u/(0,9 d.f_{yd}) = 6,1 cm² $\Rightarrow$ 4 HA 14 = 6,16 cm² en deux lits

F.2.8   Calcul des aciers transversaux

L'exemple est limité à la travée AB.

Rappel des données

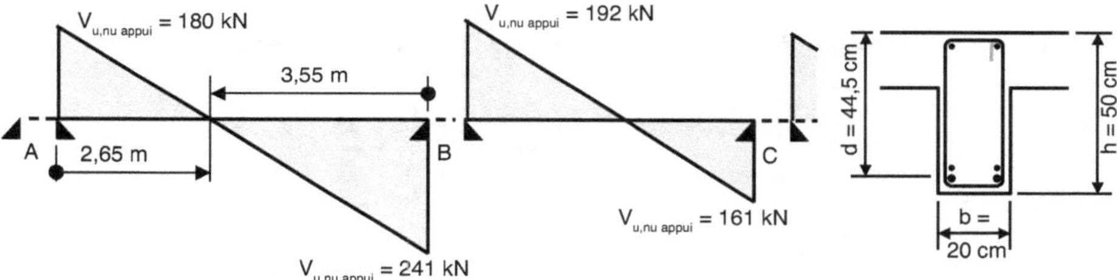

Toujours commencer le calcul par la demi-travée la plus sollicitée. Ici, c'est le côté B.

F.2.8.1   Demi-travée côté B

F.2.8.1.1   Valeur de cotgθ puis de $V_{u,AC,nu\ appui}$

Il faut vérifier si cotgθ = 2,5 convient.

C'est vérifier que $V_{u,AC} \leq \alpha_{cw}.\dfrac{b_w.z.cotg\theta}{1 + cotg^2\theta}.\nu_1.f_{cd}$

Dans le cas d'un chargement réparti, la vérification se fait avec $V_{u,nu\ appui}$ (sans le décalage AC) et assure en même temps la vérification de la bielle d'appui.

D'où ici : 241 kN = 0,241 MN $\leq \dfrac{0,20 \times (0,9 \times 0,445) \times 2,5}{1 + 2,5^2}.0,54 \times 16,7 = 0,249$ MN

C'est vérifié de justesse, mais vérifié tout de même.

$\Rightarrow$ cotgθ = 2,5 convient et la bielle d'appui en B est vérifiée aussi.

F.2.8.1.2   Constitution et espacements minimum et maximum des cours d'aciers transversaux

Constitution d'un cours d'aciers transversaux

Ici : un simple cadre ; d $\leq$ 45 cm $\Rightarrow$ ϕ_w = 8 mm (voir § D-IV.4.2.1 rappelé au § H.4.3.1).

Sa section est : deux brins ϕ_w = 8 mm $\Rightarrow$ A_{sw} = 1 cm² = 1.10^{-4} m²

Espacement minimum $s_{\ell,min}$

$$s_{\ell,min} = \frac{A_{sw}}{b_w} \cdot \frac{2.f_{ywd}}{v_1.f_{cd}}$$

avec v_1 (nu_1) = 0,6.(1 − f_{ck}/250) $\Rightarrow$ avec un C25/30, on a v_1 = 0,6 × 0,9 = 0,54

$$s_{\ell,min} = \frac{1.10^{-4}}{0,2} \cdot \frac{2 \times 435}{0,54 \times 16,7} = 0,05\text{m} = 5 \text{ cm}$$

Espacement maximum s_{max}

$$s_{max} = \min\ [s_{\ell,max}\ ;\ s_{\ell,max,w}] = \min\ [0,75\ d\ ;\frac{A_{sw}}{b_w} \cdot \frac{f_{ywk}}{0,08.\sqrt{f_{ck}}}\ ]$$

$$s_{max} = \min\ [0,75 \times 0,445 = 0,33\text{ m} = 33\text{ cm}\ ;\frac{1.10^{-4}}{0,2} \cdot \frac{500}{0,08.\sqrt{25}} = 0,62\text{ m} = 62\text{ cm}]$$

Donc : s_{max} = 0,75 d = 33 cm

F.2.8.1.3   Espacement initial s_{init} et répartition des aciers transversaux

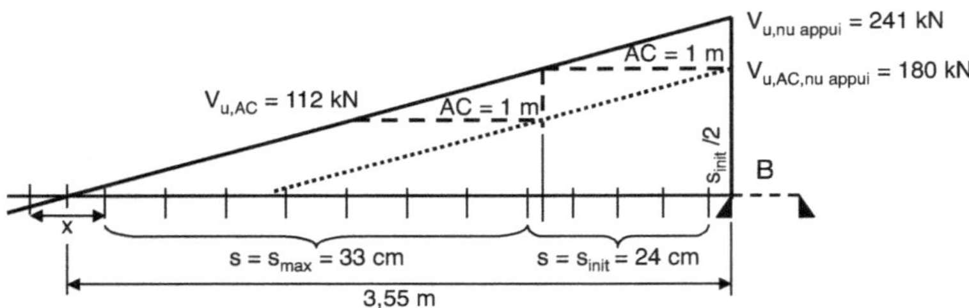

Nota
Le fait que $V_{u,AC,nu\ appui\ B}$ = $V_{u,nu\ appui\ A}$ est une pure coïncidence.

Espacement initial s_{init}

Il est calculé sur la base de $V_{u,AC,nu\ appui}$ = 180 kN = 0,180 MN

$$s_{init} = \frac{A_{sw}}{V_{u,AC,nu\ appui}} \cdot z.\cotg\theta.f_{ywd} = \frac{1.10^{-4}}{0,180} \cdot (0,9 \times 0,445) \times 2,5 \times 435 = 0,24\text{ m} = 24 \text{ cm}$$

Donc : s_{init} = 24 cm < s_{max} = 33 cm

Ordre de grandeur. § H.4.3.4 repris du § D-IV.4.5.3 $\Rightarrow$ $s_{init} = s_{max} \approx 0,75\ d$ tant que 5 $V_{u,nu\ appui}$ (kN)
$\leq 1\ 000\ A_{sw}$ (cm²) $\Rightarrow$ ici : 5 × 241 $\leq$ 100 × 1 $\Rightarrow$ 1 250 $\leq$ 1 000 : non vérifié $\Rightarrow$ $s_{init} < s_{max} \approx 0,75\ d$

Alors (§ H.4.3.4), sur l'appui de continuité d'une travée de rive :

$$s_{init}\ (cm) \approx 145. \frac{h(cm).A_{sw}(cm^2)}{V_{u,nu\ appui}\ (kN)} - 25\ \% = 145 \times 50 \times 1/241 = 30 - 25\ \% \approx 22\ cm$$

Répartition

Le premier cadre est placé à s_{init}/2 du nu de l'appui.

Soit ici à : 24/2 = 12 cm (toujours arrondir à un nombre entier de cm)

Ensuite, sur la longueur AC = 1 m : des espacements s = 24 cm

Espacement des cadres sur le palier AC suivant.

- $V_{u,AC}$ à considérer $= V_{u,nu\ appui} - 2.AC.p_u = 241 - 2 \times 1,00 \times 68 = 112$ kN

- d'où : $s = \dfrac{1.10^{-4}}{0,112}.(0,9 \times 0,445) \times 2,5 \times 435 = 0,38$ m $= 38$ cm $> s_{max} = 33$ cm

- Au-delà de la distance AC $= 1$ m de l'appui : $s = Cte = s_{max} = 33$ cm

Nota

Pour le calcul « sur le palier AC suivant », la seule donnée qui change est $V_{u,AC}$. On peut donc arriver au résultat par une règle de trois :

$$s_{Vu,AC\ =\ 112} = s_{Vu,AC\ =\ 180} \times 180/112 = 24 \times 180/112 = 38 \text{ cm} > s_{max}$$

F.2.8.2   Demi-travée côté A

Données

AC identique à l'autre demi-travée et, *a priori*, A_{sw} également identique.

La seule différence est : $V_{u,nu\ appui} = 180$ kN

Calculs

Par une pure coïncidence, $V_{u,nu\ appui} = 180$ kN est la valeur qui a servi de base au calcul sur le deuxième palier AC de l'autre demi-travée côté.

Le résultat du calcul est donc déjà connu.

On a : $V_{u,AC,nu\ appui} = 180$ kN $- AC.p_u = 180 - 1 \times 68 = 112$ kN

d'où on tire $s = 38$ cm $> s_{max} = 33$ cm $\Rightarrow s = C_{te} = 33$ cm

$\Rightarrow$ premier cadre à $s_{init}/2 = 17$ cm du nu de l'appui, les suivants à espacements constants $s = s_{max} = 33$ cm

Espacement résiduel x autour du point d'effort tranchant nul. Par le plus grand des hasards, x $= 33$ cm

F.2.9   Conditions d'appui

Dans le cas de charges réparties, la vérification de la bielle d'appui a déjà été traitée par la vérification que cotgθ choisi convient.

Dans le cas de charges réparties, la quantité d'acier à amener et ancrer sur l'appui peut être déterminée par l'arrêt des barres. Cependant, celui-ci exige une épure précise et il est souvent plus simple de traiter ce point par le calcul. C'est ce qui est proposé dans cet exemple (voir § D-IV.7).

F.2.9.1   Appui A

Données

$V_{u,nu\ appui} = 180$ kN ; cotgθ $= 2,5 \Rightarrow$ cotgθ$_{bielle\ appui} = 2,5/2 = 1,25$

Section d'acier à amener et ancrer sur l'appui

En admettant par excès que la bielle d'appui est sollicitée par $V_{u,nu\ appui}$, c'est l'hypothèse du traitement par l'arrêt des barres, on a :

$$A_{s,cond.\ appui} \geq V_{u,nu\ appui}.\text{cotgθ}_{bielle\ appui}/f_{yd} = 0,180 \times 1,25/435$$

d'où : $A_{s,cond.\ appui} \geq 0,00052$ m$^2 = 5,2$ cm^2

Section d'acier disponible sur l'appui

Il s'agit de 2 HA 20 = 6,28 cm^2 $\Rightarrow$ suffisant.

Cette section est même un peu excédentaire. Si on ancre ces aciers par crochet, on peut envisager un ancrage partiel dans la proportion 5,2/6,28.

Ancrage de ces aciers

* Espace disponible

    L'appui a la même géométrie (même profondeur et même valeur de $\cotg\theta_{\text{bielle appui}}$) que les appuis de l'exemple du § F.1.

    On a donc: longueur disponible pour ancrer les aciers sur cet appui = 33 cm.

* Encombrement du crochet

    Ancrage nominal: $\ell_{\text{bd,eq,eff}}$ = 22 ϕ = 22 × 2 = 44 cm $\Rightarrow$ espace insuffisant.

    Ancrage partiel: (voir § C-II.4.3.3.1 et Tableau C-II.4.3 ou le tableau du § G.2.1.5).

    - $F_s/F_{s,\text{nom}} = A_{s,\text{effectif}}/A_{s,\text{nécessaire}}$ = 5,2 cm^2/6,28 cm^2
    - d'où: $\ell_{\text{b,eq,eff}} = \ell_{\text{b,nom}} \cdot A_{s,\text{effectif}}/A_{s,\text{nécessaire}} - 18\,\phi$
      = 40 × 2 cm × (5,2/6,28) − 18 × 2 cm ≈ 30 cm > 6 ϕ = 12 cm (pour laisser subsister toute la partie au-delà du début de la courbure)
    - Encombrement ancrage partiel ≈ 30 cm < espace disponible = 33 cm $\Rightarrow$ OK!

F.2.9.2   Appui B

C'est un appui intermédiaire.

Il y a de fortes chances qu'il n'y ait pas besoin d'aciers inférieurs sur l'appui. C'est ce qu'on s'applique à vérifier en premier. La vérification la plus défavorable est celle qui est faite avec le plus fort effort tranchant au nu de l'appui. Ici, c'est avec $V_{u,\text{nu appui}}$ côté travée AB.

On a: $A_{s,\text{cond· appui}} \geq (V_{u,\text{nu appui}} \cdot \cotg\theta_{\text{bielle appui}} - M_{u,\text{appui}}/z)/f_{yd}$ avec z = 0,9 d

d'où: $A_{s,\text{cond· appui}} \geq$ [0,241 × 1,25 − 0,189/(0,9 × 0,445)]/435 < 0 $\Rightarrow$ pas besoin d'aciers inférieurs sur cet appui.

F.2.10   Arrêt des barres

Pour une meilleure lisibilité, l'épure d'arrêt des barres est scindée ici en trois parties:
* l'arrêt des aciers tendus résistant aux moments positifs;
* l'arrêt des aciers comprimés sur appui;
* l'arrêt des aciers tendus résistant aux moments négatifs.

F.2.10.1   Arrêt des aciers tendus résistant aux moments positifs

Suite au traitement des conditions d'appui, les deux points suivants sont déjà réglés:
* Sur l'appui A, seul le lit inférieur (2 HA 20) doit être amené sur l'appui et ancrer chaque barre par un crochet convient.
* Sur l'appui B, les calculs montrent qu'il n'y a pas besoin d'aciers inférieurs de traction. Cependant, on y prolonge systématiquement le lit inférieur de chacune des deux travées adjacentes. Dans le cas de cette poutre, des aciers comprimés étant nécessaires pour reprendre le moment sur appui, les lits inférieurs des deux travées adjacentes sont simplement amenés face à face au milieu de l'appui.

Ne reste donc plus à régler que l'arrêt des deuxièmes lits.

F.2.10.1.1 Données

Travée AB

$p_u/m = 68$ k.N/m

$M_{u,max} = 254$ kN.m ; x_m/nu appui A = 2,58 m

x_m/axe appui = 2,73 m

$A_{s,max\ calculé} = 12,4$ cm^2

A_s mis en place = deux lits de 2 HA 20 = 12,6 cm^2

$\ell_{bd} \approx 40\ \phi = 80$ cm

Travée BC

$p_u/m = 68$ k.N/m

$M_{u,max} = 82$ kN.m ; x_m/nu appui B $\approx x_{m,Caquot} = 2,82$ m

$A_{s,max\ calculé} = 4,0$ cm^2

A_s mis en place = deux lits de 2 HA 12 = 4,52 cm^2

$\ell_{bd} \approx 40\ \phi = 48$ cm ≈ 50 cm

F.2.10.1.2 Résultats

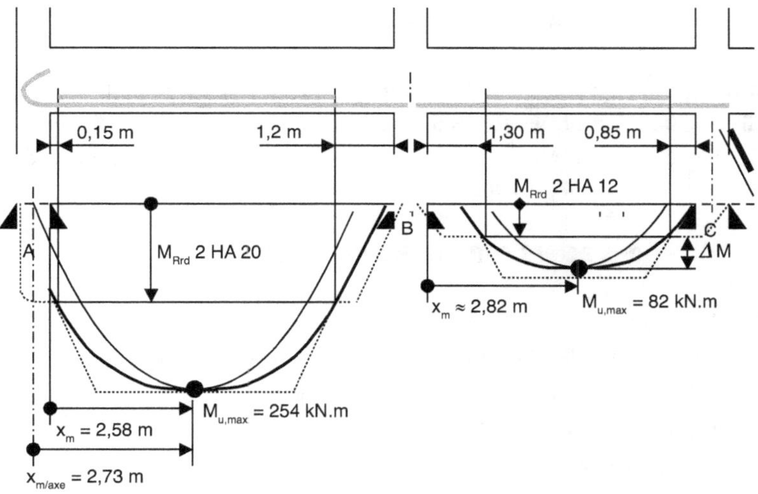

F.2.10.1.3 Calculs travée AB

Section commerciale presque exactement égale à la section calculée,

d'où : M_{Rd} 4 HA 20 = 254 kN.m ; M_{Rd} 2 HA 20 = 254/2 = 127 kN.m

Décalage $a_\ell = z.(\cot g\theta)/2 = 0,9 \times 44,5 \times 2,5/2 = 50$ cm

Il est proposé ci-dessous un arrêt des barres calculé avec une prise en compte graphique des pentes d'ancrage. C'est la solution la plus simple, car elle permet de se contenter d'un tracé approximatif des diagrammes des moments (voir la figure ci-dessus). Il en sera de même pour la travée BC.

Dans le cas de cette travée, où on a deux lits égaux et A_s mis en place $\approx A_s$ calculé, on peut utiliser la relation du § E-I.2.3.2 rappelée au § G.2.1.6 (voir les figures qui les illustrent).

Ici $\Delta x_0 = x_m$/axe appui A = 2,73 m.

Le point de référence pour l'arrêt du deuxième lit, à l'altitude $\Delta M/2$, est à la distance $0,30 \, \Delta x$ = $0,30 \times 2,73$ m = 0,82 m du point d'altitude ΔM, c'est-à-dire, ici, de l'axe de l'appui A. Sa distance au nu de l'appui est alors $0,82 - 0,15 = 0,67$ m.

Pour le point d'arrêt des barres, il faut encore prendre en compte le décalage a_ℓ = 50 cm.

D'où : arrêt du deuxième lit côté appui A à $0,67 - 0,50 = 0,17$ m = 17 cm du nu de l'appui, arrondi à 15 cm. On constate encore qu'en rive, le deuxième lit est arrêté très près du nu de l'appui.

L'arrêt du côté appui B est le symétrique par rapport à x_m. On peut par exemple faire le calcul en prenant pour référence ℓ_n et $x_{m/nu\,appui}$.

D'où arrêt du deuxième lit côté B à $\ell_n - (2\,x_m - 0,17$ m$) = 6,20 - (2 \times 2,58 - 0,17) = 1,21$ m arrondi à 1,20 m

F.2.10.1.4   Calculs travée BC

Ici la section commerciale est en excès significatif par rapport à A_s calculé.

D'où : M_{Rd} 4 HA 12 = $M_u.(A_{s,4\,HA\,12}/A_{s\,calculé}) = 92$ kN.m ; M_{Rd} 2 HA 12 = 92/2 = 46 kN.m

À $\Delta M_u = M_{u,max} - M_{Rd}$ 2 HA 12 = $82 - 46 = 36$ kN.m est associé $|\Delta x_0| = \sqrt{2\Delta M_u/p_u}$ = 1,03 m

Décalage a_ℓ = 50 cm comme sur la travée AB.

Donc :

- arrêt deuxième lit côté B à $x_m - \Delta x_0 - a_\ell = 2,82 - 1,03 - 0,5 = 1,29$ m du nu de l'appui B, à arrondir à 1,30 m et l'ancrage est assuré
- arrêt deuxième lit côté C à $x_m + \Delta x_0 + a_\ell = 2,82 + 1,03 + 0,5 = 4,35$ m du nu de l'appui B, soit à $5,2 - 4,35 = 0,85$ m de l'appui C et l'ancrage est assuré

F.2.10.2   Arrêt des aciers comprimés sur l'appui B

F.2.10.2.1   Données

$M_{u,appui}$ = −189 kN.m ; A_s calculé = 11 cm^2 ; A_s mis en place = 4 HA 20 = 12,6 cm^2

$M_{u,1}$ repris sans l'aide d'aciers comprimés = −132 kN.m

$M_{u,2}$ repris grâce aux aciers comprimés = −57 kN.m

A'_s mis en place = A_s calculé = 2 HA 16 = 4,02 cm^2

Enveloppe des moments négatifs

C'est le cas « travée déchargée »

$\Rightarrow p_u$ = 43 kN/m

$\Rightarrow$ sur travée AB : $M_{u,max}$ associé = 133 kN.m avec x_m = 2,34 m

$\Rightarrow$ sur travée BC : $M_{u,max}$ associé = 0 avec x_m = 2,95 m

F.2.10.2.2 Résultats

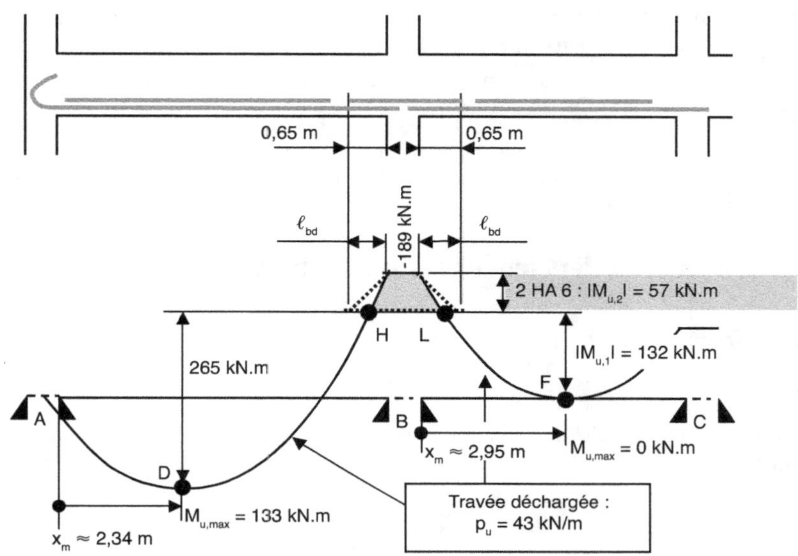

F.2.10.2.3 Calculs et construction de l'épure

Les aciers comprimés sont nécessaires dans toute la zone où $|M_u| \geq |M_{u,\ell}|$. Pour leur arrêt il n'y a aucun décalage du type de a_ℓ à prendre en compte. Aussi, il se fait par référence directe au diagramme enveloppe des moments.

Longueur d'ancrage ℓ_{bd} de ces aciers

Ils sont en partie basse de la poutre, donc en zone de bonnes conditions d'adhérence.

Alors : $\ell_{bd,nom} \approx 40\,\phi = 40 \times 1,6 = 64$ cm ≈ 65 cm

En compression, à défaut de barre transversale soudée, il n'y a pas de bonus proposé sur la longueur d'ancrage. Donc ici : $\ell_{bd} = \ell_{bd,nom}$

Abscisse du point H

Abscisse par rapport au nu de l'appui A = $x_m + \Delta x_0$ associé à $\Delta M = 265$ kN.m

$= x_m + \sqrt{2\Delta M_u/p_u} = 2,32$ m $+ \sqrt{2 \times 265/43} = 5,83$ m

D'où abscisse par rapport au nu de l'appui B = 6,2 m − 5,83 m = 0,37 m

Cela est inférieur à $\ell_{bd} = 65$ cm $\Rightarrow$ il faut allonger le débord des barres jusqu'à 65 cm.

Abscisse du point L

Abscisse par rapport au nu de l'appui B = $x_m - \Delta x_0$ associé à $\Delta M = 116$ kN.m

$= x_m - \sqrt{2\Delta M_u/p_u} = 2,95$ m $- \sqrt{2 \times 132/43} = 0,47$ m

Cela est inférieur à $\ell_{bd} = 65$ cm $\Rightarrow$ il faut allonger le débord des barres jusqu'à 65 cm.

Longueur finale des 2 HA 16 comprimés = 65 + 30 + 65 = 160 cm

F.2.10.2.4   Compatibilité avec les aciers inférieurs en travée

Il est souhaitable que ces aciers comprimés trouvent leur place dans l'espace libéré par l'arrêt du deuxième lit de chacune des deux travées adjacentes.

C'est le cas ici, où les deuxièmes lits sont arrêtés bien avant 65 cm du nu de l'appui.

Remarque

Ces aciers comprimés sont en recouvrement avec ceux du lit inférieur en travée et assurent sur appui la continuité d'une section de 2 HA 16. C'est beaucoup mieux que le simple recouvrement sur la largeur de l'appui, ici 30 cm, des lits inférieurs en travée.

F.2.10.3   Arrêt des aciers tendus résistant aux moments négatifs

F.2.10.3.1   Données

Appui A

Chapeau minimum déjà traité au § F.2.7.1. Il est constitué de 2 HA 12 qui ont un débord de 1,25 m sur la travée.

Appui B

$M_{u,appui}$ = −189 kN.m ; A_s calculé = 11 cm^2

A_s mis en place = 4 HA 20 = 12,6 cm^2

p_u = 43 kN/m

Appui C

$M_{u,appui}$ = −109 kN.m ; A_s calculé = 6,1 cm^2

A_s mis en place = 4 HA 14 = 6,16 cm^2

p_u = 43 kN/m

Pour les données géométriques des points D, E et F : voir les figures du § F.2.10.3.4 ci-après.

F.2.10.3.2   Moments résistants

- Appui B

  M_{Rd} 4 HA 20 = −189 × 12,6/11,0 = −216 kN.m

  M_{Rd} 2 HA 20 = −189 × 6,3/11,0 = −108 kN.m

- Appui C

  M_{Rd} 4 HA 14 = −109 × 6,16/6,10 = −110 kN.m

  M_{Rd} 2 HA 14 = −109 × 3,08/6,10 = −55 kN.m

F.2.10.3.3   Longueurs d'ancrage

Les aciers concernés, en chapeau, sont en partie supérieure de la poutre, dans la zone où on peut craindre de mauvaises conditions d'adhérence. Alors : η = 0,7 $\Rightarrow$ ℓ_{bd} = 1,4 $\ell_{bd,nom}$

Chapeaux HA 20 : ℓ_{bd} = 1,4.40 ϕ = 1,4 × 40 × 2 = 112 cm $\approx$ 110 cm

Chapeaux HA 14 : ℓ_{bd} = 1,4.40 ϕ = 1,4 × 40 × 1,4 = 78 cm $\approx$ 80 cm

F.2.10.3.4   Épure d'arrêt des barres

Dans ce cas, l'arrêt des barres est relativement complexe et le plus simple est de le traiter graphiquement sur une épure précise. Cela implique le tracé avec soin et à l'échelle du diagramme enveloppe des moments. L'exemple n'ayant que pour objet d'expliquer la méthode, les épures proposées en illustration sont allégées des cotes non indispensables à la compréhension.

La principale difficulté vient du traitement de la travée BC qui est sous-tendue. Elle doit contenir des chapeaux qui ne sont pas limités à ses zones d'appui, mais qui courent sur toute sa longueur. Dans le même temps, comme exposé au § D-I.5.1 et illustré sur la Figure D-I.5.1, sa cage de ferraillage doit pouvoir être construite et transportée indépendamment de celles des travées voisines. Puis, une fois en place, ses aciers en chapeaux doivent pouvoir être glissés jusqu'à leur position définitive.

Deux solutions (parmi d'autres) sont proposées ci-dessous.

Solution 1

Elle est illustrée ci-dessous.

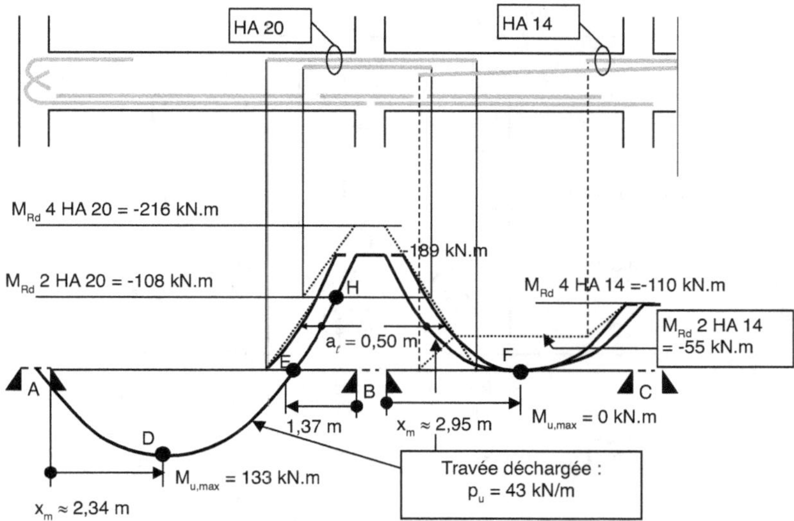

Tout en permettant le découplage des cages de ferraillage, elle a deux inconvénients :
- Dans une zone, certes petite (sur la travée BC côté B), cette disposition amène à avoir trois lits de chapeaux.
- Les chapeaux HA 14 les plus longs sont très longs, assurément plus longs que la travée BC. Ils sont difficiles à glisser après coup dans les cages de ferraillage déjà en place.

Solution 2

Elle est illustrée ci-dessous et évite les écueils de la solution 1.

Sur la travée BC, les deux aciers de construction (en partie haute) sont remplacés par 2 HA 14. Ils reprennent le moment négatif sur la partie centrale de la travée.

Pour une nécessité de lisibilité, sur la figure, ils sont artificiellement représentés au-dessus de la poutre.

Ces 2 HA 14 n'étant pas continus sur l'appui C, ils n'y apportent aucune résistance. Sur l'appui, les chapeaux qui s'imposent restent donc les 4 HA 20 déjà calculés.

Remarques

Près de l'appui C, les zones d'ancrage des HA 20 est des HA 14 se superposent. Leurs pentes d'ancrage respectives sont tracées en trait pointillé fin. C'est la somme de leurs effets, en trait pointillé gras, qu'il faut considérer.

Il en est de même près de l'appui B. On voit qu'en tenant compte de la superposition des apports des différents aciers, y compris dans leurs zones d'ancrage, on pourrait raccourcir côté travée BC les 2 HA 20 constituant le premier lit de chapeau.

On note enfin qu'il est affecté aux 2 HA 20 sur l'appui B un moment résistant M_{Rd} = 108 kN.m différent de celui, M_{Rd} = 127 kN.m, affecté à 2 HA 20 dans la travée AB. Cela vient de la variation de z avec μ_u. À section d'acier As égale : plus petit est μ_u, plus grand est M_{Rd} associé, comme la relation $A_s = (0,81 + \mu_u).M_u/(0,9\ d.f_{yd})$ permet de l'entrevoir.

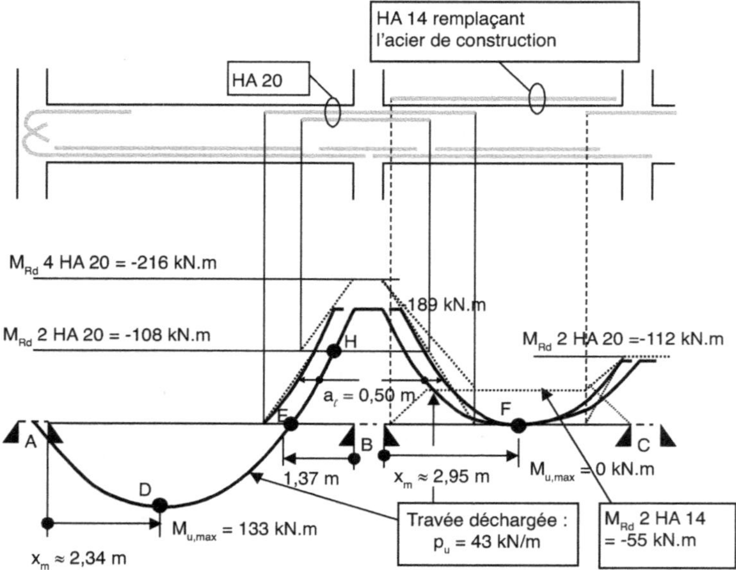

F.3   Poteau en compression réputée centrée

Il s'agit d'un poteau intérieur du niveau inférieur (sur fondations) d'un bâtiment d'habitation. Le sol du niveau inférieur est un dallage sur hérisson, il n'a pas d'incidence sur la structure.

Le poteau est schématisé ci-dessous.

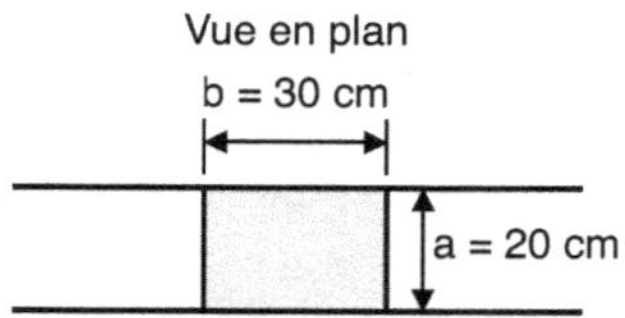

F.3.1   Données

- Bâtiment d'habitation, durée d'utilisation = 50 ans, conditions d'exposition XC1
- Béton C25/30, aciers B500B
- Géométrie : voir ci-contre
- Comme tous les poteaux : calcul à l'ELU uniquement
- N_u : voir ci-contre
- Pas d'action d'accompagnement ni accidentelle
- Classe structurale S4 et enrobage nominal c_{nom} = 25 mm

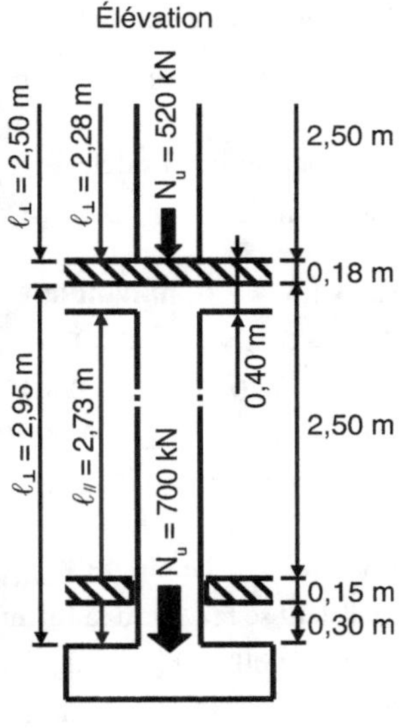

F.3.2   Estimation de d'

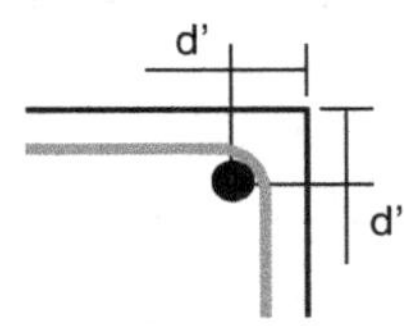

On suppose des aciers de diamètre $\phi_\ell \approx 20$ mm

d' = c_{nom} + encombrement aciers transversaux + $\phi_\ell/2 \approx 25 + 10 + 20/2 \approx 45$ mm

F.3.3   Calcul des aciers longitudinaux

F.3.3.1   Longueur de flambement et élancement

En pied, ce poteau est encastré dans une fondation : c'est un bon encastrement dans les deux directions.

En tête, il est encastré dans une poutre continue de part et d'autre :
- parallèlement à la poutre : $\ell_{//}$ = hauteur de dessus de la fondation à dessous de la poutre = 2,73 m, bon encastrement ;
- perpendiculairement : $\ell_\perp$ = hauteur de dessus de la fondation à dessous du plancher = 2,95 m, mauvais encastrement.

F.3.3.1.1   Longueur de flambement

Parallèlement à la poutre, le poteau est bien encastré en pied et en tête :

$$\Rightarrow \ell_{0//} = 0,7\,\ell_{//} = 0,7 \times 2,73 = 1,91 \text{ m}$$

Perpendiculairement à la poutre, le poteau est mal encastré à au moins une de ses extrémités $\Rightarrow$
$\ell_{0\perp} = \ell_\perp = 2,95$ m

F.3.3.1.2   Élancement

Parallèlement à la poutre :

$$\ell_{0//} = 1,91 \text{ m et } h = 0,3 \text{ m} \Rightarrow \lambda_{//} = \sqrt{12}.\frac{\ell_0}{h} \approx 3,5.\frac{\ell_0}{h} = 22,3$$

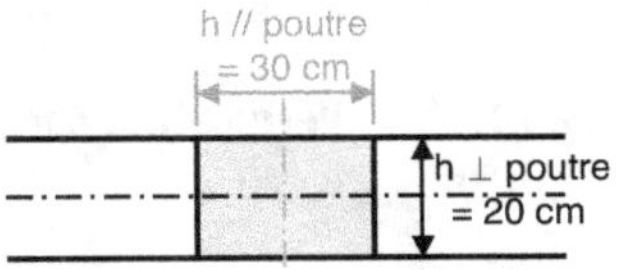

Perpendiculairement à la poutre :

$$\ell_{0\perp} = 2,95 \text{ m et } h = 0,2 \text{ m} \Rightarrow \lambda_\perp \approx 3,5.\frac{\ell_0}{h} = 51,6$$

La situation la plus défavorable est perpendiculairement à la poutre $\Rightarrow$ calcul de $A_{s,\text{mec nec}}$ dans ce cas.

F.3.3.1.3 A_s minimum et maximum

$A_{s,\min} = 0,1.N_u/f_{yd} > 0,002\ A_c$

$= 0,1 \times 0,700/435 = 0,00016 \text{ m}^2 = 1,6 \text{ cm}^2$

$> 0,002 \times 0,2 \times 0,3 = 0,00012 \text{ m}^2 = 1,2 \text{ cm}^2 \Rightarrow A_{s,\min} = 1,6 \text{ cm}^2$

$A_{s,\max} = 0,04\ A_c = 0,04 \times 0,2 \times 0,3 = 0,0024 \text{ m}^2 = 24 \text{ cm}^2$

F.3.3.1.4 Calcul de $A_{s,\text{mec nec}}$ dans la direction de flambement défavorable : $\perp$ poutre

Le calcul se fait selon la formule du § E-III.4.2.2.

Aciers B500 $\Rightarrow f_{yk} = 500$ MPa $\Rightarrow k_s = 1$

$h < 50$ cm $\Rightarrow k_h$ inconnu à l'avance $\Rightarrow$ on n'arrive au résultat que par approximations successives.

Dans le cas d'aciers B500, de béton C25/30 et d' = 45 mm, le tableau du § G.2.2.5 permet d'arriver directement au résultat.

Ses entrées sont : $\sigma_{c,\text{moy}} = N_u/(a.b)$, λ et h. Le résultat est $\rho = A_{s,\text{mec nec}}/(a.b)$

Calcul proprement dit

Données

- $\sigma_{c,\text{moy}} = 0,700 \text{ MN}/(0,2 \times 0,30) = 11,7 \text{ MPa}$
- $\lambda = 51,6$ et h = 20 cm

Calcul avec le tableau du § G.2.2.5

- $\lambda = 50 \Rightarrow \rho = 0,00581\ \sigma_{c,\text{moy}} - 0,0433$
- $\lambda = 60 \Rightarrow \rho = 0,00686\ \sigma_{c,\text{moy}} - 0,0433$
- d'où $\lambda = 51,6 \Rightarrow \rho = 0,00597\ \sigma_{c,\text{moy}} - 0,0433$
- Pour $\sigma_{c,\text{moy}} = 11,7$ MPa, on en déduit $\rho = 0,0265 \Rightarrow A_{s,\text{mec nec}} = \rho.a.b = 15,9 \text{ cm}^2$

Vérification $A_{s,\min} \leq A_{s,\text{mec nec}} \leq A_{s,\max}$

$1,6 \text{ cm}^2 \leq 15,9 \text{ cm}^2 \leq 24 \text{ cm}^2 \Rightarrow$ OK!

Section commerciale proposée

$A_s = 4$ HA 20 + 2 HA 16 = 16,7 cm^2

disposés comme schématisé ci-contre.

- Vérifications :

    $\phi_\ell \geq 8$ mm : OK!

    Distance entre barres $\leq$ min [a ; 40 cm] : largement vérifié.

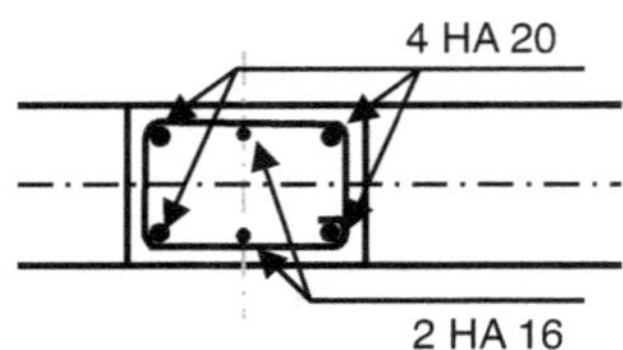

F.3.3.1.5 Vérification dans l'autre direction

Voir la Figure E-III.4.1.

Dans cette autre direction, // poutre, les 2 HA 16 ne sont pas assez loin de l'axe d'inertie à considérer (la valeur de d' qui leur est associée est > min [0,3 h ; 10 cm]) pour être pris en compte dans le calcul. Étant ici exactement sur l'axe d'inertie, ils sont même totalement inefficaces.

La section A_s efficace dans cette direction est donc limitée aux 4 HA 20.

Est-ce suffisant ?

C'est suffisant si $A_{s,mec\,nec}$ calculé dans cette direction $\leq$ 4 HA 20 = 12,6 cm^2

La situation étant tellement plus favorable dans cette direction (λ = 22,3 contre λ = 51,6 dans l'autre direction), on peut se douter que les 4 HA 20 suffiront largement. Alors un calcul approché par excès peut suffire.

Tableau du § G.2.2.5 : pour λ = 35 (approximation par excès), h = 30 cm et $\sigma_{c,moy}$ = 11,7 MPa fournit ρ = 0,011 $\Rightarrow$ $A_{s,mec\,nec}$ = 6,5 cm^2

Donc, les 4 HA 20 conviennent (même très largement).

Les aciers longitudinaux retenus pour ce poteau sont 4 HA 20 + 2 HA 16 = 16,7 cm^2 disposés comme montré plus haut.

F.3.4 Attentes

F.3.4.1 En pied de poteau

Dans le cas de ce poteau, il s'agit des attentes à disposer dans la fondation. Elles sont calculées avec le poteau, mais sont en fait des aciers qui seront mis en place avec les fondations.

L'effort à transmettre au niveau en-dessous (ici la fondation) est : N_u = 700 kN

Bien que les aciers ne soient pas tous de même diamètre, on prévoit généralement pour tous la même longueur d'attentes : celle calculée avec les aciers les plus gros (ici les HA 20).

La liaison d'un poteau avec sa fondation est assimilée à un encastrement.

D'après le § E-III.5.3.2.2 :

- le coefficient α_6 = 1,5 s'applique aux armatures As,pied calculées suivant le maximum de :
  - $A_{s,min}$ = 0,1.N_{Ed}/f_{yd} > 0,002 A_c (§ E-III.4.1),
  - A_s calculé en tenant compte de l'excentricité du deuxième ordre. Sachant que A_s calculé en tenant compte de l'excentricité du deuxième ordre = $A_{s,mec\,nec}$ du poteau du haut.
- Dans ce cas des attentes sur fondation, on a $A_{s,attentes}$ = $A_{s,mec\,nec}$ poteau du haut. Alors, conformément aux indications du § E-III.5.3.2.2 complétées au § E-III.5.3.3, il ne faut espérer aucune réduction de la longueur d'attentes nécessaire par un recouvrement partiel.

On a ici : $A_{s,attentes}$ = 16,4 cm^2 > $A_{s,min}$ $\Rightarrow$ 4 HA 20 + 2 HA 16

d'où : ℓ_0 = 1,5 $\ell_{bd,nom}$ = 1,5 × 40 ϕ = 1,5 × 40 × 2 cm = 120 cm > $\ell_{0,min}$

Enfin, conformément au § E-III.5.3.4, pour tenir compte des incertitudes sur une fondation, il convient de retenir : $\ell_{attentes}$ $\approx$ ℓ_0 + 10 cm $\Rightarrow$ ici : $\ell_{attentes}$ = 120 + 10 = 130 cm.

> *Remarque*
> Dans les mêmes circonstances, BAEL prescrivait ℓ_0 = 26 ϕ = 52 cm $\Rightarrow$ en tenant compte des incertitudes, $\ell_{attentes}$ = (52 + 10) cm arrondi à 60 cm.

F.3.4.2 En tête de poteau

Les attentes à ce niveau appartiennent au poteau calculé et doivent permettre de lui transmettre l'effort du poteau au-dessus.

On a N_u à transmettre = 520 kN

Question : les 2 HA 16 sont-ils nécessaires à ce niveau ?

La réponse est apportée par le calcul de $A_{s,mec\ nec}$ du poteau au-dessus.

N_u = 520 kN, perpendiculairement à la poutre : $\ell_0 = \ell_\perp$ = 250 m, h = 20 cm $\Rightarrow$ λ = 43,8

$\Rightarrow A_{s,mec\ nec}$ = 1,8 cm² $\Rightarrow$ 4 HA 8 = 2 cm² (La condition distance entre barres ≤ min [a ; 40 cm] est vérifiée, même si c'est de justesse.)

Donc ici, assurer la continuité des quatre aciers des angles suffit. De plus, 4 HA 20 sont largement suffisants pour assurer la continuité de 4 HA 8.

Longueur des attentes

À ce niveau et dans la direction de flambement qui a conditionné le calcul, la liaison poteau-structure est assimilée à une articulation. Donc, d'après le § E-III.5.3.2.1 :

* Le coefficient α_6 = 1,5 s'applique aux armatures $A_{s,attentes}$ calculées suivant le maximum de :
    - $A_{s,min}$ = 0,1.N_{Ed}/f_{yd} > 0,002 A_c (§ E-III.4.1),
    - A_s calculé par la flexion composée tenant compte uniquement de l'excentricité du premier ordre e_0 = max [h/30 ; 20 mm] avec h = hauteur de la section.

Par référence au § E-III.7 :

* dans la direction de calcul concernée, h = 20 cm < 24 cm $\Rightarrow$ calcul au pivot B
* alors, en se référant plus précisément au § E-III.7.3.2.1, on note qu'il est sûr que le béton seul suffit tant que : $\sigma_{c,moy} \leq 0,72\ f_{cd}$
* Ici : $\sigma_{c,moy}$ = 8,7 MPa ≤ 0,72 f_{cd} = 0,72 × 16,7 = 12 MPa, donc le béton seul suffit.
* On a alors : $\ell_0 = \alpha_6 \cdot \ell_{0,min}$ = 1,5 × max [15 ϕ_ℓ ; 20 cm] = 1,5 × max [15 × 2 ; 20 cm] = 45 cm
* On est sur un plancher $\Rightarrow$ d'après le § E-III.5.3.4 : $\ell_{attentes}$ = 45 cm + 5 cm = 50 cm

Vérification des attentes dans l'autre direction de flambement

Le calcul a été mené dans la direction de flambement ⊥ poutre $\Rightarrow \lambda_\perp$ = 43,8

Dans l'autre direction, // poutre, les aciers mis en place sont en quantité suffisante (§ F.3.3.1.5), ℓ_0 = 0,7 $\ell_{//}$ et h = 30 cm $\Rightarrow \lambda_{//}$ = 18,6 (très largement inférieur à $\lambda_\perp$ = 43,8).

Donc il n'y a aucun risque que le poteau flambe // poutre.

Si $\lambda_{//} \approx \lambda_\perp$, il faudrait faire aussi le calcul des attentes dans cette autre direction pour assurer la vérification.

F.3.4.3   Longueur de coupe des aciers

* Les 4 HA 20 : longueur = ℓ poteau sous plancher + h plancher + $\ell_{attentes}$ = 2,95 + 0,18 + 0,50 = 3,63 m arrondi aux 5 cm les plus proches $\Rightarrow$ longueur = 3,65 m
* Les 2 HA 16 : longueur = ℓ poteau sous plancher + h plancher = 2,95 + 0,18 = 3,13 m arrondi aux 5 cm les plus proches $\Rightarrow$ longueur = 3,15 m

F.3.5   Aciers transversaux

F.3.5.1   Diamètre et tracé

F.3.5.1.1   Diamètre

$\phi_t \geq$ max [6 mm ; $\phi_\ell/4$].= max [6 mm ; 5 mm] $\Rightarrow \phi_t$ = 6 mm

F.3.5.1.2   Tracé

Tenir tous les aciers des angles $\Rightarrow$ un cadre périphérique.

Faut-il une épingle pour tenir les 2 HA 16?

Ils sont le long d'une face.

Distance à un acier tenu = $[b - 2.(c_{nom} + \phi_\ell/2)]/2 = 9,5$ cm ≤ 15 cm $\Rightarrow$ pas besoin de rajouter une épingle.

Donc, chaque cours d'aciers transversaux = un cadre périphérique $\phi_t = 6$ mm

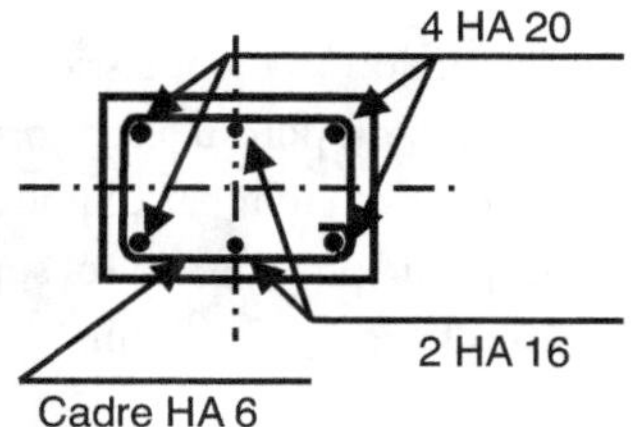

F.3.5.2   Dispositions des aciers transversaux

Espacement s en zone courante

$s \leq \min [20\ \phi_{\ell,min}; 40$ cm; a (petit côté du poteau)$] \leq \min[32$ cm$; 40$ cm$; 20$ cm$] \Rightarrow s = 20$ cm

Espacement $s_{extrémités}$ en tête et en pied

Sur la longueur b = 30 cm : $s_{extrémités} \leq 0,6\ s = 0,6 \times 20 = 12$ cm $\Rightarrow$ sur 30 cm : 30/12 = 2,5 espacements $\Rightarrow$ trois cadres espacés de 12 cm

Espacement $s_{attentes}$ sur la longueur des attentes

Seule est à considérer la couture des attentes en pied. (La couture des attentes en tête est assurée par les cadres du poteau au-dessus.)

Si $\phi_\ell > 14$ mm : il faut au moins trois cadres sur la longueur des attentes.

Aciers HA 16 et surtout HA 20 $\Rightarrow \phi_\ell > 14$ mm

La longueur d'attente minimum envisageable sur le terrain est celle où toutes les incertitudes jouent dans le sens d'un raccourcissement. Cette longueur est : $\ell_{attente}$ strictement calculée = 120 cm

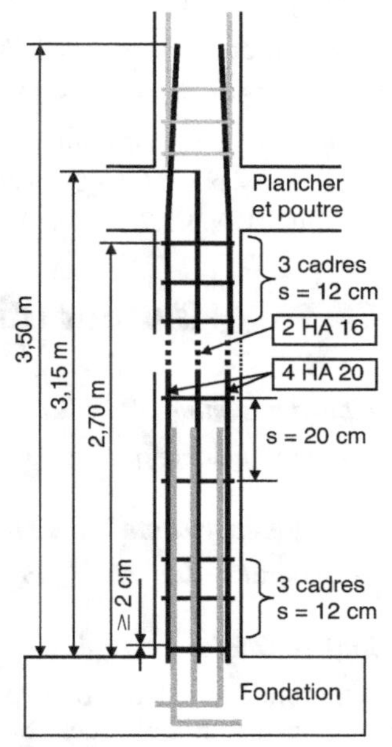

Compte tenu de cette longueur d'attentes, il y a assurément trois cadres pour coudre le recouvrement.

Pas de cadre à moins de 2 cm des extrémités de la zone de recouvrement ou de l'extrémité des barres longitudinales.

Le travail du calculateur doit se terminer par un croquis tel que celui ci-dessus précisant tous les éléments constructifs.

F.4   Fondation sous un poteau en compression centrée

Il s'agit de la fondation sous le poteau du § F.3 précédent.

Elle est schématisée ci-après.

F.4.1   Données

- Fondation en compression centrée
- Section du poteau à supporter : a.b = 20 × 30 cm
- Effort descendu par ce poteau : N_u = 700 kN
- Capacité portante du sol support $\sigma_{Rd,gd}$ = 0,2 MPa
- Enrobage c_{nom} = 40 mm

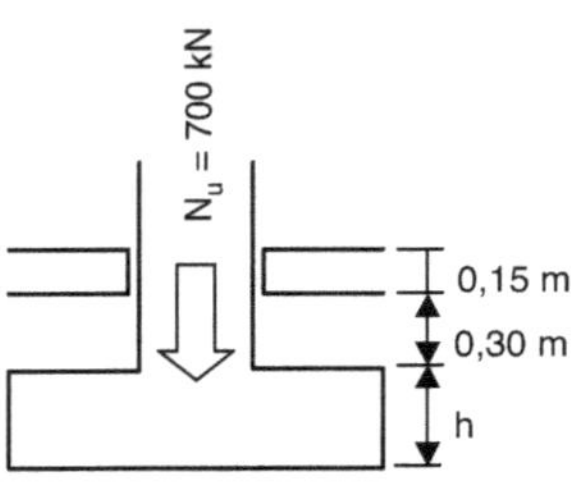

F.4.2   Dimensions en plan a' et b'

- Le poteau est presque carré : b − a ≤ 10 cm environ
  Alors on préfère une semelle carrée.
- Aire brute = $N_u/\sigma_{Rd,gd}$ = 0,700/0,2 = 3,5 m²
- Dimensions : a' = b' = $\sqrt{35}$ = 1,87 m

  ajouter 5 cm et arrondir aux 10 cm les plus proches
  d'où a' = b' = 1,87 + 5 = 1,92 m arrondi à 1,90 m
  Voir § E-V.3.1.2.

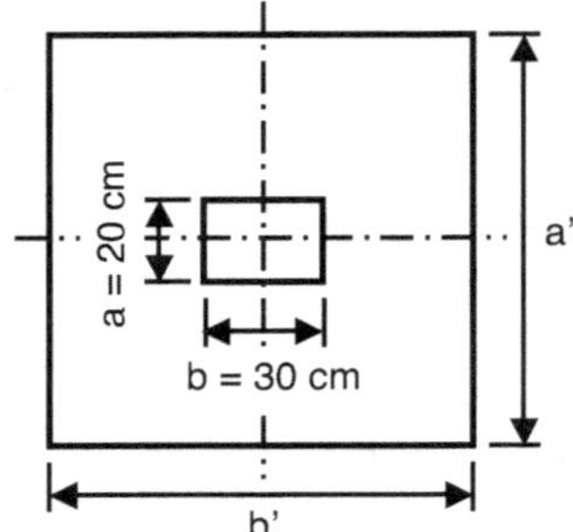

F.4.3   Hauteur utile d et hauteur totale h

Débord maximum

Il est dans la direction a et vaut (a' − a)/2 = (1,90 − 0,20)/2 = 0,85 m

Première approximation de la hauteur utile

d ≥ débord/2 = 0,85/2 ≈ 0,43 m

Hauteur totale

Cette fondation étant armée par les mêmes aciers dans les deux directions, il faut considérer la valeur h − d la plus défavorable, c'est-à-dire celle relative à la nappe supérieure d'aciers de renfort. On a alors (voir § E-V.3.3.2) : h − d = 6 à 7 cm (7 cm avec des aciers ϕ = 20 mm, 6 cm avec des aciers plus fins).

Avec l'expérience, dans cette fondation, on peut pressentir que les aciers seront sensiblement plus fins que des HA 20 $\Rightarrow$ h − d ≈ 6 cm

Donc : h ≈ 43 + 6 = 49 cm arrondi à h = 50 cm qui conduit à : d ≈ 50 − 6 = 44 cm

Est-ce suffisant pour l'ancrage des attentes ?

Si on choisi de se référer aux Recommandations professionnelles françaises : le poteau au-dessus est armé par 4 HA 20 + 2 HA 16 et ne transmet pas de moment du premier ordre à la fondation. Les attentes y sont ancrées sur une longueur ≥ 20 ϕ $\Rightarrow$ compte tenu des HA 20, il faut disposer d'une longueur ≥ 20 × 2 = 40 cm.

On a : hauteur disponible ≈ d = 44 cm > 40 cm $\Rightarrow$ OK !

Les attentes sont traitées au § F.4.5.

Vérification en incluant le poids de la fondation

Poids de la fondation = 1,90 m × 1,90 m × 0,5 m × 24 kN/m3 = 43 kN

Nu incluant le poids de la fondation = 700 + 43 = 743 kN

Aire de fondation nécessaire = 0,743/0,2 = 3,72 m².

L'aire initialement envisagée, 1,90 m × 1,90 m = 3,6 m², apparaît légèrement insuffisante, en déficit de 3 %.

S'agissant du calcul de l'aire de fondation nécessaire, le déficit acceptable est supérieur aux 2 % admis pour les calculs de structure en béton armé (voir § D-I.2.3). En effet, la connaissance des caractéristiques du sol de fondation, dont la valeur de $\sigma_{Rd,gd}$, est entachée d'une incertitude beaucoup plus grande que celle frappant les matériaux du béton armé. De ce fait, le déficit maximum admissible (qui découle de l'incertitude minimum escomptée) est plus élevé. Il est raisonnable de considérer que, dans ce cas, il atteigne 4 à 5 %.

Donc, avec un déficit de 3 %, l'aire de fondation initialement envisagée, 1,90 m × 1,90 m = 3,6 m², convient.

F.4.4 Aciers à mettre en place dans les deux directions

F.4.4.1 Section d'acier nécessaire dans les deux directions et vérifications

Calcul de la section nécessaire

$$A_s = N_u.\frac{a'-a}{8\,d}.\frac{1}{f_{yd}} = 0,743 \times \frac{1,9-0,2}{8 \times 0,44} \times \frac{1}{435} = 0,00082 \text{ m}^2 = 8,2 \text{ cm}^2$$

Ordre de grandeur. § H.5.2 $\Rightarrow A_s$ (cm²) $\approx$ 1,15 % de N_u (kN) = 8,4 cm²

Ce résultat est en excès par rapport au calcul exact car, ici : d réel > débord/2

Nombre de barres possible

Espacement maximum entre barres : $s_{max} \leq 2\,h \leq 25$ cm $\Rightarrow$ 25 cm

Nombre de barres dans chaque direction $\geq a'/s_{max} = b'/s_{max} = 190/25 \geq 7,6 \Rightarrow \geq$ huit barres

F.4.4.2 Aciers commerciaux, dispositions et arrêt

Proposition

La proposition la plus évidente est 8 HA 12 = 9,04 cm². Elle convient si aucune barre n'est arrêtée.

Si on souhaite arrêter une barre sur deux en conservant un ferraillage symétrique et une barre longue le long de chaque bord de la fondation, il faut un nombre impair de barres.

Alors, il faut viser neuf barres $\Rightarrow$ cinq longues et quatre courtes.

Choix proposés :

- 9 HA 12 = 10,2 cm² $\Rightarrow$ forte surconsommation d'acier ;
- 5 HA 12 (barres longues) + 4 HA 10 (barres courtes) = 8,79 cm² $\Rightarrow$ OK !

Vérification de d

$d_{réel} = h - c_{nom} - \phi12 - \phi12/2 = h - 5,8$ cm

$\approx h - 6$ cm pris en compte dans les calculs $\Rightarrow$ OK !

Disposition et arrêt des barres

- Distance entre barres = b'/nombre de barres = 190/9 = 21 cm

  Il faut compter ici autant d'espacements que de barres, car les barres extérieures sont placées à un demi-espacement des bords de la fondation.

- Arrêter une barre sur deux

  - Barres non arrêtées (barres longues) : HA 12 $\Rightarrow \ell_{bd} \approx 40\ \phi = 48$ cm.

    La fondation n'est pas homothétique du poteau (voir fin du § E-V.3.3.5.3).

    $\Rightarrow$ pas de crochet aux barres non arrêtées si $\ell_{bd} \leq 0{,}8.b'/8 = 0{,}8 \times 190/8 = 19$ cm.

    Ici $\ell_{bd} = 48$ cm > $0{,}8.b'/8 = 19$ cm $\Rightarrow$ ancrage par crochet (ce qui est conforme à la proposition de l'auteur).

    Longueur d'encombrement de ces barres = b' − 2.c_{nom} = 1,90 − 2 × 0,04 = 182 m.

    Il s'agit bien de la longueur d'encombrement. C'est le responsable du ferraillage (et du prix) qui, sur ces bases, calculera la longueur développée.

  - Barres arrêtées (barres courtes) : HA 10 $\Rightarrow \ell_{bd} \approx 40\ \phi = 40$ cm

    Avant prise en compte de ℓ_{bd} : arrêt d'une barre sur deux à la distance 0,8 × 0,15 b' = 0,8 × 1,5 × 190 = 23 cm du bord de la fondation.

    $\ell_{bd} = 40$ cm > 0,18 b' = 0,18 × 190 = 34 cm $\Rightarrow$ allonger les barres de 40 − 34 = 6 cm $\Rightarrow$ arrêter ces barres à 23 − 6 = 17 cm du bord de la fondation.

    Longueur de coupe de ces barres = 1,90 − (2 × 0,17) = 1,56 m arrondi à 1,60 m.

Ferraillage retenu

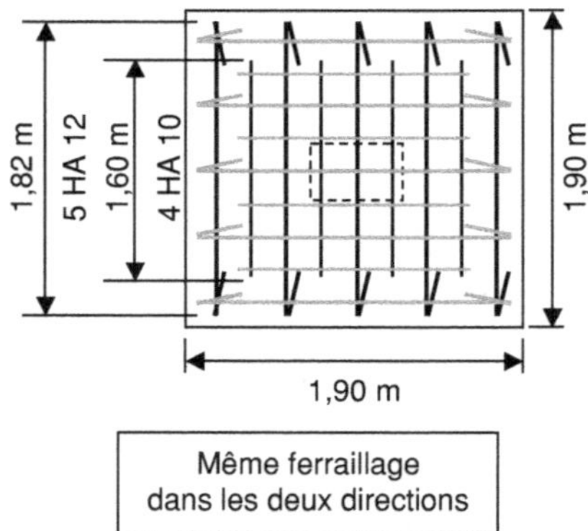

F.4.5 Attentes

La longueur d'attente nécessaire au-dessus de la fondation a été traitée au § F.3.4.1. Il a été calculé $\ell_{attente} = 130$ cm.

Si on choisit de suivre les Recommandations professionnelles françaises, la partie verticale de ces attentes a pour longueur : d + $\ell_{attente}$ = 44 + 130 = 174 cm $\Rightarrow$ 175 cm

L'ensemble des aciers formant les attentes est assemblé par quelques cadres (deux ou trois) en un groupe indissociable facilitant sa manutention et sa mise en place. De plus, bien que ce ne soit pas dans ce cas indispensable, en partie inférieure,

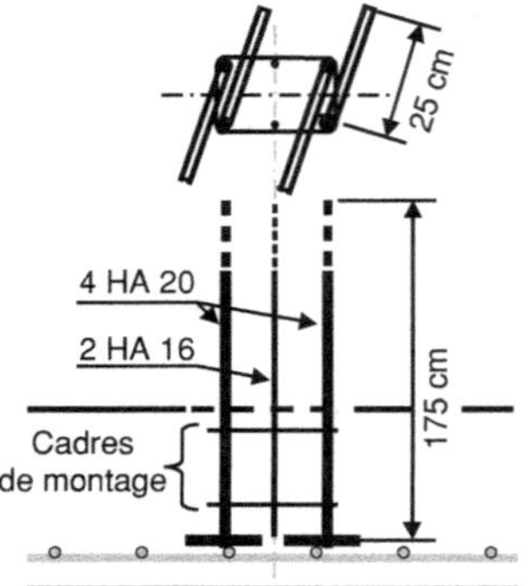

les aciers de ses angles (et plus si utile) sont retournés horizontalement pour former un pied assurant une bonne assise sur les aciers principaux de la fondation. La longueur de ces retours doit être suffisante pour que le pied ainsi façonné ne passe pas à travers les mailles du ferraillage principal.

Dans le cas de cette fondation, seuls les 4 HA 20 des angles sont retournés pour faire un pied. La maille des aciers principaux étant de 21 cm, un retour horizontal de 25 cm est approprié.

F.5 Poutre en flexion composée compression

Soit la poutre schématisée ci-dessous.

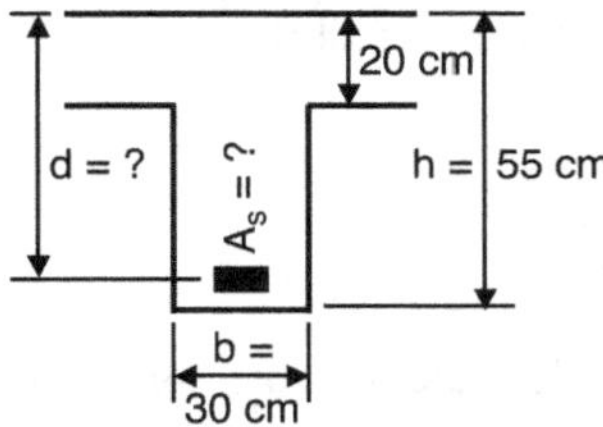

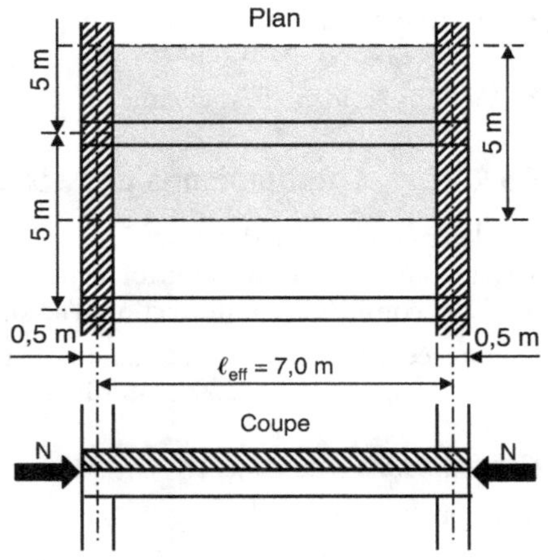

Elle supporte le plancher d'un des nombreux sous-sols d'un immeuble et aussi participe à reprendre la poussée du terrain s'appliquant sur les parois de l'ouvrage. La conception de celui-ci fait que seules les poutres, et non le plancher, sont impliquées dans la reprise de la poussée sur les parois.

F.5.1 Données

- Béton C25/30, aciers B500B
- Conditions d'exposition XC1
- Géométrie: ℓ_{eff} = 7,00 m, b = 300 mm, h = 550 mm
- Plancher porté par cette poutre: h = 200 mm, largeur concernée = 5 m
- Charge d'exploitation du plancher: parking pour voitures légères $\Rightarrow$ Q = 2,5 kN/m² ; Ψ = 0,6
- Poussée du terrain: l'essentiel est dû aux effets du poids propre du terrain et à la poussée de l'eau d'une nappe phréatique. Il s'ensuit un effort sujet à variations saisonnières $\Rightarrow N_{max}$ = 200 kN, N_{min} = 100 kN. Les charges variables (trafic urbain) appliquées à la surface du terrain ont une incidence négligeable
- Actions accidentelles: aucune considérée dans cet exemple

F.5.2 Actions et pondérations

F.5.2.1 Actions

- Actions verticales permanentes

  Poids propre du plancher porté par la poutre : $0,20 \text{ m} \times 5 \text{ m} \times 1 \text{ m} \times 25 \text{ kN/m}^3 = 25 \text{ kN/m}$ de poutre

  Poids propre de la retombée de la poutre : $0,30 \text{ m} \times (0,55 - 0,2) \text{ m} \times 1 \text{ m} \times 25 \text{ kN/m}^3 = 2,6 \text{ kN/m}$ de poutre

  TOTAL : $G = 25 + 2,6 = 27,6 \text{ kN/m}$ de poutre

- Actions verticales variables

  Charge d'exploitation du plancher : $Q = 5 \text{ m} \times 1 \text{ m} \times 2,5 \text{ kN/m}^2 = 12,5 \text{ kN/m}$ de poutre

- Effort normal : poussée due au poids propre du terrain et de l'eau de la nappe : $N_{max} = 200 \text{ kN}$, $N_{min} = 100 \text{ kN}$

- Actions accidentelles : aucune

F.5.2.2 Combinaisons des actions à l'ELU

Les deux familles d'actions, verticales d'une part et horizontales (l'effort normal) d'autre part, agissant sur cette poutre sont totalement indépendantes l'une de l'autre. Aucune des deux ne peut être considérée comme action d'accompagnement de l'autre.

La poussée horizontale N découlant ici du seul poids propre du terrain, elle doit être pondérée comme le poids propre G, c'est-à-dire par 1,35.

Combinaisons à considérer

Elles sont au nombre de deux :

- Effort normal maximum associé à l'action verticale maximum :

  $N_u = 1,35 \ N_{max}$ associé à $p_u/m = 1,35 \ G + 1,5 \ Q$

  soit : $N_{u,max} = 270 \text{ kN} = 0,270 \text{ MN}_u$ associé à $p_u/m = 56,0 \text{ kN/m} = 0,056 \text{ MN/m}$

  Cette combinaison est :

  - favorable vis-à-vis de la section d'acier nécessaire, car l'effort normal de compression est maximum et y apporte l'effet soustractif maximum ;

  - défavorable vis-à-vis de la contrainte dans le béton comprimé, car l'effort normal de compression est maximum et y apporte l'ajout maximum ; le béton peut, de ce fait, se trouver trop sollicité.

- Effort normal minimum associé à l'action verticale maximum :

  $N_{u,min} = 1 \times N_{min}$ associé à $p_u/m = 1,35 \ G + 1,5 \ Q$

  soit : $N_{u,min} = 100 \text{ kN} = 0,100 \text{ MN.m}$ associé à $p_u/m = 56,0 \text{ kN/m} = 0,056 \text{ MN/m}$

  #### *Nota*

  L'action minimum est considérée lorsqu'elle est favorable, elle doit alors être pondérée par le coefficient 1.

  Comparée à la précédente, cette combinaison, avec l'effort normal minimum, est :

  - favorable en ce qui concerne la compression du béton ;

  - défavorable en ce qui concerne la section nécessaire d'acier.

Combinaison à retenir pour le calcul de base

La poutre étant associée à un plancher qui participe à reprendre ses efforts de compression, il y a peu de risque que la compression du béton dépasse les limites admises. Ce point devra cependant être vérifié. Dans l'attente de cette vérification, il convient de mener le calcul dans le cas qui conduit à la plus grande section d'acier : l'action verticale maximum associée à l'effort normal minimum.

F.5.3　Estimation de d

La démarche est la même qu'en flexion simple.

On fait l'hypothèse de deux lits d'aciers longitudinaux de $\phi \approx 20$ mm avec des aciers transversaux de $\phi_w \approx 10$ mm.

En classe d'exposition XC1 : c_{nom} = 25 mm

Alors :

on estime $h - d \approx 55$ mm d'où $d \approx 550 - 55 = 495$ mm = 0,495 m

Valeur de A_sG ?

Cela a déjà été envisagé et sera confirmé plus loin, cette poutre devra être calculée en poutre en Té.

Du fait du mode constructif, la poussée du mur retenant le sol s'appuie sur la nervure seule. N_u est donc appliqué au centre de gravité G de la nervure, à sa mi-hauteur.

On a alors : $A_sG = d - h/2$ d'où $A_sG = 495 - 550/2 = 220$ mm = 0,22 m

F.5.4　Calculs de base à l'ELU

F.5.4.1　Valeurs de $M_{G,u}$, M_u, $\mu_{G,u}$, μ_u

C25/30 sous actions courantes : f_{cd} = 16,7 MPa

Poutre supposée en flexion simple

$M_{G,u} = p_u.l_{leff}^2/8 = 343$ kN.m = 0,343 MN.m

$\mu_{G,u} = M_{G,u}/(bd^2f_{cd}) = 0,279$

Cas réel de la flexion composée

* Cas avec $N_{u,max}$

    $M_u = M_{G,u} + N_{u,max}.A_sG = 0,343 + 0,270 \times 0,22 = 0,402$ MN.m

    $\mu_u = M_u/(bd^2f_{cd}) = 0,327$

    $N_{u,max}.A_sG/M_{G,u} = 0,17$

* Cas avec $N_{u,min}$

    $M_u = M_{G,u} + N_{u,min}.A_sG = 0,343 + 0,100 \times 0,22 = 0,365$ MN.m

    $\mu_u = M_u/(bd^2f_{cd}) = 0,297$

    $N_{u,min}.A_sG/M_{G,u} = 0,06$

F.5.4.2 Vérifications préliminaires

$A_s \leq A_{s,max}$

Toujours vérifié en flexion simple sans aciers comprimés. *A fortiori* en flexion composée compression qui entraîne : $A_s < A_{s,flex\ simple} \Rightarrow$ vérifié

Non-fragilité (ou $A_s \geq A_{s,min}$)

- Même poutre en flexion simple : $\mu_{G,u} = 0{,}279 > \mu_{u,lim\text{-}frag} = 0{,}042 \Rightarrow$ pas fragile
- Poutre réelle en flexion composée

  Les repères de la flexion simple ne s'appliquent plus, mais lorsque $N_u.A_sG/M_{Gu}$ est faible ils gardent une valeur indicative. C'est le cas ici et, compte tenu de la grande marge vis-à-vis de la limite, on peut être assuré de la non-fragilité de cette poutre.

Utilisation des aciers dans le domaine économique

Aciers B500 $\Rightarrow \mu_{u,eyd} = 0{,}37$

Le cas le plus défavorable est avec $N_{u,max} \Rightarrow \mu_u = 0{,}327$

$\mu_u = 0{,}327 < \mu_{u,eyd} = 0{,}37 \Rightarrow$ les aciers seront bien utilisés dans le domaine économique.

Limitation de σ_c

Sous conditions d'exposition XC, seule la vérification de $\sigma_{c,ser,qp} \leq 0{,}45\ f_{ck}$ est exigée.

Dans le cas de poutres rectangulaires, avec un béton C25/30, il faut vérifier $\mu_u \leq$ environ 0,24 (voir § G.2.2.3.2). En ne considérant que la nervure (donc dans le cas d'une poutre rectangulaire), on a $\mu_u = 0{,}327$ ou 0,304 très supérieur à la limite à respecter.

Donc, une poutre en Té s'impose.

Dans un cas comme celui-ci où une grande largeur de plancher peut collaborer à la résistance, $\sigma_{c,ser,qp}$ est très fortement diminué et la vérification $\sigma_{c,ser,qp} \leq 0{,}45\ f_{ck}$ n'est plus un problème.

Vérification de la flèche

La section d'acier à retenir dans cette poutre sera calculée dans le cas N_{min}. C'est dans ce cas que doit être d'abord vérifiée la flèche.

Si $N_{ser,min}.A_sG/M_{G,ser} \leq 0{,}1 \Rightarrow \ell_{eff}/d$ limite du Tableau D-III.6.1 repris au § G.2.2.4 convient. Il faut y entrer par la valeur de $\mu_{G,u}$ de la flexion simple.

En admettant $N_{ser,min}.A_sG/M_{G,ser} \approx N_{u,min}.A_sG/M_{G,u}$ on a ici $N_{ser,min}.A_sG/M_{G,ser} \approx 0{,}1$. Donc on peut se référer au Tableau D-III.6.1 sans adaptation.

Avec un béton C25/30 et appliqué à la nervure seule, le tableau indique :

$\mu_{G,u} = 0{,}310 \Rightarrow (\ell_{eff}/d)_{limite} = 14$ et $\mu_{Gu} = 0{,}124 \Rightarrow (\ell_{eff}/d)_{limite} = 18$

Dans cette poutre : $\mu_{G,u} = 0{,}279 \Rightarrow (\ell_{eff}/d)_{limite}$

$$= 14 + \frac{18-14}{0{,}310-0{,}124} \times (0{,}310 - 0{,}279) = 14{,}7$$

On a : $(\ell_{eff}/d)_{réel} = 7\,000/495 = 14 < (\ell_{eff}/d)_{limite} = 14{,}7 \Rightarrow$ pas de problème de flèche à craindre, d'autant plus que la poutre sera traitée en Té, ce qui est plus favorable.

Autres cas

Valeurs différentes de N_u pouvant atteindre $N_{u,max}$.

Les aciers sont ceux calculés avec $N_{u,min}$. La question est de savoir ce que devient la flèche avec ces aciers et des valeurs de N_u plus élevées. Toutes choses restant égales par ailleurs, l'augmentation de la compression axiale de la section est alors favorable $\Rightarrow$ encore moins de risque de problème de flèche.

Vérification vis-à-vis de l'ouverture des fissures

Si toutes les vérifications ci-dessus sont assurées $\Rightarrow$ vérification de l'ouverture de fissures non requise en classe d'exposition XC1 (voir Tableau D-III.5.1).

F.5.4.3   Aciers longitudinaux nécessaires

C'est le calcul de base, toujours mené à l'ELU sous actions courantes.

Comme déduit plus haut :

- le calcul est fait avec $N_{u,min}$ et le chargement maximum de la travée (§ F.5.2.2), soit :

  $N_u = N_{u,min} = 0,135$ MN

  $M_u = M_{G,u} + N_{u,min}.A_sG = 0,373$ MN.m

- la poutre doit être traitée en poutre en Té (§ F.5.4.2, limitation de δ_c).

Caractéristiques de la poutre en Té

- Largeur de table (§ D-V.2.1.3) :

  Débord maximum disponible $b_i = (5,0$ m $- 0,3$ m$)/2 = 2,35$ m

  Travée isolé $\Rightarrow \ell_0 = \ell_{eff} = 7,0$ m

  $\Rightarrow b_{effi} = 0,2.b_i + 0,1\,\ell_0 = 0,2 \times 2,35 + 0,1 \times 7,0 = 1,17$ m $< 0,2\,\ell_0 = 1,40$ m $\Rightarrow$ OK!

  Donc : $b_{eff} = 2.b_{effi} + b_w = 2 \times 1,14 + 0,30 = 2,58$ m

- Faudra-t-il ajouter des aciers de liaison table-nervure ? Ce n'est pas nécessaire quel que soit b_{eff} tant que, dans le cas d'une table symétrique :

  - $2,9.\dfrac{d.h_f}{p_u.\ell_{eff}} \geq 0,5$ (longueurs en m et p_u en MN/m) (§ D-V.2.3.2.5)

  - dans le cas de cette poutre, on a : $2,9.\dfrac{d.h_f}{p_u.\ell_{eff}} = 0,73 > 0,5 \Rightarrow$ pas besoin d'ajout d'aciers

    de liaison table-nervure

Calcul proprement dit

$\mu_{u,Té} = 0,365/(2,58 \times 0,495^2 \times 16,7) = 0,035$

(Valeur suffisamment faible pour qu'il n'y ait pas de problème avec σ_c, même avec $N_{u,max}$)

- Hauteur x de l'axe neutre en supposant la poutre rectangulaire ?

  Du tableau du § G.2.2.1.1 traitant la relation $\mu_u \Rightarrow \alpha \Rightarrow \beta \Rightarrow \varepsilon_s \Rightarrow \sigma_s$, dans la ligne la plus proche de $\mu_{u,Té} = 0,035$, on tire : $\alpha = 0,051 \Rightarrow x = \alpha.d = 2,5$ cm

  Le diag σ_c se développe entièrement dans la table de compression et le calcul de cette poutre comme une poutre rectangulaire de largeur b_{eff} est légitime.

- Section A_s d'acier nécessaire

  Le tableau du § G.2.2.1.1 fournit aussi $\beta = 0,980$ et $\sigma_s = 466$ MPa

  - Donc : $F_s = M_u/z_c - N_u = M_u/\beta_d - N_u$ (voir § D-II.4.3, point 6)

    $= 0,365/(0,980 \times 0,495) - 0,100 = 0,652$ MN

    D'où : $A_s = F_s/\sigma_s = 0,652/466 = 0,0014$ m$^2 = 14$ cm^2

Section commerciale, disposition des aciers et vérification de d

Dans une poutre de 30 cm de large, on peut viser deux ou trois colonnes d'aciers. Les aciers doivent être disposés symétriquement par rapport à l'axe vertical de la section. Enfin, l'hypothèse de départ est deux lits d'aciers.

- Section commerciale

  $A_s = 14$ cm² $\Rightarrow$ 3 HA 20 + 3 HA 14 = 14,04 cm²

- Vérification de d

  L'hypothèse de départ était deux lits de HA 20. On a deux lits de diamètre $\approx$ 20 mm $\Rightarrow$ conforme à l'hypothèse de départ,

  $\Rightarrow$ d confirmé.

- Disposition des aciers : comme sur le croquis ci-dessous.

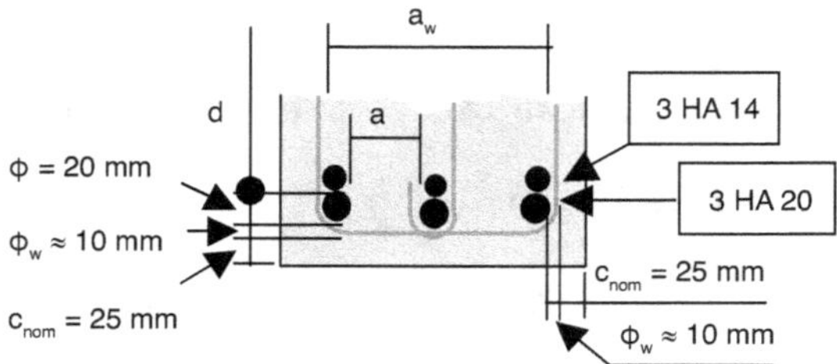

- Autres vérifications

  L'aiguille vibrante peut-elle passer entre les colonnes d'aciers ?

  $a_w = b_w - 2.(c_{nom} + \phi_w) = 30 - 2.(2,5 + 1) = 23$ cm

  espace libre entre colonnes d'aciers a = $(a_w - 3.\phi_\ell)/2 = (23 - 3 \times 2)/2 = 8,5$ cm suffisant !

Tout est vérifié $\Rightarrow$ les aciers choisis disposés comme proposé conviennent.

Remarque

Il est également possible d'envisager les 3 HA 20 en deuxième lit. Mais alors, comme chaque fois que c'est le lit le plus faible qui est amené sur appui, il faut attacher une attention particulière à la vérification des conditions d'appui.

F.5.4.4 Résistance aux effets de l'effort tranchant et arrêt des barres

Comme une poutre en flexion simple.

Avec une exception : $\Delta F_{t,appui} = \Delta.F_{t,appui\ flexion\ simple} - N_u$ (avec compressions > 0)

Partie G

Aides au calcul

G.1 Préambule

Cette partie est découpée en deux blocs.

* Les aides au calcul : des tableaux, résultats de référence, valeurs limites et formules de calcul simplifiées mis en forme pour une utilisation directe.
* La justification et le mode de construction de ces outils d'aide.

G.2 Outils d'aide

G.2.1 Données des matériaux et ancrages

G.2.1.1 Tableau des sections d'acier

Tableau G.2.1. Tableau des sections d'acier en barres.

ϕ (mm)	Section (cm²)									
	Nombre de barres									
	1	2	3	4	5	6	7	8	9	10
6	0,283	0,566	0,849	1,13	1,42	1,70	1,98	2,26	2,55	2,83
8	0,503	1,01	1,51	2,01	2,52	3,02	3,52	4,02	4,53	5,03
10	0,785	1,57	2,36	3,14	3,93	4,71	5,50	6,28	7,07	7,85
12	1,13	2,26	3,39	4,52	5,65	6,78	7,91	9,04	10,2	11,3
14	1,54	3,08	4,62	6,16	7,70	9,24	10,8	12,3	13,9	15,4
16	2,01	4,02	6,03	8,04	10,1	12,1	14,1	16,1	18,1	20,1
20	3,14	6,28	9,42	12,6	15,7	18,8	22,0	25,1	28,3	31,4
25	4,91	9,82	14,7	19,6	24,6	29,5	34,4	39,3	44,2	49,1
32	8,04	16,1	24,1	32,2	40,2	48,2	56,3	64,3	72,4	80,4
40	12,6	25,2	37,8,	50,4	63,0	75,6	88,2	101	113	126

En gris : diamètres dont l'usage est autant que possible évité en bâtiments courants.

G.2.1.2 Tableau des treillis soudés (TS) : données normalisées

Par défaut les treillis soudés sur stock sont, en 2016, de classe de ductilité A. Depuis 2014, ils sont disponibles en classe B sur demande.

Les tableaux ci-dessous sont gracieusement mis à disposition par l'ADETS (Association technique pour le développement de l'emploi du treillis soudé). Ils sont également consultables sur http://www.adets.fr/documents-a-telecharger/fiche-technique.

Ils comprennent deux parties.

* Le catalogue des treillis soudés (TS) sur stock normalisés distribués en France :
  - les treillis « de surface » couramment appelés « anti-fissuration » (appellation rappelée dans la désignation des panneaux : PAF). Le panneau « PAF V » est particulier ; il est calibré pour constituer l'armature de peau (« anti-fissuration ») des murs banchés extérieurs (donc à utiliser « verticalement ») (voir § E-IV.2.3, Figure E-IV.2.3) ;

– les treillis «de structure» (désignés par ST comme «structure»). Ils sont destinés à constituer l'armature résistante des dalles et autres éléments plans.

On note que les TS sont maintenant distribués exclusivement en panneaux.

- Un extrait, limité au cas des bétons C25/30 à C35/45, de tableaux proposant les longueurs d'ancrage et de recouvrement des treillis soudés, calculées au plus juste. Puis un tableau proposant les longueurs forfaitaires de recouvrement des aciers de répartition ; souvent le calcul exact (notamment en s'aidant des tableaux précédents) est plus avantageux.

Tableaux des produits standardisés sur stock – Caractéristiques nominales
(reproduits avec l'aimable autorisation de l'ADETS)

Treillis soudés de surface (NF A 35-024 de nuance B600A) * (NF A 35-080-2 de nuance B500A) **												
Désignation ADETS	Section S	S s	E e	D d	Abouts AV AR ad ag	Nombre de fils N n	Longueur Largeur L l	Masse nominale	Surface 1 panneau	Masse 1 panneau	Colisage	Masse 1 paquet
	(cm²/m)	(cm²/m)	(mm)	(mm)	(mm/mm)		(m)	(kg/m²)	(m²)	(kg)		(kg)
* PAF R®	0,80	0,80 0,53	200 300	4,5 4,5	150/150 100/100	12 12	3,60 2,40	1,042	8,64	9,00	100	900
* PAF C®	0,80	0,80 0,80	200 200	4,5 4,5	100/100 100/100	12 18	3,60 2,40	1,250	8,64	10,80	100	1080
* PAF V®	0,99	0,80 0,99	200 160	4,5 4,5	135/25 100/100	12 16		7,68	9,60	100	960
** PAF 10®	1,19	1,19 1,19	200 200	5,5 5,5	100/100 100/100	12 21	4,20 2,40	1,870	10,08	18,85	70	1319

Treillis soudés de structure (NF A 35-080-2)												
Désignation ADETS	Section S	S s	E e	D d	Abouts AV AR ad ag	Nombre de fils N n	Longueur Largeur L l	Masse nominale	Surface 1 panneau	Masse 1 panneau	Colisage	Masse 1 paquet
	(cm²/m)	(cm²/m)	(mm)	(mm)	(mm/mm)		(m)	(kg/m²)	(m²)	(kg)		(kg)
ST 15 C®	1,42	1,42 1,42	200 200	6 6	100/100 100/100	12 20	4,00 2,40	2,220	9,60	21,31	70	1492
ST 20®	1,89	1,89 1,28	150 300	6 7	150/150 75/75	16 20	6,00 2,40	2,487	14,40	35,81	40	1432
ST 25®	2,57	2,57 1,28	150 300	7 7	150/150 75/75	16 20	6,00 2,40	3,020	14,40	43,49	40	1740
ST 25 C®	2,57	2,57 2,57	150 150	7 7	75/75 75/75	16 40	6,00 2,40	4,026	14,40	57,98	30	1739
ST 25 CS®	2,57	2,57 2,57	150 150	7 7	75/75 75/75	16 20	3,00 2,40	4,026	7,20	28,99	40	1160
ST 35®	3,85	3,85 1,28	100 300	7 7	150/150 50/50	24 20	6,00 2,40	4,026	14,40	57,98	30	1739
ST 40 C®	3,85	3,85 3,85	100 100	7 7	50/50 50/50	24 60	6,00 2,40	6,040	14,40	86,98	20	1740
ST 50®	5,03	5,03 1,68	100 300	8 8	150/150 50/50	24 20	6,00 2,40	5,267	14,40	75,84	20	1517
ST 50 C®	5,03	5,03 5,03	100 100	8 8	50/50 50/50	24 60	6,00 2,40	7,900	14,40	113,76	15	1706
ST 60®	6,36	6,36 2,54	100 250	9 9	125/125 50/50	24 24	6,00 2,40	6,986	14,40	100,60	16	1610
ST 65 C®	6,36	6,36 6,36	100 100	9 9	50/50 50/50	24 60	6,00 2,40	9,980	14,40	143,71	10	1437

Nota

Il convient que la longueur d'about ne soit pas inférieure à 25 mm (NF A 35-080-2)

La gamme des treillis soudés de structure existe en nuances B500A et B500B. Pour la nuance B500B, consulter les sociétés de vente.

Tableaux des longueurs d'ancrage et de recouvrement (limités ici aux bétons ≤ C35/45)
(reproduits avec l'aimable autorisation de l'ADETS)

Longueur d'ancrage de calcul ℓ_{bd} (mm) ; $\eta_1 = 1$; $f_{yd} = 435$ MPa ; $c = 20$ mm

1re ligne : traction – 2e ligne : compression

f_{ck}	ST 65 C	ST 50 C	ST 40 C	ST 25 C ST 25 CS	ST 15 C	ST 60 (100)	ST 60 (250)	ST 50 (100)	ST 50 (300)	ST 35 (100)	ST 35 (300)	ST 25 (150)	ST 25 (300)	ST 20 (150)	ST 20 (300)
$\varnothing$ (mm)	9	8	7	7	6	9	9	8	8	7	7	7	7	6	7
25 MPa	195 / 235	175 / 209	142 / 185	142 / 197	130 / 169	207 / 254	195 / 235	190 / 226	175 / 209	185 / 197	142 / 185	185 / 197	142 / 197	169 / 180	142 / 197
30 MPa	187 / 211	157 / 190	128 / 178	128 / 178	130 / 152	187 / 228	187 / 211	190 / 203	157 / 190	183 / 185	128 / 178	183 / 185	128 / 178	152 / 180	128 / 178
35 MPa	170 / 195	143 / 185	116 / 161	116 / 161	130 / 138	170 / 208	170 / 195	190 / 190	143 / 185	166 / 185	116 / 161	166 / 185	116 / 161	138 / 180	116 / 161

Longueur d'ancrage de calcul ℓ_{bd} (mm) ; $\eta_1 = 0{,}7$; $f_{yd} = 435$ MPa ; $c = 25$ mm

1re ligne : traction – 2e ligne : compression

f_{ck}	ST 65 C	ST 50 C	ST 40 C	ST 25 C ST 25 CS	ST 15 C	ST 60 (100)	ST 60 (250)	ST 50 (100)	ST 50 (300)	ST 35 (100)	ST 35 (300)	ST 25 (150)	ST 25 (300)	ST 20 (150)	ST 20 (300)
$\varnothing$ (mm)	9	8	7	7	6	9	9	8	8	7	7	7	7	6	7
25 MPa	246 / 335	209 / 298	185 / 261	197 / 261	169 / 242	266 / 363	246 / 335	226 / 322	209 / 298	197 / 282	185 / 261	197 / 282	197 / 261	180 / 242	197 / 261
30 MPa	221 / 302	190 / 268	178 / 235	178 / 254	152 / 218	239 / 326	221 / 302	203 / 290	190 / 268	185 / 254	178 / 235	185 / 254	178 / 254	180 / 218	178 / 254
35 MPa	201 / 274	185 / 244	161 / 213	161 / 231	138 / 198	218 / 297	201 / 274	190 / 264	185 / 244	185 / 231	161 / 213	185 / 231	161 / 231	180 / 198	161 / 231

Longueur de recouvrement ℓ_0 (mm) ; $\eta_1 = 1$; $f_{yd} = 435$ MPa ; $c = 20$ mm

1re ligne : traction – 2e ligne : compression

f_{ck}	α_6	ST 65 C	ST 50 C	ST 40 C	ST 25 C ST 25 CS	ST 15 C	ST 60 (100)	ST 60 (250)	ST 50 (100)	ST 50 (300)	ST 35 (100)	ST 35 (300)	ST 25 (150)	ST 25 (300)	ST 20 (150)	ST 20 (300)
$\varnothing$ (mm)		9	8	7	7	6	9	9	8	8	7	7	7	7	6	7
25 MPa		293 / 352	262 / 313	214 / 278	214 / 296	200 / 254	311 / 281	293 / 352	285 / 338	262 / 313	278 / 296	214 / 278	278 / 296	214 / 296	254 / 270	214 / 296
30 MPa	1,5	280 / 317	236 / 285	200 / 266	200 / 266	200 / 228	280 / 343	280 / 317	285 / 305	236 / 285	275 / 278	200 / 266	275 / 278	200 / 266	228 / 270	200 / 266
35 MPa		254 / 293	215 / 277	200 / 242	200 / 242	200 / 208	255 / 311	254 / 293	285 / 285	215 / 277	250 / 278	200 / 242	250 / 278	200 / 242	208 / 270	200 / 242

Longueur de recouvrement ℓ_0 (mm) ; η_1 = 0,7 ; f_{yd} = 435 MPa ; c = 25 mm																
1re ligne : traction – 2e ligne : compression																
f_{ck}	α_6	ST 65 C	ST 50 C	ST 40 C	ST 25 C ST 25 CS	ST 15 C	ST 60 (100)	ST 60 (250)	ST 50 (100)	ST 50 (300)	ST 35 (100)	ST 35 (300)	ST 25 (150)	ST 25 (300)	ST 20 (150)	ST 20 (300)
Ø (mm)		9	8	7	7	6	9	9	8	8	7	7	7	7	6	7
25 MPa	1,5	369/503	313/447	278/391	296/391	254/363	399/544	369/503	338/483	313/447	296/423	278/391	296/423	296/391	270/363	296/391
30 MPa		332/453	285/402	266/352	266/381	228/326	359/489	332/453	305/435	285/402	278/381	266/352	278/381	266/381	270/326	266/381
35 MPa		302/412	277/366	242/320	242/346	208/297	326/445	302/412	285/395	277/366	278/346	242/320	278/346	242/346	270/297	242/346

Longueurs de recouvrement forfaitaires pour les aciers de répartition (mm)											
	ST 65 C	ST 50 C	ST 40 C	ST 25 C ST 25 CS	ST 15 C	ST 60 (100)	ST 60 (250)	ST 50 (100)	ST 50 (300)	ST 35 (100)	ST 35 (300)
Ø (mm)	9	8	7	7	6	9	9	8	8	7	7
ℓ_0 (mm)	350	300	300	450	400	750	350	900	300	900	300
	ST 25 (150)	ST 25 (200)	ST 20 (150)	ST 20 (300)	PAF 10	PAF V (160)	PAF V (200)	PAF C	PAF R (200)	PAF R (300)	
Ø (mm)	7	7	6	7	5,5	4,5	4,5	4,5	4,5	4,5	
ℓ_0 (mm)	900	450	600	450	400	400	430	400	600	400	

G.2.1.3 Aciers : diagramme déformation-contrainte de calcul

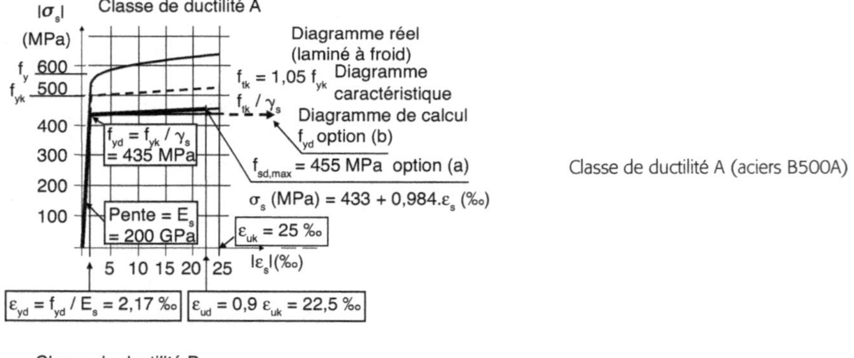

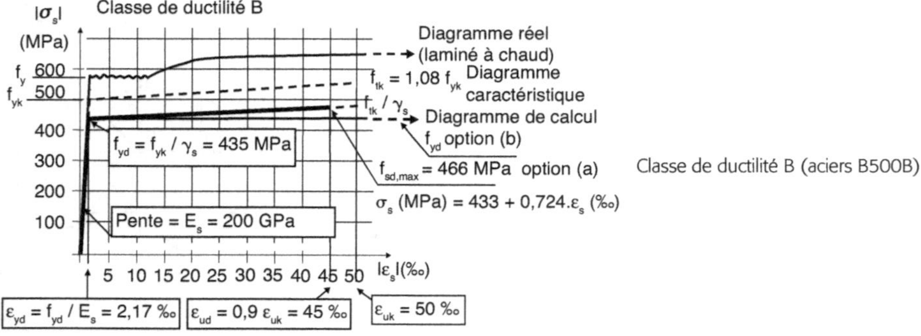

Figure G-V.2.1. Aciers pour béton armé B500A et B500B : diagrammes déformation-contrainte expérimental, caractéristique et de calcul.

G.2.1.4 Béton : valeurs fréquemment utilisées

Tableau G.2.2. Valeurs fréquentes du béton.

Classe du béton	C25/30	C30/37	C35/45	C40/50
f_{cd} (MPa)	16,7	20,0	23,3	26,7
f_{ctd} (fractile 5 %) (MPa)	1,2	1,3	1,5	1,7
f_{ctm} (MPa)	2,6	2,9	3,2	3,5
E_{cm} (GPa)	31	33	34	35
$\alpha_{e,eff} = \alpha_e$ sous actions instantanées	6,5	6,1	5,9	5,7
$\alpha_{e,eff}$ sous actions quasi permanentes	19	18	17,5	17

G.2.1.5 Ancrages des aciers en barres

Résultats des § C-II.4.2.1 et C-II.4.3.3.

Tableau G.2.3. Béton C25/30 et aciers B500.

Ancrages nominaux					
Ancrages droits		$\ell_{bd,nom} \approx 40\,\phi$			
Ancrages courbes (géométrie proposée par l'auteur)		ℓ_{b1}	ℓ_{b2}	$\ell_{b,eq,eff}$	h_b
Coudes		$\approx 18\,\phi$	$\approx 22\,\phi$	$\approx 28\,\phi$	$\approx 16\,\phi$
Crochets		$\approx 24\,\phi$	$\approx 16\,\phi$	$\approx 22\,\phi$	$\approx 16\,\phi$
Ancrages courbes partiels					
Effort sollicitant F_s < effort nominal $F_{s,nom}$	**Coude**	$\ell_{bd,eq,eff} = 40\,\phi.F_s/F_{s,nom} - 12\,\phi \geq 6\,\phi$			
	Crochet	$\ell_{bd,eq,eff} = 40\,\phi.F_s/F_{s,nom} - 18\,\phi \geq 6\,\phi$			

G.2.1.6   Rappels de RDM

Ils sont repris du § E-I.2.3.

- Formules de base

$$M(x) = M'(x) + M_A \left(1 - \frac{x}{\ell}\right) + M_B \cdot \frac{x}{\ell}$$

$$V(x) = V'(x) + \frac{M_B - M_A}{\ell}$$

$$M(\ell/2) = |(M_A + M_B)/2| - M'(\ell/2)$$

- Cas d'un chargement uniforme p/m
  Diagrammes M' et M paraboliques,

$$M_0 = p\ell^2/8 : x_m = \frac{V_A}{p} \quad M_{max} = \frac{V_A^2}{2p} + M_A$$

(attention $M_A < 0$)

Équation de cette parabole par rapport aux axes passant par son sommet :

$$|\Delta M| = p.\Delta x_0^2/2 \Rightarrow |\Delta x_0| = \sqrt{2\Delta M/p}$$

- Aide à l'arrêt des barres dans le cas de deux lits égaux

  Données : $\Delta M = M_{max}$; le point A à l'altitude ΔM et le point B à l'altitude $\Delta M/2$.

  Des propriétés de la parabole on tire les repères suivants.

  - Passage de la parabole au point B à l'altitude $\Delta M/2$: en retrait de $0{,}30\ \Delta x_0$ par rapport au point A d'altitude ΔM.

  - Tangente de la parabole en B : elle passe par le point C en retrait de $0{,}36\ \Delta x_0$ par rapport à B.

G.2.1.7   Diagrammes enveloppes et arrêt des aciers forfaitaires

Voir § H.3.2 et H.3.3.

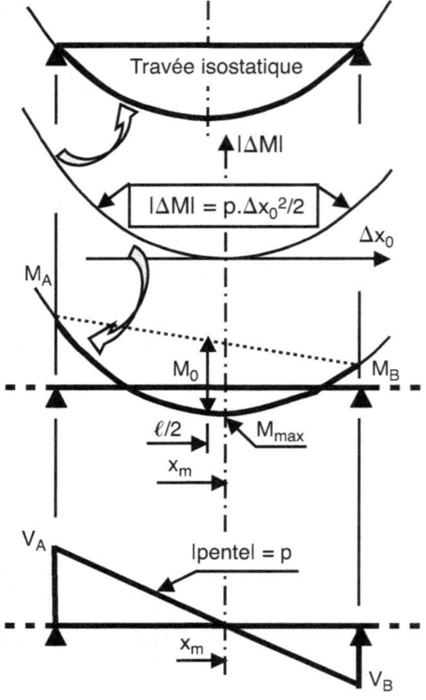

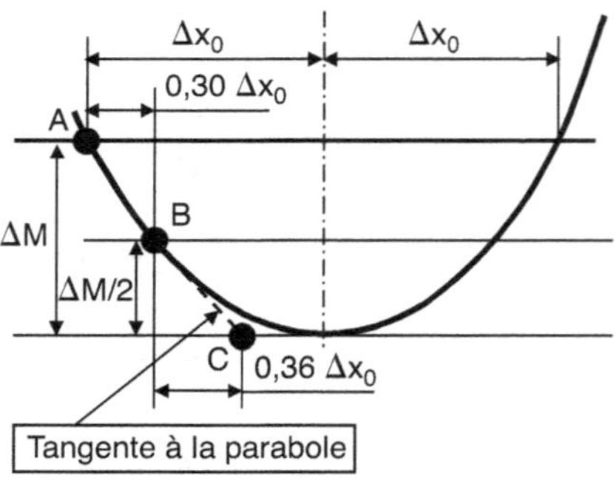

G.2.2   Tableaux et formules de calcul

G.2.2.1   Calcul des poutres rectangulaires sans aciers comprimés en flexion simple

La construction du tableau et la justification des formules proposées ci-après sont détaillées au § G.3.1.

Domaine de validité

Sections rectangulaires en flexion simple sans aciers comprimés au pivot B ou A.

Béton : diagramme Rectangle, f_{ck} indifférent $\leq$ 50 MPa.

Aciers : B500A ou B500B, option a.

Les valeurs de μ_u considérées sont limitées au domaine des calculs pratiques : 0,04 environ $\leq \mu_u$ $\leq$ 0,24 environ.

G.2.2.1.1 Suite de calculs $\mu_u \Rightarrow \alpha_u \Rightarrow \beta_u \Rightarrow \varepsilon_{s,u} \Rightarrow \sigma_{s,u}$

Le tableau proposé est un recueil de résultats pré-calculés. On y entre par l'une des valeurs tabulées, par exemple la valeur de μu, et on lit sur la même ligne les valeurs correspondantes de α_u, β_u, $\varepsilon_{s,u}$, $\sigma_{s,u}$. L'intervalle entre deux lignes a été choisi pour que l'erreur induite en travaillant dans la ligne la plus proche, sans interpolation, soit acceptable.

Tableau G.2.4. Éléments rectangulaires sans aciers comprimés en flexion simple ou composée.

				B500A		B500B		
μ_u	$\alpha_u = x_u/d$	$\beta_u = z_{c,u}/d$		$\varepsilon_{s,u}$ ‰	$\sigma_{s,u}$ Mpa	$\varepsilon_{s,u}$ ‰	$\sigma_{s,u}$ Mpa	
0,03	0,038	0,985		22,5	455	45,0	466	B500A ⇒ calcul le plus défavorable
0,04	0,051	0,980		22,5	455	45,0	466	
0,05	0,064	0,974		22,5	455	45,0	466	
0,056	0,072	0,971		22,5	455	45,0	466	
Frontière $\mu_{u,AB}$, aciers B500B								
0,06	0,077	0,969		22,5	455	41,7	463	
0,07	0,091	0,964		22,5	455	35,0	458	
0,08	0,104	0,958		22,5	455	30,0	455	
0,09	0,118	0,953		22,5	455	26,1	452	B500B ⇒ calcul le plus défavorable
0,10	0,132	0,947		22,5	455	23,0	450	
0,102	0,135	0,946		22,5	455	22,5	449	
Frontière $\mu_{u,AB}$, aciers B500A								
0,11	0,146	0,942		20,5	453	20,5	448	
0,12	0,160	0,936		18,3	451	18,3	446	
0,13	0,175	0,930		16,5	449	16,5	445	
0,14	0,189	0,924		15,0	448	15,0	444	
0,15	0,204	0,918		13,6	446	13,6	443	
0,16	0,216	0,912		12,5	445	12,5	442	
0,18	0,250	0,900		10,5	443	10,5	441	
0,20	0,282	0,887		8,92	442	8,9	439	
0,22	0,315	0,874		7,63	441	7,6	439	
0,24	0,349	0,861		6,54	439	6,5	438	
0,26	0,384	0,846		5,62	438	5,6	437	

The table title printed inside the table: **Calcul des sections rectangulaires sans aciers comprimés en flexion simple ou composée — Diagramme Rectangle, aciers B500A ou B500B, option a**

G.2.2.1.2   Calcul rapide quasi exact de $A_{s,u}$

La formule de calcul a déjà été présentée au § D-II.4.3.2 et est justifiée au § G.3.1.3.

Elle prend deux formes selon la classe de ductilité des aciers et son domaine de validité est celui présenté au début du § G.2.2.1 ci-dessus.

Rappel : elle est limitée au domaine des calculs pratiques : 0,04 environ $\leq \mu_u \leq$ 0,24 environ.

- Aciers B500A ou indéfinis (B500A ou B500B)

    alors : $A_{s,u}$(B500A ou indéfini) $\approx \dfrac{M_u}{0,9d.f_{yd}}.(\mu_u + 0,82)$

- Aciers B500B

    alors : $A_{s,u}$(B500B) $\approx \dfrac{M_u}{0,9d.f_{yd}}.(\mu_u + 0,81)$

    Nota

    Le groupement $\dfrac{M_u}{0,9d.f_{yd}}$ des formules ci-dessus est l'approximation de $A_{s,u}$ (calculée avec β =

    0,9 et $\sigma_s = f_{yd}$) proposée ci-dessous au § G.2.2.1.3.

G.2.2.1.3   Calcul approché de $A_{s,u}$

Domaine de validité

Développé dans le cas des poutres rectangulaires sans aciers comprimés, ce calcul est admis pour les poutres non rectangulaires et dans le cas d'aciers comprimés

Il est en revanche exclu en flexion composée

Formule de calcul

En admettant :

$z \approx 0,9$ d $\Leftrightarrow \beta \approx 0,9$ et $\sigma_s \approx f_{yd}|$

on a $\Rightarrow A_{s,u} \approx \dfrac{M_u}{0,9\ d}/f_{yd}$

Pour les poutres en Té ou lorsque $\mu_u <$ 0,10 environ : diminuer le résultat de 10 %

    Nota

    Pour les poutres rectangulaires sans aciers comprimés, aciers de classe de ductilité B, option a (voir Figure G.3.1) :

    – dans le domaine recommandé de calcul, $\mu_u \leq$ 0,24 environ, cette formule fournit une approximation acceptable du résultat exact ;

    – pour les valeurs de $\mu_u >$ 0,24 environ, la valeur fournie s'écarte rapidement du résultat exact en sous-estimant $A_{s,u}$.

G.2.2.2   Relation quasi exacte $\rho_u \Leftrightarrow \mu_u$

Elle a été vue et démontrée au § D-II.5.2.3.

Domaine de validité

- Éléments rectangulaires en flexion simple sans aciers comprimés
- Les valeurs de μ_u considérées restent à l'intérieur du domaine des calculs pratiques : 0,04 environ $\leq \mu_u \leq$ 0,24 environ

- Classe du béton indifférente
- Aciers B500, option a (reste une bonne approximation dans le cas d'aciers B500A)

Formule

Relation directe $\rho_u = \dfrac{\mu_u}{0,9} \cdot \dfrac{f_{cd}}{f_{yd}} \cdot (\mu_u + 0,81)$

Relation réciproque $\mu_u = 0,4 \left(\sqrt{1 + \rho_u \cdot 5,5 \cdot \dfrac{f_{yd}}{f_{cd}}} - 1 \right)$

G.2.2.3   Valeurs de $\mu_{u,limite}$

G.2.2.3.1   Synthèse

Béton C25/30 et aciers B500, option a : domaine pratique délimité par les différents $\mu_{u,limite}$

environ $0,04 \leq \mu_u \leq$ environ $0,24$

(non-fragilité)   (à la fois limitation de $\sigma_{c,ser}$ et ductilité suffisante).

Nota pour ceux qui avaient l'habitude de BAEL

La limite $\mu_u \leq 0,24$ correspond à $\mu_{u,BAEL} \leq 28 \approx 0,27$, limite qui prévalait avec BAEL.

G.2.2.3.2   Détail des $\mu_{u,limite}$ entrant dans la synthèse ci-dessus

Non-fragilité

Traité au § D-II.5.2.3.2

Béton	C25/30	C30/37	C35/45
$\mu_{u,limite,frag}$	0,042	0,040	0,038

Limites pour une ductilité suffisante et pour permettre une redistribution des moments

Traité au § E-I.4.3.2.2.

- En travée

  Proposition de l'auteur : si possible, éviter $\mu_{u,travée} > 0,295$ et préférer $\mu_{u,travée} \leq 0,24$ environ
- Sur appui

  $\mu_{u,appui} \geq 0,295 \Rightarrow$ aucune redistribution autorisée

  $0,154 < \mu_{u,appui} < 0,295 \Rightarrow$ redistribution partielle autorisée $(0,7 < \delta < 1)$

  $\mu_{u,appui} \leq 0,154 \Rightarrow$ redistribution maximum autorisée $(\delta = 0,7)$

Vérification ELS $\sigma_{c,ser,qp} \leq 0,45.f_{ck}$

C'est la limite pour considérer le fluage comme « linéaire ». La vérification est exigée dans toutes les conditions d'environnement, notamment les plus courantes $\Rightarrow$ dès le béton C20/25.

Elle est faite sous combinaison quasi permanente des actions (voir § D-III.4.2).

Domaine de validité

- Éléments rectangulaires en flexion simple sans aciers comprimés avec $A_s = A_{s,u}$
- Aciers B500B, option a

Notation		**Valeurs de** $\mu_{u,limite,cqp}$			
$\gamma_{qp} = M_u/M_{ser,qp}$			γ_{qp}	1,6	1,8	2,0
		C25/30	$\mu_{u,limite,cqp}$	0,201	0,241	0,282
Utilisation		C30/37	$\mu_{u,limite,cqp}$	0,212	0,253	0,296
$\mu_u > \mu_{u,limite,cqp}$ donné ci-contre $\Rightarrow \sigma_{c,ser,qp} \leq 0{,}45.f_{ck}$ NON vérifié		C35/45	$\mu_{u,limite,cqp}$	0,223	0,265	0,309

Vérification ELS $\sigma_{c,ser,k} \leq 0{,}6.f_{ck}$

Cette vérification est exigée en conditions d'environnement XS, XD, XF $\Rightarrow$ béton $\geq$ C30/37 et se fait sous combinaison caractéristique des actions (voir § D-III.4.2).

Domaine de validité

- Éléments rectangulaires en flexion simple sans aciers comprimés avec $A_s = A_{s,u}$
- Aciers B500B, option a

Notation

$\gamma_k = M_u/M_{ser,k}$; $\gamma_{qp} = M_u/M_{ser,qp}$

Coefficient d'équivalence

$\alpha_{e,eff,k} = E_s/E_{cm}.(1 + \varphi_k)$ avec $\varphi_k = 2.(\gamma_k/\gamma_{qp})$
Sa valeur dépend de γ_k et γ_{qp}

Utilisation

$\mu_u > \mu_{u,limite,ck}$ donné ci-contre $\Rightarrow \sigma_{c,ser,k} \leq 0{,}6.f_{ck}$ NON vérifié

Situations les plus fréquentes :

$\gamma_{k=1,4}$
d'où :
- avec béton C30/37 : valeur médiane de $\mu_{u,limite,\sigma ck} \approx 0{,}28$
- avec béton C35/45 : valeur médiane de $\mu_{u,limite,\sigma ck} \approx 0{,}295$

Valeurs de $\mu_{u,limite,\sigma ck}$

Béton C30/37

γ_k \ γ_{qp}	1,6	1,8	2,0
1,375	0,271	0,279	0,286
1,40	0,277	0,285	0,292
1,425	0,283	0,291	0,299
1,45	0,289	0,297	0,305

Béton C35/45

γ_k \ γ_{qp}	1,6	1,8	2,0
1,375	0,282	0,290	0,298
1,40	0,288	0,296	0,305
1,425	0,295	0,302	0,309
1,45	0,301	0,309	0,316

Limite économique d'utilisation des aciers : $\mu_{u,limite,\varepsilon yd}$

Traitée au § D-II.5.2.1 $\Rightarrow$

Avec des aciers B500 : $\mu_{u,limite,\varepsilon yd} = 0{,}37$

G.2.2.4　Limites prévenant une flèche excessive

Rappel du Tableau D-III.6.1.

Flexion simple

Valeurs limites de ℓ_{eff}/d dispensant de vérification de la flèche selon la valeur de K et la classe du béton (C25/30 ou C30/37).

(On peut entrer dans ce tableau au choix par $\rho = \dfrac{A_s}{b.d}$ ou par $\mu_{G,u}$ calculés sur la nervure seule.)

Flexion simple			Poutres		Dalles (AF)(*)	
			ρ = 1,5 %	ρ = 0,5 %	$\rho \approx$ 0,41 %	$\rho \approx$ 0,36 %
		Béton	$\mu_{G,u} \approx$	$\mu_{G,u} \approx$	$\mu_{G,u} \approx$	$\mu_{G,u} \approx$
Système structural $\Rightarrow$ valeur de K	**K**	C25/30	0,310	0,124	0,104	0,093
		C30/37	0,269	0,106	0,088	0,078
			Valeurs limites de ℓ_{eff}/d			
Travées isolées sur appuis simples : poutres ou dalles portant dans une seule direction	1,0	C25/30	14	18	22	25
		C30/37	14	20	25	30
Travée de rive d'une poutre ou dalle continue ou dalle continue le long d'un grand côté et portant dans les deux directions	1,3	C25/30	18	23	28	32
		C30/37	18	26	30	35
Travée intermédiaire d'une poutre ou dalle portant dans une ou deux directions	1,5	C25/30	20	27	33	38
		C30/37	20	30	35	40
Consoles : poutre ou dalle portant dans une direction	0,4	C25/30	6	7	9	10
		C30/37	6	8	10	12
(*) Annexe nationale française. Si $\ell_{eff} > 7$ m, multiplier la valeur de ℓ_{eff}/d par $7/\ell_{eff}$ (avec ℓ_{eff} en m) Pour les valeurs de ρ ou μ_{Gu} intermédiaires entre les valeurs ci-dessus : interpoler linéairement.						

En flexion composée (proposition de l'auteur)

Ignorer ρ et entrer dans le tableau par la valeur de $\mu_{G,u}$ qu'on aurait en flexion simple.

En flexion composée traction : les valeurs limites de ℓ_{eff}/d proposées par le tableau sont toujours du côté de la sécurité, même quelquefois très fortement.

En flexion composée compression : le tableau est utilisable jusqu'à $N_u.A_sG/M_{G,u} = 0,4$

- pour $N_u.A_sG/M_{G,u} \leq 0,1$, utiliser le tableau sans correction ;
- pour $N_u.A_sG/M_{G,u} = 0,4$, diminuer de 20 % les valeurs limites ℓ_{eff}/d du tableau ;
- pour les valeurs intermédiaires de $N_u.A_sG/M_{G,u}$, interpoler linéairement le taux de correction ;
- lorsque plusieurs combinaisons de charges sont à considérer, l'augmentation de la compression de la section est favorable.

G.2.2.5   Calcul des poteaux en compression réputée centrée

La construction de ce tableau est explicitée au § G.3.3.

Tableau G.2.5. Poteaux en compression réputée centrée.

Relation entre ρ, $\sigma_{c,moy}$ et $h \le 50$ cm Cas de béton C25/30, aciers B500 et d' $\approx$ 45 mm		
ρ = f ($\sigma_{c,moy}$ en Mpa)		
h	$\lambda = 35$	$\lambda = 40$	$\lambda = 50$
20 cm	$\rho = 0,00464\,\sigma_{c,moy} - 0,0433$	$\rho = 0,00499\,\sigma_{c,moy} - 0,0433$	$\rho = 0,00581\,\sigma_{c,moy} - 0,0433$
25 cm	$\rho = 0,00441\,\sigma_{c,moy} - 0,0423$	$\rho = 0,00473\,\sigma_{c,moy} - 0,0423$	$\rho = 0,00551\,\sigma_{c,moy} - 0,0423$
30 cm	$\rho = 0,00422\,\sigma_{c,moy} - 0,0416$	$\rho = 0,00453\,\sigma_{c,moy} - 0,0416$	$\rho = 0,00528\,\sigma_{c,moy} - 0,0416$
35 cm	$\rho = 0,00406\,\sigma_{c,moy} - 0,0411$	$\rho = 0,00436\,\sigma_{c,moy} - 0,0411$	$\rho = 0,00508\,\sigma_{c,moy} - 0,0411$
40 cm	$\rho = 0,00392\,\sigma_{c,moy} - 0,0407$	$\rho = 0,00421\,\sigma_{c,moy} - 0,0407$	$\rho = 0,00491\,\sigma_{c,moy} - 0,0407$
45 cm	$\rho = 0,00380\,\sigma_{c,moy} - 0,0405$	$\rho = 0,00408\,\sigma_{c,moy} - 0,0405$	$\rho = 0,00475\,\sigma_{c,moy} - 0,0405$
50 cm	$\rho = 0,00368\,\sigma_{c,moy} - 0,0402$	$\rho = 0,00396\,\sigma_{c,moy} - 0,0402$	$\rho = 0,00461\,\sigma_{c,moy} - 0,0402$

ρ = f ($\sigma_{c,moy}$ en Mpa)		
h	$\lambda = 60$	$\lambda = 70$	$\lambda = 86$
20 cm	$\rho = 0,00686\,\sigma_{c,moy} - 0,0433$	$\rho = 0,00838\,\sigma_{c,moy} - 0,0433$	$\rho = 0,0110\,\sigma_{c,moy} - 0,0433$
25 cm	$\rho = 0,00651\,\sigma_{c,moy} - 0,0423$	$\rho = 0,00795\,\sigma_{c,moy} - 0,0423$	$\rho = 0,0104\,\sigma_{c,moy} - 0,0423$
30 cm	$\rho = 0,00623\,\sigma_{c,moy} - 0,0416$	$\rho = 0,00761\,\sigma_{c,moy} - 0,0416$	$\rho = 0,00995\,\sigma_{c,moy} - 0,0416$
35 cm	$\rho = 0,00699\,\sigma_{c,moy} - 0,0411$	$\rho = 0,00732\,\sigma_{c,moy} - 0,0411$	$\rho = 0,00957\,\sigma_{c,moy} - 0,0411$
40 cm	$\rho = 0,00579\,\sigma_{c,moy} - 0,0407$	$\rho = 0,00707\,\sigma_{c,moy} - 0,0407$	$\rho = 0,00924\,\sigma_{c,moy} - 0,0407$
45 cm	$\rho = 0,00561\,\sigma_{c,moy} - 0,0405$	$\rho = 0,00685\,\sigma_{c,moy} - 0,0405$	$\rho = 0,00895\,\sigma_{c,moy} - 0,0405$
50 cm	$\rho = 0,00544\,\sigma_{c,moy} - 0,0402$	$\rho = 0,00664\,\sigma_{c,moy} - 0,0402$	$\rho = 0,00868\,\sigma_{c,moy} - 0,0402$

G.3   Justification et construction des outils proposés

G.3.1   Calcul des poutres rectangulaires sans aciers comprimés en flexion simple

G.3.1.1   Suite de calculs $\mu_u \Rightarrow \alpha_u \Rightarrow \beta_u \Rightarrow \varepsilon_{su} \Rightarrow \sigma_{su}$

C'est le recours à des paramètres adimensionnels tels que μ_u, α_u et β_u qui rend possible l'élaboration du tableau de calcul proposé.

Il est établi comme suit.

Le point de départ est :

- soit $\mu_u \Rightarrow \alpha_u = 1,25.(1 - \sqrt{1 - 2.\mu_u}) \Rightarrow \beta_u = 1 - \delta_{Gu}.\alpha_u$ avec $\delta_{Gu} = 0,4$

- soit $\alpha_u \Rightarrow \mu_u = \alpha_u .\psi_u.(1 - \delta_{Gu}.\alpha_u)$ avec $\psi_u = 0,8$ et $\delta_{Gu} = 0,4$ puis $\beta_u = 1 - \delta_{Gu}.\alpha_u$

Puis :

- au pivot A : $\varepsilon_{su} = 45$ ‰ et $\sigma_{su} = 466$ Mpa
- au pivot B : $\varepsilon_{su} = 3,5$ ‰.$(1 - \alpha_u)/\alpha_u$ et $\sigma_{su} = 433 + 0,724\,\varepsilon_{su}$ ‰

G.3.1.2 Justification du calcul approché de $A_{s,u}$

La formule de calcul s'écrit : $A_{s,u} \approx \dfrac{M_u}{0,9\ d}\ /f_{yd}$

On note sur le tableau de calcul $\mu_u \Rightarrow \alpha \Rightarrow \beta \Rightarrow \varepsilon_s \Rightarrow \sigma_s$ les points suivants :

- β évolue de 0,980 à 0,755 lorsque μ_u passe de 0,04 à 0,37 avec une valeur médiane $\approx$ 0,9.
- D'autre part, avec l'option a pour le diagramme déformation-contrainte des aciers, considérer $\sigma_{s,u} = f_{yd}$ est toujours du côté de la sécurité.
- Le résultat final, cumulant ces deux effets, est illustré sur la Figure G.3.1.
- Il est exact pour $\mu_u \approx 0,20$.

    Au-delà, la formule sous-estime la valeur réelle de $A_{s,u}$.

    – Sous-estimation acceptable tant que $\mu_u \leq 0,24$ environ.

    – Ensuite, lorsque $\mu_u > 0,24$ environ, la divergence avec le calcul exact est trop grande et la formule devient inadéquate.

    En-deçà de $\mu_u \approx 0,20$, la formule procure une approximation par excès, donc du côté de la sécurité. Pour fixer les idées, lorsque $\mu_u \approx 0,10$ la surestimation est $\approx$ 10 %.

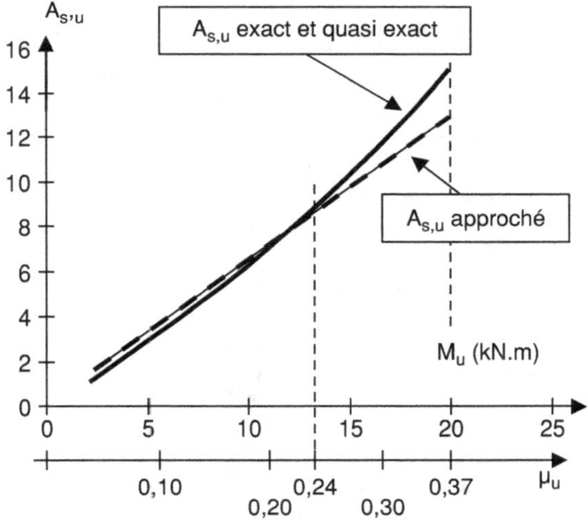

Figure G.3.1. Comparaison de $A_{s,u}$ exact et quasi exact avec $A_{s,u}$ approché $\approx M_u/(0,9\ d.f_{yd})$ (exemple d'une poutre b = 200 mm, d = 400 mm, béton C25/30, aciers B500B).

G.3.1.3 Justification du calcul rapide quasi exact de $A_{s,u}$

À partir du calcul approché $A_{s,u} \approx \dfrac{M_u}{0,9\ d}\ /f_{yd} = M_u/(0,9d.f_{yd})$ qui suppose $z_c \approx 0,9d$ et $\sigma_{s,u} \approx f_{yd}$, le résultat exact est obtenu en corrigeant le rapport $1/(0,9d.f_{yd})$ de la valeur nécessaire pour aboutir à sa valeur exacte $1/(z_c.\sigma_{s,u})$.

La formule de calcul quasi-exact proposée découle d'une approximation par calage numérique de la correction à apporter (voir sur la Figure G.3.2 la comparaison des corrections exacte et quasi-exacte sur l'exemple d'aciers B500B). La chance a voulu que, dans le domaine envisagé $(0,04 \leq \mu_u \leq 0.24)$, cette correction puisse être approchée par une opération simple : une multiplication par $(\mu_u + 0,81)$ ou $(\mu_u + 0,82)$ selon le cas.

D'où la formule finale.

- Pour des aciers B500B : $A_{s,u}$ quasi-exact $= (\dfrac{M_u}{0,9\,d}\,/f_{yd}).(\mu_u + 0,81)$

- Pour des aciers B500A ou de ductilité indéfinie : $A_{s,u}$ quasi-exact $= (\dfrac{M_u}{0,9\,d}\,/f_{yd}).(\mu_u + 0,82)$

La comparaison des calculs exact et quasi-exact est présentée dans les tableaux ci-dessous. On note une très bonne concordance entre les deux calculs.

Tableau G.3.1. Écarts en % entre $A_{s,u} = \dfrac{M_u}{0,9d.f_{yd}}.(\mu_u + 0,82)$ et les calculs exacts $A_{s,u}$(B500B) ou $A_{s,u}$(B500A),

sections rectangulaires, option a pour les aciers, calcul avec diagramme rectangle.

μu	0,04	0,06	0,08	0,10	0,12	0,14	0,16	0,18	0,20	0,22	0,24
Écart % avec $A_{s,u}$(B500B)	0,18	0,89	0,18	0,09	0,28	0,59	0,94	1,27	1,57	1,80	1,95
Écart % avec $A_{s,u}$(B500A)	-2,10	-0,87	-0,86	1,29	1,34	1,46	1,66	1,88	2,08	2,24	2,33

Tableau G.3.2. Écarts en % entre $A_{s,u} = \dfrac{M_u}{0,9d.f_{yd}}.(\mu_u + 0,81)$ et le calcul exact $A_{s,u}$(B500B),

sections rectangulaires, option a pour les aciers, calcul avec diagramme rectangle.

μu	0,04	0,06	0,08	0,10	0,12	0,14	0,16	0,18	0,20	0,22	0,24
Écart % avec $A_{s,u}$(B500B)	-0,99	-0,25	-0,95	-1,00	-0,79	-0,45	-0,09	-0,27	0,59	0,85	1,02

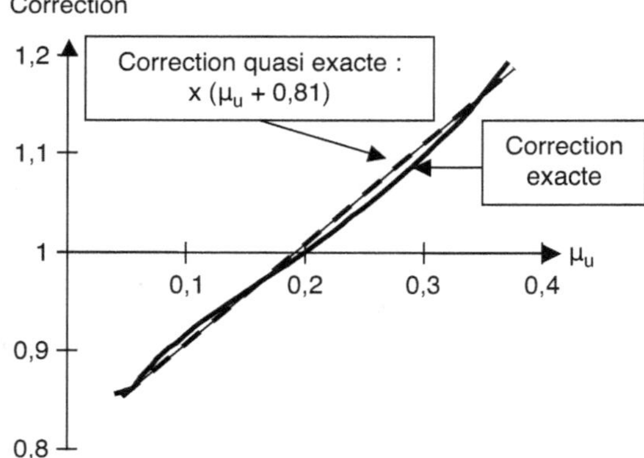

Figure G.3.2. Correction à partir de $A_{s,u} \approx M_u/(0,9\,d.f_{yd})$ pour atteindre $A_{s,u}$ exact ou $A_{s,u}$ quasi exact dans le cas d'aciers B500B.

G.3.2 Vérification de $\sigma_{c,ser,k} \leq 0{,}6\,f_{ck}$ et $\sigma_{c,ser,qp} \leq 0{,}45\,f_{ck}$

C'est le même type de calcul qui sous-tend les deux vérifications.

Les seules différences sont dans :

- $M_{ser,k} = M_u.\gamma_k$ dans un cas et $M_{ser,qp} = M_u.\gamma_{qp}$ dans l'autre ;
- puis $\alpha_{e,eff,k}$ dans un cas et $\alpha_{e,eff,qp}$ dans l'autre.

Nota

Au-delà de ces vérifications, le même calcul conduit aussi à $\sigma_{s,ser}$, qui est à la base du calcul des ouvertures de fissures.

Est proposée ici la construction de la relation entre μ_u, γ, $\sigma_{c,ser}$ et $\sigma_{s,ser}$.

G.3.2.1 Données pour la construction de la relation entre μ_u, γ, $\sigma_{c,ser}$ et $\sigma_{s,ser}$

- b, h, d
- $\mu_u \Rightarrow M_u \Rightarrow M_{ser,k} = M_u/\gamma_k$ ou $M_{ser,qp} = M_u/\gamma_{qp}$
- $A_{s,u} \Rightarrow \rho_u = A_{s,u}/(b.d)$
- Aciers: f_{yk} et E_s ; béton: f_{ck} et E_{cm}
- Fluage sous combinaison caractéristique des actions:
$$\varphi_k = 2.(\gamma_{qp}/\gamma_k) \Rightarrow \alpha_{e,eff,k} = E_s/E_{cm}.(1 + 2.\gamma_{qp}/\gamma_k)$$
- Fluage sous combinaison quasi permanente des actions:
$$\varphi_{qp} = 2 \Rightarrow \alpha_{e,eff,qp} = E_s/E_{cm}.(1 + 2)$$

Dans l'écriture de la suite, pour une formulation générale, les deux combinaisons d'actions ne seront pas distinguées. Il sera donc traité de M_{ser}, γ et $\alpha_{e,eff}$.

G.3.2.2 ELS, position de l'axe neutre

Elle est telle que:

Moment statique de ce qui est au-dessus = moment statique de ce qui est au-dessous

soit:
$$\frac{b.x_{ser}^2}{2} = \alpha_{e,eff}.A_{s,u}.(d - x_{ser}) \Rightarrow \frac{b}{2.\alpha_{e,eff}.A_{s,u}}.x_{ser}^2 + x_{ser} - d = 0$$

Introduisons $A_{s,u} = \dfrac{M_u}{0,9\,d.f_{yd}}.(\mu_u + 0,81)$ d'où: $\dfrac{b.0,9d.f_{yd}}{2.\alpha_{e,eff}.M_u.(\mu_u + 0,81)}.x_{ser}^2 + x_{ser} - d = 0$

Multiplions tout par $d.f_{cd}$ pour faire ressortir $\mu_u = \dfrac{M_u}{b.d^2.f_{cd}}$

d'où: $\dfrac{0,9f_{yd}}{2.\alpha_{e,eff}.(\mu_u + 0,81)}.\dfrac{b.d^2.f_{cd}}{M_u}.x_{ser}^2 + d.f_{cd}.x_{ser} - d^2.f_{cd} = 0$

soit: $\dfrac{0,9f_{yd}}{2.\alpha_{e,eff}.(\mu_u + 0,81)}.\dfrac{1}{\mu_u}.x_{ser}^2 + d.f_{cd}.x_{ser} - d^2.f_{cd} = 0$

Divisons enfin par $d^2.f_{cd}$ pour faire apparaître: $\alpha_{ser} = x_{ser}/d$

On aboutit à: $\dfrac{f_{yd}}{f_{cd}}.\dfrac{0,9}{2.\alpha_{e,eff}}.\dfrac{1}{\mu_u.(\mu_u + 0,81)}.\alpha_{ser}^2 + \alpha_{ser} - 1 = 0$

C'est une équation du 2e degré en μ_u,

dont la racine à retenir est: $\alpha_{ser} = \dfrac{-1 + \sqrt{1 + 2.\dfrac{f_{yd}}{f_{cd}}.\dfrac{0,9}{\alpha_{e,eff}.\mu_u.(\mu_u + 0,81)}}}{\dfrac{f_{yd}}{f_{cd}}.\dfrac{0,9}{\alpha_{e,eff}.\mu_u.(\mu_u + 0,81)}}$

Cette valeur de α_{ser} a pour seule incertitude celle, négligeable, sur la valeur quasi exacte de $A_{s,u}$. C'est également le cas des valeurs des contrainte $\sigma_{c,ser}$ et $\sigma_{s,ser}$ qui en sont déduites.

G.3.2.3   Contrainte $\sigma_{c,ser}$ du béton comprimé

Sa valeur est tirée de l'équation d'équilibre des moments.

$$M_{ser} = F_c.z_c = b.\text{aire diag } \sigma_{c,ser}.z_c = b.\psi_{ser}.x_{ser}.\sigma_{c,ser}.(d - \delta_{G,ser}.x_{ser})$$

Sachant que $M_{ser} = M_u/\gamma$, en regroupant les termes pour faire apparaître $\alpha_{ser} = x_{ser}/d$, puis $\mu_u = M_u/b.d^2.f_{cd}$, on en tire $\sigma_{c,ser}$.

$$\frac{M_{ser}}{b.d^2} = \Psi_{ser}.\frac{x_{ser}}{d}.\sigma_{c,ser}.\frac{d - \delta_{G,ser}.x_{ser}}{d}$$

$$\frac{M_{ser}}{b.d^2} = \frac{(M_u/\gamma)}{b.d^2} = \frac{f_{cd}}{\gamma}.\frac{M_u}{b.d^2.f_{cd}} = \frac{f_{cd}}{\gamma} \quad \Rightarrow \quad \frac{f_{cd}}{\gamma}.\mu_u = \Psi_{ser}.\alpha_{ser}.\sigma_{c,ser}.\left(1 - \delta_{G,ser}.\alpha_{ser}\right)$$

Sachant enfin que : $\psi_{ser} = 1/2$ et $\delta_{G,ser} = 1/3$

on en tire : $\sigma_{c,ser} = \dfrac{f_{cd}}{\gamma}.\mu_u.\dfrac{1}{\dfrac{\alpha_{ser}}{2}.\left(1 - \dfrac{\alpha_{ser}}{3}\right)}$

G.3.2.4   Contrainte $\sigma_{s,ser}$ dans les aciers tendus

Elle est obtenue à partir de $\sigma_{c,ser}$ en écrivant que le diagramme de déformation et des contraintes est linéaire, à savoir : $\dfrac{(\sigma_{s,ser}/\alpha_{e,eff})}{d.(1 - \alpha_{ser})} = \dfrac{\sigma_{c,ser}}{d.\alpha_{ser}}$

On en tire : $\sigma_{s,ser} = \alpha_{e,eff}.\sigma_{c,ser}.\dfrac{1 - \alpha_{ser}}{\alpha_{ser}}$

G.3.3   Construction du tableau de calcul des poteaux

L'objectif d'un tel tableau est d'éviter le calcul par approximations successives imposé par le fait que k_h est une fonction de ρ, donc du résultat A_s du calcul.

Pour les sections rectangulaires, il n'est nécessaire que tant que $h < 50$ cm. Au-delà, k_h est constant et le calcul ne pose plus de problème.

Il faut bien sûr autant de tableaux que de valeurs de f_{cd}, f_{yd}, mais il en faut aussi autant que de valeurs de d'.

On peut aussi construire le même type de tableau pour les poteaux circulaires.

G.3.3.1   Pourquoi le tableau est-il construit autour de $\sigma_{c,moy}$ et ρ ?

D'une part, en l'appuyant sur ces paramètres, la relation $\rho = f(\sigma_{c,moy})$ est indépendante de la largeur b du poteau. Ce qui élimine un paramètre d'entrée du tableau.

D'autre part, de façon heureuse, dans le domaine exploré, la relation $\rho = f(\sigma_{c,moy})$ s'avère linéaire ou quasi linéaire avec un coefficient de corrélation $R^2 = 0,99995$. Alors de très nombreuses combinaisons de ρ et $\sigma_{c,moy}$ sont remplacées par la relation $\rho = f(\sigma_{c,moy})$ dont $\sigma_{c,moy}$ est le paramètre d'entrée.

G.3.3.2 Calcul du tableau

Pour un béton, des aciers et une valeur de d' choisis.

Pour chaque couple de valeurs de h et λ et une valeur quelconque de b (car résultat indépendant de «b»), pour deux valeurs de ρ choisies (par exemple, les valeurs minimum et maximum autorisées, soit 0,002 et 0,04) $\Rightarrow$ deux valeurs de A_s : calculer N_{Rd} par la formule du § E-III.4.2.1 et en tirer $\sigma_{c,moy}$.

Des deux couples ρ et $\sigma_{c,moy}$, tirer enfin l'équation de la relation linéaire $\rho = f\,(\sigma_{c,moy})$ correspondant au couple h et λ considéré.

En testant plusieurs valeurs de b et quelques valeurs intermédiaires de ρ, on peut vérifier qu'effectivement :

- le résultat est indépendant de b ;
- la relation $\rho = f\,(\sigma_{c,moy})$ est linéaire.

Partie H

Ordres de grandeur et calculs estimatifs

H.1   Préambule

Le but de cette partie est de mettre le calculateur en mesure d'appliquer le précepte de Robert L'Hermite : « Si le résultat d'un calcul n'est pas conforme à ce que vous indique votre bon sens, recommencez le calcul, c'est probablement lui qui est faux. »

Le bon sens s'appuie sur des repères, des valeurs de référence et des modes de calcul approché permettant d'estimer rapidement l'ordre de grandeur du résultat visé, si possible de tête. C'est ce qu'apporte cette partie.

Ensuite, c'est par la pratique des calculs approchés et l'expérience que ce bon sens s'étoffe et s'affirme.

Nota

L'ensemble des valeurs de référence et outils proposés dans la suite sont relatifs au cas le plus répandu en bâtiments courants.

À savoir : béton C25/30, aciers B500 option a pour leur diagramme déformation-contrainte, classe d'environnement XC1, d'où c_{nom} = 25 mm, enfin, lorsque cela peut intervenir, $Q \leq$ environ $G/2$ (à $\approx$ 30 % près).

H.2   Repères et ordres de grandeur

H.2.1   Prédimensionnement

Valeurs reprises du § C-III.4.8.2.

Prédimensionnement pour les cas courants		
Dalles de planchers	$\ell_n \leq 4,5$ m $4,5$ m $\leq \ell_n \leq 7$ m	$h \approx \ell_n/30$ $h \approx \ell_n/25$
Poutres	Largeur b = largeur du poteau sur lequel elle s'appuie. ℓ_n $h \approx \ell_n/10$ ℓ_n ℓ_n ℓ_n $\ell_{n,max}/15 \leq h \leq \ell_{n,max}/12$	

H.2.2   Descente des charges

H.2.2.1   Poids unitaires

Béton armé = 25 kN/m3 $\Rightarrow$ 0,25 kN/cm d'épaisseur

$\Rightarrow$ 450 kN/m² pour une dalle de 18 cm d'épaisseur.

Murs en blocs béton creux ou brique creuse, y compris enduit et éventuelle isolation :

$\approx$ 0,15 kN/cm d'épaisseur.

Escaliers en béton armé : poids = celui d'une dalle pleine horizontale de 23 à 25 cm d'épaisseur.

H.2.2.2   Pondération des actions

$1{,}35\,G + 1{,}5\,Q \approx 1{,}4.(G + Q)$

On gagne peu à essayer d'être plus précis.

En effet :

$Q = G/4 \Rightarrow 1{,}35\,G + 1{,}5\,Q \approx 1{,}38.(G + Q)$

$Q = G/2 \Rightarrow 1{,}35\,G + 1{,}5\,Q \approx 1{,}4.(G + Q)$

$Q = G \Rightarrow 1{,}35\,G + 1{,}5\,Q \approx 1{,}425.(G + Q)$

H.2.2.3   Ordres de grandeur pour la descente des charges des bâtiments d'habitation ou de bureau

- Charges sur les fondations des poteaux : estimées en comptant pour chaque niveau, y compris le niveau de toiture : $1{,}35\,G + 1{,}5\,Q \approx 10\ \mathrm{kN/m^2}$
- Charges sur les fondations filantes : rajouter le poids des murs concernés.
- Charges à des niveaux intermédiaires : transposer les indications ci-dessus.

H.2.3   Ancrages dans le cas de béton C25/30 et d'aciers B500

- Ancrages droits : $_{\mathrm{bd,nom}} \approx 40\ \phi$

  Si mauvaise condition d'adhérence, c'est souvent le cas pour les chapeaux des poutres :

  $\ell_{\mathrm{bd}} = 1{,}4.\ell_{\mathrm{bd,nom}} \approx 56\ \phi$
- Pour les ancrages courbes, voir le tableau du § G.2.1.5.

H.2.4   Section des aciers commerciaux

Il est relativement facile de mémoriser la section des principaux aciers commerciaux.

H.2.4.1   Quelques repères

- Section d'un acier $= A_s = \pi\phi^2/4$. En corolaire, multiplier ou diviser ϕ par $2 \Rightarrow A_s$ multiplié ou divisé par $2^2 = 4$

  Il s'ensuit :

  $1\ \mathrm{HA}\ 20 \Rightarrow \phi = 2\ \mathrm{cm} \Rightarrow A_s = \pi \times 2^2/4 = \pi\ \mathrm{cm^2}$

  $1\ \mathrm{HA}\ 10 \Rightarrow \phi = 2\ \mathrm{cm}/2 \Rightarrow A_s = \pi\ /4\ \mathrm{cm^2}$
- Il faut retenir la section de 1 HA 8, l'acier de très nombreuses armatures transversales.

  $1\ \mathrm{HA}\ 8 \Rightarrow A_s = 0{,}5\ \mathrm{cm^2}$
- Alors : $1\ \mathrm{HA}\ 16 \Rightarrow A_s = A_{s,\mathrm{HA}\ 8} \times 4 = 0{,}5 \times 4 = 2\ \mathrm{cm^2}$
- Pour combler les trous de la liste des aciers, il faut noter ce qui suit.

  Les diamètres commerciaux sont échelonnés selon une série géométrique de raison $\sqrt{2}$.

  L'arrondi de chaque diamètre commercial à un nombre entier de mm apporte quelques écarts par rapport à la série théorique.

  Donc, passer au diamètre commercial suivant $\Rightarrow A_s$ multipliée par environ $\sqrt{2} \approx 1{,}5$

  Ainsi : $1\ \mathrm{HA}\ 10 \Rightarrow A_s \approx A_{s,\mathrm{HA}\ 8} \times 1{,}5 = 0{,}5 \times 1{,}5 = 0{,}75\ \mathrm{cm^2}$ (comparé à A_s exact $= 0{,}785\ \mathrm{cm^2}$)

H.2.4.2   Tableau des valeurs ainsi mémorisables

ϕ	A_s exact	A_s approché
6 mm	0,28 cm^2	$\approx$ 0,3 cm^2
8 mm	0,50 cm^2	= 0,5 cm^2
10 mm	0,78 cm^2	= π /4 $\approx$ 0,75 cm^2
12 mm	1,13 cm^2	$\approx$ 1,1 cm^2
14 mm	1,54 cm^2	$\approx$ 1,5 cm^2
16 mm	2,01 cm^2	= 2 cm^2
20 mm	3,14 cm^2	= π $\approx$ 3 cm^2
25 mm	4,91 cm^2	$\approx$ 5 cm^2

H.3   Calculs approchés : RDM et arrêt des barres

H.3.1   Calcul de $p\ell^2/8$

Pour les portées courantes en bâtiments, de 3 à 7 m, ce calcul est très simple si on le pose sous la forme $p \times (\ell^2/8)$.

Pour ℓ = 4 m, une portée très courante, on a : $\ell^2/8 = 4^2/8 = 16/8 = 2$

Le tableau ci-dessous donne sa valeur pour l'ensemble des portées considérées.

Calcul approché de $\ell^2/8$		
ℓ	$\ell^2/8$ exact	$\ell^2/8$ approché
3 m	9/8 = 1,125	= 9/8 $\approx$ 1,1
3,5 m	Interpolé	$\approx$ 1,5
4 m	16/8 = 2	= 2
4,5 m	Interpolé	$\approx$ 2,5
5 m	25/8 = 3,125	$\approx$ 24/8 = 3
6 m	Inerpolé	= 4,5
7 m	49/8 = 6,125	$\approx$ 48/8 = 6

H.3.2   Éléments continus : diagrammes enveloppes

Ce qui est proposé ici et dans le paragraphe suivant est un rappel de la méthode de redistribution forfaitaire et de ses implications présentées au § E-I.5.2 pour les poutres et au § E-II.2.4.1 pour les dalles portant dans une seule direction.

Les portées doivent être sensiblement égales (limitation de la redistribution forfaitaire).

$M_0 = p_u.(\ell^2/8)$ est calculé comme montré au § H.3.1 ci-dessus.

Prendre pour les diagrammes enveloppes les valeurs ci-après.

Diagramme enveloppe V

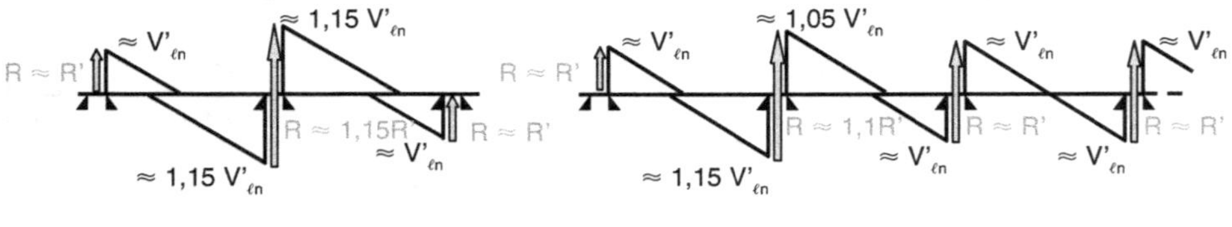

Diagramme enveloppe $M_{\ell eff}$

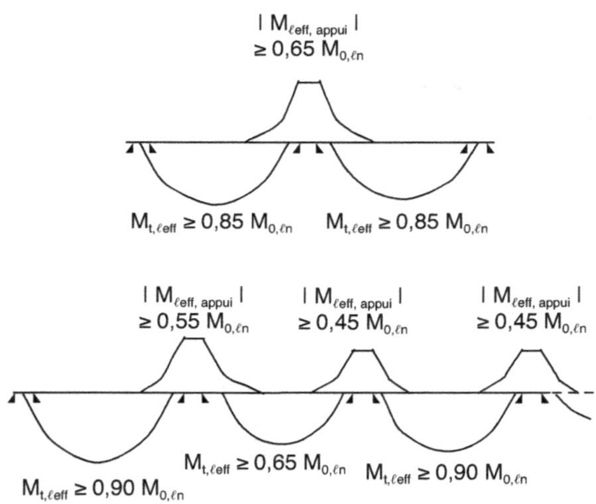

Les moments sur appuis doivent en plus vérifier $\alpha_u \leq 0{,}25 \Rightarrow \mu_u \leq 0{,}18$

H.3.3   Arrêt des barres dans les conditions ci-dessus

En plus de travées sensiblement égales (conditionnant les diagrammes enveloppes ci-dessus), cet arrêt des barres a été développé dans le cas où $Q \leq$ environ $G/2$ (à + 30 % près) et $\cot g\theta = 2{,}5$ (limitations propres à cet arrêt des barres) avec deux lits d'aciers égaux (limitation propre à tous les arrêts forfaitaires des aciers).

Décalage du diagramme M_u pour la participation à la résistance à V_u

- Cas des poutres : $a_\ell = \dfrac{z}{2} . \cot g\theta \approx h$

- Cas des dalles : $a_\ell = d$ (arrondi à $a_\ell \approx h \Rightarrow$ même arrêt des aciers que les poutres)

Travées isolées

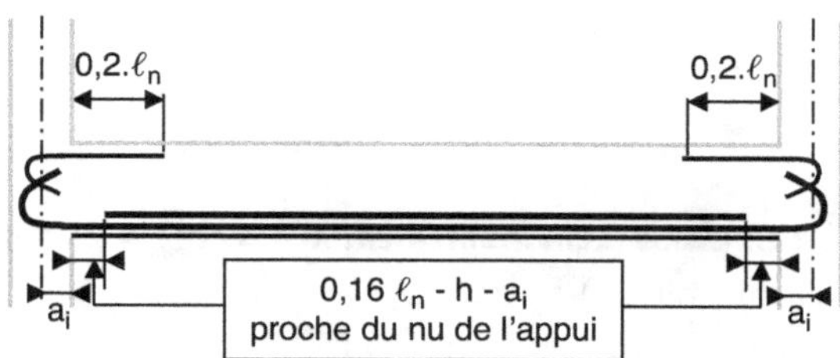

Travées continues dans les cas où Q ≤ environ G/2 (à + 30 % près) et cotgθ = 2,5

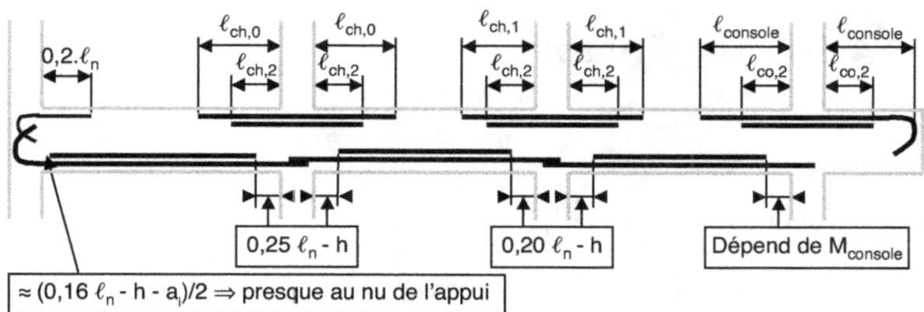

Avec :

- Sur appui proche de rive : $\ell_{ch,0}$ = h + 0,25 × max $[\ell_{n,w} ; \ell_{n,e}]$
- Sur appui loin de rive : $\ell_{ch,1}$ = h + 0,2 × max $[\ell_{n,w} ; \ell_{n,e}]$
- $\ell_{ch,2}$ = 0,5 × ($\ell_{ch,0}$ ou $\ell_{ch,1}$) + $\Delta_{ancrage}$
- $\ell_{co,2}$ = 0,5 × $\ell_{console}$ + $\Delta_{ancrage}$ avec : $\Delta_{ancrage}$ = ℓ_{bd} − h ≥ 0

Attention

Les chapeaux des poutres sont souvent en zone de mauvaise qualité d'adhérence
⇒ ℓ_{bd} = 1,4 $\ell_{bd,nom}$ ⇒ avec un béton C25/30 : ℓ_{bd} = 1,4 × 40 ϕ = 56 ϕ

Remarque générale

Par rapport à l'arrêt forfaitaire proposé par BAEL, les prescriptions d'Eurocode conduisent à des barres notablement plus longues. Les raisons en sont les suivantes :

- En travée, l'allongement des barres vient de la référence à ℓ_{eff} au lieu de ℓ_n.
- Sur appui, ce sont les moments plus élevés, du fait de la limitation plus sévère du coefficient de redistribution δ, qui sont la cause de l'allongement des chapeaux. S'y ajoute l'incidence de : ℓ_{bd} = 1,4 $\ell_{bd,nom}$

H.4   Calcul béton armé des éléments fléchis

Hypothèses

- Béton C25/30, aciers B500 de classe de ductilité B et option a pour leur diagramme déformation-contrainte.
- Classe d'environnement XC1 ⇒ c_{nom} = 25 mm.
- Charges réparties.

Ces hypothèses correspondent aux cas les plus courants en bâtiments. Dans les autres cas, les propositions ci-après doivent être adaptées.

H.4.1 Hauteur utile d

Formule générale

$d \approx 0,9\,h$

Estimation plus précise en classe d'environnement XC1 $\Rightarrow c_{nom}$ = 25 mm

- Poutres : $d \approx h - 5,5$ cm (voir § D-I.4.2.2)
- Dalles armées avec du treillis soudé (TS) (voir § E-II.4.2.2) :
    - Aciers inférieurs avec « enrobage compact » $d \approx h - 3,5$ cm
    - Aciers en chapeau (pas d'enrobage compact) $d \approx h - 4$ cm

H.4.2 Aciers longitudinaux

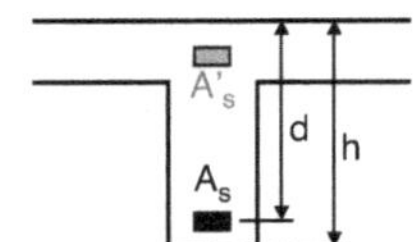

Poutres sans ou avec aciers comprimés.

- Aciers tendus
    - Poutres courantes : $A_s(\text{cm}^2) \approx \dfrac{M_u(\text{kN.m})}{d(\text{cm})}.2,5$
    - Poutre en Té ou $\mu_u < 0,10$ environ : A_s ci-dessus – 10 %
- Si aciers comprimés
  Données : $\mu_u > \mu_{u,limite} \Rightarrow$

  section des aciers comprimés $A'_s \approx A_s.\dfrac{\mu_u - \mu_{u,limite}}{\mu_u}$

H.4.3 Aciers transversaux

Hypothèse complémentaire : $h \approx \ell_n/10$, cotgθ = 2,5

Pour les autres cas, les formules doivent être adaptées.

H.4.3.1 Choix de ϕ_w

- $d \leq 35$ cm $\Rightarrow \phi_w = 6$ mm
- $d \leq 45$ cm $\Rightarrow \phi_w = 8$ mm
- $d \leq 65$ cm $\Rightarrow \phi_w = 10$ mm
- $d \leq 85$ cm $\Rightarrow \phi_w = 12$ mm
- …

H.4.3.2　Éléments de calcul des aciers transversaux

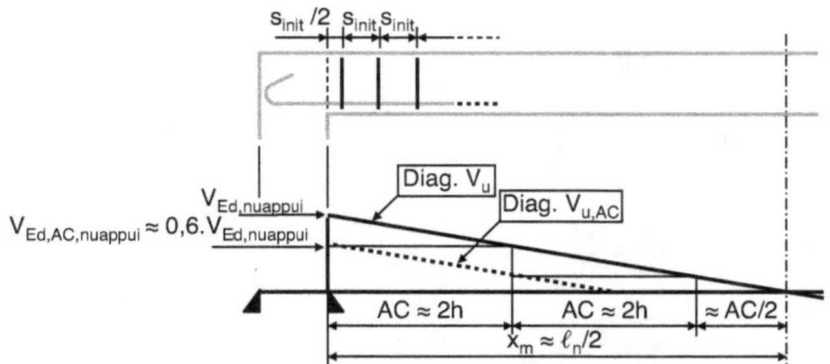

- Décalage diagramme V_u : $AC = z.\mathrm{cotg}\theta \approx 0{,}9\ d \times 2{,}5 \approx 0{,}9 \times 0{,}9\ h \times 2{,}5 \approx 2\ h$
- Valeur de V pour le calcul de s_{init} : $V_{u,AC,nu\ appui} \approx 0{,}6\ V_{u,nu\ appui}$

  Cette valeur découle de la construction graphique illustrée sur la figure ci-dessus : lorsque h = $\ell_n/10$, il y a 5 fois AC sur la longueur ℓ_n et, en admettant $x_m \approx \ell_n/2$, il y a $\approx 2{,}5$ fois AC sur la longueur x_m

  $\Rightarrow V_{u,nu\ appui} - v_{u,AC,nu\ appui} \approx V_{u,nu\ appui}/2{,}5 = 0{,}4\ V_{u,nu\ appui}$

  $\Rightarrow V_{u,AC,nu\ appui} \approx 0{,}6\ V_{u,nu\ appui}$

H.4.3.3　Espacement maximum s_{max} des aciers transversaux

Très souvent : $s_{max} = 0{,}75\ d$ (en voir la justification au § H.6.2).

Alors, pour un calcul approché, se contenter de $s_{max} \approx 0{,}75\ d$

H.4.3.4　Espacement initial s_{init} des aciers transversaux

Très fréquemment

Le calcul aboutit à $s_{init} = s_{max} \approx 0{,}75\ d$

C'est le cas tant que $5\ V_{u,nu\ appui}$ (kN) $\leq 1\ 000\ A_{sw}$ (cm²) (Cette condition est justifiée au § H.6.3.)

La suite du calcul et la répartition des aciers transversaux sont alors très simples.

Dans ce cas : $s = C_{te} = s_{max}$

Sinon

Espacement s tel que « sur la longueur AA' (= AC = z.cotgθ dans le cas d'aciers verticaux), les aciers transversaux reprennent l'effort vertical $V_{u,AC}$.

- Avec des aciers B500 $\Rightarrow f_{yd} = 435$ MPa,
  - cotg$\theta = 2{,}5 \Rightarrow$ z.cotg$\theta \approx 2\ h$,
  - et sachant que pour une travée isolée, on a : $V_{u,AC,nu\ appui} \approx 0{,}6\ V_{u,nu\ appui}$,

  la formule réglementaire de calcul $s_{init} = \dfrac{A_{sw}}{V_{u,AC,nu\ appui}}$ .z.cotgθ.f_{yd} peut s'écrire comme suit.

- Travées isolées ou intermédiaires : s_{init} (cm) $\approx 145.\dfrac{h\,(cm).A_{sw}\,(cm^2)}{V_{u,nuappui}\,(kN)}$

- Travées de rive (du côté de la sécurité) :

    - appui de continuité : s_{init} (cm) $\approx 145.\dfrac{h\,(cm).A_{sw}\,(cm^2)}{V_{u,nu\,appui}\,(kN)} - 25\,\%$

    - appui de rive : s_{init} (cm) $\approx \dfrac{h\,(cm).A_{sw}\,(cm^2)}{V_{u,nuvappui}\,(kN)} + 20\,\%$

H.4.4 Section minimum d'acier à ancrer sur appui d'extrémité

$A_{s,cond\cdot\,appui}$ (cm²) $\approx 0{,}03.V_{u,nu\,appui}$ (kN) (La formule est justifiée au § H.6.3.)

H.5 Fondations

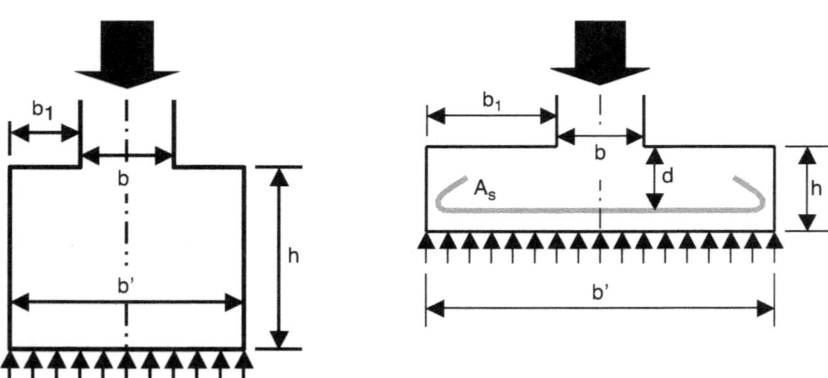

H.5.1 Fondations filantes non armées

Respecter $h \geq 2b_1$

H.5.2 Fondations armées, filantes ou isolées

Viser $d = b_1/2$

Alors, dans chaque direction : $N_s = \dfrac{b'-b}{8\,d} \Rightarrow N_s = N_u/2 \Rightarrow A_s = N_u/(2.f_{yd})$

$\Rightarrow$ avec des aciers B500 :

A_s (cm²) $= 0{,}0115.N_u$ (kN) $= 1{,}15\,\%$ de N_u(kN)

Si $d > b_1/2 \Rightarrow$ diminuer A_s dans la proportion $(b_1/2)/d_{réel}$

H.6 Justification des formules proposées pour les poutres

H.6.1 Espacement maximum s_{max} des aciers transversaux

Formule réglementaire: $s_{max} = \min [0,75\ d;\ \dfrac{A_{sw}}{b_w} \cdot \dfrac{f_{ywk}}{0,08.\sqrt{f_{ck}}}\ ]$

Quelle conditions faut-il remplir pour que $0,75\ d \le \dfrac{A_{sw}}{b_w} \cdot \dfrac{f_{ywk}}{0,08.\sqrt{f_{ck}}}$?

Avec un béton C25/30 et des aciers B500, on a: $\dfrac{f_{ywk}}{0,08.\sqrt{f_{ck}}} = 1\,250$ (avec contraintes en MPa)

On doit donc avoir: $0,75\ d \le \dfrac{A_{sw}}{b_w}.1250 \Rightarrow \dfrac{A_{sw}}{d.b_w} \ge \dfrac{0,6}{1\,000}$

Qu'en est-il dans les cas courants?

Dans les cas où chaque cours d'aciers transversaux est constitué d'un simple cadre (donc deux brins verticaux):

- on estime que dans ce cas: $b_w \le 30$ cm
- si $d \le 35$ cm $\Rightarrow \phi_w = 6$ mm $\Rightarrow A_{sw} = 2 \times 0,28$ cm^2 = 0,56 cm^2
- ...
- si $d \le 85$ cm $\Rightarrow \phi_w = 12$ mm $\Rightarrow A_{sw} = 2,26$ cm^2

Calculer $\dfrac{A_{sw}}{d.b_w}$ avec pour chaque valeur de ϕ_w, la plus grande valeur envisagée ci-dessus pour d.

Cela maximise dans chaque cas le dénominateur et, en conséquence, minimise le résultat.

Donc, si valeur minimum de $\dfrac{A_{sw}}{d.b_w} \ge \dfrac{0,6}{1\,000}$

on est sûr que dans les cas intermédiaires, on a encore: $\dfrac{A_{sw}}{d.b_w} \ge \dfrac{0,6}{1\,000}$.

- Avec $b = 30$ cm, $d = 35$ cm et $A_{sw} = 0,56$ cm^2, on a: $\dfrac{A_{sw}}{d.b_w} = \dfrac{0,57}{1\,000} \le \dfrac{0,6}{1\,000}$ mais de très peu
- $\Rightarrow$ on fait une erreur négligeable en considérant $s_{max} = 0,75\ d$
- Avec $b = 30$ cm, $d = 85$ cm et $A_{sw} = 2,26$ cm^2,

  on a: $\dfrac{A_{sw}}{d.b_w} = \dfrac{0,9}{1\,000} > \dfrac{0,6}{1\,000} \Rightarrow s_{max} = 0,75\ d$

Donc, dans les cas courants, il est justifié d'envisager *a priori* $s_{max} = 0,75\ d$.

H.6.2   Condition pour que $s_{init} = s_{max}$

On a : $s \leq s_{max}$ lorsque $V_{Rd(smax)} \geq V_{u,AC}$ avec $V_{Rd(smax)} = A_{sw}.f_{yd}.AC/s_{max}$

Appliqué à s_{init} avec $s_{max} = 0{,}75\ d$, cela s'écrit : $A_{sw}.f_{yd}.AC/0{,}75\ d \geq V_{u,AC,nu\ appui}$

Sachant que $AC = z.cotg\theta$ et $V_{u,AC,nu\ appui} \approx 0{,}6.V_{u,nu\ appui}$ (voir § H.4.3.2),

avec $cotg\theta = 2{,}5.z \approx 0{,}9\ d$ et $f_{yd} = 435$ MPa,

la condition s'écrit : $A_{sw}.435.0{,}9\ d.2{,}5/0{,}75\ d \geq 0{,}6.V_{u,nu\ appui}$

D'où, tous calculs faits : $1\,000\ A_{sw}\ (cm^2) \geq 4{,}6\ V_{u,nu\ appui}$ (MPa)

$\Rightarrow$ après arrondi du côté de la sécurité : $1\,000\ A_{sw}\ (cm^2) \geq 5\ V_{u,nu\ appui}$ (MPa)

H.6.3   Conditions d'appui sur un appui d'extrémité

Effort à reprendre par les aciers inférieurs et à ancrer sur appui $\Delta F_{s,appui} = V_u.cotg\theta_{bielle}$

Approximations proposées par Eurocode :

- $V_u \approx V_{u,nu\ appui}$ (approximation par excès)
- $cotg\theta_{bielle} \approx cotg\theta_{travée}/2 \Rightarrow$ ici $2{,}5/2$

Alors : $\Delta F_{s,appui} \approx 1{,}25 V_{u,nu\ appui} \Rightarrow A_{s,cond\cdot\ appui} \geq \Delta F_{s,appui}/f_{yd} = 1{,}25\ V_{u,nuappui}/f_{yd}$

Avec $f_{yd} = 435$ MPa, cette condition conduit à :

Aciers inférieurs $A_{s,cond\cdot\ appui}\ (cm^2) \geq 0{,}029\ V_{u,nu\ appui}$ (kN)

arrondi à $A_{s,cond\cdot\ appui}\ (cm^2) \geq 0{,}03\ V_{u,nu\ appui}$ (kN)

Imprimé en Allemagne par BoD

N° d'éditeur : 9688

Dépôt légal : mars 2016